나합격
전산응용기계제도기능사
필기 × 무료특강

나만의 합격비법
나합격은 다르다!

나합격 독자만을 위한
무료 동영상강의

공부가 어려우신가요?
합격을 위한 모든 동영상 강의를 무료로 시청할 수 있습니다.
지금 바로 나합격 쌤을 만나보세요.

오리엔테이션 → **이론 특강** → **기출 특강**

신규 무료특강은 교재 출간 후 순차적으로 촬영 및 편집되어 업로드 됩니다.

모든 시험정보가 한곳에!
나합격 수험생지원센터

이제 혼자서 공부하지 마세요.
합격후기, 시험정보, Q&A 등 나합격 독자분들을 위한
다양한 서비스를 네이버 카페를 통해 지원받을 수 있습니다.

시험자료 → **질의응답** → **합격후기**

 본서의 정오사항은 상시 업데이트 해드리고 있습니다.
정오표 확인 및 오류문의는 네이버 카페를 이용해 주세요.

나합격 오픈카톡방 운영!
자격증 시험정보 및 진로정보 공유

나합격 교재인증 & 무료 동영상 수강방법

나합격 카페 가입하기
공부하는 자격증에 해당하는 카페에 가입합니다.

바로가기

https://cafe.naver.com/napass1   search

교재인증페이지에 닉네임 작성
교재 맨 뒤페이지의 교재인증페이지에
가입하신 카페 닉네임을 지워지지 않는 펜으로 작성합니다.

교재인증페이지 촬영하기
교재인증페이지 전체가 나오게 촬영합니다.
중고도서 및 보정의 여지가 보일 경우 등업이 불가합니다.

나합격 카페에 게시물 작성하기
등업게시판에 촬영한 이미지를 업로드합니다.
평일 1일 3회(오전 9시 ~ 오후 6시 사이) 등업을 진행됩니다.

무료 동영상 시청하기
카페 등업이 완료된 후 해당 카페에서 무료 동영상 시청이 가능합니다.

NOTICE

교재인증 및 무료 강의 수강 방법에 대한 자세한 설명을
QR코드를 찍어 영상으로 확인해보세요!

모바일로 등업하고 싶어요!   **PC**로 등업하고 싶어요!

시험접수부터
자격증발급까지
응시절차

01
시험일정 & 응시자격조건 확인

- 큐넷 시험일정안내에서 응시종목의 접수기간과 시험일을 확인합니다.
- 큐넷 자격정보에서 응시종목의 자격조건을 확인합니다(기능사 제외).

04
필기시험 합격자 발표

- 인터넷, ARS 또는 접수한 지사에서 공고됩니다.
- CBT의 경우 큐넷 합격자 발표 조회에서 바로 확인이 가능합니다.

www.Q-net.or.kr   큐넷은 한국산업인력공단에서 운영하는 국가 자격증 포털 사이트입니다.

02 필기시험 원서접수

- 큐넷 www.Q-net.or.kr 에 로그인합니다.
  (회원가입 시 반명함판 사진 등록 필수)
- 큐넷 원서접수에서 신청순서에 따라 접수하면 됩니다.
- 시험일자 및 장소는 현재접수 가능인원을 반드시
  확인 후 선택해야 합니다.
- 결제하기에서 검정수수료 확인 후 결제를 진행합니다.

03 필기시험 응시 및 유의사항

- 신분증은 반드시 지참해야 하며, 기타 준비물은
  큐넷 수험자준비물에서 확인하시면 됩니다.
- 시험시간 20분 전부터 입실이 가능합니다.
  (시험시간 미준수 시 시험 응시 불가)

05 실기시험 원서접수

- 인터넷 접수 www.Q-net.or.kr 만 가능하며,
  필기시험 합격자에 한하여 실기접수기간에 접수합니다.
- 최종합격여부는 큐넷 홈페이지를 통해 확인 가능합니다.

06 자격증 신청 및 수령

- 큐넷 자격증신청에서 상장형, 수첩형 자격증 선택
- 상장형 무료 / 수첩형 수수료 6,110원입니다.

콕!집어~ 꼭!필요한 전산응용기계제도기능사 오리엔테이션

전산응용기계제도 필기시험 출제 기준

📢 **2026 전산응용기계제도기능사 출제기준 변경**

변경 전(2025)	변경 후(2026년 ~ 2028년)
항목없음	기계제작의 이해 - 주조 - 절삭가공 - 정밀입자 및 특수가공 - 용접가공 - 프레스가공

출제기준이 바뀌어 2026년부터 적용됩니다. 이에 따라 새롭게 포함된 세부 항목인 기계제작의 이해를 본서에 수록하였습니다. 수험생 여러분은 추가된 이론을 학습하여 시험에 철저히 대비하시기 바랍니다.

시험과목
 - 필기 : 기계설계제도
 - 실기 : 기계설계제도실무

검정방법
 - 필기 : 객관식 4지 택일형 60문항(60분)
 - 실기 : 작업형(5시간 정도, 100점)

합격기준
 - 필기 · 실기 : 100점을 만점으로 하여 60점 이상

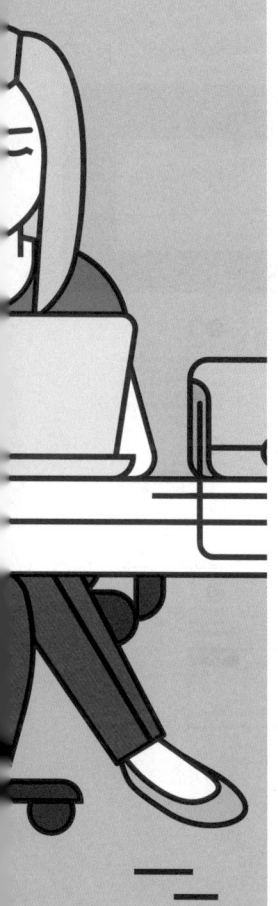

필기시험에서 꼭 필요한 숙지사항은?

01   선의 용도, 투상법, 치수기입법 정리하기
02   기계요소 제도방법(결합용 기계요소, 전동용 기계요소) 정리하기
03   핵심 요약 정리 암기하기
04   기출문제 풀면서 본문 내용 정리하기
05   최소 5개년 기출문제

필기시험은 다른 자격증 공부하는 방법과 똑같이 기출문제 중심으로 3~5개년치 내용을 정리하다보면 자연스럽게 전체적인 흐름을 이해하게 되고 어떤 문제가 나와도 당황하지 않고 정답을 맞출 수 있을 것 입니다.

필기시험 세부항목 출제비율

기계재료
재료의 성질	7%
철강재료	56%
비철금속재료	29%
비금속재료	4%
신소재	4%

기계가공법 및 안전관리
공작기계 및 절삭제	10%
선반가공	17%
밀링가공	11%
연삭가공 및 기어가공	16%
기타 범용 공작 기계	16%
정밀입자가공, 특수가공	16%
측정	8%
손다듬질가공	1%
기계안전작업	5%

CAD일반
CAD시스템	51%
3D 형상모델링	49%

기계요소설계
재료의 강도와 변형	11%
결합용 기계요소	33%
전달용 기계요소	46%
제어용 기계요소	10%

기계제도
KS 및 ISO기계제도 통칙	7%
선의 종류와 용도	8%
투상법	14%
단면도법	5%
치수기입법	14%
치수공차	9%
기하공차	7%
기계재료 표시법	5%
결합용 기계요소	9%
전동용 기계요소	16%
산업설비 제도	6%

개념잡는 핵심이론
나합격만의 본문구성

NEW DESIGN

나합격만의 아이덴티티를 강조한
새로운 디자인과 함께 최신 출제경향을
완벽히 반영한 최신 개정판입니다.

본문의 이론을 유기적인 보충설명을 통해
지루하지 않고 탄탄하게 흡수하도록 구성했습니다.

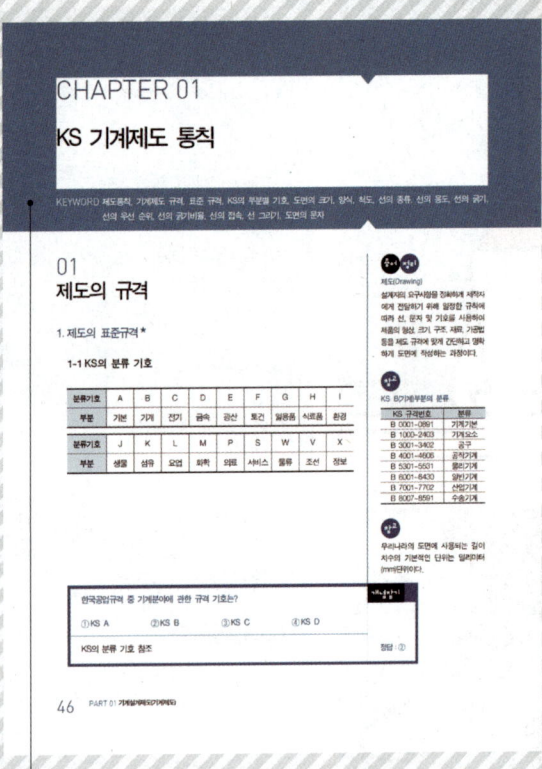

KEYWORD

빅데이터 키워드를 통해
시험에 중요한 키워드를
확인하세요.

본문 날개구성
독창적인 날개구성을 통해
이론학습에 도움을 주는
다양한 컨텐츠을 제공합니다.

핵심 KEY
기출문제부터 핵심KEY까지
다양한 보충 설명과 정보로
학습에 도움을 드립니다.

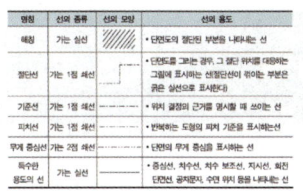
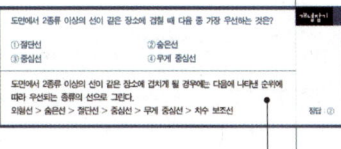

개념잡기
지루한 본문의 흐름을 피하고
문제의 개념잡기를 위해 바로바로
예제를 배치했습니다.

★★★
출제되는 정도에 따라
중요도를 별표로
표기하였습니다.

CBT 복원문제 9개년 구성

CBT 복원문제

최근 9년간의 CBT 복원문제를
자세한 해설과 함께 수록했습니다.
[2017년~2025년]

2025년 복원문제 수록

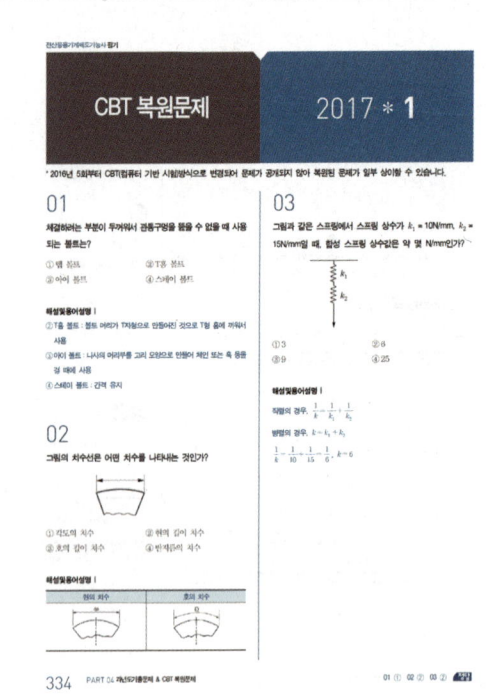

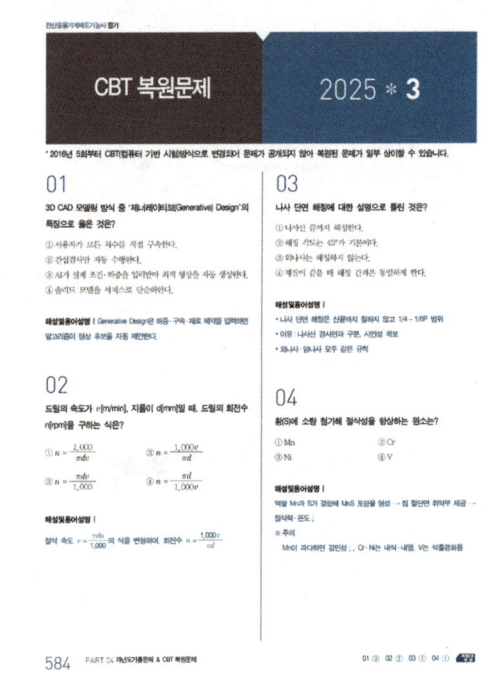

CBT[컴퓨터 방식 문제풀이]

2016년 5회부터 CBT 방식이 전면 시행됨에 따라
복원을 토대로 문제를 구성하였습니다.
최신 문제를 풀어보고 최신 경향을 파악해 보세요.

2025년 CBT 복원문제

2025년 1회, 3회 CBT 기출 복원문제를
수록하였습니다.
최신 출제경향을 파악하여 시험에 대비해 보세요.

시험의 흐름을잡는 나합격만의 합격도우미

합격족보는 핵심 이론 요약집으로,
기출문제를 풀거나 시험장을 가기 전까지도
유용한 합격도우미입니다.

시험 당일까지 공부일정 및 계획을 짜는 것은
매우 중요합니다. 셀프스터디 합격플래너를 통해
스스로의 합격을 만들어 보세요.

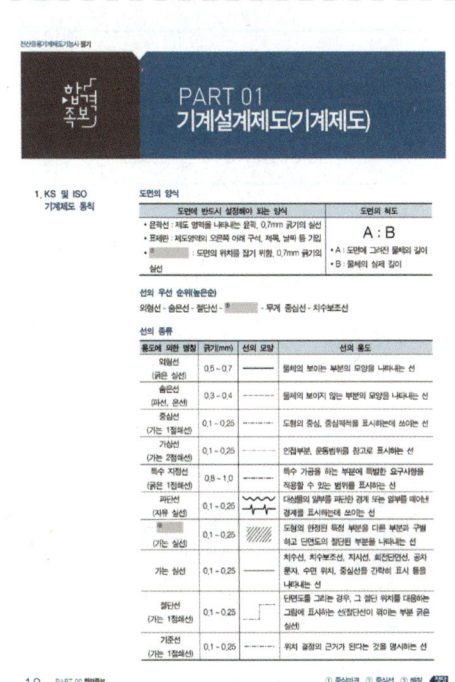

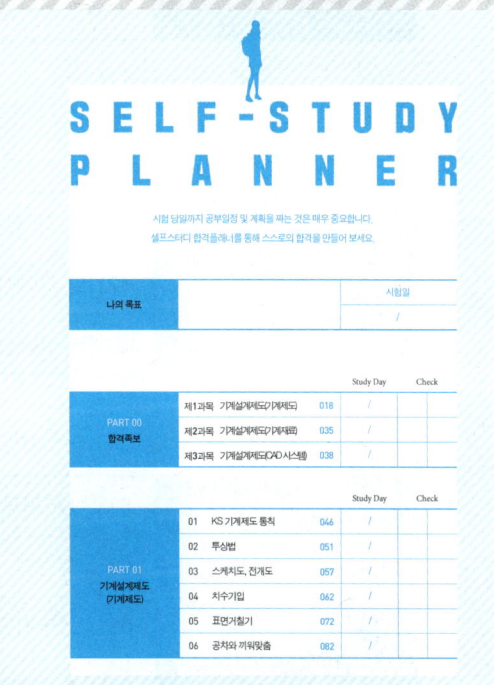

핵심이론 수록
가장 중요한 핵심이론을 파트별, 챕터별로 정리하여
수록하였으며, 필기핵심이론은 기출문제를 풀기 전에
배치하여 독자의 편의를 도왔습니다.

나만의 합격플래너
스스로 공부한 날이나 시험일을 적어 공부 진척도를
한 눈에 확인할 수 있고, 체크 박스를 통해 공부의 완성도를
파악할 수 있도록 하였습니다.

SELF-STUDY PLANNER

시험 당일까지 공부일정 및 계획을 짜는 것은 매우 중요합니다.
셀프스터디 합격플래너를 통해 스스로의 합격을 만들어 보세요.

나의 목표		시험일
		/

				Study Day	Check
PART 00 합격족보	제1과목	기계설계제도(기계제도)	018	/	
	제2과목	기계설계제도(기계재료)	035	/	
	제3과목	기계설계제도(CAD 시스템)	038	/	

				Study Day	Check
PART 01 기계설계제도 (기계제도)	01	KS 기계제도 통칙	046	/	
	02	투상법	051	/	
	03	스케치도, 전개도	057	/	
	04	치수기입	062	/	
	05	표면거칠기	072	/	
	06	공차와 끼워맞춤	082	/	

			Study Day	Check
PART 01 기계설계제도 (기계제도)	07	기하공차	092	/
	08	체결요소 제도	100	/
	09	동력전달요소 제도	132	/
	10	측정	172	/

			Study Day	Check
PART 02 기계재료 및 기계제작	01	재료의 강도와 변형	186	/
	02	재료의 성질	194	/
	03	철강 재료	204	/
	04	비철금속 재료	220	/
	05	비금속재료, 신소재	228	/
	06	주조	233	/
	07	소성가공	243	/
	08	절삭가공	249	/
	09	정밀입자 및 특수가공	289	/
	10	용접가공	296	/

			Study Day	Check
PART 03 기계설계제도 (CAD 시스템)	01	CAD 시스템	308	/
	02	2D 도면 작업	315	/
	03	3D 형상모델링	320	/
	04	모델링 데이터 출력	328	/

PART 04
CBT 복원문제

		Study Day	Check
2017년 1회 CBT 복원문제	334	/	
2017년 4회 CBT 복원문제	349	/	
2018년 1회 CBT 복원문제	365	/	
2018년 4회 CBT 복원문제	379	/	
2019년 1회 CBT 복원문제	393	/	
2019년 4회 CBT 복원문제	408	/	
2020년 1회 CBT 복원문제	422	/	
2020년 4회 CBT 복원문제	437	/	
2021년 1회 CBT 복원문제	452	/	
2021년 4회 CBT 복원문제	467	/	
2022년 1회 CBT 복원문제	482	/	
2022년 4회 CBT 복원문제	497	/	
2023년 1회 CBT 복원문제	512	/	
2023년 4회 CBT 복원문제	527	/	

			Study Day	Check
PART 04 CBT 복원문제	2024년 1회 CBT 복원문제	542	/	
	2024년 4회 CBT 복원문제	556	/	
	2025년 1회 CBT 복원문제	570	/	
	2025년 3회 CBT 복원문제	584	/	

* 2016년 5회부터 CBT 방식으로 전면 시행됨에 따라 실제 수험생 분들의 복원을 토대로 문제를 구성하였습니다. 최신 문제를 풀어보고 최신 경향을 파악해 보세요.

PART 00

합격족보

01   기계설계제도(기계제도)
02   기계설계제도(기계재료)
03   기계설계제도(CAD 시스템)

PART 01
기계설계제도(기계제도)

1. KS 및 ISO 기계제도 통칙

도면의 양식

도면에 반드시 설정해야 되는 양식	도면의 척도
• 윤곽선 : 제도 영역을 나타내는 윤곽. 0.7mm 굵기의 실선 • 표제란 : 제도영역의 오른쪽 아래 구석. 제목, 날짜 등 기입 • ① ▨▨▨ : 도면의 위치를 잡기 위함. 0.7mm 굵기의 실선	A : B • A : 도면에 그려진 물체의 길이 • B : 물체의 실제 길이

선의 우선 순위(높은순)

외형선 - 숨은선 - 절단선 - ② ▨▨▨ - 무게 중심선 - 치수보조선

선의 종류

용도에 의한 명칭	굵기(mm)	선의 모양	선의 용도
외형선 (굵은 실선)	0.5 ~ 0.7	———	물체의 보이는 부분의 모양을 나타내는 선
숨은선 (파선, 은선)	0.3 ~ 0.4	------	물체의 보이지 않는 부분의 모양을 나타내는 선
중심선 (가는 1점쇄선)	0.1 ~ 0.25	—·—·—	도형의 중심, 중심궤적을 표시하는데 쓰이는 선
가상선 (가는 2점쇄선)	0.1 ~ 0.25	—··—··—	인접부분, 운동범위를 참고로 표시하는 선
특수 지정선 (굵은 1점쇄선)	0.8 ~ 1.0	—·—·—	특수 가공을 하는 부분에 특별한 요구사항을 적용할 수 있는 범위를 표시하는 선
파단선 (자유 실선)	0.1 ~ 0.25	∿∿	대상물의 일부를 파단한 경계 또는 일부를 떼어낸 경계를 표시하는데 쓰이는 선
③ ▨▨▨ (가는 실선)	0.1 ~ 0.25	/////	도형의 한정된 특정 부분을 다른 부분과 구별하고 단면도의 절단된 부분을 나타내는 선
가는 실선	0.1 ~ 0.25		치수선, 치수보조선, 지시선, 회전단면선, 공차문자, 수면 위치, 중심선을 간략히 표시 등을 나타내는 선
절단선 (가는 1점쇄선)	0.1 ~ 0.25	—·—⌐	단면도를 그리는 경우, 그 절단 위치를 대응하는 그림에 표시하는 선(절단선이 꺾이는 부분 굵은 실선)
기준선 (가는 1점쇄선)	0.1 ~ 0.25	—·—·—	위치 결정의 근거가 된다는 것을 명시하는 선

① 중심마크 ② 중심선 ③ 해칭

용도에 의한 명칭	굵기(mm)	선의 모양	선의 용도
피치선 (가는 1점쇄선)	0.1 ~ 0.25	─·─·─·─	되풀이 하는 도형의 피치 기준을 표시하는 선
무게 중심선 (가는 2점쇄선)	0.1 ~ 0.25	─··─··─	단면의 무게 중심을 연결한 선을 표시하는 선

2. 투상법

투상도의 표시방법
- ① _____ : 대상물의 모양이나 기능을 가장 명확하게 표시하는 면
- 보조투상도 : 투상부의 경사진 일정 부분을 회전해서 실제 길이와 같도록 투상하는 방법
- 부분투상도 : 대상물의 구멍, 홈 등과 같이 한 부분의 모양을 도시하는 것으로 충분한 경우에는 그 필요 부분만을 부분 투상도로서 표시
- ② _____ : 대상물의 구멍, 홈 등 한 부분만의 모양을 도시하는 것
- 회전투상도 : 투상면이 어느 각도를 가지고 있기 때문에 그 실제 형상을 표시하지 못할 때에는 그 부분을 회전해서 그 실제 형상을 도시함
- 부분확대도 : 물체의 주요 부분이 너무 작아서 상세한 도시나 치수 기입을 할 수 없을 때 그 부분을 가는 실선으로 둘러싸고 확대시켜 그리는 투상법

단면도의 종류

온 단면도(전단면도)	한쪽 단면도(반단면도)

부분 단면도	③ _____

계단 단면도	조합에 의한 단면도

정답 ① 주투상도 ② 국부투상도 ③ 회전도시단면도

3. 스케치도와 전개도

스케치도의 종류

①	일반적인 방법으로 척도에 관계없이 적당한 크기로 부품을 손으로 직접 그리는 방법
프린트법	• 복잡한 형상을 가진 부품면에 광명단 등을 발라 스케치 용지에 찍어 그 면의 실제 형상을 얻는 방법 • 간접프린트법 : 면에 용지를 대고 연필 등으로 문질러서 도형을 얻는 방법
본뜨기법	• 직접법 : 부품을 직접 용지 위에 놓고 윤곽을 본뜨는 방법 • 간접법 : 납선 또는 구리선 등을 부품의 윤곽에 대고 구부린 후 선의 곡선을 용지에 대고 본뜨는 방법
사진촬영법	• 복잡한 기계의 조립 상태나 부품의 형상, 구조를 가장 잘 나타내고 있는 방향에서 여러 장의 사진을 찍는 방법

전개도의 종류

- 평행선법을 이용한 전개 : 원기둥, 각기둥의 전개에 사용
- 방사선을 이용한 전개 : 원뿔, 각뿔의 전개에 사용
- ② _____ 을 이용한 전개 : 원뿔 전개에 사용

4. 치수기입

치수 기입의 원칙

- 대상물의 기능, 제작, 조립 등을 고려하여, 필요한 치수를 명료하게 도면에 지시한다.
- 치수는 대상물의 크기, 자세 및 위치를 가장 명확하게 표시하는데 충분한 것을 기입한다.
- 도면에 나타내는 치수는 특별히 명시하지 않는 한, 그 도면에 도시한 대상물의 ③ _____ 를 표시한다.
- 치수에는 기능상(호환성을 포함) 필요한 경우 치수의 허용한계를 지시한다. 다만, 이론적으로 정확한 치수를 제외한다.
- 치수는 중복 기입을 피하고 계산해서 구하지 않도록 하며 되도록 ④ _____ 에 집중한다.
- 치수는 필요에 따라 기준으로 하는 점, 선 또는 면을 기준으로 하여 기입한다.
- 관련되는 치수는 되도록 한 곳에 모아서 기입한다.
- 치수는 되도록 공정마다 배열을 분리하여 기입한다.
- 치수 중 참고 치수에 대하여는 치수 수치에 ⑤ _____ 를 붙인다.

① 프리핸드법 ② 삼각형 ③ 다듬질 치수(마무리 치수) ④ 주투상도 ⑤ 괄호

치수보조기호(원호의 길이 예시)

기호	구분	사용법	예
ϕ	지름	지름 치수 수치 앞에 붙인다.	$\phi 10$
R	반지름	반지름 치수 수치 앞에 붙인다.	R20
$S\phi$	①	구의 지름 치수 수치 앞에 붙인다.	$S\phi 5$
SR	구의 반지름	구의 반지름 치수 수치 앞에 붙인다.	SR10
□	정사각형	정사각형의 한변 치수 수치 앞에 붙인다.	□6
C	45° 모따기	45° 모따기 치수 수치 앞에 붙인다.	C2
t	두께	판 두께의 치수 수치 앞에 붙인다.	t30
⌒	원호의 길이	원호의 길이 치수 수치 위에 붙인다.	⌒20
( )	참고 치수	참고 치수의 치수 수치(치수 보조 기호 포함)를 둘러싼다.	(15)
☐	이론적으로 정확한 치수	이론적으로 정확한 치수의 치수 수치를 둘러싼다.	50
⊔	카운터 보어	카운터 보어 지름 치수 수치 앞에 붙인다.	⊔$\phi 6$
∨	카운터 싱크	카운터 싱크 지름 치수 수치 앞에 붙인다.	∨$\phi 10$
↧	깊이	깊이 치수 수치 앞에 붙인다.	↧10

여러 가지 치수기입

- 원형인 물체가 정사각형의 모양을 포함할 경우 해당 단면의 치수 앞에 정사각형의 한 변이라는 것을 나타내는 기호 ② 을 기입한다.
- 드릴 구멍, 리머 구멍, 펀칭 구멍, 코어 구멍 등의 구별을 표시할 필요가 있을 때는 그림과 같이 치수 숫자에 그 명칭을 기입한다.

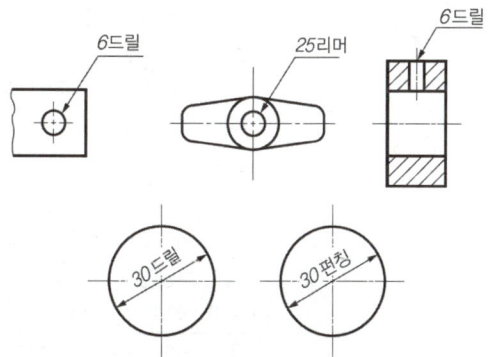

- 같은 치수의 볼트 구멍, 작은 나사 구멍, 핀 구멍, 리벳 구멍 등의 치수는 구멍으로부터 지시선을 끌어내어 그 총수를 표시하는 숫자 다음에 짧은 선을 넣어서 기입한다.
- 모따기 각도가 45°일 때는 모따기 길이 치수, '45°' 또는 ③ 기호 다음에 모따기 길이 수치를 기입한다.

5. 표면거칠기

표면거칠기의 종류

④ , 프로파일의 최대 높이(R_z), 프로파일 요소의 평균 높이(R_c)

정답 ① 구의 지름 ② '□' ③ 'C' ④ 평가 프로파일의 산술 평균 높이(R_a)

면의 지시기호

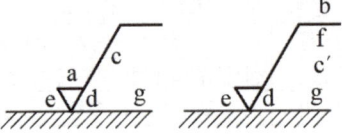

a : Ra의 값(μm)
b : 가공 방법, 표면처리
c : 컷 오프값·평가 길이
c' : 기준 길이·평가 길이
d : 줄무늬 방향의 기호
e : 기계가공 공차
f : Ra 이외의 파라미터
　(t_p일 때에는 파라미터/절단 레벨)
g : 표면 파상도(KS B ISO 4287에 따른다)
* 주 : a 또는 f 이외는 필요에 따라 기입한다.

다듬질 기호와 의미

제거가공을 필요로 함	제거가공을 허락하지 않음
▽	▽(○)

줄무늬 방향 기호와 의미

기호	의미	설명도
=	가공에 의한 커터의 줄무늬 방향이 기호를 기입한 그림의 투영면에 평행 • 보기 : 셰이핑면	
⊥	가공에 의한 커터의 줄무늬 방향이 기호를 기입한 그림의 투영면에 직각 • 보기 : 셰이핑면(옆으로부터 보는 상태) 선삭, 원통 연삭면	
X	가공에 의한 커터의 줄무늬 방향의 기호를 기입한 그림의 투영면에 경사지고 두 방향으로 교차 • 보기 : 호닝 다듬질면	
M	가공에 의한 커터의 줄무늬가 여러 방향으로 교차 또는 무방향 • 보기 : 래핑 다듬질면, 수퍼 피니싱면 가로 이송을 준 정면 밀링 또는 엔드 밀 절삭	
C	가공에 의한 커터의 줄무늬 방향의 기호를 기입한 면의 중심에 대하여 대략 동심원 모양 • 보기 : 끝면 절삭면	
R	가공에 의한 커터의 줄무늬가 기호를 기입한 면의 중심에 대하여 대략 레이디얼 모양	

기계재료 표시법

SM45C(KS D 3752 기계 구조용 탄소 강재)

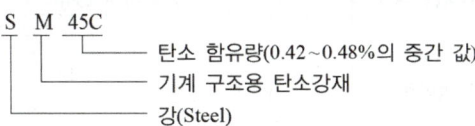

6. 치수공차

IT 기본공차
- 국제표준화기구(ISO) 공차 방식 분류에 의한 치수공차와 끼워맞춤 공차에 있어서 정해진 모든 치수공차
- 같은 등급이라도 기준 치수가 커짐에 따라 공차를 달리한다.
- IT01부터 IT18까지 20등급으로 분류

끼워맞춤의 종류
- ① : 구멍은 축 사이에 항상 틈새가 있는 끼워맞춤으로 축 허용 구역은 완전히 구멍의 허용구역보다 아래이다.
- ② : 축과 구멍 사이에 항상 죔새가 있는 끼워맞춤으로 축의 허용 구역이 완전히 구멍의 허용구역보다 위이다.
- 중간 끼워맞춤 : 축, 구멍을 각각 허용 한계 치수 내에서 다듬질을 하여 그들을 끼워맞출 때 그 실제 치수에 따라 틈새가 있거나 죔새가 있을 때의 끼워맞춤이다.

③
구멍의 치수가 축의 치수보다 클 때, 구멍과 축과의 치수 차
- 최소 틈새 = (구멍의 최소 허용 치수) - (축의 최대 허용 치수)
- 최대 틈새 = (구멍의 최대 허용 치수) - (축의 최소 허용 치수)

죔새
구멍의 치수가 축의 치수보다 작을 때의 조립 전의 구멍과 축과의 치수 차
- 최소 죔새 = (축의 최소 허용 치수) - (구멍의 최대 허용 치수)
- 최대 죔새 = (축의 최대 허용 치수) - (구멍의 최소 허용 치수)

허용한계 치수의 기입 방법

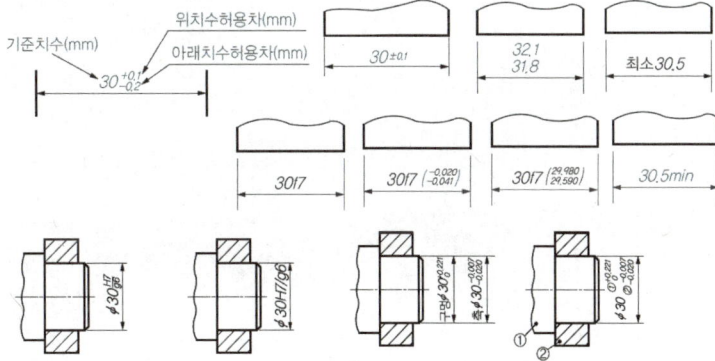

정답 ① 헐거운 끼워맞춤 ② 억지 끼워맞춤 ③ 틈새

7. 기하공차

기하공차의 종류와 기호

적용하는 형체	공차의 종류		기호
단독형체	모양 공차	진직도 공차	—
		평면도 공차	▱
		진원도 공차	○
		원통도 공차	⌭
단독형체 또는 관련형체		선의 윤곽도 공차	⌒
		면의 윤곽도 공차	⌓
관련형체	자세 공차	평행도 공차	//
		직각도 공차	⊥
		경사도 공차	∠
	위치 공차	위치도 공차	⊕
		동축도 공차 또는 동심도 공차	◎
		대칭도 공차	⚌
	흔들림 공차	원주 흔들림 공차	↗
		온 흔들림 공차	↗↗

기하공차의 기입틀

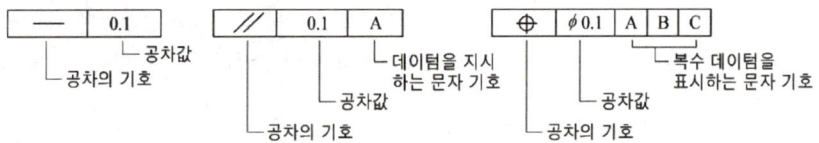

데이텀의 표시 방법

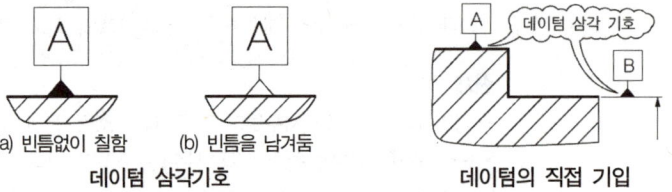

(a) 빈틈없이 칠함 (b) 빈틈을 남겨둠

데이텀 삼각기호   데이텀의 직접 기입

8. 체결요소 제도

나사의 종류를 표시하는 기호 및 나사의 호칭에 대한 표시 방법

구분		나사의 종류		나사의 종류를 표시하는 기호	나사의 호칭에 대한 표시방법의 보기
일반용	ISO 규격에 있는 것	미터 보통 나사[1]		M	M8
		미터 가는 나사[2]			M8×1
		미니추어(미니어처) 나사		S	S0.5
		유니파이 보통 나사		UNC	3/8-16UNC
		유니파이 가는 나사		UNF	No.8-36UNF
		미터 사다리꼴 나사		Tr	Tr10×2
		관용 테이퍼 나사	테이퍼 수나사	R	R3/4
			테이퍼 암나사	Rc	Rc3/4
			평행 암나사[3]	Rp	Rp3/4
	ISO 규격에 없는 것	관용 평행 나사		G	G1/2
		30° 사다리꼴 나사		TM	TM18
		29° 사다리꼴 나사		TW	TW20
		관용 테이퍼 나사	테이퍼 나사	PT	PT7
			평행 암나사[4]	PS	PS7
		관용 평행 나사		PF	PF7
특수용		전구 나사		E	E10
		미싱 나사		SM	SM1/4 산40
		자동차용 타이어 밸브 나사		TV	TV8
		자전거용 타이어 밸브 나사		CTV	CTV8 산30

* 1) 미터 보통 나사 중 M1.7, M2.3, 및 M2.6은 ISO 규격에 규정되어 있지 않다.
  2) 가는 나사임을 특별히 명확하게 나타낼 필요가 있을 때는 피치 다음에 "가는 나사"의 글자를
     ( ) 안에 넣어서 기입할 수 있다.
  3) 이 평행 암나사(Rp)는 테이퍼 수나사(R)에 대해서만 사용한다.
  4) 이 평행 암나사(PS)는 테이퍼 수나사(PT)에 대해서만 사용한다.

나사 호칭 방법의 해석

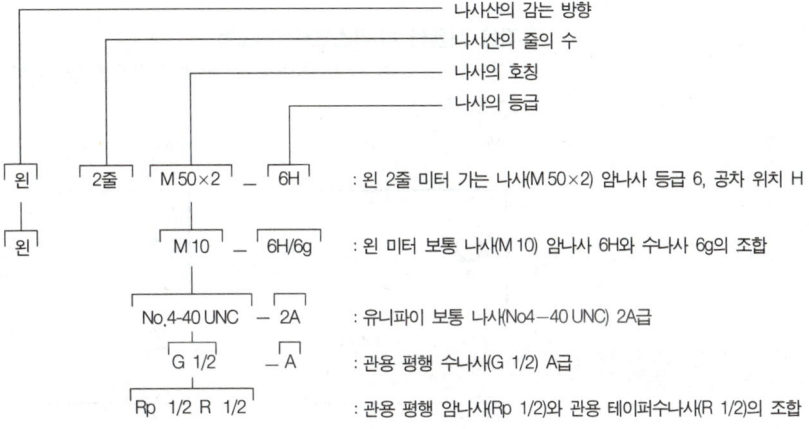

일반 나사의 제도법

- 수나사의 바깥지름(산지름)은 ① _____ 으로 도시하고, 안지름(골지름)은 ② _____ 으로 도시한다.
- 암나사의 안지름(산지름)은 ③ _____ 으로 도시하고, 바깥지름(골지름)은 ④ _____ 으로 도시한다.
- 불완전 나사부는 나사의 축선에 대하여 30°의 가는 실선으로 도시한다.
- 완전 나사부와 불완전 나사부의 경계는 ⑤ _____ 으로 그린다.
- 숨겨진 나사를 표시하는 것이 필요한 곳에는 산봉우리와 골밑은 가는 파선으로 표시한다.
- 나사 단면 그림에서 골지름은 가는 실선으로 3/4만 도시한다.
- 나사의 조립된 상태를 도시할 때는 수나사를 기준으로 도시한다.

볼트·너트의 호칭 방법

- 볼트의 호칭 방법(KS B 1002)

규격번호	종류	부품등급	d×L	강도구분	재료	지정사항
강재 볼트	호칭지름 6각 볼트	A	M12×80	8.8	MFZn	
스테인리스 볼트	유효지름 6각 볼트	B	M12×80	A2-70		둥근 끝
비철금속 볼트	온나사 6각 볼트	A	M12×50		C2500	

- 너트의 호칭 방법(KS B 1012)

| 너트의 종류 | 형식 | | 등급 | | 참고표준 |
	스타일에 의한 구분	모따기의 유무에 의한 구분	부품 등급	강도 구분	
6각 너트	스타일 1	-	A	6, 8, 10	ISO 4032(A 및 B)
			B		
	스타일 2	-	A	9, 12	KS B ISO 4033 (A 및 B)
			B		
	-	-	C	4, 5	KS B ISO 4034(C)
6각 낮은 너트	-	양 모따기	A	04, 05	KS B ISO 4035 (A 및 B)
			B		
	-	모따기 없음	B	-	KS B ISO 4036(B)

작은 지름의 나사(스크류) 제도법

지름 6mm 이하 또는 규칙적으로 배열된 같은 모양 및 치수의 구멍이나 나사는 간략히 도시할 수 있다.

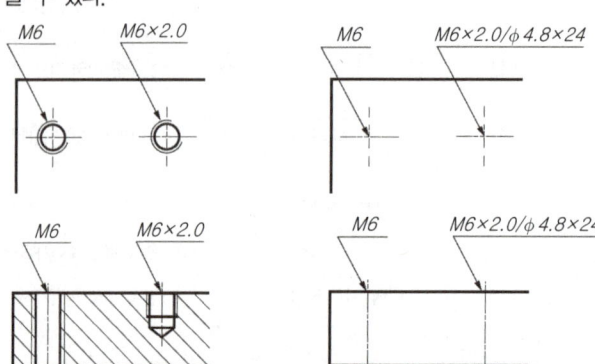

① 굵은 실선 ② 가는 실선 ③ 굵은 실선 ④ 가는 실선 ⑤ 굵은 실선

키의 종류

키의 명칭		특징과 용도
묻힘 키	때려박음 키	축과 보스를 맞춘 후에 키를 박은 것. 머리가 달린 비녀키가 주로 쓰인다.
	평행 키	축과 보스에 다같이 홈을 파는 키. 키를 축심에 평행으로 끼우고 보스를 밀어 넣는다.
반달 키		키 홈을 반달모양으로 판 것. 가공이 쉽고 키가 자동적으로 축과 보스 사이에 자리를 잡을 수 있다. 일반적으로 60mm 이하의 작은 축에 사용
미끄럼 키		회전력의 전달과 동시에 보스를 축방향으로 이동시킬 때 사용. 테이퍼가 없다.
접선 키		한 곳에 두 개씩의 키가 서로 반대 방향으로 기울어져 있어 강력한 힘이 작용되는 축과 보스에 사용한 키. 무거운 것이나 급격한 속도변화가 필요한 부분에 사용. 정사각형 단면의 키 두 개를 직각으로 장착한 것을 케네디 키(Kennedy Key)라 한다.
원뿔 키		보스 구멍을 원뿔 모양으로 만들고, 원뿔통형 키를 때려박아 마찰만으로 회전력을 전달하는 키. 축과 보스에 홈을 파지 않고, 어디에나 설치할 수 있으며, 비교적 큰 힘에 견딘다.
평 키		축에 키가 닿는 부분만큼 편평하게 깎아 자리를 만들어 보스에 끼워넣은 키로, 새들 키보다 큰 힘을 전달
안장 키		축은 그대로 두고 보스에만 키 홈을 파서 키를 박아 마찰에 의해 회전력을 전달
둥근 키		회전력이 극히 적은 곳에 사용. 핀키라고 한다. 핸들과 같이 토크가 작은 것의 고정에 사용
①		축 둘레에 여러 줄의 키를 직접 절삭하여 축과 보스에 큰 동력을 전달할 수 있도록 한 키이다. 공작기계, 발전용 증기터빈에 쓰이며, 스플라인의 줄 수는 6, 8, 10개가 보통
세레이션		스플라인에 사용하는 사다리꼴 홈의 단면을 삼각형 톱니모양의 단면으로 개조한 키이다. 스플라인보다 많은 키와 돌기가 있어 전달동력이 크며, 자동차 핸들에 주로 사용된다.

키의 호칭 방법

규격번호 또는 명칭	호칭 치수×길이	끝모양의 특별지정	재료
KS B 1313	12×8×50	양끝 둥긂	SM 45C
평행키	25×14×90	양끝 모짐	SM 40C

평행 핀의 호칭 방법(KS B ISO 2338)

호칭방법 및 예시
[규격 번호 또는 명칭], [호칭 지름], [공차×호칭 길이], [재료]
예) KS B ISO 2338 6 m6×30 - St : 호칭지름 6mm, 공차 m6, 길이 30mm 비경화강 평행 핀

정답 ① 스플라인

핀의 제도법
- 핀은 규격품이므로 부품도를 그리지 않는다.
- 핀은 설치 방법이 간단하기 때문에 키의 대용으로도 널리 적용되지만, 작용하중이 작은 경우에만 사용한다.

리벳의 호칭 방법

규격번호(생략가능)	종류	호칭 지름×길이	재료
KS B 1102	열간 둥근머리 리벳	16×40	SV 330

리벳 이음과 제도법
- 도면에서의 리벳 이음은 능률을 위해 다음과 같이 간략도로 표시한다.
- 리벳의 위치만을 표시할 때에는 중심선만 그으면 된다.
- 얇은 판, 형강 등 얇은 것의 단면은 굵은 선으로 표시하고, 서로 인접해있을 때는 그것을 표시하는 선 사이에 약간의 틈을 둔다.
- 같은 피치로 연속되는 같은 종류 구멍의 표시법 : ①  와 같이 간단히 기입한다.
- 평판 또는 형강의 치수는 ② 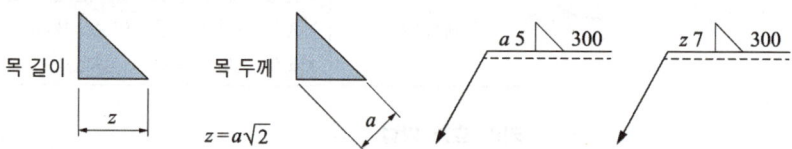 로 표시한다.
- 리벳은 절단하여 표시하지 않는다.
- 구조물에 사용하는 리벳은 약도로 표시한다.

용접부의 지시기호 표시 방법

양면 대칭 용접 　　　화살표 쪽의 용접 　　　화살표 반대 쪽의 용접

용접부의 치수 표시

목 길이　　　목 두께　　　$z = a\sqrt{2}$　　　$a\,5\ \ 300$　　　$z\,7\ \ 300$

정답 ① "피치의 수×피치의 치수 = 합계 치수" ② "너비×두께×길이"

용접 보조 기호

기호		용접부 및 용접부 표면의 형상
용접부의 표면모양	─	평면(동일 평면으로 다듬질)
	⌢	볼록형
	⌣	오목형
	⌣⌣	끝단부(토우)를 매끄럽게 한다.
	M	영구적인 덮개 판을 사용
	MR	제거 가능한 덮개 판을 사용
용접부의 다듬질 방법	C	치핑
	G	연삭(그라인더 다듬질일 경우)
	M	절삭(기계 다듬질일 경우)
	F	지정하지 않는다(다듬질 방법을 지정하지 않을 경우).
보조 지시	▶	현장 용접
	○	전둘레 용접
	⌀	전둘레 현장 용접

9. 동력전달요소 제도

축의 제도

- 축이나 보스의 끝 구석 라운드 가공부는 필요하면 확대하여 부품도 옆이나 주서 기입란에 기입하여 준다.
- 축은 일반적으로 길이 방향으로 절단하지 않으며 필요에 따라서는 부분 단면은 가능하다.
- 긴 축은 단축하여 그릴 수 있으나, 길이는 실제 길이를 기입해야 한다.

커플링의 종류

커플링의 명칭	특징과 용도
머프 커플링	원통 속에 두 축을 끼워 키로 고정한 축 이음으로, 축과 하중이 작은 경우에 쓰인다.
반 겹치기 커플링	원통 속에 전달축보다 기울기를 주어 중첩시킨 후 고정한 커플링
마찰 원통 커플링	2개로 분할된 원통의 외부를 원추형으로 만들어 두 축을 끼우고, 바깥쪽에 2개의 링을 달아 고정한 커플링. 축과 원통 사이의 마찰력에 의해 동력을 전달하며, 진동이 없는 축에 사용
클램프 커플링	두 축을 분할 원통에 넣고 볼트로 체결하는 축이음으로, 분할 원통 커플링이라 한다. 2~4개의 볼트로 체결하며, 조립이 용이하고 사용할 수 있는 최대 지름은 약 200mm
셀러 커플링	셀러(Seller)가 머프 커플링을 개량한 것. 원통 내부가 원추형태로 여기에 두축을 끼우고, 3개의 볼트로 죄어 축을 고정시키는 커플링. 연결할 두 축의 지름이 달라도 축선이 맞춰진다.
플랜지 커플링	두 플랜지를 축에 억지 끼워맞춤이나 키로 체결 후, 두 개의 플랜지를 볼트로 체결한 커플링. 플랜지 내부에 요철을 만들어 두 축에 중심을 일치시킬 수 있고, 지름 200mm 이상의 이음도 가능

커플링의 명칭	특징과 용도
플렉시블 커플링	중심선이 일치하지 않아 편심이 있는 두 축이나, 고속회전으로 진동이 있는 두 축을 연결하는데 사용. 기어, 고무, 체인 등을 이용해서 충격과 진동을 완화시키는 커플링
올덤 커플링	원판에 직각방향의 키를 만들어, 두 축이 평행하나 축선의 위치가 어긋나 있을 때 각속도의 변화없이 동력을 전달시키는 커플링
유니버설 조인트	두 축이 같은 평면에 있으면서 중심선이 교차하고 있을 때 사용하는 축이음으로, 원동축과 종동축 끝이 두 갈래로 나뉘어 십자형의 저널을 조인트로 회전하도록 연결한 커플링

클러치

클러치는 원동축과 종동축의 결합을 단속하기 위하여 사용하는 축 이음

클러치의 명칭	특징과 용도
맞물림 클러치	원동축과 종동축의 끝에 서로 물림이 가능하도록 턱을 만들어 서로 맞물려 동력을 전달
마찰 클러치	원동축과 종동축에 붙어 있는 마찰면을 서로 밀어붙여 발생하는 마찰력에 의해 동력을 전달
유체 클러치	직선 방사상의 날개를 갖는 임펠러를 서로 맞대어 놓고 유체로 채워 동력을 전달
원심 클러치	원동축 블록이 드럼 속에 스프링으로 연결되어 블록과 드럼의 마찰력으로 동력을 전달

기어

원주피치	이끝원 지름	속도비
$P = \pi m$	$D_e = D + 2m = m(Z+2)$	$i = \dfrac{n_B}{n_A} = \dfrac{D_A}{D_B} = \dfrac{mZ_A}{mZ_B} = \dfrac{Z_A}{Z_B}$

①	지름피치	중심거리
$m = \dfrac{D}{Z}$	$D_P = \dfrac{25.4}{m}$	$C = \dfrac{D_A + D_B}{2} = \dfrac{m(Z_A + Z_B)}{2}$ [mm]

스퍼기어 제도법

- 스퍼 기어를 그릴 때에는 축에 직각인 방향(단면이 나타나는 부분)을 주투상도로 할 수 있고 나사의 경우와 같이 치형은 생략하여 표시한다.
- 이끝원은 ② _____ 으로, 피치원은 ③ _____ 으로, 이뿌리원은 가는 실선 또는 굵은 실선으로 그리고 축방향에서 이골원은 가는 실선으로 그린다.
- 서로 맞물리는 한 쌍의 기어의 이끝원은 굵은 실선으로 그린다.
- 제작도에서는 기어의 제작상 중요한 치형, 모듈, 압력각, 피치원 지름 등 기타 필요한 사항은 기어 요목표를 만들어 기입한다.

① 모듈 ② 굵은 실선 ③ 가는 1점 쇄선

헬리컬 기어의 제도
- 측면도는 스퍼 기어와 같으나 정면도에서는 반드시 이의 비틀림 방향(잇줄 방향)을 ① [   ] 을 이용하여 도시한다.
- 기어 잇줄 방향을 나타내는 사선은 수평과 ② [   ]로 표시하고 치수기입은 실제의 비틀림 각도를 기입한다.
- 맞물리는 한쌍의 기어는 측면도의 양쪽 이끝원은 굵은 실선으로 그리고 정면도의 단면에서는 한쪽의 이끝원은 파선, 다른 한쪽 이끝원은 굵은 실선으로 그린다.

베어링 호칭 번호

기본번호			보조기호					
베어링 계열기호	안지름 번호	접촉각 기호	내부치수	밀봉기호 또는 실드기호	궤도륜 모양기호	조합 기호	내부틈새 기호	정밀도 등급기호

〈보기〉 6308 Z NR
- 63 : 베어링 계열기호 - 단열 깊은 홈 볼베어링 6, 치수 계열 03(너비 계열 0, 지름 계열 3)
- 08 : 안지름 번호(호칭 베어링 안지름 8×5 = 40mm)
- Z : 실드 기호(한쪽 실드)
- NR : 궤도륜 모양기호(멈춤링 붙이)

베어링 보조 기호

구분	기호	내용	구분	기호	내용
밀봉(실) 또는 실드 기호	UU	양쪽 실드붙이	리테이너 기호	V	리테이너 없음
	U	한쪽 실드붙이	레이디얼 내부 틈새 기호	C1	C2보다 작다.
	ZZ	양쪽 실드붙이		C2	보통 틈새보다 작다.
	Z	한쪽 실드붙이		CN	보통 틈새
궤도륜 모양 기호	K	내륜 테이퍼(1/12) 구멍		C3	보통 틈새보다 크다.
	K30	내륜 테이퍼(1/30) 구멍		C4	C3보다 크다.
	N	링 홈붙이		C5	C4보다 크다.
	NR	멈춤 링붙이	정밀도 등급 기호	없음	0급
	F	플랜지붙이		P6	6급
베어링 조합 기호	DB	뒷면 조합		P5	5급
	DF	정면 조합		P4	4급
	DT	병렬 조합			

구름 베어링의 약도와 도시기호법

적용	도시 방법			
볼 베어링	단열 깊은 홈 볼 베어링	복렬 깊은 홈 볼 베어링	복렬 자동 조심 볼 베어링	
롤러 베어링	단열 원통 롤러 베어링	복렬 원통 롤러 베어링	복렬 구형 롤러 베어링	단열 앵귤러 콘택트 테이퍼 롤러 베어링

정답 ① 3개의 가는 실선 ② 30°

적용	도시 방법		
	+─+─+	+─+─+ +─+─+	X─X
볼 베어링	단열 방향 스러스트 볼 베어링	이중 방향 스러스트 볼 베어링	앵귤러 콘택트 스러스트 볼 베어링
롤러 베어링	단열 방향 스러스트 롤러 베어링		

평벨트의 호칭 방법

명칭	등급 또는 종류	치수(폭×층수)
예 평가죽 벨트	1급	135×2
예 평고무 벨트	1종	50×4

벨트 풀리의 제도법

- 벨트 풀리는 대칭형이므로 전부를 표시하지 않고 그 일부만을 표시할 수 있다.
- 암은 길이 방향으로 절단하지 않으며 단면형은 도형의 밖이나 도형 속에 표시한다.
- 테이퍼 부분의 치수는 치수보조선을 빗금 방향(수평과 30° 또는 60°)으로 그어도 좋다.

V-벨트의 호칭 방법

- V-벨트의 표준 치수(KS M 6535) : V-벨트의 치수는 단면의 치수로 표시하며, 단면의 크기에 따라 M, A, B, C, D, E형으로 나눈다.

일반용 V-벨트   A   80   또는   A   2032
　　└ 명칭　　└ 호칭번호　　　　└ V-벨트의 길이(mm)
　　　　　　└ 종류(형별)

- 스프로킷 휠의 호칭 방법

명칭	체인 호칭 번호	스프로킷의 잇수	스프로킷의 치형
예 스프로킷	40	N30	S

스프로킷 휠의 제도법

- 우측면도의 바깥지름(이끝원)은 ①_____, 피치원은 ②_____, 이골원(이뿌리원)은 가는 실선 또는 굵은 파선으로 표시하나 이골원은 기입을 생략할 수 있다.
- 축에 직각인 방향에서 본 그림(정면도)을 단면으로 도시할 때에는 이골의 선은 ③_____으로 기입한다.

스프링

스프링 상수	병렬연결의 스프링 상수	직렬연결의 스프링 상수
$k = \dfrac{P}{\delta}$ [N/mm]	$k = k_1 + k_2 + k_3 + \cdots$	$\dfrac{1}{k} = \dfrac{1}{k_1} + \dfrac{1}{k_2} + \dfrac{1}{k_3} + \cdots$

탄성변형 에너지	코일지름과 소선지름의 비
$U = \dfrac{1}{2} P\delta = \dfrac{1}{2} k\delta^2$	$C = \dfrac{\text{코일의 평균지름}}{\text{소선의 지름}} = \dfrac{D}{d} = \dfrac{R}{r}$

정답 ① 굵은 실선 ② 가는 1점 쇄선 ③ 굵은 실선

코일 스프링 도시의 일반사항

- ① _____ 에서 그리는 것을 원칙으로 한다. 하중이 걸린 상태에서 그린 경우에는 치수를 기입할 때, 그때의 하중을 기입한다.
- 하중과 높이(또는 길이) 또는 처짐과의 관계를 표시할 필요가 있을 때에는 선도(Diagram) 또는 표로 나타낸다.
- 선도로 표시하는 경우 하중과 높이(또는 길이) 또는 처짐을 표시하는 좌표축과 그 관계를 표시하는 선은 스프링의 모양을 나타내는 선과 같은 ② _____ 으로 그린다.
- 그림에서 단서가 없는 코일 스프링이나 벌류트 스프링은 모두 오른쪽으로 감은 것으로 나타낸다. 왼쪽으로 감은 경우에는 "감김 방향 왼쪽"이라고 표시한다.
- 그림 안에 기입하기 힘든 사항은 일괄하여 요목표에 기입한다.

겹판 스프링의 제도법

- 원칙적으로 스프링 판의 사용 ③ _____ 에서 그린다. 단, 하중 시의 상태에서 그리고 치수를 기입하는 경우에는 하중을 명기한다.
- 하중과 처짐의 관계는 요목표에 나타낸다.
- 종류 및 모양만을 도시할 때에는 스프링의 외형만을 ④ _____ 으로 그린다.

10. 측정

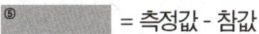 = 측정값 - 참값

측정기 오차 (계기 오차)	측정기의 구조, 측정 압력, 측정 온도, 측정기의 마모 등에 의해 생기는 오차
우연 오차	진동이나 소리 또는 자연현상의 급변 등으로 생기는 오차
⑥	측정자의 눈 위치에 따라 눈금을 잘못 읽을 경우 발생하는 오차
개인 오차	측정자의 숙련도, 습관에 따라 발생하는 오차
환경 오차	작업 공간의 온도나 채광에 변화가 영향을 주어 발생하는 오차

버니어 캘리퍼스
자와 캘리퍼스를 조합한 측정기. 어미자, 아들자 눈금의 조합으로 측정

나사의 지름과 회전각에 의해 길이 변화를 확대하여 치수를 읽는 측정기

높이게이지
대형 부품, 복잡한 모양의 부품 등을 정반 위에 올려놓고 높이를 측정하거나 금긋기 작업에 사용

다이얼게이지
측정자의 직선 또는 원호 운동을 기계적으로 확대하여 움직임을 회전 변위로 변환시켜 눈금으로 읽을 수 있는 측정기
- 편심량을 측정할 때 다이얼 게이지에 나타난 값은 실제 편심량의 2배
- 다이얼 게이지 변위량 = 편심량×2

정답 ① 무하중 상태 ② 굵은 실선 ③ 하중 상태 ④ 굵은 실선 ⑤ 측정오차 ⑥ 시차 ⑦ 마이크로미터

① _____

두 개의 게이지를 짝지어 제품이 이 한도 내에 제작되는가를 판별하는 게이지

② _____

양쪽 높이를 측정하여 삼각함수를 이용한 계산에 의해 임의의 각을 측정
- 사인바를 이용한 각도 계산 공식

$$\sin\theta = \frac{H-h}{L}$$

- θ : 각도[°]
- L : 사인바의 크기[mm]
- H : 블록게이지의 높은쪽 높이
- h : 블록게이지의 낮은쪽 높이

수준기
에테르·알코올로 채워진 기포관 내에 기포 위치에 의해 수직 및 수평을 측정

기타 각도측정기

콤비네이션 세트	• 철자, 직각자, 분도기 및 수준기를 조합해 각도 측정에 사용
만능각도측정기 (베벨각도기)	• 원주눈금이 새겨진 자와 아들자 눈금을 가진 회전체로 구성
광학식클리노미터	• 각도계의 테이블 위에 정밀 수준기를 조합한 경사각 측정기
③ _____	• 수준기와 망원경을 조합한 미소 각도측정기 • 광학 측정기로 진직도, 직각도, 미소 각도의 변화 등을 측정

표면거칠기, 평면도 측정기

④ _____	• 측정면에 접촉시켜 생기는 간섭무늬로 작은 부분의 평면도를 측정 • 간섭무늬의 수가 적을수록 평면도가 좋다.
나이프에지	• 단면 형상이 삼각형인 칼날 모양의 예리한 받침쇠 • 평면이나 오목면을 검사하는 데 사용
직각자	• 면이 서로 직각인지 검사하는 데 사용
투영기	• 빛을 이용해 확대하여 형상, 치수, 각도를 측정하는 장치
⑤ _____	• 현미경으로 확대하여 관측하면서 형태나 치수를 측정하는 장치

나사의 유효지름 측정
- ⑥ _____ 에 의한 방법 : 나사골에 3개의 핀을 끼운 후 거리를 측정하여 수나사의 유효지름을 측정하는 방법. 정밀도가 가장 높다.
- 공구현미경에 의한 방법 : 투영기, 공구현미경을 이용하여 광학식으로 수나사의 유효지름을 측정하는 방법
- 나사한계게이지에 의한 방법 : 링게이지로 수나사를 검사하고, 플러그게이지로 암나사를 검사하는 방법. 대량생산에서 많이 사용
- 나사마이크로미터에 의한 방법

정답 ① 한계 게이지 ② 사인바 ③ 오토콜리메이터 ④ 옵티컬플랫(광선정반) ⑤ 공구현미경 ⑥ 삼침법

PART 02
기계설계제도(기계재료)

1. 재료의 성질

인장시험
재료에 인장력을 가해 기계적성질(인장강도, 항복점 등)을 조사하는 시험방법

①	연신율	단면 수축률
$\sigma = \dfrac{P}{A_0}$ [N/mm^2]	$\epsilon = \dfrac{\ell - \ell_0}{\ell_0} \times 100\,[\%]$	$\phi = \dfrac{A_0 - A}{A_0} \times 100\,[\%]$

경도시험
재료의 단단함을 측정하기 위한 시험방법

충격시험
충격에 대해 재료가 저항하는 성질(인성)을 측정하는 시험방법

2. 재료의 강도와 변형

응력	변형률	훅의 법칙
$\sigma_t = \dfrac{P_t}{A}$ [N/mm^2]	$\epsilon = \dfrac{\ell' - \ell}{\ell} = \dfrac{\lambda}{\ell}$	$\sigma = E\epsilon$

3. 철강 재료

탄소강의 취성(= 메짐)

종류	발생온도	특징
저온취성	-20 ~ -30℃	• 저온에서 강의 충격값이 급격히 저하되어 깨지는 성질
상온취성	상온	• 인(P)을 함유한 재료가 상온에서 충격치가 낮아지는 성질
청열취성	200 ~ 300℃	• 탄소강이 200 ~ 300℃에서 경도가 커져 취성이 나타나는 성질
②	900℃ 이상	• 황(S)을 함유한 강이 900 ~ 1,000℃에서 취성이 나타나는 성질 • 망가니즈(Mn)를 첨가하여 방지
뜨임취성	500 ~ 650℃	• 담금질 뜨임 후 재료에 취성이 나타나는 성질 • Ni-Cr강에 나타나며, Mo(몰리브덴)을 첨가하여 방지

공구용합금강
- 탄소공구강 : 0.6 ~ 1.5%C를 함유하는 강, 경절삭용에 사용
- 합금공구강 : 탄소강에 Mn, Cr, Mo, W, Ni 등을 첨가하여 경도나 내마모성을 향상시킨 것
- 고속도강 : W, Cr, V, Mo 등을 첨가하고 강도와 인성을 높인 강으로 500 ~ 600℃ 내열성
- ③ : WC, TiC, TaC 분말과 Co분말을 압착 성형한 후 1,000℃에서 소결해 만든 합금
- 세라믹공구 : 알루미나(Al$_2$O$_3$)가 주성분으로 하는 세라믹스로 만들어진 공구이다.

정답 ① 인장강도 ② 적열취성 ③ 초경합금

- 다이아몬드 공구 : 공업용 다이아몬드를 연마하며 절삭날을 만든 공구, 정밀절삭에 사용

주철의 종류
- 보통 주철 : 회주철이 대표적인 주철로 보통 주철의 인장강도는 117.6 ~ 196MPa, 값이 싸다.
- 고급 주철 : 인장강도가 245MPa 이상인 주철을 말하며, 강력하고 내마모성이 좋다.
- 미하나이트주철 : 접종제를 첨가하여 흑연 미세조직 주철이다. 인장강도가 343 ~ 441MPa
- 합금주철 : 보통 주철에 다른 합금원소나 Si, P, Mn을 첨가하여 기계적 성질을 개선한 주철
- ① _____ : 용융주철에 Ce, Mg, Ca 등을 첨가하여 구상흑연을 석출시켜 강도와 연성을 높인다.
- 가단주철 : 백주철을 풀림처리하여 강인하게 만든 주철

열처리의 종류
- ② _____ : 강을 가열하고 오스테나이트로부터 냉각하여 강도, 경도를 향상시키는 열처리
- 뜨임 : 담금질로 생긴 취성을 제거하고 내부 응력제거와 강인성을 향상시키기 위한 열처리
- 풀림 : 조직을 조정하고 연화시키며 강의 내부응력을 제거하기 위한 열처리
- 불림 : 강의 조직 불균일을 제거하고 결정립을 표준 상태로 만들기 위한 열처리

4. 비철금속 재료

구리와 구리 합금
- 황동 : 구리와 아연의 합금으로, Zn이 30% 내외의 α고용체의 것을 7-3황동이라 하며, Zn이 40% 내외의 α와 β고용체의 것은 6-4 황동

톰백	5 ~ 20% Zn을 첨가한 저아연 합금을 총칭. 전연성이 좋고 Au에 가깝다. 장식용 악기로 사용
양백	10 ~ 20% Ni을 첨가한 황동, 색이 Ag와 비슷하여 장식용, 악기로 사용
쾌삭 황동	황동에 0.6 ~ 4% Pb을 넣어 경도와 연신율이 감소하나 절삭성은 좋게 한 황동
③ _____	7-3황동에 1% Sn을 첨가한 합금. 내해수성이 양호, 열교환기, 가스배관에 사용
네이벌 황동	6-4 황동에 1% Sn을 첨가한 합금. 내해수성이 우수하여 선박용 부품에 사용
델타 메탈	6-4 황동에 1 ~ 2% Fe를 첨가. 내식성이 좋고 강도가 높음. 광산기계에 사용

- 청동 : 구리와 주석의 합금으로, 주석을 많이 할수록 점점 커지고 경도도 증가한다. 청동의 연신율은 주석 4%에서 최대, 그 이상에서 급격히 감소

포금	8 ~ 12% Sn에 1 ~ 2% Zn을 첨가한 청동, 강도가 높아 대포 포신 재료로 사용
베어링 청동	4 ~ 20% Pb을 함유한 청동, 윤활성 향상으로 고압용 베어링 재료에 사용
알루미늄 청동	8 ~ 12% Al을 함유한 청동, 강도, 경도, 인성, 내마모성, 내피로성이 우수
베릴륨 청동	Cu에 2 ~ 3% 베릴륨(Be)을 첨가한 청동, 시효경화성이 뚜렷하며, 피로한도가 높다.

정답 ① 구상흑연주철 ② 담금질 ③ 애드미럴티 황동

알루미늄과 알루미늄 합금
- 주조용 알루미늄 합금 : 주조성이 좋고 경량화가 요구되는 엔진부품에 사용

실루민	유동성이 좋고 주조결함이 없음, 대형주물, 복잡한 형상의 제품 주조에 사용
라우탈	Si가 첨가되어 주조성이 우수한 합금에 Cu로 첨가하여 절삭성도 우수
①	내열성이 우수하고 고온강도가 높기 때문에 실린더 헤드, 피스톤, 자동차나 항공기용 엔진에 사용
로엑스	고온강도, 내마모성, 내열성이 뛰어나 내연기관의 피스톤, 실린더헤드에 사용

- 고강도 알루미늄 합금 : 열처리로 강도를 향상시킨 알루미늄 합금

②	표준조성은 Al - 4% Cu - 0.5% Mg - 0.5% Mn - 0.5% Si, 시효경화로 강도를 높인다.
초두랄루민	Al - 4.5% Cu - 1.5% Mg - 0.5% Mn합금, 강도가 높으나 내식성이 떨어진다.

- 다이캐스팅용 알루미늄 합금
  - 고속·고압력 충진주조를 위한 알루미늄 합금으로 정밀도가 높고 표면거칠기가 좋다.
  - 요구되는 성질 : 유동성이 좋을 것, 충진성이 좋을 것, 금형에서 잘 떨어질 것, 응고수축에 대한 용탕 보급이 좋을 것, 메짐성이 적을 것

5. 비금속재료, 신소재

③

플라스틱(Plastic)이라고도 하며 열가소성 수지와 열경화성 수지로 나뉜다.

열가소성	• 가열 성형하여 굳어진 후에 다시 가열하면 연화 및 용융되는 수지 • 폴리염화비닐, 폴리에틸렌, 폴리스티렌, 폴리프로필렌 등
열경화성	• 가열 성형한 후 굳어지면 다시 가열해도 연화하거나 용융되지 않는 수지 • 페놀 수지, 요소 수지, 폴리에스테르 수지, 폴리우레탄 등

기타 비금속재료
- 내화재료 : 내화도는 제케르콘 26번(1,580℃, SK 26)이상의 온도에서 견디는 재료
- ④ : 경량의 플라스틱을 바탕으로 내부에 강화 섬유를 함유시켜 강화
- 섬유 강화 금속(FRM) : 경량의 알루미늄(Al)을 바탕으로 하고 섬유를 함유시켜 강화
- 제진 재료 : 기계의 진동을 흡수하여 열에너지로 변환하는 재료

신소재
- ⑤ : 상온에서 다른 모양으로 변형시키더라도 가열에 의하여 특정 온도에서 다시 변형 전의 모양으로 되돌아오는 성질을 가진 합금
- 초소성 재료 : 특정 온도에서 인장력을 받을 때 끊어지지 않고 수백% 이상의 연신율을 나타내는 금속재료

정답 ① Y합금 ② 두랄루민 ③ 합성수지 ④ 섬유 강화 플라스틱(FRP) ⑤ 형상기억합금

PART 03
기계설계제도(CAD 시스템)

1. CAD 시스템

컴퓨터 응용 시스템
- CAD(Computer Aided Design) : 전산응용설계
- CAM(Computer Aided Manufacturing) : 전산응용가공
- CAE(Computer Aided Engineering) : 전산응용공학

CAD의 장점
- 설계의 정확성에 따른 작업 수정의 용이성과 도면 신뢰도 향상
- 설계 시간 단축으로 작업속도 향상과 설계 생산성 증대
- 설계 규격화와 표준화 향상, 자료의 저장 및 데이터화 향상
- 복잡한 도면의 작성에 수정 보완이 용이하며 신속한 관리가 가능

CAD 시스템의 구성

①	주기억 장치	ROM, PROM, EPROM, RAM
	보조 기억장치	자기 테이프, 자기 디스크, 자기 드럼, 광 자기 디스크 드라이브
	논리연산 장치	레지스터, 어큐뮬레이터, 어드레스 레지스터, 명령 레지스터
	제어 장치	연산, 기억장치로 부터 신호를 받고 이를 각 장치에 보내 제어하는 장치
입력 장치	물리적 입력장치	마우스, 키보드, 스캐너, 트랙볼, 터치스크린, 라이트펜, 조이스틱 등
출력 장치	그래픽 디스플레이	음극선관(CRT), 플라즈마(PDP), 전자발광판형(EL), 액정형(LCD), 발광 다이오드(LED)
	플로터	잉크 제트식, 정전식, 열전사식
	프린터	시리얼 프린터, 라인프린터, 페이지 프린터, 하드카피 장치, COM 장치

컴퓨터 자료의 표현 단위

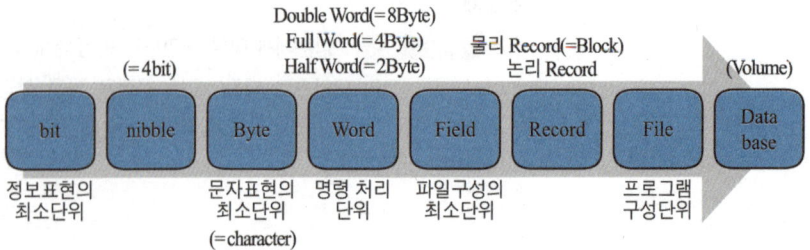

① 중앙처리장치

2. 2D 도면 작성

도형의 그리기(작성) 명령

점 그리기	• 마우스 커서 제어 방법 : 화면상의 임의의 점을 제어 • 키보드 입력 방법 : 키보드로 절대좌표, 증분좌표, 극좌표를 입력 • 끝점[End], 중간점[Mid] 요소를 선택 • 두 선의 교차점[Int]을 선택 • 지정된 점 등의 요소를 선택
선 그리기	• 두 점을 연결 • 길이와 각도를 지정 • 한 점에서 수평 또는 수직한 선을 그어 그리기 • 일정한 간격의 평행선(Offset)을 그어 그리기 • 한 점에서 곡선에 접선을 지정 • 두 곡선에 접선을 지정 • 두 곡선에 최단거리를 연결
원 그리기	• 한 점 지정 : 중심점을 지정하고 반지름 또는 지름을 입력 • 두 점 지정 : 원호 양 끝점을 연결하는 원(두 점을 통과하는 원) • 세 점 지정 : 3개의 점을 연결하는 원(세 점을 통과하는 원) • 2개의 접선과 반지름에 의한 원(TTR) • 3개의 접선을 지나는 원(TTT)
①	• 세 점을 지나는 방법 • 시작점(S), 중심점(C), 끝점(E)을 지정하는 방법 • 시작점(S), 중심점(C), 현의길이(L)을 지정하는 방법 • 시작점(S), 중심점(C), 각도(A)를 지정하는 방법 • 시작점(S), 끝점(E), 각도(A)을 지정하는 방법 • 시작점(S), 끝점(E), 반지름(R)을 지정하는 방법 • 시작점(S), 끝점(E), 호의 방향(D)을 지정하는 방법
다각형 그리기	• 꼭짓점의 수를 입력하여 다각형 지정(3각형, 4각형, 5각형 등)

도형의 편집 명령

복사(Copy)	• 원본 객체로부터 일정한 거리로 복사본을 만드는 기능
이동(Move)	• 객체를 지정한 거리만큼 이동시키는 기능
자르기(Trim)	• 객체 요소를 자르는 기능
연장(Extend)	• 다른 객체의 선이나 경계 등을 연장시키는 기능
간격띄우기(Offset)	• 객체로부터 일정한 간격으로 거리를 띄우는 기능
스케일(Scale)	• 선택한 객체를 확대, 축소하는 기능
배열(Array)	• 규칙적인 패턴으로 선택된 객체들을 만드는 기능 • 직사각형 배열, 경로 배열, 원형 배열
모깎기(Fillet)	• 객체의 모서리를 둥근 모서리로 처리하는 기능
모따기(Chamfer)	• 객체의 모서리를 각진 모서리로 처리하는 기능
대칭(Mirror)	• 중심선을 기준으로 원본 객체에서 같은 거리로 대칭하는 기능
회전(Rotation)	• 객체를 회전시키는 기능
줌(Zoom)	• 도변의 보이는 부분을 확대, 축소하여 나타내는 기능

정답 ① 원호 그리기

3. 3D 형상모델링

① 와이어프레임 모델링

3차원적인 형상을 공간상의 선(Wire)으로 표시하는 3차원의 기본적인 표현 방식

장점	단점
• 데이터 구성이 간단하다.	• 은선 제거가 불가능하다.
• 모델 작성이 쉽고 처리속도가 빠르다.	• 단면도 작성이 불가능하다.
• 3면 투시도의 작성이 용이하다.	• 물리적 성질의 계산이 불가능하다.

서피스 모델링

와이어 프레임 모델링에서 모서리로 둘러싸인 면에 대한 정보가 추가된 모델 표현 방식

장점	단점
• 은선 제거가 가능하다.	• 질량, 체적, 모멘트와 같은 물리적 성질을 구하기 어렵다.
• 단면도 작성이 가능하다.	• 유한요소법(FEM) 적용을 위한 요소 분할이 어렵다.
• 2개 면의 교선을 구할 수 있다.	• 와이어프레임보다 데이터 용량이 커야한다.
• 복잡한 형상을 표현할 수 있다.	
• NC 가공데이터를 생성할 수 있다.	
• 솔리드와 같이 명암을 제공할 수 있다.	

② 솔리드 모델링

직육면체, 구, 원추, 실린더, 삼각추 등의 입체요소들을 조합하여 모델을 구성하는 방식

장점	단점
• 은선 제거가 가능하다.	• 메모리 용량이 많아진다.
• 간섭체크가 용이하다.	• 데이터의 처리가 많아진다.
• 단면도 작성이 용이하다.	• 복잡한 데이터로 서피스 모델링보다 데이터의 처리시간이 길어진다.
• Boolean 연산(더하기, 빼기, 교차)을 통한 복합한 형상표현이 가능하다.	• 시스템 속도가 느려질 수 있다.
• 물리적 성질(체적, 무게중심, 관성모멘트) 계산이 가능하다.	
• 명암, 컬러, 이동, 회전기능으로 명확한 물체 파악이 가능하다.	
• 애니메이션, 시뮬레이터 이용이 가능하다.	

정답 ① 와이어프레임 모델링 ② 솔리드 모델링

4. 특징형상 모델링

데이터 변환 기능

특징 종류	특징 형상	주요 내용
① (Extrude)		스케치 영역에서 스케치한 프로파일을 평면에 수직 방향으로 두께를 만들거나 제거
회전 (Revolve)	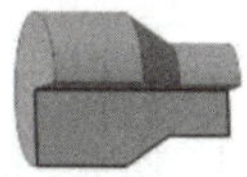	스케치 영역에서 스케치한 프로파일을 임의의 축을 기준으로 회전
대칭 (Mirror)	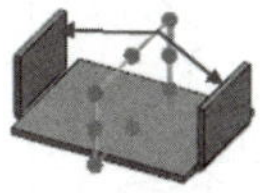	평면이나 면을 기준으로 피처를 대칭 복사
스윕 (Sweep)		단면과 경로를 스케치한 후 단면이 경로를 따라 지나가면서 만들어내는 부피
② (Loft)	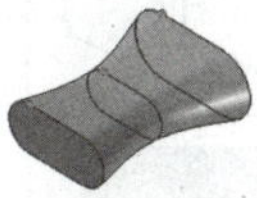	여러 개의 스케치 단면을 연결규칙에 자연스럽게 연결
쉘 (Shell)	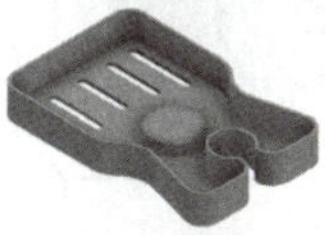	선택한 면을 일정한 두께를 남겨두고 파내는 기능
③ (Fillet)		면 모서리에 탄젠트한 곡면을 생성하여 둥근 모서리로 처리
모따기 (Chamfer)		면 모서리에 45°로 각진 모서리 처리

정답 ① 돌출 ② 로프트 ③ 모깎기

변형 기능
모델링 되어있는 형상 일부분을 변형하는 기능

특징 종류	특징 형상	주요 내용
블렌딩 (Blending)		이미 정의된 두 곡면을 매끄럽게 연결하는 방법
라운딩 (Rounding)		볼록한 모서리를 깎아내어 둥근면을 형성하는 방법
필렛팅 (Filleting)		오목한 모서리에 둥근면을 덧붙이는 방법
리프팅 (Lifting)		주어진 물체 특정면의 전부 또는 일부를 원하는 방향으로 움직여서 물체가 늘어나게 하는 방법
① (Tweaking)		수정하고자 하는 형상 혹은 곡면의 모서리, 꼭지점의 위치를 변화시켜 모델을 수정하는 방법

5. 3D 형상모델링 검토

형상 구속조건의 종류

수평(수직)구속	한 개 또는 여러 개의 선이 수평(수직)이 되도록 구속
동일선상구속	두 개 이상의 선이 같은 무한선상의 위치로 구속
동일원구속	두 개 이상의 호가 같은 중심점과 반경을 공유하도록 구속
중간점구속	두 선 또는 점과 선의 중간점에 있도록 구속
탄젠트구속	호와 타원 또는 자유곡선과 선이 접한 상태가 되도록 구속
동심구속	두 개 이상의 원호, 점, 호가 같은 중심점을 공유하도록 구속
동일구속	두 개 이상의 선택된 스케치의 크기를 똑같이 구속
직각구속	두 개의 선이 서로 직각을 이루도록 구속
평행구속	두 개 이상의 선이 서로 평행을 이루도록 구속
접선구속	두 개의 원호 또는 원과 선이 접선이 되도록 구속
일치구속	떨어져 있는 점, 선, 호, 타원을 정확하게 연결하는 구속

① 트위킹 **정답**

조립 구속 조건

고정	어셈블리가 움직이지 않도록 하는 구속 조건
일치	2개의 대상물의 선택 요소를 정렬시키는 구속 조건
동심	2개의 대상물의 중심축에 대한 요소를 정렬시키는 구속 조건
옵셋	2개의 대상물에 대한 요소 사이에 일정한 간격을 설정하는 구속 조건
각도	2개의 대상물에 대한 요소 사이에 일정한 각도를 설정하는 구속 조건

6. 모델링 데이터 변환방식

STEP	• ISO에서 주관하며 개념설계, 재료특징, 테스트, 생산지원 등의 제품에 관련된 모든 정보교환에 관한 가장 최신의 국제표준(ISO 10303) • CAD, CAM, CAE에서 이용되는 3차원 모델의 거의 모든 정보를 포함 • 솔리드 모델의 정보를 받는다.

IGES	• 그래픽 정보를 교환하기 위해 미국 상무부에서 제정한 최초의 표준규격
	• 도형 변환을 위해 가장 많이 사용하는 데이터
	• 서피스 모델의 정보를 받는다.
	• 1개의 IGES파일은 5개의 섹션(Section)으로 구성
	  - 개시(Start)섹션 : IGES파일에 대한 주석(작성자, 일시 등)을 기록
	  - 글로벌(Global)섹션 : IGES 파일을 만든 시스템 환경 정보를 기록
	  - 디렉토리(Directory)섹션 : 파일에 정의된 모든 엔티티 목록을 저장
	  - 파라미터(Parameter)섹션 : 엔티티들에 대한 실제데이터를 저장
	  - 종결(Terminate)섹션 : 5개의 구성 섹션에 사용된 줄 수를 기록

STL	• 모든 CAD시스템으로부터 쉽게 생성이 가능하도록 단순하게 설계 • 3D프린팅, 쾌속조형의 표준입력파일의 포맷으로 사용 • CAD/CAM 시스템에서 정보 교환이 용이하나 모델링된 곡면을 다면체로 정확히 옮기기 어려우며, 변환 용량을 많이 차지한다.
GKS	• ISO, ANSI에서 표준으로 채택한 그래픽 교환 규격 • 프리미티브 종류 : Polyline, Fill area, Text, Polymaker
DXF	• 미국 Autodesk사에서 AutoCAD의 호환성을 위해 제정한 ASCII코드 • 문자로 구성되어 있어 문자편집기에 의해 편집이 가능하고 다른 컴퓨터 하드웨어에서도 처리가 가능
AMF	• 3D프린팅과 같은 적층 제조작업을 위한 객체를 표현하기 위한 표준 • 3D모델의 모양과 구성을 설명할 수 있도록 설계된 XML기반 파일 형식 • STL형식의 단점을 보완. 용량이 적고 재료, 색상, 윤곽을 표현
OBJ	• 3D애니메이션 프로그램 개발사인 Wavefront사에서 개발한 데이터 형식 • 3D프린터 표준 입력 파일 포맷으로 많이 사용 • 호환성이 매우 뛰어나지만 용량이 크다.

PART 01

기계설계제도
(기계제도)

01   KS 기계제도 통칙
02   투상법
03   스케치도, 전개도
04   치수기입
05   표면거칠기
06   공차와 끼워맞춤
07   기하공차
08   체결요소 제도
09   동력전달요소 제도
10   측정

단원 들어가기 전

기계제도 파트에서는 도면을 구성하는 요소의 종류와 그 의미에 대해 담고 있습니다.
투상법, 선, 치수 등 표현하는 방법에 대한 충분한 이해와 암기가 필요합니다.
또한 측정 부분에서는 측정기의 종류와 그 측정기를 사용하는 방법에 대해 파악해야 합니다.
그 이후 그것들을 활용하여 다양한 요소들을 표현하는 방법에 적용한다면 하나의 줄기로 받아들이고, 공부하는 데 도움이 될 것입니다.

CHAPTER 01

KS 기계제도 통칙

KEYWORD 제도통칙, 기계제도 규격, 표준 규격, KS의 부분별 기호, 도면의 크기, 양식, 척도, 선의 종류, 선의 용도, 선의 굵기, 선의 우선 순위, 선의 굵기비율, 선의 접속, 선 그리기, 도면의 문자

01 제도의 규격

1. 제도의 표준규격

1-1 KS의 분류 기호

분류기호	A	B	C	D	E	F	G	H	I
부분	기본	기계	전기	금속	광산	토건	일용품	식료품	환경

분류기호	J	K	L	M	P	S	W	V	X
부분	생물	섬유	요업	화학	의료	서비스	물류	조선	정보

제도(Drawing)

설계자의 요구사항을 정확하게 제작자에게 전달하기 위해 일정한 규칙에 따라 선, 문자 및 기호를 사용하여 제품의 형상, 크기, 구조, 재료, 가공법 등을 제도 규격에 맞게 간단하고 명확하게 도면에 작성하는 과정이다.

참고

KS B(기계)부분의 분류

KS 규격번호	분류
B 0001~0891	기계기본
B 1000~2403	기계요소
B 3001~3402	공구
B 4001~4606	공작기계
B 5301~5531	물리기계
B 6001~6430	일반기계
B 7001~7702	산업기계
B 8007~8591	수송기계

우리나라의 도면에 사용되는 길이 치수의 기본적인 단위는 밀리미터(mm)단위이다.

개념잡기

한국공업규격 중 기계분야에 관한 규격 기호는?

① KS A   ② KS B   ③ KS C   ④ KS D

KS의 분류 기호 참조

정답 : ②

02 도면의 양식

1. 도면의 크기

- A열(A0 ~ A4로 구분) 사이즈를 사용한다. 도면은 세워서 사용할 수 있다.
- A열 A0의 넓이는 약 $1m^2$, 제도용지의 길이와 폭의 비는 $1 : \sqrt{2}$로 한다.
- 큰 도면을 접을 때에는 A4(210×297mm)의 크기로 접는 것이 원칙이다.
- 도면을 철할 때 윤곽선은 용지 가장자리에서 25mm 간격으로 둔다.

용지크기의 호칭		A0	A1	A2	A3	A4
axb		1,189×841	841×594	594×420	420×297	297×210
도면의 테두리	c(최소)	20	20	10	10	10
	d (최소) 철하지 않을 때	20	20	10	10	10
	철할 때	25	25	25	25	25

비고 : d의 부분은 도면을 접었을 때, 표제란의 좌측이 되는 쪽에 설치한다.

2. 도면에 반드시 설정해야 되는 양식

윤곽선	제도 영역을 나타내는 윤곽은 0.7mm 굵기의 실선으로 그린다.
표제란	제도 영역의 오른쪽 아래 구석에 표제란을 그리고 식별번호, 제목, 도면형식, 주관부서, 작성자, 작성일자, 언어부호, 척도 등을 기입한다.
중심마크	마이크로필름 제작을 위한 촬영을 하거나 도면의 위치를 잘 잡기 위해 윤곽의 중심 안쪽과 바깥쪽으로 5mm씩 0.7mm 굵기의 실선으로 그린다.
도면구역	도면의 상세 위치를 알기 쉽도록 용지를 나누어 나타낸다.
재단마크	용지를 잘라내는 데 편리하도록 용지 4변의 경계에 표시한다.
비교눈금	도면을 복사할 때 편의를 위해 도면에 비교눈금을 마련한다.

저자 어드바이스

도면이 구비해야 할 요건
- 대상물의 도형과 함께 필요로 하는 구조, 조립상태, 치수, 가공법 등의 정보를 포함하여야 한다.
- 애매한 해석이 생기지 않도록 표현상 명확한 뜻을 가져야 한다.
- 무역 및 기술의 국제교류의 입장에서 국제성을 가져야 한다.
- 기술의 각 분야에 걸쳐 정확성, 보편성을 가져야 한다.

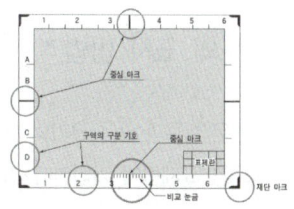

 참고

제도용지 규격에 따른 비율

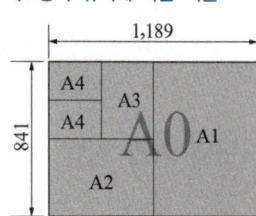

> **개념잡기**
>
> 도면을 마이크로필름으로 촬영하거나 복사하고자 할 때 도면의 위치결정에 편리하도록 도면에 나타내야 하는 것은?
>
> ① 비교눈금　　② 중심마크　　③ 도면구역　　④ 표제란
>
> **중심마크**
> 도면을 다시 만들거나 마이크로필름을 만들 때, 도면의 위치를 잘 잡기 위해 0.7mm 굵기의 실선으로 그린다.
>
> 정답 : ②

03 도면의 척도

1. 척도의 표시 방법 ★

도면은 실물과 같은 크기의 현척으로 그리는 것이 원칙이나, 축척 또는 배척인 경우에는 척도를 표제란에 기입한다. 도면에서 척도는 A : B로 표시한다.

└ A : 도면에 그려진 물체의 길이
└ B : 물체의 실제 길이

2. 척도의 기입 방법

- 도면을 그리는 데 공통적으로 사용한 척도는 표제란에 기입한다.
- 척도를 사용해서 그린 도면의 치수는 실제 치수를 기입한다.
- 한 도면에 서로 다른 척도를 사용한 경우는 해당 그림 부근에 기입한다.
- 일부를 규정한 척도 값으로 그리지 못할 경우에는 부품 번호의 옆에 기입하며, '비례척이 아님' 또는 'NS(None Scale)'로 표시한다.

저자 어드바이스

척도의 종류
- 현척
  실물과 같은 크기로 그린 도면
  예 1 : 1
- 축척
  실물을 축소해서 그린 도면. 축척으로 그린 도면의 치수는 실물의 실제 치수를 기입
  예 1 : 2, 1 : 5, 1 : 10, 1 : 20, 1 : 50, 1 : 100, 1 : 200
- 배척
  실물을 확대해서 그린 도면. 치수기입은 축척과 마찬가지로 실물의 실제 치수를 기입
  예 2 : 1, 5 : 1, 10 : 1, 20 : 1, 50 : 1

> 실제 길이가 50mm인 것은 "1 : 2"로 축척하여 그린 도면에서 치수 기입은 얼마로 해야 하는가?
>
> ① 25 ② 50
> ③ 100 ④ 150
>
> 척도를 사용해서 그린 도면의 치수는 가공제품의 실제 치수를 기입한다.   정답 : ②

04 선의 종류★★

1. 선의 종류와 용도★★

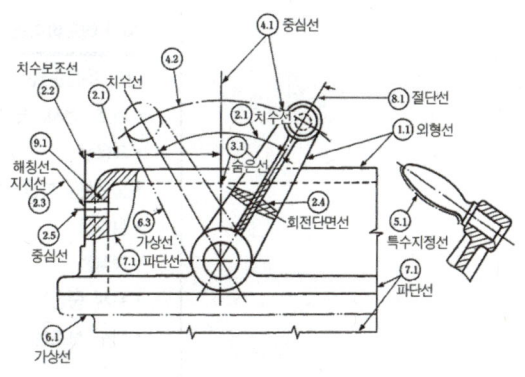

명칭	선의 종류	선의 모양	선의 용도
외형선	굵은 실선	———	• 물체의 보이는 부분의 모양을 나타내는 선
숨은선	파선, 은선	------	• 물체의 보이지 않는 부분의 모양을 나타내는 선
중심선	가는 1점 쇄선	—·—·—	• 도형의 중심을 표시하는 데 쓰이는 선 • 중심이 이동한 중심궤적을 표시하는 선
가상선	가는 2점 쇄선	—··—··—	• 인접부분을 참고로 표시하는 선 • 물체가 이동할 운동범위를 나타내는 선 • 되풀이되는 도형을 나타내는 선
특수지정선	굵은 1점 쇄선	—·—·—	• 특수가공하는 부분의 범위를 표시하는 선
파단선	자유 실선	∿∿	• 대상물의 일부를 파단한 경계 또는 일부를 떼어낸 경계를 표시하는 데 쓰이는 선

명칭	선의 종류	선의 모양	선의 용도
해칭	가는 실선	/////	• 단면도의 절단된 부분을 나타내는 선
절단선	가는 1점 쇄선	⌐┘	• 단면도를 그리는 경우, 그 절단 위치를 대응하는 그림에 표시하는 선(절단선이 꺾이는 부분은 굵은 실선으로 표시한다)
기준선	가는 1점 쇄선	—·—·—	• 위치 결정의 근거를 명시할 때 쓰이는 선
피치선	가는 1점 쇄선	—·—·—	• 반복하는 도형의 피치 기준을 표시하는 선
무게 중심선	가는 2점 쇄선	—··—··—	• 단면의 무게 중심을 표시하는 선
특수한 용도의 선	가는 실선	———	• 중심선, 치수선, 치수 보조선, 지시선, 회전단면선, 공차문자, 수면 위치 등을 나타내는 선

선의 굵기 비율

같은 선이라도 도형의 크기에 따라 굵기를 선택하나, 동일 도면 내에서는 선 굵기 비율에 따라 나타낸다.
가는 선 : 굵은 선 : 아주 굵은 선 = 1 : 2 : 4

회전단면선

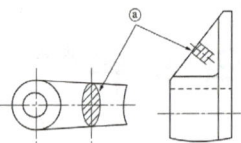

가는 실선으로, 도형 내에 그 부분의 끊은 곳을 90도 회전하여 표시한다.

2. 겹치는 선의 우선순위 ★★

도면에서 2종류 이상의 선이 같은 장소에 겹치게 될 경우에는 다음에 나타낸 순위에 따라 우선되는 종류의 선으로 그린다.

> 외형선 > 숨은선 > 절단선 > 중심선 > 무게 중심선 > 치수 보조선

저자 어드바이스

선의 우선순위
• 기호, 문자, 숫자
• 외형선
• 숨은선(= 파선 = 은선)
• 절단선
• 중심선
• 무게 중심선
• 치수 보조선

개념잡기

도면에서 2종류 이상의 선이 같은 장소에 겹칠 때 다음 중 가장 우선하는 것은?

① 절단선 ② 숨은선
③ 중심선 ④ 무게 중심선

도면에서 2종류 이상의 선이 같은 장소에 겹치게 될 경우에는 다음에 나타낸 순위에 따라 우선되는 종류의 선으로 그린다.
외형선 > 숨은선 > 절단선 > 중심선 > 무게 중심선 > 치수 보조선

정답 : ②

CHAPTER 02

투상법

KEYWORD 투상도, 정투상도, 등각투상도, 사투상도, 투시도, 제1각법, 제3각법, 보조투상도, 회전투상도, 국부투상도, 부분확대도, 온단면도, 한쪽단면도, 부분단면도, 회전단면도, 계단단면도, 예각단면도, 곡면단면도, 얇은 부분의 단면도, 해칭

01 투상도 ★

1. 투상도의 종류

물체의 모양을 표현하여 제도하는 방법에는 정투상법, 등각투상법, 사투상법이 있는데, 제품을 제작하기 위하여 모양을 제도하기 위한 방법은 정투상법을 사용한다.

종류	그림	특징
정투상도	(좌측면도(좌측), 평면도(위쪽), 배면도(뒤쪽), 정면도(앞쪽), 우측면도(우측), 저면도(아래쪽))	• 정투상도는 기계제도 분야에서 가장 많이 사용되며, 물체의 위치와는 관계없이 실제 형상과 같은 형상, 크기로 표시한 그림
등각투상도	(등각선, 120°, 30°, X Y Z)	• 하나의 투상도로 정면, 평면, 측면을 동시에 표시할 수 있고 두 개의 옆면 모서리가 수평선과 30°가 되게 하여 세 축이 120°의 등각이 되도록 입체도로 투상한 방법

저자 어드바이스

투상법

어떤 물체에 광선을 비추어 하나의 평면에 맺히는 형태, 즉 형상, 크기, 위치 등을 일정한 법칙에 따라 표시하는 도법을 투상법(Projection)이라 한다.

• 확대

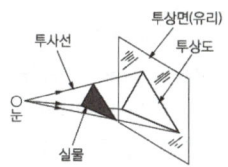

• 축소

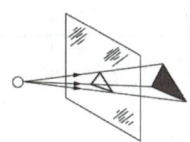

• 실물크기

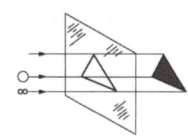

종류	그림	특징
사투상도		• 투상면이 수평선과 일정한 경사각을 이루며 물체의 윤곽을 그리고, 육면체의 세 모서리는 경사축이 α를 이루는 입체도가 되도록 그린 그림 • 캐비닛도 : 30 ~ 60° 각도의 사투상도
투시도법		• 원근감을 갖게 하기 위해 시점과 물체를 방사선으로 표시하는 방법 • 주로 건축 및 토목 조감도 등에 널리 쓰인다.

2. 제1각법과 제3각법 ★★

일반적으로 물체를 제1면각과 제3면각에 놓고 투상하여 도시하는 것을 원칙으로 하며, 제도에서는 전자를 제1각법, 후자를 제3각법이라 한다.

제1각법	제3각법
• 물체를 제1각에 놓고 정투상하는 방법 • 눈(시점) → 물체 → 투상면 • 평면도 : 정면도의 아래쪽에 위치 • 우측면도 : 정면도의 왼쪽에 위치 • 유럽과 일본에서 사용 • 주로 토목이나 선박제도 등에 쓰인다.	• 물체를 제3각에 놓고 정투상하는 방법 • 눈(시점) → 투상면 → 물체 • 평면도 : 정면도의 위쪽에 위치 • 우측면도 : 정면도의 오른쪽에 위치 • 우리나라와 미국에서 많이 사용되는 정투상도법

저자 어드바이스

정투상도의 종류

• **정면도**
  기본이 되는 가장 주된 면으로, 물체의 앞에서 바라본 모양을 나타낸 도면
• **평면도**
  상면도라고도 하며, 물체의 위에서 내려다 본 모양을 나타낸 도면
• **우측면도**
  물체의 우측에서 바라본 모양을 나타낸 도면
• **좌측면도**
  물체의 좌측에서 바라본 모양을 나타낸 도면
• **저면도**
  하면도라고도 하며, 물체의 아래쪽에서 바라본 모양을 나타낸 도면
• **배면도**
  물체의 뒤쪽에서 바라본 모양을 나타낸 도면

1각법과 3각법의 혼용

• 원칙적으로 동일 도면 내에 제1각법과 제3각법의 혼용을 피해야 하나 부득이하게 혼용할 경우 투시 방향을 화살표로 명시해야 한다.
• 한국, 미국, 캐나다 등은 제3각법, 독일은 제1각법을 사용하고, 일본, 영국 및 국제규격은 제1각법과 제3각법을 혼용한다.

제1각법, 제3각법의 표시기호

• 1각법

• 3각법

개념잡기

투상법을 나타내는 기호 중 제3각법을 의미하는 기호는?

① ⌖ ◁   ② ⌖ ◁   ③ ◁ ⌖   ④ ◁ ⌖

제1각법, 제3각법의 표시기호
- 제1각법
- 제3각법

정답 : ①

3. 투상도의 표시방법 ★★

참고

투상면의 공간

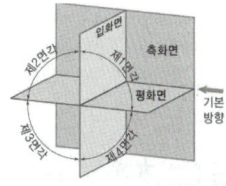

제3각법은 제1각법에 비하여 도면을 이해하기 쉬우며, 치수기입이 편리하고, 보조투상도를 사용하여 복잡한 물체도 쉽고 정확하게 나타낼 수 있다.

종류	그림	특징
주투상도		• 대상물의 모양이나 기능을 가장 명확하게 표시하는 면을 선정한다. • 기능을 나타내는 도면에서는 대상물을 사용하는 상태로 놓고 표시한다. • 특별한 이유가 없는 경우는 대상물을 가로길이로 놓은 상태로 그린다. • 비교 대조가 불편한 경우를 제외하고 숨은선을 사용하지 않도록 한다. • 주투상도를 보충하는 다른 투상도는 되도록 적게 한다.
보조 투상도		• 투상부의 경사진 부분의 내용을 투상면의 지점에 대해 회전해서 실제 길이와 같도록 투상하는 방법
부분 투상도		• 물체의 전부를 나타내는 것보다 부분을 표시하는 것이 오히려 도면을 이해하기 쉬운 경우에 사용 • 부분 투상도에서 투상을 생략한 부분과의 경계는 파단선으로 표시
국부 투상도		• 대상물의 구멍, 홈 등 한 부분만의 모양을 도시하는 것 • 주 투상도와 중심선, 기준선 또는 치수 보조선으로 연결한다.
회전 투상도		• 투상면이 각도를 가지고 있어 실제 형상을 표시하지 못할 때 사용 • 일부분을 회전해서 형상을 표시 • 잘못 볼 염려가 있을 경우에는 작도에 사용할 선을 표시한다.
부분 확대도		• 물체의 주요 부분이 너무 작아서 상세한 도시나 치수 기입을 할 수 없을 때 사용 • 가는 실선으로 둘러싸고 확대시켜 그리는 투상법 • 문자 및 척도를 기입하고 치수 기입은 실제 치수로 기입

> **개념잡기**
>
> 국부 투상도를 나타낼 때 주된 투상도에서 국부 투상도로 연결하는 선의 종류에 해당하지 않는 것은?
>
>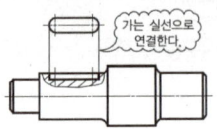
>
> ① 치수선　　　　　② 중심선
> ③ 기준선　　　　　④ 치수 보조선
>
> ---
>
> **국부 투상도**
> 대상물의 구멍, 홈 등 한 부분만의 모양을 도시하는 것. 주 투상도와 중심선, 기준선 또는 치수 보조선으로 연결함
>
> 정답 : ①

02 단면도 ★★

1. 단면의 표시

내부의 모양이나 구조가 복잡한 경우에는 숨은선이 혼동을 일으키므로, 물체를 명확하게 표시할 필요가 있는 곳을 절단한 것으로 가정하여 물체 내부를 표시하는 방법이다. 대부분의 숨은선이 생략되고, 필요한 부분이 외형선으로 분명히 도시된다.

절단면의 배치

앞부분을 절단한 모양

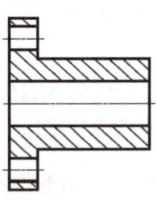
단면도

- 단면은 원칙적으로 기본 중심선에서 절단한 면으로 표시한다.
- 단면은 필요한 경우에 기본 중심선이 아닌 곳에서 절단한 면으로 표시해도 좋다. 이 때에는 절단선에 의하여 절단 위치를 표시한다.
- 단면을 분명하게 할 필요가 있을 때에는 해칭 또는 스머징을 한다.

> **참고**
>
> **단면의 표시**
> 가상의 절단면 앞부분을 떼어 낸 다음, 남겨진 모양을 그린 투상도를 단면도라고 한다.
>
>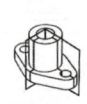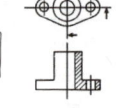
>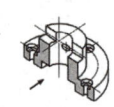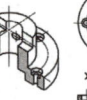
>
> 부품도 2　전단면도　단면도에
> 　　　　　　　　　숨은선을
> 　　　　　　　　　그린 예

종류	특 징
해칭 (Hatching)	• 가는 실선을 이용하여 45°로 하며, 절단면이 인접하여 구분할 필요가 있을 경우는 해칭을 다른 방향으로 하여 중복되지 않게 한다.
스머징 (Smudging)	• 내부 형상을 분명하게 나타내기 위해 연필로 단면을 칠하는 방법 • 해칭(또는 스머징)을 하는 부분 안에 글자, 기호 등을 기입하기 위하여 필요한 경우에는 해칭(또는 스머징)을 중단한다.

• 개스킷(gasket), 박판, 형강 등에서 절단면이 얇은 경우에는 절단면을 검게 칠하거나, 실제 치수와 관계없이 외형선보다 약간 굵은 실선으로 표시한다.

저자 어드바이스

스머징

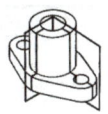 

해칭

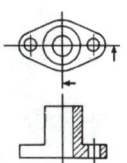

 참고

절단해서 표시하면 이해를 방해하는 것 또는 절단하여도 의미가 없는 것은 원칙적으로 긴 쪽 방향으로는 절단하지 않는다.

 참고

얇은 부분의 단면도
• 개스킷, 박판, 형강 등에서 절단면이 얇은 경우에는 그림과 같이 절단면을 검게 칠한다.
• 실제 치수와 관계없이 한 개의 아주 굵은 실선으로 표시한다.

(a) 개스킷 (b) 박판

(c) 형강

2. 단면으로 표시하지 않는 부품

• 리브, 바퀴의 암, 기어의 이
• 축, 핀, 볼트, 너트, 와셔, 작은 나사, 리벳 키, 강구, 원통 롤러

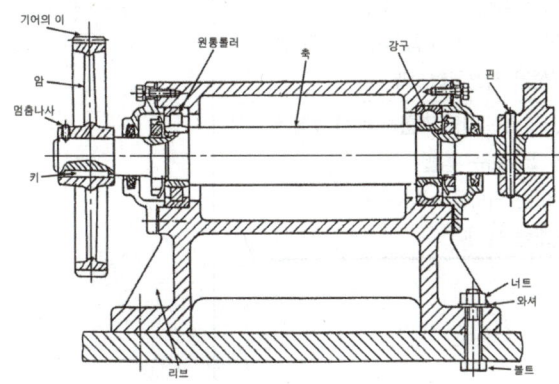

긴쪽 방향으로 절단하지 않는 부품으로 구성된 조립도

개념잡기

도면의 표현 방법 중에서 스머징(Smudging)을 하는 이유는 어떤 경우인가?

① 물체의 표면이 거친 경우
② 물체의 표면을 열처리하고자 하는 경우
③ 물체의 단면을 나타내는 경우
④ 물체의 특정 부위를 비파괴 검사하고자 하는 경우

단면으로 나타낸 것을 분명하게 할 필요가 있을 때에는 해칭 또는 스머징을 한다.   정답 : ③

3. 단면도의 종류 ★★

종류	그림	특징
온단면도 (전단면도)		• 원칙적으로 대상물의 기본적인 모양을 가장 좋게 표시할 수 있도록 물체를 1/2로 절단하여 내부를 단면도로 표시
한쪽단면도 (반단면도)		• 대칭형의 대상물을 1/4로 절단하여 내부와 외부의 모습을 조합하여 표시
부분단면도		• 필요한 내부 모양을 그리기 위해 일부분만 잘라내어 단면도로 표시 • 파단선(가는 실선)으로 경계를 나타낸다.
회전도시 단면도		• 벨트풀리, 기어과 같은 구조물의 절단면을 90°로 회전시켜서 표시 • 절단할 곳의 전후를 끊어서 그린다. • 절단선의 연장선 위에 그린다. • 도형 내의 절단한 곳에 겹쳐서 그릴 때에는 가는 실선을 사용하여 그린다.
조합에 의한 단면도 (계단단면도)		• 2개 이상의 절단면을 조합하여 한 눈에 볼 수 있게 표시하는 방법 • 단면을 보는 방향을 나타내는 화살표와 글자 기호를 붙인다.

저자 어드바이스

리브(Rib)의 끝부분을 표시하는 방법

• $R_1 = R_2$인 경우

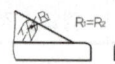

• $R_1 > R_2$인 경우

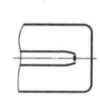 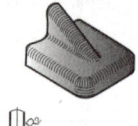

• $R_1 < R_2$인 경우

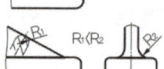

CHAPTER 03
스케치도, 전개도

KEYWORD 프리핸드법, 프린트법, 본뜨기법, 전개도, 평행선법, 방사선법, 삼각형법

01 스케치도

1. 스케치도 작성의 필요성

- 제품을 고안하거나 설계할 때 아이디어를 구상한 것을 구체화시킬 경우
- 도면이 없는 부품이 파손되어 수리·제작할 경우
- 도면이 없는 부품을 제작하고자 할 경우
- 현품을 기준으로 개선된 부품을 고안하려 할 경우
- 제작도면을 이해하는 데 도움을 줄 수 있는 경우
- 다른 사람에게 설계자의 생각과 구상한 이미지를 쉽게 전달하고자 할 경우

2. 스케치도의 종류

프리핸드법	• 일반적인 방법으로 척도에 관계없이 적당한 크기로 부품을 손으로 직접 그리는 방법
프린트법	• 복잡한 형상을 가진 부품면에 광명단 등을 발라 스케치 용지에 찍어 그 면의 실제 형상을 얻는 방법 • 간접프린트법 : 면에 용지를 대고 연필 등으로 문질러서 도형을 얻는 방법
본뜨기법	• 직접법 : 부품을 직접 용지 위에 놓고 윤곽을 본뜨는 방법 • 간접법 : 납선 또는 구리선 등을 부품의 윤곽에 대고 구부린 후 선의 곡선을 용지에 대고 본뜨는 방법
사진촬영법	• 복잡한 기계의 조립 상태나 부품의 형상, 구조를 가장 잘 나타내고 있는 방향에서 여러 장의 사진을 찍는 방법

참고

프리핸드법

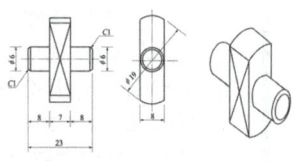

프린트법

본뜨기법

용어정리

프리핸드
물체의 형상을 손으로 그리는 방법

스케치
물체의 형상을 프리핸드로 또렷하고 진한 선으로 분명히 알아볼 수 있게 그리는 것

스케치도
스케치로 그린 도면

3. 스케치도를 그리는 방법

- 스케치할 물체의 특징을 파악하여 주투상도를 결정한다.
- 치수, 재질, 가공법, 여러 가지 기호 등 필요한 사항을 기입한다.
- 필요할 경우 해당 부분의 치수를 측정하여 스케치도에 기입한다.

개념잡기

스케치를 할 물체의 표면에 광명단을 얇게 칠하고 그 위에 종이를 대고 눌러서 실제의 모양을 뜨는 스케치 방법은?

① 프린트법 ② 모양뜨기 방법
③ 프리핸드법 ④ 사진법

① 프린트법 : 부품에 면이 평면으로 가공되어 있고, 복잡한 윤곽을 갖는 부품인 경우에 그 면에 광명단 등을 발라 스케치 용지에 찍어 그 면의 실형을 얻는 직접법과 면에 용지를 대고 연필 등으로 문질러서 도형을 얻는 간접법이 있다.
② 모양뜨기 방법 : 불규칙한 곡선부분이 있는 부품을 직접 용지 위에 놓고 윤곽을 뜨는 직접 본뜨기법과 납선 또는 구리선 등의 연(납)선을 부품의 윤곽에 대고 구부린 후 그 선의 커브를 용지에 대고 간접적으로 본뜨는 방법이 있다.
③ 프리핸드법 : 일반적인 방법으로 척도에 관계없이 적당한 크기로 부품을 그린 후 치수를 측정하여 기입하는 방법이다.
④ 사진법 : 복잡한 기계의 조립 상태나 부품의 형상, 구조를 가장 잘 나타내고 있는 방향에서 여러 장의 사진을 찍어두면, 제도할 때 또는 부품을 조립할 때 좋은 자료로 활용할 수 있다.

정답 : ①

02 전개도

1. 평행선법을 이용한 전개

평행체의 전개도를 그릴 때 주로 사용하는 전개 방법

1-1 평행체

중심축의 나란한 직선을 표면에 그을 수 있는 물체(원기둥, 각기둥)

전개도
대상물을 구성하는 면을 평면 위에 전개한 그림

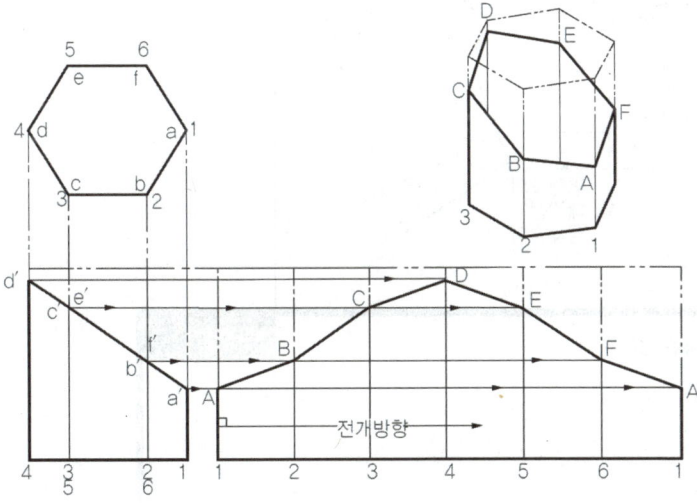

2. 방사선을 이용한 전개도법

- 원뿔이나 각뿔의 전개에 이용되는 전개도
- 꼭지점을 중심으로 하여 방사형으로 전개시키는 방법

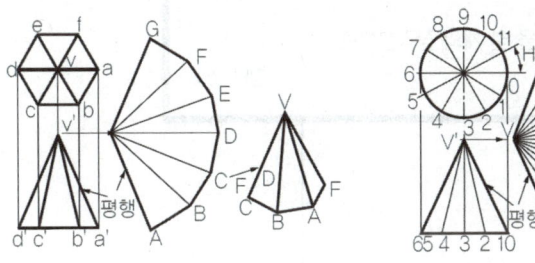

3. 삼각형을 이용한 전개도

원뿔의 꼭지점이 도형에서 멀리 떨어져 있을 때에 입체의 표면을 몇 개의 삼각형으로 나누어 전개도를 그릴 때는 삼각형법을 이용

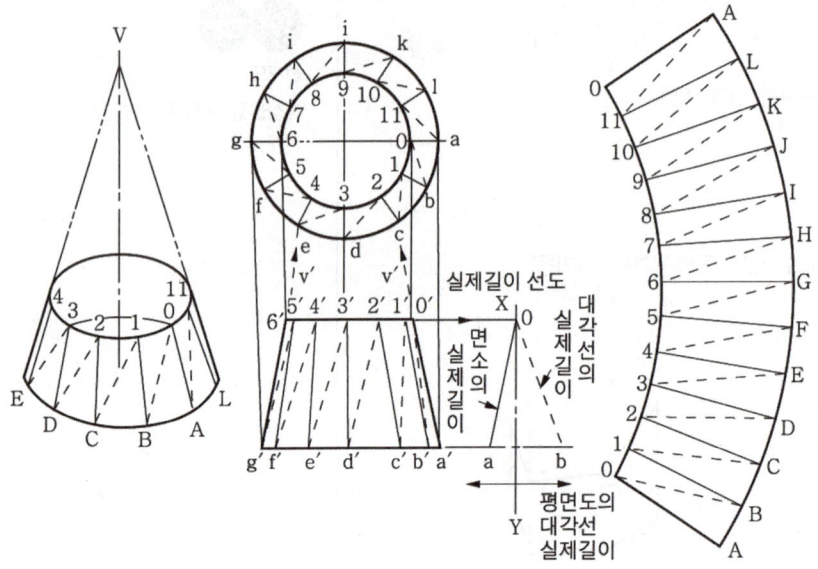

다음과 같이 다면체를 전개한 방법으로 옳은 것은?

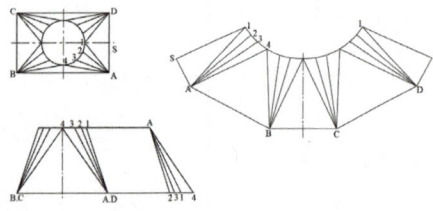

① 삼각형법 전개 ② 방사선법 전개
③ 평행선법 전개 ④ 사각형법 전개

삼각형을 이용한 전개도
원뿔의 꼭지점이 도형에서 멀리 떨어져 있을 때에 입체의 표면을 몇 개의 삼각형으로 나누어 전개도를 그릴 때는 삼각형법을 이용한다.

정답 : ①

03
2개의 면이 만나는 모양 그리기

1. 2개의 면이 만나는 모양 그리기

- 교차부분에 둥글기가 있는 경우 : 교차부분에 둥글기가 없는 경우의 교차선의 위치에 굵은 실선으로 표시

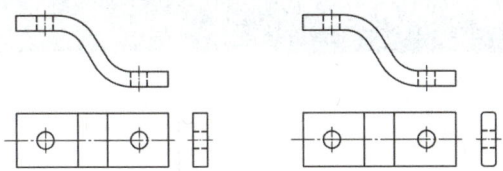

- 리브 등을 표시하는 선의 끝 부분을 직선 그대로 멈추게 한다. 또한, 관련 있는 둥글기의 반지름이 현저하게 다를 경우에는 끝부분을 안쪽 또는 바깥쪽으로 구부려서 멈추게 해도 좋다.
- 곡면 상호 또는 곡면과 평면이 교차하는 부분의 선(상관선)은 직선으로 표시하든가 올바른 투상에 가깝게 한 원호로 표시한다.

일반의 경우 $R_1 < R_2$ $R_1 > R_2$

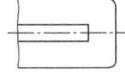 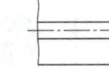
 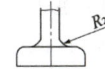 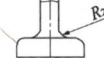 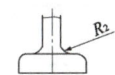

저자 어드바이스

리브(Rib)의 끝부분을 표시하는 방법

- $R_1 = R_2$ 인 경우

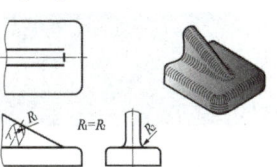

- $R_1 > R_2$ 인 경우

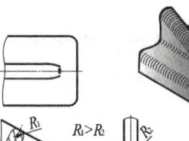

- $R_1 < R_2$ 인 경우

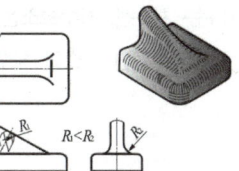

CHAPTER 04
치수기입

KEYWORD 치수기입, 치수 보조 기호, 직렬치수기입법, 병렬치수기입법, 누진치수기입법, 여러 가지 치수기입

01 치수기입 ★★★

1. 치수의 표시방법

치수는 치수선, 치수보조선, 지시선, 화살표 등의 끝부분 기호, 치수 수치, 주기(Note) 등의 기본적인 요소와 치수 보조 기호를 사용하여 표시한다.

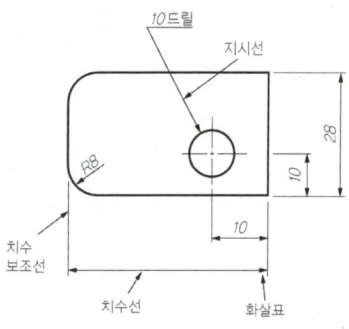

화살표의 표시

치수선이나 지시선 끝에 붙여 사용되며 길이와 폭의 비율이 약 3 : 1이 되고 2.5 ~ 3mm 길이로 한다.

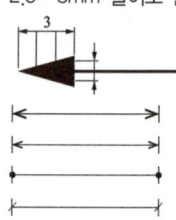

치수보조선	• 수직으로 약간 띄워서 시작하고 치수선 위치에서 2 ~ 3mm 정도 연장한다.
치수선	• 외형선으로부터 약간 띄워서 그리며 두 치수보조선 사이에 기입
화살표	• 치수선 양 끝에 화살표를 그려 넣는다. • 화살표 길이와 폭의 비율은 3 : 1
지시선	• 가는 실선을 60° 경사로 끌어내어 가공방법, 주기, 부품번호 등 기입

1-1 치수보조기호

기호	구분	사용법	예
ϕ	지름	지름 치수 수치 앞에 붙인다.	ϕ10
R	반지름	반지름 치수 수치 앞에 붙인다.	R20
Sϕ	구의 지름	구의 지름 치수 수치 앞에 붙인다.	Sϕ5
SR	구의 반지름	구의 반지름 치수 수치 앞에 붙인다.	SR10
□	정사각형	정사각형의 한변 치수 수치 앞에 붙인다.	□6
C	45° 모따기	45° 모따기 치수 수치 앞에 붙인다.	C2
t	두께	판 두께의 치수 수치 앞에 붙인다.	t30
⌒	원호의 길이	원호의 길이 치수 수치 위에 붙인다.	⌒20
( )	참고 치수	참고 치수의 치수 수치(치수 보조 기호 포함)를 둘러싼다.	(15)
☐	이론적으로 정확한 치수	이론적으로 정확한 치수의 치수 수치를 둘러싼다.	50
___	비례척이 아님	치수 밑에 밑줄을 붙인다.	50
⊔	카운터 보어	카운터 보어 지름 치수 수치 앞에 붙인다.	⊔ϕ6
∨	카운터 싱크	카운터 싱크 지름 치수 수치 앞에 붙인다.	∨ϕ10
↧	깊이	깊이 치수 수치 앞에 붙인다.	↧10

개념잡기

치수보조기호의 Sϕ는 무엇을 나타내는가?

① 표면   ② 구의 반지름   ③ 피치   ④ 구의 지름

Sϕ	구의 지름	구의 지름 치수 수치 앞에 붙인다.
SR	구의 반지름	구의 반지름 치수 수치 앞에 붙인다.

정답 : ④

2. 치수 수치의 표시방법

길이 치수	수치는 mm의 단위로 기입하고, 단위 기호는 붙이지 않는다.
각도 치수	도[°] 단위로 기입하고 필요한 경우 분 및 초를 병용할 수 있다. 도[°], 분['], 초["]를 표시하는 데에는 숫자의 오른쪽 상단에 기입한다.
치수 수치 소수점	아래쪽의 점(.)으로 한다. 예 12.00

3. 치수기입의 원칙 ★★★

- 대상물의 기능, 제작, 조립 등을 고려하여 치수를 명확히 도면에 지시한다.
- 치수는 대상물의 크기, 자세, 위치가 가장 명확하게 나타나도록 기입한다.
- 도면에 나타내는 치수는 특별히 명시하지 않는 한 그 도면에 도시한 대상물의 다듬질 치수(마무리 치수)를 표시한다.
- 치수에는 기능상(호환성을 포함) 필요한 경우 치수의 허용한계를 지시한다.
- 치수는 되도록 주투상도에 집중하고 중복 기입을 피한다.
- 치수는 되도록 계산해서 구할 필요가 없도록 기입한다.
- 치수는 필요에 따라 기준으로 하는 점, 선 또는 면을 기준으로 하여 기입한다.
- 관련되는 치수는 되도록 한 곳에 모아서 기입한다.
- 치수는 되도록 공정마다 배열을 분리하여 기입한다.
- 치수 중 참고 치수에 대하여는 치수 수치에 괄호를 붙인다.

> **개념잡기**
>
> 치수기입의 원칙에 대한 설명으로 틀린 것은?
>
> ① 치수는 되도록 주 투상도에 집중한다.
> ② 치수는 중복 기입을 할 수 있고 각 투상도에 고르게 치수를 기입한다.
> ③ 관련되는 치수는 되도록 한 곳에 모아서 기입한다.
> ④ 치수는 되도록 공정마다 배열을 분리하여 기입한다.
>
> 치수는 되도록 주 투상도에 집중하고, 치수의 중복 기입을 피한다.
>
> 정답 : ②

4. 치수의 배치 방법 ★

직렬치수기입법	• 직렬로 나란히 연결된 개개의 치수에 주어진 치수 공차가 축차로 누적되어도 좋은 경우에 사용
병렬치수기입법	• 기준면을 설정하여 개개별로 기입되는 방법으로, 각 치수의 일반 공차는 다른 치수의 일반 공차에 영향을 주지 않는다.
누진치수기입법	• 치수의 기준점 위치는 기점 기호(○)로 나타내고, 치수선의 다른 끝은 화살표로 나타내어 하나의 연속된 치수선으로 표시
좌표치수기입법	• 대상물의 한 곳을 기준으로 좌표를 사용하여 치수를 나타낸다.

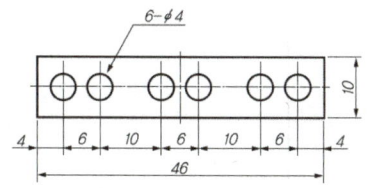

직렬 치수기입   누진 치수기입

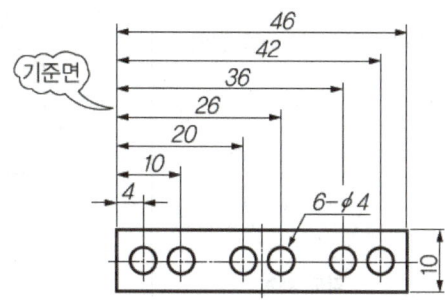

병렬 치수기입

좌표 치수기입

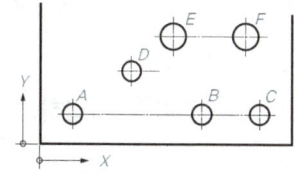

	X	Y	φ
A	20	20	14
B	140	20	14
C	200	20	14
D	60	60	14
E	100	90	26
F	180	90	26
G			
H			

개념잡기

치수 허용 한계를 기입할 때 일반사항에 대한 설명으로 틀린 것은?

① 기능에 관련되는 치수와 허용 한계는 기능을 요구하는 부위에 직접 기입하는 것이 좋다.
② 직렬 치수 기입법으로 치수를 기입할 때는 치수 공차가 누적되므로 공차의 누적이 기능에 관계가 없는 경우에만 사용하는 것이 좋다.
③ 병렬 치수 기입법으로 치수를 기입할 때 치수 공차는 다른 치수의 공차에 영향을 주기 때문에 기능 조건을 고려하여 공차를 적용한다.
④ 축과 같이 직렬 치수 기입법으로 치수를 기입할 때 중요도가 작은 치수는 괄호를 붙여서 참고 치수로 기입하는 것이 좋다.

병렬 치수기입법
기준면을 설정하여 개개별로 기입되는 방법으로, 각 치수의 일반 공차는 다른 치수의 일반 공차에 영향을 주지 않는다. 기준면에 해당하는 치수 보조선의 위치는 제품의 기능, 조립, 가공, 검사 등의 조건을 고려하여 정한다.

정답 : ③

02 치수기입 방법의 일반 형식

1. 치수 수치를 기입하는 위치 및 방향★

- 치수선은 원칙적으로 지시하는 길이 또는 각도를 측정하는 방향에 평행하게 긋고, 선의 양 끝에 끝부분 기호를 붙인다.

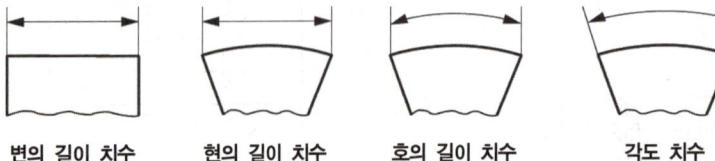

변의 길이 치수   현의 길이 치수   호의 길이 치수   각도 치수

- 치수 수치는 수평방향의 치수선에 대하여 위쪽에 기입하고, 수직방향의 치수선에 대하여 왼쪽에 기입하며 치수선의 거의 중앙에 쓰는 것이 좋다.

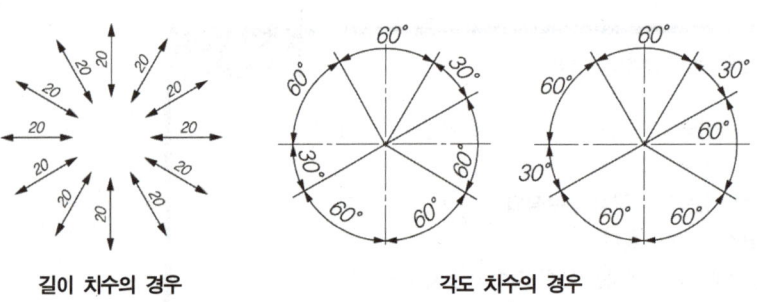

길이 치수의 경우   각도 치수의 경우

> **참고**
> 치수 수치 기입 방향
>
>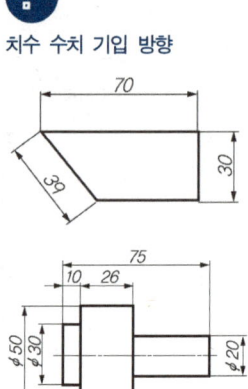

개념잡기

그림에서 나타난 치수선은 어떤 치수를 나타내는가?

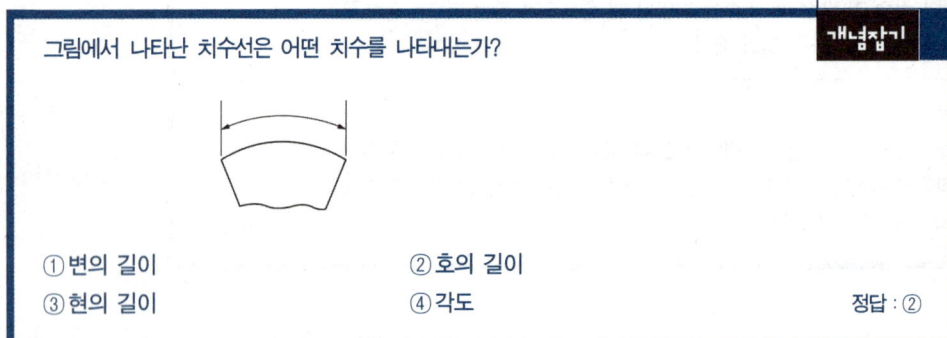

① 변의 길이   ② 호의 길이
③ 현의 길이   ④ 각도   정답 : ②

2. 좁은 부분 치수기입

- 간격이 좁고 기입이 연속될 때에는 치수선의 위쪽과 아래쪽에 번갈아 치수를 기입하거나 지시선을 써서 치수를 기입한다.
- 지시선을 사용하여 치수 수치를 기입하는 경우 지시선을 끌어내는 쪽 끝에는 아무것도 붙이지 않는다.

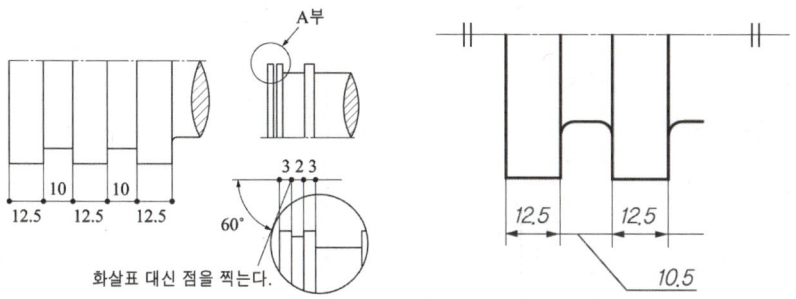

03
여러 가지 요소의 치수기입 ★★★

1. 지름 및 반지름의 치수기입 ★

- 원형의 일부를 그리지 않은 도형에서 치수선의 끝부분 기호가 한쪽인 경우는 반지름의 치수와 혼동되지 않도록 지름의 치수 수치 앞에 ϕ를 기입한다.
- 반지름 치수를 표시할 때는 치수선의 화살표를 원호 쪽에만 붙이고 중심 쪽에는 붙이지 않으며 치수 수치 앞에 반지름 기호 R을 같은 크기로 기입한다.

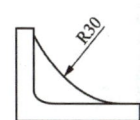 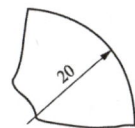 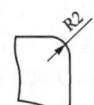 

지름의 치수기입

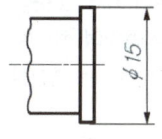

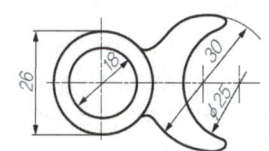

- 실제 모양을 나타내지 않는 투상도형에 반지름 또는 전개한 상태의 반지름을 치수를 기입할 경우는 치수 수치의 앞에 "실R" 또는 "전개R"을 붙인다.

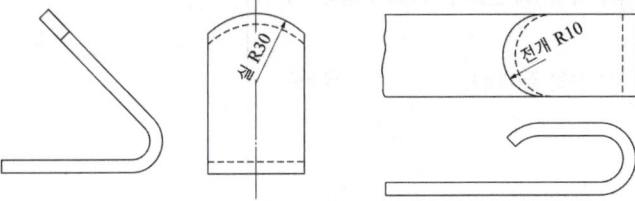

- 구의 지름 또는 반지름 치수를 기입할 때에는 치수 수치 앞에 치수 숫자와 같은 크기로 구의 기호인 "Sφ" 또는 "SR"을 기입하여 표시한다.

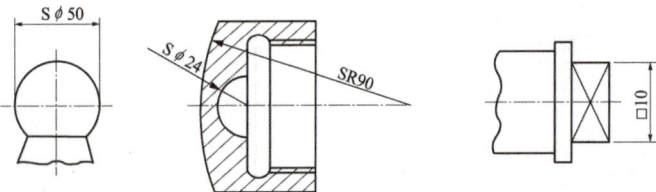

구의 지름 또는 반지름 표시방법　　　　정사각형 변의 표시방법

개념잡기

다음 설명 중 반지름 치수 기입 방법으로 옳은 것은?

① 반지름 치수를 표시할 때에는 치수선의 양쪽에 화살표를 모두 붙인다.
② 화살표나 치수를 기입할 여유가 없을 경우에는 중심 방향으로 치수선을 연장하여 긋고 화살표를 붙인다.
③ 반지름이 커서 그 중심 위치까지 치수선을 그을 수 없을 때에는 자유 실선을 원호 쪽에 사용하여 치수를 표기한다.
④ 반지름 치수는 중심을 반드시 표시하여 기입해야 한다.

반지름 치수 기입
- 반지름의 치수는 반지름의 기호 R를 치수 수치 앞에 기입하여 표시한다. 그러나 반지름을 나타내는 치수선을 원호의 중심까지 긋는 경우에는 R 기호를 생략할 수 있다.
- 반지름 중심을 표시할 필요가 있을 때에는 가는 실선의 +기호나 1mm 이하의 검은 둥근 점으로 그 위치를 표시할 수 있다.
- 반지름이 커서 그 중심 위치까지 치수선을 그을 수 없거나 여백이 없는 경우에는 Z자형으로 휘어서 표시하고, 화살표가 붙은 부분은 정확한 중심 위치로 향하도록 한다.
- 같은 중심을 가지는 반지름 치수가 연속된 경우는 기점 기호를 사용하여 누진 치수 기입법으로 기입한다.
- 원호 부분의 치수는 원호가 180°까지는 원칙으로 반지름으로 표시하고, 그것을 넘는 경우에는 원칙으로 지름으로 표시한다. 다만, 원호가 180° 이내라도, 기능상 또는 가공상, 특히 지름의 치수를 필요로 하는 것에 대하여는 지름의 치수를 기입한다.

정답 : ②

2. 정사각형 변의 크기 및 두께 치수기입

- 원형인 물체가 정사각형의 모양을 포함할 경우 해당 단면의 치수 앞에 정사각형의 한 변이라는 것을 나타내는 기호 '□'을 기입한다.
- 두께의 치수를 표시하는 경우에는 두께를 표시하는 치수 수치의 앞에 치수 숫자와 같은 크기로 두께를 나타내는 기호 't'를 기입한다.

3. 현의 길이와 호의 길이의 치수기입

3-1 현의 길이

원칙으로 현에 직각으로 치수 보조선을 긋고, 현에 평행한 치수선을 사용하여 표시한다.

3-2 원호의 길이

현의 경우와 같은 치수 보조선을 긋고 그 원호와 동심의 원호를 치수선으로 하고, 치수 수치의 위에 원호의 길이의 기호를 붙인다.

 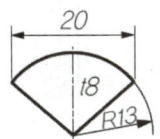 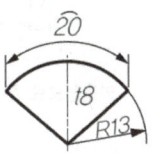

원호의 치수기입

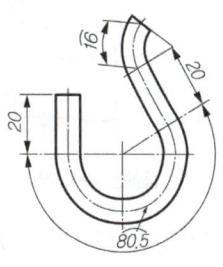

4. 구멍의 치수기입 ★★

- 드릴 구멍, 리머 구멍, 펀칭 구멍, 코어 구멍 등의 구별을 표시할 필요가 있을 때는 그림과 같이 치수 숫자에 그 명칭을 기입한다.

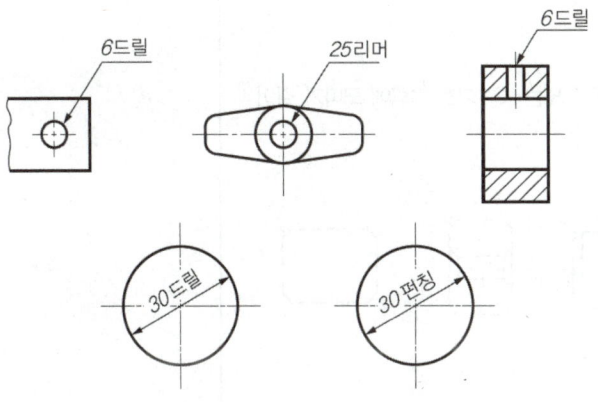

- 같은 치수의 볼트 구멍, 작은 나사 구멍, 핀 구멍, 리벳 구멍 등의 치수는 구멍으로부터 지시선을 끌어내어 그 총 수를 표시하는 숫자 다음에 짧은 선을 넣어서 기입한다.

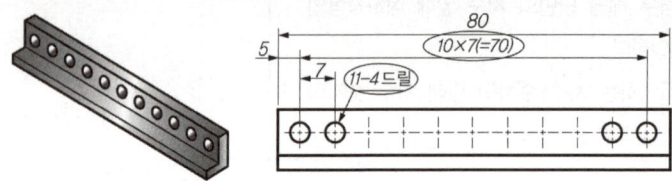

5. 테이퍼와 기울기의 치수기입

- 테이퍼는 원칙적으로 중심선 위에 기입하나 기울기 크기와 방향을 별도로 지시할 때에는 경사면에 지시선을 끌어내어 기입한다.

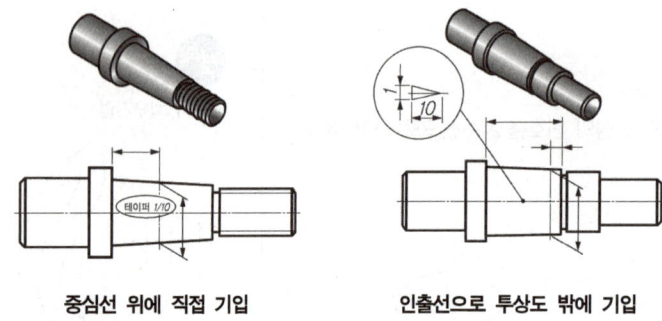

중심선 위에 직접 기입   인출선으로 투상도 밖에 기입

- 기울기는 기울어진 면의 위로 약간 띄워서 기입한다.

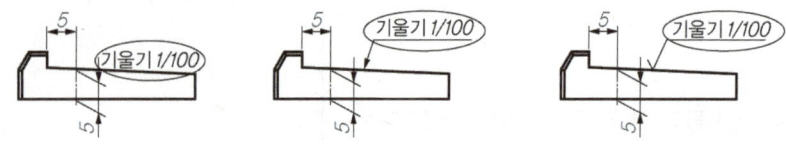

6. 모따기 치수기입

모따기 각도가 45°일 때는 모따기 길이 치수, '45°' 또는 'C' 기호 다음에 모따기 길이 수치를 기입한다.

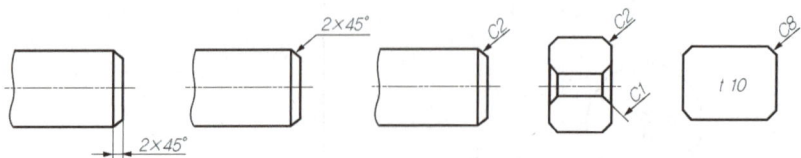

7. 평강 및 형강의 치수기입 ★

평강의 단면 치수는 너비×두께로서 표시하고 그 이외의 형강은 표와 같이 표시한다.

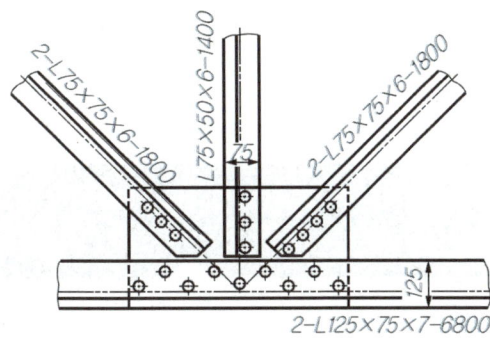

종류	표시방법
등변 ㄱ 형강	$L\ A \times A \times t - L$
부등변 ㄱ 형강	$L\ A \times B \times t - L$
I 형강	$I\ A \times B \times t - L$
ㄷ 형강	$\sqsubset A \times B \times t - L$
H 형강	$H\ A \times B \times t - L$
T 형강	$T\ A \times B \times t - L$
구 평형강	$J\ A \times t - L$
강관	$\phi\ A \times t - L$

* L은 길이를 나타낸다.

8. 치수기입 시 주의사항

치수기입에 있어서 치수 수치 대신 글자 기호를 써도 좋다. 이 경우 그 수치를 별도로 표시한다.

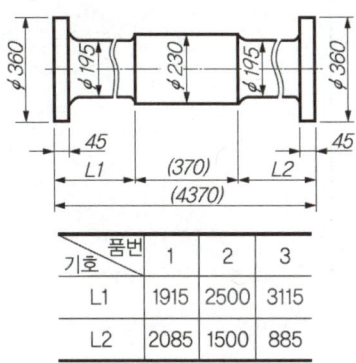

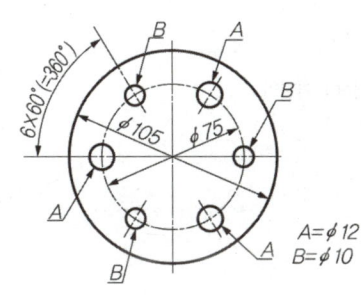

CHAPTER 05
표면거칠기

KEYWORD 표면거칠기 기호, 면의 지시기호, 다듬질 기호, 줄무늬 방향 기호, 표면거칠기의 기입 방법

01 표면거칠기 기호의 종류 ★★★

1. 표면거칠기(KS B ISO 4287)

1-1 프로파일의 최대 높이(R_z, 최대 높이 거칠기)

- 거친 면 사이에 가장 높은 산과 가장 낮은 골의 차이를 측정하여 미크론(μ) 단위로 나타낸 값
- 기준 길이 내에서 최대 프로파일 산 높이 Z_p와 최대 프로파일 골 깊이 Z_v의 합 = 최대 높이 거칠기

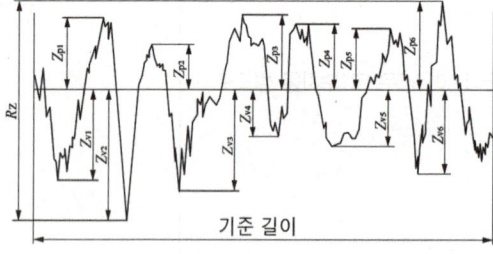

최대 높이 거칠기

> **개념잡기**
>
> 제품의 표면거칠기를 나타낼 때 표면 조직의 파라미터를 "평가된 프로파일의 산술 평균 높이"로 사용하고자 한다면 그 기호로 옳은 것은?
>
> ① R_t ② R_c
> ③ R_z ④ R_a
>
> - 평가 프로파일의 산술 평균 높이(R_a) : 기준 길이 내에서 절대 세로 좌표값의 산술 평균 = 산술 평균 거칠기
> - 프로파일의 최대 높이(R_z) : 기준 길이 내에서 최대 프로파일 산 높이와 최대 프로파일 골 깊이의 합 = 최대 높이 거칠기
> - 프로파일 요소의 평균 높이(R_c) : 기준 길이 내에서 프로파일 요소 높이의 평균값
> - 프로파일의 전체 높이(R_t) : 평가 길이 내에서 최대 프로파일 산 높이와 최대 프로파일 골 깊이의 합
>
> 정답 : ④

1-2 프로파일 요소의 평균 높이(R_c)

기준 길이 내에서 프로파일 요소 높이(Z_t)의 평균값

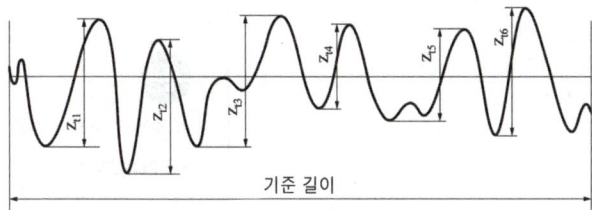

프로파일 요소의 높이

1-3 중심선 평균 거칠기(산술 평균 거칠기, 평가 프로파일의 산술 평균 높이 R_a)

- 중심선을 기준으로 위쪽과 아래쪽의 면적의 합을 측정길이로 나눈 값
- 기준 길이 내에서 절대 세로좌표값의 산술 평균

$$R_a = \frac{1}{l} \int_0^l Z(x)dx$$

여기에서 l : 기준 길이

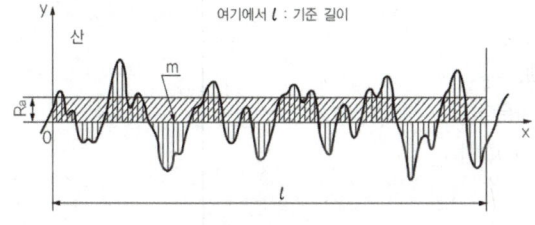

산술 평균 거칠기

2. 다듬질 기호에 따른 표면거칠기

명칭	표면거칠기의 표준수열					가공법 및 표시하는 부분 설명
	R_a	R_{max}	R_z	다듬질 기호 (종래의 기호)	표면거칠기 기호 (새로운 기호)	
다듬질 안함	규정 안함			∼	✓	제거 가공을 하지 않는 부분
거친 다듬질	25a	100s	100z	▽	W/	절삭 가공만 하고 끼워맞춤은 없는 표면부에 표시
보통 다듬질	6.3a	25s	25z	▽▽	X/	끼워맞춤만 하고 상호 부품의 미찰운동은 하지 않는 가공면
정밀 다듬질	1.6a	6.3s	6.3z	▽▽▽	Y/	끼워맞춤한 상호 부품이 미찰운동을 하는 부분
연마 다듬질	0.2a	0.8s	0.8z	▽▽▽▽	Z/	초정밀 고급가공면, 내연기관의 실린더 내면

02 면의 지시기호★★★

1. 각 지시기호의 기입 위치 ★★

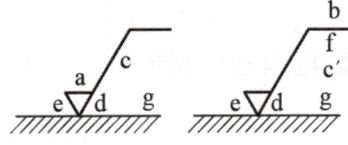

a : R_a의 값(μm)
b : 가공 방법, 표면처리
c : 컷 오프값·평가 길이
c′ : 기준 길이·평가 길이
d : 줄무늬 방향의 기호
e : 기계가공 공차
f : R_a 이외의 파라미터
    (t_p일 때에는 파라미터/절단 레벨)
g : 표면 파상도(KS B ISO 4287에 따른다)
*주 : a 또는 f 이외는 필요에 따라 기입한다.

> 참고
>
> R_a값을 지시하는 경우
>
> • 표면거칠기 상한만을 지시하는 경우
>
>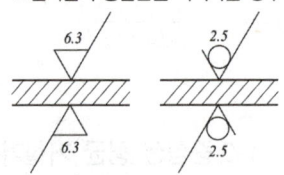
>
> • 표면거칠기 상한과 하한을 지시하는 경우
>
>

그림과 같은 면의 지시기호에 대한 각 지시 사항의 기입 위치에 대한 설명으로 틀린 것은?

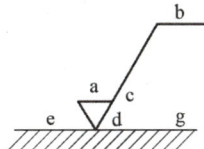

① a : 표면거칠기(R_a) 값　　② d : 줄무늬 방향의 기호
③ g : 표면파상도　　　　　　④ c : 가공 방법

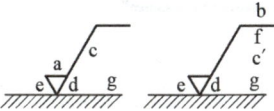

- a : R_a의 값(μm)
- b : 가공 방법, 표면처리
- c : 컷 오프값·평가 길이
- c' : 기준 길이·평가 길이
- d : 줄무늬 방향의 기호
- e : 기계가공 공차
- f : R_a 이외의 파라미터(t_p일 때에는 파라미터/절단 레벨)
- g : 표면 파상도(KS B ISO 4287에 따른다)
* 주 : a 또는 f 이외에는 필요에 따라 기입한다.

정답 : ④

2. 다듬질 기호와 의미 ★★

- '제거 가공을 필요로 함' : 지시기호의 짧은 쪽 끝에 가로선을 그어서 지시
- '제거 가공을 허락하지 않음' : 면의 지시기호의 내접하는 원을 그려 지시
- 특별히 가공 방법 등을 지시할 필요가 있는 경우, 면의 지시기호가 긴 쪽의 다리에 필요한 길이만큼 수평으로 가로선을 그어서 사용

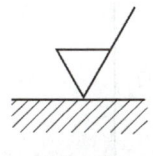
제거 가공을
필요로 함

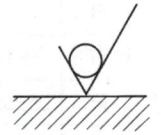
제거 가공을
허락하지 않음

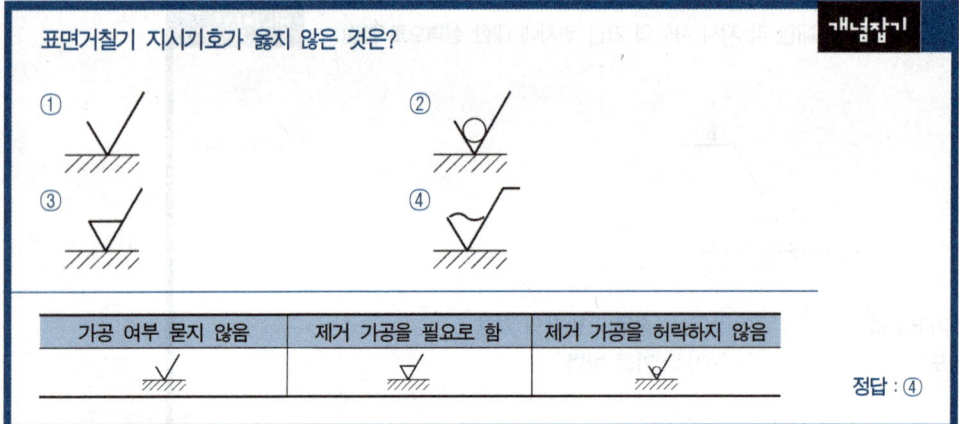

3. 가공 방법의 기호 기입

원하는 표면의 결을 얻기 위하여 표면 처리를 포함한 특정한 가공 방법을 지시할 필요가 있는 경우에는, 면의 지시기호의 긴 쪽 선에 가로 선을 긋고, 그 위에 문자 또는 기호로 기입한다.

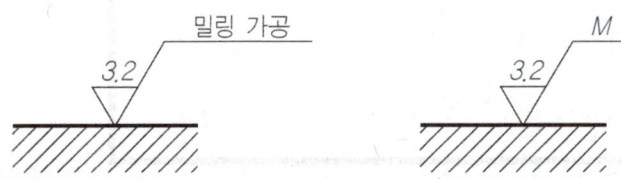

가공방법	약호 I	약호 II	가공방법	약호 I	약호 II
선반가공	L	선삭	호닝가공	GH	호닝
드릴가공	D	드릴링	액체호닝가공	SPLH	액체호닝
보링머신가공	B	보링	베럴연마가공	SPBR	배럴연마
밀링가공	M	밀링	버프 다듬질	SPBF	버핑
평삭(플레이닝)가공	P	평삭	블라스트다듬질	SB	블라스팅
형삭(셰이핑)가공	SH	형삭	랩 다듬질	FL	래핑
브로칭가공	BR	브로칭	줄 다듬질	FF	줄 다듬질
리머가공	FR	리밍	스크레이퍼다듬질	FS	스크레이핑
연삭가공	G	연삭	페이퍼다듬질	FCA	페이퍼다듬질
벨트연삭가공	GBL	벨트연삭	주조	C	주조

4. 줄무늬 방향 기호와 의미 ★★★

- 줄무늬 방향을 지시하여야 할 때에는 표에 규정하는 기호를 가공면의 지시기호 오른쪽에 기입한다.
- 규정되어 있지 않은 줄무늬 방향을 지시하고자 하는 경우에는 적당한 주기를 붙여서 지시한다.

줄무늬 방향의 기호 기입 위치

기호	의미	설명도
=	가공에 의한 커터의 줄무늬 방향이 기호를 기입한 그림의 투영면에 평행 • 보기 : 셰이핑면	
⊥	가공에 의한 커터의 줄무늬 방향이 기호를 기입한 그림의 투영면에 직각 • 보기 : 셰이핑면(옆으로부터 보는 상태) 선삭, 원통 연삭면	
X	가공에 의한 커터의 줄무늬 방향의 기호를 기입한 그림의 투영면에 경사지고 두 방향으로 교차 • 보기 : 호닝 다듬질면	
M	가공에 의한 커터의 줄무늬가 여러 방향으로 교차 또는 무방향 • 보기 : 래핑 다듬질면, 수퍼 피니싱면 가로 이송을 준 정면 밀링 또는 엔드 밀 절삭	
C	가공에 의한 커터의 줄무늬 방향의 기호를 기입한 면의 중심에 대하여 대략 동심원 모양 • 보기 : 끝면 절삭면	
R	가공에 의한 커터의 줄무늬가 기호를 기입한 면의 중심에 대하여 대략 레이디얼 모양	

> **개념잡기**
>
> 다음 표면거칠기의 표시에서 C가 의미하는 것은?
>
>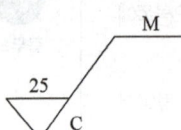
>
> ① 주조가공　　　　　　　　② 밀링가공
> ③ 가공으로 생긴 선이 무방향　④ 가공으로 생긴 선이 거의 동심원
>
> | 기호 | 커터의 줄무늬 방향 | 적용 |
> |---|---|---|
> | ⊥ | 투상면에 직각 | 선삭 |
> | = | 투상면에 평행 | 셰이핑 |
> | X | 투상면에 경사지고 두 방향으로 교차 | 호닝 |
> | C | 중심에 대하여 동심원 | 끝면절삭 |
> | M | 여러 방향으로 교차되거나 무방향 | 밀링, 래핑 |
> | R | 중심에 대하여 레이디얼 모양 | 일반적인 가공 |
>
> 정답 : ④

5. 표면처리 가공 기호

- 표면처리에 관한 사항을 지시하는 경우의 표면거칠기 값은 표면처리 후의 값을 표시한다.
- 표면처리 전과 후의 양쪽의 표면거칠기를 지시할 필요가 있을 때에는 따로 표시한다.

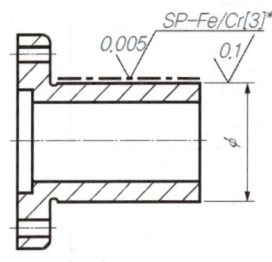

- SP(Surface treatment Polishing) : 표면처리 폴리싱(연마)
- Fe : 소재는 철강
- Cr : 크롬 도금
- [3] : 도금의 등급, 3급으로 도금 두께 $10\mu m$
- *기호는 KSD 0222의 표시에 따른다.

03 표면거칠기의 기입 방법 ★★★

1. 도면 기입 방법의 기본사항

- 지시기호는 그림의 아래쪽 또는 오른쪽부터 읽을 수 있도록 기입한다.
- 지시기호는 대상면을 나타내는 외형선과 그 연장선 또는 치수 보조선에 접하여 투상도의 바깥쪽에 기입한다.
- 그림의 관계에서 ②에 따를 수 없는 경우에는 대상면에서 인출한 인출선에 기입하여도 좋다.

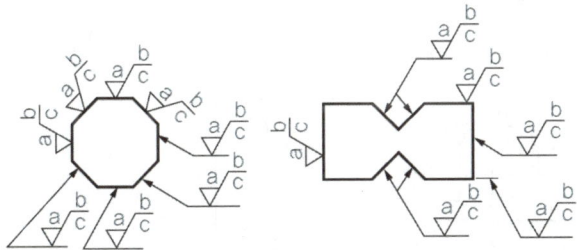

표면 지시기호 기입 방법

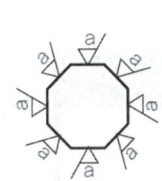

직접 면에 지시

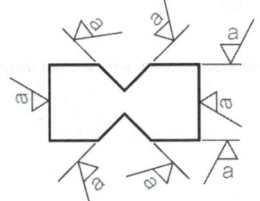

연장선을 이용한 지시

- 둥글기 또는 모따기에 면의 지시기호를 기입하는 경우에는 둥글기의 반지름 또는 모따기를 나타내는 치수선을 연장한 인출선에 기입한다.
- 둥근 구멍의 지름 치수 또는 인출선을 사용하여 나타내는 경우에는 지름 치수의 다음에 기입한다.

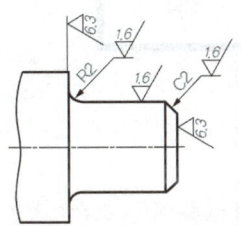

둥글기, 모따기에 대한 지시

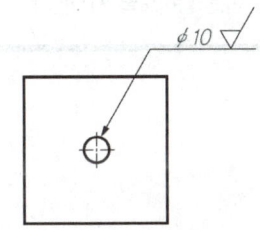

둥근 구멍의 지름 치수에 대한 지시

2. 표면거칠기 기입의 간략법

- 표면의 결 기호를 많은 곳에 반복하는 경우, 면의 지시기호와 알파벳 소문자를 기입하고 표제란의 곁에 기입한다.
- 하나의 부품에 대해서 대부분의 표면이 동일하고 일부분이 다를 경우, 공통이 아닌 기호를 괄호를 붙여서 면의 지시기호만을 기입한다.

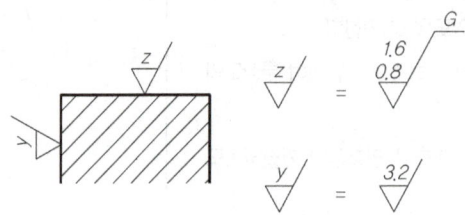

반복되는 지시의 간략한 기입 방법

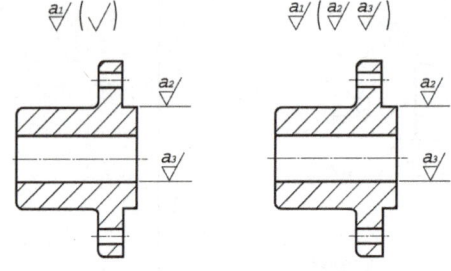

대부분의 동일한 지시를 간략한 기입

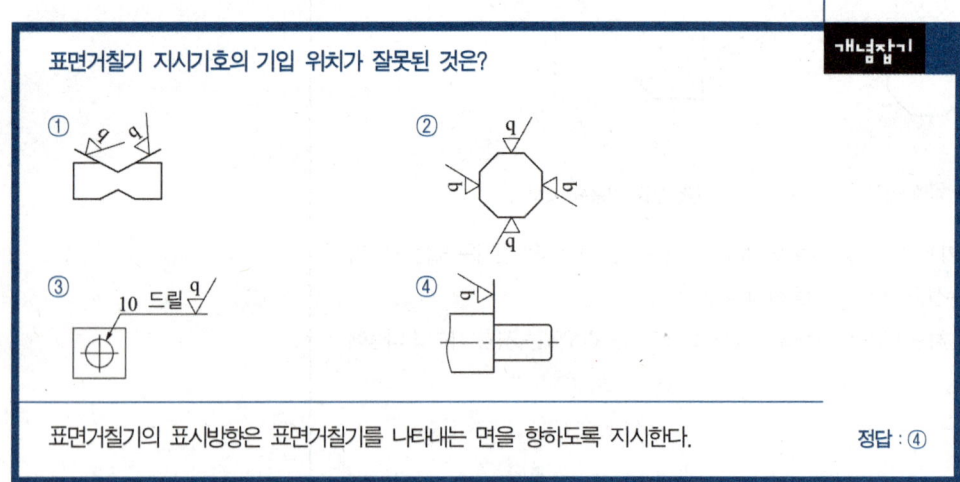

개념잡기

표면거칠기 지시기호의 기입 위치가 잘못된 것은?

표면거칠기의 표시방향은 표면거칠기를 나타내는 면을 향하도록 지시한다.

정답 : ④

04
기계재료 표시법 ★

1. 기계재료 표시법의 의미

1-1 SS400(KS D 3503의 일반 구조용 압연 강재)

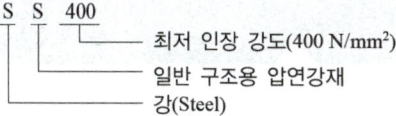

1-2 SM45C(KS D 3752 기계 구조용 탄소 강재)

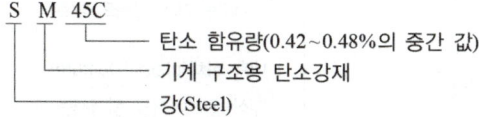

1-3 SF340A(KS D 3710 탄소강 단강품)

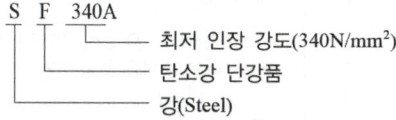

1-4 PW-1(KS D 3556의 피아노 선)

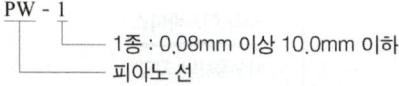

1-5 SNCM625(KS D 3867 기계구조용 합금강 강재, 니켈-크롬-몰리브덴)

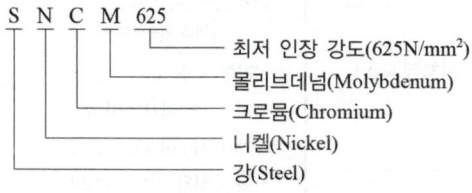

재료 기호의 구성

재료 기호는 로마자와 아라비아 숫자로 구성되어 있으며, 보통 다음과 같이 세 부분으로 나누어 표시한다.

- 처음 부분
  재질을 표시하는 기호이며, 로마자의 머리글자(대문자)나 원소 기호로 표시한다.
- 중간 부분
  규격명, 제품명을 표시하는 기호이며 로마자의 머리글자(대문자)로 표시하고 판·봉·선재와 주조품, 단조품 등과 같은 제품의 모양에 따른 종류나 용도를 표시한다.
- 끝 부분
  재료의 종류 번호, 최저 인장강도와 제조 방법, 열처리 방법 등을 나타낸다.

CHAPTER 06
공차와 끼워맞춤

KEYWORD 치수공차, IT기본공차, 최대실체조건, 억지끼워맞춤, 중간끼워맞춤, 헐거운끼워맞춤, 허용한계의 치수기입

01 치수공차 ★★★

1. 치수공차의 용어 ★★★

치수	• 구멍이나 축에서 형체의 크기를 나타내는 양(단위 : mm)
허용한계 치수	• 형체의 실제 치수가 그 사이에 들어가도록 정한, 허용할 수 있는 2개의 극한 치수
최대 허용 치수	• 형체에 허용되는 최대 치수
최소 허용 치수	• 형체에 허용되는 최소 치수
실 치수	• 부품 형체의 실측치수
기준 치수	• 위 치수 허용차 및 아래 치수 허용차를 적용하는데 따라 허용한계 치수가 주어지는 기준이 되는 치수 • 도면에 기입된 정치수
치수 허용차	• 실 치수, 허용한계 치수 등과 대응하는 기준 치수와의 차이 • (치수 허용차) = (허용한계 치수) - (기준 치수)
위 치수 허용차	• 최대 허용 치수와 대응하는 기준 치수와의 차이 • (위 치수 허용차) = (최대 허용 치수) - (기준 치수)
아래 치수 허용차	• 최소 허용 치수와 대응하는 기준 치수와의 차이 • 기준 치수보다 허용한계 치수가 클 때는 치수 허용차의 수치에 (+)의 부호를, 작을 때에는 (-)부호를 붙여서 나타낸다. • (아래 치수 허용차) = (최소 허용 치수) - (기준 치수)
치수공차	• 최대 허용 치수와 최소 허용 치수와의 차이

용어 정리

형체(feature)
치수 공차방식, 끼워맞춤 방식의 대상이 되는 기계 부품의 부분

내측 형체(internal feature)
대상물의 내측을 형성하는 형체

외측 형체(external feature)
대상물의 외측을 형성하는 형체

구멍(hole)
주로 원통형의 내측 형체. 원형 단면이 아닌 내측 형체도 포함한다.

축(shaft)
주로 원통형의 외측 형체. 원형 단면이 아닌 외측 형체도 포함한다.

저자 어드바이스

치수공차의 기입

- 기준 치수 : 50
- 위 치수허용차 : +0.25
- 아래 치수허용차 : -0.05
- 최대 허용 치수 : 50.25
- 최소 허용 치수 : 49.95

기준선	• 허용한계 치수 또는 끼워 맞춤을 표시할 때에는 기준 치수를 나타내며, 치수 허용차의 기준이 되는 직선
기본공차	• 치수공차방식과 끼워맞춤방식에 속하는 모든 치수공차 • 기본공차는 기호 IT로 나타낸다.
공차등급	• 치수공차방식, 끼워맞춤방식으로 모든 기준치수에 대하여 동일수준에 속하는 치수 공차의 한 그룹 ⓜ IT6급, IT7급
공차역	• 치수공차를 도시하였을 때 치수공차의 크기와 기준선에 대한 그 위치에 따라 정해지는 최대 허용 치수와 최소 허용 치수를 나타내는 두 개의 직선 사이의 영역
공차역 클래스	• 공차역의 위치와 공차등급의 조합
최대 실체 치수	• 형체의 실체가 최대가 되는 쪽의 허용한계 치수 • 내측 형체에 대해서는 최소 허용 치수, 외측 형체에 대해서는 최대 허용치수
최소 실체 치수	• 형체의 실체가 최소가 되는 쪽의 허용한계 치수 • 내측 형체에 대해서는 최대 허용치수, 외측 형체에 대해서는 최소 허용 치수

치수허용차와 기준선의 관계

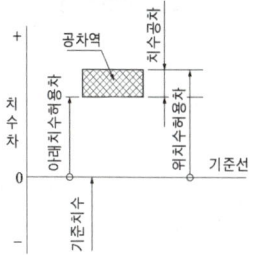

저자 어드바이스

최대 실체 조건(MMC)
- 형체 크기의 부피가 최대를 가질 조건
- 공차가 있는 형체에 최대 실체 공차를 적용하는 경우의 도시방법은 공차 기입란의 공차값 다음에 Ⓜ의 부가 기호를 붙인다.

최소 실체 조건(LMC)
- 형체 크기의 부피가 최소를 가질 조건
- 공차가 있는 형체에 최소 실체 공차를 적용하는 경우의 도시방법은 공차 기입란의 공차값 다음에 Ⓛ의 부가 기호를 붙인다.

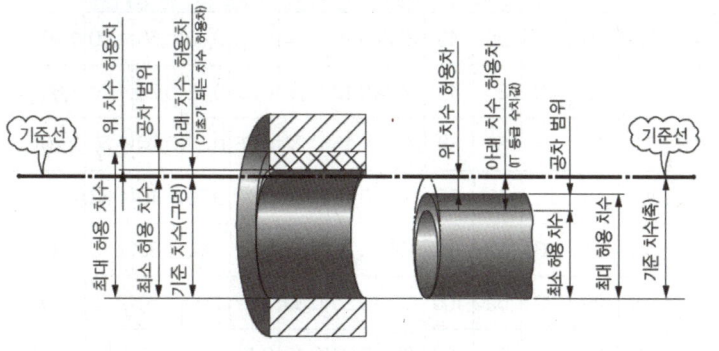

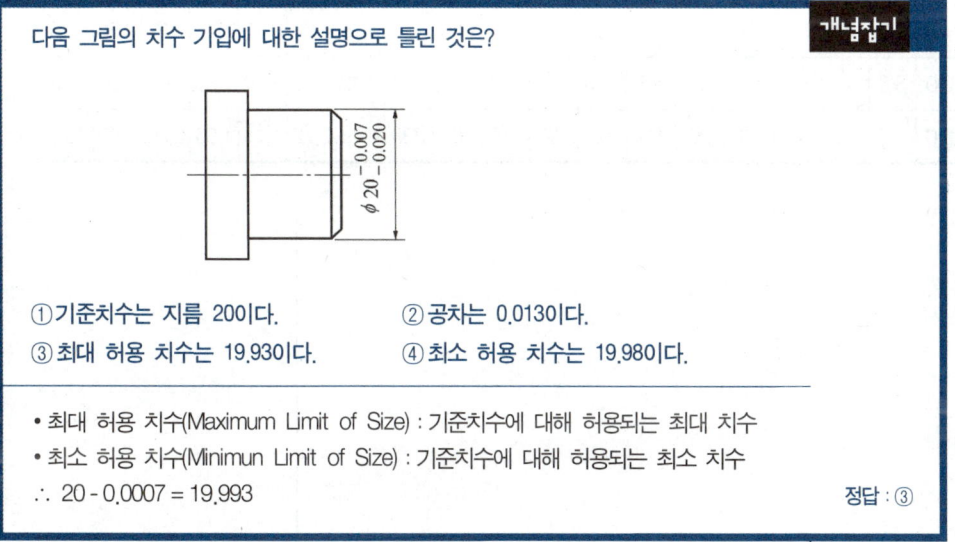

다음 그림의 치수 기입에 대한 설명으로 틀린 것은?

① 기준치수는 지름 20이다.   ② 공차는 0.013이다.
③ 최대 허용 치수는 19.930이다.   ④ 최소 허용 치수는 19.980이다.

- 최대 허용 치수(Maximum Limit of Size) : 기준치수에 대해 허용되는 최대 치수
- 최소 허용 치수(Minimun Limit of Size) : 기준치수에 대해 허용되는 최소 치수
∴ 20 − 0.0007 = 19.993

정답 : ③

02 IT 기본공차 ★★★

1. IT 공차 ★★★

- 국제표준화기구(ISO) 공차 방식 분류에 의한 치수공차와 끼워맞춤 공차에 있어서 정해진 모든 치수공차
- 같은 등급이라도 기준 치수가 커짐에 따라 공차를 달리한다.
- IT01부터 IT18까지 20등급으로 분류

저자 어드바이스
- 구멍이나 축의 지름을 정밀하게 다듬질 하려면 공차를 작게 하면 되지만, 같은 0.02mm의 공차라 하더라도 기준 치수가 40mm인 경우와 400mm인 경우는 정밀도가 다르다.
- 기준치수가 크면 공차의 허용 범위를 크게 하여야 하며, 정밀도는 기준 치수와 공차의 비율로 표시된다.

2. IT 기본공차의 수치(KS B 0401)

구분 등급		IT 01	IT 0	IT 1	IT 2	IT 3	IT 4	IT 5	IT 6	IT 7	IT 8	IT 9	IT 10	IT 11	IT 12	IT 13	IT 14	IT 15	IT 16	IT 17	IT 18
초과	이하	기본공차의 수치(μm)													기본공차의 수치(mm)						
-	3	0.3	0.5	0.8	1.2	2.0	3.0	4.0	6.0	10	14	25	40	60	0.10	0.14	0.26	0.40	0.60	1.00	1.40
3	6	0.4	0.6	1.0	1.5	2.5	4.0	5.0	8.0	12	18	30	48	75	0.12	0.18	0.30	0.48	0.75	1.20	1.80
6	10	0.4	0.6	1.0	1.5	2.5	4.0	6.0	9.0	15	22	36	58	90	0.15	0.22	0.36	0.58	0.90	1.50	2.20
10	18	0.5	0.8	1.2	2.0	3.0	5.0	8.0	11	18	27	43	70	110	0.18	0.27	0.43	0.70	1.10	1.80	2.27
18	30	0.6	1.0	1.5	2.5	4.0	6.0	9.0	13	21	33	52	84	130	0.21	0.33	0.52	0.84	1.30	2.10	3.30
30	50	0.6	1.0	1.5	2.5	4.0	7.0	11	16	25	39	62	100	160	0.25	0.39	0.62	1.00	1.60	2.50	3.90
50	80	0.8	1.2	2.0	3.0	5.0	8.0	13	19	30	46	74	120	190	0.30	0.46	0.74	1.20	1.90	3.00	4.60
80	120	1.0	1.5	2.5	4.0	6.0	10	15	22	35	54	87	140	220	0.35	0.54	0.87	1.40	2.20	3.50	5.40
120	180	1.2	2.0	3.5	5.0	8.0	12	18	25	40	63	100	160	250	0.40	0.63	1.00	1.60	2.50	4.00	6.30
180	250	2.0	3.0	4.5	7.0	10	14	20	29	46	72	115	185	290	0.46	0.72	1.15	1.85	2.90	4.60	7.20

3. IT 기본공차의 적용 ★★

- 공차등급 : IT 기호에 등급을 나타내는 숫자를 붙여 표시 **예** IT7, IT8
- IT01, IT0은 정밀도가 아주 높아 제품생산에 적용하지 않고 별도로 지정

구분	게이지 제작공차	끼워맞춤공차	끼워맞춤 이외의 공차
구멍	IT01 ~ IT5	IT6 ~ IT10	IT11 ~ IT18
축	IT01 ~ IT4	IT5 ~ IT9	IT10 ~ IT18

- 축의 등급이 구멍 등급보다 한 등급 낮다.
- 공차역의 위치 : 구멍은 대문자(A ~ ZC), 축은 소문자(a ~ zc)로 나타내며 혼동을 피하기 위해 I, L, O, Q, W(i, l, o, q, w)는 사용하지 않는다.

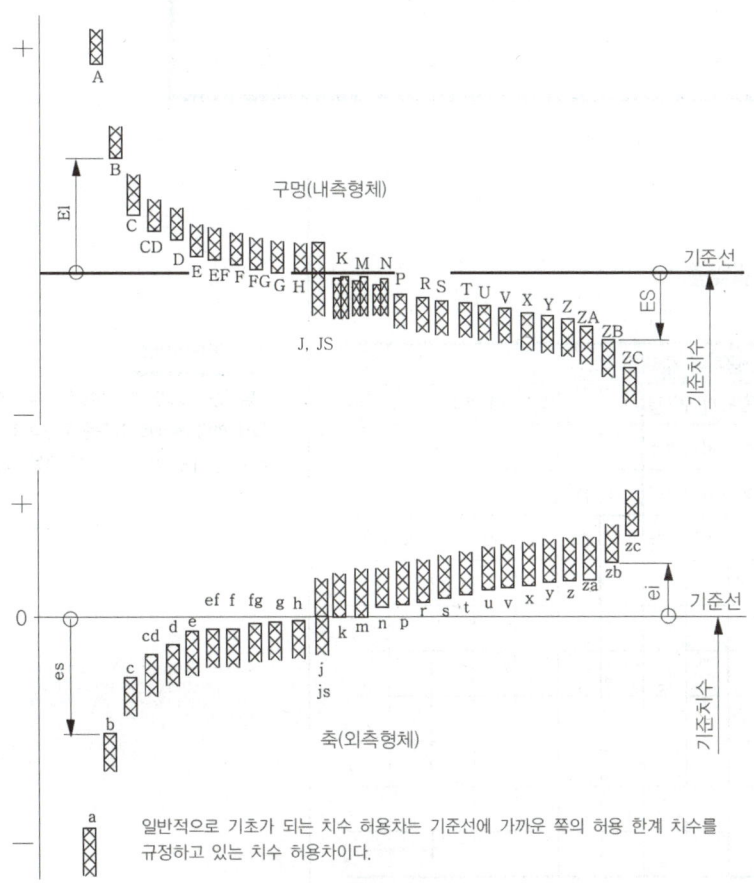

일반적으로 기초가 되는 치수 허용차는 기준선에 가까운 쪽의 허용 한계 치수를 규정하고 있는 치수 허용차이다.

개념잡기

IT공차 등급에 대한 설명 중 틀린 것은?

① 공차등급은 IT기호 뒤에 등급을 표시하는 숫자를 붙여 사용한다.
② 공차역의 위치에 사용하는 알파벳은 모든 알파벳을 사용할 수 있다.
③ 공차역의 위치는 구멍인 경우 알파벳 대문자, 축인 경우 알파벳 소문자를 사용한다.
④ 공차등급은 IT01부터 IT18까지 20등급으로 구분한다.

- 정해진 알파벳
- 구멍기호 : 대문자
- 축기호 : 소문자
- IT 기본 공차는 치수 공차와 끼워 맞춤에 있어서 정해진 모든 치수 공차를 의미하는 것으로 국제표준화기구(ISO) 공차 방식에 따라 분류하며, IT 01 ~ IT 18까지 20등급으로 나누고 정밀도에 따라 표와 같이 적용한다.

용도	게이지 제작공차	끼워맞춤 공차	끼워맞춤 이외 공차
구멍	IT 01 ~ IT 5	IT 6 ~ IT 10	IT 11 ~ IT 18
축	IT 01 ~ IT 4	IT 5 ~ IT 9	IT 10 ~ IT 18

정답 : ②

4. 자주 사용하는 끼워맞춤 ★★★

4-1 자주 사용하는 구멍 기준 끼워맞춤

기준 구멍	축의 공차역 클래스												
	헐거운 끼워맞춤				중간 끼워맞춤			억지 끼워맞춤					
H6				g5	h5	js5	k5	m5					
			f6	g6	h6	js6	k6	m6	n6	p6			
H7			f6	g6	h6	js6	k6	m6	n6	p6	r6	s6	t6	u6	x6
		e7	f7		h7	js7							
H8			f7		h7								
		e8	f8		h8								
		d9	e9										
H9		d8	e8		h8								
	c9	d9	e9		h9								
H10	b9	c9	d9										

저자 어드바이스

구멍기준식 중간 끼워맞춤(n6), 축기준식 중간 끼워맞춤(N6, N7)은 구멍과 축의 치수 수치에 따라 다르게 적용된다.

4-2 자주 사용하는 축 기준 끼워맞춤

기준 축	구멍의 공차역 클래스																
	헐거운 끼워맞춤							중간 끼워맞춤				억지 끼워맞춤					
h5							H6	JS6	K6	M6	N6	P6					
h6					F6	G6	H6	JS6	K6	M6	N6	P6					
					F7	G7	H7	JS7	K7	M7	N7	P7	R7	S7	T7	U7	X7
h7				E7	F7		H7										
					F8		H8										
h8			D8	E8	F8		H8										
				D9	E9		H9										
			D8	E8			H8										
h9		C9	D9	E9			H9										
	B10	C10	D10														

다음 끼워맞춤 공차 중 틈새가 가장 큰 것은?

① H7/p6　　　　　　　② H7/m6
③ H7/h6　　　　　　　④ H7/f6

① H7/p6 : 억지 끼워맞춤
② H7/m6 : 중간 끼워맞춤
③ H7/h6 : 헐거운 끼워맞춤
④ H7/f6 : 헐거운 끼워맞춤(틈새가 더 큼)　　　　　　　　정답 : ④

03 끼워맞춤 ★★★

1. 끼워맞춤의 용어

1-1 끼워맞춤

구멍·축의 조립 전 치수의 차이에서 생기는 관계

1-2 틈새

구멍의 치수가 축의 치수보다 클 때, 구멍과 축과의 치수 차
- 최소 틈새 = (구멍의 최소 허용 치수) - (축의 최대 허용 치수)
- 최대 틈새 = (구멍의 최대 허용 치수) - (축의 최소 허용 치수)

1-3 죔새

구멍의 치수가 축의 치수보다 작을 때, 조립 전의 구멍과 축과의 치수 차
- 최소 죔새 = (축의 최소 허용 치수) - (구멍의 최대 허용 치수)
- 최대 죔새 = (축의 최대 허용 치수) - (구멍의 최소 허용 치수)

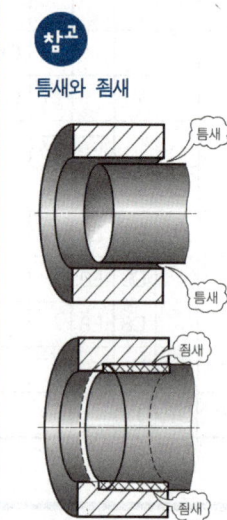

틈새와 죔새

중간 끼워맞춤에서 구멍의 치수는 $50^{+0.035}_{0}$, 축의 치수가 $50^{+0.042}_{+0.017}$ 일 때, 최대 죔새는?

① 0.033 ② 0.008
③ 0.018 ④ 0.042

최대 죔새 = 축의 최대 허용치수 - 구멍의 최소 허용치수
∴ 50.042 - 50 = 0.042

정답 : ④

2. 끼워맞춤의 상태 ★★★

헐거운 끼워맞춤	• 구멍과 축 사이에 항상 틈새가 생기는 상태(구멍 > 축 / A ~ G) • 미끄럼 운동이나 회전 운동이 필요한 부품에 적용
중간 끼워맞춤	• 부품의 기능과 역할에 따라 틈새 또는 죔새가 생기는 상태(H ~ N) • 헐거운 끼워맞춤, 억지 끼워맞춤으로 얻을 수 없는 부품에 적용
억지 끼워맞춤	• 구멍과 축 사이에 항상 죔새가 생기는 상태(구멍 < 축 / P ~ Z) • 분해와 조립을 하지 않는 부품에 적용

개념잡기

구멍의 최소치수가 축의 최대치수보다 큰 경우이며, 항상 틈새가 생기는 끼워맞춤으로 직선운동이나 회전운동이 필요한 기계부품의 조립에 적용하는 것은?

① 억지 끼워맞춤 ② 중간 끼워맞춤
③ 헐거운 끼워맞춤 ④ 구멍기준식 끼워맞춤

• 헐거운 끼워맞춤 : 구멍의 최소 치수가 축의 최대 치수보다 큰 경우로서 항상 틈새가 생기는 상태
• 억지 끼워맞춤 : 구멍의 최대 치수가 축의 최소 치수보다 작은 경우로서 틈새가 없이 항상 죔새가 생기는 상태
• 중간 끼워맞춤 : 부품의 기능과 역할에 따라 틈새 또는 죔새가 생기는 상태

정답 : ③

3. 끼워맞춤의 종류

구멍 기준식 끼워맞춤	• 구멍의 아래 치수 허용차가 "0"인 끼워 맞춤 방식 • 기준 구멍 : 아래 치수 허용차가 "0"인 구멍(H 기호) 　예 기초가 되는 치수 허용차가 아래 치수 허용차인 경우 = 구멍(대문자) 　　위 치수 허용차 = 기초가 되는 치수 허용차 + IT등급 공차값 　　아래 치수 허용차 = 기초가 되는 치수 허용차
축 기준식 끼워맞춤	• 축의 위 치수 허용차가 "0"인 끼워 맞춤 방식 • 축 기준 : 위 치수 허용차가 "0"인 축(h 기호) 　예 기초가 되는 치수 허용차가 위 치수 허용차인 경우 = 축(소문자) 　　위 치수 허용차 = 기초가 되는 치수 허용차 　　아래 치수 허용차 = 기초가 되는 치수 허용차 - IT등급 공차값

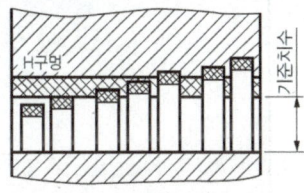

구멍 기준 끼워맞춤(H)

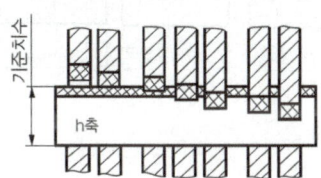

축 기준 끼워맞춤(h)

> **개념잡기**
>
> 끼워맞춤의 표시방법을 설명한 것 중 틀린 것은?
>
> ① φ20H7 : 지름이 20인 구멍으로 7등급의 IT공차를 가짐
> ② φ20h6 : 지름이 20인 축으로 6등급의 IT공차를 가짐
> ③ φ20H7/g6 : 지름이 20인 H7 구멍과 g6 축이 헐거운 끼워맞춤으로 결합되어 있음을 나타냄
> ④ φ20H7/f6 : 지름이 20인 H7 구멍과 f6 축이 중간 끼워맞춤으로 결합되어 있음을 나타냄
>
> | 기준 구멍 | 축의 공차역 클래스 |||||||||||||||
> |---|---|---|---|---|---|---|---|---|---|---|---|---|---|---|
> | | 헐거운 끼워맞춤 |||| 중간 끼워맞춤 |||| 억지 끼워맞춤 |||||||
> | H6 | | | g5 | h5 | js5 | k5 | m5 | | | | | | | |
> | | | f6 | g6 | h6 | js6 | k6 | m6 | n6 | p6 | | | | | |
> | H7 | | | f6 | g6 | h6 | js6 | k6 | m6 | n6 | p6 | r6 | s6 | t6 | u6 | x6 |
> | | | e7 | f7 | | h7 | js7 | | | | | | | | | |
>
> ④ 구멍기준식 H7구멍과 f6 축은 헐거운 끼워맞춤이다.
>
> 정답 : ④

04 허용한계 치수의 기입 방법

1. 길이 치수의 허용한계 기입 ★★★

- 외측 형체, 내측 형체에 관계없이 위 치수 허용차는 위의 위치, 아래 치수 허용차는 아래 위치에 기입
- 수치가 "0"일 때는 기호 없이 "0"으로 기입
- 위·아래 치수 허용차와의 수치가 같을 때는 수치를 하나만 쓰고 수치 앞에 ±기호를 붙인다.
- 각도치수의 허용한계 기입방법 : 길이 치수 허용한계 기입법과 동일하게 적용

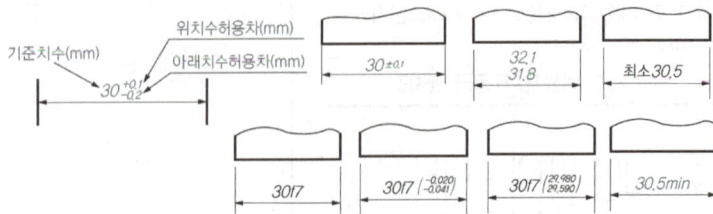

2. 조립한 상태에서 치수의 허용한계 기입

반드시 구멍의 치수는 축의 치수 위에 기입한다.

2-1 기호에 의하여 지시하는 경우

조립한 상태에서의 기준 치수와 각각의 치수 허용차의 기호(-, /)를 표기하여도 좋다.

2-2 수치에 의하여 지시하는 경우

조립한 부품 각각의 기준 치수 및 치수 허용차를 각각의 치수선 위쪽에 기입하고, 기준 치수 앞에 번호를 추가적으로 기입한다.

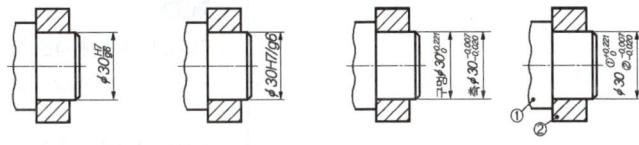

3. 치수의 허용한계를 기입할 때의 일반사항

3-1 직렬 기입법

치수공차가 누적되므로 이 방법은 공차의 누적이 기능에 관계가 없는 경우에만 사용하는 것이 좋다.

3-2 병렬(또는 누진) 기입법

기입하는 치수의 공차는 다른 치수의 공차에 영향을 주지 않는다.

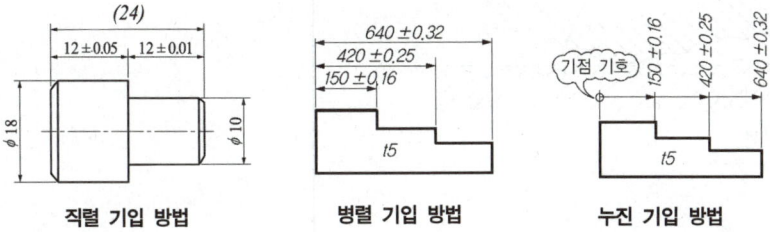

직렬 기입 방법 　　 병렬 기입 방법 　　 누진 기입 방법

CHAPTER 07
기하공차

KEYWORD 데이텀, 기하공차의 기호, 기하공차의 기입 틀, 공차 표시, 기하공차의 도시방법, 데이텀의 표시방법

01 기하공차 ★★★

1. 기하공차(GT, Geometrical Tolerance) : KS A ISO 1101

- 부품을 설계할 때, 치수허용차나 표면거칠기 등과 함께 모양이나 자세, 위치 및 흔들림에 대하여 일정한 정밀도의 허용치를 붙일 필요가 있다.
- 기하공차 : 도면에 표시하는 대상물의 모양, 자세, 위치 및 흔들림의 공차를 총칭
- 제품을 가장 경제적이고 효율적으로 생산할 수 있도록 하고 제품의 검사를 용이하게 하는데 목적이 있다.

2. 기하공차의 용어

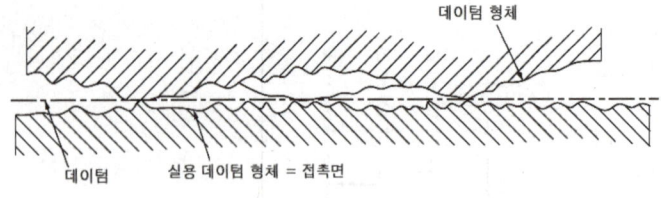

기하공차 사용에 따른 장점
- 경제적이고 효율적인 생산을 할 수 있다.
- 생산 원가를 절감할 수 있다.
- 최대의 제작 공차를 통하여 생산성을 올릴 수 있다.
- 결합 부품 상호 간에 호환성을 주고 결합 상태를 보증할 수 있다.
- 설계 치수 및 공차상의 요구가 명확하게 정해지고, 확실해진다.
- 기능 게이지(Functional Gauge)를 사용하여 효율적으로 검사, 측정할 수 있다.
- 도면의 안정성과 통일성으로 일률적인 설계를 할 수 있다.

구분	설명
데이텀(Datum)	• 부품에 기하학적 공차를 지시할 때, 공차 영역을 규제하기 위하여 설정한 이론적인 기하학적 기준이다.
데이텀 형체	• 데이텀을 설정하기 위하여 사용하는 대상물의 실제 형체이다. • 데이텀 형체에는 가공 오차 등이 있으므로, 필요에 따라서 데이텀 형체에 적합한 형상 공차를 지시한다.
실용 데이텀 형체	• 데이텀 형체에 접하여 데이텀을 설정할 경우에 사용하는, 충분히 정밀한 모양을 갖는 실제의 표면(정반, 베어링, 맨드릴 등) • 실용 데이텀 형체는 가공, 측정 및 검사를 할 경우에 지시한 데이텀을 실제로 구체화한 것이다.
공통 데이텀	• 두 가지의 데이텀 형체에 따라서 설정되는 단일의 데이텀
데이텀 시스템	• 공차를 갖는 형체를 기준으로 하기 위해, 개별로 두 가지 이상의 데이텀을 조합시켜서 사용할 경우의 데이텀 그룹
데이텀 표적	• 데이텀을 설정하기 위해서 가공, 측정 및 검사용의 장치, 기구 등에 접촉시키는 대상물 위의 점, 선 또는 한정된 영역

3. 데이텀 및 데이텀 표적 기호 ★★★

구분		기호	설명
데이텀 지시 문자기호		A	• 규제하는 형체가 단독 형체인 경우, 문자 기호를 공차 기입틀에 기입하지 않는다(KS B ISO 5459).
데이텀 삼각기호		▲ △	• 삼각 기호는 검게 칠하지 않아도 된다(KS B ISO 5459).
데이텀 표적 기입 테두리		(A1) (φ2/A1)	• 데이텀 표적 기입 테두리 상단 : 보조 사항 기입 • 데이텀 표적 기입 테두리 하단 : 형체 전체의 데이텀과 같은 데이텀을 지시하는 문자 기호 또는 표적 번호를 나타내는 숫자를 기입
데이텀 표적 기호	점	×	• 굵은 실선으로 ×표를 한다.
	선	×―×	• 2개의 ×표시를 가는 실선으로 연결한다.
	영역	원 : ⊘	• 원칙적으로 가는 2점 쇄선으로 둘러싸고 해칭을 한다. 단, 도시가 곤란한 경우에는 2점 쇄선 대신에 가는 실선을 사용해도 좋다(KS B ISO 5459).

4. 기하공차 기호의 종류 ★★★

적용하는 형체	공차의 종류		기호
단독형체	모양 공차	진직도 공차	—
		평면도 공차	⌓
		진원도 공차	○
		원통도 공차	⌭
단독형체 또는 관련형체		선의 윤곽도 공차	⌒
		면의 윤곽도 공차	⌓
관련형체	자세 공차	평행도 공차	//
		직각도 공차	⊥
		경사도 공차	∠
	위치 공차	위치도 공차	⊕
		동축도 공차 또는 동심도 공차	◎
		대칭도 공차	≡
	흔들림 공차	원주 흔들림 공차	↗
		온 흔들림 공차	↗↗

저자 어드바이스

모양 공차의 종류
- 진직도 : 정확한 직선을 기준으로 이에 벗어나는 정도를 표시
- 평면도 : 정확한 평면을 기준으로 이에 벗어나는 정도를 표시
- 진원도 : 정확한 원을 기준으로 이에 벗어나는 정도를 표시
- 원통도 : 정확한 원통을 기준으로 이에 벗어나는 정도를 표시
- 선의 윤곽도 : 평면의 정확한 윤곽으로부터 윤곽선의 어긋남의 정도를 표시
- 면의 윤곽도 : 입체의 정확한 윤곽으로부터 윤곽선의 어긋남의 정도를 표시

자세 공차의 종류
- 평행도 : 기준선이나 기준면에 대하여 측정하려는 선이나 면의 평행 정도를 표시
- 직각도 : 기준선이나 기준면에 대하여 측정하려는 선이나 면의 직각 정도를 표시
- 경사도 : 기준선이나 기준면에 대하여 측정하려는 선이나 면의 경사 정도를 표시

개념잡기

기하공차 기호에서 ◎은 무엇을 나타내는가?

① 진원도   ② 동축도
③ 위치도   ④ 원통도

공차의 종류		기호	공차의 종류		기호
모양공차	진직도	—	자세공차	평행도	//
	평면도	⌓		직각도	⊥
	진원도	○		경사도	∠
	원통도	⌭	위치공차	위치도	⊕
	선의 윤곽도	⌒		동심도	◎
	면의 윤곽도	⌓		대칭도	≡
흔들림공차	원주 흔들림	↗	흔들림공차	온 흔들림	↗↗

정답 : ②

02 기하공차의 표시 방법 ★★★

1. 기하공차의 기입 틀 ★★★

- 공차에 대한 표시사항은 공차 기입 틀을 두 구획 또는 그 이상으로 구분하여 그 안에 기입한다.
- 기하 공차의 종류 기호, 공차값, 데이텀(기준) 기호를 기입하는 직사각형의 틀(공차 기입 틀) 은 필요에 따라 아래 그림과 같이 구분한다. 규제하는 형체가 단독 형체인 경우에는 문자 기호를 붙이지 않는다.

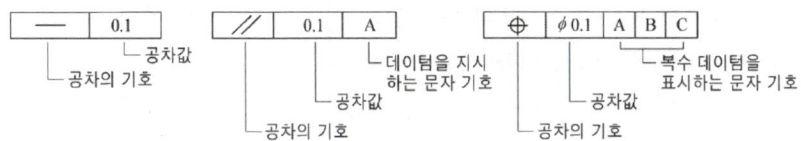

- "6구멍" 및 "4면" 등과 같은 공차붙이 형체에 연관시켜서 지시하는 표시는 공차 기입틀의 위쪽에 기입한다.

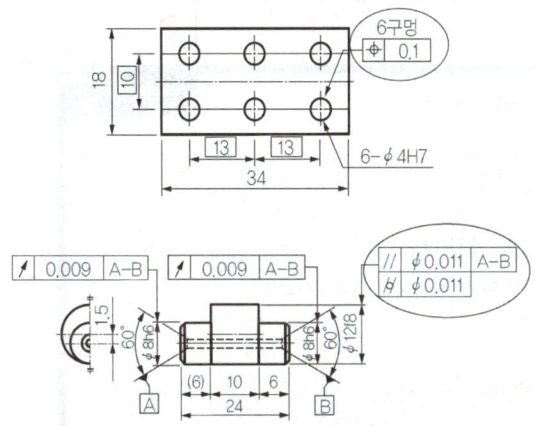

- 한 개의 형체에 두 개 이상의 종류의 공차를 지시하고자 할 때에는 이들 공차의 기입 틀을 상하로 겹쳐서 기입한다.

2. 공차값 ★★★

- 공차역이 원 또는 원통일 때는 공차값의 앞에 ϕ를 기입한다. 또한 구(sphere)인 경우에는 기호 $S\phi$를 붙여서 나타낸다.

  예 ─ $\phi 0.1$: 진직도의 공차역이 원통일 때 $\phi 0.1$mm

저자 어드바이스

위치 공차의 종류
- 위치도 : 정확한 위치로부터 점, 직선, 평면 모양이 벗어나는 정도를 표시
- 동심도 : 기준축이나 기준중심에 대하여 측정하려는 중심이 벗어나는 정도를 표시
- 대칭도 : 기준평면에 대하여 서로 대칭이어야 할 모양이 대칭 위치로부터 벗어나는 정도를 표시

흔들림 공차의 종류
- 원주 흔들림 : 중심축에 대하여 회전 했을 때 회전면이 흔들리는 정도를 표시
- 온 흔들림 : 중심축에 대하여 원통이 흔들리는 정도를 표시

- 공차값을 지정된 길이 또는 지정된 넓이에 대하여 지시할 때에는 공차값 다음에 사선(/)을 긋고, 지정 길이 또는 지정 넓이를 기입한다.

  예) 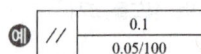 : 평행도의 공차값이 지정 길이 100mm에 대해 0.05mm

  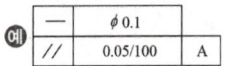 : 평면도의 공차값이 지정 넓이 100×100mm에 대해 0.01mm

- 공차값이 그 직선의 전체 길이 또는 평면의 전체 면에 대한 것과 지정 길이(지정 넓이)에 대한 것의 2개가 있을 경우에는 전자를 위쪽에 후자를 아래쪽에 기입하고 가로선을 그어 구분한다.

  예) | // | 0.1 |
     | | 0.05/100 |

  - 전체면 평행도 공차값 0.1mm
  - 지정길이 100mm에 대한 평행도 공차값 0.05mm

- 동일한 기계 부분으로 2개의 틀리는 모양 및 위치의 정밀도를 표시할 때에는 그림과 같이 각각의 공차값을 상하로 나뉘어진 공차기입 테두리에 기입한다. 이때 상하의 형상 및 위치 정밀도와의 관련과 또 공차값 등이 모순이 없도록 한다.

  예) | — | ⌀0.1 | |
     | // | 0.05/100 | A |

  - 진원도 공차값 0.1mm
  - 축선은 데이텀 축직선 A에 평행하고, 또한 지정길이 100mm 평행도 공차값 0.05mm

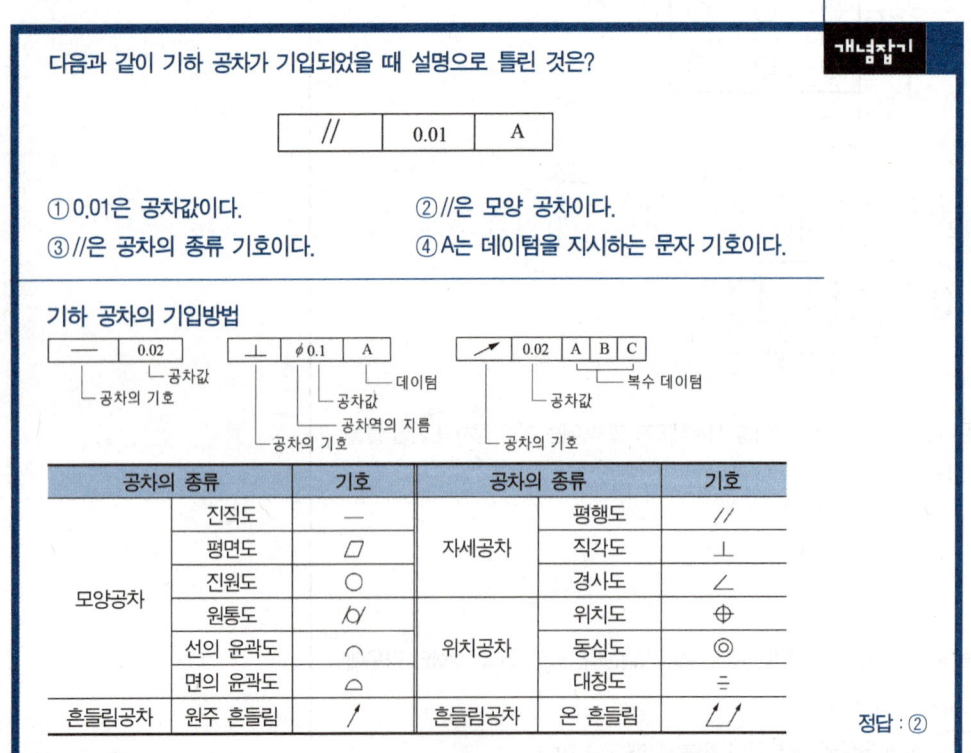

3. 공차에 의해 규제되는 대상면에 표시 방법

- 대상면의 어느 한 부분만으로 충분한 규제의 공차를 지시하는 경우는 대상면의 외형선 위나 외형선에서 연장한 선(주로 치수 보조선)에 표시

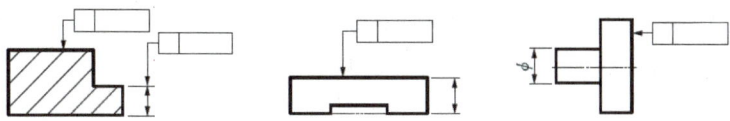

- 치수가 기입되어 있는 전체의 대상면에 공차를 기입하는 경우는 치수선의 연장선이 기입틀의 지시선이 되도록 한다.

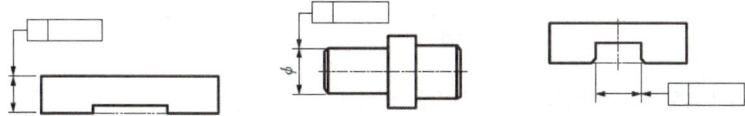

- 축의 중심선 또는 면이 공통일 때 모든 대상면에 공차를 기입할 경우는 중심선에 기입틀의 지시선과 화살표를 기입한다.

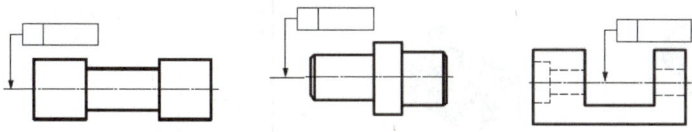

개념잡기

다음 그림에서 기하공차 기호 ◎ | ⌀0.08 | A-B 의 설명으로 옳은 것은?

① 데이텀 A-B를 기준으로 흔들림 공차가 지름 0.08mm의 원통 안에 있어야 한다.
② 데이텀 A-B를 기준으로 동심도 공차가 지름 0.08mm의 두 평면 안에 있어야 한다.
③ 데이텀 A-B를 기준으로 동심도 공차가 지름 0.08mm의 원통 안에 있어야 한다.
④ 데이텀 A-B를 기준으로 원통도 공차가 지름 0.08mm의 두 평면 안에 있어야 한다.

◎ | ⌀0.08 | A-B
데이텀 A-B를 기준으로 동심도 공차가 지름 0.08mm의 원통 안에 있어야 한다.

정답 : ③

03 데이텀의 표시 방법 ★★

- 대상면에 직접 관련되는 경우의 데이텀은 지시하는 문자 기호에 의하여 나타내고 빈틈 없이 칠해도 좋으며, 칠하지 않아도 좋은 삼각 기호를 지시선으로 연결하여 나타낸다.

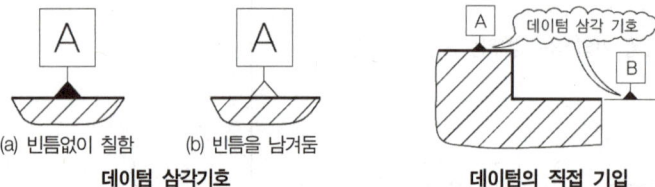

데이텀 삼각기호 · **데이텀의 직접 기입**

- 문자 기호에 의한 데이텀이 선이나 면 자체인 경우에는 대상면의 외형선 위 또는 외형선을 연장한 가는선 위에(치수선의 위치를 명확히 피해서) 데이텀 삼각 기호를 붙인다.
- 치수가 지정되어 있는 대상면의 축 직선 또는 중심 원통면이 데이텀인 경우에는 치수선의 연장선을 데이텀의 지시선으로서 사용하여 지시한다.

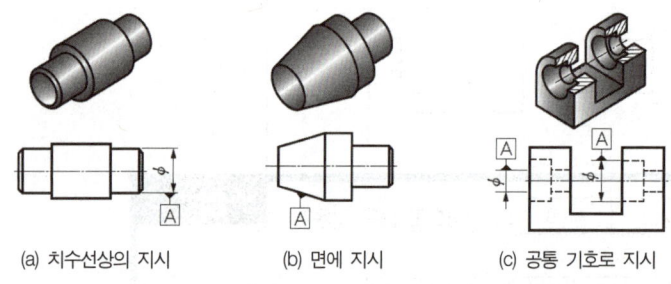

(a) 치수선상의 지시   (b) 면에 지시   (c) 공통 기호로 지시

치수 기입이 된 대상선 또는 대상면에 지정하는 데이텀

- 대상면의 축 직선 또는 원통면이 모두 공통으로 데이텀인 경우에는 중심선에 데이텀 삼각 기호를 붙인다.

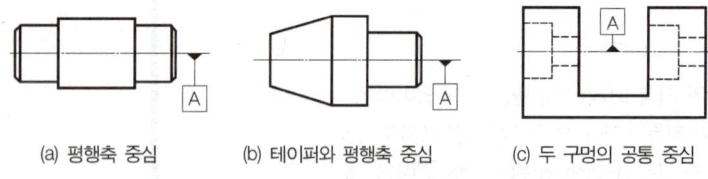

(a) 평행축 중심   (b) 테이퍼와 평행축 중심   (c) 두 구멍의 공통 중심

대상면의 축 직선이나 원통면이 공통인 경우의 데이텀

- 잘못 볼 염려가 없는 경우에는 직접 지시선에 의하여 연결함으로써 데이텀을 지시하는 문자 기호를 생략할 수 있다.

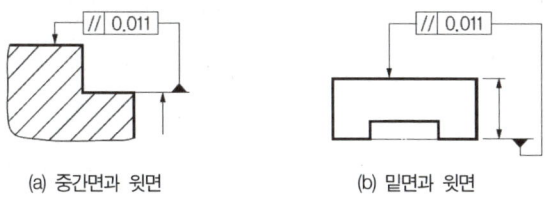

(a) 중간면과 윗면 (b) 밑면과 윗면

데이텀과 지시의 직접 연결

개념잡기

그림에서 ㉮부와 ㉯부에 두 개의 베어링을 같은 축선에 조립하고자 한다. 이때 ㉮부의 데이텀을 기준으로 ㉯부 기하공차를 적용하고자 할 때 올바른 기하공차 기호는?

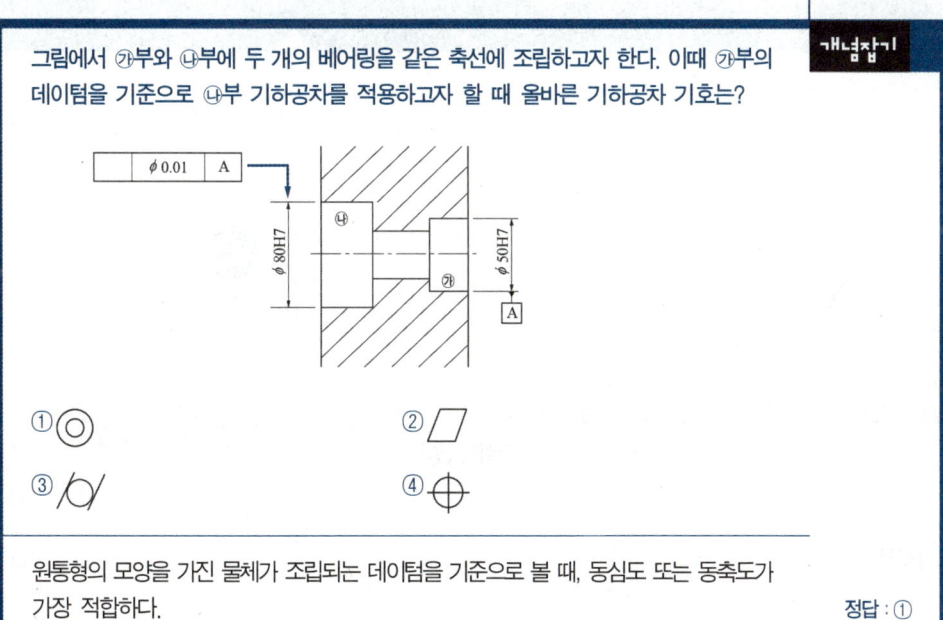

원통형의 모양을 가진 물체가 조립되는 데이텀을 기준으로 볼 때, 동심도 또는 동축도가 가장 적합하다.

정답 : ①

CHAPTER 08

체결요소 제도

KEYWORD 나사, 키, 핀, 리벳, 볼트, 너트, 와셔, 용접, 코터

01 나사 ★★★

1. 나사

- 부품을 죄거나 힘을 전달하는 데 쓰이는 기본적인 기계요소
- 대량생산과 호환성이 필요하므로 ISO에 의하여 국제적으로 표준화되었다.

2. 나사의 명칭과 용어

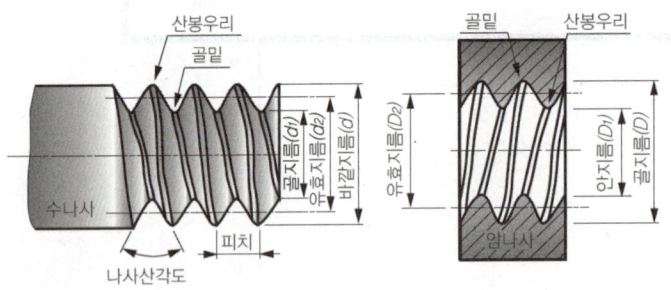

나사 곡선 (Helix)	• 원통의 표면에 직각 삼각형을 감아 붙일 때 삼각형의 빗변이 원통 표면에 그리는 곡선
피치(Pitch)	• 서로 인접한 나사산과 나사산 사이의 축 방향 거리
리드(Lead)	• 나사를 한 바퀴 회전하였을 때 축 방향으로 이동하는 거리 • 피치와 리드와의 관계 $L = np(n : 나사의 줄 수)$
리드각(α)	• 나사 곡선의 경사각(= 나선각)

나사곡선(Helix)

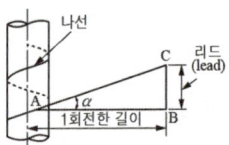

나선각 α를 나선각 또는 리드각이라 하며, 직각에서 리드각을 뺀 나머지 값을 비틀림 각(β)이라고 한다.

$$\tan\alpha = \frac{L}{\pi d}$$

$$\alpha = \tan^{-1}\left(\frac{L}{\pi d}\right)$$

- d : 원통의 지름
- L : 리드

저자 어드바이스

나사풀림 방지법

진동, 충격, 반격응력 또는 변형 등에 의하여 나사가 풀리는 것을 방지하기 위한 방법

- 스프링 와셔에 의한 방법
- 톱니붙이 와셔에 의한 방법
- 로크 너트에 의한 방법
- 분할 핀에 의한 방법
- 플라스틱에 의한 방법
- 철사에 의한 방법

비틀림각(γ)	• 나사산을 따라 이루어지는 나선의 경사각 • 직각에서 나선각(리드각)을 뺀 나머지 각도	
수나사	• 원통 또는 원뿔 바깥 표면에 나사산을 새긴 것 예 볼트	
암나사	• 속이 빈 원통 또는 원뿔 안쪽 표면에 나사산을 새긴 것 예 너트	
오른나사	• 나사를 축방향에서 볼 때 시계 방향으로 돌려서 앞으로 나가는 나사	
왼나사	• 나사를 축방향에서 볼 때 시계반대 방향으로 돌려서 앞으로 나가는 나사	
1줄나사	• 1개의 나사 곡선을 기초로 하여 만들어진 나사	
다중나사	• 2개 이상의 나사 곡선을 동시에 감아서 만들어진 나사 • 다중나사는 큰 장력을 가지므로 빨리 풀거나 빨리 죌 수 있으나 풀어지기 쉬운 단점	
플랭크	• 나사산과 나사홈을 연결하는 면(나사산의 표면)	
산봉우리	• 나사산의 양쪽 플랭크를 연결하는 꼭지면(나사산의 가장 높은 부분)	
골밑(골)	• 나사홈의 플랭크면을 연결하는 면(나사홈의 가장 낮은 부분)	
나사산각(β)	• 인접한 2개의 플랭크가 이루는 각	
플랭크각(α)	• 플랭크가 축선의 직각인 선과 이루는 각 • 나사산 각과 플랭크 각의 관계 : $\beta = 2\alpha$	
유효지름	• 나사홈의 높이가 나사산의 높이와 같게 되도록 한 가상적인 원통	
호칭지름	• 수나사의 바깥지름으로 나타내며, 암나사는 암나사에 맞는 수나사의 바깥 지름으로 나타낸다.	
골지름	• 골지름 : 수나사의 골 밑에 접하는 가상적인 원통의 지름 또는 암나사의 산마루에 접하는 가상적인 원통의 지름	

수나사와 암나사

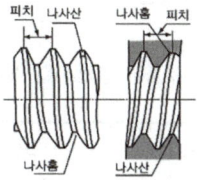

• 플랭크 각 : α
• 나사산 각 : β

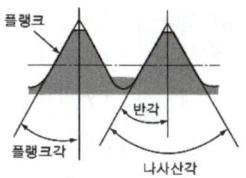

한줄 나사   **두줄 나사**

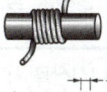 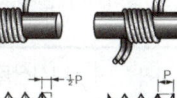

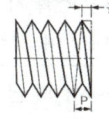 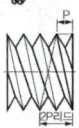

한줄 나사의 경우는 리드와 피치가 같지만 2줄 나사인 경우 1리드는 피치의 2배가 된다.

3. 나사의 모양에 따른 분류

나사 단면의 모양에 따라 삼각 나사, 사각 나사, 사다리꼴 나사, 톱니 나사, 둥근 나사, 볼 나사 등이 있다.

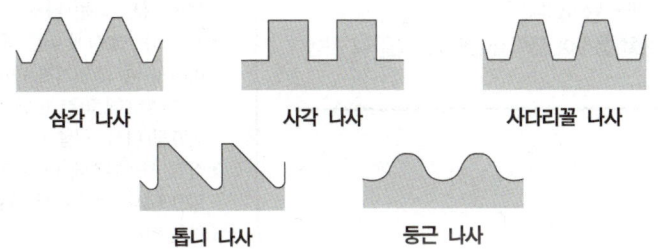

유니파이 나사, 관용 나사의 나사산 크기 표시

$$p(\text{피치}) = \frac{25.4}{\text{산수}}$$

가는 나사는 두께가 얇은 부분의 체결 시 강도 유지용으로 사용된다.

4. 나사의 사용 목적에 따른 분류

4-1 결합용 나사

기계에 부품을 결합시킬 때는 주로 삼각 나사가 사용

미터 나사	• 나사산 각이 60°인 미터계 나사(호칭지름, 피치가 mm 단위) • 호칭기호 M을 표기하고, 부품의 결합 및 위치조정 등에 사용
유니파이 나사	• 영국, 미국, 캐나다의 협정에 의해 만들어진 나사(ABC 나사) • 나사산 각이 60°인 인치계 나사(호칭지름, 피치가 inch 단위) • 유니파이 보통 나사(UNC) : 죔 용으로 사용 • 유니파이 가는 나사(UNF) : 정밀 기계, 진동 부분 등에 사용
관용 나사	• 관용 나사의 나사산 각은 55°, 테이퍼는 1/16 • 나사의 크기 : 1인치(inch) 내에 나사산 수(n)로 나타낸다.

4-2 운동용 나사

힘을 전달하거나 물체를 움직이는 목적으로 사용

사각 나사	• 나사산을 사각 모양으로 만든 나사 • 나사 잭, 나사 프레스, 선반의 이송 나사 등으로 쓰인다.
사다리꼴 나사	• 나사산의 단면이 사다리꼴인 나사 • 미터계 : 나사산 각도 30°, 피치를 mm 단위로 나타낸다. • 인치계(휘트워드계) : 나사산 각도 29°, 호칭지름을 인치로 나타내는 사다리꼴 나사(= 애크미 나사) • 공작기계의 이송 나사, 밸브의 개폐용, 잭, 프레스 등의 축력을 전달하는 운동용 나사로 사용
톱니 나사	• 나사산이 톱니 모양의 비대칭 단면을 가진 나사 • 힘을 한 방향으로만 받는 부품에 이용 예 바이스, 압착기
둥근 나사 (너클 나사)	• 나사산과 골이 같은 반지름의 원호 모양으로 둥글게 만든 나사 • 나사의 크기 호칭 : 1인치 내에 있는 나사산의 수 • 먼지, 모래 등의 이물질이 나사산을 통하여 들어갈 염려가 있을 때 사용 예 전구

롤러 나사

나사축의 상하에 롤러 나사를 끼워 볼 나사와 같은 효율을 얻을 수 있는 나사

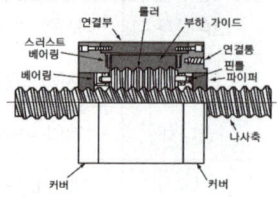

볼나사의 볼 이동 단면

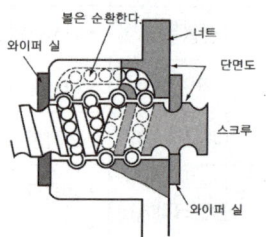

※ 볼트와 볼트 구멍 사이에 틈새로 인한 전단응력 및 휨 응력 발생 방지 방법
  • 링이나 봉을 끼워 사용
  • 리머볼트 사용
  • 테이퍼볼트 사용

나사를 분류하는 방법
• 모양에 따른 종류
  삼각 나사, 사각 나사, 사다리꼴 나사, 톱니 나사, 둥근 나사, 볼 나사
• 피치, 나사지름에 따른 종류
  보통 나사, 가는 나사
• 사용하는 호칭에 따른 종류
  미터계 나사, 인치계 나사
• 접촉 상태에 따른 분류
  미끄럼 나사, 구름 나사
• 장착 사용부위에 따른 분류
  일반 나사, 태핑 나사, 작은 나사, 관용 나사
• 사용목적에 따른 종류
  결합용 나사, 운동용 나사, 계측용 나사

4-3 이송 기구

공작기계, 산업용 로봇, 자동 반송 장치를 비롯한 각종 공장자동화용 설비에 있어서 직선 운동의 위치와 속도를 제어하는 목적으로 사용

볼 나사	• 수나사와 암나사의 홈을 서로 맞붙여 나선형의 홈에 강구(볼)를 넣은 나사 예 공작기계 공구대, 스티어링 장치, 이송장치
롤러 나사	• 나사축의 상하에 롤러를 넣은 나사 • 동력의 전달이나 위치 결정에 사용되는 이송 나사의 마찰손실을 감소시킴으로써 전달효율 향상 • 연삭기, 밀링 머신, 호빙 머신, 대형 공작기계의 이송 부분, 원자력 발전 장치, 전차의 대포, 미사일의 조준 장치에 사용

볼 나사의 장점
- 나사의 효율이 좋다.
- 백래시를 작게 할 수 있다.
- 윤활에 그다지 주의하지 않아도 좋다.
- 먼지에 의한 마모가 적다.
- 높은 정밀도를 오래 유지할 수가 있다.

볼 나사의 단점
- 자동체결이 곤란하다.
- 가격이 비싸다.
- 피치를 작게 하는 데 한계가 있다.
- 너트의 크기가 크게 된다.
- 고속으로 회전하면 소음이 발생한다.

볼 나사의 볼트와 볼트 구멍 사이의 틈새로 인한 전단응력 및 휨 응력 발생 방지방법
- 링이나 봉을 끼워 사용한다.
- 리머볼트를 사용한다.
- 테이퍼볼트를 사용한다.

02 나사의 호칭 방법과 제도법 ★★★

1. 나사의 호칭 방법

나사의 호칭 방법은 아래와 같이 표기하나 미터사다리꼴 왼나사의 경우 감긴 방향을 뒤에 나타낸다.

예 Tr40×7LH

나사산의 감긴 방향	나사산 줄의 수	나사의 호칭	나사의 등급
• 오른나사 : 표시 생략 • 왼나사 : L(왼)로 표시	• 1줄나사 : 표시 생략 • n줄나사 : n줄로 표시		• 생략 가능 • 대문자 : 암나사(너트) • 소문자 : 수나사(볼트)

1-1 피치를 mm로 표시하는 나사의 경우

| 나사의 종류 기호 | 나사의 바깥지름 | × | 피치 |

예 M 8×1

1-2 피치를 산수로 표시하는 나사의 경우

| 나사의 종류 기호 | – | 나사의 바깥지름 | 산 | 나사산의 수 |

예 SM-1/4 산 40

1-3 유니파이 나사의 경우

| 나사의 바깥지름 또는 번호 | – | 나사산의 수 | 나사의 종류 기호 |

예) 3/8-16 UNC, No.8-36 UNF

2. 나사의 종류를 표시하는 기호 및 나사의 호칭에 대한 표시 방법 ★★★

구분		나사의 종류		나사의 종류를 표시하는 기호	나사의 호칭에 대한 표시방법의 보기
일반용	ISO 규격에 있는 것	미터 보통 나사[1]		M	M8
		미터 가는 나사[2]			M8×1
		미니추어(미니어처) 나사		S	S0.5
		유니파이 보통 나사		UNC	3/8−16UNC
		유니파이 가는 나사		UNF	No.8−36UNF
		미터 사다리꼴 나사		Tr	Tr10×2
		관용 테이퍼 나사	테이퍼 수나사	R	R3/4
			테이퍼 암나사	Rc	Rc3/4
			평행 암나사[3]	Rp	Rp3/4
	ISO 규격에 없는 것	관용 평행 나사		G	G1/2
		30° 사다리꼴 나사		TM	TM18
		29° 사다리꼴 나사		TW	TW20
		관용 테이퍼 나사	테이퍼 나사	PT	PT7
			평행 암나사[4]	PS	PS7
		관용 평행 나사		PF	PF7
특수용		전구 나사		E	E10
		미싱 나사		SM	SM1/4 산40
		자동차용 타이어 밸브 나사		TV	TV8
		자전거용 타이어 밸브 나사		CTV	CTV8 산30

* 1) 미터 보통 나사 중 M1.7, M2.3, 및 M2.6은 ISO 규격에 규정되어 있지 않다.
  2) 가는 나사임을 특별히 명확하게 나타낼 필요가 있을 때는 피치 다음에 "가는 나사"의 글자를 ( ) 안에 넣어서 기입할 수 있다.
  3) 이 평행 암나사(Rp)는 테이퍼 수나사(R)에 대해서만 사용한다.
  4) 이 평행 암나사(PS)는 테이퍼 수나사(PT)에 대해서만 사용한다.

> **개념잡기**
>
> 나사의 종류를 나타내는 기호 중 틀린 것은?
>
> ① R : 관용 테이퍼 수나사 ② Tr : 미터 사다리꼴 나사
> ③ UNC : 유니파이 보통 나사 ④ TM : 29° 사다리꼴 나사

구분		나사의 종류		나사의 종류를 표시하는 기호
일반용	ISO 규격에 있는 것	미터 보통 나사		M
		미터 가는 나사		M
		미니추어(미니어처) 나사		S
		유니파이 보통 나사		UNC
		유니파이 가는 나사		UNF
		미터 사다리꼴 나사		Tr
		관용 테이퍼 나사	테이퍼 수나사	R
			테이퍼 암나사	Rc
			평행 암나사	Rp
	ISO 규격에 없는 것	관용 평행 나사		G
		30° 사다리꼴 나사		TM
		29° 사다리꼴 나사		TW
		관용 테이퍼 나사	테이퍼 나사	PT
			평행 암나사	PS
		관용 평행 나사		PF
특수용		미싱 나사		SM
		전구나사		E

정답 : ④

3. 나사의 등급 표시법

나사의 정밀도를 표시하며 숫자와 문자의 조합으로 표시

구분	나사의 종류	암나사·수나사의 구별		나사의 등급을 표시하는 보기
ISO 표준에 있는 등급	미터 나사	암나사	유효 지름과 안지름의 등급이 같은 경우	6H
		수나사	유효 지름과 바깥지름의 등급이 같은 경우	6g
			유효 지름과 바깥지름의 등급이 다른 경우	5g, 6g
		암나사와 수나사를 조합한 것		6H/6g, 5H/5g 6g
	미니추어 (미니어처) 나사	암나사		3G6
		수나사		5h3
		암나사와 수나사를 조합한 것		3G6/5h3
	미터 사다리꼴 나사	암나사		7H
		수나사		7e
		암나사와 수나사를 조합한 것		7H/7e
	관용 평행 나사	수나사		A
ISO 표준에 없는 등급	미터 나사	암나사 수나사	암나사와 수나사의 등급 표시가 같은 것	2급(또는 2)
			암나사와 수나사를 조합한 것	3급/2급(또는 3/2)
	유니파이 나사	암나사		2B
		수나사		2A
	관용 평행 나사	암나사		B
		수나사		A

4. 나사의 호칭 방법의 해석 ★★★

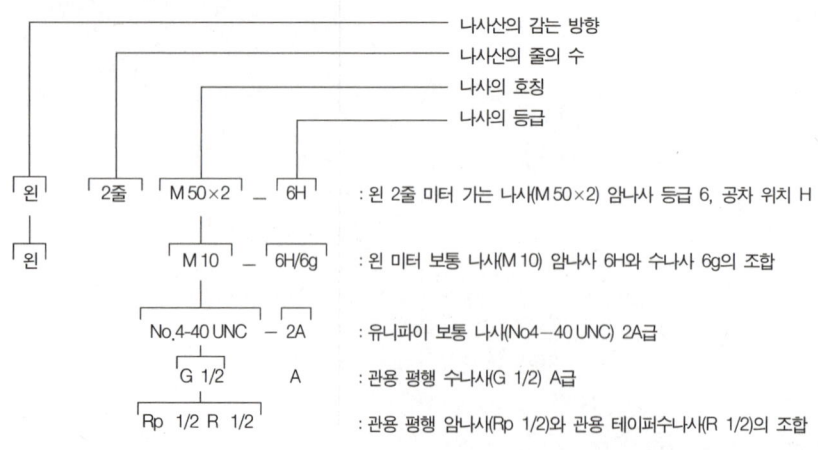

4-1 왼 2줄 M50×2-6H 또는 L2줄 M50×2-6H

왼나사 2줄 미터 가는 나사(M50×2) 암나사의 등급6(공차의 위치 H)

4-2 M20×L3-P1.5-6H-N

미터 나사(M20), 리드 3mm, 피치 1.5mm, 암나사 공차등급 6H 나사의 끼워맞춤 길이 (보통, N)

4-3 왼 M10 6H/6g

왼 한 줄 미터 보통 나사(M10) 나사의 등급 6H(암나사)와 6g(수나사)의 조합

4-4 No.4-40UNC-2A

왼 한 줄 유니파이 보통 나사(No.4-40UNC), 나사의 등급2A(암나사)

4-5 G 1/2-A

관용 평행 수나사(G 1/2) 나사의 등급 A급(수나사)

4-6 Rp 1/2, R 1/2

관용 평행 암나사(Rp 1/2)와 관용 테이퍼 수나사(R 1/2)의 조합

5. 일반 나사의 도시법 ★★★

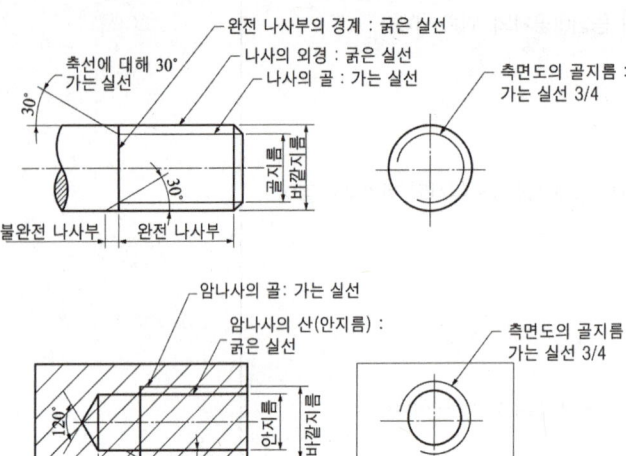

조립된 나사부품의 도시법
나사부품의 조립에 적용하며, 수나사 부품은 항상 암나사 부품을 감춘 상태에서 표시하고, 암나사 부품으로 가리지 않는다. 암나사의 완전 나사부의 한계를 표시하는 굵은 선은 암나사의 골 밑까지 그린다.

- 수나사의 바깥지름(산지름)은 굵은 실선으로 도시하고, 안지름(골지름)은 가는 실선으로 도시한다.
- 암나사의 안지름(산지름)은 굵은 실선으로 도시하고, 바깥지름(골지름)은 가는 실선으로 도시한다.
- 불완전 나사부는 나사의 축선에 대하여 30°의 가는 실선으로 도시한다.
- 완전 나사부와 불완전 나사부의 경계는 굵은 실선으로 그린다.
- 숨겨진 나사를 표시하는 것이 필요한 곳에는 산봉우리와 골밑은 가는 파선으로 표시한다.
- 나사 단면 그림에서 골지름은 가는 실선으로 3/4만 도시한다.
- 나사의 조립된 상태를 도시할 때는 수나사를 기준으로 도시한다.

완전 나사부와 불완전 나사부
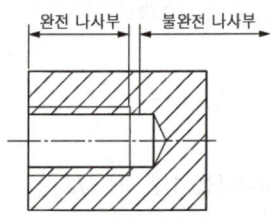

개념잡기

나사의 도시방법에 관한 설명 중 틀린 것은?

① 수나사와 암나사의 골밑을 표시하는 선은 가는 실선으로 그린다.
② 완전 나사부와 불완전 나사부의 경계선은 가는 실선으로 그린다.
③ 불완전 나사부는 기능상 필요한 경우 혹은 치수 지시를 하기 위해 필요한 경우 경사된 가는 실선으로 표시한다.
④ 수나사와 암나사의 측면도시에서 각각의 골지름은 가는 실선으로 약 3/4에 거의 같은 원의 일부로 그린다.

- 굵은 실선 : 완전 나사부와 불완전 나사부의 경계선, 수나사의 바깥지름과 암나사의 안지름을 표시하는 선
- 가는 실선 : 수나사와 암나사의 골을 표시하는 선
- 가는 파선 : 보이지 않는 나사부의 산마루와 골밑

정답 : ②

03 볼트, 너트

1. 볼트, 너트

기계의 부품과 부품을 결합하고 분해하기 쉽도록 만든 결합용 기계요소

1-1 볼트와 너트의 각부 명칭

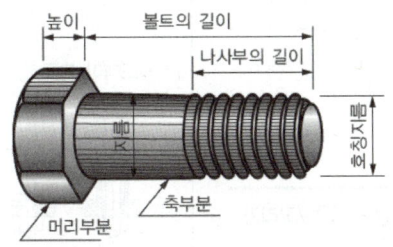 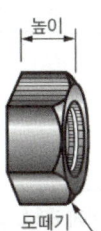

2. 일반 볼트

2-1 고정하는 방법에 따른 분류 ★

관통 볼트	• 조이려는 부분을 관통하여 볼트 지름보다 약간 큰 구멍을 뚫고, 여기에 머리붙이 볼트를 끼워 넣은 후 너트로 결합하는 볼트
탭 볼트	• 관통 볼트를 사용하기 어려울 때 결합하려는 상대 쪽에 암나사를 내고, 머리붙이 볼트를 조여 부품을 결합하는 볼트
스터드 볼트	• 한쪽 끝은 상대 쪽에 암나사를 만들어 미리 반영구적으로 나사 박음하고, 다른쪽 끝에 너트를 끼워 죄도록 하는 볼트 • 양쪽 끝 모두 수나사로 되어 있는 나사로서 관통하는 구멍을 뚫을 수 없는 경우에 사용

참고

관통볼트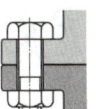

탭볼트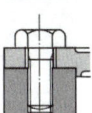

스터드볼트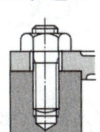

2-2 볼트 머리 모양에 따른 분류

육각 볼트		• 머리 모양이 정육각형인 볼트 • 일반적으로 가장 많이 사용하며, 머리 접촉면이 넓어 강력한 체결이 이루어진다.
사각 볼트		• 볼트 머리모양이 정사각형인 볼트 • 볼트머리 자리면이 육각 볼트의 2배이므로 스패너를 이용할 때 회전모멘트가 커진다.
육각 구멍붙이 볼트		• 머리 가운데에 육각렌치를 넣고 죌 수 있는 구멍이 있는 볼트 • 볼트 재질은 강도가 우수한 합금강(SCM435)이 사용

3. 특수 볼트 ★

아이 볼트	• 무거운 물체를 달아 올리기 위해 머리부에 훅(Hook)을 걸 수 있는 고리가 있는 볼트
나비 볼트	• 머리부를 나비 모양으로 만들어 손으로 조이거나 풀 수 있는 볼트
스테이 볼트	• 두 물체 사이의 거리를 일정하게 유지시키면서 결합하는 데 사용
기초 볼트	• 기계, 구조물을 콘크리트 기초에 고정시키기 위하여 사용하는 볼트
T-볼트	• 머리를 사각형으로 만들어 T자형 홈에 끼워 너트를 조일 때, 볼트 머리가 회전하지 않는 볼트 • 공작기계 테이블의 T자형 홈에 고정시키는 데 쓰인다.
리머 볼트	• 큰 전단력이 작용할 때는 볼트의 맞춤이 중간 끼워 맞춤 또는 억지 끼워 맞춤이 되도록 볼트 구멍을 리머로 다듬질한 다음, 정밀 가공된 리머 볼트를 끼워 결합하는 볼트

4. 너트의 종류와 용도

육각 너트	• 육각 모양으로 되어 있으며, 가장 널리 사용되는 너트 • 일반육각너트 : 호칭 높이가 호칭지름에 대하여 0.8배 이상인 너트 • 육각낮은너트 : 호칭 높이가 호칭지름에 대하여 0.8배 이하인 너트
사각 너트	• 사각 모양으로 되어 있으며, 주로 목재 결합에 많이 사용되고 기계류의 결합에도 사용
둥근 너트	• 회전체의 균형을 좋게 하거나 너트를 외부에 돌출시키지 않으려고 할 때 주로 사용, 너트를 죄는 데는 특수한 스패너가 필요

참고

볼트의 종류
• 아이 볼트

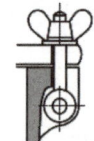 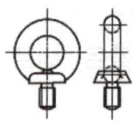

• 나비 볼트

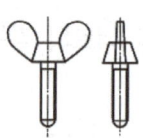

• 스테이 볼트

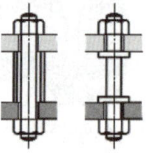

• 기초 볼트

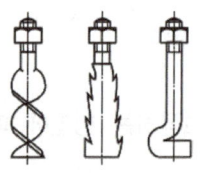

• 리머 볼트

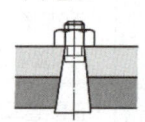 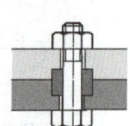

• T-볼트

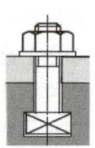

와셔붙이 너트	• 너트 하나로 와셔의 역할을 겸한 너트 • 너트의 밑면에 넓은 원형 플랜지가 붙어있는 와셔붙이 너트는 볼트 구멍이 큰 경우 또는 접촉하는 물체와의 접촉면적을 크게 함으로써 접촉 압력을 작게 하려고 할 때 주로 사용
캡 너트	• 너트의 한쪽을 관통되지 않도록 만든 너트 • 나사면을 따라 증기나 기름 등이 누출되는 것을 방지하는 부위 또는 외부로부터 먼지 등의 오염물 침입을 막는 데 주로 사용
플랜지 너트	• 너트 밑면에 둥근 테두리가 붙은 모양의 와셔 겸용 너트 • 접촉면이 거칠거나, 볼트구멍이 클 때, 큰 면압을 피하려고 할 때 사용
홈붙이 너트	• 너트 머리부분에 홈을 파고 분할 핀을 꽂아 고정시켜 너트가 풀리지 않도록 할 때 사용
아이 너트	• 너트 끝에 핀이나 끈이 통과하도록 둥근 고리가 달린 너트
나비 너트	• 손가락으로 돌려서 체결할 수 있도록 손잡이가 달린 너트
T-너트	• T자형 형상을 가진 너트로, 공작기계 테이블의 T홈에 끼워서 공작물을 고정시키는 데 사용
슬리브 너트	• 가늘고 길쭉한 통모양의 너트로, 두 축을 일직선으로 연결하는 너트
턴버클	• 양 끝에 나사막대를 가진 부품으로, 한쪽은 오른나사, 반대쪽은 왼나사로 이루어져 있다. • 너트를 회전하면 두 개의 수나사가 접근하고, 반대로 회전하면 멀어지는 기능을 가지고 있으며 강철막대나 로프를 당길 때 사용
홈붙이 육각 너트	• 너트 머리부분이 육각형으로 홈이 파져있고, 홈붙이 너트와 같이 홈에 분할핀을 꽂아 고정시켜 너트가 풀리지 않도록 한다.

볼트 너트의 풀림 방지법
• 로크 너트에 의한 방법
• 스프링 와셔에 의한 방법
• 플러그에 의한 방법
• 분할 핀에 의한 방법
• 자동 죔 너트에 의한 방법

개념잡기

볼트의 머리가 조립부분에서 밖으로 나오지 않아야 할 때, 사용하는 볼트는?

① 아이 볼트　　　　　　② 나비 볼트
③ 기초 볼트　　　　　　④ 육각 구멍붙이 볼트

• 육각 구멍붙이 볼트 : 볼트의 머리를 원통형으로 하고, 머리 가운데에 육각 렌치를 넣고 죌 수 있는 구멍이 있는 볼트다. 볼트 재질로는 강도가 우수한 합금강(SCM435)이 사용된다.
• 나비 볼트 : 볼트의 머리부를 나비 모양으로 만들어 스패너 없이 손으로 조이거나 풀 수 있어, 별도의 공구 없이 손으로 탈착이 가능하다.
• 기초 볼트 : 기계, 구조물 등을 콘크리트 기초에 고정시키기 위하여 사용하는 볼트이다.
• 아이 볼트 : 볼트의 머리부에 핀을 끼울 구멍이 있어 자주 탈착하는 뚜껑의 결합에 사용된다.

정답 : ④

5. 와셔

5-1 와셔의 용도

- 볼트 결합부의 구멍이 크거나 너트의 자리 면이 고르지 못할 때 사용
- 자리 면의 재료가 너무 연하여 볼트의 체결 압력에 견딜 수 없을 때 사용
- 너트의 풀림을 방지할 때 사용

와셔의 종류
- 원형 와셔
- 원형(모따기형) 와셔
- 각형 와셔
- 기울기형 와셔

5-2 갈퀴붙이 와셔, 혀붙이 와셔

물체를 고정시키는 역할

5-3 스프링 와셔와 접시 스프링 와셔

진동에 의한 풀림을 줄이는 역할

6. 볼트와 너트의 설계

6-1 전단 하중만을 받는 볼트의 지름 설계

2개의 판을 결합한 볼트의 축 방향과 직각 방향으로 인장하중(P)이 작용할 때

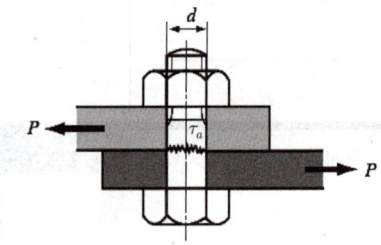

- 볼트의 단면적 $A = \dfrac{\pi d^2}{4} \, [\text{mm}^2]$

- 인장하중 $P = \tau_a A = \tau_a \times \dfrac{\pi d^2}{4} \, [\text{N}]$

- 허용전단응력 $\tau_a = \dfrac{P}{A} = \dfrac{P}{\dfrac{\pi d^2}{4}} \, [\text{N/mm}^2]$

- 볼트의 지름 $d = \sqrt{\dfrac{4P}{\pi \tau_a}} = \sqrt{\dfrac{1.273P}{\tau_a}} \, [\text{mm}]$

6-2 축 하중만을 받는 볼트의 지름 설계

인장 하중(P)이 볼트의 축에 단순히 작용할 때
예 훅볼트, 아이볼트

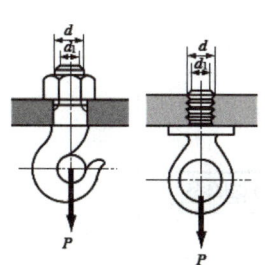 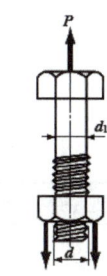

- 볼트 골지름의 단면적 $A_1 = \dfrac{\pi d_1^2}{4} [\text{mm}^2]$

- 인장하중 $P = \sigma_t A_1 = \sigma_t \times \dfrac{\pi d_1^2}{4} [\text{N}]$

- 골지름 $d_1 = \sqrt{\dfrac{4P}{\pi \sigma_t}} [\text{mm}]$

일반적으로 지름 3mm 이상인 볼트는 $d_1 > 0.8d$ 이므로 $d_1 = 0.8d$로 하면 안전하다.

따라서, $d_1 = 0.8d = \sqrt{\dfrac{4P}{\pi \sigma_t}}$ 이므로 볼트의 지름 $d = \sqrt{\dfrac{2P}{\sigma_t}}$

볼트의 지름(d)은 안전성을 고려하여 계산 값보다 큰 값으로 KS규격에서 호칭치수를 선택하여 사용한다.

개념잡기

축 방향으로 인장하중만을 받는 수나사의 바깥지름(d)과 볼트재료의 허용 인장응력(σ_a) 및 인장하중(W)과의 관계가 옳은 것은? (단, 일반적으로 지름 3mm 이상인 미터나사이다)

① $d = \sqrt{\dfrac{2W}{\sigma_a}}$ ② $d = \sqrt{\dfrac{3W}{8\sigma_a}}$

③ $d = \sqrt{\dfrac{8W}{3\sigma_a}}$ ④ $d = \sqrt{\dfrac{10W}{3\sigma_a}}$

축방향에 하중작용 시 볼트의 지름
$d = \sqrt{\dfrac{2W}{\sigma_a}} [\text{mm}]$ (아이 볼트)

정답 : ①

04 볼트, 너트의 호칭 방법과 제도법 ★

1. 볼트, 너트의 호칭 방법

1-1 볼트의 호칭법(KS B 1002)

규격번호	종류	부품등급	d×L	강도구분	재료	지정사항
강재 볼트	호칭지름 6각 볼트	A	M12×80	8.8	MFZn	
스테인리스 볼트	유효지름 6각 볼트	B	M12×80	A2-70		둥근 끝
비철금속 볼트	온나사 6각 볼트	A	M12×50		C2500	

1-2 너트의 호칭법(KS B 1012)

| 너트의 종류 | 형식 | | 등급 | | 참고표준 |
	스타일에 의한 구분	모따기의 유무에 의한 구분	부품등급	강도 구분	
6각 너트	스타일 1	-	A	6, 8, 10	ISO 4032(A 및 B)
			B		
	스타일 2	-	A	9, 12	KS B ISO 4033(A 및 B)
			B		
	-	-	C	4, 5	KS B ISO 4034(C)
6각 낮은 너트	-	양 모따기	A	04, 05	KS B ISO 4035(A 및 B)
			B		
	-	모따기 없음	B	-	KS B ISO 4036(B)

1-3 홈붙이 스크루(작은 나사)의 호칭법(KS B 1021)

규격번호	종류	부품등급	d×L	강도구분	지정사항
강 스크루	홈붙이 냄비 머리 스크루	A	M3×12	4.8	A2K
스테인리스 스크루	홈붙이 접시머리 스크루	A	M5×16	A2-50	
비철금속 스크루	홈붙이 둥근 접시 머리 스크루	A	M6×20	CU2	납작 끝

1-4 멈춤 나사의 호칭법(KS B 1028)

규격번호	종류	d×L	나사등급	강도구분	지정사항
KS B 1028	뾰족 끝	M6×12		45H	
6각 구멍붙이 멈춤나사	납작 끝	M8×20	5g 6g	45H	MFZn
6각 구멍붙이 멈춤나사	원통 끝	M10×25	2급	A2-70	

2. 볼트·너트의 제도법

2-1 간략 도시

너트 및 머리부의 모따기부 각도, 불완전 나사부, 나사끝의 모양, 언더컷 등의 특징은 나사 부품의 간략 도시로 그리지 않는다.

2-2 나사 및 너트의 간략 도시법

No.	명칭	간략 도시	No.	명칭	간략 도시
1	6각 볼트		9	십자 구멍붙이 접시머리 작은 나사	
2	4각 볼트		10	홈붙이 멈춤 나사	
3	6각 구멍붙이 볼트		11	홈붙이 나사 못 및 태핑 나사	
4	홈붙이 납작머리 작은나사 (치즈머리)		12	나비 볼트	
5	십자 구멍붙이 납작머리 작은나사		13	6각 너트	
6	홈붙이 둥근 접시머리 작은나사		14	홈붙이 6각 너트	
7	십자 구멍붙이 둥근 접시머리 작은나사		15	4각 너트	
8	홈붙이 접시머리 작은 나사		16	나비 너트	

2-3 작은 지름의 나사(스크루) 도시법

지름 6mm 이하 또는 규칙적으로 배열된 같은 모양 및 치수의 구멍이나 나사는 간략히 도시할 수 있다.

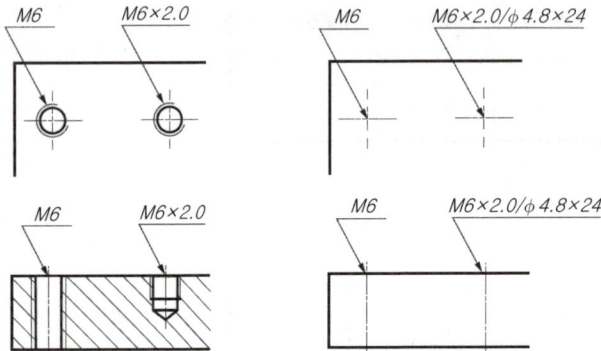

05 키★★★

1. 키(Key)

- 핸들, 벨트 풀리나 기어 등의 회전체를 축과 고정하여 회전력을 전달할 때 쓰이는 기계요소
- 키의 재료 : 축의 재료보다 약간 강한 재료를 사용
- 보통 키에는 테이퍼를 주고, 축(Shaft)과 보스(Boss)에는 키 홈을 설치하며 보스에는 기울기를 붙인다.

2. 키의 종류와 용도★★★

키의 명칭		형상	특징과 용도
묻힘 키 (성크 키)	때려박음 키		• 축과 보스를 맞춘 후에 키를 박은 것 (= 드라이빙 키) • 머리가 달린 비녀키(Gib-headed Key)가 널리 쓰인다.
	평행 키		• 축과 보스에 모두 홈을 파는 키 • 키는 축심에 평행으로 끼우고 보스를 밀어 넣는다.

키의 명칭	형상	특징과 용도
반달 키 (Woodruff Key)		• 키 홈을 반달모양으로 판 것 • 축의 강도가 약하지만 가공이 쉽고 키가 자동적으로 축과 보스 사이에 자리를 잡을 수 있는 장점 • 일반적으로 60mm 이하의 작은 축에 사용되고 특히 테이퍼 축에 사용
미끄럼 키 (페더 키, 안내 키)		• 회전력의 전달과 동시에 보스를 축방향으로 이동시킬 필요가 있을 때 사용 • 페더 키는 테이퍼가 없다.
접선 키 (Tangential Key)		• 한 곳에 두 개씩의 키가 서로 반대 방향으로 기울어져 있어 큰 힘이 작용되는 축과 보스에 사용한 키 • 무겁거나 급격한 속도변화가 필요한 부분에 사용 • 케네디 키 : 정사각형 단면의 키 두 개를 직각으로 장착한 것
원뿔 키 (Cone Key)		• 보스 구멍을 원뿔 모양으로 만들고, 원뿔통형 키를 때려박아 마찰만으로 회전력을 전달하는 키 • 축과 보스에 홈을 파지 않고, 바퀴가 편심되지 않아 어디에나 설치 가능
평 키 (플랫 키)		• 축에 키가 닿는 부분만큼 편평하게 깎아 자리를 만들어 보스에 끼워넣은 키 • 새들 키보다 큰 힘 전달이 가능
안장 키 (새들 키)		• **축은 그대로 두고 보스에만 키 홈을 파서 키를** 박아 마찰에 의해 회전력을 전달하므로 큰 힘의 전달에는 부적합
둥근 키 (핀 키)		• 회전력이 극히 적은 곳에 사용 • 핸들과 같이 토크가 작은 것의 고정에 사용
스플라인 (Spline)		• 축 둘레에 여러 줄의 키를 직접 절삭하여 축과 보스에 큰 동력을 전달할 수 있도록 한 키 • 공작기계, 발전용 증기터빈에 쓰이며, 스플라인의 줄 수는 6, 8, 10개가 보통
세레이션 (Serration)		• 스플라인에 사용하는 사다리꼴 홈의 단면을 삼각형 톱니모양의 단면으로 개조한 키 • 스플라인보다 많은 키와 돌기가 있어 전달동력이 크며, 자동차 핸들에 사용

3. 키의 치수 설계

3-1 키의 너비

$$b = \frac{\pi d}{12} ≒ \frac{d}{4} = 0.25d$$

3-2 키의 높이

$$h = \frac{2b\tau}{\sigma_c}$$

3-3 키의 길이

$$\ell = \frac{\pi d^2}{8b} = \frac{2T}{bd\tau_a} = \frac{2T}{dt\sigma_c} = \frac{\pi \tau_a d^2}{8t\sigma_c} ≒ 1.5d$$

키의 길이 설계
일반적으로 키의 길이는 축지름의 1.5배 또는 보스의 너비와 같게 하여 사용한다.

06 키의 호칭 방법과 제도법★★

1. 키의 호칭법(KS B 1313)

1-1 키의 호칭 치수

너비(폭)×높이

규격번호 또는 명칭	호칭 치수×길이	끝모양의 특별지정	재료
KS B 1313	12×8×50	양끝 둥금	SM 45C
평행키	25×14×90	양끝 모짐	SM 40C

2. 키의 모양 및 보조기호

2-1 키의 모양

지정이 없는 경우에는 네모형으로 한다.

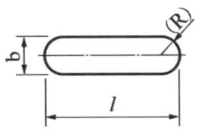
양쪽 둥근형(기호 A)

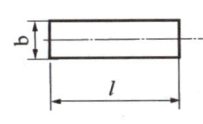
양쪽 네모형(기호 B)

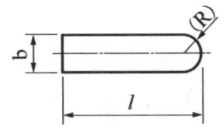
한쪽 둥근형(기호 C)

2-2 키의 모양에 따른 보조기호

키의 종류	모양	보조 기호
평행 키	나사용 구멍 없음	P
	나사용 구멍 있음	PS
경사 키	머리 없음	T
	머리 있음	TG
반달 키	둥근 바닥	WA
	납작 바닥	WB

개념잡기

평행키의 호칭 표기 방법으로 알맞은 것은?

① KS B 1311 평행키 10×8×25
② KS B 1311 10×8×25 평행키
③ 평행키 10×8×25 양 끝 둥긂 KS B 1311
④ 평행키 10×8×25 KS B 1311 양 끝 둥긂

키의 호칭법(KS B 1313)

규격번호 또는 명칭	호칭 치수×길이	끝모양의 특별지정	재료
KS B 1313	12×8×50	양끝 둥긂	SM 45C
평행키	25×14×90	양끝 모짐	SM 40C

정답 : ①

07 핀 ★★

1. 핀(Pin)

- 2개 이상의 부품을 결합시키는 데 주로 사용하는 기계요소
- 나사 및 너트의 이완 방지, 핸들을 축에 고정하거나 힘이 적게 걸리는 부품을 설치할 때, 분해 조립할 부품의 위치를 결정하는 데에 많이 사용

2. 핀의 종류

핀의 종류	형상	특징과 용도
평행 핀		• 끝면의 모양에 따라 A형(45° 모따기)과 B형(평형)이 있다. • 위치 결정이나 막대의 연결용으로 사용
테이퍼 핀		• 보통 1/50의 테이퍼를 가지는 것 • 끝이 갈라진 것과 갈라지지 않은 것이 있다. • 축에 보스를 고정시킬 때 사용
분할 핀		• 한쪽 끝이 두 가닥으로 갈라진 핀 • 나사 및 너트의 이완을 방지하거나 축에 끼워진 부품이 빠지는 것을 막고, 핀을 때려 넣은 뒤 끝을 굽혀서 늦춰지는 것을 방지하는 핀
스프링 핀		• 세로 방향으로 갈라져 있으므로 바깥지름보다 작은 구멍에 끼워 넣고, 스프링의 작용을 할 수 있도록 한 핀 • 기계 부품을 결합하는 데 사용

참고

핀의 종류와 용도
- 평행 핀 : 부품의 관계 위치를 항상 일정하게 유지할 때 사용한다.
- 테이퍼 핀 : 축에 보스를 고정시킬 때 사용한다.
- 분할 핀 : 전체가 갈라진 것으로 너트의 풀림 방지에 사용한다.
- 스프링 핀 : 세로 방향으로 쪼개져 있어서 크기가 정확하지 않을 때 해머로 박아 고정 또는 이완을 방지할 때 사용한다.

08 핀의 호칭 방법과 제도법 **

1. 핀의 호칭 방법

1-1 평행 핀의 호칭법(KS B ISO 2338)

평행 핀의 종류는 끼워맞춤 기호에 따른 m6, h8의 두 종류이다.

호칭방법 및 예시
[규격 번호 또는 명칭], [호칭 지름], [공차×호칭 길이], [재료]
예) KS B ISO 2338 6 m6×30-St : 호칭지름 6[mm], 공차 m6, 길이 30[mm] 비경화강 평행 핀

> **개념잡기**
>
> 평행 핀의 호칭이 다음과 같이 나타났을 때 이 핀의 호칭지름은 몇 [mm]인가?
>
> KS B ISO 2338 - 8 m6×30 - Al
>
> ① 1[mm] ② 6[mm]
> ③ 8[mm] ④ 30[mm]
>
> 평행 핀의 호칭법(KS B ISO 2338)
>
> | 호칭방법 | 예시 |
> | --- | --- |
> | [규격 번호 또는 명칭], [호칭 지름], [공차×호칭 길이], [재료] | KS B ISO 2338 6 m6×30 - St |
>
> 정답 : ③

1-2 분할 테이퍼 핀의 호칭법(KS B 1323)

테이퍼 핀의 호칭

작은 쪽의 지름(d)으로 표시 예) 테이퍼 값 : 1/50

호칭방법 및 예시
[규격 번호 또는 규격 명칭], [호칭지름×호칭길이], [재료], [지정 사항]
예) KS B 1323 6×70-St : 분할 테이퍼 핀 호칭지름 6[mm], 호칭길이 70[mm]

1-3 분할 핀의 호칭법(KS B ISO 1234)

분할 핀의 호칭

핀구멍의 지름으로 표시

호칭방법 및 예시
[규격 번호 또는 규격 명칭], [호칭지름×길이], [재료]
예) KS B ISO 1234 5×50-St : 분할 핀 호칭지름 5mm, 호칭길이 50mm

2. 핀의 제도법 ★★★

- 핀은 규격품이므로 부품도를 그리지 않는다.
- 핀은 설치 방법이 간단하기 때문에 키의 대용으로도 널리 적용되지만, 작용하중이 작은 경우에만 사용한다.

저자 어드바이스

핀의 도시법
핀은 규격품이므로 부품도를 그리지 않는다.

평행 핀(KS B 2338)
- 평행 핀의 호칭 : 핀의 지름 표시

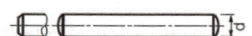

분할 테이퍼 핀(KS B 1323)
- 분할 핀의 호칭 : 작은 쪽의 지름으로 표시

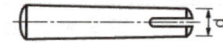

분할 핀(KS B ISO 1234)
- 분할 핀의 호칭 : 핀구멍의 지름으로 표시

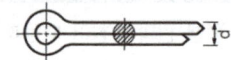

개념잡기

테이퍼 핀의 호칭지름을 표시하는 부분은?

① 가는 부분의 지름
② 굵은 부분의 지름
③ 가는 쪽에서 전체길이의 1/30이 되는 부분의 지름
④ 굵은 쪽에서 전체길이의 1/30이 되는 부분의 지름

- 테이퍼 핀의 호칭 : 작은 쪽의 지름(d)으로 표시
- 분할 핀의 호칭 : 핀 구멍의 지름으로 표시

정답 : ①

09 코터, 멈춤 링

1. 코터(Cotter)

- 한쪽 또는 양쪽에 기울기를 갖는 평판 모양의 쐐기로 된 기계요소
- 평행한 쐐기로 된 강철편의 코터는 로드(Rod)와 소켓(Socket)을 연결한 후 수직으로 끼워 두 축을 연결
- 코터 이음(Cotter Joint)은 두 축을 해체할 필요가 있을 때 사용하며 접속부가 벌어질 염려가 있는 곳에는 기브(Gib)를 사용

참고
코터와 소켓

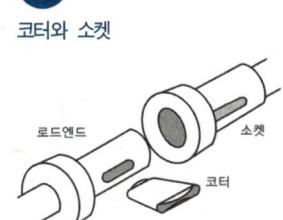

2. 멈춤 링

부품의 빠짐 방지에 사용되는 기계요소

2-1 종류

- C형 멈춤 링(축 및 구멍을 KS B 1336)
- E형 멈춤 링(축 및 구멍용 KS B 1337)
- C형 동심 멈춤 링(축 및 구멍용 KS B 1338)

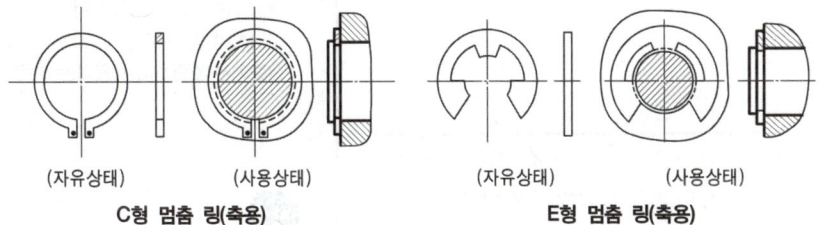

(자유상태)   (사용상태)   (자유상태)   (사용상태)
C형 멈춤 링(축용)   **E형 멈춤 링(축용)**

개념잡기

평판 모양의 쐐기를 이용하여 인장력이나 압축력을 받는 2개의 축을 연결하는 결합용 기계요소는?

① 코터　　　　　　　　② 커플링
③ 아이 볼트　　　　　　④ 테이퍼 키

코터는 한쪽 또는 양쪽에 기울기를 갖는 평판 모양의 쐐기로서 인장력이나 압축력을 받는 2개의 축을 연결하는 결합용 기계요소이다. 평행한 쐐기로 된 강철편의 코터는 로드(Rod)와 소켓(Socket)을 연결한 후 수직으로 끼워 두 축을 연결한다. 코터 이음(Cotter Joint)은 두 축을 해체할 필요가 있을 때 사용한다.

정답 : ①

10 리벳 *

1. 리벳

- 강판 또는 형강 등을 영구적으로 결합하는 데 사용하는 기계요소
- 구조가 비교적 간단하고 잔류변형이 없어 응용 범위가 넓다.
- 기밀을 요하는 압력용기, 보일러 등에 사용되기도 하며, 철제 구조물, 경합금 구조물 (항공기의 기체) 또는 교량 등에 사용하고 있다.

리벳 이음의 특징
- 잔류 변형이 생기지 않으므로 취약 파괴가 일어나지 않는다.
- 구조물 등에서 조립할 때에는 용접 이음보다 쉽다.
- 경합금과 같이 용접이 곤란한 재료에는 신뢰성이 있다.

2. 리벳의 종류

2-1 리벳의 머리 모양에 따른 분류

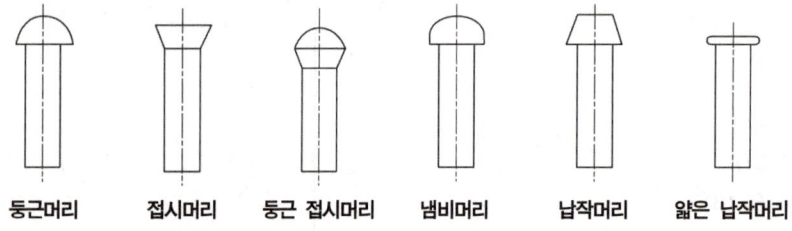

둥근머리 접시머리 둥근 접시머리 냄비머리 납작머리 얇은 납작머리

리벳 용도에 의한 분류
- 보일러용 리벳 : 압력에 견딜수 있는 동시에 강도와 기밀을 필요로 하는 리벳. 보일러, 고압 탱크 등에 사용
- 용기용 리벳 : 강도보다는 이음의 기밀을 필요로 하는 리벳. 물탱크, 저압탱크에 사용
- 구조용 리벳 : 주로 강도만을 필요로 하는 리벳. 철교, 선박, 차량, 구조물에 사용

리벳 제조 장소에 따른 분류
- 공장 리벳 : 공장에서 리벳팅 작업을 완료하는 리벳
- 현장 리벳 : 대형 구조물에서 운반을 고려하여 몇 개로 분리 제조한 후 현장에서 조립하여 사용하는 리벳

3. 리벳 이음 작업의 종류

리베팅 (Riveting)	구멍을 맞추어서 겹쳐 놓고 가열된 리벳 샹크(Rivet Shank)를 끼우고 머리를 스냅(Snap)으로 받친 다음 샹크의 끝에 머리를 대고 손이나 기계력에 의하여 두드려 제2의 리벳 머리를 만드는 작업
코킹 (Caulking)	고압 탱크, 보일러 등과 같이 기밀을 필요로 할 때에는 리베팅이 끝난 뒤에 리벳 머리의 주위 또는 강판의 가장자리를 정(Chisel)으로 때려 그 부분을 밀착시켜서 틈을 없애는 작업
풀러링 (Fullering)	기밀을 더욱 완전하게 하기 위하여 끝이 넓은 끌로 때려 리벳과 판재의 안쪽 면을 완전히 밀착시키는 작업

코킹과 풀러링

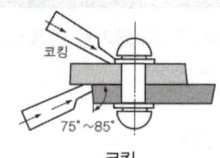
코킹

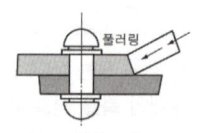
풀러링

> **개념잡기**
>
> 리베팅이 끝난 뒤에 리벳머리의 주위 또는 강판의 가장자리를 정으로 때려 그 부분을 밀착시켜 틈을 없애는 작업은?
>
> ① 시밍 ② 코킹
> ③ 커플링 ④ 해머링
>
> • 시밍(Seaming) : 접어서 굽히거나 말아 넣거나 하여 맞붙여 잇는 이음 작업
> • 커플링(Coupling) : 축에서 다른 축으로 회전을 전달하기 위하여 사용되는 장치
> • 해머링(Hammering) : 망치 등으로 정 등을 내려쳐서 충격을 주는 작업
>
> 정답 : ②

4. 보일러용 리벳 이음

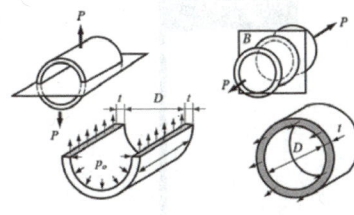 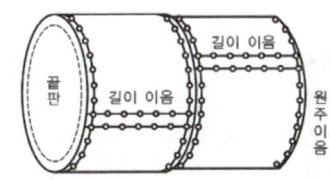

4-1 원주 방향 인장응력(길이이음)

$$\sigma_1 = \frac{P}{A} = \frac{PD\ell}{2t\ell} = \frac{PD}{2t}$$

4-2 축 방향 인장응력(원주이음)

$$\sigma_2 = \frac{P}{A} = \frac{\frac{P\pi D^2}{4}}{\pi Dt} = \frac{PD}{4t} \quad \therefore \sigma_1 = 2\sigma_2$$

길이이음(세로이음)은 원주이음의 2배의 하중을 받으므로 훨씬 강하게 만들어야 한다.

11
리벳의 호칭 방법과 제도법 ★★★

1. 리벳의 호칭 방법(KS B 1102)

- 리벳의 호칭길이 : 접시머리 리벳만 머리부를 포함한 전체의 길이로 호칭하고 그 외의 리벳은 머리부를 제외한 길이로 호칭한다.
- 길이는 겹쳐놓은 형강 두께의 1.3 ~ 1.6d로 하고, 자루의 길이는 리벳지름의 4배 정도로 하며 그 이상의 곳에는 볼트와 너트를 사용한다.

개념잡기

다음 중 리벳의 호칭 방법으로 올바른 것은?

① 규격 번호, 종류, 호칭지름×길이, 재료
② 규격 번호, 길이×호칭지름, 종류, 재료
③ 재료, 종류, 호칭지름×길이, 규격 번호
④ 종류, 길이×호칭지름, 재료, 규격 번호

리벳의 호칭법(KS B 1102)

규격번호(생략가능)	종류	호칭 지름×길이	재료
KS B 1102	열간 둥근머리 리벳	16×40	SV 330

- 리벳의 호칭길이 : 접시머리 리벳만 머리부를 포함한 전체의 길이로 호칭되고 그 외의 리벳은 머리부를 제외한 길이로 호칭한다.
- 길이는 겹쳐놓은 형강 두께의 1.3 ~ 1.6d로 하고, 자루의 길이는 리벳지름의 4배 정도로 하며 그 이상의 곳에는 볼트와 너트를 사용한다.

정답 : ①

---

2. 리벳 이음과 제도법 ★★★

- 도면에서의 리벳 이음은 능률을 위해 다음과 같이 간략도로 표한다.
- 리벳의 위치만을 표시할 때에는 중심선만 그으면 된다.
- 얇은 판, 형강 등 얇은 것의 단면은 굵은 선으로 표시하고, 서로 인접해있을 때는 그것을 표시하는 선 사이에 약간의 틈을 둔다.

참고

리벳 이음의 표시
리벳 절단은 표시하지 않는다.

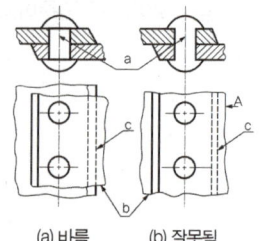

(a) 바름   (b) 잘못됨

- 같은 피치로 연속되는 같은 종류 구멍의 표시법
  - "피치의 수×피치의 치수 = 합계 치수"와 같이 간단히 기입한다.

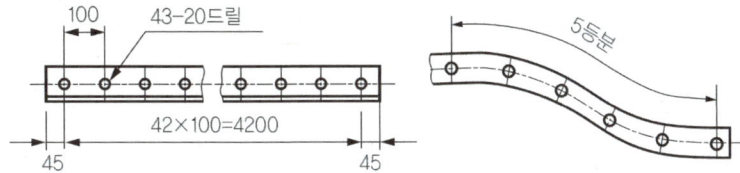

- 평판 또는 형강의 치수는 "너비×두께×길이"로 표시한다.

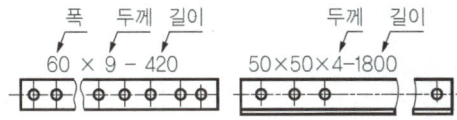

- 리벳은 절단하여 표시하지 않는다.
- 구조물에 사용하는 리벳은 약도로 표시한다.

종별		둥근 머리	접시머리					납작머리			둥근접시머리		
약도	공장 리벳	○	◎	◌	⌀	⊘	⌀	⊘	○	⊘	⊗	⊙	⊗
	현장 리벳	●	⊙	⊙	⊘	⊙	⊘	⊘	⊙	⊘	⊗	⊗	⊗

개념잡기

리벳이음의 도시방법에 대한 설명 중 옳은 것은?

① 리벳은 길이 방향으로 절단하여 도시한다.
② 구조물에 쓰이는 리벳은 약도로 표시할 수 있다.
③ 얇은 판, 형강 등의 단면은 가는 실선으로 도시한다.
④ 리벳의 위치만을 표시할 때는 굵은 실선으로 그린다.

---

① 리벳은 길이 방향으로 절단하여 도시하지 않는다.
③ 얇은 판, 형강 등의 단면은 굵은 실선
④ 리벳의 위치만을 표시할 때에는 중심선만 그린다.

정답 : ②

12 용접

1. 용접이음의 종류

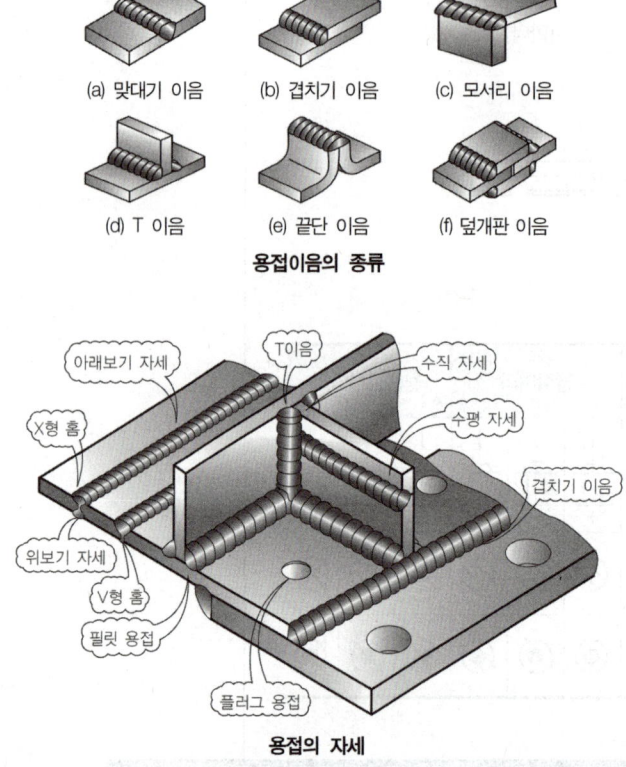

용접이음의 종류

용접의 자세

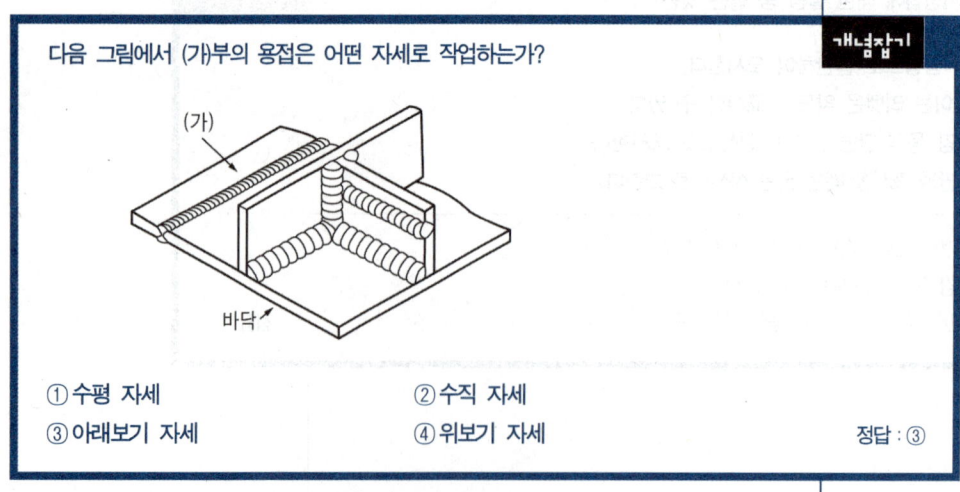

다음 그림에서 (가)부의 용접은 어떤 자세로 작업하는가?

① 수평 자세 ② 수직 자세
③ 아래보기 자세 ④ 위보기 자세

정답 : ③

2. 용접 기호 표시법(KS B ISO 2553)

명칭	그림	기호	명칭	그림	기호
양면 플랜지형 맞대기 이음 용접		八	V형 맞대기 용접		∨
평행(I형) 맞대기 용접		‖	한 면 개선형 맞대기 용접		V
넓은 루트면이 있는 V형 맞대기 용접		Y	J형 맞대기 용접		⊦
넓은 루트면이 있는 한 면 개선형 맞대기 용접		Y	이면 용접 (뒷면 용접)		⌣
U형 맞대기 용접 (평행면 또는 경사면)		Y	필릿 용접		△
플러그 용접 (슬롯 용접)		⊓	가장자리 용접		‖‖
개선각이 급격한 V형 맞대기 용접		∨	개선각이 급격한 한 면 개선형 맞대기 용접		⊭
심 용접		⊖	스폿 용접 (점 용접)		○

개념잡기

용접부의 실제 모양이 그림과 같을 때 용접 기호 표시로 맞는 것은?

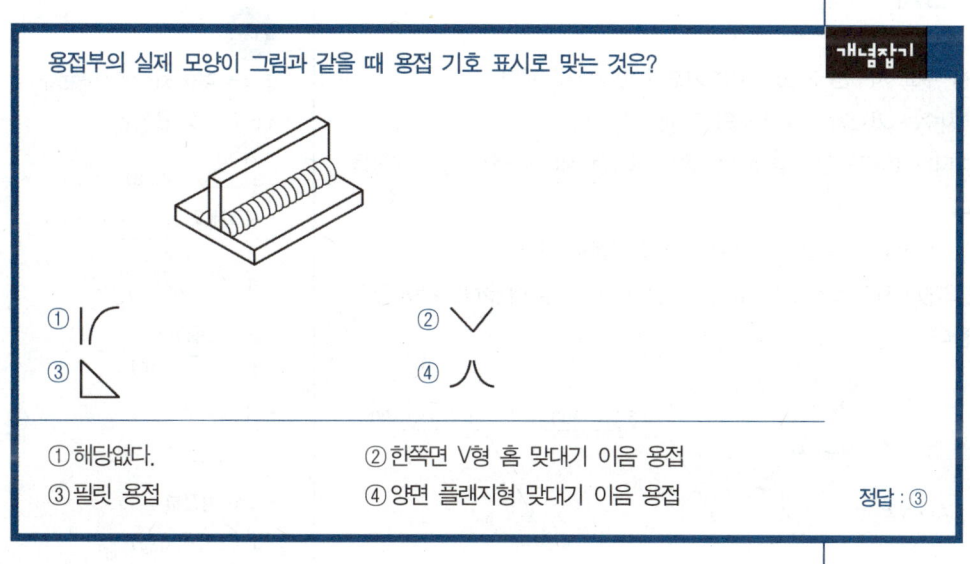

① 해당없다.
② 한쪽면 V형 홈 맞대기 이음 용접
③ 필릿 용접
④ 양면 플랜지형 맞대기 이음 용접

정답 : ③

13 용접 제도법 ★★★

1. 용접부의 지시기호 표시 방법 ★★★

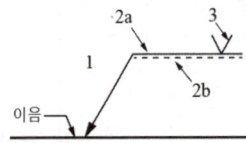

- 설명선은 기준선, 화살표, 꼬리로 구성되고 꼬리부분은 용접 방법 등 특별히 지정할 필요가 있는 사항을 기재한다(필요가 없을 시 생략해도 좋다).
- 기본 기호 및 치수는 용접할 쪽이 화살표쪽 또는 앞쪽일 때에는 기준선의 아래쪽에, 화살표 반대쪽 또는 건너쪽일 때에는 기준선의 위쪽에 기입한다.
- 현장 용접, 전둘레 용접, 전둘레 현장 용접의 기호는 기준선과 지시선의 교점에 기입한다.
- 용접부가 접합부의 화살표 쪽에 있다면 기호는 기준선(실선)쪽에 표시하고 반대쪽에 있다면 식별선(점선)쪽에 표시한다.

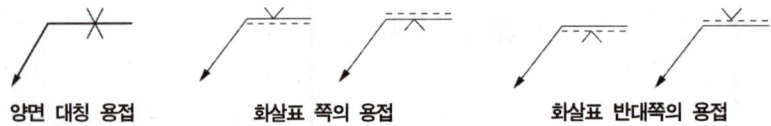

양면 대칭 용접   화살표 쪽의 용접   화살표 반대쪽의 용접

2. 용접부의 치수 표시

- 가로 단면에 관한 주요 치수는 기호의 좌측(기호의 앞)에 기입한다.
- 세로 단면 방향 치수는 기호의 우측(기호의 뒤)에 기입한다.
- 기호에 연달아 어떠한 표시도 없는 경우에는 공작물의 전 길이에 걸쳐 연속 용접을 하는 것을 뜻한다.
- 치수 표시가 없는 한 맞대기 용접에서는 완전 용입 용접을 한다.
- 필릿 용접부에는 2개의 치수 표시 방법이 있다. 문자a 또는 z를 해당하는 치수 값의 앞에 항상 배치한다.

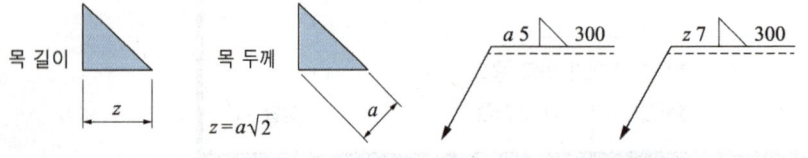

목 길이   목 두께 $z = a\sqrt{2}$

참고

용접부 주요 치수의 기호표시

- 단속 필릿 용접부

  a △ n×l (e)

- 지그재그 단속 필릿 용접부

- 플러그용접부

  d ▭ n(e)

- 심 용접부

  c ⬭ n×l(e)

- 스폿 용접부

  d ◯   n(e)

3. 용접 보조 기호 ★★

기호		용접부 및 용접부 표면의 형상
용접부의 표면모양	—	평면(동일 평면으로 다듬질)
	⌢	볼록형
	⌣	오목형
	⌣ (toe)	끝단부(토우)를 매끄럽게 한다.
	M	영구적인 덮개 판을 사용
	MR	제거 가능한 덮개 판을 사용
용접부의 다듬질 방법	C	치핑
	G	연삭(그라인더 다듬질일 경우)
	M	절삭(기계 다듬질일 경우)
	F	지정하지 않음(다듬질 방법을 지정하지 않을 경우)
보조 지시	▶	현장 용접
	○	전둘레 용접
	⌀	전둘레 현장 용접

CHAPTER 09
동력전달요소 제도

KEYWORD 축, 커플링, 기어, 마찰차, 래칫, 베어링, 벨트, 체인, 로프, 스프링, 캠, 브레이크

01 축 ★★★

1. 축(Shaft)

- 동력을 전달시키는 막대모양의 기계요소
- 축은 보통 중실축이 사용되고, 경량이 요구될 때는 중공축이 사용된다.
- 축이음(축계수, 커플링) : 축과 축을 연결하기 위해 사용되는 기계요소

2. 축의 종류

2-1 작용 하중에 따른 분류

차축 (Axle)	• 주로 굽힘 모멘트를 받는 축 • 회전축 : 철도 차량의 차축과 같이 축 자체가 회전한다. • 정지축 : 자동차 바퀴축과 같이 바퀴는 회전하지만 축은 회전하지 않는다.
스핀들 (Spindle)	• 주로 비틀림 모멘트를 받으며 직접 일을 하는 회전축 • 치수가 정밀하고 변형량이 작으며, 길이가 짧아 선반, 밀링 머신 등 공작 기계의 주축으로 사용
전동축	• 주로 비틀림과 굽힘을 받으며 동력 전달이 주목적 • 주축(Main Shaft), 선축(Line Shaft), 중간축(Counter Shaft)이 있다.

> **참고**
>
> **축 설계 시 고려할 사항**
> - 강도(Strength)
>   여러 가지 하중의 작용에 충분히 견딜 수 있는 크기여야 한다.
> - 강성(Stiffness)
>   강도 이외에 처짐이나 비틀림의 작용에 견딜 수 있는 능력이 있어야 한다.
> - 진동(Vibration)
>   회전 시 고유 진동과 강제 진동으로 인하여 공진 현상이 생길 때 축이 파괴되는 현상을 고려해야 한다.
> - 부식(Corrosion)
>   방식 처리를 하거나 또는 굵게 설계한다.
> - 온도(Temperature)
>   고온의 열을 받는 축은 크리프와 열팽창을 고려해야 한다.

2-2 모양에 따른 분류

직선축	• 길이방향으로 일직선 형태의 축. 일반적인 동력전달용으로 사용
크랭크축	• 왕복 운동기관에서 직선 운동과 회전 운동을 상호 변환시키는 축 • 자동차 엔진에서 볼 수 있으며, 피스톤의 왕복 운동을 회전 운동의 형태로 바꾸어 출력
플렉시블축	• 자유롭게 휠 수 있도록 강선을 2중, 3중으로 감은 나사 모양의 축 • 공간상의 제한으로 일직선 형태의 축을 사용할 수 없을 때 이용

개념잡기

비틀림 모멘트를 받는 회전축으로 치수가 정밀하고 변형량이 적어 주로 공작기계의 주축에 사용하는 축은?

① 차축   ② 스핀들
③ 플렉시블축   ④ 크랭크축

• 스핀들 : 주로 비틀림 하중을 받음
• 플렉시블축 : 휨 및 충격, 진동이 심한 곳에 사용
• 차축 : 주로 굽힘 하중을 받음
• 크랭크축 : 왕복운동을 회전운동으로

정답 : ②

3. 축의 설계 ★★★

3-1 굽힘 모멘트(M)만을 받는 축

종류	축의 지름 공식	공식 유도 및 설명
중실축	$d = \sqrt[3]{\dfrac{10.2M}{\sigma_b}}$	굽힘 모멘트 $M = \sigma Z = \sigma \times \dfrac{\pi d^3}{32}$ 중실축의 단면계수 $Z = \dfrac{\pi d^3}{32}$
중공축	$d = \sqrt[3]{\dfrac{10.2M}{\sigma_b(1-x^4)}}$	굽힘 모멘트 $M = \sigma Z = \sigma \times \dfrac{\pi(d_2^4 - d_1^4)}{32 d_2} = \sigma \times \dfrac{\pi d_2^3(1-x^4)}{32}$ 중공축의 단면계수 $Z = \dfrac{\pi(d_2^4 - d_1^4)}{32 d_2} = \dfrac{\pi d_2^3(1-x^4)}{32}$

• M : 축에 작용하는 굽힘 모멘트[Nm]
• Z : 축의 단면계수[m³]
• d_1 : 중공축의 안지름[mm]
• x : 내외경비 $\left(x = \dfrac{d_1}{d_2}\right)$
• σ : 축에 발생하는 굽힘 응력[N/m²]
• d : 축의 지름[mm]
• d_2 : 중공축의 바깥지름[mm]

용어정리

중실축
단면의 중심부가 가득 차 있는 축

중공축
단면의 중심부에 구멍이 뚫려 있는 축, 축의 자중을 가볍게 하기 위해 사용한다.

내외경비
안지름에 대한 바깥지름과의 비

안지름과 바깥지름과의 관계

내외경비 $x = \dfrac{d_1}{d_2}$

3-2 비틀림 모멘트(T)만을 받는 축 ★★★

종류	축의 지름 공식	공식 유도 및 설명
중실축	$d = \sqrt[3]{\dfrac{5.1T}{\tau}}$	비틀림 모멘트 $T = \tau Z_p = \sigma_b \times \dfrac{\pi d^3}{16}$ 중실축의 극단면계수 $Z_p = \dfrac{\pi d^3}{16}$
중공축	$d = \sqrt[3]{\dfrac{5.1T}{\tau(1-x^4)}}$	비틀림 모멘트 $T = \tau Z_p = \tau \times \dfrac{\pi(d_2^4 - d_1^4)}{16 d_2} = \tau \times \dfrac{\pi d_2^3(1-x^4)}{16}$ 중공축의 단면계수 $Z_p = \dfrac{\pi(d_2^4 - d_1^4)}{16 d_2} = \dfrac{\pi d_2^3(1-x^4)}{16}$

- T : 축에 작용하는 비틀림 모멘트[Nm]
- d : 축의 지름[mm]
- τ : 축에 발생하는 전단 응력[N/m^2]
- d_1 : 중공축의 안지름[mm]
- Z_p : 축의 극단면계수[m^3]
- d_2 : 중공축의 바깥지름[mm]
- x : 내외경비 $\left(x = \dfrac{d_1}{d_2}\right)$

3-3 굽힘(M)과 비틀림(T)을 동시에 받는 축

상당 굽힘 모멘트(M_e) 또는 상당 비틀림 모멘트(T_e)로 환산하여 축의 지름을 계산해 큰 쪽의 값을 취한다.

상당 비틀림 모멘트

$$T_e = \sqrt{T^2 + M^2} = M\sqrt{1 + \left(\dfrac{T}{M}\right)^2}$$

상당 굽힘 모멘트

$$M_e = \dfrac{1}{2}(M + \sqrt{M^2 + T^2}) = \dfrac{1}{2}(M + T_e)$$

축의 지름

$$d = \sqrt[3]{\dfrac{5.1 T_e}{\tau}} = \sqrt[3]{\dfrac{10.2 M_e}{\sigma}}$$

02 축의 제도법 ★★★

1. 축의 제도

- 축이나 보스의 끝 구석 라운드 가공부는 필요하면 확대하여 부품도 옆이나 주서 기입란에 기입하여 준다.

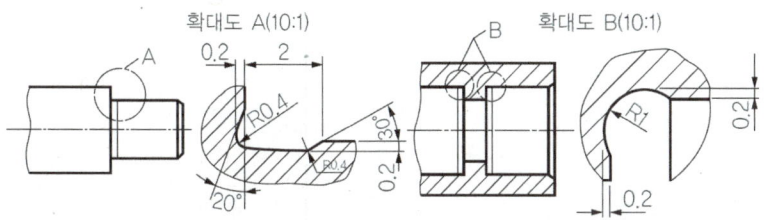

- 축은 일반적으로 길이 방향으로 절단하지 않으며 필요에 따라서는 부분 단면은 가능하다.
- 긴 축은 단축하여 그릴 수 있으나, 길이는 실제 길이를 기입해야 한다.
- 축에 있는 널링(Knurling)의 도시는 빗줄인 경우에 축선에 대하여 30°로 서로 엇갈리게 그린다.
- 축의 모따기 및 평면부 표시는 치수기입법에 따른다.

긴 축의 단축 제도법

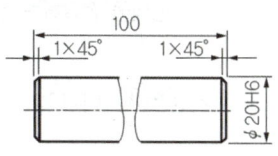

축을 제도하는 방법을 설명한 것이다. 틀린 것은?

① 긴 축은 단축하여 그릴 수 있고 길이는 실제 길이를 기입한다.
② 축은 일반적으로 길이 방향으로 절단하여 단면을 표시한다.
③ 구석 라운드 가공부는 필요에 따라 확대하여 기입할 수 있다.
④ 필요에 따라 부분 단면은 가능하다.

- 축이나 보스의 끝 구석 라운드 가공부는 필요하면 확대하여 부품도 옆이나 주서 기입란에 기입하여 준다.
- 축은 일반적으로 길이 방향으로 절단하지 않으며 필요에 따라서는 부분 단면은 가능하다.
- 긴축은 단축하여 그릴 수 있으나, 길이는 실제 길이를 기입해야 한다.
- 축에 있는 널링(Knurling)의 도시는 빗줄인 경우에 축선에 대하여 30°로 서로 엇갈리게 그린다.
- 축의 모따기 및 평면부 표시는 치수기입법에 따른다.

정답 : ②

03 축이음 ★

1. 축이음

회전하며 동력을 전달하는 원동축과 종동축을 연결하는 기계요소

1-1 커플링(Coupling)

운전 중에 두 축의 연결 상태를 풀 수 없는 이음

1-2 클러치(Clutch)

운전 중에 두 축을 결합시키거나 필요에 따라 떼어 놓을 수 있는 축이음

2. 커플링의 종류 ★

커플링의 명칭		형상	특징과 용도
고정식 이음	머프 커플링 (Muff Coupling)		• 원통 속에 두 축을 끼워 키로 고정한 축 이음으로, 축과 하중이 작은 경우에 쓰인다. • 인장 하중이 작용하는 축 이음에는 적합하지 않다. 안전을 위해 커버를 씌워 사용한다.
	반중첩 커플링 (Hard Lap Coupling)		• 원통 속에 전달축보다 기울기를 주어 중첩시킨 후 고정한 커플링으로, 축방향의 인장하중이 작용하는 기계에 사용된다.
마찰 원통 커플링 (Friction Coupling)			• 2개로 분할된 원통의 외부를 원추형으로 만들어 두 축을 끼우고, 바깥쪽에 2개의 링을 달아 고정한 커플링이다. • 축과 원통 사이의 마찰력에 의해 동력을 전달하며, 진동이 작용하지 않는 축에 사용한다.
클램프 커플링 (Clamp Coupling)			• 두 축을 분할 원통에 넣고 볼트로 체결하는 축이음으로, 분할 원통 커플링이라고도 한다. • 2~4개의 볼트로 체결하며, 조립이 용이하고 사용할 수 있는 최대 지름은 약 200mm이다.

커플링의 명칭	형상	특징과 용도
셀러 커플링 (Seller's Coupling)		• 셀러(Seller)가 머프 커플링을 개량한 것으로, 원통 내부가 원추형태로 되어 있다. 여기에 두 축을 끼우고, 3개의 볼트로 죄어 축을 고정시키는 커플링이다. • 연결할 두 축의 지름이 다소 달라도 축선이 동일하게 맞춰진다.
플랜지 커플링 (Flange Coupling)		• 두 플랜지를 축에 억지 끼워맞춤이나 키로 체결한 후, 두 개의 플랜지를 볼트로 체결한 커플링이다. • 플랜지 내부에 요철을 만들어 두 축에 중심을 일치시킬 수 있고, 지름 200mm 이상의 축도 이음이 가능하다.
플렉시블 커플링 (Flexible Coupling)		• 중심선이 일치하지 않아 편심이 있는 두 축이나, 고속회전으로 진동이 있는 두 축을 연결하는 데 사용한다. • 기어, 고무, 체인 등을 이용해서 충격과 진동을 완화시키는 커플링이다. • 펌프 컨베이어, 기중기 등에 사용된다.
올덤 커플링 (Oldham Coupling)		• 원판에 직각방향의 키를 만들어, 두 축이 평행하나 축선의 위치가 어긋나 있을 때 각속도의 변화없이 동력을 전달시키는 커플링이다.
유니버셜 조인트 (Universal Joint)		• 두 축이 같은 평면에 있으면서 중심선이 교차하고 있을 때 사용하는 축이음이다. • 원동축과 종동축 끝이 두 갈래로 나뉘어 최대 30° 각도까지 십자형의 저널을 조인트로 회전하도록 연결한 커플링이다.

> **개념잡기**
>
> 축 이음 중 두 축이 평행하고 각속도의 변동 없이 토크를 전달하는 데 가장 적합한 것은?
>
> ① 올덤 커플링   ② 플렉시블 커플링
> ③ 유니버설 커플링 ④ 플랜지 커플링
>
> - 올덤 커플링 : 두 축이 평행하며 두 축 사이가 변화하는 경우에 사용되며, 각속도 변화가 없지만 진동이나 마찰 저항이 커서 고속회전에 부적합하다.
> - 플렉시블 커플링 : 두 축의 중심선을 일치시키기 어렵거나 또는 전달토크의 변동으로 충격을 받거나 고속회전으로 진동을 일으키는 경우 고무, 강선, 가죽, 스프링 등을 이용하여 충격과 전동을 완화시켜 주는 데 사용한다.
> - 유니버설 커플링 : 두 축이 만나고 각이 수시로 변화하는 경우에 사용되는 커플링으로 원동축은 등속 회전, 종동축은 부등속회전을 하여 두 축이 만나는 각도 30° 이내로 해야 한다.
> - 유체 커플링 : 유체를 이용한 커플링으로 진동과 충격이 유체에 흡수되어 종동축에 전달되지 않아 자동차 등의 주동력축의 축이음에 사용된다.
>
> 정답 : ①

3. 클러치의 종류

클러치의 명칭	형상	특징과 용도
맞물림 클러치 (Claw Clutch)		• 원동축과 종동축의 끝에 서로 물림이 가능하도록 턱을 만들어 서로 맞물려 동력을 전달하는 장치이다. • 턱의 형태는 사각형, 톱니형, 삼각형 등이 있고, 종동축 쪽의 클러치는 이동이 가능하도록 미끄럼 키를 사용해 축 위에서 미끄러지도록 결합한다.
마찰 클러치 (Friction Clutch)		• 원동축과 종동축에 붙어 있는 마찰면을 서로 밀어붙여 발생하는 마찰력에 의해 동력을 전달한다. • 과도한 부하가 작용하면 마찰면이 미끄러져 종동축에 과도한 토크가 전달되지 않아 안전 장치의 역할을 하는 장점이 있다. • 마찰 클러치에는 원판, 원뿔, 전자력 클러치가 있다.
유체 클러치 (Fluid Clutch)		• 직선 방사상의 날개를 갖는 임펠러를 서로 맞대어 놓고 유체로 채운 클러치이다. • 원동기를 펌프 축에, 터빈을 부하에 결합하여 동력을 전달한다. • 산업기계, 철도, 선박 등 동력전달이 많은 부분에 쓰이고 있다.

클러치의 명칭	형상	특징과 용도
원심 클러치 (Centrifugal Clutch)		• 원동축 블록이 드럼 속에 스프링으로 연결된 클러치이다. • 원동축이 일정 회전속도 이상으로 회전하면, 원심력이 스프링의 장력을 이겨내어 원동축 블록이 종동축 드럼에 접촉되고 마찰력에 의해 동력이 전달된다.

개념잡기

다음 중 운전 중에 두 축을 결합하거나 떼어 놓을 수 있는 것은?

① 플렉시블 커플링 ② 플랜지 커플링
③ 유니버설 조인트 ④ 맞물림 클러치

맞물림 클러치
두 플랜지에 턱을 만들어서 한 플랜지는 원동축에 고정시키고, 또 다른 한 쪽의 플랜지는 종동축에 미끄럼 키로 축 위에서 미끄러질 수 있게 결합하여 필요할 때마다 두 플랜지를 결합시키거나 분리시킬 수 있게 한 클러치를 맞물림 클러치(턱클러치)라 한다.
• 마찰 클러치는 구동축과 피동축에 붙어 있는 접촉면을 서로 강하게 접촉시켜서 생긴 마찰력에 의하여 동력을 전달하는 클러치이다. 구동축이 회전하는 중에도 충격 없이 피동축을 구동축에 결합시킬 수 있다.
• 유니버설 조인트는 두 축의 만나는 각이 수시로 변화하는 경우에 사용되는 커플링으로, 공작 기계, 자동화 등의 축이음에 쓰인다. 이 커플링의 단점은 구동축을 일정한 각속도로 회전시켜도 피동축의 각속도가 180도의 주기로 변동되는 점이다. 이러한 각속도의 변동을 없애기 위하여 중간축이 구동축 및 피동축과 만나는 각을 같게 하여 양축과 결합하면 피동축의 각속도가 일정하게 된다. 두 축이 만나는 각은 원활한 전동을 위하여 30도 이하로 제한하는 것이 좋다.

정답 : ④

04 기어 ★★★

1. 기어(Gear)

- 원판 모양에 돌기(기어 이)를 만들어 서로 물려 회전하면서 동력을 전달하는 기계요소
- 미끄럼이 생기지 않기 때문에 일정 속도비로 큰 회전력을 전달할 수 있다.

2. 기어의 종류 ★★

축	명칭	용도	축	명칭	용도
두 축이 평행하는 경우	스퍼 기어	이 끝이 직선이며 축에 평행한 원통기어	두 축이 교차하는 경우	베벨 기어	교차하는 두 축의 운동을 전달하는 기어로 원뿔면에 직선 이를 만든 기어
	헬리컬 기어	이 끝이 비틀림선으로 물림이 원활하고 축은 추력을 받는다.		스파이럴 베벨 기어	이 끝이 곡선으로 된 베벨 기어로 전동이 정숙하다.
	더블 헬리컬 기어	왼쪽 비틀림과 오른쪽 비틀림의 헬리컬 기어를 일체로 한 기어		헬리컬 베벨 기어	이가 원뿔면의 접선과 경사진 기어
	내접 기어	원통의 내측에 이가 만들어져 있는 기어로 회전방향이 같다.		크라운 기어	피치면이 평면으로 된 베벨 기어
	래크	원통기어의 피치원의 반경을 무한대로 한 기어			
두 축이 어긋나는 경우	나사 기어	비틀림각이 서로 다른 헬리컬 기어를 엇갈리는 축에 조합시킨 기어	웜 기어		나사모양의 기어웜과 웜휠에 의한 기어 한 쌍을 웜 기어라 하며 큰 감속비를 얻는 데 사용
	하이포이드 기어	베벨 기어의 축을 엇갈리게 한 나선형 기어			

기어의 특징
- 일정한 속도비로 큰 동력을 전달한다.
- 감속비가 크고 전동 효율이 높아 사용 범위가 넓다.
- 충격에 약하고 소음, 진동이 발생한다.
- 사용 범위가 넓다(시계, 항공기 등).

헬리컬 기어의 특징
- 임의의 비틀림 각을 선택할 수 있어서 축 중심거리의 조절이 용이하다.
- 물림 길이가 길고 물림률이 크다.
- 최소 잇수가 적어서 회전비를 크게 할 수 있다.
- 추력이 있어 속도비가 커도 원활한 운전을 할 수 있다.

3. 기어의 각부 명칭 ★★★

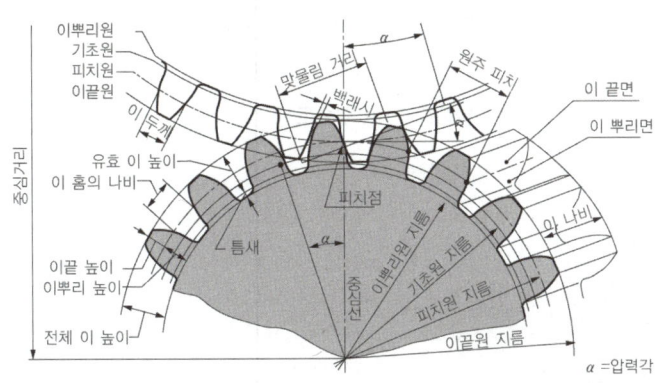

참고

웜 기어의 특징
- 큰 감속비를 얻을 수 있다.
- 중심거리에 오차가 있을 때는 마멸이 심하다.
- 소음이 작고 역회전을 방지할 수 있다.

피치원	• 기어의 중심과 피치점과의 거리를 반지름으로 한 두 기어가 구름 접촉을 하는 가상의 원(P.C.D = 피치원 지름)
이끝원	• 이끝 부분을 지나는 원
이뿌리원	• 이뿌리를 지나는 원
원주 피치	• 피치원상에서의 한 이에서 다음 이까지의 원호의 길이
이끝 높이	• 피치원에서 이끝까지의 거리(a = m : 모듈 표준)
이뿌리 높이	• 피치원에서 이뿌리원까지의 거리(d = 1.25m 표준)
유효 이 높이	• 맞물려 있는 한 쌍의 기어에서 물리고 있는 이의 높이로서 한 쌍의 기어의 이끝 높이(Addendum)를 합한 길이
총 이 높이	• 전체의 이 높이로서 이끝 높이와 이뿌리 높이의 합(h = 2.25m)
이 너비	• 축방향으로 측정한 이의 길이
이 두께	• 피치원상에서 측정한 이의 두께로 원주피치의 1/2이다.
뒤틈(Backlash)	• 맞물려있는 한 쌍의 기어에서 치면 사이의 간격

용어 정리

래칫 휠(Ratchet Wheel)
휠의 주위에 특별한 형태의 이를 갖고 이것에 스토퍼를 물려, 축의 역회전을 막기도하고, 간헐적으로 축을 회전시키기도 하는 톱니바퀴

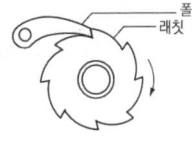

개념잡기

기어 전동의 특징에 대한 설명으로 가장 거리가 먼 것은?

① 큰 동력을 전달한다. ② 큰 감속을 할 수 있다.
③ 넓은 설치장소가 필요하다. ④ 소음과 진동이 발생할 수 있다.

기어의 특징
- 큰 동력을 일정한 속도비로 전달할 수 있다.
- 전동 효율이 높고 감속비가 크다.
- 충격에 약하고 소음, 진동이 발생한다.
- 사용 범위가 넓다(예 시계, 항공기 등).

정답 : ③

4. 기어의 크기 ★★★

4-1 원주 피치

피치원 위에서 서로 인접한 기어까지의 거리를 말하며, 피지원의 둘레를 기어 잇수로 나눈 값이다.

원주피치

$$P = \frac{\text{피치원의 둘레[mm]}}{\text{기어의 잇수}} = \frac{\pi D}{Z} = \pi \frac{D}{Z} \quad \therefore P = \pi m$$

• 원주 피치가 클수록 이의 크기는 커지고 잇수는 적어진다.

4-2 모듈(Module, m) ★★★

기어의 이의 크기를 정하는 수치로, 피치원의 지름을 기어 잇수로 나눈 값이다.

모듈

$$m = \frac{\text{피치원의 지름[mm]}}{\text{기어의 잇수}} = \frac{D}{Z} \quad \therefore D = mZ$$

• 모듈이 커지면 이의 크기도 커진다.

4-3 지름 피치

기어 이의 크기를 인치 방식으로 나타낸 수치로, 기어 잇수를 피치원의 지름(in)으로 나눈 값이다.

1[in] = 2.54[cm] = 25.4[mm]

지름 피치

$$D_P = \frac{\text{잇수}}{\text{피치원의 지름}} = \frac{Z}{D} = \frac{1}{m} = \frac{25.4}{m} \text{ (1inch = 25.4mm)}$$

$$\therefore D_p = \frac{25.4Z}{D} \left(\because m = \frac{D}{Z}\right)$$

• 지름 피치가 클수록 이의 크기는 작아지고 잇수는 많아진다.

바깥지름(= 이끝원지름)

$$D_e = D + 2m = m(Z+2)$$

표준 스퍼 기어에서 모듈이 4이고, 피치원 지름이 160mm일 때, 기어의 잇수는?

① 20
② 30
③ 40
④ 50

P.C.D(피치 원지름) $= mZ$

$\therefore Z = \dfrac{P.C.D}{m} = \dfrac{160}{4} = 40$

정답 : ③

5. 기어의 속도비와 중심거리

5-1 속도비

$$i = \dfrac{n_B}{n_A} = \dfrac{D_A}{D_B} = \dfrac{mZ_A}{mZ_B} = \dfrac{Z_A}{Z_B}$$

$\begin{bmatrix} n : 회전수[rpm] \\ Z : 기어잇수 \\ D : 피치원지름[mm] \end{bmatrix}$

스퍼 기어의 중심거리
큰 감속비를 얻을 수 있다.

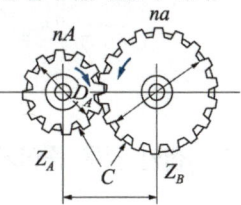

5-2 중심거리 ★

$$C = \dfrac{D_A + D_B}{2} = \dfrac{m(Z_A + Z_B)}{2} [mm] (외접인 경우)$$

단, m은 모듈이며 $D = mZ$가 된다.

모듈이 2인 한 쌍의 스퍼기어가 맞물려 있을 때 각각의 잇수를 20개와 30개라고 하면, 두 기어의 중심거리는?

① 20
② 30
③ 50
④ 100

맞물린 두 기어의 축간거리

$C = \dfrac{D_A + D_B}{2} = \dfrac{m(Z_A + Z_B)}{2} = \dfrac{2 \times (20 + 30)}{2} = 50[mm]$

정답 : ③

05 마찰차

1. 마찰차

- 두 개의 바퀴를 직접 접촉시켜 서로 밀어붙임으로써 그 사이에 생기는 마찰력을 이용하여 2축 사이의 동력을 전달 기계요소
- 마찰차는 일반적으로 전달할 힘이 크지 않으며, 정확한 속도비를 요구하지 않거나 속도비가 커서 보통의 기어로 전동하기 어려운 경우에 사용한다.

2. 마찰차의 속도비와 축간거리

2-1 속도비

$$i = \frac{n_B}{n_A} = \frac{\omega_B}{\omega_A} = \frac{D_A}{D_B} = \frac{r_A}{r_B}$$

$\begin{bmatrix} n : \text{회전수[rpm]} \\ \omega : \text{각속도[rad/s]} \end{bmatrix}$

2-2 외접인 경우 중심거리

$$C = \frac{D_A + D_B}{2} = r_A + r_B$$

$[r : \text{반지름[mm]}]$

2-3 내접인 경우 중심거리

$$C = \frac{D_A - D_B}{2} = r_A - r_B$$

개념잡기

지름 D_1 = 200mm, D_2 = 300mm의 내접 마찰차에서 그 중심거리는 몇 mm인가?

① 50 　　　　　　　　② 100
③ 125 　　　　　　　　④ 250

내접 마찰차의 경우

$C = \frac{D_2 - D_1}{2} = \frac{300 - 200}{2} = 50[mm]$

정답 : ①

3. 홈 마찰차

- 밀어붙이는 힘을 증가시키지 않고 전달 동력을 크게 할 수 있게 개량한 것
- 마찰차의 둘레에 쐐기 모양의 V형 홈이 파여져 서로 물리게 한 것으로 동일한 압력에 대하여 큰 회전력을 얻을 수 있다.
- 홈 마찰차는 보통 바퀴를 모두 주철로 만들고, 홈의 각도 : $2\alpha = 30 \sim 40°$
- 홈의 피치는 3 ~ 20[mm]로서, 보통 10[mm]정도이고, 홈의 수는 보통 5개이다.

개념잡기

사용 기능에 따라 분류한 기계요소에서 직접전동 기계요소는?

① 마찰차　　　　　　② 로프
③ 체인　　　　　　　④ 벨트

- 직접전동 : 기어전동, 마찰차 등
- 간접전동 : 체인전동, 벨트전동, 로프전동 등

정답 : ①

---

06 기어의 제도법 ★★★

1. 스퍼 기어의 제도 ★★★

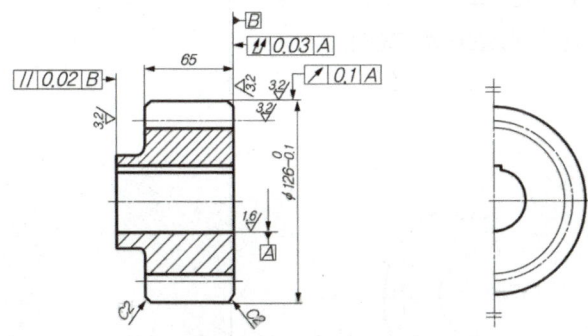

- 스퍼 기어는 축에 직각인 방향(단면이 나타나는 부분)을 주투상도로 하고 나사의 경우와 같이 치형은 생략하여 표시한다.
- 이끝원(이끝선)은 굵은 실선, 피치원(피치선)은 가는 1점 쇄선으로 도시한다.
- 이뿌리원(이뿌리선)은 가는 실선으로 도시한다.
 - 정면도를 단면도로 도시할 경우 이뿌리원은 굵은 실선으로 나타낸다.
- 제작도에서는 기어의 제작상 중요한 치형, 모듈, 압력각, 피치원 지름 등 기타 필요한 사항은 기어 요목표를 만들어 기입한다.

스퍼기어		
기어 치형		표준
기준 래크	치형	보통 이
	모듈	2
	압력각	20°
잇수		36
피치원 지름		72
전위량		0
전체 이 높이		4.5
걸치기 이 두께		27.5778(잇수 : 5)
다듬질 방법		연삭
정밀도		KS B ISO 1328-1 4급
비고	재료	SCM415
	열처리	침탄 담금질
	경도	55~60H$_R$C

- 표준 치형, 전위 치형
- 낮은 이, 보통 이, 높은 이

- 14.5°, 17°, 20°(표준), 22.5°, 25°

- 피치원 지름 = 모듈×잇수
- 전위 치형일 경우에만 기입
- 전체 이 높이 = 2.25×모듈
- 가공 후 이 두께 측정 방법(KS B 1406)
- 다듬질 방법 또는 가공방법
- 정밀도에 따른 기어 등급/0 ~ 12급

일반적으로 부품란과 개별 주(Note)에 기입

참고
베벨기어의 제도

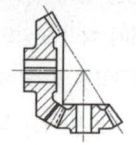 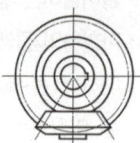

2. 헬리컬 기어의 제도 ★★

- 측면도는 스퍼 기어와 같으나 정면도에서는 반드시 이의 비틀림 방향(잇줄 방향)을 3개의 가는 실선을 이용하여 도시한다.
- 기어 잇줄 방향을 나타내는 사선은 수평과 30°로 표시하고 치수기입은 실제의 비틀림 각도를 기입한다.
- 맞물리는 한쌍의 기어는 측면도의 양쪽 이끝원은 굵은 실선으로 그리고 정면도의 단면에서는 한쪽의 이끝원은 파선, 다른 한쪽 이끝원은 굵은 실선으로 그린다.

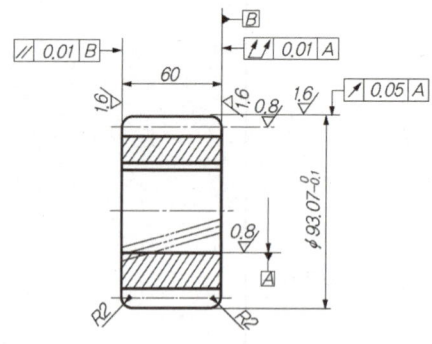 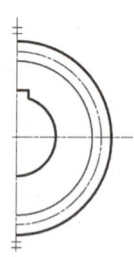

> **개념잡기**
>
> 스퍼 기어의 도시법에 관한 설명으로 옳은 것은?
>
> ① 피치원은 가는 실선으로 그린다.
> ② 잇봉우리원은 가는 실선으로 그린다.
> ③ 축에 직각인 방향에서 본 그림은 단면으로 도시할 때 이골의 선은 가는 실선으로 표시한다.
> ④ 축 방향에서 본 이골원은 가는 실선으로 표시한다.
>
> 이끝원은 굵은 실선으로, 피치원은 가는 1점 쇄선으로, 이뿌리원은 가는 실선 또는 굵은 실선으로 그리고 축방향에서 이골원은 가는 실선으로 그린다.   정답 : ④

07 베어링

1. 베어링

- 회전축과 축을 지지하는 요소 사이의 마찰을 줄이고 원활한 상대운동을 유지하기 위해 설치하는 축용 기계요소
- 회전축 또는 왕복 운동하는 축을 지지하여 축에 작용하는 하중을 부담

1-1 베어링의 분류

미끄럼 베어링, 구름 베어링

종류	레이디얼 하중용 베어링	스러스트 하중용 베어링	복합하중용 베어링	
			레이디얼 구름 베어링	스러스트 구름 베어링
정의 및 특징	• 축선에 직각방향으로 작용하는 하중을 지지하는 베어링 ⓔ 미끄럼 베어링, 볼 베어링, 롤러 베어링 등	• 축선방향으로 작용 하는 하중을 지지 하는 베어링 ⓔ 자동조심 롤러 베어링, 스러스트 베어링 등	• 레이디얼 + 스러스트 하중이 동시에 작용하고 지지하는 베어링 ⓔ 원뿔 베어링, 테이퍼 베어링, 롤러베어링 등	

참고

베어링의 종류
- 접촉면에 따른 분류
  - 미끄럼 베어링 : 저널과 베어링면이 직접 접촉하여 미끄럼 운동을 하는 베어링
  - 구름 베어링 : 저널과 베어링면 사이에 전동체인 롤러나 볼을 넣어 구름 운동하는 베어링
- 하중의 방향에 따른 분류
  - 레이디얼 베어링 : 축의 직각 방향의 하중을 받는 베어링
  - 스러스트 베어링 : 축 방향의 하중을 받는 베어링
  - 원뿔 베어링 : 축의 직각 방향과 축 방향의 하중을 동시에 받는 베어링

저자 어드바이스

미끄럼베어링의 구비조건
- 피로한도가 높아야 한다.
- 유막형성이 용이해야 한다.
- 마찰저항이 낮아야 한다.
- 내식성이 우수해야 한다

1-2 저널(journal)

베어링과 접촉하여 축이 받쳐지고 있는 축 부분

2. 미끄럼 베어링의 종류

2-1 레이디얼 미끄럼 베어링(저널 베어링)

단일체 베어링	• 구조가 간단하여 경하중의 저속용에 쓰인다. • 베어링 하우징에 끼워 고정된 축을 지지하는 데 주로 사용
분할 베어링	• 본체(Body)와 캡(Cap)으로 분할된 베어링 • 중하중의 고속용에 쓰인다. • 베어링의 유격 조정은 분할면에 심을 넣어 적절히 유지하며, 내면에는 원활한 윤활을 위하여 오일 홈을 만든다.

2-2 스러스트 베어링

베어링과 저널 또는 베어링 링 사이에 윤활유가 잘 흐르게 하고 패드를 움직일 수 있도록 하는 패드형의 베어링

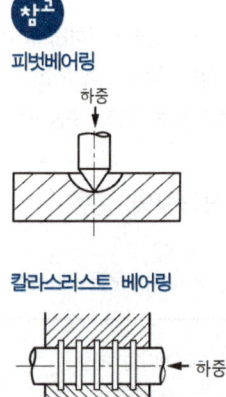

피벗베어링

칼라스러스트 베어링

피벗 베어링	• 세워져 있는 축에 의하여 스러스트 하중을 받을 때 사용 • 절구 베어링이라고도 한다.
칼라스러스트 베어링	• 수평으로 된 축이 스러스트 하중을 받을 때 사용 • 여러 단의 칼라가 배열되어 있어 베어링의 길이가 길어진다.
킹스베리 베어링	• 베어링과 저널 또는 베어링 링 사이에 윤활유가 잘 흐르게 하고 패드를 움직일 수 있도록 하는 패드형의 베어링

2-3 원뿔 베어링, 구면 베어링

원뿔 베어링

공작기계의 메인 베어링으로 응용되며 다소의 스러스트도 받을 수 있다.

구면 베어링

극히 저속에 쓰이며 기계에는 별로 쓰이지 않는다.

> **개념잡기**
>
> 다음 중 축 중심에 직각방향으로 하중이 작용하는 베어링을 말하는 것은?
>
> ① 레이디얼 베어링(Radial Bearing) ② 스러스트 베어링(Thrust Bearing)
> ③ 원뿔 베어링(Cone Bearing) ④ 피벗 베어링(Pivot Bearing)
>
> • 레이디얼 베어링(Radial Bearing) : 축 중심에 직각방향으로 하중을 받는 베어링
> • 스러스트 베어링(Thrust Bearing) : 축방향의 하중을 받는 베어링
>
> 정답 : ①

3. 구름 베어링의 종류

3-1 레이디얼 볼 베어링

깊은 홈 볼 베어링	• 구름 베어링 중에서 가장 널리 사용되는 것으로 구조가 간단하고 정밀도가 높아서 고속회전용으로 가장 적합 • 궤도는 내륜, 외륜 모두 원호 모양의 깊은 홈이 있다.
마그네토 볼 베어링	• 외륜 궤도면의 한쪽 궤도 홈 턱을 제거하여 베어링 요소의 분리 조립을 쉽게 하도록 한 베어링 • 접촉각이 작아 깊은 홈 볼 베어링보다 부하 하중을 작게 받아 고속, 소형 정밀기기에 사용한다.
앵귤러 볼 베어링	• 볼과 내외륜과의 접촉점을 잇는 직선이 레이디얼 방향에 대해서 각도를 이루고 있기 때문에 앵귤러 볼 베어링이라 한다. • 구조상 레이디얼 하중 외에 한 방향 스러스트 하중을 받는 경우에 적합하고, 접촉각이 클수록 스러스트 부하 능력이 증가한다.
자동 조심 볼 베어링	• 외륜의 궤도면이 구면으로 되어 있어, 중심이 베어링 중심과 일치하고 있기 때문에 자동적으로 중심을 맞출 수 있다. • 스러스트 하중을 받는 능력은 그다지 크지 않은 편이다.

구름 베어링
외륜과 내륜 사이에 볼이나 롤러를 넣어 회전 접촉을 시켜 마찰저항을 감소시키는 베어링. 미끄럼 베어링보다 동력손실이 적고 보수가 용이하다.

깊은 홈 볼 베어링   앵귤러 볼 베어링   마그네토 볼 베어링   자동 조심 볼 베어링

3-2 레이디얼 롤러 베어링

원통 롤러 베어링	• 전동체로서 원통 롤러를 사용하는 베어링 • 레이디얼 방향의 부하 용량이 크다. 중하중, 고속회전에 적합
테이퍼 롤러 베어링	• 전동체로 테이퍼 롤러를 사용한 베어링 • 레이디얼과 스러스트 하중의 합성 하중에 대한 부하능력이 크다.
자동 조심 롤러 베어링	• 표면이 구면으로 되어 있는 롤러를 전동체로 사용한 베어링 • 부하 용량이 크고, 구면을 이용하여 양방향의 스러스트 하중에도 견딜 수 있으므로 중하중 및 충격 하중에 적합하다.
니들 롤러 베어링	• 지름 5mm 이하의 바늘 모양의 롤러를 사용한 베어링 • 일반적으로 리테이너(유지기)는 없으며, 다른 롤러 베어링을 사용할 수 없는 좁은 장소나 충격하중이 있는 곳에 사용한다.

  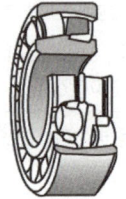 

원통 롤러 베어링   테이퍼 롤러 베어링   자동 조심 롤러 베어링   니들 롤러 베어링

개념잡기

지름 5mm 이하의 바늘 모양의 롤러를 사용하는 베어링은?

① 니들 롤러 베어링   ② 원통 롤러 베어링
③ 자동 조심형 롤러 베어링   ④ 테이퍼 롤러 베어링

니들 롤러 베어링(Needle Roller Bearing)
지름 5mm 이하의 바늘 모양의 롤러를 사용한 것으로서 일반적으로 리테이너는 없으며, 축지름에 비하여 바깥지름이 작고, 부하 용량이 크므로 다른 롤러 베어링을 사용할 수 없는 좁은 장소나 충격하중이 있는 곳에 사용한다.

정답 : ①

3-3 스러스트 볼베어링

스러스트 하중만을 받으므로 고속회전에는 부적합

단식

스러스트 하중이 한 방향일 경우 사용. 고속회전에는 부적합

복식

스러스트 하중이 양 방향일 경우에 사용

3-3 스러스트 자동 조심 롤러베어링

큰 축 방향 하중을 받을 수 있으나 고속 회전에는 부적합하고 궤도면이 구면이므로 자동 조심 작용을 한다.

4. 레이디얼 저널의 설계

4-1 베어링의 압력

참고

스러스트 볼 베어링

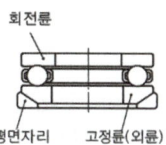

스러스트 자동조심 롤러 베어링

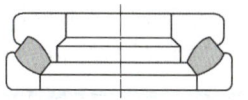

용어 정리

자동 조심 작용

축의 경사에 따라서 베어링 면의 경사가 자동으로 조정되는 작용

$$P_a = \frac{P(하중)}{d\ell(투영면적)}$$

$\begin{bmatrix} d : 저널의\ 지름[mm] \\ \ell : 저널의\ 길이[mm] \end{bmatrix}$

4-2 하중

$$P = P_a d\ell$$

투사면적

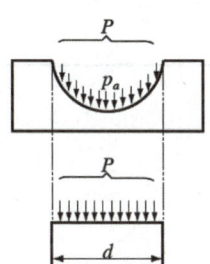

> **개념잡기**
>
> 엔드 저널로서 지름이 50mm의 전동축을 받치고 허용 최대 베어링 압력을 6N/mm², 저널길이를 80mm라 할 때 최대 베어링 하중은 몇 kN인가?
>
> ① 3.64kN ② 6.4kN
> ③ 24kN   ④ 30kN
>
> 압력$(p) = \dfrac{하중(P)}{투영면적(A)}$
>
> 하중(P) = 압력(p) × 투영면적(A)
>
> 투영면적(A) = 지름 × 저널길이
>
> ∴ 하중(P) = 압력(p) × 지름 × 저널길이 = 6 × 50 × 80 = 24,000[N] = 24[kN]
>
> 정답 : ③

08 베어링의 호칭 방법과 제도법 ★★★

1. 베어링의 주요 치수

- 베어링을 축 및 몸체에 끼울 때 필요한 베어링의 윤곽을 표시하는 치수
- 안지름(d), 베어링 바깥지름(D), 폭(B), 높이(H), 모따기(r) 등

지름 계열	• 베어링의 안지름에 대하여 바깥지름의 계열을 나타내는 것
폭, 높이 계열	• 같은 베어링의 안지름과 바깥지름을 기준으로 하여 폭(높이)을 단계적으로 한자리 숫자를 써서 계열을 나타내는 것
치수 계열	• 안지름을 기준으로 하고 바깥지름 및 폭(높이)을 단계적으로 정한 치수로 계열을 나타내는 것

2. 베어링 호칭 번호의 구성 및 배열(KS B 2012) ★★★

기본번호			보조기호					
베어링 계열기호	안지름 번호	접촉각 기호	내부치수	밀봉기호 또는 실드기호	궤도륜 모양기호	조합 기호	내부틈새 기호	정밀도 등급기호

〈보기〉 6308 Z NR
- 63 : 베어링 계열기호 - 단열 깊은 홈 볼베어링 6, 치수 계열 03(너비 계열 0, 지름 계열 3)
- 08 : 안지름 번호(호칭 베어링 안지름 8×5 = 40[mm])
- Z : 실드 기호(한쪽 실드)
- NR : 궤도륜 모양기호(멈춤링 붙이)

2-1 베어링 계열기호

베어링의 계열기호는 베어링의 형식(접촉각은 제외)과 치수 계열을 나타낸다.

2-2 안지름 번호

안지름 번호는 베어링의 안지름 치수를 나타낸다. 안지름 번호가 04 이상인 것은 이 수치를 5배하면 안지름이 얻어진다.

2-3 접촉각 기호

접촉각은 내·외륜과 볼의 접촉점을 연결하는 직선이 레이디얼 방향과 이루는 각도를 나타낸다.

베어링 형식	호칭 접촉각	접촉각 기호
단열 앵귤러 볼 베어링	10° 초과 22° 이하	C
	22° 초과 32° 이하(보통 30°)	A(생략가능)
	32° 초과 45° 이하(보통 40°)	B
테이퍼 롤러 베어링	17° 초과 24° 이하	C
	24° 초과 32° 이하	D

> **개념잡기**
>
> 구름 베어링의 호칭기호가 다음과 같이 나타날 때 이 베어링의 안지름은 몇 mm인가?
>
> | 6026 P6 |
>
> ① 26 ② 60
> ③ 130 ④ 300
>
> - 60 : 베어링 계열기호
> - 26 : 베어링 안지름 번호
>
> 안지름 번호는 베어링의 안지름 치수를 나타내고, 안지름 번호가 04 이상인 것은 이 수치를 5배하면 안지름이 얻어진다.
>
> ※ 안지름 번호 : 00(안지름 10mm), 01(안지름 12mm), 02(안지름 15mm), 03(안지름 17mm), 04(안지름 20mm)
>
> 정답 : ③

2-4 보조기호

보조기호는 내부 치수, 밀봉기호 또는 실드기호, 궤도륜 모양기호, 조합 표시기호, 틈새 기호, 등급기호로 구성되어 있으며, 형식과 주요치수 이외의 베어링 규격을 나타낸다.

구분	기호	내용	구분	기호	내용
밀봉(실) 또는 실드 기호	UU	양쪽 실드붙이	리테이너 기호	V	리테이너 없다.
	U	한쪽 실드붙이	레이디얼 내부 틈새 기호	C1	C2보다 작다.
	ZZ	양쪽 실드붙이		C2	보통 틈새보다 작다.
	Z	한쪽 실드붙이		CN	보통 틈새
궤도륜 모양 기호	K	내륜 테이퍼(1/12) 구멍		C3	보통 틈새보다 크다.
	K30	내륜 테이퍼(1/30) 구멍		C4	C3보다 크다.
	N	링 홈붙이		C5	C4보다 크다.
	NR	멈춤 링붙이	정밀도 등급 기호	없다.	0급
	F	플랜지붙이		P6	6급
베어링 조합 기호	DB	뒷면 조합		P5	5급
	DF	정면 조합		P4	4급
	DT	병렬 조합			

3. 구름 베어링의 제도법(KS B 2013)

- 구름 베어링은 일반적으로 메이커의 제품을 그대로 사용하므로 이 경우에 도면에는 그 형식이 이해될 수 있는 정도의 간략도시 또는 호칭번호를 표시하면 된다.
- 이때, 베어링의 윤곽은 KS B 2013의 "구름 베어링의 주요치수"에 따라서 도시하고, 인접부분에 접하는 모따기는 생략하지 않는다.

호칭 번호의 기입	• 베어링의 지정은 보통 규정된 베어링의 호칭 번호로 표시한다. • 호칭 번호는 지시선을 끌어내어 기입한다.
기호도를 그리는 방법	• 계통을 나타내기 위한 골조만을 나타내도록 그리는 방법 • 그림에 구름 베어링을 표시하는 경우에는 간단하게 도시한다.

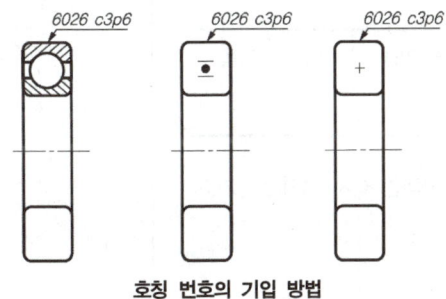

호칭 번호의 기입 방법

3-1 구름 베어링의 약도와 도시기호법

적용	도시 방법			
볼 베어링	단열 깊은 홈 볼 베어링	복렬 깊은 홈 볼 베어링	복렬 자동 조심 볼 베어링	
롤러 베어링	단열 원통 롤러 베어링	복렬 원통 롤러 베어링	복렬 구형 롤러 베어링	단열 앵귤러 콘택트 테이퍼 롤러 베어링

적용	도시 방법		
볼 베어링	단열 방향 스러스트 볼 베어링	이중 방향 스러스트 볼 베어링	앵귤러 콘택트 스러스트 볼 베어링
롤러 베어링	단열 방향 스러스트 롤러 베어링		

09 벨트, 로프, 체인 ★

> **참고**
> **평벨트 전동의 특징**
> • 속도비가 정확하지 않다.
> • 구조가 간단하며, 동력 전달효율이 비교적 양호하다.
> • 과하중 시 미끄럼이 일어나 안전 장치 역할을 한다.

1. 평벨트

- 두 개의 벨트 풀리(Belt Pulley)에 벨트를 감아 벨트 풀리와 벨트에서 일어나는 마찰력을 이용하여 동력을 전달하는 기계요소
- 벨트에 사용하는 재료는 가죽, 직물, 고무, 강철 등이 있다.
- 평벨트는 반드시 연결해서 사용해야 하는데 접착제, 가죽끈, 철사, 클램프, 엘리게이터를 이용한 이음 방법 등이 있다.

이음 종류	접착제 이음	철사 이음	가죽끈 이음	이음쇠 이음
이음 효율	75 ~ 90%	60%	40 ~ 50%	40 ~ 70%

- 회전 방향이 같은 평행 걸기(바로 걸기)와 회전 방향이 반대인 십자 걸기(엇걸기)가 있다.

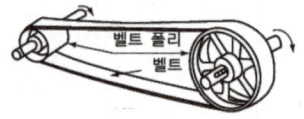

평행 걸기

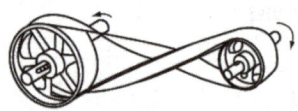

십자 걸기

개념잡기

벨트전동에 관한 설명으로 틀린 것은?

① 벨트 풀리에 벨트를 감는 방식은 크로스벨트 방식과 오픈벨트 방식이 있다.
② 오픈벨트 방식에서는 양 벨트 풀리가 반대방향으로 회전한다.
③ 벨트가 원동차에 들어가는 측을 인(긴)장측이라 한다.
④ 벨트가 원동차로부터 풀려 나오는 측을 이완측이라 한다.

벨트 거는 방법은 회전 방향이 같은 평행 걸기(Open Belting)와 회전 방향이 반대인 십자 걸기(Cross Belting)가 있다. 풀리가 회전하면 아래쪽 벨트는 인장력을 받아서 긴장측(Tight Side)이 되고, 위쪽은 느슨해져서 이완측(Slack Side)이 된다. 이와 같이 벨트 전동에서는 긴장측을 아래로 이완측은 위쪽이 되도록 하여야 한다. 반대로 하면 아래 이완측에 벨트 자중에 의한 처짐으로 접촉각이 작아져 마찰력 감소로 미끄럼이 생기기 쉽다.

정답 : ②

2. 평벨트 풀리의 구조

2-1 림(Rim)

풀리의 둘레를 구성하는 얇은 살을 가진 원통형의 바퀴둘레

2-2 보스(Boss)

전동축을 끼울 수 있는 축 구멍을 구성하는 가운데 부분

2-3 암(Arm)

링과 보스 부분을 방사선의 형상으로 연결하는 몇 개의 막대부분

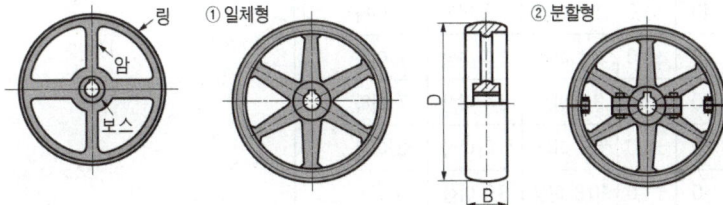

3. V-벨트 ★★

- 사다리꼴의 단면을 가진 벨트로서, V형의 홈이 파져있는 풀리에 밀착시켜 구동하는 기계요소
- 평벨트에 비하여 운전이 조용하고 접촉면이 넓어 높은 속도비가 얻어진다.

3-1 V-벨트의 표준 치수(KS M 6535)

V-벨트의 치수는 단면의 치수로 표시하며, 단면의 크기에 따라 M, A, B, C, D, E형으로 나눈다.

참고

V-벨트 전동의 특징
- 홈의 양면에 밀착되므로 마찰력이 평벨트보다 크고, 미끄럼이 적어 비교적 작은 장력으로 큰 회전력을 전달할 수 있다.
- 평벨트와 같이 벗겨지는 일이 없다.
- 이음매가 없어 운전이 정숙하고, 충격을 완화하는 작용을 한다.
- 지름이 작은 풀리에도 사용할 수 있다.
- 설치 면적이 좁으므로 사용이 편리하다.

치수 형별	a(mm) 치수	a(mm) 허용값	b(mm) 치수	b(mm) 허용값	θ(°) 치수	θ(°) 허용값	인장강도 (kN/가닥)	굴곡후의 인장강도 (kN/가닥)	영구 신장율 (%)
M	10.0	±0.6	5.5	±1.0	40	±1.0	1.2 이상	0.8 이상	7 이하
A	12.5	±0.7	9.0	±1.0	40	±1.0	2.4 이상	1.4 이상	7 이하
B	16.5	±0.8	11.0	±1.0	40	±1.0	3.5 이상	2.4 이상	7 이하
C	22.0	±1.0	14.0	±1.5	40	±1.0	5.9 이상	4.0 이상	8 이하
D	31.5	±1.5	19.0	±1.5	40	±1.0	10.8 이상	8.0 이상	8 이하
E	38.0	±1.5	24.0	±2.0	40	±1.0	14.7 이상	12 이상	8 이하

개념잡기

다음 설명과 관련된 V-벨트의 종류는?

- 한 줄 걸기를 원칙으로 한다.
- 단면 치수가 가장 작다.

① A형　　② C형
③ E형　　④ M형

V-벨트의 치수와 인장 강도

단면형상	종류	α [mm]	h [mm]	θ [°]	단면적 [mm²]	인장 강도 [kN]	허용 장력 [N]
	M	10.0	5.5	40	44	1.2 이상	78
	A	12.5	9.0	40	83	2.4 이상	147
	B	16.5	11.0	40	137	3.5 이상	235
	C	22.0	14.0	40	237	5.9 이상	392
	D	31.5	19.0	40	467	10.8 이상	843
	E	38.0	24.0	40	732	14.7 이상	1,176

정답 : ④

4. 로프

- 로프 풀리에 로프를 걸어 동력을 전달하는 기계요소
- 벨트에 비해 미끄럼이 적고 전동경로가 직선이 아닌 경우에도 사용 가능
- 조정이 어렵고 절단되었을 경우 수리가 곤란하고 탈착이 어려움

4-1 로프 풀리(시브)

주철 또는 주강으로 제조하며 원주 바깥에 홈을 설치

5. 체인

체인을 스프로킷 휠에 걸어 감아서 체인과 휠의 이가 서로 물리는 힘으로 동력을 전달시키는 기계요소

5-1 체인의 종류

롤러 체인	• 일반적으로 널리 사용되는 동력전달용 체인 • 저속회전에서 고속회전까지 넓은 범위에서 사용된다.
부시 체인	• 롤러 체인에서 롤러를 없애고, 롤러와 부시를 일체화하여 구조를 간단하게 만든 것으로 경하중용으로 쓰인다.
더블피치 롤러 체인	• 롤러 체인의 피치를 2배로 하여 부하가 적게 걸리는 반송용 체인으로 사용하고 있다.
오프셋 체인	• 링크 판이 오프셋 모양으로 구부러진 형태이며, 오프셋은 전동 중 충격을 흡수하므로 중하중, 저속전동에 적합하다.
핀틀 체인	• 오프셋 링크에서 링크판과 부시를 일체화시킨 체인 • 오프셋 링크와 이음 핀으로 연결되어 있으며, 저속 중용량의 컨베이어, 엘리베이터용에 사용한다.
사일런트 체인	• 링크가 스프로킷에 비스듬히 들어가 맞물려 있는 체인 • 소음이 적고, 주로 고속용으로 쓰이며, 가격이 비싸다.
리프 체인	• 몇 개의 링크판과 핀으로 구성된 저속용 체인 • 달아 내림용, 평형용, 운반전달용이 있다.
블록 체인	• 플레이트(plate)의 링크를 핀으로 연결한 체인으로 저속(4m/s 이하)에 주로 사용한다. 수송용, 견인용으로 사용 • 가격은 싸지만 마찰 부분이 많아서 저속, 경하중용에 적합하다.

스프로킷 휠

체인 전동에서 체인이 미끄러지지 않도록 이빨이 절삭되어 있는 연강 또는 주강제의 바퀴

체인 전동의 특징

- 미끄럼을 일으키지 않고 정확한 속도비를 전동시킬 수 있다.
- 유지보수 및 수리가 간단하고 수명이 길다.
- 인장강도가 크므로 큰 동력 전달이 가능하다.
- 속도비가 정확하며, 전동 효율이 높다 (95 ~ 98%).
- 두 축이 평행한 경우에만 체인 전동이 가능하다.

10
벨트, 로프, 체인의 호칭 방법과 제도법

1. 평벨트의 호칭 방법

명칭	등급 또는 종류	치수(폭×층수)
예) 평가죽 벨트	1급	135×2
예) 평고무 벨트	1종	50×4

2. 벨트 풀리의 제도법 ★★★

- 벨트 풀리는 대칭형이므로 전부를 표시하지 않고 그 일부만을 표시할 수 있다.
- 암은 길이 방향으로 절단하지 않으며 단면형은 도형의 밖이나 도형 속에 표시한다.
- 테이퍼 부분의 치수는 치수보조선을 빗금 방향(수평과 30° 또는 60°)으로 그어도 좋다.

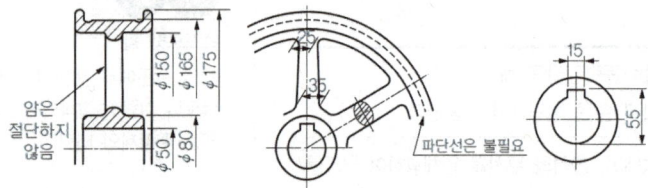

3. V-벨트의 호칭 방법

일반용 V-벨트　A　80　또는　A　2032
　　　　명칭　　　　호칭번호　　　　V-벨트의 길이(mm)
　　　　　　　　종류(형별)

4. 스프로킷 휠의 호칭 방법

명칭	체인 호칭 번호	스프로킷의 잇수	스프로킷의 치형
예) 스프로킷	40	N30	S

5. 스프로킷 휠의 제도법 ★

- 우측면도의 바깥지름(이끝원)은 굵은 실선, 피치원은 가는 1점 쇄선, 이골원(이뿌리원)은 가는 실선 또는 굵은 파선으로 표시하나 이골원은 기입을 생략할 수 있다.
- 축에 직각인 방향에서 본 그림(정면도)을 단면으로 도시할 때에는 이골의 선은 굵은 실선으로 기입한다.

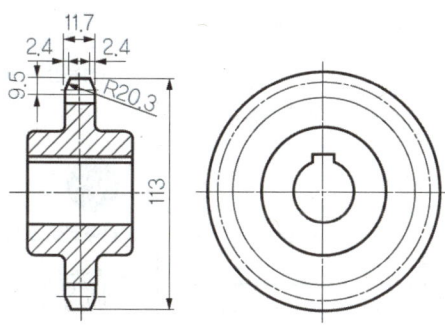

[보기] 스프로킷 60N17S   (단위 : mm)

롤러 체인	피치	19.05	비고
	롤러 바깥지름	11.91	
스프로킷	D_P	103.67	기계 이절삭
	D_O	113	
	D_B	91.76	
	D_C	91.32	

개념잡기

스프로킷 휠의 도시방법에서 바깥지름은 어떤 선으로 표시하는가?

① 가는 실선　　　　　② 굵은 실선
③ 가는 1점 쇄선　　　④ 굵은 1점 쇄선

스프로킷 휠의 도시방법
- 우측면도의 바깥지름(이끝원)은 굵은 실선, 피치원은 가는 1점 쇄선, 이골원(이뿌리원)은 가는 실선, 또는 굵은 파선으로 표시하나 이골원은 기입을 생략할 수 있다.
- 축에 직각인 방향에서 본 그림(정면도)을 단면으로 도시할 때에는 이골의 선은 굵은 실선으로 기입한다.

정답 : ②

11 스프링

1. 스프링

- 하중이 작용하면 변형되어 탄성에너지로 흡수하여 재료 내부에 축적하는 탄성체의 특성과 기능을 이용한 기계요소
- 스프링에 작용시킨 외력을 제거하면 변형은 원래대로 돌아가고 변형된 에너지가 방출된다.

2. 스프링의 종류

코일 스프링	• 하중의 방향에 따른 분류 : 압축 코일 스프링, 인장 코일 스프링 • 스프링의 외형에 따른 분류 : 원추형, 장고형, 드럼형 스프링 • 비틀림 코일 스프링 : 비틀림 모멘트를 받는 스프링
겹판 스프링	• 너비가 좁고 얇은 긴 판을 여러 장 겹쳐서 하중을 지지하는 스프링 • 주로 자동차의 현가장치로 사용
토션 바	• 원형 봉에 비틀림 모멘트를 가하면 비틀림 변형이 생기는 원리를 이용한 스프링
태엽 스프링	• 시계의 태엽에서와 같이 변형 에너지를 저장하였다가 변형이 회복되면서 일을 하는 스프링. 강철 줄자 등에 사용
벌류트 스프링	• 태엽 스프링을 축방향으로 감아올려 사용하는 것으로 압축용으로 사용하며, 용도는 오토바이 자체 완충용으로 쓰인다.
접시 스프링	• 원판 스프링이라고도 하며 중앙에 구멍이 있고 원추형 모양 • 스프링을 병렬 또는 직렬로 조합하여 강성을 쉽게 조정 • 프레스의 완충장치, 공작기계 등에 쓰인다.
와이어 스프링	• 탄성이 강한 선형재료로 여러 가지 모양으로 만들어 탄성에 의한 복원력을 이용한 스프링
와셔 스프링	• 볼트의 머리와 중간재 사이 또는 너트와 중간재 사이에 사용하며 충격을 흡수한다.

스프링 재료
- 금속 재료
  탄소강, 합금강(스프링강, 피아노선, 스테인리스강)이 쓰이며, 비철 재료로는 동합금(인청동선, 황동선), 니켈 합금이 쓰인다.
- 비금속 재료
  고무, 공기, 기름 합성수지, FRP (섬유강화 복합재료)

압축코일 스프링

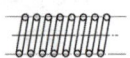

인장코일 스프링

토션 바

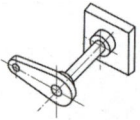

겹판 스프링

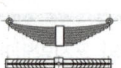

벌류트 스프링

접시 스프링

와이어 스프링

와셔 스프링

> **개념잡기**
>
> 다음 스프링 중 너비가 좁고 얇은 긴 보의 형태로 하중을 지지하는 것은?
>
> ① 원판 스프링 ② 겹판 스프링
> ③ 인장 코일 스프링 ④ 압축 코일 스프링
>
> - 겹판 스프링(Leaf Spring) : 판 스프링은 너비가 좁고 얇은 긴 보로서 하중을 지지한다. 여러 장 겹쳐서 사용하는 경우 겹판 스프링이라고 한다. 주로 자동차의 현가장치로 사용한다.
> - 코일 스프링(Coiled Spring) : 하중의 방향에 따라 압축 코일 스프링과 인장 코일 스프링으로 분류하고, 스프링의 외형에 따라 원추형, 장고형, 드럼형이 있다. 비틀림 모멘트를 받는 비틀림 코일 스프링이 있다.
>
> 정답 : ②

3. 스프링의 설계 ★

3-1 스프링 상수

스프링의 억센 정도를 나타내며, 단위 변형량에 대한 하중으로 나타낸다.

$$\text{스프링 상수 } k = \frac{\text{하중}}{\text{변위량}} = \frac{P}{\delta} \, [\text{N/mm}]$$

병렬연결의 스프링 상수	직렬연결의 스프링 상수	탄성변형에너지
$k = k_1 + k_2 + k_3 + \cdots$	$\dfrac{1}{k} = \dfrac{1}{k_1} + \dfrac{1}{k_2} + \dfrac{1}{k_3} + \cdots$	$U = \dfrac{1}{2} P\delta = \dfrac{1}{2} k\delta^2$

3-2 스프링 지수

코일의 평균지름과 소선의 지름과의 비

$$\text{스프링 지수 } C = \frac{\text{코일의 평균지름}}{\text{소선의 지름}} = \frac{D}{d} = \frac{R}{r}$$

3-3 스프링의 종횡비

자유높이와 코일의 평균지름과의 비

$$\frac{\text{자유높이}}{\text{코일의 평균지름}} = \frac{H}{D}$$

> **참고**
>
> **스프링의 용도**
>
> - 고유진동을 발생하는 특성을 이용한 것으로 진동, 충격에너지를 흡수하는 목적으로 쓰인다. 자동차의 현가장치, 방진스프링 등에 쓰인다.
> - 힘과 변형의 원리를 이용한 것으로 외력에 의한 변형 길이로 힘을 측정한다. 저울 등에 쓰인다.
> - 에너지의 흡수특성을 이용한 것으로 시계의 태엽 스프링, 총의 방아쇠 스프링 등이 있다.

> **개념잡기**
>
> 코일스프링의 전체 평균직경이 50mm, 소선의 직경이 6mm일 때 스프링 지수는 약 얼마인가?
>
> ① 1.4 ② 2.5
> ③ 4.3 ④ 8.3
>
> 스프링지수$(C) = \dfrac{\text{코일의 평균지름}(D)}{\text{소선의 지름}(d)} = \dfrac{50}{6} = 8.3$
>
> 정답 : ④

12 스프링의 제도법 ★★★

1. 코일 스프링 도시의 일반사항 ★★★

- 무하중 상태에서 그리는 것을 원칙으로 한다. 하중이 걸린 상태에서 그린 경우에는 치수를 기입할 때, 그때의 하중을 기입한다.
- 하중과 높이(또는 길이) 또는 처짐과의 관계를 표시할 필요가 있을 때에는 선도(Diagram) 또는 표로 나타낸다.
- 선도로 표시하는 경우 하중과 높이(또는 길이) 또는 처짐을 표시하는 좌표축과 그 관계를 표시하는 선은 스프링의 모양을 나타내는 선과 같은 굵은 실선으로 그린다.
- 그림에서 단서가 없는 코일 스프링이나 벌류트 스프링은 모두 오른쪽으로 감은 것으로 나타낸다. 왼쪽으로 감은 경우에는 "감김 방향 왼쪽"이라고 표시한다.
- 그림 안에 기입하기 힘든 사항은 일괄하여 요목표에 기입한다.

2. 스프링의 모든 부분을 도시하는 경우

코일 스프링의 코일 부분은 나선의 투상이 되고, 또 시트에 근접한 부분은 피치 및 각도가 연속적으로 변하므로 이를 간단히 직선으로 표시한다.

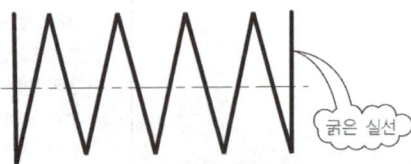

코일 스프링의 모양 도시

> **참고**
>
> **스프링 재료의 구비조건**
> - 가공하기 쉬운 재료이어야 한다.
> - 높은 응력에 견딜 수 있고, 영구변형이 없어야 한다.
> - 피로 강도와 파괴 인성치가 높아야 한다.
> - 열처리가 쉬워야 한다.
> - 표면 상태가 양호해야 한다.
> - 부식에 강해야 한다.

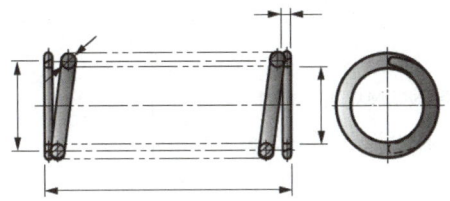

코일 스프링의 중앙부를 생략한 제도법

3. 일부분을 생략하여 도시하는 경우

부품도, 조립도 등에서 양끝을 제외한 동일 모양 부분을 생략하는 경우에는 생략된 부분을 가는 1점 쇄선 또는 가는 2점 쇄선으로 그린다.

4. 스프링의 종류 및 모양만을 도시하는 경우

설명도 등에 그려진 가장 간단한 도시로서 스프링 재료의 중심선을 굵은 실선으로 그린다.

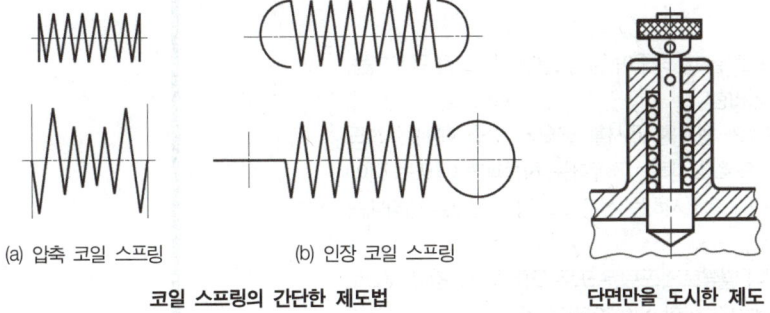

(a) 압축 코일 스프링   (b) 인장 코일 스프링

코일 스프링의 간단한 제도법   단면만을 도시한 제도

5. 스프링의 단면만을 도시하는 경우

조립도, 설명도 등에서 코일 스프링은 그 단면만으로 표시하여도 좋다.

6. 겹판 스프링의 제도법 ★

- 원칙적으로 스프링 판의 상용 하중 상태에서 그린다. 단, 하중 시의 상태에서 그리고 치수를 기입하는 경우에는 하중을 명기한다.
- 하중과 처짐의 관계는 요목표에 나타낸다.
- 종류 및 모양만을 도시할 때에는 스프링의 외형만을 굵은 실선으로 그린다.

7. 벌류트, 스파이럴, 접시 스프링의 제도법

- 벌류트 스프링, 스파이럴 스프링, 접시 스프링은 무하중 상태에서 도시한다.
- 벌류트 스프링의 치수는 판의 단면치수, 스프링의 높이, 최대지름 및 최소지름 등을 표시한다.
- 스파이럴 스프링의 치수는 필요에 따라 끝 부분의 형상을 도시하고, 요목표에 스프링강의 두께, 폭, 길이, 피치, 감김 수 등을 기입한다. 또, 스파이럴 스프링의 도시에는 바깥둘레 부분과 안쪽면을 하나의 실선으로 표시하고 중간 부분은 생략하여 도시한다.

개념잡기

코일 스프링의 일반적인 도시방법으로 틀린 것은?

① 스프링은 원칙적으로 무하중인 상태로 그린다.
② 하중이 걸린 상태에서 그릴 때에는 그때의 치수와 하중을 기입한다.
③ 특별한 단서가 없는 한 모두 왼쪽 감기로 도시하고, 오른쪽 감기로 도시할 때에는 "감긴 방향 오른쪽"이라고 표시한다.
④ 그림 안에 기입하기 힘든 사항은 일괄하여 요목표에 표시한다.

코일 스프링 제도방법
- 무하중 상태에서 그리는 것을 원칙으로 한다. 하중이 걸린 상태에서 그린 경우에는, 치수를 기입할 때, 그때의 하중을 기입한다.
- 하중과 높이(또는 길이) 또는 처짐과의 관계를 표시할 필요가 있을 때에는 선도(Diagram) 또는 표로 나타낸다. 또 선도로 표시하는 경우에는 하중과 높이(또는 길이) 또는 처짐을 표시하는 좌표축과 그 관계를 표시하는 선은 스프링의 모양을 나타내는 선과 같은 굵은 실선으로 그린다.
- 그림에서 단서가 없는 코일 스프링이나 벌류트 스프링은 모두 오른쪽으로 감은 것으로 나타낸다. 왼쪽으로 감은 경우에는 "감김 방향 왼쪽"이라고 표시한다.
- 그림 안에 기입하기 힘든 사항은 일괄하여 요목표에 기입한다.

정답 : ③

13
캠

1. 캠

- 다양한 형태를 가진 면 또는 홈에 의하여 회전운동 또는 왕복운동을 함으로써 주기적인 운동을 발생하는 기계요소이다.
- 캠기구를 이용한 캠 장치는 내연 기관의 밸브 개폐 장치, 인쇄기, 직조기, 자동 선반 등에 널리 사용되고 있다.
- 캠 기구는 다양한 형태의 운동과 속도를 제어할 수 있도록 설계할 수 있기 때문에, 자동화 공정에도 적용되고 있다.

2. 캠의 종류

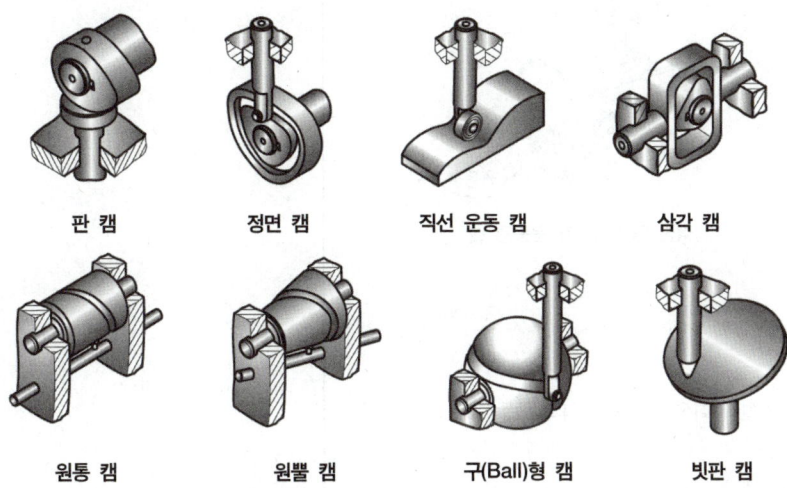

판 캠   정면 캠   직선 운동 캠   삼각 캠

원통 캠   원뿔 캠   구(Ball)형 캠   빗판 캠

3. 캠 기구의 구성

3-1 원동절

곡선 또는 직선 윤곽의 접촉면을 가지는 캠

3-2 종동절

캠 윤곽면과 직접 접촉하여 의도된 운동을 한다.

3-3 고정절

캠과 종동절이 상대 운동할 수 있게 받쳐주는 고정장치의 역할

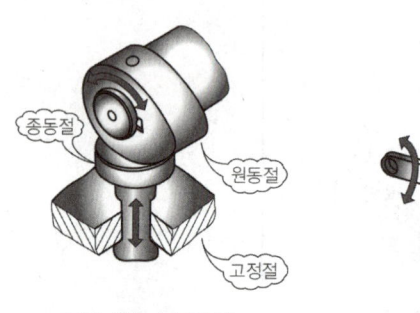

직선 왕복 운동용 캠

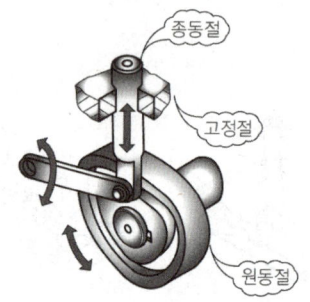

직선 왕복 및 각 운동용 캠

4. 캠 기구의 작동원리

가장 기본적인 캠 기구의 작동 원리는 원동절이 회전 운동함에 따라 종동절이 직선 왕복 운동을 하도록 한 것이다.

4-1 각운동캠

원동절인 캠에 파인 홈을 따라 종동절이 왕복 각운동을 한다.

14 캠의 제도법

1. 캠의 제도법

- 직교 좌표의 세로축에 등분점 a, b, c, …, g를 잡아 종동절의 변위를 잡아 정한다.
- 가로축에 같은 등분점을 잡고 일정한 길이에 상승 운동을 0°~180°, 하강운동을 180°~360°로 잡는다.
- 각 등분점에서 가로축과 세로축에 평행선을 그어 모눈을 만든다.
- 점a에서 180° 상승점과 360° 하강점을 그림과 같이 연결하여 캠 선도를 작성한다.
- 캠 선도의 세로축 a - g에 평행하게 세운 수선과 점a, b, c, …, g에서 수평으로 연장한 선과의 교점을 각각 a′, b′, c′, …, g′라 한다.
- 주어진 기초원의 반지름 R이 a′에 접하도록 캠의 중심 O를 잡고 기초원을 그린다.
- 기초원의 0°~180° 사이를 6등분을 한 점을 각각 1, 2, 3, …, 6으로 한다.
- 기초원의 중심 O에서 선분 Oa′, O1, O2, …, O6의 연장선과 점 O를 중심으로 Oa′, Ob′, Oc′, …, Og′를 각각 반지름으로 하여 그린 원호와의 점 a′, b′, c′, …, g′를 구한다.
- a′, b′, c′, …, g′를 운형자를 대고 매끄럽게 연결한 다음 같은 방법으로 왼쪽 반의 윤곽을 완성한다.
- 종동절의 끝이 뾰족하면 피치 곡선은 캠의 윤곽과 같고 종동절이 롤러이면 롤러의 반지름만큼 작아진 곡선으로 나타난다.

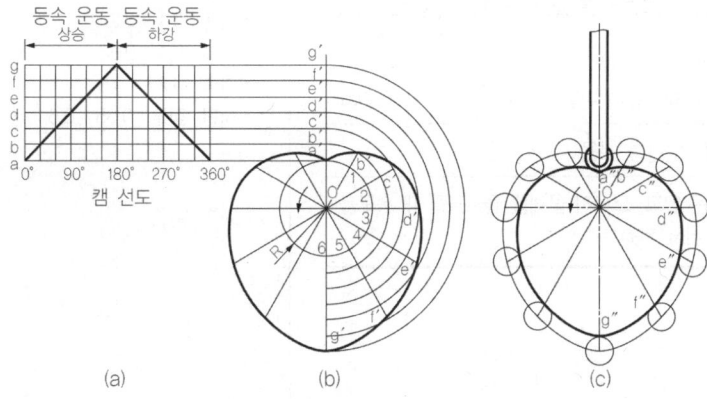

(a)   (b)   (c)

15
브레이크

1. 브레이크

기계 부분의 운동에너지를 열에너지나 전기에너지 등으로 바꾸어 흡수하고, 기계 부분의 운동속도를 감소시키거나 정지시키는 기계요소

2. 브레이크의 종류

블록 브레이크	• 회전하는 브레이크 드럼을 브레이크 블록으로 누르게 한 것 • 블록의 수에 따라 단식 블록 브레이크와 복식 블록 브레이크로 나눈다.
밴드 브레이크	• 레버를 사용해 브레이크 드럼의 바깥에 감겨있는 밴드에 장력을 주어 밴드와 브레이크 드럼 사이에 마찰력을 발생시켜 제동
드럼 브레이크	• 내부 확장식 브레이크 또는 내확 브레이크라고도 한다. • 운동을 하는 드럼이 바깥쪽에 있고 드럼의 안쪽에서 양쪽 대칭으로 브레이크를 밀어 붙여 마찰력이 발생하도록 한 장치
원판 브레이크	• 회전축에 설치된 원판을 제동 패드로 물려 제동하는 장치 • 자동차의 앞바퀴, 자전거의 바퀴 등의 제동에 쓰인다.
원추 브레이크	• 축방향 하중은 브레이크 접촉면에 수직한 하중을 발생시키고, 이 수직력으로 인하여 접촉면에 마찰력을 발생시켜 제동하는 브레이크
웜 브레이크	• 래칫 바퀴가 달린 원뿔 브레이크를 웜축에 장착한 브레이크 • 웜 기어의 회전력으로 웜축이 눌러 마찰저항을 얻도록 한 브레이크
나사 브레이크	• 웜 브레이크의 웜 대신 나사를 사용
원심 브레이크	• 정지시키기 위한 제동은 없고, 오로지 물체를 들어올릴 때 속도를 일정하게 유지시키기 위한 장치

축압 브레이크
원판 브레이크, 원추 브레이크

자동하중 브레이크
웜 브레이크, 나사 브레이크, 원심 브레이크, 캠 브레이크, 전자 브레이크

브레이크 재료의 마찰계수
• 주철 : 0.1 ~ 0.2
• 황동 : 0.1 ~ 0.2
• 청동 : 0.1 ~ 0.2
• 목재 : 0.1 ~ 0.35
• 가죽 : 0.23 ~ 0.3
• 석면, 직물 : 0.35 ~ 0.6

> **개념잡기**
>
> 다음 제동장치 중 회전하는 브레이크 드럼을 브레이크 블록으로 누르게 한 것은?
>
> ① 밴드 브레이크　　② 원판 브레이크
> ③ 블록 브레이크　　④ 원추 브레이크
>
> - 블록 브레이크 : 마찰 브레이크로 브레이크 드럼에서 브레이크 블록을 밀어 넣어 제동하는 장치
> - 원판 브레이크 : 축과 함께 회전하는 원판을 고정 원판에서 접촉시켜 접촉면 사이의 마찰력에 의해 제동하는 장치
> - 원추 브레이크 : 마찰면을 원추형으로 하여 제동하는 장치
> - 밴드 브레이크 : 브레이크 드럼 주위에 강철 밴드를 감아 놓고 레버로 밴드를 잡아당겨 밴드와 브레이크 드럼 사이에 마찰력을 발생시켜서 제동하는 장치
>
> 정답 : ③

3. 단식 브레이크의 설계

3-1 마찰력(제동력)

$$f = \mu P\,[\text{N}] \qquad \begin{matrix} \mu : \text{마찰계수} \\ P : \text{하중} \end{matrix}$$

3-2 브레이크 토크

$$T = f \times \frac{D}{2} = \mu P \times \frac{D}{2}\,[\text{Nm}] \qquad [\,D : \text{브레이크의 지름}[\text{m}]\,]$$

CHAPTER 10

측정

KEYWORD 직접 측정, 간접 측정, 버니어캘리퍼스, 마이크로미터, 한계 게이지, 나사의 유효지름 측정

01 측정★

공작물의 치수, 형상, 각도, 표면거칠기 등을 측정기를 통해 검사하는 것

1. 측정의 종류★

종류	주요 특징 및 용도
직접측정	측정기의 눈금을 직접 읽어 크기를 확인하는 방법 예) 눈금자, 버니어캘리퍼스, 마이크로미터 등
비교측정	표준게이지와 공작물을 비교하여 측정치의 차이를 측정하는 방법 예) 다이얼게이지, 두께게이지, 공기마이크로미터, 옵티미터 등
간접측정	직접 또는 비교 측정한 측정값을 이용하여 계산식으로 구하는 방법 예) 사인바를 이용한 각도측정, 삼침법을 이용한 나사유효지름측정 등

2. 측정오차★

측정하면서 발생하는 공작물의 실제 치수값과 측정값과의 차이

측정기 오차 (계기 오차)	측정기의 구조, 측정 압력, 측정 온도, 측정기의 마모 등에 의해 생기는 오차
우연 오차	진동이나 소리 또는 자연현상의 급변 등으로 생기는 오차
시차	측정자의 눈 위치에 따라 눈금을 잘못 읽을 경우 생기는 오차
개인 오차	측정자의 숙련도, 습관에 따라 발생하는 오차
환경 오차	작업 공간의 온도나 채광에 변화가 영향을 주어 발생하는 오차

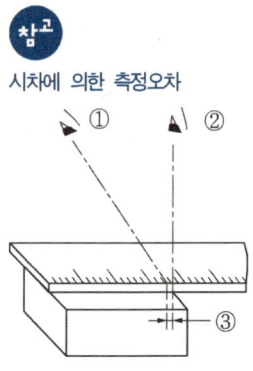

참고
시차에 의한 측정오차

① 그름 ② 바름 ③ 오차

2-1 아베의 원리

- 길이 측정 시 측정기로 인한 오차를 최소로 줄이기 위해서 물체의 길이를 기준이 되는 척도와 일직선상에 나란히 놓고 측정해야 한다는 원리
- 측정하려는 공작물과 측정기의 중심축은 측정 방향에 있어 일직선상에 배치되어야 한다.

2-2 테일러의 원리

한계 게이지의 통과측과 정지측에 관한 원칙

아베의 원리에 맞는 측정

◎ 마이크로미터 측정

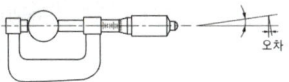

아베의 원리에 맞지 않는 측정

◎ 버니어캘리퍼스 측정

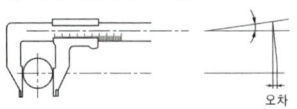

02 직접측정 ★★★

1. 버니어캘리퍼스(Vernier Calipers) ★★★

자와 캘리퍼스를 조합한 것으로 공작물의 바깥지름, 안지름, 깊이 등을 측정하는 데 사용

1-1 종류

M형(0.05mm), CB형(0.02mm), CM형(0.02mm)

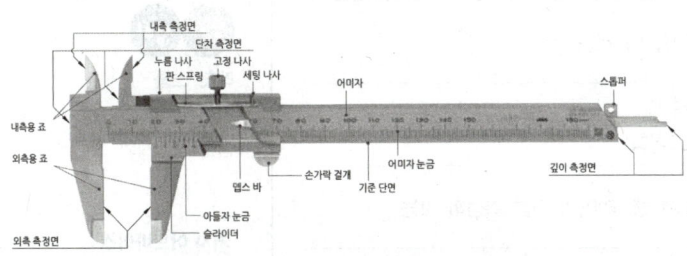

M형 버니어캘리퍼스의 각부 명칭과 사용 예

저자 어드바이스

버니어캘리퍼스 사용상 주의사항

- 보관할 때에는 습기, 먼지가 없고 온도 변화가 적은 곳에 보관해야 한다.
- 어미자와 아들자의 측정면을 가볍게 맞대어 닿게 하고, 광선에 비춰보아 틈새가 있는지 확인한다.
- 가능하면 어미자의 기준끝면 가까운 쪽에서 측정하는 것이 좋다.
- 측정 시 조 또는 깊이 바의 측정면은 피측정물에 정확히 접촉하도록 주의한다.

1-2 측정법

아래 그림에서 아들자의 0점은 어미자의 4.5mm를 조금 지난 곳에 있으므로 4.5mm보다 크다. 어미자와 아들자의 눈금이 일치된 곳은 11번째 눈금(*표시)이고 그림은 최소 측정값이 1/50mm이므로 4.5+(0.02×11)= 4.5+0.22=4.72mm로 계산된다.

2. 마이크로미터(Micrometer) ★★★

길이변화를 나사의 지름과 회전각에 의해 확대하여 치수를 읽는 측정기로, 버니어캘리퍼스보다 정밀도가 높은 측정기이다.

2-1 마이크로미터의 원리

나사의 피치가 0.5mm, 딤블의 원주는 50등분하여 최소 0.01mm 단위로 측정이 가능

종류	주요 특징 및 용도
외경(외측) 마이크로미터	• 공작물의 바깥지름을 측정할 때 사용 • 가장 일반적으로 사용하는 마이크로미터
내경(내측) 마이크로미터	• 공작물의 안지름을 측정할 때 사용
깊이 마이크로미터	• 공작물의 깊이를 측정할 때 사용 예 종류 : 단체형, 로드교환형
V-앤빌 마이크로미터	• 앤빌이 V홈으로 만들어져 탭, 리머의 지름 측정이 가능
나사 마이크로미터	• 수나사의 유효지름을 직접 측정할 때 사용 예 종류 : 앤빌교환식, 앤빌고정식
포인트 마이크로미터	• 스핀들과 앤빌의 끝을 원추형(원뿔형)으로 만든 것 예 나사 골지름, 드릴 웨브, 곡면형상의 두께측정
3점식 마이크로미터	• 구멍의 지름을 정확히 측정할 때 사용 • 스핀들에 직각으로 움직이는 3개 측정자가 위치한다.

마이크로미터의 주요 명칭

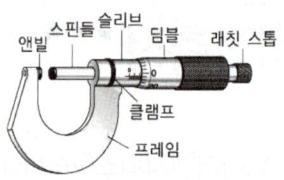

마이크로미터의 규격
- 0 ~ 25mm
- 25 ~ 50mm
- 50 ~ 75mm

래칫 스톱
마이크로미터에 있어서, 측정압을 일정하게 하기 위해 설치된 장치

저자 어드바이스

마이크로미터 사용상 주의사항
- 온도차에 의한 열변형이 발생할 수 있으므로 사용 후 보관 시는 반드시 앤빌과 스핀들의 측정면을 떼워둔다.
- 눈금을 읽을 때는 눈금의 일직선상에서 측정한다.
- 0점 조정 시에는 스패너를 슬리브 구멍에 끼우고 돌려서 조정한다.
- 측정 시 래칫스톱을 1 ~ 2회전 정도 돌려서 측정력을 가한다.

2-2 눈금 읽는법

먼저 슬리브의 눈금을 읽고, 딤블의 눈금과 기선이 만나는 지점의 딤블의 눈금을 읽어 슬리브의 읽음값에 더하면 된다.

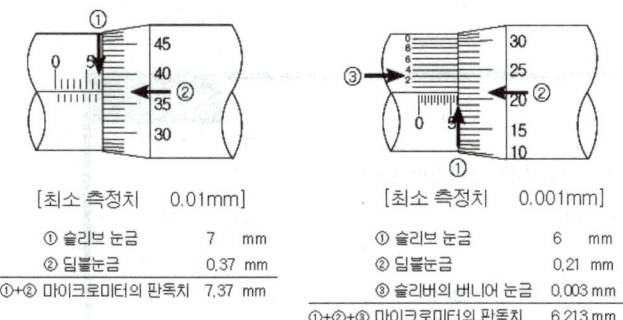

[최소 측정치 0.01mm]
① 슬리브 눈금   7   mm
② 딤블눈금   0.37 mm
①+② 마이크로미터의 판독치 7.37 mm

[최소 측정치 0.001mm]
① 슬리브 눈금   6   mm
② 딤블눈금   0.21 mm
③ 슬리버의 버니어 눈금 0.003 mm
①+②+③ 마이크로미터의 판독치 6.213 mm

3. 높이게이지(하이트게이지 : Height Gauge) ★

대형 부품, 복잡한 모양의 부품 등을 정반 위에 올려놓고 높이를 측정하거나 스크라이버를 이용하여 금긋기하는데 사용

호칭치수

300mm, 600mm, 1,000mm

종류	주요 특징 및 용도
HM형	• 크고 견고하여 금긋기 작업에 적합 • 0점 조정 불가능, 슬라이더 이동장치 부착
HB형	• 경량측정이 가능하나 휨에 대한 오차로 인해 금긋기용으로 부적합 • 0점 조정 불가능, 스크라이버의 밑면이 정반면까지 내려가지 않는다.
HT형	• 표준형으로 가장 많이 사용 • 0점 조정 가능, 슬라이더 이동장치를 부착하여 눈금 읽기가 용이하다.

참고

높이게이지의 구조

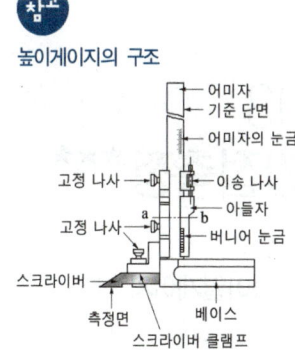

참고

켈리지식 횡형 측장기

4. 측장기

- 내부에 표준자를 가지고 있어 큰 공작물의 치수를 직접 측정할 수 있다.
- 테이퍼, 암나사, 작은 구멍, 내경 측정, 정밀 게이지류, 정밀 공구, 정밀 부품의 길이 측정에 사용

> **개념잡기**
>
> 측정기에 대한 설명으로 옳은 것은?
>
> ① 일반적으로 버니어캘리퍼스가 마이크로미터보다 측정 정밀도가 높다.
> ② 사인바(Sine Bar)는 공작물의 내경을 측정한다.
> ③ 다이얼 게이지는 각도 측정기이다.
> ④ 스트레이트 에지(Straight Edge)는 평면도의 측정에 사용된다.
>
> - 스트레이트 에지 : 판금작업 시 금긋기 작업을 하거나 실린더 블록의 변형도를 측정하는 자
>
> 정답 : ④

03 간접측정 ★★★

1. 다이얼게이지 ★★

대표적인 비교측정기로 평면도, 원통도, 진원도, 축의 흔들림 등을 측정

1-1 용도

직각도, 진원도, 두께, 깊이, 굽힘 정도, 흔들림, 테이퍼량, 편심량, 구면의 측정 등에 사용

1-2 다이얼게이지의 종류

다이얼깊이게이지, 다이얼두께게이지, 다이얼캘리퍼게이지, 다이얼글리브게이지, 다이얼스냅게이지 등

저자 어드바이스

다이얼게이지의 특징

- 취급이 용이하다.
- 측정 범위가 넓다.
- 오차가 적다.
- 연속된 측정이 가능하다.
- 많은 개소의 측정을 동시에 할 수 있다.
- 부속품의 사용에 따라 광범위하게 사용할 수 있다.

1-3 다이얼게이지를 이용한 진원도 측정방법

종류	주요 특징 및 용도
직경법	• 원형부분을 평행한 두 직선 사이에 끼울 때, 그 두 직선 사이의 거리를 측정하여 최대값과 최소값의 차로서 나타내는 방법
반경법	• 편심 측정용 테이블센터에 측정물을 회전시키면서 측미기의 최대, 최소치를 진원도로 표현하는 방법
3점법	• V블록 위에 측미기를 접촉시킨 측정물을 회전시키고 측정물이 1회전할 때 측미기의 바늘이 움직인 최대치와 최소치를 읽는 방법

1-4 다이얼게이지의 편심량

편심량을 측정할 때 다이얼게이지에 나타난 값은 실제 편심량의 2배이다.

$$\text{다이얼게이지 변위량} = \text{편심량} \times 2$$

2. 공기마이크로미터(Air Micrometer) ★

공기의 유량 및 압력의 변화량에 의해 길이를 측정하는 방법

2-1 정밀도 높은 측정이 가능

예 공기마이크로미터 종류 : 유량식, 유속식, 배압식

2-2 측정 종류

바깥지름, 안지름, 직각도, 테이퍼, 타원, 편심, 진원도 등 측정

3. 기타 비교측정기 ★

종류	주요 특징 및 용도
전기 마이크로미터	• 측정자의 기계적인 변위를 전기량으로 변환하여 표현하는 측정기 • 변환방식에 따른 종류 : 유도형, 용량형, 저항형, 차동변압기형
옵티미터	• 측정 길이의 미소범위를 광학적으로 확대하여 측정
미니미터	• 표준게이지와 공작물의 치수차를 측정하는 측미지시계
지침측미기	• 최소 눈금 $1\mu m$ 이하, 지침의 회전이 1회전 이하인 다이얼게이지

측미기
다이얼게이지 지침이 1회전 이하인 것

저자 어드바이스

다이얼게이지 사용상 주의사항
• 사용 시 비교측정 사용방법을 확실하게 숙지해야 한다.
• 다이얼게이지의 지지대의 팔이 길면 측정력에 휨이 발생하여 오차가 발생하기 쉽다.
• 다이얼게이지는 측정자의 움직이는 방향과 측정하려는 방향을 일치시킨다.
• 다이얼게이지를 보관할 때는 습기, 먼지를 닦고 기름칠은 하지 않아야 한다.
• 충격 및 취급에 주의한다.

공기마이크로미터

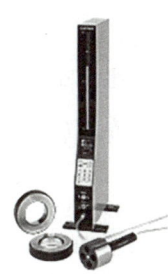

> **개념잡기**
>
> 편심량이 2.2mm로 가공된 선반 가공물을 다이얼게이지로 측정할 때 다이얼게이지 눈금의 변위량은 몇 mm인가?
>
> ① 1.1　　　　　　　　② 2.2
> ③ 4.4　　　　　　　　④ 22
>
> 회전체가 회전할 때 측정하는 변위량(다이얼게이지 눈금값)은 단면상 편차(진원도, 편심량)의 2배이다.
> 다이얼게이지 변위량 = 2 × (편심량)
>
> 정답 : ③

04 게이지 ★★★

1. 블록게이지 ★

대표적인 기준게이지로 여러 개의 블록을 밀착시켜 조합하여 필요한 치수를 만들어 길이를 정하는 기준치수로 사용

1-1 구성

블록, 롤러, 스크라이버포인트, 베이스블록, 홀더

1-2 종류

요한슨형, 호크형, 캐리형

1-3 블록게이지의 등급 및 용도

종류	용도	주요 특징 및 용도
00급(AA급)	연구소용(참조용)	표준용 블록게이지 점검, 정밀학습용
0급(A급)	표준용	검사용 및 공작용 게이지, 측정기 정도점검용
1급(B급)	검사용	기계공구 등의 검사, 측정기 정도조정용
2급(C급)	공작용(일감용)	공구 장착용, 측정기구류 조정용

저자 어드바이스

블록게이지 사용상 주의사항

- 측정면은 깨끗한 천이나 가죽으로 닦아야 하고 지문이 남지 않도록 한다.
- 필요한 치수만 꺼내 쓰고 보관상자에 뚜껑을 닫아둔다.
- 녹이나 물기의 해를 막기 위해 사용 후에 알코올 등으로 잘 닦은 후 방청제를 뿌린다.
- 먼지가 적고 건조한 실내에서 사용하고 천이나 가죽, 목재테이블 위에 놓고 사용한다.

2. 한계게이지 ★

대량생산에서 검사시간의 절약을 위해 두 개의 게이지를 짝지어 한쪽은 최대허용공차, 다른 쪽은 최소허용공차에 맞춰 제품이 이 한도 내에 제작되는가를 판별하는 게이지

2-1 구멍용 한계게이지

구멍에 대해 최소·최대 치수를 검사하기 위한 게이지

종류	그림	주요 특징 및 용도
플러그게이지		• 호칭치수가 작은 경우에 사용 • 검사 범위 : 1 ~ 100mm
봉게이지		• 큰 구멍 측정에 사용, 막대 모양으로 제작 • 검사 범위 : 80 ~ 500mm

2-2 축용 한계게이지

축에 대해 최소·최대 치수를 검사하기 위한 게이지

종류	그림	주요 특징 및 용도
링게이지		• 지름이 작거나 두께가 얇은 경우에 사용
스냅게이지		• 링게이지보다 큰 축의 지름 검사에 사용 • 종류 : 편구스냅게이지, 양구스냅게이지 등

2-3 나사용 한계게이지

각종 치수의 나사 가공 시에 사용된다.
• 표준나사 링게이지 : 수나사 측정
• 표준나사 플러그게이지 : 암나사 측정

2-4 틈새게이지

틈새 검사를 위해 여러 두께의 박판 게이지를 조합한 게이지

저자 어드바이스

구멍용 한계게이지
• **최대 치수측(정지측)** : 구멍에 들어가지 않아야 하는 부분
• **최소 치수측(통과측)** : 구멍에 쉽게 들어가야 하는 부분

참고

한계게이지의 특징
• 작업자의 숙달이 필요 없다.
• 측정시간이 짧다.
• 대량생산에 용이하다.
• 눈금 없이 측정이 가능하다.

용어정리

실린더게이지
다이얼게이지와 같은 원리를 이용한 안지름 측정기. 측정범위는 18mm 이상 400mm 이하가 보통이다. 주로 압축기·펌프·내연기관의 실린더 안지름 및 내면의 평행도 오차의 정밀측정에 쓰인다.

05 각도측정

1. 각도게이지

블록을 서로 조합하여 임의 각을 만들어 각도를 측정

종류	주요 특징 및 용도
요한슨식 각도게이지	• 요한슨에 의해 고안된 각도게이지 • 85개의 조(jaw)로 각도게이지를 조합할 때는 홀더가 필요
NPL식 각도게이지	• 서로 다른 각도를 가진 12개의 블록이 1개의 조로 구성된다. • 각각의 블록을 쌓아올려 각도를 만들어 비교측정

저자 어드바이스

요한슨식 각도게이지

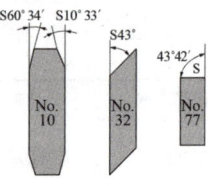

NPL식 각도게이지의 조합

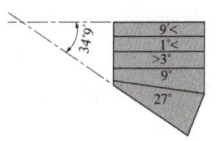

2. 사인바(Sine Bar) ★

양쪽 높이를 측정하여 삼각함수를 이용한 계산에 의해 임의의 각을 측정

- 사인바 호칭치수 : 양쪽 롤러 간의 중심거리(100mm, 200mm)
- 사인바 측정각이 45° 이상이 되면 측정오차가 발생(45° 이하의 각에 사용)

사인바 각도 공식

$$\sin\theta = \frac{H-h}{L}$$

- L : 사인바의 크기(길이)[mm]
- H : 블록게이지의 높은 쪽 높이[mm]
- h : 블록게이지 낮은 쪽 높이[mm]

사인바의 구조

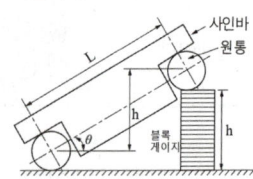

3. 수준기 ★

에테르·알코올로 채워진 기포관 내에 기포 위치에 의해 수직 및 수평을 측정

- 기포관의 1눈금은 수평방향 1m 마다의 기울기를 표시

수준기

오토콜리메터

4. 기타 각도측정기 ★

종류	주요 특징 및 용도
콤비네이션 세트	• 철자, 직각자, 분도기 및 수준기를 조합해 각도 측정에 사용
만능각도측정기 (베벨각도기)	• 원주눈금이 새겨진 자와 아들자 눈금을 가진 회전체로 구성
광학식 클리노미터	• 각도계의 테이블 위에 정밀 수준기를 조합한 경사각 측정기
오토콜리메이터	• 수준기와 망원경을 조합한 미소 각도측정기 • 광학 측정기로 진직도, 직각도, 미소 각도의 변화 등을 측정

개념잡기

삼각함수에 의하여 각도를 길이로 계산하여 간접적으로 각도를 구하는 방법으로, 블록게이지와 함께 사용하는 측정기는?

① 사인바
② 베벨 각도기
③ 오토콜리메이터
④ 콤비네이션 세트

• 사인바(Sine Bar) : 사인바는 블록게이지와 함께 사용해 길이를 측정하여 직각 삼각형의 삼각 함수를 이용한 계산에 의하여 임의의 각을 측정한다.

정답 : ①

06 기타측정 ★

1. 표면거칠기, 평면도 측정 ★

종류	주요 특징 및 용도
옵티컬플랫 (광선정반)	• 측정면에 접촉시켜 생기는 간섭무늬로 작은 부분의 평면도를 측정 • 간섭무늬의 수가 적을수록 평면도가 좋다.
나이프에지	• 단면 형상이 삼각형인 칼날 모양의 예리한 받침쇠 • 평면이나 오목면을 검사하는 데 사용
직각자	• 면이 서로 직각인지 검사하는 데 사용
투영기	• 빛을 이용해 확대하여 형상, 치수, 각도를 측정하는 장치
공구현미경	• 현미경으로 확대하여 관측하면서 형태나 치수를 측정하는 장치

2. 나사의 유효지름 측정 ★

2-1 삼침법에 의한 방법

나사골에 3개의 핀을 끼운 후 거리를 측정하여 수나사의 유효지름을 측정하는 방법
정밀도가 가장 높다.

2-2 공구현미경에 의한 방법

투영기, 공구현미경을 이용하여 광학식으로 수나사의 유효지름을 측정하는 방법

2-3 나사한계게이지에 의한 방법

표준나사 링 게이지로 수나사를 검사하고, 표준나사 플러그 게이지로 암나사를 검사하는 방법
대량생산에서 많이 사용된다.

참고
옵티컬플랫의 사용

나이프에지

직각자

투영기

공구현미경

나사마이크로미터
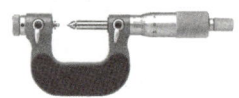

2-4 나사마이크로미터에 의한 방법

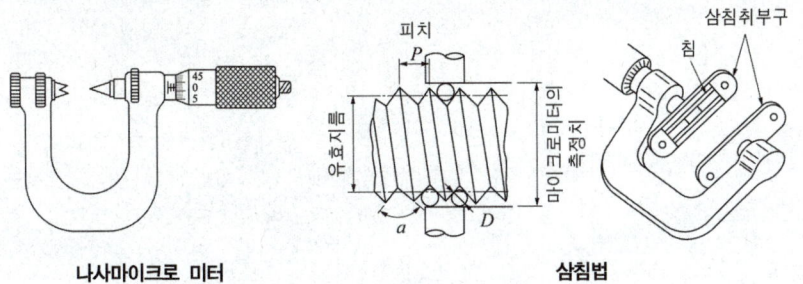

나사마이크로 미터　　　　　삼침법

 참고

옵티컬 패러렐에 발생한 간섭무늬로 측정면 간 평행도를 확인하는 예

측정면 간 평행도 확인법
옵티컬 패러렐을 앤빌에 밀착시킨 후 마이크로미터의 측정압하에서 스핀들 쪽에서 발생하는 간섭무늬의 수를 관찰한다. 평행도는 약 $1\mu m(0.32\mu m \times 3$개$=0.96\mu m)$이다. 앤빌측의 무늬는 1개 이하이어야 한다.

개념잡기

나사의 유효지름을 측정하는 방법이 아닌 것은?

① 삼침법에 의한 측정　　② 투영기에 의한 측정
③ 플러그 게이지에 의한 측정　　④ 나사 마이크로미터에 의한 측정

나사의 유효지름 측정 방법
삼침법에 의한 방법, 공구 현미경에 의한 방법, 나사 마이크로미터에 의한 방법　　　　정답 : ③

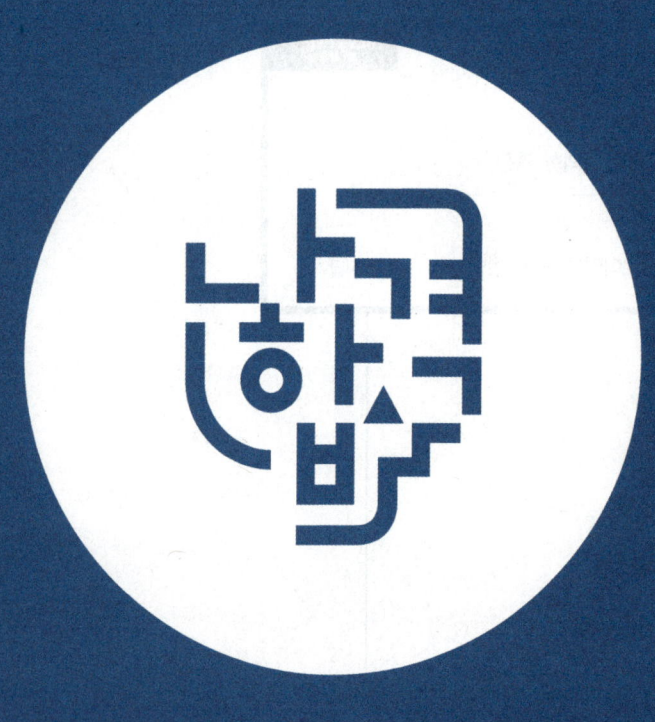

PART 02

단원 들어가기 전

기계재료 및 기계제작 파트에서는 기계요소를 제작하는 데 사용되는 재료와 그것을 정밀하게 만들어내는 과정에 대해 학습하게 됩니다.
재료에 대한 새로운 개념적 용어들이 많이 등장하므로 그 용어들을 이해하는 데 중점을 두어야 합니다.
또한 가공 시 사용되는 재료들의 특성을 고려해 여러 조건을 이해하는 것이 좋습니다.
같은 파트 내에서 여러 부분이 있고 각 부분마다 공부하는 방향성이 다소 차이가 있으며,
암기해야 할 내용 또한 많으므로 지속적으로 관심을 가지는 것이 필요하겠습니다.

2026 전산응용기계제도기능사 출제기준 변경

변경 전(2025)	변경 후(2026년 ~ 2028년)
항목없음	기계제작의 이해 • 주조 • 절삭가공 • 정밀입자 및 특수가공 • 용접가공 • 프레스가공

기계재료 및 기계제작

01 재료의 강도와 변형
02 재료의 성질
03 철강 재료
04 비철금속 재료
05 비금속재료, 신소재
06 주조
07 소성가공
08 절삭가공
09 정밀입자 및 특수가공
10 용접가공

CHAPTER 1
재료의 강도와 변형

KEYWORD 정하중, 동하중, 집중하중, 분포하중, 인장응력, 압축응력, 전단응력, 허용응력, 안전율, 변형률, 후크의 법칙, 응력 - 변형률 곡선, 프와송 비, 응력 집중, 열응력

01 기계설계의 기초

1. 국제단위계(SI)

- 미터법에 따른 측정 단위를 국제적으로 통일한 체계
- 국제 단위계의 7가지 기본 단위와 이로부터 유도된 단위

길이	질량	시간	전류	온도	물질량	광도
m(미터)	kg(킬로그램)	s(초)	A(암페어)	K(켈빈)	mol(몰)	cd(칸델라)

압력	일률	힘	가속도	에너지	평면각
Pa(파스칼)	W(와트)	N(뉴턴)	m/s^2	J(줄)	rad(라디안)

2. 하중의 종류

2-1 하중이 작용하는 방향에 따른 분류

종류	정의 및 특징
인장하중	재료를 축선 방향으로 늘어나게 하려는 형태의 하중
압축하중	재료를 축선 방향으로 누르는 형태의 하중
전단하중	재료를 가로로 자르려는 것과 같은 형태의 하중
굽힘하중	재료를 구부려 휘어지게 하는 형태의 하중
비틀림하중	재료를 비트는 형태로 작용하는 하중

저자 어드바이스

기계요소의 종류

- 결합용 기계요소 : 나사, 볼트·너트, 키, 핀, 코터, 스플라인, 리벳 등
- 축계 기계요소 : 축, 축이음, 베어링 (미끄럼, 구름) 등
- 간접전동 기계요소 : 벨트, 로프, 체인 등
- 직접전동 기계요소 : 마찰차, 기어 등
- 제동 및 완충용 기계요소 : 브레이크, 스프링, 관성차(플라이휠) 등
- 관용 기계요소 : 관, 관 이음쇠, 밸브와 콕 등

2-2 하중이 걸리는 속도에 의한 분류

종류	정의 및 특징
정하중	• 시간과 더불어 크기가 변화하지 않는 정지하중 또는 변화하여도 무시할 수 있는 하중
동하중	• 하중의 크기가 시간과 더불어 변화하는 하중 • **변동하중** : 불규칙하게 진폭과 주기가 모두 변화하는 하중 • **반복하중** : 계속 반복 작용하는 하중으로서 진폭이 일정하고 주기가 규칙적인 하중(= 편진 하중) • **교번하중** : 하중의 크기와 방향이 변화하는 하중(=양진하중) • **충격하중** : 비교적 단시간에 충격적으로 작용하는 하중 • 이동하중 : 물체 위를 이동하며 작용하는 하중

바우싱거 효과

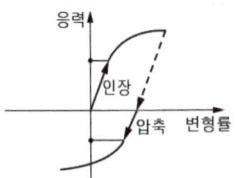

재료에 탄성 한계 이상의 하중을 한쪽에 가한 다음에 반대 방향에 하중을 가할 때 처음부터 그 방향으로 하중을 가했을 때보다도 비례 한계 또는 항복점이 현저하게 저하하는 현상

2-3 하중의 분포상태에 따른 분류

종류	정의 및 특징
집중하중	재료의 한 점에 집중하여 작용하는 하중
분포하중	재료의 어느 범위 내에 분포되어 작용하는 하중

집중하중

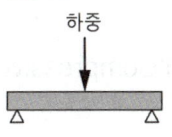

분포하중(균일분포하중)

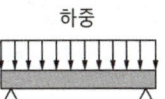

개념잡기

하중의 작용상태에 따른 분류에서 재료의 축선 방향으로 늘어나게 하려는 하중은?

① 굽힘하중　　　　　② 전단하중
③ 인장하중　　　　　④ 압축하중

• 인장하중 : 재료의 축선 방향으로 늘어나게 하려는 형태의 하중
• 압축하중 : 재료의 축선 방향으로 누르는 형태의 하중
• 전단하중 : 재료를 가위로 자르려는 것과 같은 형태의 하중
• 굽힘하중 : 재료를 구부려 휘어지게 하는 형태의 하중
• 비틀림하중 : 재료를 비트는 형태로 작용하는 하중

정답 : ③

02 응력 ★★

물체에 하중을 작용시키면 물체 내부에는 이에 대응하는 저항력이 발생하여 균형을 이루는데 이 저항력을 응력(Stress)이라 한다.

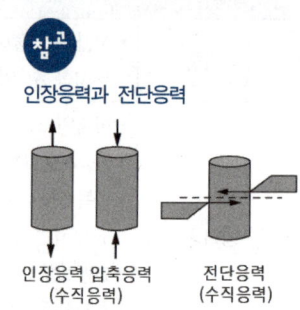

참고

인장응력과 전단응력

인장응력 압축응력
(수직응력)

전단응력
(수직응력)

1. 인장응력(Tensile Stress)

양끝에 작용하는 인장력을 P_t[N], 하중에 직각인 임의의 단면적을 A[mm²]이라 하면

$$\sigma_t = \frac{P_t}{A} \, [\text{N/mm}^2]$$

2. 압축응력(Compressive Stress)

양끝에 작용하는 압축력을 P_c[N], 하중에 직각인 임의의 단면적을 A[mm²]이라 하면

$$\sigma_c = \frac{P_c}{A} \, [\text{N/mm}^2]$$

3. 전단응력(Shearing Stress)

재료에 전단 하중 P_s[N]을 받는 물체의 단면적을 A[mm²]이라 하면

$$\tau = \frac{P_s}{A} \, [\text{N/mm}^2]$$

개념잡기

한 변의 길이가 30mm인 정사각형 단면의 강재에 4,500N의 압축하중이 작용할 때 강재의 내부에 발생하는 압축응력은 몇 N/mm²인가?

① 2 ② 4
③ 5 ④ 10

- 단면적 $A = 30 \times 30 = 900$[mm²]
- 응력 $\sigma = \dfrac{P}{A} = \dfrac{4,500}{900} = 5$[N/mm²]

정답 : ③

03 변형률 ★★

외력에 의해 재료에 발생한 변형량과 원래 길이에 대한 비율을 변형률(Strain)이라 하며, 단위 길이당 변형량으로 나타낸다.

1. 세로(길이) 변형률

길이가 ℓ에서 ℓ'로 변하고, 그 변형량이 λ일 때

$$\epsilon = \frac{\ell' - \ell}{\ell} = \frac{\lambda}{\ell} \text{(인장)}$$

2. 가로(단면) 변형률

지름이 d에서 d'로 변하고, 그 변형량이 δ일 때

$$\epsilon' = \frac{d' - d}{d} = \frac{\delta}{d}$$

단면 수축률

$$\frac{A - A'}{A} \times 100[\%]$$

- A : 처음 길이[mm]
- A' : 나중 길이[mm]
- $A - A'$: 늘어난 길이[mm]

프와송 비(m)

재료의 탄성한도 이내에서 가로 변형률과 세로 변형률의 비와의 일정한 비율을 프와송 비라고 한다. $1/m$으로 나타내고, 역수 m을 프와송 수라고 한다.

$$\mu = \frac{\text{가로 변형률}}{\text{세로 변형률}} = \frac{\epsilon'}{\epsilon} = \frac{1}{m}$$

(m = 프와송의 수)

개념잡기

지름 15mm, 표점거리 100mm인 인장 시험편을 인장시켰더니 110mm가 되었다면 길이 방향의 연신율은?

① 9.1% ② 10%
③ 11%   ④ 15%

연신율 $= \frac{\ell' - \ell}{\ell} \times 100 = \frac{110 - 100}{100} \times 100 = 10[\%]$

정답 : ②

04 응력 - 변형률 곡선 ★★

1. 응력 - 변형률 곡선 ★★

1-1 비례한도(A점)

응력과 변형률이 비례적으로 증감하는 부분

1-2 탄성한도(B점)

응력을 서서히 제거할 때, 변형이 없어지는 성질을 탄성이라 하며, 그 한계점에서의 응력을 탄성 한도라 한다.

1-3 소성 변형

B점 이상으로 응력이 증가하면 응력을 제거하여도 변형이 완전히 없어지지 않고 잔류 변형(residual strain)이 생기며, 시간이 지나면 다소 없어지면서 그대로 변형이 남아있게 되는데 이를 영구 변형 또는 소성 변형이라 한다.

1-4 항복점(C, D점)

응력을 증가시키지 않아도 변형이 연속적으로 갑자기 커지는 상태의 응력

1-5 극한 강도

재료가 견딜 수 있는 최대의 응력. D점에서 응력이 더 커지면 변형도 같이 증가하여 E점에서 최대 응력이 되며, 이 응력을 극한 강도 또는 인장 강도라 한다. E점에 이르면 재료의 일부에 부분적인 수축이 생긴대(응력 - 변형률 선도 참고).

1-6 파괴점(F점)

재료가 하중을 견디지 못하고 파단이 발생하는 점

참고

인장시험기

응력-변형률 선도

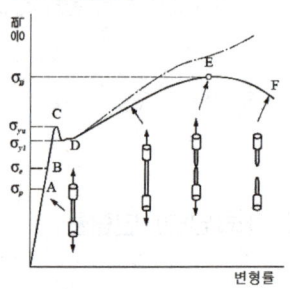

공칭응력

시험편에 작용하는 인장력을 단면적으로 나누어 얻어지는 응력으로, 인장에 의한 단면적의 수축을 고려하지 않은 수치

진응력

연강의 인장시험에서 시험 중, 시험편이 단면의 축소를 동반하므로 어떤 순간의 응력을 그때의 하중으로 축소된 단면적을 고려하여 나눈 값으로 나타낸 수치

2. 훅의 법칙(Hook's Law) ★

비례한도 이내에서 응력(σ)과 변형률(ϵ)은 비례한다.

$$\text{응력} = \text{탄성계수} \times \text{변형률}, \quad \sigma = E\epsilon$$

여기서, 비례상수를 탄성계수라고 하는데 재료에 따라 각각 일정한 값을 가진다.

2-1 세로 탄성계수

인장 또는 압축의 경우, 수직 응력 σ와 그 방향의 세로변형률 ϵ과의 비를 세로 탄성계수 또는 영률(Young's Modulus)이라 하고 E로 표시한다.

$$E = \frac{\sigma}{\epsilon} = \frac{PL}{A\lambda} [\text{N}/\text{mm}^2]$$

$$\lambda = \frac{PL}{AE} = \sigma \cdot \frac{L}{E}$$

2-2 가로 탄성계수

전단 응력 τ와 전단 변형률 γ와의 비를 가로 탄성계수 또는 전단 탄성계수라 하고 기호 G로 표시한다.

$$G = \frac{\tau}{\gamma} [\text{N}/\text{mm}^2]$$

저자 어드바이스

후크(훅)의 법칙

$$\sigma = E\epsilon = E \times \frac{\lambda}{\ell} = \frac{P}{A}$$

- σ : 응력[N/mm^2]
- E : 탄성계수(영률)[N/mm^2]
- ϵ : 변형률
- λ : 변형량[mm]
- ℓ : 원래 길이[mm]
- P : 인장하중[N]
- A : 단면적[mm^2]

참고

재료에 따른 프와송 비

재질	
연강, 경강	0.23 ~ 0.30
주철	0.20 ~ 0.29
구리, 아연	0.33
알루미늄	0.34

개념잡기

재료의 전단 탄성계수를 바르게 나타낸 것은?

① $\dfrac{\text{굽힘 응력}}{\text{전단 변형률}}$ ② $\dfrac{\text{전단 응력}}{\text{수직 변형률}}$

③ $\dfrac{\text{전단 응력}}{\text{전단 변형률}}$ ④ $\dfrac{\text{수직 응력}}{\text{전단 변형률}}$

전단 탄성계수(G) = $\dfrac{\text{전단 응력}}{\text{전단 변형률}} = \dfrac{\tau}{\gamma}$ [N/mm^2]

정답 : ③

05 허용 응력과 안전율

1. 사용 응력(Working Stress)

사용 상태에 있을 때 각 재료에 작용하는 응력

2. 허용 응력(Allowable Stress)

재료를 사용하는 데 있어서 허용할 수 있는 최대 응력

$$\text{인장강도}(\sigma_u) > \text{항복점}(\sigma_y) > \text{탄성 한도} > \text{허용 응력}(\sigma_a) \geq \text{사용 응력}(\sigma_w)$$

3. 안전율(Safety Factor)

기준강도(인장강도)와 허용 응력과의 비율. 어떤 기계에 적용하는 재료의 설계상 허용 응력을 정하기 위한 계수($S > 1$)

$$\text{안전율}(S) = \frac{\text{기준강도}(\sigma_u)}{\text{허용응력}(\sigma_a)}$$

공식정리

허용응력과 안전율의 관계

$$\text{허용응력}(\sigma_a) = \frac{\text{기준강도}(\sigma_u)}{\text{안전율}(S)}$$

개념잡기

일반적으로 사용하는 안전율은 어느 것인가?

① $\dfrac{\text{사용응력}}{\text{허용응력}}$ ② $\dfrac{\text{허용응력}}{\text{기준강도}}$

③ $\dfrac{\text{기준강도}}{\text{허용응력}}$ ④ $\dfrac{\text{허용응력}}{\text{사용응력}}$

안전율(Safety Factor)
기준강도와 허용 응력과의 비율. 어떤 기계에 적용하는 재료의 설계상 허용 응력을 정하기 위한 계수

$$\text{안전율}(S) = \frac{\text{기준강도}(\sigma_u)}{\text{허용응력}(\sigma_a)} = \frac{\tau}{\gamma} [\text{N/mm}^2]$$

정답 : ③

06 재료의 강도 ★

1. 피로 한도(= 내구 한도)

재료에 무한반복 하중을 가하여도 재료가 파괴되지 않는 최대 응력으로, 탄소강에 탄소 함유량이 많은 강일수록 높다.

2. 열응력

온도의 변화에 따른 신축현상으로 재료 내부에 생기는 응력을 열응력이라 하며, 재료의 처음 온도를 t_1(℃), 나중 온도를 t_2(℃), 재료의 선팽창계수를 α라고 하면,

$$\sigma = E \cdot \epsilon = E \cdot \alpha(t_2 - t_1) [N/mm^2]$$

3. 크리프 현상

고온에서 하중이 일정하더라도 시간이 지남에 따라 변형률이 조금씩 증가하는 현상

4. 응력 집중

기계의 구성 부품에 노치(Notch)홈, 구멍, 나사, 단, 돌기 등에 하중이 가해질 때 그 단면에는 응력 분포 상태가 불규칙하고 부분적으로 큰 응력이 집중하게 되는 현상

흡기 다기관의 열응력 분포

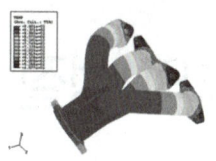

저자 어드바이스

응력집중 경감 대책
- 단면 변화 부분의 필렛 반지름을 크게 한다.
- 테이퍼 부분을 설치해서 단면 변화를 완만히 한다.
- 단면 변화 부분에 보강재를 결합한다.
- 단면 변화 부분에 숏피닝과 열처리를 시행하여 경화시킨다.
- 단면 변화 부분에 표면거칠기를 향상시킨다.

응력 집중 현상

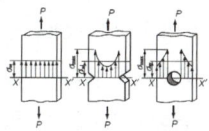

단 붙임축의 응력 집중

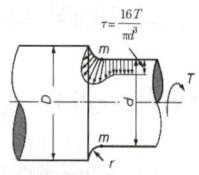

개념잡기

양끝을 고정한 단면적 2cm²인 사각봉이 온도 -10℃에서 가열되어 50℃가 되었을 때, 재료에 발생하는 열응력은? (단, 사각봉의 탄성계수는 24GPa, 선팽창계수는 12×10^{-6}/℃ 이다)

① 17.3MPa　　② 25.2MPa　　③ 29.9MPa　　④ 35.8MPa

열응력 $\sigma = E \cdot \epsilon = E \cdot \alpha(t_2 - t_1) = 24 \times 10^9 \times 12 \times 10^{-6} \times (50-(-10))$
　　　　$= 17,280,000[Pa] = 17.28[MPa]$

정답 : ①

CHAPTER 02
재료의 성질

KEYWORD 철강재료, 비철금속재료, 비금속재료, 결정격자, 고용체, 소성, 탄성, 인장시험, 경도시험, 공구용 합금강, 공구 재료의 구비조건, 탄소공구강, 합금공구강, 고속도공구강, 스텔라이트, 초경합금, 서멧, 다이아몬드공구

01 금속재료의 특성★

1. 금속재료의 공통된 성질

- 금속 고유의 광택을 가지고 있다.
- 고체 상태에서 결정구조를 갖는다.
- 상온에서 고체이다(예외 : Hg).
- 전기와 열의 양도체이다.
- 연성 및 전성이 좋다.
- 소성변형하여 가공할 수 있다.

2. 금속재료의 기계적 특성★★

2-1 강도(Strength)

재료가 파괴에 견디는 정도

2-2 경도(Hardness)

재료의 단단한 정도. 일반적으로 인장강도에 비례한다.

저자 어드바이스

기계재료의 분류
- 철강재료
  기계에서 가장 많이 사용하는 금속재료인 철(Fe)재료
  예 순철, 주철, 합금강
- 비철금속재료
  금속재료에서 철(Fe)을 제외한 모든 금속재료
  예 구리, 니켈, 알루미늄
- 비금속재료
  금속재료가 아닌 다른 모든 재료
  예 고무, 유리, 시멘트

순금속의 인장강도
Pb < Sn < Zn < Al < Cu < Fe < Ni

2-3 인성(Toughness)

재료의 질긴 정도. 충격에 대한 재료의 저항을 나타낸다.

2-4 취성(Brittleness)

재료의 깨지는 성질. 충격하중에 쉽게 파괴되는 성질

2-5 피로(Fatigue)

재료에 반복응력을 가해 탄성한도 이하의 작은 응력에서도 파괴되는 상태. 이때 반복하중을 무한히 반복해도 피로에 의해 파괴되지 않는 최대 한계를 피로한도(Fatigue Limit)라 한다.

2-6 크리프(Creep)

재료에 외력이 작용할 때, 시간에 따라 변형이 서서히 증가하는 현상. 이때 크리프 변형이 증가해도 일정 한계의 응력 이하에서는 변형이 증가하지 않는 한계를 크리프 한도(Creep Limit)라 한다.

2-7 전연성

재료가 외력에 의해 소성변형되어 늘어나거나 펴지는 성질

3. 금속재료의 물리적 특성

3-1 비중(Specific Gravity)

물과 똑같은 부피를 가진 물체의 무게와의 비

3-2 비열(Specific Heat)

- 물질 1g의 온도를 1℃만큼 높이는 데 필요한 열량
- 물 1g의 온도를 1℃만큼 높이는 데 필요로 하는 열량은 1cal이다.

3-3 용융점(Melting Point)

금속이 녹아서 액체가 되는 온도

적열취성

연강이 1,100 ~ 1,500℃의 적열 고온에서 깨지기 쉬운 현상. 연강에 포함된 유황이나 산소가 원인이다.

청열취성

연강이 200 ~ 300℃의 온도에서 취성이 급격히 상승하여 깨지기 쉬운 현상

금속의 비중과 용융점

금속원소	비중	용융점
철(Fe)	7.84	1,538℃
구리(Cu)	8.94	1,084℃
알루미늄(Al)	2.74	660℃
마그네슘(Mg)	1.74	650℃

저자 어드바이스

비중에 따른 금속의 분류
일반적으로 비중 4.5를 기준으로 하여 4.5 이하의 것을 경금속, 그 이상의 것을 중금속이라 한다.

강자성체 원소
예 Fe, Ni, Co

선팽창 계수가 큰 원소
예 Pb > Mg > Al > Zn

선팽창 계수가 작은 원소
예 Ir > W > Mo

3-4 열전도율(Thermal Conductivity)

물체 내의 분자에서 열에너지의 이동

3-5 전기전도율

전기를 전달하는 정도(Ag > Cu > Au > Al > Zn > Ni > Fe)

3-6 자기적 성질

자기장 속에 놓으면 유도 작용에 의해서 자화되는 성질

3-7 선팽창계수

온도가 1℃ 변화하였을 때 재료의 단위길이당 길이 변화의 비

4. 금속재료의 화학적 특성

4-1 내식성

부식에 견디는 성질. 산·알칼리에 대한 저항력

4-2 내열성

높은 온도에 의한 열화에 저항하는 성질

개념잡기

금속재료가 가지고 있는 일반적인 특성이 아닌 것은?

① 일반적으로 투명하다. ② 전기 및 열의 양도체이다.
③ 금속 고유의 광택을 가진다. ④ 소성변형성이 있어 가공하기 쉽다.

금속재료의 일반적인 특징
- 금속 고유의 광택을 가지고 있다.
- 고체 상태에서 결정구조를 갖는다.
- 상온에서 고체이다(예외 : Hg).
- 전기와 열의 양도체이다.
- 연성 및 전성이 좋다.
- 소성변형하여 가공할 수 있다.

정답 : ①

02 금속의 결정구조와 변형

1. 금속의 결정구조 ★

결정 격자 : 고체의 결정 내부에서 반복되는 배열

1-1 체심입방격자(BCC)

결정 격자의 각 꼭지점과 중앙에 원자가 배열해 있는 구조. 강도가 높고 전연성이 낮다.
예 W, V, Cr, Mo, Ba, α-Fe, δ-Fe

1-2 면심입방격자(FCC)

결정 격자의 각 꼭지점과 각 면의 중심에 원자가 배열해 있는 구조. 전연성이 크다.
예 Cu, Au, Ag, Al, γ-Fe, Ni

1-3 조밀육방격자(HCP)

육각 기둥 상하면의 각 모서리와 그 중심에 원자가 존재하고, 삼각 기둥 중심에 한 개씩 띄워서 원자가 배열된 구조. 강도는 높지만 전연성이 작고 취성이 크다.
예 Mg, Zn, Zr, Ti

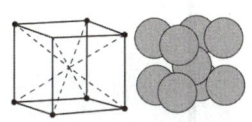
BCC(체심입방격자)구조:
Ba, Cr, 알파(α)-Fe, Mo, Nb, V, Ta

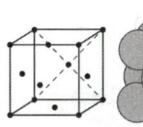
FCC(면심입방격자)구조:
Ag, Al, Au, Cu, Ni, Pb, Pt

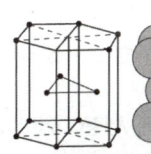
HCP(조밀육방격자)구조:
Be, Cd, Mg, Ti, Te, Zn

고용체
완전히 균일하게 상을 이루는 고체의 혼합물

재결정
소성 변형을 일으킨 결정이 가열될 때, 변형이 남아있는 원래의 결정립으로부터 내부 변형이 없는 새로운 결정립이 핵성장을 하여 원래의 결정 입자와는 다른 새로운 결정립이 생기는 현상

금속원소의 재결정 온도
- 철(Fe) : 350 ~ 450℃
- 텅스텐(W) : 1,200℃
- 알루미늄(Al) : 150 ~ 240℃
- 금(Au) : 200℃

2. 금속의 변형 ★

2-1 탄성

탄성 한도를 넘지 않는 외력에 의해 생기는 물체의 변형,
외력을 제거함과 동시에 변형이 없어지는 경우를 완전 탄성이라 한다.

2-2 소성

재료에 외력을 가한 후, 외력을 제거해도 변형이 원상태로 돌아가지 않는 성질,
소성에 의한 변형을 소성변형이라 한다.

2-3 재결정 온도

금속을 적당한 온도로 가열했을 때, 결정 속에 새로운 결정이 생겨나기 시작하는 온도

2-4 가공 경화

금속 재료를 소성변형시키면 단단해지며, 가공도에 따라 경도가 증가하고 연신율이 감소하는 현상

저자 어드바이스

냉간가공(Cold Working)
재결정 온도 이하에서의 가공으로 가공경화로 경도와 인장강도는 증가되고 연신율은 저하된다.

열간가공(Hot Working)
재결정 온도 이상에서의 가공으로, 내부응력이 없으므로 가공이 용이하다.

냉간가공의 장점
치수의 정밀, 균일한 재질, 매끈한 표면을 얻을 수 있다.

개념잡기

금속을 상온에서 소성변형시켰을 때, 재질이 경화되고 연신율이 감소하는 현상은?

① 재결정   ② 가공경화
③ 고용강화   ④ 열변형

- 가공경화 : 금속재료를 소성변형시키면 단단해지며, 가공도에 따라 경도가 증가하고 연신율이 감소하는 현상
- 재결정 : 소성변형을 일으킨 결정이 가열될 때, 변형이 남아있는 원래의 결정립으로부터 내부 변형이 없는 새로운 결정립이 생기는 현상
- 고용강화 : 합금을 원소가 고용하여 경도가 증가하는 현상

정답 : ②

03 재료 시험의 종류 ★★

재료 시험은 공업적으로 사용되는 각종 재료의 기계적, 전기적, 물리적, 화학적 시험을 말한다. 특히 기계공업에서는 기계적 시험을 재료 시험이라 한다.

1. 인장 시험 ★★

재료에 인장력을 가해 기계적 성질(인장강도, 항복점 등)을 조사하는 시험

1-1 인장강도(σ_t)

단위면적에 대한 최대 저항력

$$\frac{P}{A_0}[\text{N/mm}^2] \qquad \begin{bmatrix} P : 인장하중[\text{N}] \\ A_0 : 시험 \ 전 \ 단면적[\text{mm}^2] \end{bmatrix}$$

1-2 연신율(ϵ)

$$\frac{시험 \ 후 \ 늘어난 \ 거리}{시험 \ 전 \ 길이} = \frac{\ell' - \ell}{\ell} \times 100[\%]$$

1-3 단면 수축률(ϕ)

$$\frac{시험 \ 후 \ 단면적 \ 차이}{시험 \ 전 \ 단면적} = \frac{A_0 - A}{A_0} \times 100[\%]$$

2. 경도 시험 ★

- 단단함을 측정하기 위한 시험방법.
- 각각의 시험법에 의해 정해진 공업량으로 재료 고유의 물리량은 아니다.

2-1 브리넬 경도(HB)

강구 압입자로 정하중을 가한 후에 남는 압입 자국의 표면적으로 하중을 나눈 값

$$H_B = \frac{하중}{표면적} = \frac{P}{\pi dt} = \frac{2P}{\pi D(D-\sqrt{D^2-d^2})} \, [\text{N/mm}^2]$$

2-2 비커스 경도(HV)

대면각이 136°인 피라미드형 압입자로 하중을 가한 후 남는 압입 자국을 표면적으로 나눈 값

$$H_v = \frac{하중}{표면적} = \frac{P}{\pi dt} = \frac{1.854P}{d^2} \, [\text{N/mm}^2] \quad [d: 압입 자국의 대각선 길이]$$

2-3 로크웰 경도(HRB, HRC)

B스케일은 압입자로 지름이 1.588mm인 강구를 사용하고 C스케일은 꼭지각이 120°인 다이아몬드 원뿔을 사용

$$HRC = 100 - 500h \, (시험하중 \, 150\text{kg}_f)$$
$$HRB = 130 - 500h \, (시험하중 \, 100\text{kg}_f)$$
$$[h: 압입 자국의 깊이]$$

2-4 쇼어 경도(Hs)

다이아몬드를 붙인 해머를 일정 높이에서 낙하하여 시편에 충돌하고 반발하는 높이로 경도를 표시

$$H_s = \frac{100,000}{65} \times \frac{h}{h_0} \quad \begin{bmatrix} h: 튀어오른 반발 높이 \\ h_0: 낙하높이 \end{bmatrix}$$

브리넬 경도시험
- P : 하중[N]
- D : 강구의 지름[mm]
- d : 압입흔적의 지름[mm]
- t : 압입 깊이[mm]

매크로 조직 검사
10배 이내의 확대경을 사용하거나 육안으로 직접 관찰하여 금속 조직의 결함을 확인한다. 매크로 조직 검사 종류는 파단면 검사, 설퍼프린트법, 매크로 부식법 등이 있다.
- 광범위한 관측 가능
- 작은 구멍, 미세한 갈라짐 검출에 용이
- 침탄, 편석, 탈탄층 검출에 용이

설퍼프린트법
철강 재료의 황 편석의 분포상태를 검출하는 방법으로, 3% 황산 수용액 브로마이드지를 검사면에 붙였다가 떼어내면 철강 중의 황화물이 황산과 작용하여 황 편석부분이 갈색으로 변색된 것을 검출하여 검사한다.

3. 충격 시험

충격에 대해 재료가 저항하는 성질(인성)을 측정하는 시험 방법

4. 피로 시험

피로 시험기를 이용해 재료에 반복하중을 가하여 파괴될 때까지의 반복 횟수를 측정하는 시험방법

4-1 피로 한도

반복하중을 무한히 반복해도 재료가 파괴되지 않는 최대 응력

저자 어드바이스

시험편 노치부 구조(샤르피)

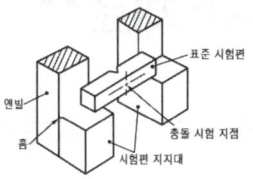

피로곡선(S-N곡선)

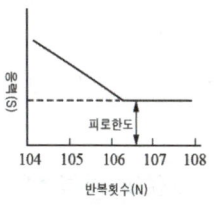

- S : 응력(Stress)
- N : 반복횟수(Number)

기계부품에서의 피로는 차축, 크랭크축, 스프링에서 자주 볼 수 있다.

크리프 곡선

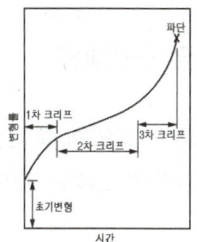

- 1차 크리프 : 천이크리프
- 2차 크리프 : 정상크리프
- 3차 크리프 : 가속크리프

개념잡기

기계재료의 단단한 정도를 측정하는 가장 적합한 시험법은?

① 경도시험 ② 수축시험
③ 파괴시험 ④ 굽힘시험

경도시험은 단단함을 측정하기 위한 시험방법이다. 각각의 시험법에 의해 정해진 공업량으로 재료 고유의 물리량은 아니다.

정답 : ①

04 공구 재료 ★★

1. 공구 재료의 구비조건 ★★

- 칼날, 바이트 커터, 드릴에는 절삭성, 정이나 펀치 등에는 내충격성, 게이지나 다이스 등에는 내마멸성과 불변성이 필요하다.
- 상온 및 고온에서 경도가 크고, 가열에 의한 경도 변화가 작아야 한다.
- 인성과 내마멸성이 크고, 가공이 쉬우며, 열처리에 의한 변형이 적어야 한다.

2. 공구 재료의 종류 ★★

2-1 탄소 공구강(STC)

0.6 ~ 1.5%C를 함유하는 강으로 가공조건이 까다롭지 않은 연질금속용, 경절삭용에 사용되며 고온경도가 낮고 담금질성이 나빠 고속 절삭 및 강력 절삭에 부적합하다.

2-2 합금 공구강(STS)

탄소강(0.8 ~ 1.5%C)에 특수한 합금 원소(Cr, W, Mo, V, Mn, Si 및 Ni 등)를 한 가지 이상 첨가한 강. 바이트, 다이스, 탭, 띠톱 등에 쓰인다. 450℃ 정도까지 사용할 수 있다.

2-3 고속도강(SKH)

고탄소강에 탄화물 형성원소인 W, Cr, V, Mo 등을 다량 첨가하고 강도와 인성을 높인 강으로 500 ~ 600℃에서도 경도가 저하되지 않고 고속절삭이 가능한 공구강

종류	주요 특징 및 용도
텅스텐(W)계 고속도강	• 기본조성 : 18%W - 4%Cr - 1%V(고속도강의 표준형) • 담금질 한 후 뜨임 처리하면 고온경도, 내마모성 크게 향상
몰리브덴(Mo)계 고속도강	• 텅스텐(W) 양을 줄이고 4 ~ 10%Mo을 첨가시킨 고속도강 • 담금질 온도가 낮아 열처리가 용이, 값이 저렴, 인성이 높다.
코발트(Co)계 고속도강	• 용융온도가 높기 때문에 담금질 온도를 높여 뜨임경도가 향상되며 결과적으로 고온경도가 증가된 강력한 절삭공구

저자 어드바이스

공구강의 구비조건
- 내마멸성이 커야 한다.
- 경도가 크고 높은 온도에서도 경도를 유지하여야 한다.
- 가공이 용이하고 가격이 싸야 한다.
- 강인성이 커야 한다.
- 열처리가 쉬워야 한다.

2-4 주조경질합금

코발트를 주성분으로 하는 코발트, 크로뮴, 텅스텐, 탄소(Co - Cr - W - C)계 합금. 열처리 하지 않아도 경도가 높고, 인성이 낮고 충격에 약하다. 스텔라이트(W, Cr, Co, Fe가 주성분인 주조합금)가 대표적이다.

2-5 소결초경합금

탄화텅스텐(WC), 탄화티타늄(TiC), 탄화탄탈럼(TaC) 등의 금속 분말을 코발트(Co)로 소결한 합금. 경도가 대단히 높고 내마모성이 우수하여 공구커터로 사용된다.

2-6 세라믹 공구

알루미나(Al2O3)가 주성분인 세라믹스로 만들어진 공구. 고속도 및 고온 절삭에 강하며 충격에 약하지만 열을 흡수하지 않고 철과 친화력이 없어 구성인선이 발생하지 않아 고속 정밀가공에 적합하다.

2-7 서멧(Cermet)

세라믹(Ceramic)와 금속(Metal)의 합성어로, 알루미나(Al_2O_3) 분말과 TiC, TiN 분말을 수소 분위기에서 소결하여 만든 공구

2-8 다이아몬드 공구

공업용 다이아몬드를 연마하며 절삭날을 만든 공구로, 경도가 커서 정밀절삭 및 유리절삭 등에 사용. 취성이 높아 충격에 취약하다.

저자 어드바이스

초경합금

- 용도 : 바이트팁, 절삭공구
- 소결 경질 합금은 WC, TiC, TaC 등의 분말에 코발트 분말을 결합재로 하여 혼합한 다음 금형에 넣고 가압, 성형한 것을 800~1,000℃에서 예비 소결 후 희망하는 모양으로 가공하고 이것을 수소 기류 중에서 1,400~1,500℃에서 소결시키는 분말 야금법으로 제조한다.

세라믹 공구

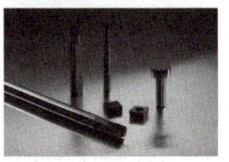

입방정계 질화붕소(CBN)

다이아몬드 다음의 경도가 있으므로 각종 연마, 절삭공구에 사용된다. 특히 철계 재료와는 반응하지 않는 특징이 있다.

개념잡기

TiC를 주체로 하고 TiN, TiCN 등의 탄화물을 초미립화하여 소결시킨 합금으로 경도가 높은 반면 항절력이 낮은 절삭공구 재료는?

① 서멧   ② 세라믹
③ 초경합금   ④ 코티드 초경합금

서멧(Cermet)
세라믹(Ceramic)와 금속(Metal)의 합성어로, 알루미나(Al_2O_3) 분말과 TiC, TiN 분말을 수소 분위기에서 소결하여 만든 공구

정답 : ①

CHAPTER 03
철강 재료

KEYWORD 펄라이트, 페라이트, 오스테나이트, 시멘타이트, 탄소강, 합금강, 공구용 합금강, 주철, 담금질, 풀림, 불림, 뜨임, 표면경화열처리, 오스템퍼링, 마템퍼링, 마퀜칭, 금속침투법

01 탄소강 ★★

1. 탄소강의 표준 조직

1-1 페라이트(Ferrite)

체심입방결정의 α-철을 바탕으로 한 고용체로, 탄소가 최대 0.02% 고용된다. A_2점 이하에서는 강자성체이며, 전연성이 크다.

1-2 오스테나이트(Austenite)

γ-철을 바탕으로 탄소가 최대 2.11% 고용된 γ고용체로, 비자성체이며 인성과 전기 저항이 크다.

1-3 시멘타이트(Cementite)

철에 6.67%C가 고용된 금속간화합물(Fe_3C)로 경도와 취성이 크며 자성이 있지만, 25℃에서 비자성체가 된다(A_0변태).

1-4 펄라이트(Pearlite)

오스테나이트 상태의 강을 서서히 냉각할 때 생기는 조직이며, 페라이트(α-철)와 시멘타이트(Fe_3C)가 층상을 이루고 있다.

저자 어드바이스

강의 기본조직 사진

• 페라이트

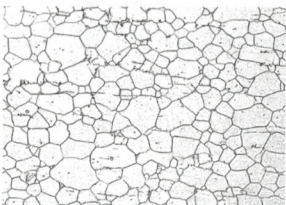

• 오스테나이트

• 시멘타이트

1-5 레데뷰라이트(Ledeburite)

오스테나이트와 시멘타이트가 공정반응으로 정출되어 생긴 공정 주철이며, 경도가 크고 메짐성이 있다.

2. 탄소강의 기계적 성질

철에 0.02 ~ 2.08%의 탄소가 함유된 강. 담금질, 뜨임, 풀림 등의 열처리에 의하여 성질이 변하고 이에 따른 용도가 넓다.
- 탄소 함유량이 증가할수록 경도, 항복점, 인장강도는 증가하고, 공석강에서 최대가 되며, 연신율과 인성, 단면수축률, 비중, 용융온도가 감소한다.
- 탄소강의 탄성계수, 항복점, 탄성한계 등은 온도 상승에 따라 감소한다.
- 탄소강은 200 ~ 300℃에서 취성에 취약해지는 청열취성이 나타난다.

3. 탄소강의 취성(= 메짐) ★

종 류	발생온도	특 징
저온취성	-20 ~ -30℃	저온에서 강의 충격값이 급격히 저하되어 깨지는 성질
상온취성	상온	인(P)을 함유한 재료가 상온에서 충격치가 낮아지는 성질
청열취성	200 ~ 300℃	탄소강이 200 ~ 300℃에서 경도가 커져 취성이 나타나는 성질
적열취성	900℃ 이상	황(S)을 함유한 강이 900 ~ 1,000℃에서 취성이 나타나는 성질 망가니즈(Mn)를 첨가하여 방지한다.
뜨임취성	500 ~ 650℃	담금질 뜨임 후 재료에 취성이 나타나는 성질 Ni-Cr강에 나타나며, Mo(몰리브덴)을 첨가하여 방지한다.

저자 어드바이스

강의 기본조직 사진
- 펄라이트

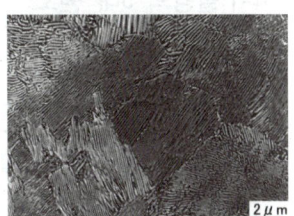

- 레데뷰라이트

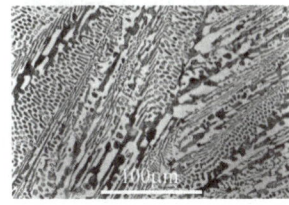

- 순철의 특징
  - 비중 : 7.8
  - 상온에서 연성 및 전성이 우수하고 용접성이 좋다.
  - 변압기 철심, 발전기용 철판 재료에 사용된다.

헤어크랙(Hair Crack)

수소(H_2)의 영향으로 금속 내부에 머리카락 같은 균열이 발생하는 현상

4. 탄소강에 함유된 원소의 영향 ★

4-1 철강의 5대 원소

탄소(C), 규소(Si), 망간(Mn), 인(P), 황(S)

원소명	영향
C(탄소)	인장강도·경도·탄성한도 증가, 내식성 향상, 충격값·냉간 가공성 저하
Si(규소)	인장강도·탄성한계·경도 크게 증가, 연신율·충격값 감소, 결정립 조대화, 용접성 저하, 냉간 가공성 저하
Mn(망간)	인장강도·경도·인성 증가, 담금질 효과·경화능 증가, 연성은 약간 감소, 점성 증가로 고온가공 용이, 황(S)의 악영향 감소, 적열취성의 예방
P(인)	결정립 조대화, 경도·인장강도 증가, 연신율 감소, 충격치 감소, 상온취성의 원인, 편석 유발, 냉간 가공성 저하
S(황)	인장강도·연신율·충격값 감소, 열간가공·용접성 저하, 적열취성의 원인
Cu(구리)	인장강도·탄성한도·내식성 증가, 압연 시 균열의 원인

탄소강에 함유된 가스 영향
- 수소(H_2) : 헤어크랙, 백점을 발생
- 질소(N_2) : 냉간가공 후 오랜 시간이 지나면 인성이 감소되는 변형 시효를 유발
- 산소(O_2) : 황(S)과 유사하게 FeO를 생성하여 적열취성의 원인

황이 함유된 탄소강의 적열취성을 감소시키기 위해 첨가하는 원소는?

① 망가니즈　　　　② 규소
③ 구리　　　　　　④ 인

망가니즈(Mn)
인장강도·경도·인성 증가, 담금질 효과·경화능 증가, 연성은 약간 감소, 점성 증가로 고온가공 용이, 황(S)의 악영향 감소, 적열취성의 예방

정답 : ①

---

5. 탈산에 따른 강괴의 종류

5-1 림드강

탈산 및 기타 가스 처리가 불충분한 상태의 용강을 주형에 주입하여 응고한 강. 강 내부에 기포가 남아있는 결함이 나타난다.

5-2 킬드강

용강 중에 Fe - Si, Al분말 등의 강한 탈산제를 첨가하여 산소를 완전히 제거한 강. 상부 중앙에 수축공이 발생하는 결함이 나타난다.

5-3 세미킬드강

탈산 정도가 킬드강과 림드강의 중간 정도의 강

5-4 캡드강

림드강에서 리밍작용을 억제하기 위해 뚜껑을 씌워 응고한 강

02 합금강 ★★

1. 합금강(Alloy Steel, 특수강)의 특성

탄소강에 합금원소를 첨가해서, 탄소강에서 얻을 수 없는 특수한 성질을 부여하여 준 강

- 첨가하는 원소에 따라 탄소강과 다른 새로운 특성과 성질이 나타난다.
- 탄소강에 비해 강의 열처리성을 향상시켜 기계적 성질을 향상시킨다.
- 강의 내식성과 내마멸성을 증가시키고 전자기적 성질을 변화시킨다.

합금 원소	주요 효과
니켈(Ni)	강인성, 내식성, 내마모성이 증가, 저온 충격저항 증가
크로뮴(Cr)	내식성, 내열성, 자경성이 크게 증가, 내마모성 증가
망가니즈(Mn)	강도·경도·내마모성 증가, 취성 방지, 고온 강도·경도 증가
몰리브데넘(Mo)	내마멸성이 크게 증가, 뜨임 취성 방지
규소(Si)	전자기적 성질 개선, 내식성·내마멸성 증가, 내열성 증가
텅스텐(W)	경도, 내마멸성 크게 증가, 고온 강도·경도 증가
구리(Cu)	석출경화를 용이하게 한다. 내산화성 증가
코발트(Co)	고온 강도와 고온 경도 크게 증가
바나듐(V)	경화성 증가
타이타늄(Ti)	결정입자 사이의 부식에 대한 저항성 증가

저자 어드바이스

평형상태도의 중요점
- 퀴리점(A_2 변태점)
  - 온도 : 768℃
  - 순철의 자기적 성질이 변하게 되는 온도
- 공석점(공석반응)
  - 온도 : 723℃
  - 조성 : 0.8%C
  - 오스테나이트(γ) ↔ 페라이트(α) + 시멘타이트(Fe_3C)
- 공정점(공정반응)
  - 온도 : 1,140℃
  - 조성 : 4.3%C
  - 용융금속(L) ↔ 오스테나이트(γ) + 시멘타이트(Fe_3C)
- 포정점(포정반응)
  - 온도 : 1,495℃
  - 조성 : 0.18%C
  - 용융금속(L) + 페라이트(δ) ↔ 오스테나이트(γ)

합금(Alloy)
금속에 다른 원소를 한 가지 이상 첨가하여 새로운 성질을 가진 금속을 얻는 것

합금강(Alloy Steel)
철과 탄소의 합금인 강의 성질을 개량할 목적으로 크로뮴·니켈·망가니즈·몰리브데넘·텅스텐 등과 같은 원소를 하나 이상 첨가해서 만든 강이다.

자경성
특수 원소의 첨가로 가열 후 공랭하여도 자연히 경화하여 담금질 효과를 얻을 수 있는 성질을 말한다.

2. 구조용 합금강의 종류

기계 부품 및 각종 구조물로 사용되는 것으로 기계적 성질을 비롯해 단조성, 피절삭성, 용접성 등과 같은 가공성이 우수해야 한다.

2-1 강인강

탄소강으로 얻기 어려운 강인성을 가져야 하기 때문에 탄소강에 Ni, Cr, Mo, W, V, Ti, Zr, Co, B, Si 등을 첨가한 강

종류	주요 특징 및 용도
니켈(Ni)강	• 강인성과 자경성, 열처리성, 내마멸성 내식성 향상을 위해 탄소강에 니켈(Ni)을 첨가시킨 강. 니켈 자원의 한정으로 고가 • 인성이 탄소강의 5~6배 증가하고 내식성과 내마멸성도 개선
니켈 - 크로뮴 (Ni - Cr)강	• 탄소강에 Ni - Cr을 첨가해 열처리 효과가 크고 질량효과가 적다. • 내마멸성과 내식성이 우수하고 고온에서 결정립이 잘 성장하지 않는다. • 강도를 필요로 하는 봉재, 관재, 선재 및 기어, 피스톤 소재로 사용
니켈 - 크로뮴 - 몰리브데넘 (Ni - Cr - Mo)강	• 니켈-크로뮴강에 0.3% 이하의 몰리브데넘(Mo) 첨가 • 강인성을 증가시키고 담금질성 향상, 뜨임 취성을 완화 • 몰리브데넘(Mo)은 고온에서 점성이 좋아 단조 및 압연이 용이하다. • 고급 내연 기관의 크랭크축, 강력 볼트, 기어 등 중요 부품에 사용
크로뮴(Cr)강	• 탄소강에 0.9~1.2%Cr을 첨가하여 담금질성과 뜨임효과를 크게 개선 • 크로뮴(Cr)은 자원이 풍부하고 비교적 값이 저렴하여 널리 사용 • Cr 2% 이하의 크로뮴 강은 침탄용으로 사용, 고탄소 크로뮴강은 베어링, 줄, 다이스 등에 사용
크로뮴 - 몰리브데넘 (Cr - Mo)강	• 니켈 - 크로뮴강에서 니켈 대신 몰리브데넘을 소량 첨가하여 강인성과 내식성을 향상시킨 저합금강. 값이 비싼 니켈을 대신하기 위해 개발 • 경화능이 크고 뜨임 취성도 적으며, 용접성과 고온 가공성이 우수하다. • 가공면이 깨끗하여 얇은 강판이나 관의 제조에 많이 사용
망가니즈 (Mn)강	• 망가니즈(Mn)는 강도를 증가시키는 가장 경제적인 합금 원소로, 탄소강에 자경성을 부여하고 공랭에도 쉽게 오스테나이트 조직 형성 • 저망가니즈강(듀콜강) : 망가니즈 함유량 2% 이하, 강하고 연신율도 양호하여 조선, 차량, 건축, 교량 등 일반 구조용 강으로 사용 • 고망가니즈강(하드필드강) : 망가니즈 함유량 10~14%, 내마멸성과 내충격성이 우수하다. 특히 오스테나이트 조직으로 인성이 우수하여 각종 광산 기계의 파쇄 장치, 임펠러 블레이드, 고장력강판 등에 사용

참고

하드필드강(고망가니즈강)

C 1~1.3%, Mn 10~14%를 함유한 고망간강으로 오스테나이트 계열이다. 냉간 가공이나 표면 슬라이딩에 의해 경도와 내마모성이 증대하기 때문에 파쇄기의 날, 버킷의 날, 레일, 레일의 포인트 등에 사용된다. 1,050℃에서 급랭하여 오스테나이트 상태로 사용된다.

2-2 표면경화용 강

가공하기 쉬운 탄소강을 침탄 열처리하여 표면에 충분한 경도와 내마모성을 갖춘 강

종류	주요 특징 및 용도
침탄용 합금강	• 니켈 - 크로뮴 - 몰리브데넘(Ni - Cr - Mo)강 • 담금질성의 개선과 중심부의 강인성 증대가 목적 • 가혹한 조건에서 사용하는 부품이나 중요한 기계 부품 제작에 사용
질화용강	• 알루미늄(Al), 크로뮴(Cr), 바나듐(V) 등을 함유하는 중탄소 저합금강 • 강의 표면을 질화하여 높은 표면 경도 부여 • 질화 후 경화열처리가 필요하지 않아 질화 제품은 변형이 극히 적다. • 중심부가 양호한 기계적 성질을 가지면서 경화층의 경도를 높인다.
고주파 경화용강	• 탄소강에 크로뮴(Cr), 몰리브데넘(Mo) 등의 원소 첨가 • 내부의 인성과 높은 강도가 요구될 때는 저합금강을 사용

> **저자 어드바이스**
>
> **침탄**
> 강철의 탄소함유량을 증가시키기 위하여 탄소를 강철에 도입하는 방법이다. 저탄소강 표면부를 단단하게 하기 위하여 탄소 성분을 스며들게 한다.
>
> **질화**
> 질소를 강에 침투시켜 그 표면을 경화시키는 조작으로 공작물을 정밀하게 다듬질한 다음 암모니아가스 속에 500℃ 정도로 18 ~ 19시간 가열하여 자연스럽게 냉각시킨다. 침탄에 의한 경화보다 표면의 경도가 더욱 크고 변형이 생기지 않는다.

3. 내식·내열용 합금강의 종류 ★

3-1 스테인리스강

철강의 부식이나 녹이 생기는 결점을 개선하기 위해 Cr, Ni을 다량 첨가하여 내식성을 현저히 향상시킨 강. 일반적으로 13% 이상의 Cr이 첨가된 강을 스테인리스강이라 하고, 그 이하의 강은 내식강이라 한다.

종류	주요 특징 및 용도
페라이트계 스테인리스강 (고Cr계)	• 일반적으로 Cr이 13%인 것과 Cr이 18%인 강을 사용 • 크로뮴이 페라이트에 고용되어 내식성 증가 • 탄소 함유량이 0.12% 이하로 담금질 효과가 없는 페라이트 조직 • 내산성이 오스테나이트계에 비해 작고 담금질하면 내식성이 우수하다. • 일반적으로 건축내외장제, 식기류, 전기기기 등에 사용
오스테나이트계 스테인리스강 (고Cr, 고Ni계)	• 18-8형 스테인리스강 : 표준조성은 Cr 18%, Ni 8% • 고크로뮴계보다 내식성과 내산화성이 우수하다. • 상온에서 오스테나이트 조직으로 변하여 용접성, 가공성이 좋다. • 18-8 스테인리스강의 입계 부식 : 600 ~ 800℃에서 탄화물이 결정립계에 석출되어 입계 부근에 내식성이 저하되어 점진적으로 부식 • 입계부식 방지책 : 고온에서 담금질하여 탄화물을 고용 • 주방기기, 온수기, 화학공업 등 미려함이 요구되는 부분에 사용
마텐자이트계 스테인리스강 (고Cr, 고C계)	• 12 ~ 17%의 크로뮴(Cr)과 탄소를 함유한 강을 담금질한 후 뜨임 처리하여 마텐자이트 조직을 형성. 높은 강도와 경도가 목적 • 페라이트계에 비해 내식성이 떨어지나 강도가 크므로 일반 구조용과 내식 공구 등에 사용

3-2 내열강

고온에서 산화 또는 가스 침식에 견디며, 사용 중에 조직의 변화를 일으키지 않고 기계적 성질을 유지하는 강

합금 원소	주요 효과
크로뮴, 규소, 알루미늄, 니켈	내열, 내산화성 개선 예 시크로(Si - Cr)내열강
텅스텐, 코발트, 몰리브데넘	고온 강도 향상

게이지강

내마멸성, 내식성이 좋고 열처리에 의한 신축 및 담금질에 의한 균열이 적고 영구적인 치수 변화가 없어야 한다. 치수변화 방지를 위해 시효처리 하여 200℃ 이상의 온도에서 장기간 뜨임해서 사용하며, 정밀기계, 기구, 게이지 등에 사용된다.

4. 특수 용도용 합금강의 종류 ★

4-1 쾌삭강

강에 황(S), 납(Pb)을 첨가하여 가공재료의 피삭성을 높이고, 절삭 공구의 수명을 길게 하기 위해 요구되는 성질을 부여한 강

종류	주요 특징 및 용도
황쾌삭강	• 탄소강에 황 0.1 ~ 0.25%를 첨가시켜 쾌삭성을 높인 강 • 황(S)이 망가니즈(Mn)와 결합하여 황화물을 형성하고 절삭성을 향상 • 강의 인성을 저하시켜 중요 부품에는 사용하지 않는다.
납쾌삭강	• 탄소강 또는 합금강에 납(Pb)을 0.1 ~ 0.3% 첨가하여 절삭성을 향상 • 절삭성을 향상시키나 인성이 높지 않아 중요 부품에 사용하지 않는다.

보자력

자화된 자성체의 자화도를 0으로 만들기 위해 걸어주는 역자기장의 세기 이다. 이 값은 물질에 따라 고유한 값을 가지며, 영구 자석으로 사용할 물질은 이 값이 클수록 좋다. 항자기력 이라고도 한다.

자연 시효

주조 후 장시간 외부에 방치하면 자연히 주조 응력이 제거되는데 이를 자연 시효라 한다.

4-2 영구자석강

잔류자기와 보자력이 크고 온도, 진동, 자장의 산란에 의해 자기를 상실하지 않는 연속성이 필요, 처음엔 고탄소강을 사용하다가 W, Cr, Co 등을 함유한 것이 더욱 좋게 되어 합금 원소 함유강에 사용한다.

4-3 규소강

규소(Si) 0.5 ~ 4.5%를 첨가하여 부력손실, 항자력, 와류 손실을 감소시킨 강. 히스테리시스 손실이 적어 발전기, 전동기, 철심재료에 적합

4-4 베어링강

베어링강은 탄성한도와 피로한도가 높아야 하며, 고탄소 크롬강이 사용된다. 베어링강은 담금질 후에 반드시 뜨임하여야 한다.

4-5 불변강

온도 변화에 따른 열팽창계수, 탄성계수의 변화가 거의 없는 강

종류	주요 특징 및 용도
인바 (Invar)	• 조성 : 탄소(C) 0.2% 이하, 니켈(Ni) 35~36%, 망가니즈(Mn) 0.4% • 200℃ 이하의 온도에서 열팽창계수가 현저하게 작은 것이 특징 • 줄자, 시계진자, 바이메탈 등에 사용. 열팽창계수는 순철의 1/10
엘린바 (Elinvar)	• 조성 : 니켈(Ni) 36%, 크로뮴(Cr) 12% • 탄성불변강으로, 온도 변화에 따른 탄성률의 변화가 매우 적다. • 지진계 및 정밀기계의 주요 재료로 사용 • 코엘린바 : 엘린바에 코발트(Co) 26~58%를 함유하는 철합금으로 온도 변화에 대한 탄성률의 변화가 극히 적고 부식되지 않는다.
슈퍼 인바 (Super invar)	• 조성 : 니켈(Ni) 29~40%, 코발트(Co) 15% • 온도 변화에 따른 탄성률 변화가 매우 작고, 거의 부식되지 않는다. • 특수용 스프링, 관측용 기구 부품에 사용. 열팽창계수는 0.1×10^{-6}
플래티나이트 (Platinite)	• 조성 : 니켈(Ni) 42~48%, 나머지는 철(Fe) • 열팽창계수가 9×10^{-6} 정도로 백금과 동일. 전구의 도입선으로 사용

주철 내의 유리탄소(C)
주철은 탄소(C)를 다량 함유한 것으로 강에는 없는 주철만의 큰 특징은 뛰어난 감쇠능이다. 주철에 함유된 흑연이 진동 에너지를 흡수하여 감쇠율이 강의 5~10배에 달한다.

유동성
철을 용해한 후 주형에 주입할 때 주철 쇳물이 흐르는 정도

감쇠능
일반적으로 어떠한 물체에 진동을 주면 에너지가 그 물체에 흡수되어 점차 약화되면서 정지한다. 이와 같이 물체가 진동을 흡수하는 능력을 진동의 감쇠능이라 한다.

비자성체로서 Cr과 Ni를 함유하며 일반적으로 18-8 스테인리스강이라 부르는 것은?

① 페라이트계 스테인리스강
② 오스테나이트계 스테인리스강
③ 마텐자이트계 스테인리스강
④ 펄라이트계 스테인리스강

오스테나이트계 스테인리스강(고Cr, 고Ni계)
18-8형 스테인리스강 : 표준조성은 Cr 18%, Ni 8% 고크로뮴계보다 내식성과 내산화성이 우수하다. 상온에서 오스테나이트 조직으로 변하여 용접성, 가공성이 좋다.

정답 : ②

03 주철과 주강★★

주철(Cast Iron)은 탄소량이 2.0 ~ 6.67%인 철 합금으로, 보통주철의 조성은 탄소(C), 규소(Si), 망가니즈(Mn), 인(P), 황(S) 등을 포함하고 있다.

1. 주철의 특성 ★

- 일반적으로 주철은 탄소를 2.5 ~ 4.6% 함유한다(4.3%C : 공정주철).
- 비교적 강에 비해 강도가 높다.

장점	단점
• 주조성이 우수하여 크고 복잡한 형상도 제작이 가능하다. • 단위 무게당 가격이 저렴하다. • 표면은 녹이 잘 슬지 않으며 칠이 잘 된다. • 내마모성과 마찰저항이 우수하다. • 압축강도가 크며, 감쇠능이 뛰어나다.	• 응고 후 수축이 크다. • 충격값이 작다. • 굽힘강도, 인장강도가 작다. • 주철의 성장 • 취성이 크다(=인성이 작다).

주철의 성장

600℃에 가열과 냉각을 반복하면 부피 증가로 파열되는 현상

주철 성장의 원인	• 시멘타이트(Fe_3C)의 흑연화로 인한 주철의 성장 • 규소(Si)가 체적이 큰 산화물(SiO_2)을 생성하는 것에 의한 성장 • A_1변태점을 통과할 때마다 흑연이 가는 균열이 되어 팽창하면서 성장
주철의 성장 방지법	• 주철의 바탕 조직을 치밀하게 한다. • 흑연화 방지 원소(Cr, Mo, V, W)를 첨가하거나 흑연을 미세화시킨다. • 산화물을 생성하기 쉬운 Si의 양을 줄인다.

용어정리

주철 내의 유리탄소(C)
주철은 탄소(C)를 다량 함유한 것으로 강에는 없는 주철만의 큰 특징은 뛰어난 감쇠능이다. 주철에 함유된 흑연이 진동에너지를 흡수하여 감쇠율이 강의 5 ~ 10배에 달한다.

유동성
철을 용해한 후 주형에 주입할 때 주철 쇳물이 흐르는 정도

감쇠능
일반적으로 어떠한 물체에 진동을 주면 에너지가 그 물체에 흡수되어 점차 약화되면서 정지한다. 이와 같이 물체가 진동을 흡수하는 능력을 진동의 감쇠능이라 한다.

저자 어드바이스

주철 내의 규소(Si)
규소(Si)는 주물의 유동성을 좋게 한다. 주물의 두께가 얇을수록 냉각속도가 빨라 탄소가 시멘타이트로 되기 쉬우므로 얇은 주물일수록 Si를 다량 첨가한다.

주철의 성장
주철은 고온에서 시멘타이트의 분해가 일어나 강도와 크리프강도가 저하되고 동시에 변형이나 균열이 생겨 수명이 떨어진다.

2. 주철의 일반적인 조직

주철 내의 탄소의 함유량에 따라 회주철, 백주철, 반주철 등으로 구분

2-1 마우러 조직도

탄소(C)와 규소(Si)량에 따른 주철의 조직 관계를 나타낸다. 규소(Si)가 많으면 흑연량이 많아지며, 탄소량이 많을수록 흑연이 정출

3. 주철의 종류 ★★

3-1 보통 주철(GC10 ~ GC20)

인장강도는 117.6 ~ 196MPa 정도이며, 회주철이 대표적인 주철. 값이 싸고 가공성이 좋아 일반 기계, 부품 기계 구조물의 몸체 등에 사용된다. 압축에 강하지만 취성이 높다.

3-2 고급 주철(GC25 ~ GC35)

인장강도가 245MPa 이상인 주철. 강력하고 내마모성이 좋다. 펄라이트 주철이라고도 한다.

3-3 미하나이트 주철

용융 주철에 접종제를 첨가하여 흑연을 균일하고 미세하게 발달시킨 주철. 인장강도가 343 ~ 441MPa 정도이며 담금질이 받음 강력 구조용, 내열용, 내마모용 등에 사용된다.

저자 어드바이스

마우러 조직도

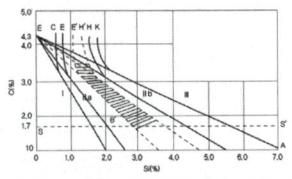

구역	조직	주철의 종류
I	펄라이트 +시멘타이트	백주철 (극경주철)
IIa	펄라이트 +시멘타이트 +흑연	반주철 (경질주철)
II	펄라이트 +흑연	펄라이트주철 (강력주철)
IIb	펄라이트 +페라이트 +흑연	회주철 (보통주철)
III	페라이트 +흑연	페라이트주철 (연질주철)

- 회주철 : 탄소가 흑연 상태로 존재하며 파단면이 회색
- 백주철 : 탄소가 시멘타이트 상태로 존재
- 반주철 : 회주철과 백주철의 중간

접종

구상흑연주철을 제조할 때 Mg, Ce을 첨가하여 흑연을 미세화하고 시멘타이트를 안정화시켜 백선철이 되는 것을 예방하는 조작방법. 고급 주철을 제조하는 경우에도 흑연화를 촉진할 목적으로 Ca-Si, Fe-Si을 첨가한다.

칠(Chill)

주물의 표면조직이 시멘타이트(Fe_3C)화 되는 것을 의미한다.

3-4 합금 주철

보통 주철에 Ni, Cr, Mo Cu, Mg 등의 합금원소나 Si, P, Mn을 다량 첨가하여 기계적 성질을 개선한 주철

종류	보통 주철에 첨가하는 특수 합금 원소의 영향
크롬 (Cr)	• 흑연화를 방지하고 탄화물을 안정화시킨다. • 1.5 ~ 2% 첨가 시 펄라이트 조직이 미세화되고, 경도·내열성·내부식성이 증가된다. Cr을 많이 넣으면 내열성이 좋아지지만 가공성이 나빠진다.
니켈 (Ni)	• 흑연화를 촉진. 흑연화 능력은 규소의 1/2 ~ 1/3 정도 • 0.1 ~ 1% 첨가 시 조직이 미세화된다. 주물의 얇은 부분의 칠(Chill) 발생을 방지하고, 두께가 불균일한 주물을 강하게 한다.
몰리브덴 (Mo)	• 흑연화를 약간 방지. 0.25 ~ 1.25% 첨가 시 흑연이 미세화되어 강도·경도·내마멸성이 증가하며, 주물의 조직을 균일하게 한다.
구리 (Cu)	• 0.25 ~ 25% 첨가 시 경도·내마모성·내식성이 좋아진다. • 0.4 ~ 0.5% 첨가 시 염산, 질산, 황산에 대한 내식성이 개선된다.

합금 원소에 의한 강도 증가율
V > Mo > Cr > Mn > Cu > Ni

저자 어드바이스

주철의 조직사진
• 회주철(보통주철)

• 백주철

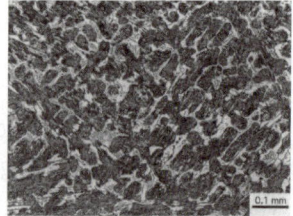

3-5 특수 주철

주철합금의 대표적인 원소로 C, Si, P가 주로 포함되어 있고 불순물인 S, Mn이 있을 수 있다. 여기에서 보통 주철이나 합금 주철에 비하여 기계적 성질이 뛰어난 주철을 얻기 위해 조성이나 열처리 등의 특별한 조작을 통해 제조한 주철

종류	주요 특징 및 용도
가단 주철	• 백주철을 장시간 열처리하여 강도와 연성을 향상시킨 주철 • 흑심 가단 주철(BMC) : 저탄소, 저규소의 백주철을 2단계 열처리 공정을 거쳐 풀림 처리하여 흑연을 입상으로 석출시킨 주철 • 백심 가단 주철(WMC) : 백주철을 풀림 처리해서 표면은 탈탄시켜 연하게 만들고, 내부로 갈수록 펄라이트가 많게 가단성을 부여한 주철 • 펄라이트 가단 주철 : 흑심 가단주철 공정에서 1단계 흑연화 처리만 한 다음 500℃ 전후로 서랭하고, 다시 700℃ 부근에서 20 ~ 30시간 유지하여 필요한 조직과 성질을 얻는 주철
구상 흑연 주철 (GCD)	• 덕타일주철(연성주철), 노듈러주철이라고도 한다. • 용융 상태의 주철에 마그네슘(Mg), 세륨(Ce), 칼슘(Ca) 등을 첨가하여 편상 흑연을 구상화한 주철(주철의 강도와 연성을 개선) • 강인하고 주조상태에서 강이나 주강에 가까운 기계적 성질을 얻는다. • 열처리하여 조직을 개선할 수 있고, 내마멸성, 내식성, 내열성이 우수
칠드 주철	• 보통 주철보다 규소 함유량을 적게 하고 망가니즈를 첨가한 쇳물을 주형에 주입 → 경도를 필요로 하는 부분에 칠메탈(Chill Metal)을 사용하여 빠르게 냉각시킨다. → 단단한 칠 층 형성(해당 부분만 백주철화되어 경화)

• 가단 주철

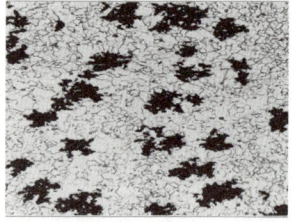

• 구상 흑연 주철

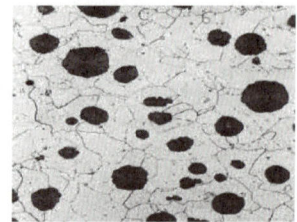

> **개념잡기**
>
> 구상 흑연 주철에 영향을 미치는 주요 원소가 조합된 것으로 가장 적합한 것은?
>
> ① C, Mn, Al, S, Pb, Ca
> ② C, Si, N, P, Cu, Ti
> ③ C, Si, Cr, P, Zn, W
> ④ C, Si, Mn, P, S, Mg
>
> **구상 흑연 주철**
> 주철합금의 대표적인 원소로 C, Si, P가 주로 포함되어 있고 불순물인 S, Mn이 있을 수 있다. 여기에서 용융 상태의 주철에 마그네슘(Mg), 세륨(Ce), 칼슘(Ca) 등을 첨가하여 편상 흑연을 구상화한 주철(주철의 강도와 연성을 개선). 강인하고 주조상태에서 강이나 주강에 가까운 기계적 성질을 얻는다. 열처리하여 조직을 개선할 수 있고, 내마멸성, 내식성, 내열성이 우수하다. 조직이 황소의 눈 모양과 같다하여 불스아이(소 눈) 조직이라고 한다.
>
> 정답 : ④

4. 주강의 특성

4-1 주강품(Steel Casting)

용융된 탄소강 또는 합금강을 주형에 주입하여 만든 제품

4-2 주강(Cast Steel)

강주물에 사용한 탄소강이나 합금강
- 주강은 모양이 크고 복잡하여 단조 가공이 곤란하거나 주철 주물보다 강도가 큰 기계 재료에 사용
- 주철에 비하여 용융 온도가 높기 때문에 주조하기가 어렵고 값이 고가이다.

04 열처리 ★★

금속 또는 합금에 요구되는 기계적 성질을 개선하거나 원하는 특성을 부여하기 위한 목적으로 가열과 냉각 조작을 가하는 기술

1. 담금질(Quenching) ★

- 강의 강도나 경도를 높이기 위해 강을 오스테나이트 조직으로 될 때까지 $A_1 \sim A_3$ 변태점보다 30 ~ 50℃ 높은 온도로 가열한 후 물이나 기름에 급랭하여 마텐자이트 변태가 생기도록 하는 열처리
- 강에 탄소량이 많거나 냉각속도가 빠를수록 담금질 효과가 크다.

1-1 냉각속도에 따른 조직(빠름부터 느림순)

마텐자이트 > 트루스타이트 > 소르바이트 > 펄라이트 > 오스테나이트

1-2 조직에 따른 경도(단단함부터 연함순)

시멘타이트 > 마텐자이트 > 트루스타이트 > 소르바이트 > 펄라이트 > 오스테나이트 > 페라이트

2. 뜨임(Tempering) ★

담금질 경화로 생긴 취성을 제거하고 내부 응력제거와 강인성을 향상시키기 위해 A_1 변태점 이하의 온도에서 재가열하는 열처리

2-1 저온 뜨임

담금질 후 경도를 희생하지 않고 내부 응력을 제거하기 위한 열처리이다. 연마균열을 방지하고 내마모성을 향상시킨다.

2-2 고온 뜨임

구조용으로 사용되는 강에 강인성을 부여하고 절삭 가공할 수 있는 범위로 변태시키기 위한 열처리로, 500 ~ 600℃에서 한다.

저자 어드바이스

열처리의 목적
- 내부 응력과 전형 감소
- 강도, 연성, 내마모성 등의 기계적 성질 향상
- 표면 경화를 통한 성질 변화
- 조직을 미세화하고 기계적 성질을 개선

참고

경화능

해당 열처리에 대해 마르텐자이트가 형성되어 합금이 경화되는 능력

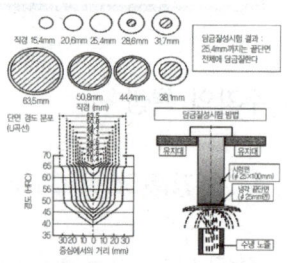

조미니시험(경화능시험)

용어정리

자경성

담금질의 온도로 가열한 후 공랭 또는 노랭에 의하여도 경화되는 성질.
- 자경성 원소 : Mn, Cr, Ni, Mn, W, No

담금질 효과

강에 담금질 열처리를 진행하였을 때, 기계적 성질이 변하는 정도

질량 효과

강재의 질량의 대소에 따라서 열처리 효과가 달라지는 비율. 질량 효과가 크다는 것은 강재의 크기에 따라 열처리 효과가 크게 달라진다는 것을 뜻함

노치 효과

기계 부품에 예리한 모서리가 존재하면 국부적인 응력 집중(평균응력의 약 10배)이 생겨 파손되기 쉬운데, 이 예리한 모서리를 노치라 하며, 이 노치 때문에 강도가 감소하는 현상

3. 풀림(Annealing) ★

조직을 조정하여 연화시키기 위한 열처리로, A_1 ~ A_3 변태점보다 30 ~ 50℃ 높은 온도로 가열하여 불순물을 방출하고 내부응력을 제거한다. 과공석강 부분에서 가열온도가 다른 점이 노멀라이징과 차이점이다.

4. 불림(Normalizing) ★

- 강의 조직을 표준 상태로 만들기 위한 열처리로, 가공으로 인한 조직의 불균일을 제거하고 결정립을 표준화시켜 기계적 성질을 향상
- A_1 ~ A_{cm} 변태점보다 30 ~ 50℃ 높은 온도로 가열하여 균일한 오스테나이트 조직으로 개선한 후에 공기 중에서 냉각

5. 항온열처리 ★★

항온변태곡선(TTT곡선, S곡선, C곡선)

오스테나이트를 급랭시켜 시간변화에 따른 오스테나이트의 변태를 온도-시간 곡선으로 나타낸 것

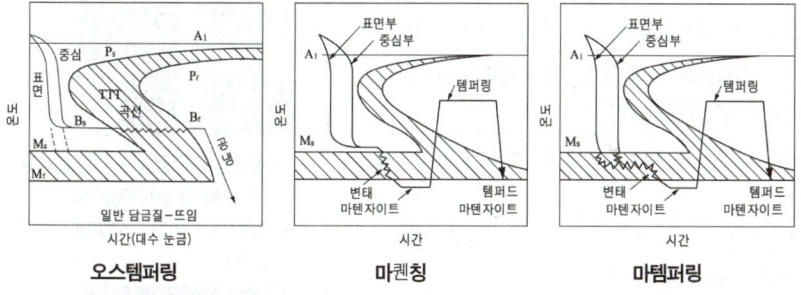

오스템퍼링   마퀜칭   마템퍼링

오스템퍼링	• 350 ~ 550℃ 온도의 염욕에 넣어 항온변태를 끝낸 열처리 • **베이나이트 조직을 만들고**, 담금질과 뜨임에 비하여 연신율과 충격치가 크며, 강인성이 풍부하고 비틀림이 없는 재료를 얻을 수 있다.
마템퍼링	• Ms와 Mf 사이의 염욕에 담금질하여 항온유지한 후 냉각시킨 것으로 **마텐자이트와 베이나이트의 혼합조직**이 얻어진다.
마퀜칭	• Ms직상 온도의 염욕에서 담금질한 것을 마텐자이트로 변태시켜 급랭할 때 재료 내외부의 온도차에 의한 균열과 변형을 방지하는 방법

잔류응력

외력의 작용이 없어진 상태에서 부품의 내부에 잔류하는 응력으로, 기계적 성질에 영향을 준다.

저자 어드바이스

탄소강의 불림 온도

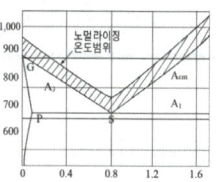

심랭처리(Sub-Zero)

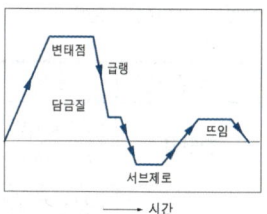

담금질 직후 조직의 성질 저하, 뜨임 변형을 유발하는 잔류 오스테나이트를 없애기 위하여 0℃ 이하로 냉각하는 것(게이지강 제조에 많이 사용한다)

> **개념잡기**
>
> 마텐자이트와 베이나이트의 혼합조직으로 M_s와 M_f점 사이의 염욕에 담금질하여 과랭 오스테나이트의 변태가 완료할 때까지 항온 유지한 후에 꺼내어 공랭하는 열처리는 무엇인가?
>
> ① 오스템퍼 ② 마템퍼
> ③ 마퀜칭 ④ 파텐팅
>
> **마템퍼링(마템퍼)**
> - M_s와 M_f 사이의 염욕에 담금질하여 항온유지한 후 냉각시킨 것
> - 마르텐자이트와 베이나이트의 혼합조직 생성
>
> 정답 : ②

6. 표면경화 열처리

금속의 표면부만 전혀 다른 조성으로 변화시키거나, 성질을 변화시켜 재료 표면의 기계적 성질을 개선하는 방법

종류	열처리 특징
침탄법	• 강의 표면에 탄소를 침투시키는 방법 예 고체침탄법, 가스침탄법 • 단시간에 가능하며, 침탄 후 수정이 가능하지만 변형이 생긴다.
질화법	• 질소를 포함하는 암모니아(NH_3) 가스로 표면을 경화하는 방법 • 경도가 크고, 변형이 적으며, 열처리가 불필요하지만 장시간 소요
청화법 (침탄질화법)	• 시안화나트륨(NaCN), 시안화칼륨(KCN)을 용융시킨 염욕로에 20~60분간 넣어 침탄과 질화를 동시에 하는 방법
화염 경화법	• 산소-아세틸렌가스 등의 화염으로 일부를 가열한 뒤에 공기 제트나 물로 냉각시키는 방법
고주파 경화법	• 가열물의 표면만을 담금질 온도로 가열하기 위해 고주파 유도 전류를 이용하여 표면층을 가열한 뒤 급랭하는 방법 • 대량생산과 전자동화가 가능하고 경화층이 균일하다.

저자 어드바이스

열처리 조직사진
• 마르텐사이트

• 베이나이트

- 항온변태 시 얻을 수 있는 조직이며, 경도 및 점성이 적당하다.
- 열처리에 의한 응력발생이 적다.

• 소르바이트

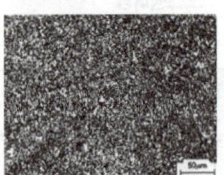

• 비트만스테텐 조직

강의 과열조직으로 백색의 페라이트와 흑색의 펄라이트로 이루어져 있으며 침상의 페라이트가 나타나는 조직

7. 금속 침투법★

금속 표면을 가열하여 다른 종류의 금속을 피복시키는 합금층을 만드는 방법

종류	열처리 특징
세라다이징	아연(Zn)을 침투 : 내식성, 방청성 증가
크로마이징	크로뮴(Cr)을 침투 : 내식성, 내열성, 내마모성, 경도 증가
칼로라이징	알루미늄(Al)을 침투 : 고온산화방지, 내열성 증가
보로나이징	붕소(B)를 침투 : 내식성, 경도 증가
실리코나이징	규소(Si)를 침투 : 내산성, 내열성 증가

화염 경화

고주파 경화

CHAPTER 04
비철금속 재료

KEYWORD 황동, 청동, 시효경화, 실루민, 라우탈, 로엑스, 두랄루민, 다우메탈, 불변강, 내열합금, 분말야금, 베어링용 합금, 저용융점 합금, 티타늄, 납, 아연

01 구리와 구리 합금★★

1. 구리(Cu)의 성질★

- 비자성체며, 은(Ag) 다음으로 열전도, 전기전도도가 높고 전기적 특성이 우수하다.
- 담적색의 금속으로, 공기 중에서 표면이 암적색으로 산화한다.
- 전연성과 가공성이 좋아 판재, 봉재, 선재 및 파이프로 널리 사용된다.
- 물에는 거의 산화되지 않고, 소금물에는 빨리 부식되며 염산에 서서히 용해된다.

2. 황동(Cu+Zn)★★

- 구리와 아연의 합금으로 흔히 놋쇠라고도 한다.
- 아연(Zn)이 30% 내외의 α고용체의 것을 7-3황동, 40% 내외의 α와 β고용체의 것을 6-4황동이라 한다.
- 아연(Zn)이 30%에서 연신율이 최대, 40~50%에서 인장강도가 최대이다.

저자 어드바이스

구리(Cu)의 성질

- 비중 : 8.96
- 용융점 : 1,083℃
- 전기 및 열전도율이 높다.
- 내식성이 우수하다.
- 절연성, 가공성이 좋다.

구리의 종류 및 제조
- 전기동(99.95%) : 전기분해하여 얻은 동, 무르고 불순물이 적어 전도율이 좋다(취약하다).
- 정련동(99.92%) : 전기동을 제련한 동
- 탈산동 : 인(P)을 탈산한 동, 용접용 리벳 등에 쓰인다.
- 무산소동 : 산소나 탈산제가 없는 동, 가공성이 우수하다.

2-1 황동의 종류와 용도

종류	주요 특징 및 용도
톰백 (Tombac)	• 5 ~ 20% Zn을 첨가한 황동(저아연 합금을 총칭하여 톰백이라고 한다) • 전연성이 좋고 색깔이 금색에 가까워 모조금, 장식용 악기에 사용
7-3 황동 (Cartridge Brass)	• 70% Cu - 30% Zn 합금으로 가공용 황동의 대표 • 연신율이 크고 냉간가공성이 좋아 판, 막대, 관, 선 등으로 널리 사용 • 자동차 방열기 부품, 전구 소켓, 계기 부품, 장식품, 탄피 등에 사용
6-4 황동 (Muntz Metal)	• 60% Cu - 40% Zn 합금($\alpha + \beta$조직) • 7-3황동에 비해 전연성이 떨어지나 인장 강도가 높음 • 문쯔메탈 : Zn이 40% 내외인 황동. 강도를 요하는 기계구조용으로 사용

2-2 특수 황동의 종류와 용도

종류	주요 특징 및 용도
납 황동	• 황동에 0.6 ~ 4% 납(Pb)을 첨가하여 절삭성을 좋게 한 황동 • 쾌삭 황동, 하드브래스(Hard Brass)라고도 한다. 시계용 기어 부품에 사용
주석 황동	• 황동에 1% 주석(Sn)을 첨가하여 내식성을 개선한 황동 • 염류 수용액에 탈아연 부식을 방지 • **애드미럴티 황동** : 7-3 황동에 1% 주석 첨가. 내해수성이 우수. 열교환기에 사용 • **네이벌 황동** : 6-4 황동에 1% 주석 첨가. 내해수성 우수. 선박용 부품에 사용
알루미늄 황동	• 7-3 황동에 2% 알루미늄(Al)을 첨가하여 강도, 경도를 증가시킨 황동 • 알브락(Albrac) : 바닷물에 부식이 잘 되지 않음
니켈 황동	• **양은(양백, 백동)** : 황동에 10 ~ 20% 니켈(Ni)을 첨가한 황동 • 색이 은(Ag)과 비슷하여 장식용, 악기, 식기 및 은 대용품으로 사용 • 탄성과 내식성이 좋아 탄성 재료, 화학 기계용 재료에 사용
고강도 황동	• **고강도 황동** : 6-4 황동에 Fe, Mn, Ni 등을 첨가하여 내해수성과 강도를 크게 증가시킨 황동 • 델타 메탈 : 6-4 황동에 1 ~ 2% Fe을 첨가하여 내식성과 강도를 증가, 광산기계에 사용

저자 어드바이스

황동의 결함

- 자연균열
  황동의 냉간 가공재, 특히 관, 봉 등의 잔류응력으로 균열을 일으키는 현상
  - 방지법 : 도료나 아연도금을 하고, 200 ~ 300℃로 저온풀림을 해서 내부변형을 제거한다.

- 응력부식균열
  관, 봉형의 황동재가 외부에서의 인장하중에 의해 균열을 일으키는 현상
  - 방지법 : 180 ~ 250℃로 저온풀림을 해서 내부변형을 제거한다.

- 고온 탈아연 현상
  고온에서 증발에 의해 황동 표면으로부터 아연(Zn)이 빠져나가는 현상. 고온이나 표면이 깨끗할수록 심해진다.
  - 방지법 : 황동 표면에 산화물 피막을 형성시킨다.

황동(Brass)

청동(Bronze)

3. 청동(Cu + Sn) ★★

- 넓은 의미 : 황동이 아닌 구리 합금
- 좁은 의미 : Cu+Sn 합금(주석 청동)
- 주석(Sn) 4 ~ 5%에서 연신율 최대, Sn 25%에서 취성이 급격히 증가
- 강도가 크고 내마멸성이 좋으며 주조성이 우수하여 주조용 합금으로 사용

3-1 청동의 종류와 용도

종류	주요 특징 및 용도
포금 (Gun Metal)	• 8 ~ 12% 주석(Sn)에 1 ~ 2% 아연(Zn)을 첨가한 청동(=애드미럴티 포금) • 내해수성이 좋고 수압이나 증기압에도 견딘다. • 대포 포신 재료로 사용
베어링용 청동	• 4 ~ 20% 납(Pb)을 함유한 청동 • 납 함유로 연성은 떨어지나 윤활성과 경도가 크고 내마멸성이 우수 • 켈밋(Kelmet) : 23 ~ 42% 납이 첨가된 청동. 고속 회전용 베어링으로 항공기, 자동차 등에 사용

3-2 특수 청동의 종류와 용도

종류	주요 특징 및 용도
인 청동	• 청동에 탈산제로 1% 이하의 인(P)을 첨가한 청동 • 청동 용탕의 유동성이 좋아지고, 합금의 경도와 강도 증가, 내마멸성과 탄성 향상, 스프링 재료로 사용
니켈 청동	• 0.84 ~ 10% 니켈(Ni)을 함유한 Cu - Sn 합금 • 시효경화 현상에 의해 고온 강도가 높고 내식성, 내마멸성이 양호 • 항공기 기관용 부품, 선박용 기관, 주요 기계 부품 등에 사용
알루미늄 청동	• 8 ~ 12% 알루미늄(Al)을 첨가한 청동 • 내식성, 내열성, 내마멸성, 내피로성이 다른 구리합금에 비하여 우수
베릴륨 청동	• 2 ~ 3% 베릴륨(Be)을 첨가한 구리 합금 • 시효경화가 뚜렷하고, 구리 합금 중에서 강도와 경도가 가장 크다. • 피로한도, 내식·내열성이 모두 우수하여 고급 스프링, 베어링으로 사용

개념잡기

6-4 황동에 1 ~ 2% Fe를 첨가함으로써 강도와 내식성이 향상되어 광산기계, 선박용 기계, 화학기계 등에 사용되는 특수 황동은?

① 쾌삭 메탈　　　　　　　② 델타 메탈
③ 네이벌 황동　　　　　　④ 애드미럴티 황동

• 델타 메탈 : 6-4황동에 1 ~ 2% Fe을 첨가하여 내식성과 강도를 증가
• 고강도 황동 : 6-4황동에 Fe, Mn, Ni 등을 첨가하여 내해수성과 강도를 크게 증가시킨 황동

정답 : ②

02 알루미늄과 알루미늄 합금 ★★

1. 알루미늄(Al)의 성질 ★

- 순Al은 은백색이며, 연성은 좋으나 강도가 낮아 구조물에 사용하지 않는다.
- 비중이 2.74로 가벼워서 자동차, 항공기에 경량화 재료로 많이 사용된다.
- 다른 금속과 잘 합금되며 전연성이 우수하고 용접과 가공이 쉽다.
- 용융점이 660℃으로 용융합금의 유동성이 좋아 주조품 제작이 용이하다.
- 대기 중에서 내식성이 크고 전기와 열의 양도체여서 송전선에 사용된다.

2. 알루미늄 합금 ★★

- Al계 합금 재료의 용도는 대부분 주조품이 차지한다.
- 주철에 비해 경량이고 주조성이 양호하여 경량화를 요하는 엔진부품에 쓰인다.

2-1 주물용 알루미늄 합금

종류	주요 특징 및 용도
Al - Cu계 합금	• 순Al에 구리(Cu)가 첨가된 합금 • 담금질과 시효에 의해 경도 증가, 주물의 수축에 의한 균열 결함 발생
Al - Si계 합금	• 실루민(Silumin) : 11 ~ 14% 규소(Si) 함유 • 용융점이 낮고 유동성이 좋아 대형주물, 복잡한 형상의 주물에 사용, 주조 결함이 없다.
Al - Cu - Si계 합금	• 라우탈(Lautal) : 실루민의 결점인 가공표면의 거칢 제거 • 주조 균열이 작아 자동차 및 선박용 피스톤, 분배관 등에 사용, 절삭성이 좋다.
내열용 Al합금	• 로엑스(Lo-Ex) : Al - Si계 합금에 Cu, Mg, Ni을 소량 첨가한 합금. 열팽창율이 낮고, 고온강도·내마모성·내열성이 뛰어나 피스톤에 사용 • Y합금 : Al - Cu - Ni - Mg계 합금 시효경화성, 내열성, 고온강도 우수. 자동차, 항공기용 엔진에 사용
다이캐스팅용 Al합금	• 다이캐스팅용 합금으로 요구되는 성질 유동성이 좋을 것, 금형 충진성이 좋을 것, 금형에서 잘 떨어질 것, 응고 수축에 대한 용탕 보급이 좋을 것, 메짐성이 적을 것 • 다이캐스팅용 알루미늄의 종류 : 라우탈, 실루민, 하이드로날륨, Y합금

저자 어드바이스

알루미늄(Al)의 성질

- 비중 : 2.74
- 용융점 : 660℃
- 경량화 금속
  합금재질이 많고 기계적 특성이 양호하다.
- 내식성, 열과 전기전도성이 우수하다.
- 가공성 및 성형성이 좋다.

시효경화

A금속과 B금속을 완전 고용상태로 한 후, 상온까지 급랭하면 그 합금은 과포화 상태가 되는데, 그것을 적당한 온도로 방치하면 시간의 경과와 함께 그 합금의 경도, 인장강도, 탄성한도, 전기저항 등이 현저하게 높아지는 현상이다. 상온에서 단단해지는 것을 상온시효 또는 자연시효라 하고, 어느 정도 가열해야만 단단해지는 경우를 뜨임시효 또는 인공시효라 한다.

석출경화

하나의 고체 속에 다른 고체가 별개의 상으로 되어 나올 때, 그 모재가 단단해지는 현상

개량처리

실루민(Al + Si)의 기계적 성질 향상을 위해 용융상태에서 나트륨(Na)을 첨가하면 결정립이 미세화되어 기계적 성질이 개선되는 방법

2-2 고강도 알루미늄 합금

종류	주요 특징 및 용도
두랄루민	• 표준조성 : 4% Cu, 0.5% Mg, 0.5% Mn, 0.5% Si, 나머지 Al(Al - Cu - Mg계) • 시효경화에 의해 강도 증가. 가볍고 고강도 → 항공기 등에 사용
초두랄루민	• 표준조성 : 4.5% Cu, 1.5% Mg, 0.5% Mn, 나머지 Al(Al - Cu - Mg계) • 두랄루민에서 마그네슘을 증가시켜 인장 강도가 490MPa 이상 • 가벼우면서 강재와 견줄 수 있는 강도로 항공기 부품재료로 사용
초강 두랄루민	• 표준조성 : 1.5% Cu, 5.5% Zn, 1% Mn, 1.5% Mg, 0.2% Cr(Al - Zn - Mn - Mg계) • 인장 강도가 530MPa 이상으로 항공기의 구조용 재료로 사용 • 내식성이 낮고 응력부식균열을 일으켜 클래드 재료로 많이 쓰인다.

2-3 내식성 알루미늄 합금

종류	주요 특징 및 용도
하이드로 날륨	• 알루미늄에 6 ~ 10% 마그네슘 첨가 합금(Al - Mg계) • 바닷물과 알칼리에 강하고 용접성이 우수. 선박용 부품으로 사용 • 양극산화로 보호피막을 생성
알민 (Almin)	• 알루미늄에 1 ~ 1.5% 망가니즈 함유(Al - Mn계) • 가공성, 용접성이 우수하여 저장 탱크, 기름 탱크 등에 사용
알드리 (Aldrey)	• 알루미늄에 0.5% 규소, 0.43% 마그네슘 첨가(Al - Mg - Si계) • 담금질 후 상온가공으로 기계적 성질 개선, 용접성, 내식성, 인성 우수 • 전기전도율 우수하여 송전선으로 많이 사용
알클래드 (Alclad)	• 고강도 합금 판재인 두랄루민의 내식성을 향상시키기 위해 순Al 또는 알루미늄 합금을 피복한 재료

저자 어드바이스
알루미늄의 부식 방식법
산용액을 사용하여 알루미늄 표면에 산화피막(알루미나)을 형성하여 부식을 방지하는 방법

- 수산법 : 두껍고 강한 피막, 내식성 우수, 가격이 고가이다.
- 황산법 : 가장 널리 쓰이며, 경제적이고 착색력이 좋다.
- 크롬산법 : 에나멜과 같은 외관으로 광학기계에 사용

다이캐스팅용 Al합금의 기호 및 합금 성분(KS D 6006)
- ALDC1(Al - Si계)
  내식성, 주조성 우수, 항복강도 낮음
- ALDC3(Al - Si - Mg계)
  Al-Si계에 Mg를 첨가하여 강도를 개선
- ALDC5, ALDC4(Al - Mg계)
  내식성, 연신율 우수, 주조성 나쁨
- ALDC10, ALDC12(Al - Si - Cu계)
  Al-Si계에 Cu를 첨가하여 기계적 성질을 개선, 주조성과 내압성 우수

개념잡기

표준조성이 Cu-4%, Ni-2%, Mg-1.5% 함유하고 있는 Al - Cu - Ni - Mg계의 알루미늄 합금은?

① Y합금
② 문쯔메탈
③ 활자합금
④ 엘린바

Y합금
Al - Cu - Ni - Mg계 내열용 Al합금으로, 시효경화성, 내열성, 고온강도 우수. 자동차, 항공기용 엔진에 사용된다.

정답 : ①

03 니켈과 니켈 합금★

1. 니켈(Ni)의 성질

- 은백색의 금속으로 비중은 8.9, 용융점은 1,455℃
- 면심입방격자(FCC) 구조로 전연성이 뛰어나 소성가공이 용이하다.
- 상온에서 강자성이고 내식성이 양호하며 열간 안정성이 좋다.
- 내식성이 좋아 대기 중에서는 부식이 되지 않고, 아황산가스에 심하게 부식된다.

2. 니켈 합금의 종류★

종류	주요 특징 및 용도
콘스탄탄 (Constantan)	• 45% Ni과 55~60% Cu로 이루어진 합금 • 전기저항률이 높아 저항기나 철·구리와 짝지어 열전쌍으로 사용
어드밴스 (Advance)	• 54% Cu, 1% Mn, 0.5% Fe를 첨가한 합금 • 인발 가공이 쉬운 선으로 표준 저항성 또는 열전쌍용 선으로 사용
모넬 메탈 (Monel Metal)	• 60~75% Ni을 함유한 합금 • 내식성 및 내열성이 우수하여 화학공업용 펌프, 증기판에 사용
퍼멀로이 (Permalloy)	• 70~90% Ni, 10~30% Fe 합금 • 투자율이 높아 자기재료로 사용
니칼로이 (Nickalloy)	• 50% Ni, 50% Fe 합금 • 초투자율이 높아 저주파 변성기 등의 자심으로 널리 사용
니크롬	• 15~20% Cr의 합금으로 전열선으로 사용 • Ni-Cr선은 1,100℃까지, Ni-Cr-Fe선은 1,000℃ 이하 온도에서 사용
열전대선	• Ni-Cr계 합금, Ni-Cu계 합금을 열전대선으로 사용 • 철과 콘스탄탄(Constantan) : 800℃ 이하의 온도에 사용 • 크로멜-알루멜(Chromel-Alumel) : 1,000~1,200℃ 이하의 온도에 사용 • 백금-로듐(Pt-Rh) : 1,600℃ 온도에 사용
내열용, 내식용 니켈계 합금	• 하스텔로이(Hastelloy) : Ni에 Mo를 첨가하여 내열성을 증가시키고 동시에 염산에 대한 내식성을 증가시킨 것 • 인코넬(Inconel) : 72~76% Ni, 12~17% Cr, 6~10% Fe 합금으로 고온강도가 높고 내식성과 내산화성이 뛰어나 제트엔진에 사용
바이메탈	• 열팽창이 적은 인바(Invar)와 열팽창이 비교적 큰 황동의 두 종류의 금속을 합판으로 제조 • 항온기(Thermostat, 서모스텟)의 온도 조절용 센서 부분에 사용

저자 어드바이스

니켈(Ni)의 성질

- 비중 : 8.9
- 용융점 : 1,455℃
- 자성을 지니고 공기 및 습기에 대해 철보다 안정하다.
- 전연성이 풍부하고 연마가공도 가능하다.
- 니켈도금, 자성재료, 전열재료에 쓰인다.

알루멜(Alumel)
94% Ni - 1% Si - 2% Al - 0.5% Fe - 2.5% Mn 합금

크로멜(Chromel)
89% Ni - 9.8% Cr - 1% Fe - 0.2% Mn 합금

열전대를 이용한 온도계의 일종으로, 열전대에 있어서 2종류의 금속선의 두 접점 중 한쪽 접점을 얼음 통에서 냉각시켜 일정 온도(℃)를 유지하고, 다른 접점을 측정물과 접촉시켜 발생하는 열기전력을 전위차계로 측정하여 온도를 구한다.

제벡 효과
두 종류의 금속을 고리 모양으로 연결하고, 한쪽 접점을 고온, 다른 쪽을 저온으로 했을 때 그 회로에 전류가 생기는 현상

> **개념잡기**
>
> 구리에 니켈 40~50% 정도를 함유하는 합금으로서 통신기, 전열선 등의 전기저항 재료로 이용되는 것은?
>
> ① 인바 ② 엘린바
> ③ 콘스탄탄 ④ 모넬메탈
>
> ---
>
> **콘스탄탄(Constantan) : Ni - Cu계 합금**
> 45% Ni과 55~60% Cu로 이루어진 합금. 전기저항률이 높아 저항기, 철·구리와 짝지어 열전쌍으로 사용
>
> 정답 : ③

04 그 밖의 비철금속 재료

1. 마그네슘(Mg)의 성질 ★

- 돌로마이트, 마그네사이트를 원료로 전기분해나 열환원법을 이용해 제조
- 은백색을 띠며, 비중 1.74로 실용금속 중 가장 가볍고 용융점은 650℃
- 비강도가 알루미늄 합금보다 우수하여 항공기나 자동차 부품, 광학 기계, 전기 기기 등에 사용

2. 베어링용 합금 ★

주로 일반기계, 자동차, 항공기 등에 사용되는 미끄럼 베어링의 재료로 쓰이도록 만들어진 합금. 화이트메탈, 켈밋, 포금(건메탈), 소결함유 베어링 등

2-1 화이트메탈

융점이 낮고 부드러우며 마찰이 적어 베어링에 많이 사용

종류	주요 특징 및 용도
주석계 화이트 메탈	• 배빗(Babbit) 메탈이 대표적이며, 고속·고하중용 베어링에 사용 • 자동차 엔진의 베어링 재료로 사용
납계 화이트 메탈	• 루기(Lurgi) 메탈, 반(Bahn) 메탈 • 주석계와 비슷하나 피로강도가 낮다.

저자 어드바이스

티타늄(Ti)과 티타늄 합금
- 비중은 4.5, 용융점은 1,675℃이며 실용금속 중 비강도가 가장 크다.
- 순수한 Ti은 490MPa 정도의 강도를 가지고 내식성이 좋으며, 해수에 대해서는 450℃까지의 온도에서 내열성이 스테인리스강보다 좋다.
- 강도가 높고 내식성이 우수해서 항공기 엔진 기체재료, 제트엔진에 쓰인다.

텅스텐(W)과 텅스텐 합금
- 용융점이 3,400℃로 금속 원소 중 가장 높고, 고온에서도 인장강도가 크다.
- 상온에서 물과 거의 반응하지 않으나 고온에서는 산화된다.
- 텅스텐 합금은 녹는점이 높아 백열등, 할로겐 램프의 필라멘트로 사용

주석(Sn)과 주석 합금
- 주석은 납 다음으로 연한 금속으로 전연성이 우수하며, 인장강도는 30MPa
- 비중은 7.3, 용융점은 231.9℃이며 온도가 높아짐에 따라 강도, 경도 저하
- 표면에 생기는 산화물의 얇은 막으로 내식성이 우수, 독성이 거의 없다.
- 약품, 식품 등의 포장용 튜브, 주석박(Foil), 식기, 장식기 등에 사용

2-2 구리계 베어링 합금

켈밋, 포금, 인청동, 연청동 등

종류	주요 특징 및 용도
켈밋(Kelmet)	축방향 하중에 적응성이 우수하고, 고속·고하중용 베어링에 사용

2-3 카드뮴계

아연계 베어링 합금 : Zn에 30 ~ 40% Al과, 5 ~ 10% Cu를 첨가한 합금으로 화이트 메탈보다 강도가 높아 전차용 베어링으로 사용

2-4 함유 베어링

다공질 재료에 윤활유를 흡수시킨 베어링

종류	주요 특징 및 용도
오일리스 베어링	구리, 주석, 흑연 분말을 가압 성형하여 700 ~ 750℃의 수소기류 중에서 소결하여 만든 소결합금이다. 기름에서 가열하면 무게의 20 ~ 30%의 기름이 흡수되어 기름 보급이 곤란한 곳에 사용한다. 너무 큰 하중이나 고속 회전부는 부적합하다.

저자 어드바이스

아연(Zn)

- 비중 : 7.14
- 용융점 : 419℃
- 철의 내부식성 도금에 쓰인다.
- 다이캐스팅 합금, 건전지의 재료로 쓰인다.

납(Pb)
- 비중 : 11.34
- 용융점 : 327℃
- 무거운 금속이지만 가공이 용이하고 용융점이 낮아 합금이 쉽다.
- 방사선 차단 효과

개념잡기

주석(Sn), 아연(Zn), 납(Pb), 안티몬(Sb)의 합금으로, 주석계 메탈을 배빗메탈이라 하며 내연기관을 비롯한 각종 기계의 베어링에 가장 널리 사용되는 것은?

① 켈밋   ② 합성수지
③ 트리메탈   ④ 화이트메탈

화이트메탈
융점이 낮고 부드러우며 마찰이 적어 베어링에 많이 사용
- 주석계 화이트메탈 : 배빗(Babbit) 메탈이 대표적이며, 고속·고하중용 베어링에 사용
- 납계 화이트메탈 : 루기(Lurgi) 메탈, 반(Bahn) 메탈, 주석계와 비슷하나 피로강도가 낮다.

정답 : ④

CHAPTER 05

비금속재료, 신소재

KEYWORD 합성수지, 열가소성 수지, 열경화성 수지, 세라믹, 제진재료, 네오프렌, 클래드 재료, 비정질 재료, 초전도 재료, 초소성 재료, 형상기억합금

01 합성수지 ★

1. 합성수지의 일반적 특징 ★

- 플라스틱(Plastic)이라 하며 열가소성 수지와 열경화성 수지로 나뉜다.
- 일반적으로 투명하며 가격에 비해 요구물성이 탁월하다.
- 가볍지만 기계적 물성(강도), 전기절연성이 우수하다.
- 내식(내약품성)성, 내산성, 내수성이 우수하다.
- 착색이 쉽고 경화시간조절이 용이하다.
- 형상과 치수를 자유자재로 정확하게 성형이 가능하다.

2. 열가소성 수지

가열 성형하여 굳어진 후에 다시 가열하면 연화 및 용융되는 수지이다.

종류	기호	특징	용도
폴리초산비닐	PVA	접착성 우수	접착제, 껌, 절연재료
폴리염화비닐	PVC	내수성, 전기 절연성	수도관, 배수관, 전선피복
폴리에틸렌	PE	무독성, 유연성	랩, 종이컵 코팅, 식품용기
폴리스티렌	PS	굳지만 충격에 약하다.	컵, 케이스
폴리에틸렌테레프탈레이트	PET	투명, 인장파열 저항성	사출성형품, 생수용기

> **저자 어드바이스**
>
> 합성수지의 공통 성질
>
>
>
> - 화학공업으로 만들어지는 고분자 화합물의 총칭이다.
> - 고체 또는 반고체로, 물에 녹지 않고 알코올, 에테르에 잘 녹는다.
> - 강도가 크며, 전기나 열이 잘 통하지 않는다.
> - 비강도가 높다.
> - 비중이 1~1.5로 작다.

종류	기호	특징	용도
폴리프로필렌	PP	가볍고 열에 약하다.	식품용기, 로프, 노끈, 섬유
아크릴수지		강도, 내마모성 우수	유기유리, 접착제
나일론수지		가공성, 내마모성 우수	합성피혁, 섬유

3. 열경화성 수지

가열 성형한 후 굳어지면 다시 가열해도 연화하거나 용융되지 않는 수지이다.

종류	기호	특징	용도
페놀 수지	PF	강도, 내열성	전기부품, 기어, 프로펠러
요소 수지	UF	접착성	접착제
멜라민 수지	MF	내열성, 표면 경도	테이블 상판
폴리에스테르 수지	UP	유리 섬유에 함침	FRP용
에폭시 수지	EP	열 안정성, 전기 절연성	그리스, 내열 절연재
폴리우레탄	PU	탄성, 내유성, 내한성	우레탄 고무, 합성 피혁

알루미나

알루미늄과 산소의 화합물로써 공업적으로는 알루미나라고도 한다. 공업적으로는 금속 알루미늄과 알루미늄 화합물의 원료이며, 또한 촉매, 흡착제, 내화제, 연마제 등으로서 사용된다.

안전 유리

파괴될 때 인체에 해를 입히지 않도록 안전성을 부여한 유리. 합판유리·강화유리 등이 있으며, 합판유리는 합성 수지막을 두 장의 유리 사이에 끼운 것이고, 강화유리는 가열·급랭하여 강화처리한 것

개념잡기

열경화성 수지가 아닌 것은?

① 아크릴 수지   ② 멜라민 수지
③ 페놀 수지   ④ 규소 수지

- 열가소성 수지 : 폴리초산비닐(PVA), 폴리염화비닐(PVC), 폴리에틸렌(PE), 폴리스티렌(PS), 폴리프로필렌(PP) 등
- 열경화성 수지 : 페놀 수지, 요소 수지, 멜라민 수지, 규소 수지, 폴리우레탄, 폴리에스테르 등

정답 : ①

02 기타 비금속재료

1. 내화 재료

일반적으로 화염온도(1,000 ~ 1,200℃)이상에서 견디는 재료이다. 내화금속은 Cr, Cb, Ta, Mo, W 등의 합금이고 2,200℃까지 사용할 수 있다. 내열제의 내화도는 제게르콘 26번(1,580℃, SK 26) 이상의 재료로, 내화벽돌 등에 사용된다.

2. 복합 재료 ★

2-1 섬유 강화 플라스틱(FRP)

경량의 플라스틱(불포화 폴리에스테르계 : 열경화성)을 바탕으로 하고 내부에 강화 섬유를 함유시킴으로써 비강도를 현저히 높인 복합 재료

섬유 강화 플라스틱(FRP)

2-2 섬유 강화 금속(FRM)

경량의 알루미늄(Al)을 바탕으로 하고 섬유를 함유시켜 강화한 것으로 피스톤 헤드에 사용

섬유 강화 금속(FRM)

3. 기타 비금속 재료

3-1 연마 재료

다이아몬드, 에머리, 가닛, 트리폴리, 알루미나(Al_2O_3)

3-2 세라믹

비금속 또는 무기질 재료를 높은 온도에서 가공, 성형하여 만든 제품. 도자기류를 말한다.

3-3 네오프렌

내약품성, 내유성, 내열성, 내오존성, 내마모성이 우수한 합성 고무이다. 전선피복, 호스, 패킹, 개스킷, 접착제 등에 사용

3-4 제진 재료

기계의 진동을 흡수하여 열에너지로 변환하는 재료

개념잡기

유리섬유에 함침(습浸)시키는 것이 가능하기 때문에 FRP(Fiber Reinforced Plastic)용으로 사용되는 열경화성 플라스틱은?

① 폴리에틸렌계   ② 불포화 폴리에스테르계
③ 아크릴계   ④ 폴리염화비닐계

섬유 강화 플라스틱(FRP)
경량의 플라스틱(불포화 폴리에스테르계 : 열경화성)을 바탕으로 하고 내부에 강화 섬유를 함유시킴으로써 비강도를 현저히 높인 복합 재료

정답 : ②

---

03 신소재 ★

1. 클래드 재료

서로 다른 재질의 금속판을 밀착하여 중첩시킨 후, 고온으로 압연하여 기계적으로 접착한 재료이다. 온도 조절용 바이메탈, 전기접점, 안경 프레임, 손목시계 밴드 등의 금속재료에 사용한다.

2. 비정질 재료

원자나 분자의 배열 상태가 불규칙하고 이방성이 없으며 다소 불안정한 상태의 재료로 무정형 물질(아몰퍼스)이라고도 한다. 일정한 융점이 없고, 온도 상승에 따라서 연화하며 연속적으로 용융된다. 쌍정과 같은 결정 결함이 없고, 내식성 및 경도와 강도가 일반 금속보다 훨씬 높다. 방식 재료, 골프 클럽의 샤프트 등에 사용한다.

3. 초전도 재료

초전도 특성을 가지고 있는 재료로, 다양한 형태로 가공하여 코일 등으로 만들어 사용한다. 현재 비교적 널리 사용되고 있는 초전도 재료들의 온도 상한은 10 ~ 20K이다.

저자 어드바이스

비정질 금속

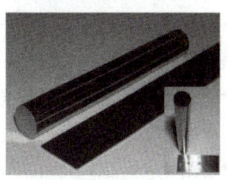

- **단결정(Monocrystalline)**
  하나의 결정으로 다시 만들어야 하기 때문에 제조가 어렵고 가격이 비싸다.
- **다결정(Polycrystalline)**
  일반적인 응고 상태로 제조가 쉽고 싸지만 강도가 약하다.
- **비정질(Amorphous)**
  결정 구조가 없어서 강도가 높지만 크기에 제한이 있다.

초전도 현상

특정 금속이나 합금을 극저온으로 냉각하면 일정 온도에서 전기저항이 없어지는 현상

4. 형상기억 합금

상온에서 다른 모양으로 변형시키더라도 가열에 의하여 특정 온도에서 다시 변형 전의 모양으로 되돌아오는 성질을 가진 합금이다.

5. 초소성 재료

특정 온도에서 인장력을 받을 때 끊어지지 않고 수백 % 이상의 연신율을 나타내는 금속 재료이다.

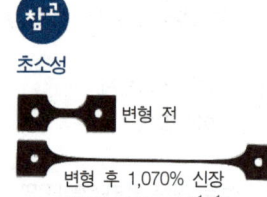

참고

초소성

변형 전

변형 후 1,070% 신장
(1,000℃, $1.7 \times 10^{-1} s^{-1}$)

개념잡기

재료를 상온에서 다른 형상으로 변형시킨 후 원래 모양으로 회복되는 온도로 가열하면 원래 모양으로 돌아오는 것은?

① 제진 합금　　　　　　② 형상기억 합금
③ 비정질 합금　　　　　④ 초전도 합금

형상기억 합금
- 상온에서 다른 모양으로 변형시키더라도 가열에 의하여 특정 온도에서 다시 변형 전의 모양으로 되돌아오는 성질을 가진 합금
- 종류 : 티타늄(Ti) - 니켈(Ni)계, 구리(Cu) - 티타늄(Ti)계, 구리(Cu) - 알루미늄(Al)계

정답 : ②

CHAPTER 06
주조

KEYWORD 주조, 원형, 사형, 목형, 금형, 주형, 수축여유, 코어, 코어프린트, 덧붙임, 용선로, 다이캐스팅, 주물의 결함

01 주조

주조(casting)란 금속을 용해시켜 유동성이 좋게 만든 쇳물을 모래 또는 금속으로 만든 주형(mold)에 주입하고 응고시켜 제작하고자 하는 형상으로 만드는 가공법으로서 이런 공정을 통해 제작된 제품을 주물 또는 주조품이라 한다. 주물은 대형의 소재나 복잡한 형상의 기계부품을 쉽게 만들 수 있는 장점이 있다.

02 원형

- 제작하고자 하는 형상의 주물을 제작하려면 우선 원형을 제작하여야 한다. 원형은 보통 목재, 금속 등의 재료로 제작하며, 목재로 제작된 원형을 목형, 금속으로 제작된 원형을 금형이라 한다.
- 목형은 비교적 가볍고 가공이 쉬우며 저렴하다는 특징이 있어 많이 사용되나, 변형이 많다.
- 금형은 비교적 무겁고 가공이 어려워 시간이 많이 소요되며, 비싸다는 특징이 있으나 변형이 거의 없고 내구력이 커서 정밀주조나 대량 생산품에 적합하다.

1. 원형의 종류

1-1 목형의 종류

현형

제품과 동일한 모양에서 수축여유와 가공여유를 고려한 모형

단체목형	• 단일체 형태. 간단한 주물용
분할목형	• 2편이 조합되어 모형을 이루는 형태. 일반 복잡한 주물용 • 모형을 2개 이상으로 나누고 다웰핀(dowel pin)으로 조립함
조립목형	• 아주 복잡한 주물제작용. 대형주물제작용

부분목형(부분형)

형상의 일부분이 연속되어 전체를 이룰 때, 그 일부분에 해당하는 목형을 만들어 주형을 제작 ⓔ 대형기어, 프로펠러 등

회전목형(회전형)

회전체로 되어있는 물체에 사용 ⓔ 풀리, 단차 등

골조목형(골격형)

목재비를 절약하기 위해 중요부의 골조를 만들고 공간은 점토 등을 채워서 현형의 대용이 되는 목형 ⓔ 큰 곡관 제작 등

고르개목형(긁기형)

안내판을 따라 모래를 긁기판으로 고르게 해서 주형을 제작하는 목형
ⓔ 가늘고 긴 굽은 파이프 제작 등

코어목형

속이 빈 중공 주물을 제작하는 목형

매치플레이트

분할모형을 판(match plate)의 양면에 부착하여 주형 상자에 넣고 상형, 하형을 다져서 주형을 편리하게 제작하기 위한 목형

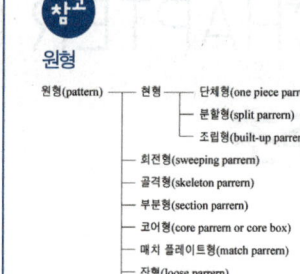

원형

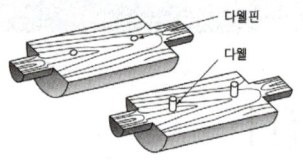

현형(분할목형)

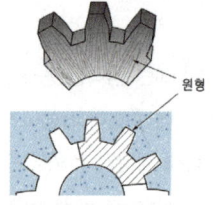

기어 주물 제작용 부분목형

곡관 주물 제작용 골조목형

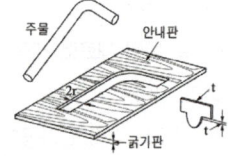

고르개목형(긁기형)

개념잡기

제작 개수가 적고, 큰 주물품을 만들 때 재료과 제작비를 절약하기 위해 골격만 목재로 만들고 골격 사이를 점토로 메워 만든 모형은?

① 현형   ② 골격형
③ 긁기형   ④ 코어형

정답 : ②

2. 원형의 제작

2-1 목형의 재료

목재의 조직과 성질

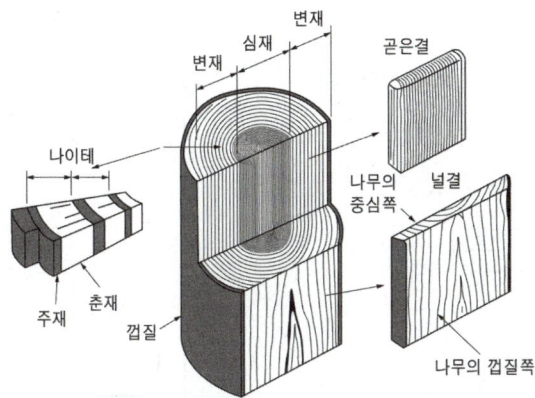

장점	단점
• 가공이 용이하다.	• 기계적강도, 치수정밀도가 떨어진다.
• 가볍고 인성이 크다.	• 가공면이 거칠다.
• 열의 불량도체이다.	• 조직이 불균일하다.
• 팽창계수가 작다.	• 수분 함유 시 변형되기 쉽다.
• 값이 싸고 보수가 용이하다.	• 영구적으로 사용할 수 없다.

목재의 방부법
- 도포법, 침투법, 자비법, 충전법

3. 원형 제작 시 고려해야 할 사항

3-1 목형제작 시 고려해야 할 사항

수축여유
- 용융금속이 응고할 때나, 응고 후 온도가 강하할 때 수축이 일어나므로 그 수축량만큼을 설계도에 더하여 현도를 그리고 목형을 제작하는 것
- 주철 : 1m에 대해 8mm 정도 여유를 둔 1,008mm를 1m 자로 사용
- 청동, 황동 : 1m에 대해 15mm 정도 여유를 둔 1,015mm를 1m 자로 사용
- 주강, 알루미늄 : 1m에 대해 20mm 정도 여유를 둔 1,020mm를 1m 자로 사용

가공여유
- 주물이 기계가공을 요할 때 절삭치수 감소량만큼 크게 제작하는 것
- 일반적인 가공여유 : 1 ~ 10mm정도, 정밀도가 높을수록 가공여유를 크게 함

기출 문제

얇은 판재로 된 목형은 변형되기 쉽고 주물의 두께가 균일하지 않으면 용융 금속이 냉각 응고 시에 내부응력에 의해 변형 및 균열이 발생 할 수 있으므로, 이를 방지하기 위한 목적으로 쓰고 사용한 후에 제거하는 것은?

① 구배 ② 덧붙임
③ 수축 여유 ④ 코어 프린트

정답 : ②

목형구배(구배여유, 기울기여유)

- 목형을 주형에서 빼낼 때 주형이 파손되는 것을 방지하기 위해 목형의 측면을 경사지게 제작하는 것
- 보통길이 1m에 대하여 6~7mm 정도의 구배를 줌

코어와 코어프린트

- 코어 : 중공부의 주물을 얻기 위해 용융금속이 채워지지 않도록 하는 주형부
- 코어프린트 : 코어가 받쳐질 수 있는 자리를 주형에 내기 위한 목형 부위
- 현도에만 표시하고 제작도면에는 표시하지 않음

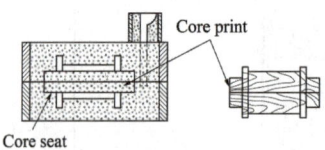

코어와 코어프린트

라운딩

쇳물이 응고할 때 주형의 직각방향에 수상정이 발달해 재질을 약하게 하므로 이를 방지하기 위해 모서리 부분을 둥글게 하는 것

덧붙임

두께가 균일하지 못하거나 복잡한 주물의 냉각 시 내부응력에 의한 변형이나 휨을 방지하기 위해 사용하는 것

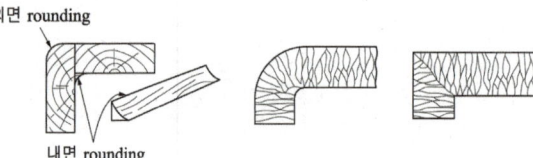

목형의 라운드와 응고조직

기출문제

다음 중 주물의 첫 단계인 모형(pattern)을 만들 때 고려사항으로 가장 거리가 먼 것은?

① 목형 구배 ② 수축 여유
③ 팽창 여유 ④ 기계가공 여유

정답 : ③

참고

덧붙임(stop-off)

03 주형

용융 금속을 주입하여 그 내부 공간 형태에 맞춰 응고시켜 제품을 만드는 형틀이다. 재료에 따라 사형과 금형이 있다.

1. 재료에 따른 분류

1-1 주형 재료에 따른 분류

사형(소모성주형)
- 모래, 석고 등을 사용한 주형
- 용융점이 높은 금속을 주조할 때 사용, 부분적으로 마무리 공정 필요

금속주형(영구주형)
- 내열강 등을 사용한 주형
- 주형의 반복 사용 가능, 표면이 깨끗하고 치수가 정확함
- 생산속도가 빨라 간단하고 소형 주물의 대량생산에 적합
- 주물의 결정립 미세화가 이루어지고 냉각속도가 빨라 가스 배출이 어려움

2. 주물사

2-1 주물사의 구비조건

- 성형성, 내화성, 통기성, 내열성, 복용성, 신축성, 경제성이 있어야 함
- 열전도율이 낮아 보온성이 있고 주물표면에서 이탈이 용이해야 함
- 고온의 용융금속과 접해도 화학반응을 일으키지 않아야 함

기출문제

주형사의 통기성(permeability)에 대한 설명으로 옳은 것은?

① 통기성이 낮아지면 가스 배출이 잘 이루어진다.
② 통기성이 높아지면 기공 결함이 증가한다.
③ 통기성이 낮으면 가스가 빠져나가지 못해 기공 결함이 생기기 쉽다.
④ 통기성은 가스와 무관하고 강도만 좌우한다.

정답 : ③

해설 : 통기성이 낮으면 수증기·가스가 배출되지 못해 주물 내부에 기공이 생기기 쉬움

04 주조방안

1. 탕구계

1-1 탕구계

쇳물받이 → 탕구 → 탕도 → 주입구

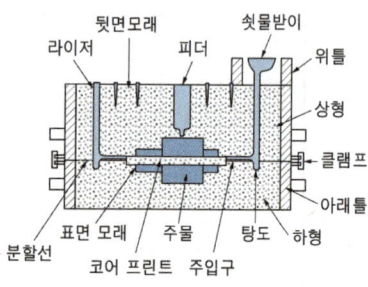
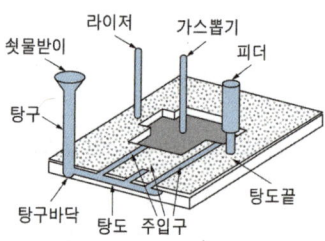

1-2 탕구계 설계 시 고려해야 할 사항

- 탕구로부터 먼 곳부터 응고해가도록 온도 구배를 가지게 한다.
- 단면은 원형으로 하고 단면이 좁아질수록 유동속도가 빨라진다.
- 주입량에 따라 응고속도와 주입속도를 조절할 수 있어야 한다.
- 단위시간당 주입량이 많아질수록 공기 배출이 어려워진다.

1-3 탕구비(S : R : G)

탕구(Sprue)단면적

탕도(Runner)단면적 : 주입구(Gate)단면적

탕구비

$$S : R : G = \frac{\text{탕구의 단면적}(A_S)}{\text{탕도의 단면적}(A_R)}$$

탕구높이와 주입속도

$$v = c\sqrt{2gh}$$

- v : 유속[cm/s]
- g : 중력가속도[cm/s^2]
- h : 탕구높이[cm]
- c : 유량계수

기출문제

주조에서 탕구계의 구성요소가 아닌 것은?

① 쇳물받이 ② 탕도
③ 피이더   ④ 주입구

정답 : ③

용어정리

열점(hot spot)

응고된 금속 내부에 형성된 액체 상태의 금속 웅덩이. 응고가 가장 더딘 부분에서 나타나며 수축 결함은 대개 열점의 윗부분에서 형성된다.

기출문제

주조에서 열점(hot spot)의 정의로 옳은 것은?

① 유로의 확대부
② 응고가 가장 더딘 부분
③ 유로 단면적이 가장 좁은 부분
④ 주조 시 가장 고온이 되는 부분

정답 : ②

기출문제

주조의 탕구계 시스템에서 라이저(riser)의 역할로서 틀린 것은?

① 수축으로 인한 쇳물 부족을 보충한다.
② 주형 내의 가스, 기포 등을 밖으로 배출한다.
③ 주형 내의 쇳물에 압력을 가해 조직을 치밀화한다.
④ 주물의 냉각도에 따른 균열이 발생되는 것을 방지한다.

정답 : ④

2. 금속의 용해법

2-1 큐폴라(용선로)

- 주철 용해에 사용
- 크기 : 1시간에 용해할 수 있는 쇳물의 무게(용해량/시간)
- 큐폴라의 유효높이 : 송풍구에서 장입구까지의 높이

장점	• 장입 재료와 코크스가 접촉하여 용해되므로 열효율이 높다. • 장시간 작업을 계속할 수 있어 대량 생산에 알맞다. • 노의 구조가 간단하기 때문에 설비비가 적게 든다.
단점	• 성분 변화가 일어나기 쉬우나 이에 따른 세밀한 조절이 어렵다. • 용해 온도는 주철을 용해할 수 있는 정도이다.

2-2 도가니로

- 합금강 용해에 사용
- 크기 : 1회 용해할 수 있는 Cu의 중량을 번호로 표시
- 구리합금, 경합금, 합금강과 같이 정확한 성분을 용해하는 데 적합하다.

2-3 전기로, 전로, 반사로, 평로

- 주강, 주철, 청동, 가단주철 용해에 사용
- 크기 : 1회 용해량을 표시(용해량/회)

2-4 용광로

- 선철 용해에 사용
- 크기 : 하루에 용해할 수 있는 쇳물의 무게(용해량/24hr)

참고
큐폴라

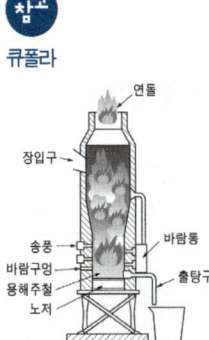

참고
도가니로

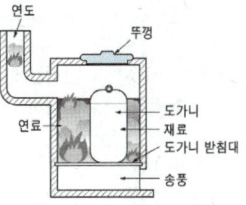

기출문제

큐폴라(cupola)의 유효 높이에 대한 설명으로 옳은 것은?

① 유효높이는 송풍구에서 장입구까지의 높이이다.
② 유효높이는 출탕구에서 송풍구까지의 높이를 말한다.
③ 출탕구에서 굴뚝 끝까지의 높이를 직경으로 나눈 값이다.
④ 열효율이 높아지므로, 유효높이는 가급적 낮추는 것이 바람직하다.

정답 : ①

05 특수 주조법

1. 주조법의 정의

원심주조법	고속으로 회전하는 원통형의 주형 내부에 쇳물을 주입하면 원심력에 의해 주형내면에 압착·응고하는 주조법
다이캐스팅법	정밀한 금속주형에 고압·고속으로 용탕을 주입하고 응고 중 압력을 유지하여 주물을 얻는 주조법
몰딩법 (셸몰드주조법 = 주조법 = 크로닝법)	규소모래와 열경화성 합성수지를 배합한 분말을 가열된 금형에 뿌려서 주형을 만들고 여기에 쇳물을 부어 주물을 만드는 방법
인베스트먼트법 (로스트왁스 주형법)	얻고자 하는 주물과 동일한 형상의 모형을 왁스(파라핀)로 만들어 주형재에 매몰하여 다진 다음 가열하여 주형을 경화시킴과 동시에 모형을 용출시켜 주형을 완성하는 주형제작법
진공주조법	가스제거를 위해 진공상태에서 용해하고 주조하는 방법
탄산가스(CO_2) 주형법	단시간에 강도가 높은 건조형을 얻는 것과 같은 효과를 보는 주형법으로, 복잡한 형상의 코어 제작에 사용
칠드주조법 (냉경주조법)	사형과 금형을 동시에 사용하여 쇳물이 금형에 접촉하는 부분은 급랭되어 표면은 경도가 높아지고, 내부는 서랭시켜 연한 주물을 얻는 주조법
저압주조법	• 금형에서 펌프로 흡입해 주형 내를 저압상태로 만들어 용융금속을 빨아들이거나 불활성가스로 밀어올리는 주조법 • 주물의 밀도와 강도가 크고 불순물이 적은 고급주물을 얻을 수 있다.
고압주조법	펀치로 고압을 가하여 그 상태로 응고시켜 주조하는 방법

기출문제

주물사로 사용되는 모래에 수지, 시멘트, 석고 등의 점결제를 사용하며, 경화시간을 단축하기 위하여 경화촉진제를 사용하여 조형하는 주형법은?

① 원심주형법
② 셸몰드 주형법
③ 자경성 주형법
④ 인베스트먼트 주형법

정답 : ③

해설 : 자경성 주형
모래에 수지, 시멘트, 석고, 물유리 등의 점결제에 경화제를 첨가하여 상온에서 경화시킨 주형법

기출문제

사형(砂型)과 금속형(金屬型)을 사용하여 내마모성이 큰 주물을 제작할 때 표면은 백주철이 되고 내부는 회주철이 되는 주조 방법은 무엇인가?

① 다이캐스팅 ② 원심주조법
③ 칠드주조법 ④ 셸주조법

정답 : ③

2. 각 주조법의 특징

다이캐스팅법의 특징

장점	• 정도가 높고 주물표면이 깨끗하여 다듬질 작업을 줄일 수 있다. • 복잡한 형상도 주조가 가능하고 조직이 치밀하여 강도가 크다. • 얇은 주물의 주조가 가능하여 제품을 경량화할 수 있다. • 주조가 빠르기 때문에 대량생산으로써 단가를 줄일 수 있다.
단점	• 장비와 다이(die) 제작비가 고가이기 때문에 소량 생산에 부적합하다. • 다이의 내열강도 때문에 용융점이 낮은 비철금속에 제한된다. • 소형제품에 국한한다.

셸몰딩법의 특징

장점	• 미숙련공도 셸(shell)을 제작할 수 있다. • 셸을 준비한 후 일시에 주입하여 주물을 다량생산할 수 있다. • 철 및 비철 모든 금속의 주조에 이용할 수 있다. • 주물의 정밀도가 높다.
단점	• 금형을 필요로 하기 때문에 소량의 주조에서는 비경제적이다. • 수지가 비교적 고가이므로 주조비가 높다. • 셸 제작 비용이 높다. • 철의 주조에는 10kg 정도로 제한된다.

인베스트먼트법의 특징

장점	• 정밀하고 형상이 복잡하여 기계가공이 어려운 제품의 주조에 적합하다. • 모형재료인 왁스(파라핀)를 재사용할 수 있다. • 융점이 높은 철금속의 주조가 가능하다.
단점	• 소형물의 주조에 제한된다. • 주조단계가 많기 때문에 주조비가 높다.

06 주물의 결함

결함의 종류와 정의, 원인 방지법

기공	정의	주물 내부·표면에 생긴 기포성 빈자리
	원인	주형과 코어에서 발생하는 수증기, 용탕의 가스, 주형 내부의 공기
	방지법	• 주입온도를 적당히 할 것 • 통기성을 좋게 할 것 • 주형 내의 수분을 적게 할 것 • 쇳물아궁이를 크게 할 것 • 덧쇳물(압탕)을 붙여 용융금속에 압력을 가할 것
수축공	정의	응고 수축이 보상되지 못해 생긴 공동
	원인	압탕량 부족, 온도구배 부족 등
	방지법	• 쇳물아궁이를 크게 할 것 • 냉각쇠(냉각판)를 설치할 것 • 덧쇳물(압탕)을 붙여 쇳물 부족을 보충할 것
편석	정의	성분이 부분적으로 치우쳐 조직·성질이 불균일
	원인	불순물이 결함부로 석출, 성분의 비중차에 의해 층 발생 등
	방지법	• 주물을 급랭하지 말 것 • 각부의 온도차를 적게 할 것 • 주물의 두께 차이를 갑자기 변화시키지 말고 각부에 라운딩을 줄 것
균열	정의	주물에 생긴 균열
	원인	주물 냉각 시 온도차, 주물의 두께 차이에 의한 잔류응력
	방지법	• 주물의 급랭을 피할 것 • 각부의 온도차를 적게 할 것 • 단면의 두께 변화를 심하게 하지 말고 각부에 라운딩을 할 것
핀 (지느러미)	정의	파팅라인·코어 이음부 틈으로 쇳물이 새어 나온 것
	원인	주형의 상형 - 하형의 면 맞춤 불량
	방지법	면 맞춤 교정
콜드셧 (쇳물경계)	정의	서로 다른 용탕 흐름이 만나 융합되지 못해 생긴 경계선
	원인	주탕온도/주형온도 낮음
	방지법	주탕·금형 예열/온도 상향

기출문제

용탕의 충전 시에 모래의 팽창력에 의해 주형이 팽창하여 발생하는 것으로, 주물 표면에 생기는 불규칙한 형상의 크고 작은 돌기 모양을 하는 주물 결함은?

① 스캡   ② 탕경
③ 블로홀   ④ 수축공

정답 : ①

해설 :

- **블로우홀**(blowholes, 블로홀) : 큰 기체 거품 방울, 또는 금속의 수축으로 인해 발생한 내부가 진공인 공동
- **수축공** : 패쇄형 수축 결함으로 주조품 내부에 발생하는 결함
- **스캡**(scab, 딱지) : 주조품 표면에 부풀어 오른 얇은 금속 막
- **버클**(buckle) : 주조품 표면의 움푹 패인 자리. 스캡 밑에는 항상 버클이 있다.
- **부풀음**(부품, swell) : 주형 내벽이 전면적으로 무너져내릴 때 발생하는 결함

CHAPTER 07
소성가공

KEYWORD 재결정, 냉간가공, 열간가공, 가공경화, 단조, 압연, 프레스

01 소성가공

일반적으로 재료는 외력을 받으면 변형되고, 외력이 제거되면 변형이 원래 상태로 돌아온다. 이때, 돌아오는 성질을 탄성이라 하며, 변형된 채 돌아오지 않는 성질을 소성이라 한다. 소성가공은 이러한 소성을 이용해 각종 공구로 재료에 외력을 가해 원하는 형상을 얻는 방법을 말한다.

1. 소성가공의 특징

장점	• 성형되는 치수가 정확하며 가공면이 깨끗하다. • 가공경화에 의해 강도, 경도가 증가한다. • 재료의 손실량을 최소화하고 균일한 제품의 대량생산이 가능하다. • 수리가 용이하고 가공시간이 짧다.
단점	• 크고 복잡한 형상의 제품 제작이 곤란하다.

2. 소성가공에 이용되는 재료의 성질

가단성	해머의 단련에 의해 영구변형되는 성질
연성	길이방향으로 가느다란 선으로 늘어나는 성질
가소성	재료에 하중을 가하면 고체상태에서 유동하는 성질

3. 재결정

냉간 가공한 재료를 가열하면 내부응력이 제거되고 새로운 결정핵이 생겨 금속조직 전체가 새로운 결정으로 변화하는 현상

- 회복 : 냉간 가공에서 발생한 잔류응력이 제거
- 재결정 : 등방정의 새로운 결정립 핵이 생성
- 결정립성장 : 새로운 핵에서 결정립이 계속해서 성장

3-1 재결정온도

- 1시간 안에 95% 이상의 재결정이 생기도록 가열하는 온도
- 금속의 용융온도(T_m)의 0.3 ~ 0.5배
  - 예) W(1,200℃), Ni(600℃), Fe(450℃), Al(150 ~ 200℃)

3-2 재결정의 특징

- 금속의 연성을 증가시키고 강도를 저하시킨다.
- 가공도가 큰 재료는 새로운 결정핵 생성이 쉬우므로 재결정온도가 낮다.
- 가공도가 작은 재료는 새로운 결정핵 생성이 어려워 재결정온도가 높다.
- 재결정온도 이상으로 장시간 유지할 경우 결정립이 커진다.

금속의 재결정

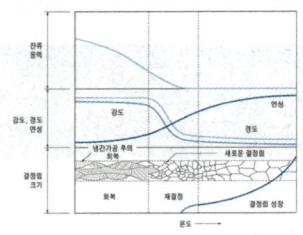

4. 냉간가공과 열간가공

4-1 **냉간가공**(상온가공)

재결정온도 이하에서 가공하는 방법

4-2 **열간가공**(고온가공)

재결정온도 이상에서 가공하는 방법

냉간가공의 특징	열간가공의 특징
• 가공면이 아름답다. • 치수정밀도가 높다. • 기계적 성질을 개선할 수 있다. • 가공방향으로 이방성(방향성)이 생겨 방향에 따라 강도가 달라진다. • 인장강도, 항복점, 탄성한계, 경도는 증가하나 연신율, 인성은 감소한다.	• 충격이나 피로에 강해진다. • 재료 표면에 산화가 발생하여 치수정밀도가 떨어진다. • 작은 동력으로 큰 변형을 줄 수 있다. • 가열 때문에 표면이 산화되기 쉽다. • 불순물이나 편석이 없어지고 재질의 균일화가 이루어진다.

기출문제

냉간가공의 일반적 특징으로 옳은 것은?
① 표면 조도와 치수 정밀도가 낮아진다.
② 재결정이 일어나 변형이 쉽게 진행된다.
③ 가공경화가 발생해 강도가 상승한다.
④ 항상 고온에서만 수행된다.

정답 : ③

해설 : 냉간 변형은 가공경화로 강도·경도가 상승하고 표면·치수 정밀도가 대체로 우수함

5. 가공경화(변형경화)

냉간가공을 하면 할수록 내부응력이 증가하여 재료가 단단해지는 현상

5-1 가공경화의 특징

강도, 경도가 증가, 연신율, 단면수축률, 인성은 감소

5-2 제거방법

재결정온도 이상에서 가공하거나 풀림처리한다.

02 소성가공의 종류

단조	재료를 해머나 기계로 두들겨서 성형하는 가공법
압연	재료를 회전하는 두 개의 롤러 사이에 넣어 통과시키면서 두께, 폭, 단면적을 감소시키고 길이방향으로 늘리는 가공법
인발	금속 관이나 봉을 다이(die) 구멍에 넣어 축방향으로 잡아당기면서 통과시켜 외경을 성형하는 가공법
압출	재료를 한쪽에서 압력을 가하여 다이 구멍으로 눌러 빼내면서 일정한 단면 모양으로 성형하는 가공법
제관	관으로 만드는 가공법
전조	다이나 롤러 사이에 소재를 넣고 회전시켜 제품으로 만드는 가공법
프레스가공	판재 등을 굽히거나 절단하여 제품으로 만드는 가공법

기출문제

다음 인발가공에서 인발 조건의 인자로 가장 거리가 먼 것은?
① 절곡력(folding force)
② 역장력(back tension)
③ 마찰력(friction force)
④ 다이각(die angle)

정답 : ①

해설 : 인발가공에서 인발에 영향을 미치는 인자. 다이각, 단면감소율, 역장력, 마찰력, 인발력, 인발속도, 인발 재료, 온도, 윤활 등

기출문제

인발(drawing) 공정의 일반적 결과로 옳은 것은?
① 길이 감소, 단면적 증가함
② 길이 증가, 단면적 감소함
③ 길이·단면적 모두 증가함
④ 길이·단면적 모두 감소함

정답 : ②

기출문제

압출에서 마찰이 상대적으로 적게 작용하는 방식은?
① 직접압출을 사용한다.
② 간접압출을 사용한다.
③ 측압출을 사용한다.
④ 상온 압출을 사용한다.

정답 : ②

1. 단조

1-1 단조의 특징

- 결정립이 미세화되어 조직이 치밀해지고 강도가 증가하며 강인하게 된다.
- 재료 내부의 기포나 불순물이 제거되고 조직을 균일화시킨다.
- 산화에 의한 스케일이 발생하고 복잡한 소재가공에는 부적합하다.

1-2 단조용 재료의 구비조건

- 강괴 내부에 편석이 있어도 무관하며 조직이 미세할수록 좋다.
- 주철과 같이 취성이 있는 재료는 단조가 불가능하다.
- 탄소(C)가 많으면 취성이 커지고, 황(S)이 많으면 적열취성이 커지므로 단조용 재료에는 C와 S의 양이 적어야 한다.

2. 압연

재료를 회전하는 2개의 롤러 사이로 통과시키면서 압축하중을 가하여 두께, 폭, 직경을 줄이고 길이방향으로 늘리는 가공법

압연롤러의 구성 3요소

몸체	소재와 접촉하여 가공이 이루어지는 부분
넥	롤러가 베어링으로부터 지지되는 부분
웨블러	전동기로부터 동력이 전달되는 부분. 각형으로 이루어짐

2-1 압연조건

압하량

$$H_0 - H_1 \qquad \begin{matrix} H_0 : \text{롤러통과 전 두께[mm]} \\ H_1 : \text{롤러통과 후 두께[mm]} \end{matrix}$$

압하율

$$\frac{H_0 - H_1}{H_0} \times 100 \, [\%]$$

단조를 위한 재료의 가열법 중 틀린 것은?

① 너무 과열되지 않게 한다.
② 될수록 급격히 가열하여야 한다.
③ 너무 장시간 가열하지 않도록 한다.
④ 재료의 내외부를 균일하게 가열한다.

정답 : ②

해설 : 단조 시 재료를 가급적 서서히 가열하여 탈탄, 표면 불량, 스케일에 의한 흠집, 변형에 의한 저항 등의 발생을 예방한다.

압연롤러의 구조

압연조건

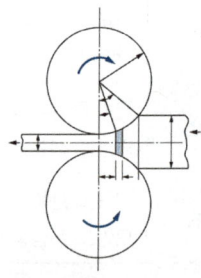

두께 50mm의 연강판을 압연 롤러를 통과시켜 40mm가 되었을 때 압하율 %은?

① 10　② 15
③ 20　④ 25

정답 : ③

해설 :
- 압하량 = 입측두께 - 출측두께
  $= 50 - 40 = 10[mm]$
- 압하율
  $= \dfrac{\text{입측두께 - 출측두께}}{\text{입측두께}} \times 100$
  $= \dfrac{50-40}{50} \times 100 = 20[\%]$

압하율을 높이는 방법

- 압연재의 온도를 높인다.
- 압연재를 뒤에서 밀어 롤러의 회전속도를 높인다.
- 지름이 큰 롤러를 사용한다.
- 마찰계수를 크게 한다.
- 롤러 축에 평행인 홈을 롤러 표면에 만든다.

3. 프레스 가공

판재 등을 굽히거나 절단하여 제품으로 만드는 가공법

3-1 전단가공

펀칭	판재에서 구멍을 뚫는 가공(피어싱). 남는 쪽이 제품
블랭킹	판재에서 제품을 따내는 가공. 떨어진 쪽이 제품
전단	판재를 필요한 형상으로 절단하는 가공
트리밍	가공된 제품의 테두리를 잘라내는 가공
셰이빙	재료를 수직으로 가공하여 양호한 절단면을 얻는 가공
노칭	재료의 일부를 다양한 모양으로 따내는 가공
분단	제품을 2개 이상으로 나누는 가공

3-2 성형가공

스피닝	얇은 판을 회전시키고 금형으로 밀어붙여 성형하는 가공
시밍	여러 겹으로 소재를 구부려 2개의 소재를 연결하는 가공
컬링	원통 용기의 끝부분을 말아 테두리를 둥글게 만드는 가공
벌징	원통형 재료의 일부를 볼록 나오게 하는 가공
비딩	오목형상, 볼록형상의 롤러 사이에 판을 넣고 롤러를 회전시켜 판재에 좁은 선모양의 홈을 만드는 작업
마폼법	다이 대신 고무를 사용해 성형하는 가공
하이드로폼법	다이 대신 강판 튜브를 만들어 튜브 안에 액체를 강한 압력을 주어 성형하는 가공

기출문제

전단가공에서 블랭킹(blanking)과 피어싱(piercing)의 구분으로 옳은 것은?

① 블랭킹은 판에 구멍을 만든다.
② 피어싱은 펀치로 잘려 나온 조각을 제품으로 사용한다.
③ 블랭킹은 잘려 나온 조각을 제품으로 사용한다.
④ 두 공정은 결과가 동일하다.

정답 : ③

기출문제

전단가공의 종류에 해당하지 않는 것은 무엇인가?

① 비딩(beading)
② 펀칭(punching)
③ 트리밍(trimming)
④ 블랭킹(blanking)

정답 : ①

기출문제

곧은 날을 갖춘 직선 절단기에서 전단각에 관한 설명으로 틀린 것은?

① 전단각이란 아랫날에 대한 윗날의 기울기 각도이다.
② 전단각이 크면 절단된 판재의 끝면이 고르지 못하다.
③ 전단각은 일반적으로 박판에서 크게, 후판에는 작게 한다.
④ 절단 날에 전단각을 두는 것은 절단할 때, 충격을 감소시키고 절단소요력을 감소시키기 위한 것이다.

정답 : ③

3-3 딥드로잉

판재를 펀치로 다이구멍에 밀어 넣어 이음매가 없고 밑바닥이 있는 용기로 성형하는 가공
예) 음료수캔, 탄피, 주방기구, 싱크대 등

드로잉률

$$m = \frac{D_p}{D_B} \times 100[\%]$$

D_p : 제품(펀치)의 지름
D_B : 소재(블랭크)의 지름

재드로잉률

$$\frac{용기의\ 지름}{제품의\ 지름(D_p)} \times 100[\%]$$

드로잉비

드로잉률의 역수

3-4 굽힘가공

재료를 특정 각도로 구부려 형태를 만드는 가공. 재료의 단면적이 변하지 않는 상태에서 소성 변형을 일으킴
예) V-벤딩, U-벤딩

3-5 압축가공

코이닝(압인)

상형, 하형이 서로 다르며 두께변화가 있는 제품을 가공
예) 동전, 메달, 장식품 등

엠보싱

상형, 하형이 서로 반대이며 소재의 두께변화가 없는 제품을 가공

스웨이징

봉재, 판재의 지름을 줄이거나 테이퍼를 만드는 가공

핵심 KEY

딥드로잉 가공의 특징
- 큰 단면감소율을 얻을 수 있다.
- 중간에 annealing할 필요가 없다.
- 복잡한 형상에서도 금속의 유동이 잘 된다.
- 두께 1/4 in보다 두꺼운 판에 대해서는 곤란하다.
- 정확한 조정을 요한다.

참고

스프링백

소성변형 후에 하중을 제거하면 재료의 탄성 때문에 탄성복원이 일부 일어나는 현상

- 스프링백이 커지는 원인
  - 탄성한계, 피로한계, 항복강도, 경도가 높은 경우
  - 구부림 각도가 작은 경우
  - 굽힘 반지름이 큰 경우
  - 판재의 두께가 얇은 경우
- 스프링백을 줄이는 방법
  - 판재의 온도를 높여 굽힘 가공
  - 굽힘 중에 판재에 인장력이 걸리도록 신장 굽힘가공을 함
  - 펀치 끝과 다이면에서 높은 압축응력이 걸리도록 굽힘 부위를 압축
  - 원하는 각도보다 여유각만큼 과도하게 굽힘

기출 문제

딥 드로잉(deep drawing) 가공의 특징으로 올바르지 않은 것은?

① 큰 단면감소율을 얻을 수 있다.
② 중간에 어닐링(annealing)이 필요 없다.
③ 복잡한 형상에서도 금속의 유동이 잘된다.
④ 압판 압력을 정확히 조정할 필요가 없다.

정답 : ④

CHAPTER 08

절삭가공

KEYWORD 칩, 칩 브레이커, 절삭저항, 구성인선, 절삭유, 윤활유, 선반, 밀링, 드릴링, 브로칭, 연삭

01 공작기계

공작물과 공구의 상대운동을 통해 공작물을 원하는 형태로 가공하는 기계

1. 공작기계의 분류 ★

종류	특징
범용 공작기계	• 가공할 수 있는 기능이 다양하며, 절삭 및 이송 속도 범위가 크다. • 부속장치를 사용하면 가공범위를 넓게 사용할 수 있다.  선반, 밀링, 드릴링머신, 셰이퍼, 슬로터, 플레이너 등
전용 공작기계	• 같은 종류의 제품을 대량생산할 때 전용으로 제작해 사용하는 기계  트랜스퍼머신, 크랭크축선반, 차륜선반 등
단능 공작기계	• 한 가지 공정만이 가능한 단순 기능 공작기계 • 생산성과 능률은 높으나 융통성이 적다.  단능선반, 타머보링머신, 공구연삭기 등
만능 공작기계	• 여러 가지 종류의 공작기계에서 할 수 있는 가공을 1대의 공작기계에서 가능하도록 제작한 공작기계 • 설치할 공간이 좁거나, 여러 가지 기능은 필요하나 가공이 많지 않은 소규모 공장, 공작실에서 사용  금형공장 공작기계 등

공작기계

기계 부품을 만들기 위하여 주어진 재료에 기계적인 가공을 하는 것을 기계공작 또는 기계 공작법이라 하고 이에 사용되는 기계를 공작기계라 한다.

저자 어드바이스

가공방법에 따른 분류

• 절삭가공 : 공작물의 불필요한 부분을 깎아내어 원하는 형태로 가공하는 방법
• 소성가공 : 금속의 소성변형을 이용하여 재료를 가공하는 방법
• 연삭가공 : 공구의 미세한 입자를 이용하여 공작물의 불필요한 부분을 갈아내어 정밀가공하는 방법
• 특수가공 : 초음파, 방전, 레이저 등 특수한 방법을 이용한 가공방법

절삭가공

밀링, 선반, 연삭, 래핑, 호빙, 슈퍼피니싱

비절삭가공

단조, 주조, 압연, 압출, 인발, 용접, 소성가공

> 개념잡기
>
> 특정한 제품을 대량 생산할 때 적합하지만, 사용범위가 한정되며 구조가 간단한 공작기계는?
>
> ① 범용 공작기계　　② 전용 공작기계
> ③ 단능 공작기계　　④ 만능 공작기계
>
> **전용 공작기계**
> 같은 종류의 제품을 대량 생산할 때 전용으로 제작해 사용하는 기계
>
> 정답 : ②

2. 공작기계의 3대 운동

종류	특징
절삭운동	• 재료를 가공하기 위해 공구나 공작물이 회전 또는 직선운동 • 공구가 운동하는 공작기계 : 밀링머신, 드릴링머신, 브로칭머신, 셰이퍼, 슬로터 등 • 공작물이 운동하는 공작기계 : 선반, 플레이너 등 • 공작물과 공구가 함께 운동하는 공작기계 : 호빙머신, 연삭기, 래핑머신 등
이송운동	• 기계 가공 시 공작물 또는 공구가 이동하는 운동
위치조정 운동	• 기계 가공 시 공작물이나 공구를 원하는 수치만큼 이동시키거나 절삭조건에 맞게 위치를 조정하는 운동

저자 어드바이스

공작기계의 구비조건
• 높은 치수정밀도를 가질 것
• 가공능력이 클 것
• 기계강성이 높아 내구력이 좋고 사용이 간편할 것
• 동력 손실이 낮아 기계효율이 높을 것
• 가격이 싸고 운전비용이 저렴할 것

참고

경사면과 여유면

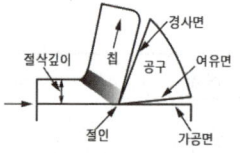

02
절삭 이론 ★★★

1. 칩의 종류와 형태 ★★★

1-1 칩(Chip)

절삭가공을 할 때 공작물에서 떨어져 나와 발생하는 쇳가루

종류	특징
유동형 칩 (연속형 칩)	• 절삭공구의 경사면 윗면을 따라 연속적으로 흘러나오는 칩 • 절삭 저항력의 변동이 작아 가공면이 깨끗하다. 예 연강, 알루미늄 등
전단형 칩	• 칩이 원활히 흐르지 못해 공구 윗면에서 끊어지듯 발생하는 칩 • 전단력에 의해 칩이 부서지고 진동이 발생해 표면거칠기가 나쁘다.

저자 어드바이스

칩의 종류
• 유동형 칩　• 전단형 칩

• 경작형 칩　• 균열형 칩
 (열단형)

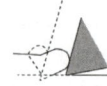 

유동형 칩이 발생하는 경우
• 연성의 재료(연강, 구리, 알루미늄 합금 등)를 가공할 때
• 절삭깊이가 적을 때
• 절삭속도가 빠를 때
• 윤활성이 좋은 절삭 유제를 사용할 때

종류	특징
열단형 칩 (경작형 칩)	• 공구가 공작물을 뜯어내듯 흔적이 남는 칩 • 연하고 질긴 재료를 저속으로 절삭할 때 발생한다. • 가공면이 거칠고 잔류응력이 크다. 　예 구리합금, 극연강 등
균열형 칩	• 공작물이 공구에 의해 깨지듯이 절삭되어 발생하는 칩 • **취성이 큰 재료를 저속으로 절삭**할 때 발생한다. 　예 주철, 석재 등 • 진동으로 날 끝에 파손이 발생하여 가공면이 상당히 거칠어진다.

1-2 칩 브레이커

칩을 원활하게 배출하기 위해 인위적으로 짧게 끊어지도록 바이트팁 위에 무늬나 홈을 만들어둔 것

2. 바이트의 주요 각도 ★★

바이트에서 각도는 가공된 면의 표면거칠기, 공구수명, 절삭력 등에 미치는 영향이 매우 크다.

종류	특징
윗면경사각 (옆면경사각)	• 바이트 끝(인선)에서 바이트 밑면과 평행한 수평면과 경사면의 각도 • 경사각이 크면 절삭성이 좋아지나 날 끝이 약해져 수명이 감소한다.
전면여유각 (앞면여유각)	• 절삭작업 시 공작물과 바이트의 마찰을 줄이기 위한 각도(5~8°) • 여유각이 크면 마찰이 감소하지만 날 끝이 약화된다.
전방절삭각 (앞면절삭각)	• 절삭면과 날 끝(인선)의 앞 가장자리와의 마찰을 줄이기 위한 각도 • 절삭각이 크면 날이 약해지고, 작으면 진동이 생겨 마멸이 커진다.

칩의 발생 형태에 영향을 미치는 요인
• 공작물의 재질
• 공구의 형상
• 공구의 이송속도
• 절삭깊이

선삭에서 바이트의 윗면 경사각을 크게 하고 연강 등 연한 재질의 공작물을 고속 절삭할 때 생기는 칩(Chip)의 형태는?
① 유동형　② 전단형
③ 열단형　④ 균열형

정답 : ①

바이트의 형상
• 자루(Shank) : 용접바이트나 폐기형 바이트에서 날 부분을 제외한 부분
• 인선(Cutting Edge) : 실질적인 절삭을 하는 바이트의 예리한 날 부분
• 노즈(Nose) : 주절인과 부절인이 만나는 끝 부분을 약간 둥글게 한 부분으로 가공되는 면의 표면거칠기에 많은 영향을 미친다.

3. 절삭저항 3분력 ★★

절삭저항

공작물을 절삭할 때 절삭공구가 공작물로부터 받게 되는 저항력

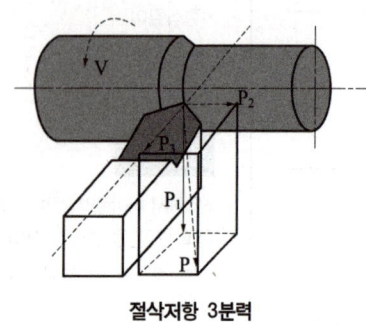

절삭저항 3분력

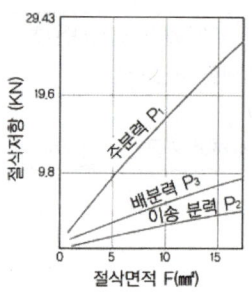

절삭저항과 절삭면적

3-1 주분력(P_1)

회전축에 직각방향으로 발생하는 가장 큰 절삭방향 분력

3-2 이송분력(P_2)

공작물의 회전축 방향으로 발생하는 이송방향 분력

3-3 배분력(P_3)

공작물의 회전방향으로 발생하는 절삭깊이방향 분력

바이트의 종류

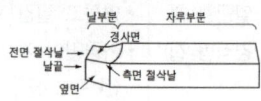

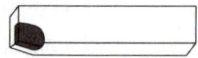

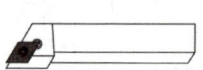

- 단체바이트 : 날 부분과 자루 부분이 같은 재질
- 납땜바이트 : 탄소강으로 만든 자루에 초경합금 등을 경랍으로 접합 사용
- 클램프바이트 : 공구 자루에 절삭날을 작은 나사로 고정하여 날이 무뎌지면 새것으로 교환하여 사용
- 폐기식바이트 : 사용 중에 절삭날이 무뎌지면 날 부분만 새것으로 교환 사용

저자 어드바이스

절삭저항의 3분력 크기

주분력 > 배분력 > 이송 분력

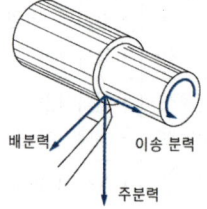

공작물의 온도 측정 방법

- 칩의 색으로 판정 방법
- 열량계에 의한 측정 방법
- 열전대에 의한 측정 방법

03 공구 마멸 *

1. 공구 수명 *

1-1 공구 수명

새로운 공구로 절삭을 시작하여 공구교환이나 재연삭까지 소요되는 유효절삭시간의 합

1-2 테일러의 공구수명식

$$VT^n = C$$

- V : 절삭속도[m/min]
- T : 공구수명[min]
- n : 지수(1/10 ~ 1/5)
- C : 상수

2. 공구 마멸의 종류 *

2-1 크레이터 마모

칩이 절삭공구의 경사면 위에 계속해서 마찰을 일으켜 오목하게 패이는 마모 형태

2-2 플랭크 마모

공작물이 공구 측면(측면여유각)에 마찰을 일으켜 절삭면이 평행하게 마모되는 형태

2-3 치핑(결손)

공구날 끝의 일부가 충격에 의하여 떨어져 나가는 현상

2-4 온도파손

마찰로 인한 절삭온도 증가로 공구날이 마모되고 파손되는 현상

저자 어드바이스

공구의 마멸현상

- 크레이터 마모

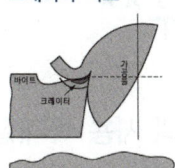

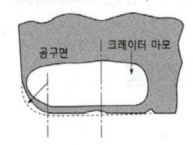

- 플랭크 마모

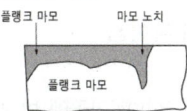

공구 수명 판정법

- 완성된 가공면 표면에 색조무늬나 반점이 발생할 때
- 공구 인선의 마모가 일정량에 도달했을 때
- 절삭저항 주분력 변화가 적으나 이송분력이나 배분력이 급격히 증가할 때
- 완성치수의 변화량이 일정량에 도달했을 때

3. 구성인선(빌트업 에지, Built-up Edge) ★★

연성 공작물을 절삭할 때 칩과 공구의 경사면 사이에 발생하며, 고온·고압의 절삭저항력에 의해 칩의 일부가 날 끝에 붙어 표면 정밀도를 떨어뜨리는 것

3-1 구성인선의 발생 주기

발생 → 성장 → 최대 → 분열 → 탈락의 과정을 반복

발생	성장	최대	분열	탈락

구성인선의 방지 대책

- 경사각을 크게 한다(30° 이상).
- 절삭 속도를 크게 한다.
- 절삭유를 사용해 날 끝을 냉각시킨다.
- 절삭 깊이를 작게 한다.

기출문제

절삭공구의 측면과 피삭재의 가공면과의 마찰에 의하여 절삭공구의 절삭면에 평행하게 마모되는 공구인선의 파손현상은?

① 치핑
② 크랙
③ 플랭크 마모
④ 크레이터 마모

정답 : ③

04
절삭유 ★★

1. 절삭유의 사용 목적(절삭유의 작용) ★

1-1 냉각작용

공구와 공작물에 발생하는 절삭온도의 상승을 방지

1-2 세척작용

칩을 제거하여 가공에 방해가 되지 않도록 세척

1-3 윤활작용

공구 경사면과 칩 사이의 마찰을 감소시켜 절삭 성능을 향상

수용성 절삭유의 사용 예

저자 어드바이스

절삭유의 사용 목적

- 공구의 인선날 끝을 냉각시켜 공구의 경도 저하를 방지한다.
- 가공물을 냉각시켜 절삭열에 의한 정밀도 저하를 방지한다.
- 공구의 마모를 줄이고 윤활 및 세척 작용으로 가공표면을 양호하게 한다.
- 칩을 씻어주고 절삭부를 깨끗이 닦아 절삭작용을 향상시킨다.

2. 절삭유 사용의 효과

- 마찰이나 공구의 마모 저감
- 가공면의 녹 방지(방청)
- 가공부분의 치수 정밀도 향상
- 구성인선의 억제작용 칩 배제
- 공구나 피절삭재의 냉각작용에 의한 공구수명의 연장

절삭유의 구비조건
- 회수가 용이해야 한다.
- 윤활성 및 냉각성이 우수해야 한다.
- 화학적으로 안정되고 산화되지 않아야 한다.
- 휘발성이 없어야 하고 인화점과 발화점이 높아야 한다.
- 구하기 쉽고 저렴해야 한다.
- 인체에 해롭지 않아야 한다.

개념잡기

광물섬유를 화학적으로 처리하여 원액에 80% 정도의 물을 혼합하여 사용하며, 점성이 낮고 비열과 냉각효과가 큰 절삭유는?

① 지방질유 ② 광유
③ 유화유 ④ 수용성 절삭유

수용성 절삭유
20%의 절삭유 원액과 80%의 물을 혼합해 사용하며 점성이 낮고 비열이 커서 냉각효과가 크며, 고속절삭, 연삭에 사용한다.
예) 에멀션유(유화유), 솔루션형, 솔루블형 등

정답 : ④

05 윤활유 ★

1. 윤활유의 사용 목적 ★

1-1 윤활작용
운동 중인 서로 맞닿지 않게 분리해주어 마찰로 인한 마모 및 융착 방지

1-2 냉각작용
마찰로 인한 열을 흡수

1-3 청정작용
부품의 금속표면을 청결히 유지

1-4 밀폐작용
가스 누설을 방지하고 기밀을 유지

2. 윤활방법의 종류 ★

종류	특징
핸드급유법	• 작업자가 급유 위치에 손으로 급유하는 방법 • 급유가 불완전하고 윤활유 소비가 많다.
적하급유법	• 니들밸브를 통해 일정량을 적하하여 급유하는 방법 • 외부에서 적하량을 감시하며 저속·경하중용으로 사용
오일링급유법 (담금급유법)	• 오일링이 축에 걸려있고 윤활유에 담겨져 있어서 축의 회전에 따라 링이 회전하여 윤활유를 공급하는 방법
패드급유법	• 무명이나 털로 만든 패드를 오일통에 담가 모세관 현상을 이용하여 윤활하는 방법
강제급유법	• 펌프를 이용하여 윤활유 공급장치에 강제로 급유하는 방법
분무급유법	• 압축공기에 의해 오일을 분무하여 윤활면을 급유하는 방법
중력급유법	• 베어링 위에 설치한 기름탱크의 수두압을 이용해 급유하는 방법 • 강제급유와 적하급유의 중간 방법
유욕급유법	• 전동체의 중앙까지 오일을 채우고 회전에 의한 원심력을 이용해 윤활하는 방법

윤활제

이송이나 회전하는 안내 부분의 두 물체 사이에 윤활제를 적당히 공급하여 마찰저항을 줄이고, 미끄럼을 원활하게 하여 기계적 마모를 감소시키는 것을 윤활이라 한다.

저자 어드바이스

윤활제의 구비조건
• 사용 상태에서 충분한 점도를 유지할 것
• 한계 윤활상태에서 견딜 수 있는 유성이 있을 것
• 산화나 열에 대하여 안정성이 높을 것
• 화학적으로 불활성하여 깨끗하고 균질할 것

기출문제

마찰면이 넓은 부분 또는 시동횟수가 많을 때 사용하고 저속 및 중속 축의 급유에 사용되는 급유방법은?
① 담금급유법 ② 패드급유법
③ 적하급유법 ④ 강제급유법

정답 : ③

06 선반가공

선반 ★★
공작물을 척에 고정하여 회전시키고, 공구(바이트)로 절삭 깊이와 이송을 주어 공작물을 원통형으로 절삭하는 공작기계

1. 선반 가공의 종류 ★★★

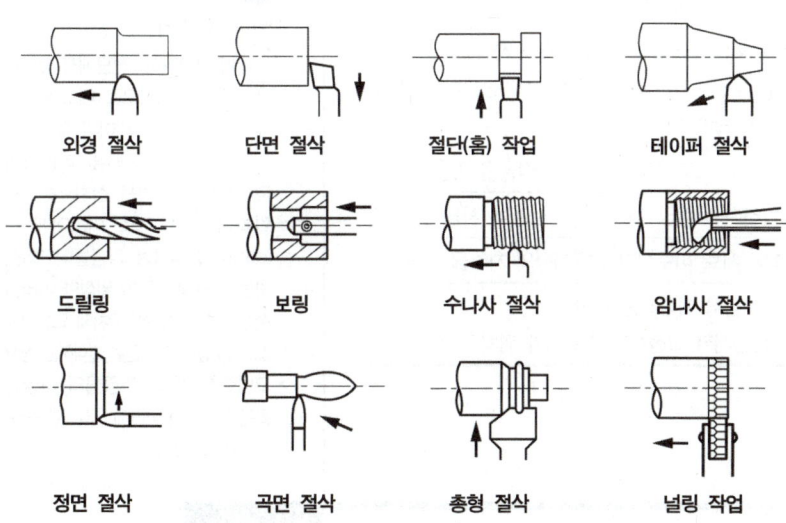

외경 절삭 | 단면 절삭 | 절단(홈) 작업 | 테이퍼 절삭
드릴링 | 보링 | 수나사 절삭 | 암나사 절삭
정면 절삭 | 곡면 절삭 | 총형 절삭 | 널링 작업

이송
선반 등에서 공작물의 1회전마다 절삭 방향으로 절삭 공구를 이송하는 길이로서 밀리미터 또는 인치로 나타낸다.

저자 어드바이스

선반의 크기 표시

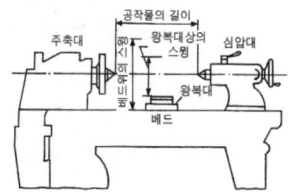

- 베드 위의 스윙 : 가공 가능한 공작물의 최대 지름
- 왕복대 위의 스윙 : 왕복대 윗면에서부터의 공작물 최대 지름
- 양 센터 사이의 최대거리 : 가공 가능한 공작물의 최대 길이
- 베드 길이 : 선반의 최대 길이

2. 선반의 종류 ★★

종류	특징
보통 선반	• 가장 널리 사용되는 선반. 여러 종류를 소량 생산할 때 적합하다.
탁상 선반	• 작업대 위에 설치하는 작은 선반. 시계 부품 등의 소형 부품을 가공
모방 선반	• 자동모방장치를 이용하여 모형이나 형판에 따라 바이트가 함께 움직여 모형의 외형과 동일한 형상으로 가공하는 선반
터릿 선반	• 여러 개의 공구를 공정에 따라 터릿형 공구대에 방사형으로 배치하여 가공 시간을 줄이고 생산성을 높인 선반
자동 선반	• 특정 부품을 대량 생산하기 위해 캠이나 유압기구를 이용하여, 가공을 자동화한 선반. 한 번의 조정으로 자동 가공하는 형식
공구 선반	• 보통 선반보다 정밀하며 게이지, 공구 등의 정밀가공에 사용된다. • 주축은 기어변속장치로 여러 회전수가 가능하고 테이퍼 가공장치, 릴리빙 장치, 방진구, 콜릿장치 등이 구성된다.
정면 선반	• 주축에 면판을 부착하여 지름이 크고 길이가 짧은 공작물을 가공
수직 선반	• 척을 지면에 수직으로 설치하여 대형공작물을 중절삭할 때 사용
차축 선반	• 면판이 부착된 2개의 주축이 서로 마주보며 철도차량의 차축을 가공
크랭크축 선반	• 크랭크축의 저널과 크랭크 편심을 가공하는 선반 • 베드 양쪽에 크랭크 핀을 편심시켜 고정하는 주축대가 위치

모스 테이퍼(Morse Taper)
표준 테이퍼의 일종으로서 공작기계의 테이퍼부(선반의 센터, 드릴링 머신의 스핀들 등)에 사용되고 있다.

리브
판상 또는 두께가 얇은 부분을 보강하기 위하여 덧붙이는 뼈대

선반의 절삭장치
• 테이퍼 절삭장치 : 선반에서 테이퍼를 가공하는 방법으로, 베드 평행에 대하여 공구대가 테이퍼 절삭장치에서 조정한 각도만큼 이동하여 테이퍼를 가공하는 장치
• 릴리빙 장치 : 가로 이송대에 캠(cam)을 설치하여, 가공물이 1회전하는 동안 바이트가 일정한 거리를 전진과 후퇴하도록 장치해 드릴, 탭, 호브 날 등의 여유면을 절삭하는 장치
• 모방절삭 장치 : 가공물의 형상과 같은 모형이나 형판에 의해 자동으로 절삭하는 장치

다음 중 선반의 규격을 가장 잘 나타낸 것은?

① 선반의 총 중량과 원동기의 마력 　② 깎을 수 있는 일감의 최대지름
③ 선반의 높이와 베드의 길이 　　　④ 주축대의 구조와 베드의 길이

보통 선반에서는 가공할 수 있는 공작물의 최대지름(스윙, Swing) × 양센터 간의 최대거리(가공할 수 있는 공작물의 최대길이)로 나타낸다.

정답 : ②

3. 선반의 구조 ★★★

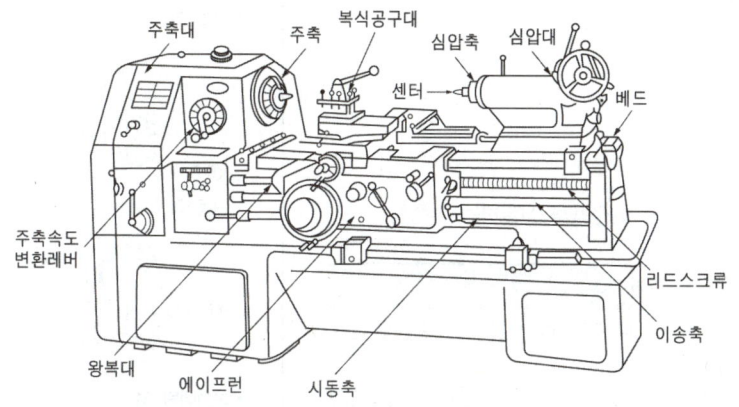

구분	특징
주축대	• 공작물을 지지하고 회전동력을 받아 공작물에 전달하는 주요 부분 • 주축은 중공축으로 되어 있고 주축 끝은 모스테이퍼이며 척을 설치한다.
심압대	• 주축대와 마주보는 구조로, 작업자 기준 오른쪽 베드 위에 위치 • 심압대 끝은 모스테이퍼이며 구멍 안에 부품을 설치하여 드릴가공, 가공물 지지, 리머가공, 센터드릴 가공을 한다.

왕복대	• 베드 위에서 공구를 가로 및 세로방향으로 이송시키는 부분
	• 에이프런과 새들 복식공구대로 나눈다.
	  - 에이프런 : 분할너트, 자동이송장치, 나사 깎기 장치 등이 내장
	  - 새들 : 회전대, 공구이송대, 복식공구대로 구성되며 공구대에 바이트를 설치하여 가로 및 세로 이송이 가능

베드	• 리브가 있는 상자형 주물로, 베드 위에 주축대·왕복대·심압대를 지지하며 왕복대·심압대의 안내 역할을 한다. • 베드 표면 경도를 높이고 내마모성을 높이기 위해 화염경화나 고주파경화 등의 열처리 후 연삭하여 사용 • 베드의 재질 : 합금주철, 구상흑연주철, 미하나이트주철 등 • 베드의 형상은 평형 베드(영국식), 산형 베드(미국식)가 있으며, 평형 베드는 주로 대형 선반에 산형 베드는 중소형 선반에 사용

저자 어드바이스

선반의 4대 구성요소
• 주축대 : 공작물 지지, 동력전달
• 왕복대 : 바이트 및 각종 공구 설치
• 심압대 : 드릴작업, 센터작업 등
• 베드 : 주축대, 왕복대, 심압대를 지지 절삭력 및 중량을 견딜 수 있게 제작

 참고

심압대의 구조

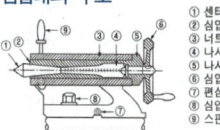
① 센터
② 심압축
③ 너트
④ 나사봉
⑤ 나사봉 고정구
⑥ 심압대 핸들
⑦ 편심 조정용 나사
⑧ 심압대 고정 볼트
⑨ 스핀들 고정 레버

왕복대의 구조

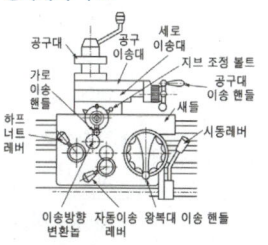

 용어 정리

복식공구대
공구를 고정하는 부분으로 회전시켜 테이퍼 절삭이 가능하다.

 참고

베드의 종류
• 영국식 베드 : 안내 면이 평행하며 대형선반에 중절삭용으로 사용된다.  영국식 베드
• 미국식 베드 : 안내 면이 산형이며 진동이 적어 소형 정밀 가공에 적합하다. 미국식 베드

개념잡기

선반에서 나사가공을 위한 분할 너트(Half Nut)는 어느 부분에 부착되어 사용하는가?

① 주축대　　② 심압대　　③ 왕복대　　④ 베드

분할 너트
선반에서 나사가공을 위해 리드스크류에 물려 주축이 회전함과 동시에 바이트가 이동 되도록 하는 장치로 왕복대에 부착되어 있다.

정답 : ③

07 선반 부속장치 ★★★

1. 척(Chuck) ★★★

가공물을 고정하며 주축 끝에 부착하여 가공물에 회전력을 전달하는 부속품

종류	특징
단동 척	• 각각 단독으로 움직이는 4개의 조(Jaw)로 구성되며, 불규칙한 가공물을 고정할 수 있고 고정력이 강하다.
연동 척	• 동시에 움직이는 3개의 조(Jaw)로 구성되며, 숙련되지 않아도 빠르고 편하게 고정할 수 있으나, 단동 척에 비해 고정력이 약하다.
복동 척 (양동 척)	• 단동척과 연동척의 2가지 기능을 겸비한 척 • 척에 설치된 레버로 조(Jaw)를 각각 또는 동시에 움직일 수 있다.
마그네틱 척	• 전자석을 이용하여 얇은 판, 피스톤 링과 같은 가공물을 변형시키지 않고 고정시켜 가공할 수 있는 척
콜릿 척	• 지름이 작은 가공물이나 봉재를 가공할 때 사용 • 주축 테이퍼구멍에 슬리브(Sleeve)를 끼운 후 콜릿 척을 부착하여 사용
압축공기 척	• 압축공기를 이용하여 조(Jaw)를 자동적으로 움직여 공작물을 고정 • 대량생산에 유리하고 유압을 사용하면 유압 척이라 한다.

2. 면판(Face Plate) ★★

척을 떼어내고 주축에 설치하는 장치. 척으로 고정이 곤란한 큰 공작물이나 불규칙한 형상의 공작물을 볼트나 앵글로 고정할 때 사용

3. 돌림판(Driving Plate)과 돌리개(Straight Tail Dog)

3-1 돌림판

주축 끝 나사부에 고정되어 돌리개를 고정하는 장치

3-2 돌리개

돌림판에 고정되어 공작물을 물고 돌림판과 함께 회전하면서 주축의 회전력을 공작물에 전달하는 장치

저자 어드바이스

척의 종류

• 단동 척
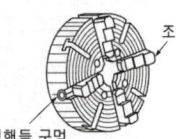

• 연동 척
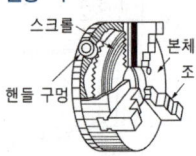

• 마그네틱 척

• 콜릿 척
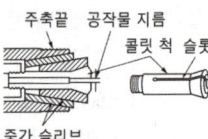

참고

척의 크기 표시
• 척의 바깥지름 : 단동 척, 연동 척, 복동 척, 마그네틱 척, 압축공기 척
• 물릴 수 있는 공작물의 지름 : 콜릿 척, 벨 척

참고

돌리개의 종류
• 곧은 돌리개
• 굽은(곡형) 돌리개
• 평행(클램프) 돌리개

4. 센터(Center) ★★

주축 또는 심압대 축에 설치하여 가공물을 지지하는 장치

센터의 선단각

일반적으로 60°, 대형 공작물에서는 75°, 90°를 사용

종류	그림	특징
회전 센터 (Live Center)		• 주축에 설치하여 사용하는 센터
정지 센터 (Dead Center)		• 심압대에 설치하여 사용하는 센터
베어링 센터 (Bearing Center)		• 센터가 가공물의 회전에 의해 함께 회전하도록 제작한 센터 • 고속회전하면서 가공물을 지지하므로 능률적인 가공이 가능
하프 센터 (Half Center)		• 센터의 원추형 부분을 축방향으로 일부 제거하여 단면가공이 가능하도록 제작한 센터
파이프 센터 (Pipe Center)		• 구멍이 큰 가공물을 지지할 수 있는 센터

5. 센터 드릴(Center Drill)

센터 드릴은 센터를 지지할 수 있는 구멍을 가공하는 드릴

센터 드릴의 각도

일반적으로 60°, 중량물일 경우 75°와 90°를 사용

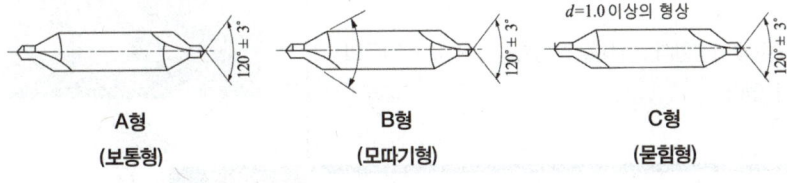

A형　　　　　　　　B형　　　　　　　　C형
(보통형)　　　　　　(모따기형)　　　　　(묻힘형)

저자 어드바이스

센터 드릴

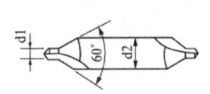

6. 맨드릴(Mandrel, 심봉) ★

기어, 벨트풀리와 같이 구멍이 있는 공작물의 바깥지름을 가공할 때, 공작물의 내면에 맨드릴을 끼워서 지지하는 장치

종류	그림	특징
표준 맨드릴		• 가장 일반적인 맨드릴 • 테이퍼값 : 1/100~1/1,000 이하
조립식 맨드릴 (원뿔 맨드릴)		• 공작물 양 끝단의 안지름을 원뿔형 지지구로 고정하는 장치 • 지름이 큰 가공물, 구멍의 지름이 다양한 경우에 사용
팽창식 맨드릴		• 바깥지름이 조절되어 공작물의 내부에서 직경을 확장시켜 공작물을 지지하는 장치
너트식 맨드릴 (갱 맨드릴)		• 기어, 와셔, 칼라와 같은 공작물을 여러 개 설치하는 장치

7. 방진구(Work Rest) ★★

가늘고 긴 공작물(길이가 지름의 20배 이상)을 가공할 때 자중에 의해 휘거나 절삭력에 의해 휘는 것을 방지하는 데 쓰인다.

7-1 고정방진구

3개의 조(Jaw)가 120° 간격으로 구성되며 베드 위에 고정한다.

7-2 이동방진구

2개의 조(Jaw)로 구성되며 왕복대의 새들에 고정한다. 절삭을 진행함과 동시에 방진구의 역할을 함께 한다. 절삭범위에 제한이 없다.

저자 어드바이스

방진구의 종류
• 고정방진구   • 이동방진구

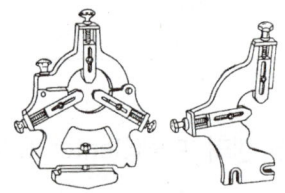

• 고정방진구의 설치

개념잡기

선반에서 맨드릴(Mandrel)의 종류가 아닌 것은?

① 갱 맨드릴   ② 나사 맨드릴
③ 이동식 맨드릴   ④ 테이퍼 맨드릴

맨드릴의 종류
표준 맨드릴, 조립식 맨드릴(원뿔 맨드릴), 팽창식 맨드릴, 너트식 맨드릴(갱 맨드릴), 테이퍼 맨드릴

정답 : ③

08 선반가공 조건 ★★

1. 절삭조건 ★★★

1-1 절삭속도

공작물과 절삭공구 사이에 발생하는 상대적인 속도

$$v = \frac{\pi d n}{1,000} [\text{m/min}]$$

$\begin{bmatrix} d : 공작물의\ 지름[\text{mm}] \\ n : 주축의\ 회전속도[\text{rpm}] \end{bmatrix}$

1-2 주축의 회전속도

$$n = \frac{1,000 v}{\pi d} [\text{rpm}]$$

1-3 절삭동력

$$H = \frac{Fv}{\eta} [\text{W}]$$

$\begin{bmatrix} F : 절삭\ 저항[\text{N}] \\ \eta : 절삭\ 효율[\%] \end{bmatrix}$

2. 가공시간

$$t = \frac{L}{nf} [\text{min}]$$

$\begin{bmatrix} L : 공작물의\ 길이[\text{mm}] \\ f : 바이트\ 이송[\text{mm/rev}] \\ n : 주축의\ 회전속도[\text{rpm}] \end{bmatrix}$

3. 표면거칠기

이론표면거칠기

$$H = \frac{S^2}{8r} [\text{mm}]$$

$\begin{bmatrix} r : 바이트\ 끝\ 반지름[\text{mm}] \\ S : 회전당\ 바이트\ 이송량[\text{mm/rev}] \end{bmatrix}$

저자 어드바이스

절삭속도를 결정하는 요인
- 공작물의 재질
- 공구의 재질
- 절삭량
- 바이트 이송량
- 절삭유의 사용 유무

기출 문제

절삭속도 150m/min, 절삭깊이 8mm, 이송 0.25mm/rev로 지름 75mm의 원형 단면봉을 선삭할 때의 주축회전수(rpm)는?

① 160 ② 320
③ 640 ④ 1,280

정답 : ③

해설 : 주축 회전속도

$n = \dfrac{1,000 v}{\pi d} = \dfrac{1,000 \times 150}{\pi \times 75}$

$\fallingdotseq 636.62 [\text{rpm}]$

저자 어드바이스

표면거칠기에 영향을 미치는 요인
- 절삭속도
- 바이트 경사각
- 바이트 끝 반지름(노즈 반경)
- 절삭 깊이
- 절삭유의 사용 유무

09 선반 절삭방법

1. 테이퍼 절삭방법 ★★

1-1 복식공구대를 회전시키는 방법

복식공구대를 회전시켜 테이퍼의 각도가 크고 길이가 짧은 가공물을 가공하는 방법

$$\tan\theta = \frac{D-d}{2L}$$

- θ : 회전각도[°]
- L : 공작물의 길이[mm]
- D : 테이퍼의 큰 지름[mm]
- d : 테이퍼의 작은 지름[mm]

1-2 심압대를 편위시키는 방법

- 심압대의 위치를 변경하여 축선을 어긋나게 고정해 테이퍼를 가공하는 방법
- 테이퍼가 작고 길이가 길 경우 사용

전체가 테이퍼일 경우

$$x = \frac{D-d}{2}$$

- x : 심압대의 편위량[mm]
- D : 테이퍼의 큰 지름[mm]
- d : 테이퍼의 작은 지름[mm]

1-2 테이퍼 절삭장치(Taper Attachment)에 의한 방법

자동이송이 가능한 테이퍼 절삭장치를 이용하여 테이퍼를 가공하는 방법

저자 어드바이스

복식공구대 회전 방법

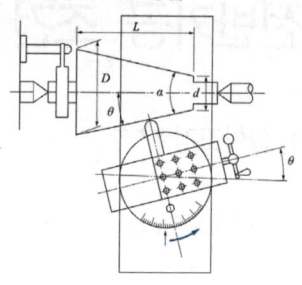

저자 어드바이스

심압대를 편위시키는 방법

• 전체가 테이퍼일 경우

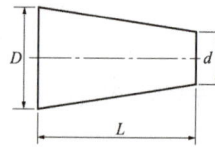

편위량(e) = $\dfrac{D-d}{2}$ [mm]

- D : 테이퍼의 큰 지름[mm]
- d : 테이퍼의 작은 지름[mm]

• 일부만 테이퍼일 경우

편위량(e) = $\dfrac{L(D-d)}{2\ell}$ [mm]

- D : 테이퍼의 큰 지름[mm]
- d : 테이퍼의 작은 지름[mm]
- L : 공작물의 전체길이[mm]
- ℓ : 테이퍼부의 길이[mm]

기출문제

선반에서 각도가 크고 길이가 짧은 테이퍼를 가공하기에 가장 적합한 방법은?

① 심압대의 편위 방법
② 백 기어 사용 방법
③ 모방 절삭 방법
④ 복식 공구대 사용 방법

정답 : ④

2. 나사 절삭방법

- 에이프런에 장착된 하프너트를 이용해 리드스크류(Lead Screw)를 연결한다.
- 기어열을 맞추어서 공작물이 1회전하는 동안 일정한 피치만큼 공구가 이송하도록 하여 나사 가공

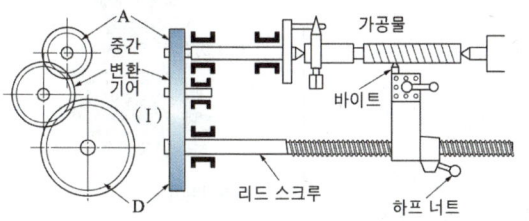 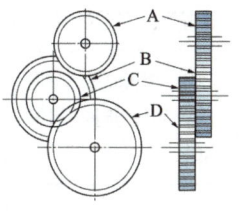

기어열의 조합

$$\frac{\text{공작물의 나사 피치[mm]}}{\text{리드스크류의 피치[mm]}} = \frac{A}{B} \times \frac{C}{D}$$

A : 주축의 기어 잇수
B, C : 중간축의 기어 잇수
D : 리드스크류의 기어 잇수

 참고

나사절삭의 원리

리드스크류가 1회전할 때, 가공물이 몇 회전 하는가를 변환기어로서 조정하는 원리

 참고

나사절삭 시 필요한 것

- 센터 게이지 : 나사 바이트의 각도 검사
- 하프 너트 : 리드스크류에 자동이송을 연결시켜 나사깎기 작업을 할 수 있게 한다.

 **용어정리**

체이싱다이얼

나사절삭 시 2번째 이후의 절삭시기 (하프너트의 작동시기)를 알려주는 장치

10 밀링가공

밀링머신 ★★

주축에 고정된 공구(밀링커터)를 회전시키고, 테이블에 고정한 공작물에 절삭 깊이와 이송을 주어 필요한 형상으로 절삭하는 공작기계

1. 밀링 가공의 종류

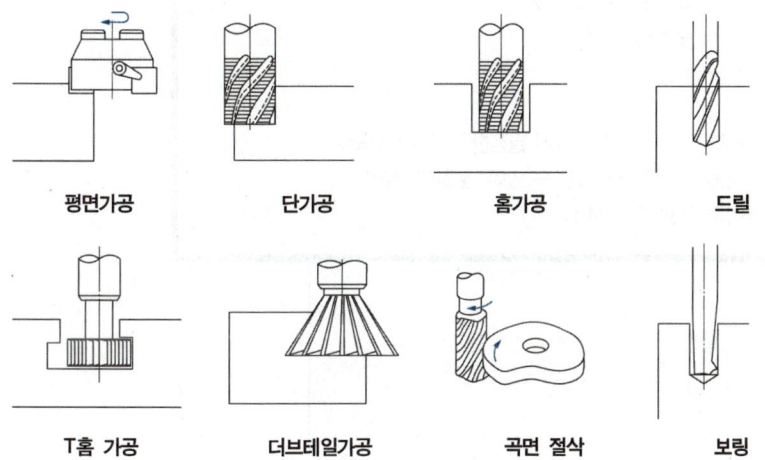

평면가공   단가공   홈가공   드릴

T홈 가공   더브테일가공   곡면 절삭   보링

저자 어드바이스

밀링머신 부속품

- 아버(Arbor) : 공작기계로서 절삭 공구를 부착하는 작은 축. 테이퍼 가공이 되어 있고 밀링 머신에 장치하여 사용된다.

- 콜릿 : 드릴이나 엔드밀을 고정시키기 위한 부품이다. 콜릿의 원기둥 모양의 통 위에는 여러 가닥의 홈이 있다.

2. 밀링머신의 종류

종류	특징
수직밀링머신	• 주축이 테이블면에 수직한 방향으로 설치된다. • 주축에 정면밀링커터, 엔드밀을 고정하여 평면, 홈, 측면가공을 한다. • 정밀도가 매우 높고 능률적인 가공이 가능하다.
수평밀링머신	• 주축이 테이블면에 평행한 방향으로 설치된다. • 주축에 아버를 고정한 후 밀링커터를 장착하여 공작물을 가공한다. • 평면, 홈가공에 적합하다.
만능밀링머신	• 수평밀링머신과 유사하나 새들 위의 회전대가 있어 테이블이 회전이 가능하다. • 분할대, 헬리컬 절삭장치를 사용하여 나선홈, 비틀림홈, 헬리컬기어, 스플라인 등을 가공
생산형(베드형) 밀링머신	• 소품종 대량생산을 목적으로 밀링머신의 기능을 단순화시킨 밀링머신 • 스핀들 수에 따라 단두형, 쌍두형, 다두형이 있다.
나사밀링머신	• 나사가공 전용 밀링머신. 작동이 간단하고 가공능률이 좋다.
플레이너형 밀링머신 (플레이노 밀러)	• 대형이며 중량의 공작물을 효율적으로 중절삭하기 위한 밀링머신 • 플레이너와 유사한 구조이며, 스핀들과 커터를 고정한 아버가 테이블에 수평으로 설치된다.

저자 어드바이스

밀링머신의 종류
• 수직밀링머신

• 수평밀링머신

• 플레이너형 밀링머신

개념잡기

주축이 수평이며 컬럼, 니, 테이블 및 오버 암 등으로 되어 있고 새들 위에 선회대가 있어 테이블을 수평면 내에서 임의의 각도로 회전할 수 있는 밀링 머신은?

① 모방밀링머신 ② 만능밀링머신
③ 나사밀링머신 ④ 수직밀링머신

만능밀링머신
수평밀링머신과 유사하나, 새들 위의 선회대가 있어 수평면 내에서 일정한 각도로 테이블을 회전시켜 각도를 변환하는 것과 테이블을 상하로 경사시킬 수 있다. 분할대, 헬리컬 절삭장치를 사용하면 헬리컬기어, 스플라인 등을 가공한다.

정답 : ②

3. 밀링머신의 구조 ★★★

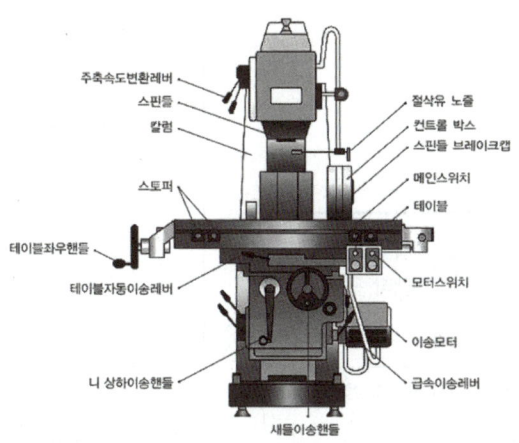

구분	특징
컬럼(Column)	• 밀링머신을 지지하는 몸체로 모터와 변속기가 포함되어 있다. • 절삭저항에 잘 견디고, 충분한 강도와 안정성을 갖도록 설계
주축(Spindle)	• 절삭동력을 밀링커터로 전달하기 위한 중공축 • 절삭공구, 아버 등을 고정할 수 있도록 테이퍼로 되어 있다.
니(Knee)	• 컬럼의 미끄럼면을 따라 상하이동을 하는 부분 • 수동이송과 자동이송장치가 내장되어 있다.
새들(Saddle)	• 니 위에 설치되어 미끄럼면을 따라 전후이동을 하는 부분
테이블(Table)	• 새들 위의 미끄럼면을 따라 좌우이동을 하는 부분 • 테이블 윗면은 바이스를 고정하기 위해 T홈이 가공되어 있다.
오버암(Over Arm)	• 아버의 휨(굽힘)을 방지하기 위한 장치

4. 밀링머신의 크기 표시

- 테이블의 크기로 표시 : 가로×세로
- 주축대의 중심선에서 테이블면까지의 최대 거리로 표시
- 테이블의 최대 이동거리로 표시 : 좌우×전후×상하

호칭번호		0번	1번	2번	3번	4번	5번
테이블의 이동거리	좌우	450	550	700	850	1,050	1,250
	전후	150	200	250	300	350	400
	상하	300	400	450	450	450	500

저자 어드바이스

밀링머신 부속장치
- 밀링 바이스

- 분할대

- 회전테이블

- 슬로팅장치

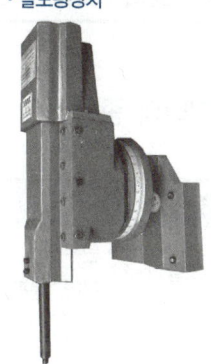

11 밀링머신 부속장치 ★★

1. 밀링머신 부속장치

종류	특징
아버	• 밀링커터를 주축에 고정하기 위한 장치. 아버에 어댑터, 콜릿을 장착
바이스	• 테이블면 위에 설치하여 공작물을 고정하는 장치
분할대	• 테이블면 위에 설치하며 분할대 척에 공작물을 고정시켜 필요한 등분이나 각도로 분할하는 장치
회전테이블	• 테이블 위에 설치하며 공작물의 바깥부분을 원형이나 윤곽가공, 간단한 등분을 분할할 수 있는 장치
슬로팅장치	• 주축의 회전운동을 공구대의 직선왕복운동으로 변환시키는 장치 • 보스의 키홈, 스플라인, 세레이션 등의 가공이 가능
래크절삭장치	• 만능밀링머신의 주축단에 설치하여 래크기어(Rack Gear)를 절삭하는 장치

2. 밀링커터의 종류

종류	특징
엔드밀	• 원주면과 단면에 날이 있는 형태이며, 일반적으로 가공물의 홈과 좁은 평면, 윤곽가공, 구멍가공 등에 사용
정면밀링커터	• 외경과 정면에 절삭 날이 있는 커터이며, 주로 수직 밀링에서 사용하는 커터로 평면 가공에 사용
T홈커터	• 주로 T홈을 가공할 때 사용하는 커터
더브테일커터	• 더브테일 홈을 가공하는 커터로서 원추면에 60°의 각을 가지고 있으며, 바닥면과 양쪽 측면을 가공
수평밀링커터	• 평면밀링커터, 메탈슬리팅소, 슬래브밀링커터, 총형밀링커터 등

저자 어드바이스

밀링커터의 종류

• 엔드밀

• 정면밀링커터

• T홈커터

• 더브테일커터

• 밀링커터의 설치

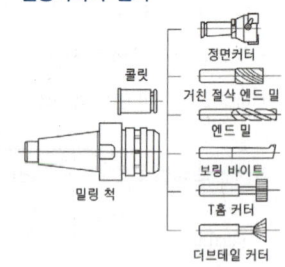

12 밀링머신 가공조건

1. 절삭조건

1-1 밀링커터의 절삭속도(원주속도)

$$v = \frac{\pi d n}{1,000} [\text{m/min}] \qquad \begin{bmatrix} d : \text{밀링커터의 지름[mm]} \\ n : \text{커터의 회전속도[rpm]} \end{bmatrix}$$

1-2 밀링커터의 회전속도

$$n = \frac{1,000v}{\pi d} [\text{rpm}]$$

1-3 이송속도(분당 테이블이송량, 피드속도)

$$F = f \times z \times n = f \times z \times \frac{1,000v}{\pi d} \qquad \begin{bmatrix} f : \text{커터 날 1개당 이송량[mm]} \\ z : \text{밀링커터의 날 수} \end{bmatrix}$$

1-4 이송동력

$$H = \frac{PF}{75 \times 60} [\text{PS}], \quad H = \frac{PF}{102 \times 60} [\text{kW}] \qquad [P : \text{주절삭분력[kg]}]$$

1-5 단위시간당 절삭된 칩의 양

$$q = \frac{btF}{1,000} [\text{m}^3/\text{min}] \qquad \begin{bmatrix} b : \text{커터의 폭[mm]} \\ t : \text{커터 날 1개당 칩두께[mm]} \\ F : \text{분당 테이블이송량[mm/min]} \end{bmatrix}$$

개념잡기

밀링커터의 날수가 10, 지름이 100mm, 절삭속도 100m/min, 1날당 이송을 0.1mm로 하면 테이블 1분간 이송량은 약 얼마인가?

① 420mm/min   ② 318mm/min   ③ 218mm/min   ④ 120mm/min

분당 테이블이송량 $F = fzn = fz\dfrac{1,000v}{\pi d} = 0.1 \times 10 \times \dfrac{1,000 \times 100}{\pi \times 100} ≒ 318.31 [\text{mm/min}]$

정답 : ②

2. 절삭방향 ★★★

구분	상향절삭	하향절삭
그림	(이송방향, 공작물)	(이송방향, 공작물)
절삭방법	• 회전방향과 이송방향이 서로 반대인 절삭방법	• 회전방향과 이송방향이 서로 같은 절삭방법
장점	• 기계에 무리가 가지 않는다. • 커터날이 충격에 부러질 염려가 없다. • 칩이 절삭날을 방해하지 않는다. • 커터날의 회전방향과 공작물의 이송방향이 반대이므로 기계의 백래시(backlash)가 제거된다.	• 공작물의 고정이 유리하다. • 날 끝의 마멸이 적고 밀링커터의 수명이 길어진다. • 절삭동력 소비가 적다. • 가공면이 깨끗하다. • 마찰저항이 적어 날 끝이 가열되는 경우가 적다.
단점	• 공작물의 고정이 불리하다. • 날 끝의 마멸이 크고 밀링커터의 수명이 짧아진다. • 절삭동력 소비가 크다. • 가공면이 거칠다.	• 충격에 의한 진동으로 기계에 손상을 주기 쉽다. • 백래시 제거장치가 필요하다. • 칩이 커터날 끝에 끼어 절삭을 방해한다.

참고

상향절삭
절삭공구의 회전방향과 가공물의 이송방향이 반대인 절삭방법. 공작물을 들어올리는 힘이 작용

하향절삭
절삭공구의 회전방향과 가공물의 이송방향이 같은 방향인 절삭방법. 공작물을 내려 누르는 힘이 작용(백래시 제거장치가 필요)

백래시 제거장치
백래시를 줄이기 위하여 고정 암나사 외에 백래시를 제거하기 위한 암나사를 부착하여 필요할 때 나사를 조여 백래시를 줄인다.

1날당 이송량

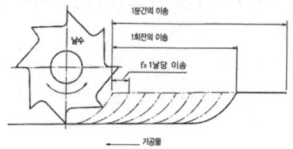

백래시(Backlash)
한 쌍의 기어를 맞물렸을 때 치면 사이에 생기는 틈새

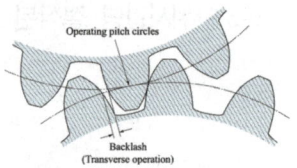

저자 어드바이스

밀링머신 가공 시 채터링(떨림)의 원인
• 절삭속도의 부적합
• 공작물의 고정 불량
• 하향절삭보다 상향절삭의 떨림이 심할 경우
• 바이트날 끝의 불량
• 공작물이 길게 고정

13 밀링머신 절삭방법 ★★

1. 분할 가공 ★

분할법

기어 등의 일정한 각도를 가진 공작물을 밀링가공할 때 사용하며 각도분할, 원주분할, 다각형 등분 가공 등에 이용

1-1 직접분할법

분할판에 같은 간격으로 뚫려있는 24개의 구멍을 이용하여 분할한다. 구멍수가 24개 이므로 24의 약수 즉, 24, 12, 8, 6, 4, 3, 2의 7종 분할이 가능하다.

예) 정밀도가 낮은 볼트, 너트, 키 홈 등의 단순한 분할에 사용

$$n = \frac{24}{x}$$

x : 직접분할판에서 이동할 구멍 수
n : 분할 수

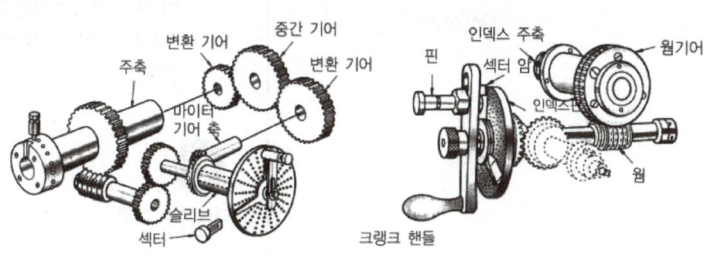

차동 분할 기구   단식 분할 기구

1-2 단식분할법

직접분할법으로 불가능하거나 분할이 정밀해야할 경우에 사용한다. 분할크랭크와 분할판을 사용하여 분할하는 방법

- 분할크랭크를 1회전 시키면 주축이 1/40 회전한다.
- 단식분할법 종류 : 신시내티형, 밀워키형, 브라운샤프트형

$$n = \frac{h}{H} = \frac{40}{N}$$

h : 크랭크를 회전시키는 분할판의 구멍 수
N : 가공물의 등분 수
H : 분할판의 구멍수(구멍열)
n : 분할크랭크의 회전수

 참고

백래시 제거장치

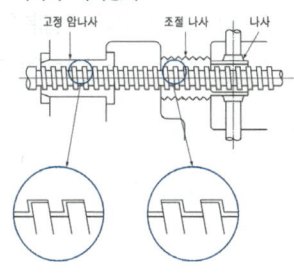

저자 어드바이스

단식분할법의 종류
- 브라운샤프트형
- 신시내티형
- 밀워키형

종류	분할판	구멍 수
브라운 샤프트 형	No.1	15, 16, 17, 18, 19, 20
	No.2	21, 23, 27, 29, 31, 33
	No.3	37, 39, 41, 43, 47, 49
신시 내티 형	표면	24, 25, 28, 30, 34, 37, 38, 39, 41, 42, 43
	이면	46, 47, 49, 51, 53, 54, 57, 58, 59, 62, 66
밀워키 형	표면	100, 96, 92, 84, 72, 66, 60
	이면	98, 88, 78, 76, 68, 58, 54

1-3 차동분할법

직접분할법이나 단식분할법으로 분할할 수 없는 소수나 특수한 수의 분할을 복합운동으로 분할하는 방법이다.

1-4 각도분할법

도면에 표시된 각도를 직접분할 가공하는 방법. 분할크랭크가 1회전(360°)하면 스핀들이 1/40(= 360°/40 = 9°)회전한다.

$$n = \frac{x}{9} \qquad \begin{bmatrix} x : \text{분할각도} \\ n : \text{분할크랭크의 회전수} \end{bmatrix}$$

2. 더브테일(Dove Tail) 가공 ★

더브테일 두 핀 간의 최소거리

$$x = B - d\left(1 + \cot\frac{\alpha}{2}\right) \qquad \begin{bmatrix} x : \text{두 핀 간의 최소거리[mm]} \\ B : \text{더브테일의 폭[mm]} \\ \alpha : \text{더브테일의 각도[°]} \\ d : \text{공구의 지름[mm]} \end{bmatrix}$$

차동분할대

기출문제

밀링 작업에서 스핀들의 앞면에 있는 24 구멍의 직접 분할판을 사용하여 분할하며 이때 웜을 아래로 내려 스핀들의 웜 휠과 물림을 끊는 분할법은?

① 간접분할법 ② 직접분할법
③ 차동분할법 ④ 단식분할법

정답 : ②

해설 : 직접 분할대를 써서 분할하는 방법으로 분할판에는 24구멍이 있어, 24의 인자인 2, 3, 4, 6, 8, 12, 24의 7종 분할만 가능하다.

더브테일 가공

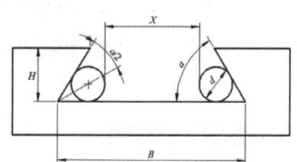

14 드릴링가공, 보링가공

1. 드릴링머신 ★★

주축에 드릴을 고정시켜 회전시키면서, 회전축 방향으로 이송을 주어 공작물에 구멍을 뚫는 공작기계

1-1 드릴링머신 가공의 종류 ★

종류	특징
드릴링	• 드릴에 회전을 주고 구멍을 뚫는 작업
보링	• 보링바를 이용하여 이미 뚫린 구멍을 넓히는 작업
리밍	• 리머를 이용하여 뚫린 구멍을 정밀하게 다듬는 작업
태핑	• 드릴로 뚫은 구멍에 탭을 이용하여 암나사를 가공하는 작업
스폿페이싱	• 이미 가공된 구멍의 입구자리를 넓히는 작업 • 표면이 울퉁불퉁하여 체결이 곤란한 부분을 평평하게 가공하는 작업
카운터보링	• 이미 가공된 구멍의 입구만을 넓히는 작업 • 볼트나 너트의 머리가 공작물 안에 묻히도록 깊은 자리를 파는 작업
카운터싱킹	• 이미 가공된 구멍의 입구를 원뿔모양의 홈으로 가공하는 작업 • 접시머리나사의 머리가 돌출되지 않도록 구멍을 가공하는 작업

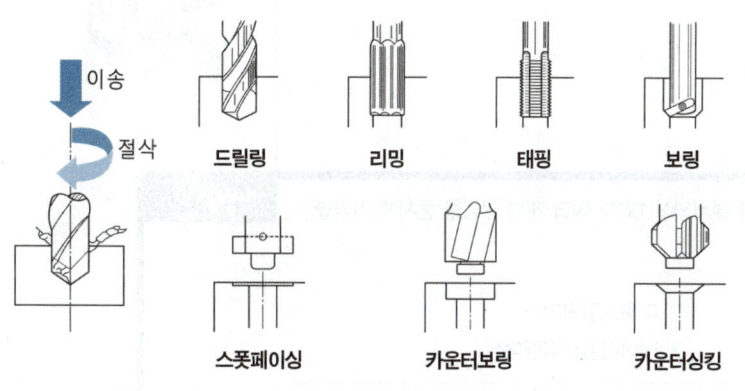

드릴작업에서 절삭유 작용
- 공구와 공작물의 냉각
- 공구의 마멸방지
- 절삭칩의 배출을 돕는다.

드릴작업 절삭유
- 연강 : 수용성 절삭유
- 경강, 합금강 : 수용성 및 불수용성
- 주철 : 사용하지 않는다.

저자 어드바이스

드릴 가공 종류 및 기호
- 드릴링 : D
- 보링 : B
- 리밍 : FR
- 래핑 : FL
- 스폿페이싱 : DS
- 카운터보링 : DCB
- 카운터싱킹 : DCS

기출문제

드릴작업 후 구멍의 내면을 다듬질하는 목적으로 사용하는 공구는?
① 탭 ② 리머
③ 센터드릴 ④ 카운터 보어

정답 : ②

CHAPTER 08 절삭가공 273

1-2 드릴링머신의 종류 ★★

종류	특징
직립드릴링머신	• 가장 많이 사용되는 드릴링머신 • 주축역회전장치를 이용하여 태핑 가공이 가능
탁상드릴링머신	• 작업대 위에 설치하여 사용하는 소형 드릴링머신 • 13mm 이하의 작은 구멍을 가공하는 소형부품에 적합하다.
레이디얼 드릴링머신	• 수직의 기둥을 중심으로 암을 360° 회전시킬 수 있고, 헤드는 암을 따라 수평으로 이동 가능한 드릴링머신. 대형공작물에 적합하다.
다축드릴링머신	• 1대의 드릴링머신에 여러 개의 스핀들을 설치하고 동시에 많은 구멍을 가공할 수 있는 드릴링머신
다두드릴링머신	• 헤드를 동일한 베드 위에 여러 개 나란히 설치한 드릴링머신 • 드릴링, 리밍, 태핑 등을 순서에 따라 연속작업 할 수 있다. • 능률적인 작업으로 대량 생산에 적합하다.
심공드릴링머신	• 드릴 날 내부에 구멍이 있는 유공드릴을 통해 펌프로 절삭유를 급유하여 날 끝을 냉각시키고 칩을 제거하는 작용을 한다. • 총신이나 긴 축, 커넥팅로드와 같이 깊은 구멍 가공에 적합하다.

저자 어드바이스

드릴링머신의 종류
• 탁상드릴링머신

• 레이디얼드릴링머신

• 다축드릴링머신

• 다두드릴링머신

개념잡기

1대의 드릴링머신에 다수의 스핀들이 설치되어 1회에 여러 개의 구멍을 동시에 가공할 수 있는 드릴링머신은?

① 다두드릴링머신　　　　　② 다축드릴링머신
③ 탁상드릴링머신　　　　　④ 레이디얼드릴링머신

• 다두드릴링머신 : 드릴링머신의 헤드를 동일한 베드 위에 여러 개를 설치한 드릴링머신
• 탁상드릴링머신 : 작업대 위에 설치하여 작은 구멍을 가공하는 소형 드릴링머신
• 레이디얼드릴링머신 : 수직의 기둥을 중심으로 암을 회전시킬 수 있고(360°), 주축 헤드는 암을 따라 수평으로 이동하여 드릴을 필요한 위치로 이동시켜 구멍을 뚫는 드릴링머신

정답 : ②

1-3 드릴링머신의 구조 ★

주축, 헤드, 테이블, 컬럼(기둥), 베이스, 주축이송핸들 등

1-4 드릴의 각부명칭 ★

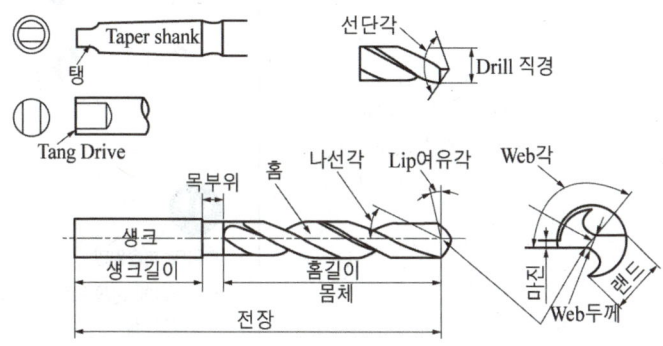

- 날끝각(선단각) : 드릴 끝에서 양쪽 날의 이루는 각도(표준형 : 118°)
- 웨브(Web) : 드릴 홈 사이의 좁은 단면. 이 홈과 홈 사이를 웨브라고 한다.
- 웨브각(치즐 에지각) : 절삭날로부터 치즐에지가 이루는 각(120°~135°)
- 홈(Flute) : 드릴 몸통에 나선형으로 파여진 홈. 칩과 절삭유의 이동 통로
- 마진(Margin) : 드릴의 홈을 따라서 만들어진 좁은 날 부분. 드릴의 위치를 잡아주어 안내하는 역할을 하고, 드릴의 크기를 마진의 외경으로 정한다.
- 탱(Tang) : 테이퍼자루 끝부분을 납작하게 한 부분. 드릴에 회전력을 전달
- 사심(Dead Center) : 드릴 날 끝에서 두 절삭날이 만나는 점
- 섕크(Shank) : 드릴을 고정시키는 부분. 직선형과 모스테이퍼형이 있다.

드릴링머신 구조

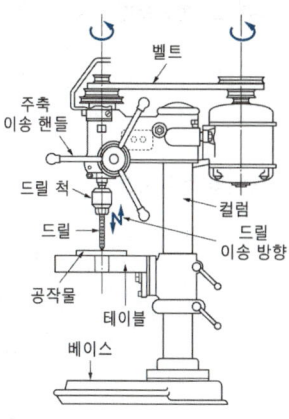

저자 어드바이스

드릴자루 형상에 따른 구분

- 곧은 자루(직선형 자루)
  ϕ13mm까지의 드릴
- 테이퍼 자루
  - ϕ20 ~ 75mm 정도로 비교적 큰 구멍
  - 가공에 사용
  - 모스테이퍼로 되어 있다.

드릴의 재질

탄소강, 특수공구강, 고속도강 초경팁 등

개념잡기

드릴의 각부 명칭 중에서 드릴의 홈을 따라서 만들어진 좁은 날로, 드릴을 안내하는 역할을 하는 것은?

① 마진 ② 랜드
③ 시닝 ④ 탱

- 마진(margin) : 드릴의 홈을 따라서 만들어진 좁은 날부분. 드릴의 위치를 잡아주어 안내하는 역할을 하고, 드릴의 크기를 마진의 외경으로 정함
- 탱(tang) : 테이퍼자루 끝부분을 납작하게 한 부분. 드릴에 회전력을 전달
- 시닝(thinning) : 절삭 저항의 추력(스러스트)를 작게 하기 위해 치즐 에지를 갈아내는 것
- 랜드(land) : 홈(flute) 사이에 평평한 부분

정답 : ①

1-5 드릴링머신의 가공조건 ★

드릴의 절삭속도

$$v = \frac{\pi d n}{1,000}[\text{m/min}] \qquad \begin{bmatrix} d : \text{드릴의 지름[mm]} \\ n : \text{드릴의 회전수[rpm]} \end{bmatrix}$$

드릴의 절삭시간

$$T = \frac{H+h}{nf}[\text{min}] \qquad \begin{bmatrix} H : \text{구멍의 깊이[mm]} \\ h : \text{드릴 끝 원추높이[mm]} \\ f : \text{드릴의 이송량[mm/min]} \end{bmatrix}$$

시닝(Thinning)

구멍을 뚫을 때 절삭 저항의 스러스트(추력)을 작게 하기 위해서 그림과 같이 치즐 에지를 원호상으로 갈아내는 것

드릴의 파손원인

- 절삭날에 한쪽으로 과한 절삭력이 작용할 때
- 드릴이 외력으로 구부러진 상태에서 계속 가공할 때
- 시닝(Thinning)이 너무 커서 드릴이 약해졌을 때
- 구멍에 절삭 칩이 배출되지 못하고 가득 차 있을 때
- 이송이 너무 커서 절삭 저항이 증가할 때
- 드릴이 필요 이상으로 너무 길게 고정되어 이송 중에 드릴이 휘어질 때

드릴링 머신에서 회전수 160rpm, 절삭속도 15m/min 일 때, 드릴 지름(mm)은 약 얼마인가?

① 29.8　　　　　　② 35.1
③ 39.5　　　　　　④ 15.4

$v = \dfrac{\pi d n}{1,000}$ 에서, 드릴 지름 $d = \dfrac{1,000 v}{\pi d} = \dfrac{1,000 \times 15}{\pi \times 160} ≒ 29.84[\text{mm}]$

정답 : ①

2. 보링머신

드릴가공, 단조, 주조 등에 의하여 이미 뚫어져 있는 구멍을 좀 더 크게 확대하거나, 표면거칠기와 정밀도가 높은 제품으로 가공하는 공작기계

3. 보링머신의 종류 ★

종류	특징
수직보링머신	• 주축이 수직이며 안내면을 따라 이송하고 테이블은 수평으로 설치 • 절삭공구의 위치는 크로스 레일의 공구대에 의하여 조절한다.
수평보링머신	• 주축이 수평방향으로 설치되며 축방향으로 움직이고, 주축대가 컬럼을 따라 상하로 움직이며 가공하는 보링머신. 가장 많이 사용한다. 예) 테이블형, 플로어형, 플레이너(플레이노밀러)형 등
정밀보링머신	• 주축이 고속으로 회전하여 정밀한 보링가공이 가능하다. • 진원도, 진직도가 우수하여 실린더, 베어링면의 가공에 적합하다.
지그보링머신	• 높은 정밀도를 요구하는 공작물, 각종 지그, 정밀기계의 구멍가공 등에 사용하는 보링머신 • 온도 변화에 따른 영향을 받지 않도록 항온항습실에 설치한다. • 주축대 위치 정밀제어를 위해 다이얼게이지, 광학측정기가 설치된다.
코어보링머신	• 구멍이 매우 클 때 내부에 심재가 남도록 환형의 홈으로 가공하는 보링머신으로 포신 가공에 적합하다.

4. 보링공구 ★

2-1 보링 바이트팁

선반용 바이트와 유사하다.

2-2 보링바

나사 체결로 보링바이트를 주축에 물릴 수 있게 한 장치

저자 어드바이스

보링머신의 종류
• 수직보링머신

• 수평보링머신

• 정밀보링머신

• 지그보링머신

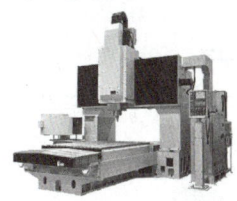

참고

보링머신 가공의 종류
• 구멍 다듬질(리밍)
• 구멍 뚫기(드릴링)
• 엔드밀 작업
• 바깥지름 절삭
• 암나사, 수나사 절삭

2-3 보링헤드

2개 이상의 바이트팁을 고정할 수 있는 장치. 큰 구멍에 사용

15 기타 범용 공작기계

1. 브로칭머신 ★★

브로치(Broach)
일정한 단면 모양으로 많은 날을 가진 가늘고 긴 공구

브로칭머신
브로치를 사용하여 공작물의 내면이나 외경에 필요한 형상을 가공하는 공작기계
키 홈, 스플라인, 세레이션 가공에 사용된다.

1-1 브로치의 구조

자루부
브로치를 기계에 고정하기 위한 부분

안내부(평행부)
절삭 위치로 유도하기 위한 부분

절삭부
절삭을 하는 부분. 거친날, 중간날, 다듬질 날로 구분한다.

보링머신의 크기 표시
- 주축의 이동거리
- 테이블의 크기
- 주축의 지름

기출문제

대표적인 수평식 보링머신은 구조에 따라 몇 가지 형으로 분류되는데 다음 중 바르지 않은 것은?
① 플로어형(Floor Type)
② 플레이너형(Planer Type)
③ 베드형(Bed Type)
④ 테이블형(Table Type)

정답 : ③

저자 어드바이스

브로칭머신의 특징
- 복잡한 단면 가공이 가능
- 1회에 가공이 완료되어 가공시간이 짧다.
- 다듬질면이 균일하고 정밀도가 높다.
- 대량생산이 가능하다.
- 공작물 모양에 따라 브로치를 만들어야 한다.
- 브로치 설계제작 시간이 오래 소요된다.
- 공구의 제작비가 비싸다.
- 브로치 운동방식에 따라 나사식, 기어식, 유압식이 있다.

기출문제

풀리(Pulley)의 보스(Boss)에 키 홈을 가공하려 할 때 사용되는 공작기계는?
① 보링 머신
② 호빙 머신
③ 드릴링 머신
④ 브로칭 머신

정답 : ④

브로치 절삭날의 피치

$$p = C\sqrt{L}$$

C : 공작물의 재질에 따른 상수
L : 절삭날의 길이

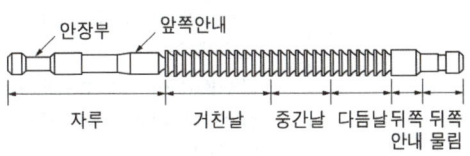

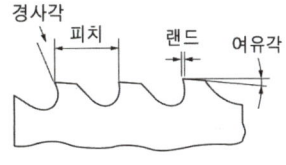

2. 플레이너, 셰이퍼, 슬로터

2-1 플레이너(Planer)

공작물을 넓은 베드에 고정하여 좌우이송시키고, 공구는 전후운동 및 상하운동하여 평면을 가공하는 공작기계. 대형물 가공에 적합하다.

쌍주식 플레이너
베드의 양쪽으로 기둥이 있는 형태. 강력절삭이 가능하다.

단주식 플레이너
베드의 한쪽에만 기둥이 있는 형태. 정밀도가 떨어진다.

피트 플레이너
보통의 플레이너보다 대형의 가공물을 절삭할 때 사용한다.

2-2 셰이퍼(Shaper)

테이블에 고정된 공작물을 공구의 직선운동으로 평면 절삭하는 공작기계

셰이퍼의 종류
수평형, 수직형, 기어셰이퍼

셰이퍼의 가공
평면가공, 측면가공, 홈가공, 더브테일가공, 곡면가공

저자 어드바이스

쌍주식 플레이너

플레이너 가공

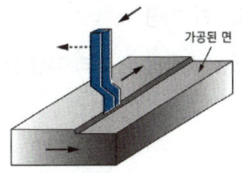

참고

셰이퍼의 운동기구
- 래크와 피니언에 의한 방법
- 유압기구에 의한 방법
- 스크류와 너트에 의한 방법
- 크랭크와 로커암에 의한 방법

급속귀환기구

1행정의 절삭가공을 완료한 후 공구가 귀환할 때 절삭행정보다 속도를 빠르게 하여 가공시간을 단축시키는 장치

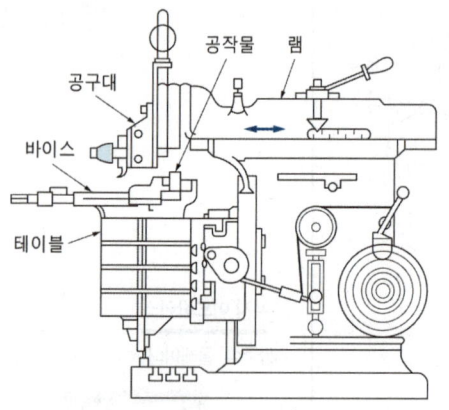
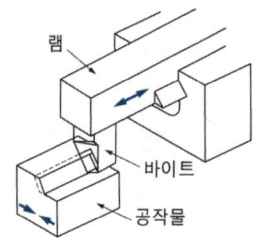

2-3 슬로터(Slotter)

공작물이 테이블에 고정되어 전후좌우이송과 회전운동을 하고 공구는 상하왕복운동으로 가공하는 공작기계. 직립 셰이퍼라고도 한다.

슬로터의 가공

키 홈, 스플라인, 세레이션 등의 내면 가공

> **저자 어드바이스**
>
> 셰이퍼의 특징
> - 구조가 간단하여 운전이 쉽고 평면가공에 많이 사용된다.
> - 공구가 전진할 때 가공되고 공구가 후퇴할 때 가공이 되지 않는다. (급속귀환기구)
> - 급속귀환기구를 구비하고 귀환 시에는 절삭이 이루어지지 않아 가공시간이 단축된다.
> - 가공정밀도가 낮고, 소형 공작물에 주로 사용한다.

슬로터(Slotter)

개념잡기

슬로터의 크기를 나타내는 것 중 잘못된 것은?

① 램의 최대 행정거리　　② 회전테이블의 지름
③ 테이블의 이동거리　　④ 회전테이블의 최대중량

슬로터의 크기 표시는 램의 최대 행정, 테이블의 크기 및 이동거리, 원형테이블의 직경으로 나타낸다.

정답 : ④

3. 호빙머신

호브(Hob) 공구를 이용하여 공작물과 공구의 상대운동으로 기어를 가공하는 창성법에 의한 공작기계

호브(Hob)
원통의 바깥지름 나선에 따라 절삭날을 붙인 회전 절삭 공구

호빙머신의 가공
스퍼기어, 헬리컬기어, 웜기어, 스플라인가공 등

4. 기어가공

주조, 단조, 전조를 이용하여 기어를 제작한 후 총형공구에 의한 방법, 형판에 의한 방법, 창성법에 의한 방법으로 치면을 가공한다.

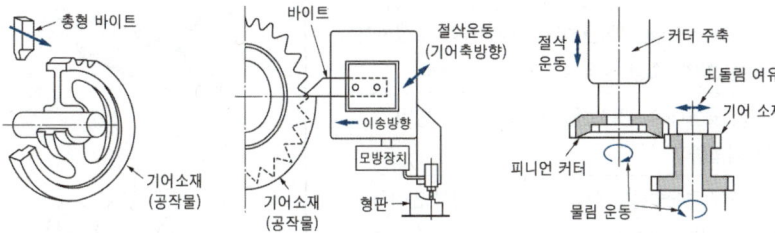

총형공구에 의한 방법 / 형판에 의한 방법 / 창성법에 의한 방법

구분	특징
총형공구에 의한 방법	• 기어 치형과 동일한 모양의 절삭공구를 사용하여 공작물을 1피치씩 회전시켜 차례로 기어를 가공하는 방법 - 밀링머신, 셰이퍼, 슬로터, 플레이너, 브로칭머신 등
형판에 의한 방법	• 공구대가 기어 치형과 같은 곡선으로 만든 형판을 따라 움직이면서 모방 절삭에 의해 기어를 가공하는 방법 - 셰이퍼, 슬로터 등
창성법에 의한 방법	• 기어 형상의 공구가 공작물과 맞물려 회전하면서 축방향으로 왕복운동하여 기어를 가공하는 방법 - 호빙머신 : 호브에 의한 방법 - 기어셰이퍼 : 래크커터에 의한 방법, 피니언커터에 의한 방법

호빙머신

호브(Hob)

호브와 가공물의 관계

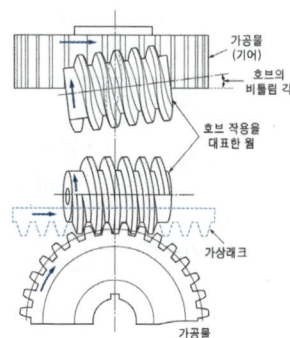

기출문제

창성식 기어절삭법에 대한 설명으로 옳은 것은?

① 밀링머신과 같이 총형 밀링커터를 이용하여 절삭하는 방법이다.
② 셰이퍼 등에서 바이트를 치형에 맞추어 절삭하여 완성하는 방법이다.
③ 셰이퍼의 테이블에 모형과 소재를 고정한 모형에 따라 절삭하는 방법이다.
④ 호빙 머신에서 절삭공구와 일감을 서로 상대운동을 시켜서 치형을 절삭하는 방법이다.

정답 : ④

16 연삭가공

1. 연삭기의 종류 ★

공작물의 표면을 다듬거나 정밀하게 가공하기 위해 연삭숫돌을 고속으로 회전시켜 공작물을 가공하는 공작기계

1-1 원통연삭기 ★

원통형, 테이퍼형상의 공작물의 바깥지름이나 측면을 연삭하는 공작기계

연삭숫돌과 공작물의 상대운동에 따른 분류

구분	특징
테이블왕복형	• 연삭숫돌은 회전만 하고, 공작물은 회전하거나 테이블에 고정하여 왕복운동하여 연삭하는 방법. 소형 공작물 연삭에 적합하다.
숫돌대왕복형	• 공작물은 회전만 하고, 숫돌대를 왕복운동하여 연삭하는 방법 • 대형 공작물 연삭에 적합하다.
플런지컷형	• 공작물을 고정한 테이블에 연삭숫돌을 직각으로 이동시켜서 연삭하여 전체길이를 동시에 가공하는 방법
유성형	• 공작물은 고정하고, 가공면의 안쪽에서 연삭숫돌의 자전 및 유성운동에 의해 연삭하는 방법
만능연삭기	• 테이블, 숫돌대, 주축대가 각각 회전이 가능한 연삭기 • 가공범위가 넓고 테이퍼 및 내면연삭에 주로 사용된다.
센터리스연삭기	• 가늘고 긴 원통형 공작물을 연속적으로 연삭하는 연삭기

연삭 가공면에 따른 분류

구분	특징
외경연삭기	• 원통형 공작물의 바깥지름을 정밀하게 가공하는 연삭기 예 테이블왕복형, 숫돌대왕복형, 플런지컷형, 만능연삭기, 센터리스 등
내경연삭기	• 원통형 공작물의 안지름을 정밀하게 가공하는 연삭기 예 테이블왕복형, 숫돌대왕복형, 유성형, 만능연삭기, 센터리스 등

참고

숫돌과 공작물의 상대운동에 따른 연삭 방법

• 테이블왕복형

• 숫돌대왕복형

• 플런지컷형

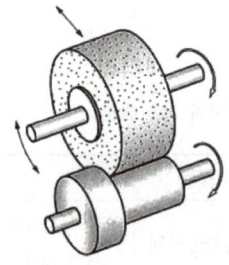

저자 어드바이스

연삭가공의 특징
• 경화된 강과 같은 단단한 재료를 가공할 수 있다.
• 표면거칠기가 우수하고 정밀도가 높다.
• 연삭저항이 적어 마그네틱 척으로 가공물의 고정이 가능하다.
• 절삭속도가 빠르다.
• 자생작용이 있다.

1-2 평면연삭기 ★

공작물의 평면(수평면, 수직면)을 연삭하는 공작기계

평면연삭기의 종류

수평형, 수직형, 테이블회전형 등

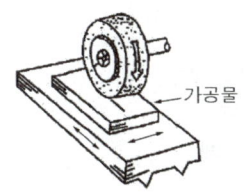
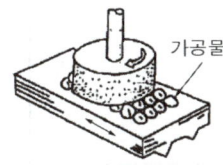
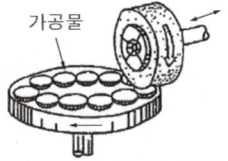

1-3 만능공구연삭기 ★

호브, 리머, 밀링커터 등의 공구를 가공하기 위한 정밀연삭기

만능공구연삭기의 가공

바이트 연삭, 드릴 연삭 등

1-4 센터리스연삭기 ★

가늘고 긴 원통형 공작물을 조정숫돌을 이용해 연속적으로 연삭하는 연삭기

조정숫돌

공작물의 회전과 이송역할

장점	단점
• 높은 숙련을 요구하지 않는다. • 가늘고 긴 공작물의 연삭에 적합하다. • 센터구멍을 가공할 필요가 없다. • 중공의 공작물을 연삭할 때 편리하다. • 연삭 여유가 작아도 된다. • 연삭숫돌의 폭이 크므로, 연삭숫돌 지름의 마멸이 적고 수명이 길다.	• 대형이나 중량물의 연삭이 불가능하다. • 긴 홈이 있는 공작물은 가공이 어렵다. • 연삭숫돌 폭보다 넓은 가공물은 플랜지 컷 방식으로 연삭할 수 없다. • 중공축의 안지름 연삭이 불가능하다.

나사연삭기의 연삭방법
• 단식 나사연삭법
• 다인 나사연삭법
• 센터리스 나사연삭법

만능공구연삭기

저자 어드바이스

센터리스 연삭

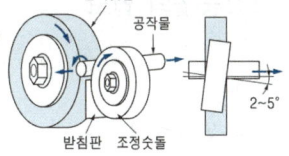

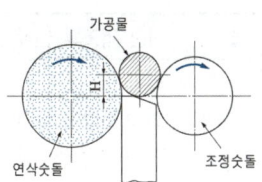

다음 센터리스 연삭기의 장단점에 대한 설명 중 틀린 것은?

① 센터가 필요하지 않아 센터 구멍을 가공할 필요가 없고, 중공축을 연삭할 때 편리하다.
② 긴 홈이 있는 가공물이나 대형 또는 중량물의 연삭이 가능하다.
③ 연삭숫돌 폭보다 넓은 가공물을 플랜지 컷 방식으로 연삭 할 수 없다.
④ 연삭숫돌의 폭이 크므로, 연삭숫돌 지름의 마멸이 적고 수명이 길다.

정답 : ②

2. 연삭숫돌 ★★

2-1 숫돌의 입자 ★

인조 입자

가장 많이 쓰이는 알루미나(Al_2O_3)계나 탄화규소(SiC)계

천연 입자

커런덤, 애머리, 석영, 다이아몬드 중 다이아몬드가 많이 사용된다.
경도순서(GC > C > WA > A)

종류	기호	표시	적용범위
갈색 알루미나	A	1~2A	• 인장강도가 크고 인성이 큰 재료의 거친 연삭용
백색 알루미나	WA	3~4A	• 인장강도가 크고 인성이 큰 재료의 다듬질 연삭용
탄화규소	C	1~2C	• 인장강도가 작고 취성이 있는 재료
녹색 탄화규소	GC	3~4C	• 보석 절단용, 래핑제, 초경합금연삭용

2-2 숫돌의 입도

입도

연삭 입자의 크기

거친 입도의 연삭숫돌	고운 입도의 연삭숫돌
• 거친 연삭 • 절삭깊이와 이송량이 클 때 • 숫돌과 공작물의 접촉면적이 클 때 • 연하고 인성이 있는 재료를 연삭할 때	• 다듬질연삭(정밀연삭, 공구연삭) • 절삭깊이와 이송량이 작을 때 • 숫돌과 공작물의 접촉면적이 작을 때 • 경도가 크고 메진 공작물을 연삭할 때

메시(mesh)번호

평방인치(1인치×1인치) 안에 있는 입자의 수

호칭	거친 눈	보통 눈	가는 눈	아주 가는 눈
입도	10, 12, 14, 16, 20, 24	30, 36, 46, 54, 60	70, 80, 90, 100, 120, 150, 180, 200	240, 280, 320, 400, 500, 600, 700, 800
용도	막다듬질	다듬질	경질다듬질	광내기

저자 어드바이스

연삭숫돌의 구성 3요소

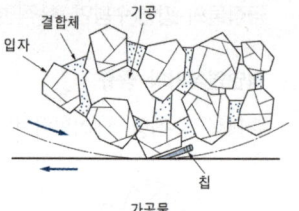

• 숫돌 입자
• 기공
• 결합제

연삭액의 구비조건

• 거품 발생이 없을 것
• 냉각성이 우수할 것
• 인체에 해가 없을 것
• 화학적으로 안정할 것

입도

금속 분말을 이루는 알갱이 하나하나의 평균 지름이나 대표 지름

메시(mesh)

입자의 크기를 나타내는 단위
가로×세로=$1in^2$ 안에 36개의 구멍이 있어 여기에 통과되는 입자를 36번이라 한다.

2-3 숫돌의 결합도 ★★

결합도
숫돌 접착제의 접착력을 의미한다.

결합도가 크다.
동일한 연삭조건에서 연삭 중에 입자의 탈락이 적다.

결합도가 작은 숫돌
입자가 마모되기도 전에 탈락하여 비경제적

결합도가 큰 숫돌
입자가 쉽게 탈락하지 않아 눈메움이 되어 정밀도 저하

결합도	E, F, G	H, I, J, K	L, M, N, O	P, Q, R, S	T, U, V, W, X, Y, Z
호칭	극히 연한 것	연한 것	중간 것	단단한 것	매우 단단한 것

결합도가 높은 숫돌 (단단한 숫돌)	연질재료의 연삭, 숫돌차의 원주속도가 느릴 때, 연삭 깊이가 작을 때, 접촉면이 작을 때, 재료표면이 거칠 때
결합도가 낮은 숫돌 (연한 숫돌)	경질재료의 연삭, 숫돌차의 원주속도가 빠를 때, 연삭 깊이가 깊을 때, 접촉면이 클 때, 재료표면이 치밀할 때

크리프 피드 연삭
연삭 깊이를 깊게(최대 6mm) 하고, 공작물의 이송속도는 작게 하는 연삭하는 가공방법. 주로 성형연삭에 쓰이며 대용량의 연삭액이 필요하다.

2-4 숫돌의 조직

조직
숫돌의 단위용적당 입자의 양. 입자의 조밀 상태를 나타낸다.

조직	밀도가 치밀한 것	중간 것	밀도가 거친 것
조직번호	0, 1, 2, 3, 4, 5	6, 7, 8, 9	10, 11, 12, 13, 14
조직기호	C	M	W
입자율(%)	50% 이상	42~50%	42% 이하

저자 어드바이스

숫돌의 조직 선정
- 연한 재료는 거친 조직을 선정하여 로딩을 방지한다.
- 경한 재료는 치밀한 조직을 선정하여 숫돌의 마모를 적게 한다.
- 거친연삭, 접촉면적이 큰 경우는 거친 조직을 선정한다.
- 다듬질연삭, 접촉면적이 작은 경우는 치밀한 조직을 선정한다.

2-5 결합제 ★★

숫돌입자를 서로 결합시켜 숫돌 모양을 만드는 접착 재료

결합제		기호	재질	용도
비트리파이드		V	점토, 장석	• 균일한 기공을 나타내고 주로 사용된다. • 다양한 결합도로 제작가능
실리케이트		S	규산나트륨 (물유리)	• 대형 숫돌, 발열이 적어야 할 때 적합 • 결합도가 약해 마멸이 빠르다.
탄성 숫돌	셀락	E	천연셀락	• 주로 절단용으로 사용 • 얇은 숫돌을 만들 수 있다. • 열에 약하다.
	고무	R	천연·인조고무	
	레지노이드	B	베이크라이트	
	비닐	PVA	폴리비닐알코올	
금속		M	다이아몬드	• 보석류, 초경합금 연삭에 사용

숫돌 결합제의 구비조건
• 성형성이 우수해야 한다.
• 열이나 연삭액에 대하여 안정성이 있어야 한다.
• 필요에 따라 결합능력을 조절할 수 있어야 한다.

2-6 연삭숫돌의 호칭법 ★★

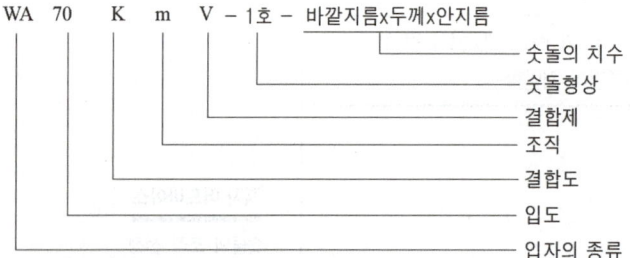

연삭 숫돌의 표시방법
연삭 숫돌의 표시방법은 회전시험 원주 속도, 사용 원주 속도 범위, 제조자명, 제조번호, 제조연월일 등을 기입한다. 연삭 숫돌의 모양은 규격화 되어 있고 13종류가 있다.

개념잡기

연삭 숫돌의 표시에 대한 설명이 옳은 것은?

① 연삭입자 C는 갈색 알루미나를 의미한다.
② 결합제 R은 레지노이드 결합제를 의미한다.
③ 연삭 숫돌의 입도 #100이 #300보다 입자의 크기가 크다.
④ 결합도 K 이하는 경한 숫돌, L~O는 중간 정도 숫돌, P 이상은 연한 숫돌이다.

• 연삭입자 C는 탄화규소를 의미한다.
• 결합제 R은 고무결합제를 의미한다.
• 결합도 K 이하는 연한 숫돌, L~O는 중간 숫돌, P 이상은 경한 숫돌을 의미한다.

정답 : ③

3. 연삭 가공조건 ★

3-1 연삭숫돌의 원주속도 ★

연삭숫돌의 원주속도

$$v = \frac{\pi dn}{1,000} \text{[m/min]} \qquad \begin{bmatrix} d : \text{숫돌의 지름[mm]} \\ n : \text{숫돌의 회전수[rpm]} \end{bmatrix}$$

공작물의 회전속도

$$n = \frac{1,000v}{\pi d} \text{[rpm]}$$

참고

연삭기의 표준원주속도
- 외경연삭기 : 1,600~2,000
- 내경연삭기 : 600~1,800
- 평면연삭기 : 1,200~1,800
- 공구연삭기 : 1,400~1,800

용어 정리

연삭비
공작물의 연삭량과 숫돌이 소모된 양의 비

연삭비 = $\dfrac{\text{공작물 연삭량[mm}^3\text{]}}{\text{숫돌 소모량[mm}^3\text{]}}$

개념잡기

지름 50mm인 연삭숫돌을 7,000rpm으로 회전 시키는 연삭작업에서, 지름 100mm인 가공물을 연삭숫돌과 반대방향으로 100rpm으로 원통 연삭할 때 접촉점에서 연삭의 상대속도는 약 몇 m/min 인가?

① 931 ② 1,099
③ 1,131 ④ 1,161

연삭숫돌의 절삭속도 $v = \dfrac{\pi dn}{1,000} = \dfrac{\pi \times 50 \times 7,000}{1,000} ≒ 1,099.56 \text{[m/min]}$

공작물의 절삭속도 $v = \dfrac{\pi dn}{1,000} = \dfrac{\pi \times 100 \times 100}{1,000} ≒ 31.4 \text{[m/min]}$

상대속도 = 연삭숫돌의 회전속도 + 공작물의 속도
 = 1,099.56 + 31.4 = 1,130.96[m/min]

정답 : ③

3-2 연삭동력과 연삭효율 ★

연삭동력

$$H = \frac{Fv}{\eta} \text{[W]} \qquad \begin{bmatrix} F : \text{연삭저항[N]} \\ \eta : \text{연삭효율[\%]} \end{bmatrix}$$

연삭효율

$$\eta = \frac{Fv}{H} \times 100 \text{[\%]}$$

3-3 연삭 숫돌의 수정 ★

구분	발생원인 및 특징
글레이징 (눈무딤)	• 자생작용이 되지 않아 마모된 입자가 그대로 연삭되는 상태 예 숫돌의 결합도가 필요 이상으로 높으면 발생
로딩 (눈메움)	• 숫돌 표면에 기공이 메워져 연삭 성능이 떨어지는 현상 예 결합도가 높은 숫돌로 연한 금속을 연삭할 때 발생
입자 탈락	• 숫돌입자가 공작물을 연삭하지 못하고 탈락하는 현상 예 숫돌의 결합도가 너무 낮을 때 발생
숫돌 떨림	• 숫돌의 결합도가 너무 클 때, 숫돌축이 편심이거나 형상이 불량일 때

드레싱
로딩 또는 글레이징 된 숫돌 표면을 깎아 새롭고 예리한 날 끝으로 수정하는 작업

트루잉
숫돌의 편마모를 수정하여 바르고 균일하게 하는 작업

연삭숫돌의 자생작용
연삭 가공 시 마모에 의해 무뎌진 입자가 탈락하고 새로운 입자가 생성되어 연삭을 계속하게 되는 현상

저자 어드바이스

드레서(Dresser)
• 드레싱작업에 사용하는 공구

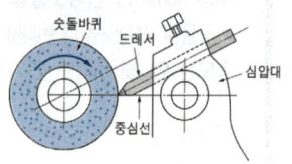

• 트루잉 사용공구
  다이아몬드 드레서, 프레스롤러, 크러시롤러 등

개념잡기

연삭숫돌의 자생작용이 잘되지 않아 입자가 납작해져서 날이 둔화되는 무딤 현상은?

① 글레이징(Glazing)   ② 로딩(Loading)
③ 드레싱(Dressing)   ④ 트루잉(Truing)

글레이징(눈무딤)
연삭 숫돌의 결합도가 필요 이상으로 높으면, 숫돌 입자가 마모되어 탈락하지 않고 둔화되는 현상

정답 : ①

CHAPTER 09
정밀입자 및 특수가공

KEYWORD 호닝, 슈퍼피니싱, 래핑, 폴리싱, 버핑, 배럴, 텀블링, 버니싱, 숏 피닝, 방전가공, 전해가공, 전해연마, 초음파가공

01 정밀입자가공 ★★

절삭 또는 연삭으로 가공한 면을 연삭입자나 숫돌을 이용하여 치수정밀도와 표면거칠기를 높이는 가공하는 방법

1. 호닝 ★

직사각형의 숫돌을 스프링으로 축에 방사형으로 부착한 원통형태의 혼(Hone) 공구를 회전 및 직선왕복운동시켜 공작물을 가공하는 방법

- 가공변형과 발열이 적고 경제적인 정밀가공이 가능
- 이전 가공에서 발생한 오차를 수정하여 진직도, 진원도, 표면거칠기를 개선
- 절삭유 공급으로 발열을 줄여 표면거칠기가 $1 \sim 4\mu m$로 좋음
- **액체 호닝** : 연마제를 가공액과 혼합하여 가공물 표면에 압축공기를 고압·고속으로 분사시켜 표면을 매끈하게 다듬는 가공법
  - 가공시간이 짧고, 복잡한 형상의 공작물을 쉽게 가공할 수 있다.
  - 표면의 산화피막 및 거스러미 제거가 용이하다.
  - 피닝효과로 인장강도, 피로강도가 증가한다.

저자 어드바이스

호닝 가공법과 혼의 운동

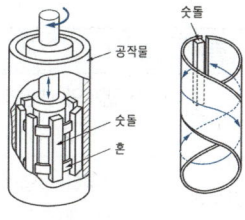

액체 호닝

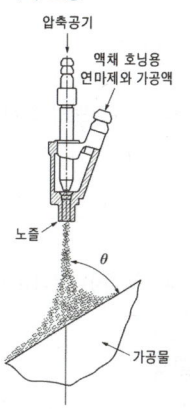

2. 슈퍼피니싱 ★

입도가 작고 연한 숫돌을 작은 압력으로 가압하면서, 공작물에 이송을 주고 동시에 숫돌에 진동을 주어 표면거칠기를 향상시키는 가공방법

- 다듬질면에 방향성이 없어지고 가공에 의한 표면 변질층이 극히 미세해진다.
- 산화알루미나(Al_2O_3), 탄화규소(SiC) 숫돌과 비트리파이드 결합제 사용
- 석유나 경유 또는 기계유를 혼합하여 가공액으로 사용한다.

> **저자 어드바이스**
> **슈퍼피니싱의 특징**
>
>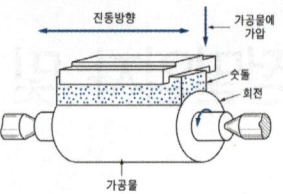
>
> - 가공열의 발생이 적고, 가공 변질층도 적다.
> - 방향성이 없는 다듬질면을 짧은 시간에 가공할 수 있다.
> - 다듬질 표면은 마찰계수가 작고, 내마멸성·내식성이 우수하다.
> - 진폭이 수 mm이고, 진동수가 매분 수백에서 수천 값을 가진다.

3. 래핑 ★★

공작물과 랩(Lap) 사이에 미세한 분말 상태의 랩제를 넣고 이들을 상대운동을 시켜 표면을 매끈하게 다듬는 가공방법
예) 블록게이지, 정밀기계부품 등

종류	특징
습식래핑	• 랩제와 래핑액을 공작물에 공급하면서 래핑 작업하는 방식 • 거친 가공에 사용하며, 건식래핑보다 가공량이 10배 정도 많다.
건식래핑	• 건조한 상태에서 랩제만을 사용하여 래핑 작업하는 방식 • 습식래핑 후 정밀한 다듬질을 위해 건식래핑을 실시

> **저자 어드바이스**
> **래핑의 종류**
> - 건식래핑
>
>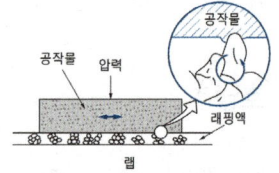
>
> - 습식래핑
>
>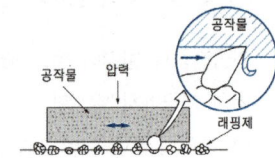

3-1 랩(Lap)

랩은 공작물의 재질보다 연한 것을 사용한다.

3-2 랩제

산화알루미나(Al_2O_3), 탄화규소(SiC), 산화크로뮴, 산화철 등

3-3 래핑유

래핑입자와 섞여 입자를 지지하고 공작물의 긁힘을 방지한다.
예) 경유나 석유, 점성이 낮은 올리브유나 종유 등을 사용한다.

> **개념잡기**
>
> 정밀입자가공에 대한 설명으로 옳지 않은 것은?
>
> ① 래핑은 매끈한 면을 얻는 가공법의 하나이며, 습식법과 건식법이 있다.
> ② 호닝은 혼(Hone)이라는 숫돌을 일감의 축 방향으로 작은 진동을 주어 가공하는 방법이다.
> ③ 슈퍼피니싱은 축의 베어링 접촉부를 고정밀도 표면으로 다듬는 가공에 활용한다.
> ④ 호닝의 혼(Hone) 결합제는 일반적으로 비트리파이드를 사용한다.
>
> • 호닝 : 직사각형의 숫돌을 스프링으로 축에 방사형으로 부착한 원통형태의 혼(Hone) 공구를 회전 및 직선 왕복운동시켜 공작물을 가공하는 방법이다.
>
> 정답 : ②

02 특수가공 ★

1. 폴리싱(Polishing), 버핑(Buffing, FB)

1-1 폴리싱

연삭입자를 목재, 피혁, 직물 등 탄성이 있는 재료로 된 바퀴표면에 부착시켜 연삭작용을 하게 하여 가공물 표면 다듬질하는 방법

1-2 버핑

모, 직물 등을 겹쳐서 버핑 바퀴를 만들어 고속회전시켜 공작물 표면을 다듬질하는 방법
공작물 표면을 매끈하게 광택 내는 것이 목적이다.

2. 배럴(Barrel)가공(= 텀블링) ★

회전하는 통 속에 공작물, 숫돌입자, 가공액, 콤파운드 등을 넣고 회전시키면 서로 부딪치며 가공되어 매끈한 가공면을 얻는 가공법

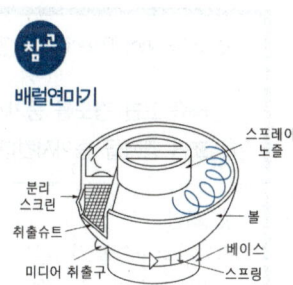

참고 배럴연마기

3. 버니싱(Burnishing)

1차로 가공된 가공물의 안지름보다 큰 강철 볼(ball)을 압입하여 통과시켜서 가공물의 표면을 매끈하게 다듬는 가공방법

- 1차 가공에서 발생한 긁힘, 흔적, 패인 곳 등을 제거하고 정밀도를 높인다.
- 전연성이 높은 재료에 사용되며, 가공 경화되어 내마멸성이 향상된다.

저자 어드바이스
버니싱 가공

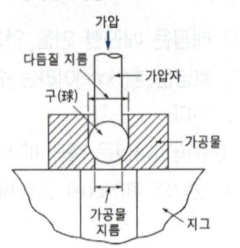

4. 분사가공 ★★

종류	특징
샌드블라스트	• 모래를 압축공기로 뿜어내어 공작물의 요철면을 다듬는 가공방법 • 주물이나 금속제품 표면을 매끈하게 마무리하는 목적으로 사용
그릿블라스트	• 뾰족한 입자인 그릿(Grit)을 압축공기로 분사하여 다듬질하는 방법 • 표면이 거친 주물의 표면을 매끈하게 마무리하는 목적으로 사용
쇼트피닝 (숏 피닝)	• 강구(쇼트)를 압축공기로 분사하여 공작물의 표면을 두드려 가공경화시켜 기계적 성능을 향상시키는 가공법 • 공작물의 강도와 표면경도를 증가시키기 위한 목적으로 사용 • 제품의 치수나 재질변경 없이 표면경도를 높여 피로강도 향상

쇼트피닝

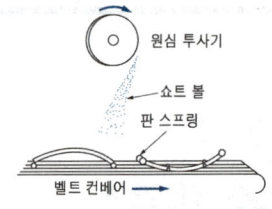

롤러버니싱 가공

공작기계로 가공한 표면에 나타나는 이송 자국 등을 롤러를 이용하여 매끈하게 가공하는 방법이다.

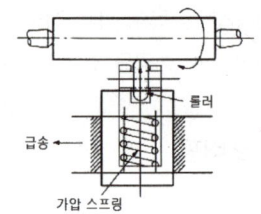

개념잡기

숏 피닝(Shot Peening)과 관계없는 것은 무엇인가?

① 금속 표면 경도를 증가시킨다.   ② 피로 한도를 높여 준다.
③ 표면 광택을 증가시킨다.   ④ 기계적 성질을 증가시킨다.

숏 피닝
경화된 쇠구슬을 가공물에 고압으로 분사시켜 가공물 표면을 가공경화시켜 강도를 증가시킴으로서 기계적 성능을 향상시키는 가공법이다. 각각의 숏이 가공물 표면에 작은 해머와 같은 작용을 하며, 일종의 냉간가공법이다.

정답 : ③

5. 방전가공

가공액에 담긴 전극과 공작물을 사이에 전기를 통전시켜 아크 발생에 의해 가공하는 방법. 공작물을 용융·증발시켜 가공하는 비접촉식 가공 방법

5-1 전극(공구)

특정한 형상의 전극을 사용
예 구리합금, 텅스텐, 흑연

5-2 가공액(공작액)

절기절연성 액체를 사용
예 경유, 등유, 이온교환수, 변압기유 등

5-3 가공재료

경질합금, 고속도강, 내열강, 스테인리스강, 다이아몬드 등

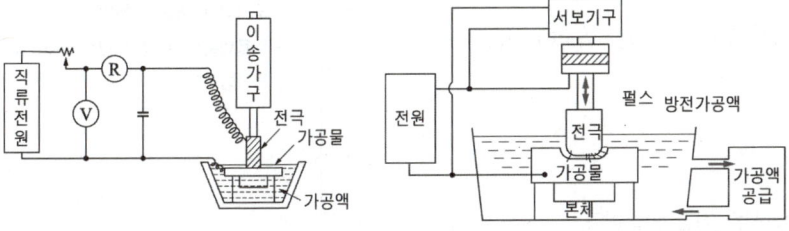

5-4 와이어 컷 방전가공

지름 0.02 ~ 0.3mm 정도의 금속선의 전극선(wire)을 이용하여 NC로 필요한 형상을 가공하는 방법
예 전극와이어의 재질(가공하면서 소모된다) : Cu, Bs, W 등

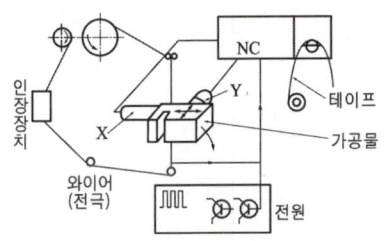 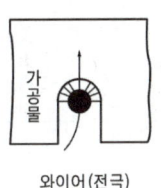

핵심 KEY

방전가공 전극재료 조건
- 방전이 안전, 가공속도가 커야 한다.
- 가공정밀도가 높아야 한다.
- 가공전극의 소모가 적어야 한다.
- 구하기 쉽고 저렴하며, 기계가공이 쉬워야 한다.

와이어 컷 방전가공의 특징
- 담금질 강이나 초경합금 가공도 가능하다.
- 가공물의 형상이 복잡해도 가공 속도가 변하지 않는다.
- 전극을 별도로 제작할 필요가 없다.
- 소비전력이 적고, 가공여유가 적어도 된다.
- 전극은 소모성으로 교체해주어야 한다.

방전가공의 특징
- 전기 방전에 의한 높은 열에너지로 아주 단단한 재료도 쉽게 가공 가능
- 기계적인 응력을 가하지 않고 가공이 가능
- 무인가공 가능
- 형상이 복잡한 가공에 적합
- 가공물의 경도와 관계없이 가공 가능
- 인성 및 취성이 큰 재료도 가공이 용이
- 전극 및 가공물에 큰 힘이 가해지지 않는다.
- 전극은 구리나 흑연 등의 연한 재료를 사용하므로 가공이 쉽다.
- 가공변질층이 적고 내마멸성이 높은 표면을 얻을 수 있다.

기출 문제

일반적으로 방전가공 작업 시 사용되는 가공액의 종류 중 가장 거리가 먼 것은?

① 변압기유 ② 경유
③ 등유   ④ 휘발유

정답 : ④

6. 전해가공 ★

전극을 음극(-)에 가공물을 양극(+)에 연결하고, 전극과 가공물의 일정한 간격을 유지하면서 전해액을 분출하여 전기를 통전하면, 가공물이 전극의 형상으로 용해되어 제거되며 필요한 형상으로 가공하는 방법

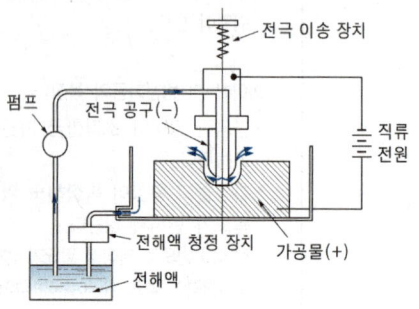
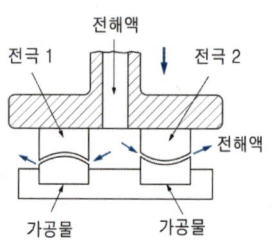

저자 어드바이스
전해연마

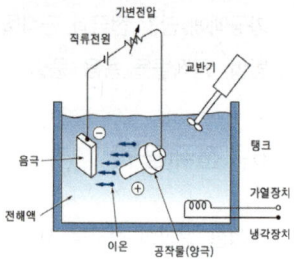

전해연마의 특징
- 가공변질층이 없고, 평활한 가공면을 얻을 수 있다.
- 복잡한 형상도 가능하다.
- 가공면의 방향성이 없다.
- 내마모성, 내부식성이 좋다.
- 연질의 알루미늄, 구리 등도 쉽게 광택면을 낼 수 있다.

전해연마의 단점
- 깊은 홈은 제거되지 않는다.
- 모서리가 둥글게 된다.
- 주물제품은 광택이 있는 가공면이 불가능하다.

7. 전해연마

- 전기에 의한 화학적인 작용으로 공작물의 표면이 용출되어 가공하는 방법
- 전기도금의 반대현상으로 공작물을 양극(+), 전극을 음극(-)으로 연결하고, 전해액 속에서 전기를 통하면 공작물이 전기분해된다.
- 용도 : 드릴의 홈, 주사침, 바늘, 반사경 등 복잡한 형상 가공에 사용

8. 전해연삭

전해 작용과 기계적인 연삭 가공을 복합시킨 가공 방법이다.

- 전해가공은 비접촉식이고, 전해연삭은 연삭숫돌에 의한 접촉 방식이다.
- 경도가 높은 재료일수록 기계연삭보다 가공효율이 우수하다.
- 기계적인 힘이 가해지지 않으므로 가공열 발생이 적고 숫돌 수명이 길다.
- 공작물의 종류나 경도에 관계없이 작업능률이 좋다.
- 박판이나 복잡한 형태의 공작물도 가공이 가능하다.

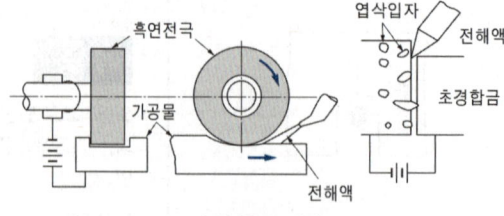

전해연삭의 원리

9. 초음파가공 ★

초음파를 이용하여 기계적 에너지로 진동하는 공구와 가공물 사이에 연삭입자와 가공액을 주입하고서 작은 압력으로 공구에 초음파 진동을 주어 유리, 세라믹, 다이아몬드, 수정 등의 취성이 큰 재료를 가공할 수 있는 가공방법이다.

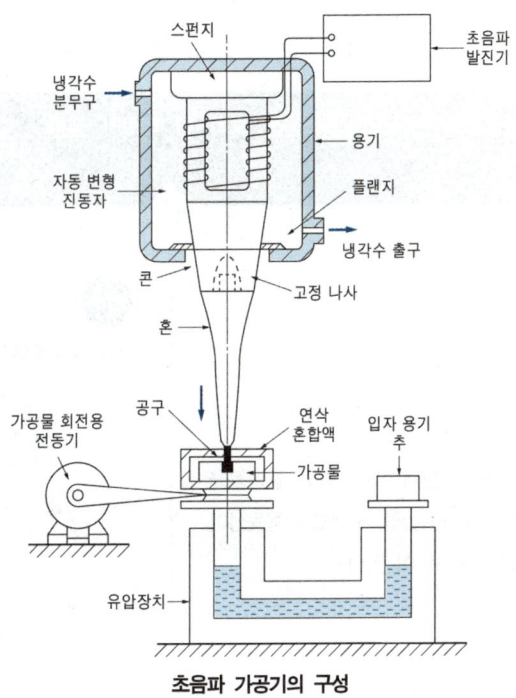

초음파 가공기의 구성

초음파가공의 연삭입자
알루미나, 탄화규소, 다이아몬드분말, 질화붕소 등

초음파가공의 특징
- 도체, 부도체를 불문하고 다양한 공작물을 정밀가공
- 소성변형을 하지 않는 재료(유리, 세라믹, 다이아몬드)에 적합
- 절삭, 연삭 가공과 조합하면 가공 특성을 향상
- 절단, 구멍뚫기, 평면가공, 표면가공 등을 할 수 있다.
- 전기적으로 불량도체일지라도 가공이 가능하다.
- 가공변질층 및 변형이 적다.

초음파가공의 단점
- 납, 구리, 연강과 같은 재료는 가공이 부적합
- 가공 속도가 느리고, 공구의 소모가 크다.
- 가공 면적이 좁고 가공 깊이도 제한

10. 레이저 가공

- 레이저를 이용해 가공물에 빛을 쏘이면 순간적으로 일부분이 가열되어, 용해되거나 증발되는 원리를 이용한 가공
- 레이저의 종류 : 기체 레이저, 액체 레이저, 고체 레이저, 반도체 레이저
- 시계의 베어링, 보석, 다이아몬드, 반도체 가공, 용접, 국부열처리에 이용

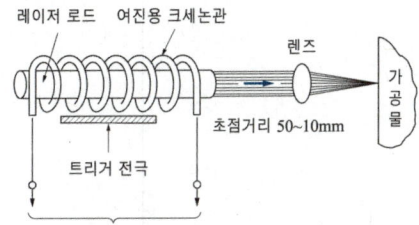

레이저 가공원리

기출문제
가공 방법에 따른 KS 가공 방법 기호가 바르게 연결된 것은?
① 방전 가공 : SPED
② 전해 가공 : SPU
③ 전해 연삭 : SPEC
④ 초음파 가공 : SPLB

정답 : ①

해설 :
- 전해 가공 : SPEC
- 방전 가공 : SPED
- 초음파 가공 : SPU
- 전해 연삭 : SPEG

CHAPTER 10
용접가공

KEYWORD 아크용접, 용접봉, 피복제, 서브머지드, 불활성가스, 탄산가스, 가스용접, 토치, 팁, 테르밋, 결함

01 용접

용접 아크 발생원리

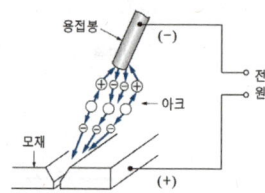

아크용접

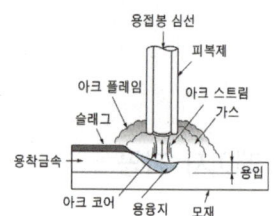

용접은 접합하고자 하는 금속의 접합부분을 용융 또는 반용융 상태로 가열하고, 용접봉을 녹여 넣어서 접합하는 융접, 접합부분에 압력을 주어 접합시키는 압접, 모재보다 용융점이 낮은 금속을 접합부에 넣어 접합시키는 납접(납땜)으로 구성되어 있다.

1. 용접의 특징

장점	단점
• 이음효율(기밀성, 수밀성)이 좋다. • 재료가 절약된다. • 공정수가 절약된다. • 중량을 가볍게 할 수 있다. • 설비비가 싸고 보수하기 쉽다. • 제품의 성능과 수명이 향상된다.	• 품질검사가 곤란하다. • 열영향으로 재질이 변하기 쉽다. • 용접균열, 잔류응력이 생기기 쉽다. • 용접 모재의 재질에 영향이 크다. • 영구적 체결로서 임의 분해 및 조립이 어렵다.

2. 용접이음의 종류

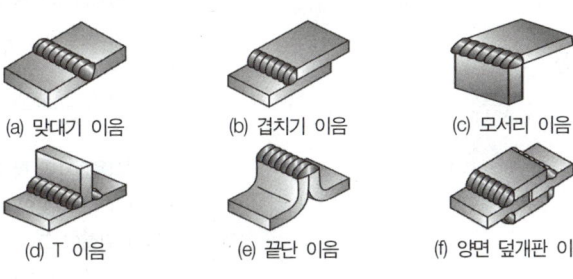

용접이음의 종류

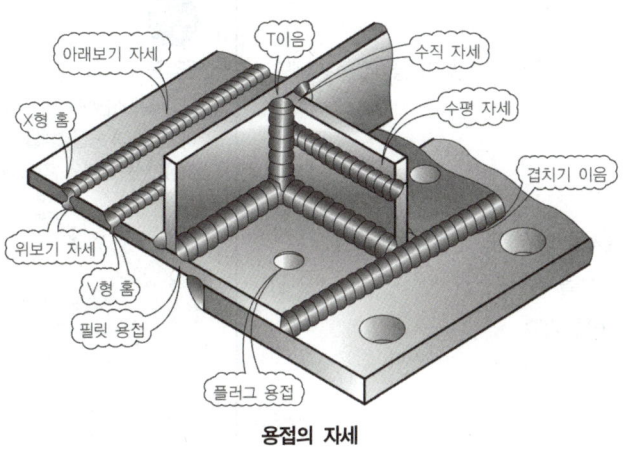

용접의 자세

저자 어드바이스

용접기호의 표준 위치

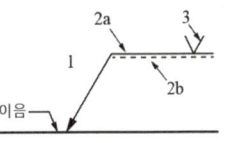

- 1 : 화살표(지시선)
- 2a : 기준선(실선)
- 2b : 동일선(파선)
- 3 : 용접 기호(이음 용접)

저자 어드바이스

기준선에 따른 기호의 위치
- 양면 대칭 용접

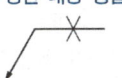

- 화살표 쪽의 용접

- 화살표 반대쪽의 용접

02
아크용접

용접봉과 모재 사이에 발생하는 아크(arc) 열에 의해 모재의 용접부를 용융시키고 부품을 결합시키는 융접 방법

1. 아크용접기

1-1 직류아크용접기

정극성

모재를 ⊕극, 용접봉을 ⊖극으로 연결. 용입이 깊어 후판용접

역극성

모재를 ⊖극, 용접봉을 ⊕극으로 연결, 용입이 얇아 박판용접

참고

직류아크용접의 극성
- 정극성

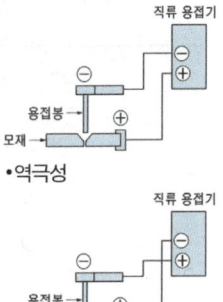

- 역극성

1-2 교류아크용접기

종류

가동철심형, 가동코일형, 탭전환형, 가포화 리액터형

2. 용접봉

2-1 피복제의 역할

- 아크 열에 의하여 피복제가 연소되면서 가스를 발생하여 용접부에 공기 중의 산소와 질소의 침입을 방지
- 피복제 연소 가스의 이온화에 의하여 교류용접기에서 순간적으로 전류가 끊어졌을 때에도 아크를 계속 발생시켜 안정된 아크를 얻음
- 슬래그를 형성하여 용접부의 급랭을 방지
- 용착금속에 필요한 원소를 보충
- 불순물과 친화력이 큰 성분을 사용하여 용착금속을 탈산 및 정련
- 붕사, 산화티탄 등을 사용하여 용융금속의 유동성을 향상
- 발생 가스의 유속에 의한 저압으로 용적의 이동을 가속
- 좁은 틈에서 작업할 때 절연작용

2-2 용접봉의 표시

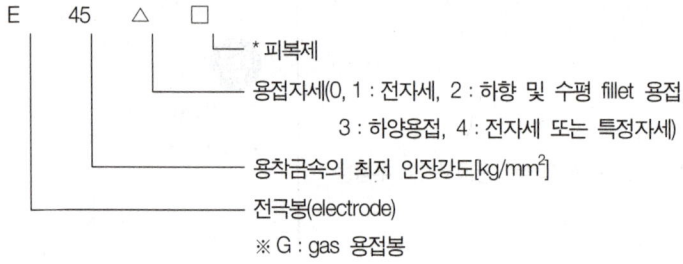

E 45 △ □
* 피복제
용접자세(0, 1 : 전자세, 2 : 하향 및 수평 fillet 용접,
3 : 하향용접, 4 : 전자세 또는 특정자세)
용착금속의 최저 인장강도[kg/mm²]
전극봉(electrode)
※ G : gas 용접봉

 핵심 KEY

직류아크용접기의 특징
- 아크가 안정되게 유지된다.
- 감전 위험이 적으나 가격이 비싸다.
- 소음이 크고 고장이 많다.

교류아크용접기의 특징
- 아크가 다소 불안정하다.
- 감전 위험이 크나 가격이 싸다.
- 소음과 고장이 적다.

참고

용접봉의 각도
용접부의 조건에 따라 다르나 용접작업의 편리함과 용접효과를 높이기 위하여 적정한 용접봉의 각도가 있다.

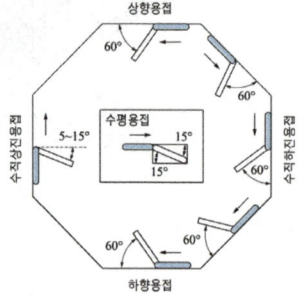

저자 어드바이스

용접부의 조직
- 용착금속부 : 1,500℃ 이상
- 융합부(모재 + 용착금속) : 1,400~1,500℃
- 변질부(열영향부) : 1,400℃ 이하
- 원질부(모재)

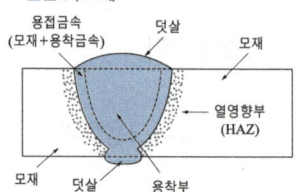

3. 아크 용접의 종류

서브머지드 아크용접	분말로 된 용제(flux) 속에 용접봉을 꽂아 넣어 용접하는 방법
불활성가스 아크용접	불활성가스(Ar, He) 분위기 속에서 심선과 모재 사이에 아크를 발생시켜 용접하는 방법 예 TIG용접, MIG용접
탄산가스(CO_2) 아크용접	불활성가스 대신 저렴한 탄산가스(CO_2)를 사용하는 용접방법
원자수소 아크용접	2개의 텅스텐 전극 사이에 아크를 발생시키고 수소가스를 아크 중심부에 분출시켜 이때 발생하는 고열(4,000℃)로 용접하는 방법

03 가스용접

각종 가연 가스와 산소의 연소반응열을 용접 열원으로 이용하는 용접 방법

1. 가스용접의 특징

산소-아세틸렌(O_2 - C_2H_2) 용접이 대표적

장점	단점
• 전기가 필요 없어 응용범위가 넓음 • 열량 조절이 자유로움 • 유해광선 발생률이 적음 • 절단, 열처리, 굽힘, 박판 용접에 적합	• 열집중성이 낮으므로 아크용접에 비해 용접 온도가 낮음 • 열손실이 크고 열영향부가 많아 용접 변형이 많이 발생

2. 토치(팁) 규격

불변압식(독일식, A형)
인젝터가 팁에 있어 가스 혼합은 유효하게 행하여지나 팁의 구조가 복잡하고 팁 끝이 무거움

가변압식(프랑스식, B형)
토치 내부 손잡이 부분의 산소 통로에 인젝터가 있으며 산소량은 니들 밸브에 의해 조절. 우리나라에서 많이 사용

3. 산소 - 아세틸렌 불꽃의 구성과 종류

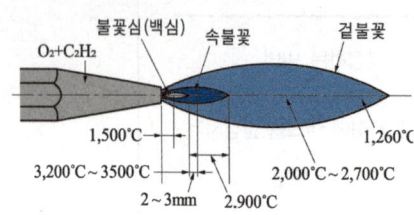

산소-아세틸렌가스의 불꽃 구성

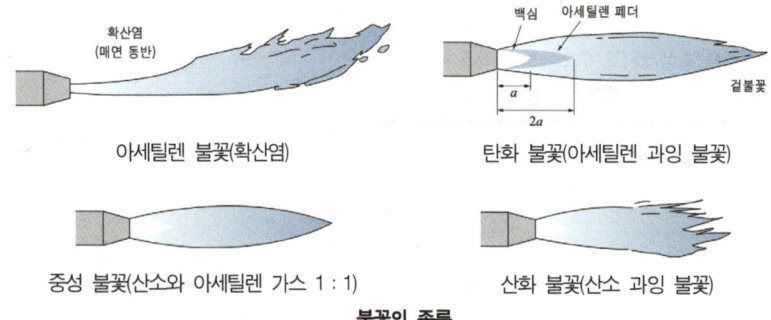

불꽃의 종류

3-1 산소-아세틸렌가스의 불꽃 구성

불꽃심(백심)	• 팁에서 나오는 혼합가스가 연소하여 형성된 환원성의 백색 불꽃
속불꽃(내염)	• 불꽃심 부분에서 생성된 일산화탄소와 수소가 공기 중의 산소와 결합 연소하여 3,200 ~ 3,500℃의 높은 열을 발생하는 부분 • 약간의 환원성을 띠며, 이 부분에서 용접하면 산화를 방지
겉불꽃(외염)	• 연소가스가 다시 공기 중의 산소와 결합하여 완전 연소되는 부분 • 불꽃의 가장자리를 이루며 약 2,000℃의 열을 냄

3-2 불꽃의 종류

탄화 불꽃 (아세틸렌 과잉 불꽃)	• 백심과 겉불꽃과의 사이에 연한 백색의 제3의 불꽃(아세틸렌 깃, feather)이 존재하는 불꽃 • 알루미늄, 스테인레스 강, 스텔라이트의 용접에 이용
중성 불꽃 (표준 불꽃)	• 산소와 아세틸렌의 혼합비가 1 : 1의 비율로 혼합될 때 얻어지며 모든 일반 용접에 이용
산화 불꽃 (산소 과잉 불꽃)	• 산소의 양이 아세틸렌의 양보다 많은 불꽃 • 금속을 산화시키는 성질 • 구리, 황동 등의 용접에 이용

4. 가스용접 작업

4-1 용접재의 준비

- 모재의 재질과 판 두께에 따라 알맞은 토치, 용접봉, 용제를 선정
- 판재의 홈 가공, 루트(root)간격
- 용접하는 중 모재의 비틀림을 막기 위해 가접

4-2 전진법(좌진법), 후진법(우진법)

전진용접(전진법)

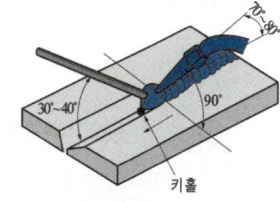

후진용접(후진법)

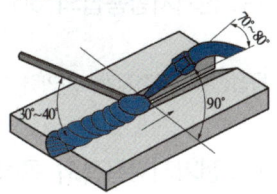

전진용접(전진법, 좌진법)	후진용접(후진법, 우진법)
• 우측에서 좌측으로 진행되는 용접 • 화염이 불어 용입을 방해한다. • 모재를 과열시켜 용접 변형이 크다. • 산화 정도가 심하다. • 비드 모양이 매끄럽다. • 5mm 이하의 박판 맞대기용접, 비철 및 주철 용접에 사용	• 좌측에서 우측으로 진행되는 용접 • 화염이 용접부를 직접 가열하여 열이용률이 높고 용접속도가 빠르다. • 위빙이 없으므로 홈이 좁아도 된다. • 용접봉과 가스 소비량이 적다. • 용접 변형이 적다. • 비드가 높고 표면이 매끈하지 못하다. • 두꺼운 판재 용접에 적합

04 특수 용접

테르밋용접	산화철(Fe_2O_3)과 알루미늄(Al)을 혼합한 분말을 이용한 용접 방법
전자빔용접	진공상태에서 전자빔이 충돌할 때 운동에너지에 의해 발생하는 열을 이용한 용접
일렉트로슬래그용접	아크열이 아닌 와이어전극과 용융슬래그 사이에 전기를 통전시켜 전기저항열을 이용하여 연속주조방식에 의해 용접하는 방법
플라즈마용접	고온·고압의 플라즈마를 이용해 용접하는 방법
고상용접	2개의 깨끗하고 매끈한 금속면을 기계적인 힘에 의해 밀착시켜 원자 간의 인력이 작용할 수 있는 거리에 접근시켜 접합하는 방법

05 전기 저항용접

용접재를 서로 접촉시켜 전류를 흐르게 하면 전기저항열에 의해 고온 상태가 되면 적당한 압력을 가해 접합하는 용접 방법

1. 전기저항용접의 원리

1-1 저항열

$$Q = 0.24 I^2 Rt \,[\text{cal}]$$

I : 전류[A]
R : 저항[Ω]
t : 통전시간[sec]

1-2 전기저항용접의 3대 요소

용접전류, 통전시간, 가압력

1-3 전기저항용접의 특징

장점	• 작업속도가 빠르고 대량생산에 적합 • 이음 강도에 대한 효율이 높음 • 제품의 무게 감소 및 재료 절약 • 용접 공정 자동화가 가능
단점	• 용접기 용량에 비해 용접 능력이 한정 • 재질, 판두께, 용접재료에 제한을 받음 • 비파괴 검사가 어려움 • 구조가 복잡하고 설비비가 비쌈

2. 전기저항용접의 종류

2-1 겹치기 저항용접

박판의 겹치기 용접에 사용

점용접 (스폿용접)	• 두 개의 판재를 겹쳐서 전극으로 가압하면서 통전하면 국부적으로 고온 상태가 되어 점(spot)형태로 접합되는 용접
심용접	• 회전하는 두 개의 원판 롤러 전극 사이에 모재를 넣어 가압과 동시에 통전하면 선의 형태로 연속적으로 접합되는 용접
프로젝션 용접	• 한쪽 또는 양쪽에 돌기(프로젝션)을 만들고 가압하면서 통전하여 전류를 집중시켜 여러 개의 점 형태로 접합하는 용접

2-2 맞대기 저항용접

금속봉, 선, 판 등의 단면을 맞대고 접합하는 방법

업셋용접	• 모재의 접합면을 맞대어 접촉시켜 통전하면 접촉저항에 의해 접합부가 가열되는데, 이때 재료에 압력을 가하여 접합하는 용접
플래시용접	• 모재를 서서히 접근시켜 통전하면 단면의 국부적인 돌기에 전류가 집중되어 아크가 발생하고 고온상태가 되는데, 이때 모재를 길이 방향으로 압축하여 접합하는 용접
버트심용접	• 업셋용접과 심용접법의 원리를 동시에 적용하여 용접관의 이음매를 용접하는 저항용접

06 납접(납땜)

모재의 용융온도보다 낮은 땜납(Pb)을 용가재로 사용하여 용가재의 표면장력에 의해 생기는 흡입력으로 접합하는 용접 방법

1. 납접의 특징

장점	• 거의 모든 금속을 납접할 수 있다. • 융점이 다른 이종금속을 납접할 수 있다. • 가열온도가 낮기 때문에 접합시간이 짧다. • 에너지 소비가 적으며, 열영향의 정도와 범위가 적다. • 자동화가 용이하다. • 접합부를 재가열하여 납을 용융시키면 접합부의 분리가 가능하다.
단점	• 용가재인 납의 강도가 모재의 것보다 낮기 때문에 접합강도가 낮다. • 가열에 의하여 접합부가 약화되거나 파손되는 경우가 있다.

2. 납접의 종류

2-1 연납접

- 용융온도 450℃ 이하
- Pb과 Sn의 합금 등
- 인장강도가 낮기 때문에 큰 접합강도를 요하지 않는 얇은 판재나 전기부품의 작은선 이음에 주로 사용

2-2 경납접

- 용융온도 450℃ 이상
- 황동납, 은납, 금납, 철납, 양은납 등
- 인장강도가 크기 때문에 큰 힘이 작용하는 접합부분에 사용

07 용접결함

1. 용접결함

결함	내용	원인
균열	• 용접부에 금이 가는 현상	• 부적당한 용접봉 • 이음강성 과대 • 모재 불량
언더컷	• 모재가 파이는 현상	• 용접전류 과다 • 용접속도 과대 • 아크길이 과대 • 용융온도 과대
언더필	• 용접이 덜 채워진 현상	• 용입불량 • 작업불량
오버랩	• 용융금속이 넘쳐서 표면에 융합되지 않은 상태로 덮여있는 현상	• 용접전류 과소 • 아크길이 과소 • 용접봉 취급불량 • 용접속도 과소
슬래그혼입	• 산화물, 용제, 피복제가 용착금속에 혼입된 현상	• 슬래그 제거 불량 • 용접전류 과소
용입불량	• 용융금속의 두께가 모재두께보다 적게 용입이 된 상태	• 홈각도의 과소 • 용접속도 과대 • 용접전류 과소
기공	• 이물질이나 수분 등으로 인해 발생된 가스가 용접비드 표면으로 빠져나오면서 발생된 작은 구멍	• 용접봉 습기과다 • 용접전류 과다 • 공기 중 산소과다
스패터	• 용착금속이 모재 위에 작은 방울형태로 부착되는 현상	• 용접전류 과다 • 아크길이 과대 • 용접봉 결함

기출문제

용접 시 발생하는 불량(결함)에 해당하지 않는 것은?
① 오버랩　② 언더컷
③ 용입 불량　④ 콤퍼지션

정답 : ④

기출문제

다음 중 언더컷(undercut) 결함의 주된 원인으로 옳은 것은?
① 전류 과다, 용접 속도 과속, 토치 각도 부적절
② 전류 부족, 지나치게 느린 속도, 과도한 위빙
③ 보호가스 유량 과소, 토치 각도 수직 유지
④ 루트 간극 과대, 낮은 입열, 짧은 아크 길이 유지

정답 : ①

해답 : 언더컷은 모재 모서리 부분이 깎여 나가듯 홈이 파이는 결함으로, 전류 과다·트래블 속도 과속·토치 각도/아크 길이 부적절 등이 대표 원인임

PART 03

기계설계제도
(CAD 시스템)

01   CAD 시스템
02   2D 도면 작업
03   3D 형상모델링
04   모델링 데이터 출력

단원 들어가기 전

기계 제도에서 학습한 내용을 바탕으로 도면을 작성하는데 필요한 도구를 다루는 부분입니다. 작성하기 위해 사용하는 장치에서부터 소프트웨어까지 컴퓨터와 관련된 지식을 다루고 있으므로 각각의 부분이 서로 연계되지 않는다는 특징이 있습니다. 따라서 전체적인 스토리를 이해하기보다는 새로이 등장하는 용어들을 암기하고 문제를 푸는 것에 집중하여 공부하는 것이 주효하겠습니다.

CHAPTER 01

CAD 시스템

KEYWORD CAD, 중앙처리장치, 캐시메모리, 입력장치, 출력장치, 자료의 표현단위

01 컴퓨터응용(CAD) 시스템

1. CAD(Computer Aided Design)

- 제품을 설계할 때 컴퓨터를 이용하여 도면을 작성하는 작업
- 설계 지원 도구로서 아이디어 형상의 구체화 과정을 용이하게 지원

| 컴퓨터응용 제도 시스템 | 설계 아이디어를 2D로 구현 | 예 AutoCAD |
| 형상모델링 시스템 | 설계 아이디어를 3D로 구현 | 예 CATIA, UG |

- CAD : 전산응용설계, Computer Aided Design
- CAM : 전산응용가공, Computer Aided Manufacturing
- CAE : 전산응용공학, Computer Aided Engineering

1-1 CAD 설계의 단계

기본조건 결정 → 기능설계 → 제도 작성 → 생산데이터 작성

2. CAD의 장점

- 설계의 정확성에 따른 작업 수정의 용이성과 도면 신뢰도 향상
- 설계 시간 단축으로 작업속도 향상과 설계 생산성 증대
- 설계 규격화와 표준화 향상, 자료의 저장 및 데이터화 향상
- 복잡한 도면의 작성에 수정 보완이 용이하며 신속한 관리가 가능

3. CAD를 이용한 설계 프로세스

개념 설계	• 설계 요구를 충족시키는 설계안을 구상 예 스케치도 작성
기본 설계	• 기능, 성능, 일반적인 해석 및 평가를 하고 기구, 제조를 결정 예 기본조건 결정, 부품의 형상, 크기, 구조, 해석 계산 등
상세 설계	• 상세 구조, 구성 부품, 레이아웃 등을 결정 예 조립 설계, 해석, 상세도 작도 등
생산 설계	• 제조 장치와 방법, 가공 조건 등을 결정 예 생산계획 설계, NC프로그램 설계, 치공구 설계 등
품질 관리	• 설계 표준화, 자료집계, 성능분석
생산 보조	• 부품도, 기술데이터 수정

02 CAD 시스템의 구성

CAD 시스템은 중앙처리장치(CPU), 보조기억장치, 입출력장치로 이루어진다.

1. 중앙처리장치(CPU)

자료의 연산, 처리 등을 제어하는 컴퓨터의 핵심 장치

논리연산장치 (ALU)	• 제어 장치의 신호에 따라 연산을 담당하는 장치 • 덧셈, 뺄셈, 곱셈, 나눗셈 등의 산술연산과 AND, OR, NOT 등의 논리 연산 명령을 수행
제어장치	• 주기억장치에 기억된 프로그램에 의해 신호를 받고 이를 각 장치에 신호를 보내는 등 제어하는 장치
주기억장치	• CPU 내에 존재하는 기억장치로서 모든 프로그램이나 데이터, 컴퓨터 내부에서 처리된 결과를 기억 • ROM : 고정기억장치로 불리고 한번 기억된 내용은 영원히 기억되며 전원을 끊어도 소멸되지 않는 비휘발성 기억소자 • RAM : 정보를 기록하거나 출력할 수 있는 장치를 말하여 전원을 끊으면 기억내용이 소멸되는 휘발성 기억소자

논리연산장치

- **레지스터(Register)**
  CPU 내부에 있는 작은 크기의 기억 장치며 일시적으로 데이터를 보관하고, 전송하는 기능을 수행

- **어큐뮬레이터(Accumulator)**
  연산수를 지정해 두고 다른 연산수를 받아 이것을 먼저 있는 수에 더하거나 빼주는 기능을 가진 레지스터

- **어드레스 레지스터(Address Register)**
  필요한 자료의 어드레스를 임시 보관하는 장소

- **명령 레지스터(Instruction Register)**
  실행되고 있는 계산기 명령을 임시로 보관하는 레지스터

2. 보조기억장치

중앙처리장치가 아닌 외부에서 데이터를 보관하기 위한 기억장치
- 예) 하드디스크, CD-ROM, USB, 자기테이프, 자기디스크, 자기드럼

3. 캐시메모리(Cache Memory)

중앙처리장치(CPU)와 주기억장치 사이에서 원활한 정보의 교환을 위하여 주기억장치의 정보를 일시적으로 저장하는 고속 기억장치

4. 입력장치

사람이 사용하는 문자나 도형, 음성 등의 데이터를 컴퓨터가 이해할 수 있는 코드형태로 변환하는 장치

마우스	컴퓨터 화면 위에 커서로 장소를 가리키거나 아이콘 등을 이동시킬 때 사용하는 입력장치
키보드	타자기 자판과 비슷한 모양으로 숫자 및 문자를 입력할 때 사용하는 입력장치. 단축키와 특수 명령 입력기능도 가능
스캐너	화상정보를 광학으로 인식해서 컴퓨터에 인식시키는 방식으로, 사진이나 책에 있는 문자나 이미지 등의 정보를 컴퓨터가 처리할 수 있도록 변환하여 입력하는 장치
트랙볼	키보드에 장착되어 있는 볼로, 손으로 굴려서 도형이나 메뉴 등을 선택하여 입력하는 장치. 노트북에 사용
터치스크린	화면의 정해진 위치를 손가락으로 건드려 입력 명령을 처리
라이트펜	펜 끝에 감광 소자를 내장하여 메뉴를 선택하거나 그림을 그리면 컴퓨터가 이를 인식하여 입력하는 방식의 장치
태블릿 (디지타이저)	컴퓨터에 연결하여 터치스크린으로 그림을 그리는 작업을 할 수 있게 하는 입력장치
디지털카메라	사진 현상 등의 별도 입력과정이 필요 없이 사진을 그래픽 파일 형태로 컴퓨터에 입력시킬 수 있는 장치
조이스틱	하나의 막대(스틱)와 몇 개의 버튼으로 구성되고, 화면상의 포인터를 이동시키는 데 사용하는 장치

마우스

키보드

트랙볼

스캐너

태블릿

5. 출력장치

5-1 그래픽 디스플레이

화면에 컴퓨터 정보를 출력하여 표시하는 장치

음극선관 디스플레이 (CRT)	전기신호를 전자빔의 작용에 의해 영상이나 동형, 문자 등의 광학적인 상으로 변환하여 표시하는 특수진공관을 이용한 디스플레이 장치
플라즈마 디스플레이 (PDP)	진공상태에서 양전극과 음전극에 강한 전압을 걸면 그 안에 있는 가스가 활성화되었다가 시간의 경과에 따라서 다시 안정된 본래의 상태로 돌아가면서 빛을 발하는 플라즈마 현상을 이용한 디스플레이 장치
전자발광판형 (EL)	AC나 DC전류를 통하면 망간이 첨가된 아연물질 발광재료가 빛을 내어 표현하는 디스플레이 장치
액정형 디스플레이 (LCD)	2개의 얇은 유리판 사이에 고체와 액체의 중간물질인 액정을 주입해 상하 유리 판위 전극의 전압차로 액정분자의 배열을 변화시킨다.으로써 명암을 발생시켜 영상을 표시하는 광 스위치 현상을 이용한 디스플레이 장치
발광 다이오드 (LED)	빛을 발하는 반도체 소자를 이용하여 전자 제품류와 자동차 계기판 등의 표시판으로 활용

5-2 플로터

플로터는 그래픽에 의해 처리된 결과를 종이, 마이크로필름, 감광판(Photo Plate)과 같은 매체 위에 출력하는 장비. 도면용지 출력에 적합

잉크제트식	잉크를 뿜어내는 노즐을 갖고 있는 헤드가 좌우로 움직여, 소정의 위치에서 잉크를 불어내어 도형을 그리는 방식
정전식	래스터형의 대표적인 것으로 종이에 음전하를 발생시키고 양전하를 띤 검정색의 토너를 흘려서 그림을 그리는 방식
열전사식	필름에 도포한 잉크를 발열 저항체로 배열한 서멀헤드로 녹여 기록지에 전사하는 방식으로 프린트 속도가 빠르다.

해상도
단위 길이당 점의 개수(DPI)로 표현한다.

5-3 프린터

컴퓨터에서 처리된 정보를 눈으로 볼 수 있는 형태로 인쇄하는 출력장치

시리얼 프린터	• 타자기처럼 한 글자씩 인쇄하는 출력장치. 소형 컴퓨터에 쓰이며 인쇄속도가 느리다.
라인 프린터	• 문자 정보를 한 번에 한 줄씩 인쇄하는 출력장치 • 운동방식에 따라 분류 : 밴드 방식, 체인 방식, 드럼 방식
페이지 프린터	• 정보를 한 번에 페이지 단위로 인쇄하는 출력장치 • 한 페이지분의 메모리가 필요하나, 여러 정보를 동시에 출력
하드카피 장치	• CRT에 나타난 영상을 화면 그대로 복사하여 출력하는 장치 • CAD설계 작업 시 중간결과를 확인하기에 편리 • 플로터에 비해 해상도가 좋지 않아 최종도면으로는 부적합
COM 장치	• 도면이나 문자 등을 마이크로필름으로 출력하는 장치로서 출력량이 많거나 도면의 크기가 작은 경우 매우 효과적 • 수정할 수 없고 해상도도 떨어지지만 다루기 쉽고 비교적 처리 속도가 빠르다.

개념잡기

다음 중 주변기기를 기능별로 묶어진 것으로, 그 내용이 잘못된 것은?

① 키보드, 마우스, 조이스틱
② 프린터, 플로터, 스캐너
③ 자기디스크, 자기드럼, 자기테이프
④ 라이트펜, 디지타이저, 테이프리더

• 중앙처리장치 : 주기억장치, 연산장치, 제어장치
• 입력장치 : 마우스, 키보드, 스캐너, 트랙볼, 터치스크린, 라이트펜, 태블릿, 디지털카메라, 조이스틱 등
• 출력장치 : 그래픽 디스플레이, 플로터, 프린터, 하드카피, COM장치 등

정답 : ②

03 컴퓨터의 처리 속도

1. 자료의 표현 단위

비트(bit)	• 정보표현의 최소단위로 컴퓨터 표현 수인 0 또는 1로 표현
니블(nibble)	• 4개의 비트가 모여 16진수의 한 자리를 표현(1nibble = 4bit)
바이트(byte)	• 문자표현의 최소단위(8bit = 1byte)
워드(word)	• CPU가 한 번에 처리하는 연산처리 명령의 기본단위 • 하프워드(2byte), 풀워드(4byte), 더블워드(8byte)
필드(field)	• 파일 구성의 최소단위
레코드(record)	• 1개 이상의 필드가 모여서 구성된 프로그램 입출력 단위
블록(block)	• 1개 이상의 논리 레코드가 모여서 구성된 정보처리 기본단위
파일(file)	• 여러 레코드가 모여서 구성된 프로그램 구성의 기본 단위
데이터베이스(database)	• 1개 이상의 관련된 파일들의 집합(= 볼륨, volume)

패리티비트
정보 비트에 1비트의 여유 비트를 부여하여 전체 비트 중에서 1 또는 0을 홀수나 짝수로 하여 오류를 검출할 수 있도록 만든 비트

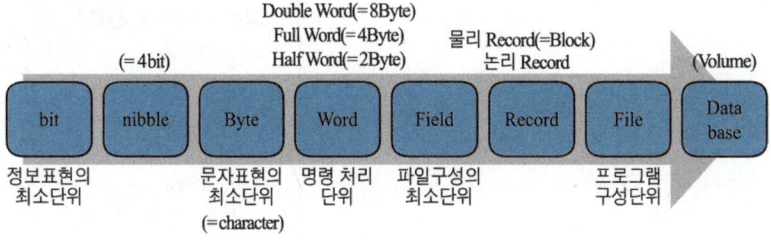

1KB = 2^{10}byte
1MB = 2^{20}byte
1GB = 2^{30}byte
1TB = 2^{40}byte
1PB = 2^{50}byte

2. 문자의 표현

2-1 BCD코드

10진수를 2진수로 표현한 코드. 6비트(2개의 존비트 + 4개의 숫자비트)를 사용하여 총 64개($2^6 = 64$)의 문자 표현이 가능

2-2 EBCDIC코드

BCD코드를 확장시킨 형식으로 8비트(4개의 존비트 + 4개의 숫자비트)를 사용하여 총 256개($2^8 = 256$)의 문자 표현이 가능

2-3 ASCII코드(아스키코드)

데이터 통신에 이용되는 미국 표준코드. 7비트(3개의 존비트 + 4개의 숫자비트)를 사용하여 총 128개($2^7 = 128$)의 문자표현이 가능 오류를 검출하기 위해 1개의 비트(패리티비트)를 사용하여 총 256개($2^8 = 256$)의 문자표현도 가능

BCD코드

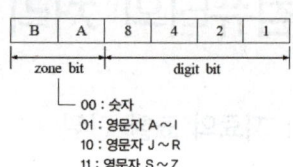

EBCDIC코드

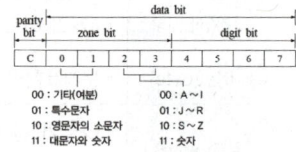

ASCII코드

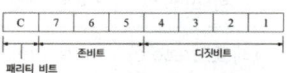

컴퓨터의 기억용량 단위

1byte = 8bit

컴퓨터 처리속도 단위

- 밀리초(ms)
  $1[ms] = 10^{-3}[s]$
- 마이크로초(μs)
  $1[\mu s] = 10^{-6}[s]$
- 나노초(ns)
  $1[ns] = 10^{-9}[s]$
- 피코초(ps)
  $1[ps] = 10^{-12}[s]$

개념잡기

다음 자료의 표현단위 중 그 크기가 가장 큰 것은?

① bit(비트) ② byte(바이트)
③ record(레코드) ④ field(필드)

자료의 표현단위, 자료의 크기(작은 개념부터)
비트(bit) < 니블(nibble) < 바이트(byte) < 캐릭터(character) < 워드(word) < 필드(field) < 레코드(record) < 블록(block) < 파일(file) < 데이터베이스(data base)

정답 : ③

CHAPTER 02

2D 도면 작업

KEYWORD 그리기도구, 도면층 작업, 그리기작성 명령, 도형의 편집 명령

01 2D 좌표계

1. 2D 좌표계의 종류

1-1 절대좌표계

X축, Y축이 이루는 평면에서 두 축이 교차하는 지점을 원점(0, 0)으로 지정하고, 원점으로부터의 거리를 (X, Y) 좌표로 표시하는 체계

1-2 상대좌표계

마지막에 입력한 점을 기준점으로 X축과 Y축의 변위를 좌표로 표시하는 체계

1-3 극좌표계

기준점으로부터의 거리와 X축이 이루는 각도로 표시하는 체계

직선 위의 점의 좌표

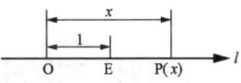

평면 위의 점의 좌표

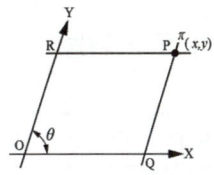

극 좌표계

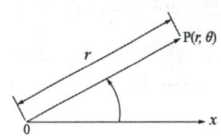

> **개념잡기**
>
> CAD 시스템에서 마지막 입력점을 기준으로 다음점까지의 직선거리와 기준 직교축과 그 직선이 이루는 각도로 입력하는 좌표계는?
>
> ① 절대 좌표계   ② 구면 좌표계
> ③ 원통 좌표계   ④ 상대 극좌표계
>
> - 절대 좌표 : X축, Y축이 이루는 평면에서 두 축이 교차하는 지점을 원점(0, 0)으로 지정하고, 원점으로부터의 거리를 X, Y값으로 좌표를 표시하는 체계
> - 상대 좌표 : 마지막에 입력한 점을 기준점으로 X축과 Y축의 변위를 좌표로 표시하는 체계
> - 상대 극좌표 : 마지막에 입력한 점을 기준점으로 하고, 기준점으로부터의 거리와 X축이 이루는 각도로 표시하는 체계
>
> 정답 : ④

02 2D 도면 작업준비

1. 그리기 도구 기능

동적입력	마우스 포인터 주위에 명령 프롬프트 인터페이스를 제공하는 기능
그리드(Grid)	도면 영역에서 직사각형 격자(Grid)를 표시하는 기능
스냅(Snap)	마우스 포인터를 일정한 간격으로 이동하도록 제어하는 기능
직교 설정	마우스 포인터가 직각, 수평 방향으로 이동하도록 제어하는 기능

2. 작업환경 준비하기

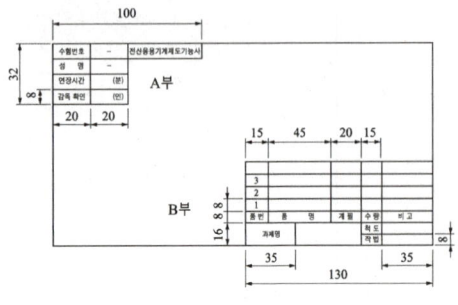
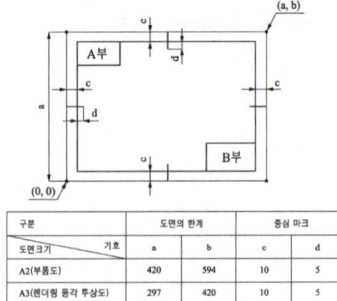

- 도면 크기 및 양식 규격에 따라 작업한계(Limit) 설정
- 윤곽선, 표제란, 부품란, 중심마크, 투상법, 척도(Scale) 설정
- 단위(Units) 및 정밀도(Precision) 설정
- 도면층을 이용한 선의 종류 및 굵기 따른 색상 설정

선 굵기	색상	용도
0.70mm	하늘색(Cyan)	윤곽선, 중심 마크
0.50mm	초록색(Green)	외형선, 개별주서 등
0.35mm	노란색(Yellow)	숨은선, 치수문자, 일반주서 등
0.25mm	빨강(Red), 흰색(White)	치수선, 치수보조선, 중심선, 해칭선 등

3. 도면층(Layer) 작업

- 도면층 : CAD에서 여러 개의 형상을 겹쳐서 표시하기 위해 사용하는 층
- 투명한 필름에 그려진 여러 그림을 겹쳐서 보면 하나의 그림으로 보이는 것과 같이 각각의 특성을 가진 도면층을 이용해 다양한 객체 관리가 가능
- 화면에 객체를 표시하거나 숨길 수 있고 객체의 선 가중치와 지정된 색상에 따라 최종 도면을 인쇄할 수 있다.
- 각각의 도면층마다 도형이나 문자를 보호하거나 보호하지 않도록 설정함으로써 특정한 도형에 대한 편집을 제한하는 것도 가능하다.

03 2D 도면 작성

세그먼트(segment)
수정이나 삭제할 수 있는 형상 요소의 기본단위

1. 도형의 그리기(작성) 명령

점 그리기	• 마우스 커서 제어 방법 : 화면상의 임의의 점을 제어 • 키보드 입력 방법 : 키보드로 절대좌표, 증분좌표, 극좌표를 입력 • 끝점[End], 중간점[Mid] 요소를 선택 • 두 선의 교차점[Int]을 선택 • 지정된 점 등의 요소를 선택
선 그리기	• 두 점을 연결 • 길이와 각도를 지정 • 한 점에서 수평 또는 수직인 선을 그어 그리기 • 일정한 간격의 평행선(Offset)을 그어 그리기 • 한 점에서 곡선에 접선을 지정 • 두 곡선에 접선을 지정 • 두 곡선에 최단거리를 연결
원 그리기	• 한 점 지정 : 중심점을 지정하고 반지름 또는 지름을 입력 • 두 점 지정 : 원호 양 끝점을 연결하는 원(두 점을 통과하는 원) • 세 점 지정 : 3개의 점을 연결하는 원(세 점을 통과하는 원) • 2개의 접선과 반지름에 의한 원(TTR) • 3개의 접선을 지나는 원(TTT)
원호 그리기	• 세 점을 지나는 방법 • 시작점(S), 중심점(C), 끝점(E)을 지정하는 방법 • 시작점(S), 중심점(C), 현의 길이(L)을 지정하는 방법 • 시작점(S), 중심점(C), 각도(A)를 지정하는 방법 • 시작점(S), 끝점(E), 각도(A)를 지정하는 방법 • 시작점(S), 끝점(E), 반지름(R)을 지정하는 방법 • 시작점(S), 끝점(E), 호의 방향(D)을 지정하는 방법
다각형 그리기	• 꼭짓점의 수를 입력하여 다각형 지정(3각형, 4각형, 5각형 등)

개념잡기

CAD로 2차원 평면에서 원을 정의하고자 한다. 다음 중 특정 원을 정의할 수 없는 것은?

① 원의 반지름과 원을 지나는 하나의 접선으로 정의
② 원의 중심점과 반지름으로 정의
③ 원의 중심점과 원을 지나는 하나의 접선으로 정의
④ 원을 지나는 3개의 점으로 정의

정답 : ①

2. 도형의 편집 명령

명령	기능
복사(Copy)	• 원본 객체로부터 일정한 거리로 복사본을 만드는 기능
이동(Move)	• 객체를 지정한 거리만큼 이동시키는 기능
자르기(Trim)	• 객체 요소를 자르는 기능
연장(Extend)	• 다른 객체의 선이나 경계 등을 연장시키는 기능
간격띄우기(Offset)	• 객체로부터 일정한 간격으로 거리를 띄우는 기능
스케일(Scale)	• 선택한 객체를 확대, 축소하는 기능
배열(Array)	• 규칙적인 패턴으로 선택된 객체들을 만드는 기능 • 직사각형 배열, 경로 배열, 원형 배열
모깎기(Fillet)	• 객체의 모서리를 둥근 모서리로 처리하는 기능
모따기(Chamfer)	• 객체의 모서리를 각진 모서리로 처리하는 기능
대칭(Mirror)	• 중심선을 기준으로 원본 객체에서 같은 거리로 대칭하는 기능
회전(Rotation)	• 객체를 회전시키는 기능
줌(Zoom)	• 도면의 보이는 부분을 확대, 축소하여 나타내는 기능

개념잡기

CAD 시스템에서 기하학적 데이터의 변환에 속하지 않는 것은?

① 이동(Move) ② 회전(Rotation)
③ 스케일링(Scaling) ④ 리드로잉(Redrawing)

정답 : ④

CHAPTER 03

3D 형상모델링

KEYWORD 와이어프레임 모델링, 서피스 모델링, 솔리드 모델링, CSG, 경계표현, 분해모델, 특징형상모델링

01
3D 좌표계

1. 3D 좌표계의 종류

1-1 직교좌표계(x, y, z)

X, Y, Z 방향의 축이 기준으로 공간상에서 하나의 점을 X, Y, Z에 대응하는 좌푯값으로 나타내는 체계

1-2 구면좌표계(r, ϕ, θ)

기준점을 중심으로 구를 그리듯이 2개의 각도, 1개의 길이로 좌표를 나타내는 체계

1-3 원통좌표계(r, θ, z)

극좌표계에 높이를 더해 공간상의 한 점을 나타내는 체계

참고

직교좌표계

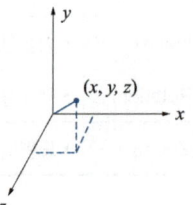

구면좌표계

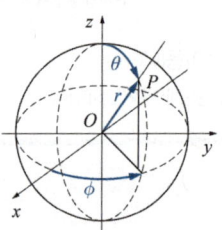

원통좌표계

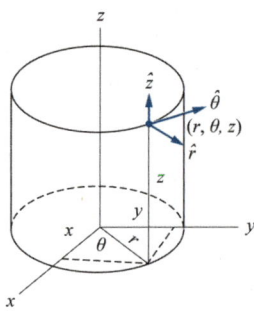

02
3D 형상모델링

1. 와이어프레임 모델링

3차원적인 형상을 공간상의 선(Wire)으로 표시하는 3차원의 기본적인 표현 방식

장점	단점
• 데이터 구성이 간단하다. • 모델 작성이 쉽고 처리속도가 빠르다. • 3면 투시도의 작성이 용이하다.	• 은선 제거가 불가능하다. • 단면도 작성이 불가능하다. • 물리적 성질의 계산이 불가능하다.

2. 서피스 모델링

와이어 프레임 모델링에서 모서리로 둘러싸인 면에 대한 정보가 추가된 모델 표현 방식

장점	단점
• 은선 제거가 가능하다. • 단면도 작성이 가능하다. • 2개 면의 교선을 구할 수 있다. • 복잡한 형상을 표현할 수 있다. • NC 가공데이터를 생성할 수 있다. • 솔리드와 같이 명암을 제공할 수 있다.	• 질량, 체적, 모멘트와 같은 물리적 성질을 구하기 어렵다. • 유한요소법(FEM) 적용을 위한 요소 분할이 어렵다. • 와이어프레임보다 데이터 용량이 커야 한다.

와이어프레임 모델링

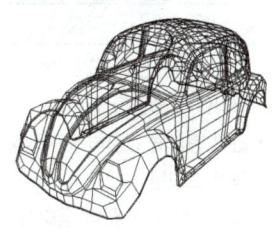

서피스 모델링

3. 솔리드 모델링

직육면체, 구, 원추, 실린더, 삼각추 등의 입체요소들을 조합하여 모델을 구성하는 방식

장점	단점
• 은선 제거가 가능하다. • 간섭체크가 용이하다. • 단면도 작성이 용이하다. • Boolean 연산(더하기, 빼기, 교차)을 통한 복합한 형상표현이 가능하다. • 물리적 성질(체적, 무게중심, 관성모멘트) 계산이 가능하다. • 명암, 컬러, 이동, 회전기능으로 명확한 물체 파악이 가능하다. • 애니메이션, 시뮬레이터 이용이 가능하다.	• 메모리 용량이 많아진다. • 데이터의 처리가 많아진다. • 복잡한 데이터로 서피스 모델링보다 데이터의 처리시간이 길어진다. • 시스템 속도가 느려질 수 있다.

FEM(유한요소법)
공학분야에서 응용되는 근사적 계산 방법으로 물체를 수천 개의 부분으로 잘게 쪼개어 각각의 조각을 계산하는 방법

불리언(Boolean) 연산
합집합(더하기), 차집합(빼기), 교집합(교차)를 이용한 연산

> **개념잡기**
>
> 솔리드 모델링의 특징을 열거한 것 중 틀린 것은?
>
> ① 은선 제거가 불가능하다.
> ② 간섭 체크가 용이하다.
> ③ 물리적 성질 등의 계산이 가능하다.
> ④ 형상을 절단하여 단면도 작성이 용이하다.
>
> • 솔리드 모델링 장점 : 은선 제거 가능, 간섭 체크 가능, 단면도 용이, 물리적 성질 계산, 복잡한 형상 표현, 물체를 명확하게 파악 가능, 애니메이션이나 시뮬레이션에도 이용
> • 솔리드 모델링 단점 : 데이터가 복잡하여 모델링보다 대용량, 처리시간이 많이 걸린다.
>
> 정답 : ①

3-1 CSG(Constructive Solid Geometry)방식

기본적인 형상(원추, 구, 실린더 등)의 조합으로 복잡한 형상을 표현하는 방식
예 영화, 예술, 게임그래픽

장점	단점
• Boolean 연산(더하기, 빼기, 교차)을 통해 명확한 모델링이 쉽다. • 입체 형상을 간결하게 저장하여 메모리가 적게 소요된다. • 형상 데이터 수정이 용이하다. • 체적 및 중량 계산이 용이하다.	• 메모리양이 B-rep에 비해 적다. • 형상을 화면에 나타내기 위한 디스플레이 재생에 시간이 많이 소요된다. • 3면도, 투시도, 전개도 작성이 곤란하다. • 표면적 계산이 곤란하다.

3-2 경계표현(B-rep)방식

물체의 경계를 저장하며 점, 곡선, 곡면 요소의 연결관계를 이용해 모델을 표현하는 방식
예 기계, 건축, 제조, 산업용CAD

장점	단점
• CSG방식으로 생성하기 어려운 물체의 모델링이 용이하다(비행기, 자동차 등). • 화면 재생시간이 적게 소요된다. • 3면도, 투시도, 전개도 작성이 용이하다. • 표면적 계산이 용이하다.	• 많은 메모리가 필요하다. • 적분법을 사용해 체적을 계산하므로 중량 계산이 곤란하다.

> **참고**
>
> CSG의 방식
> 예
>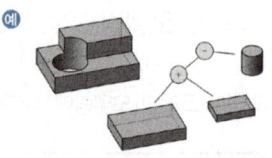
>
> B-rep의 방식
> 예
>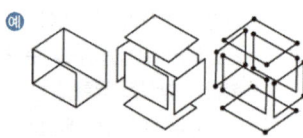
>
> 복셀의 방식
> 예
>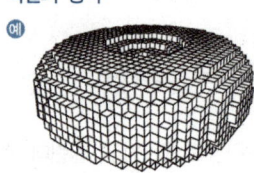

3-3 분해모델

간단한 기본 모델(정육면체)의 집합체로 형상을 표현하는 방식

복셀 표현 (Voxel)	• 작은 정육면체를 중첩하여 물체를 표현하는 방식 • 질량 계산이 쉽고, 복셀의 크기가 줄면 메모리 공간이 커진다.
옥트리 표현 (Octree)	• 복셀표현과 유사하지만 분할 방법을 달리하여 요구되는 메모리양을 줄인 표현 방식
세포 표현 (Cell)	• 세포의 형태에 제약이 없고 상대적으로 많지 않은 셀로 물체를 표현하는 방식 　예 유한요소 모델

03 3D 형상모델링 작성

1. 3D 형상모델링 작성 기본기능

1-1 파트 작성(부품 모델링)

하나의 부품 형상을 모델링하는 작업

스케치 작성	• 제작할 형상의 가장 기본적인 프로파일(단면)을 생성하기 위해 스케치 영역에서 작성하는 작업 • 2차원 스케치 : 평면을 기준으로 선, 원, 호, 등을 작성 • 3차원 스케치 : 3차원 공간에서 직접 선으로 작성
솔리드 모델링	• 스케치에서 생성된 프로파일에 모델링 명령(돌출, 회전, 구멍 작성, 스윕, 로프트 등)을 이용해 형상을 표현하는 작업

1-2 조립품 작성(어셈블리 디자인)

파트 작성에서 생성된 부품을 조립하는 작업

1-3 도면 작성

작성된 부품(조립품)을 도면화시키고 현장에서 형상을 제작하기 위한 2차원 도면을 작성하는 작업

저자 어드바이스

기본형(primitive) 모델링
해석적으로 정의되어 있거나 몇 개의 변수로 간단하게 표현할 수 있는 기본 물체의 형상
• 2차원에서의 기본요소
  점, 선, 원, 타원, 원호, 스플라인 등
• 3차원에서의 기본형상
  평면, 구, 원통, 원뿔, 원추, 삼각기둥 등. 3차원에서의 기본형상은 소프트웨어에 따라 프리미티브, 오브젝트, 엘리먼트, 엔티티 등으로 부른다.

폴리곤 모델링
폴리곤(삼각형, 사각형)의 집합체로서 모델을 표시하는 방식. 폴리곤 모델링의 기본요소는 점, 모서리, 면이 있다.

넙스 모델링
비균일 유리B-스플라인 곡선을 이용해 복잡한 곡선이 많은 표면을 모델링하는데 적합한 방식

2. 특징형상 모델링(Feature Based Modeling)

설계자에게 친숙한 형상단위(특징형상)로 물체를 모델링할 수 있게 해주는 기능

2-1 데이터 변환 기능

2차원 기본요소를 이용하여 만들어진 스케치를 3차원으로 모델화 하는 기능

특징 종류	특징 형상	주요 내용
돌출 (Extrude)		스케치 영역에서 스케치한 프로파일을 평면에 수직 방향으로 두께를 만들거나 제거
회전 (Revolve)		스케치 영역에서 스케치한 프로파일을 임의의 축을 기준으로 회전
대칭 (Mirror)		평면이나 면을 기준으로 피처를 대칭 복사
스윕 (Sweep)		단면과 경로를 스케치한 후 단면이 경로를 따라 지나가면서 만들어내는 부피
로프트 (Loft)		여러 개의 스케치 단면을 연결규칙에 자연스럽게 연결
쉘 (Shell)		선택한 면을 일정한 두께를 남겨두고 파내는 기능
모깎기 (Fillet)		면 모서리에 탄젠트한 곡면을 생성하여 둥근 모서리로 처리
모따기 (Chamfer)		면 모서리에 45°로 각진 모서리 처리

2-2 세그먼트(Segment) 기능

형상의 일부분을 수정하거나 삭제하는 기능

2-3 변형(Modification) 기능

모델링 되어있는 형상 일부분을 변형하는 기능

특징 종류	특징 형상	주요 내용
블렌딩 (Blending)	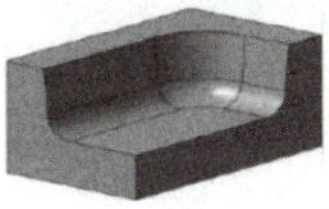	이미 정의된 두 곡면을 매끄럽게 연결하는 방법
라운딩 (Rounding)	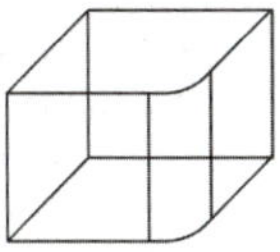	볼록한 모서리를 깎아내어 둥근면을 형성하는 방법
필렛팅 (Filleting)	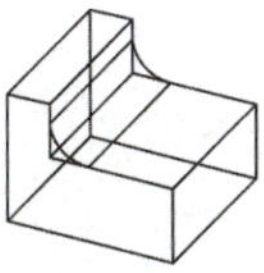	오목한 모서리에 둥근면을 덧붙이는 방법
리프팅 (Lifting)	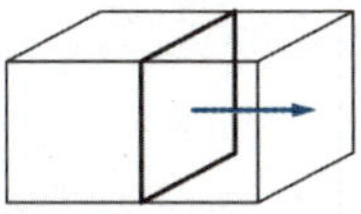	주어진 물체 특정면의 전부 또는 일부를 원하는 방향으로 움직여서 물체가 늘어나게 하는 방법
트위킹 (Tweaking)		수정하고자 하는 형상 혹은 곡면의 모서리, 꼭지점의 위치를 변화시켜 모델을 수정하는 방법

04 3D 형상모델링 검토

1. 구속조건

- 스케치 요소나 모델의 치수, 점, 선, 도형 사이에 제약을 걸어 자세를 흐트러짐 없이 잡아주는 조건
- 2D 및 3D 스케치 구속조건이 스케치 내의 형상을 제어
- 조립품 구속조건 및 접합이 조립품의 구성요소 간에 관계를 설정하여 위치 및 동작을 제어

형상구속	스케치 객체 간의 자세를 잡아주는 구속
치수구속	스케치의 값을 정해주고 크기를 맞추는 구속

2. 형상구속의 종류

- 점, 선, 도형 사이에 제약을 걸어 구속을 주는 방법
- 설계자가 의도한 바와 같이 스케치 형상을 유지할 수 있도록 구속

수평(수직)구속	한 개 또는 여러 개의 선이 수평(수직)이 되도록 구속
동일선상구속	두 개 이상의 선이 같은 무한선상의 위치로 구속
동일원구속	두 개 이상의 호가 같은 중심점과 반경을 공유하도록 구속
중간점구속	두 선 또는 점과 선의 중간점에 있도록 구속
탄젠트구속	호와 타원 또는 자유곡선과 선이 접한 상태가 되도록 구속
동심구속	두 개 이상의 원호, 점, 호가 같은 중심점을 공유하도록 구속
동일구속	두 개 이상의 선택된 스케치의 크기를 똑같이 구속
직각구속	두 개의 선이 서로 직각을 이루도록 구속
평행구속	두 개 이상의 선이 서로 평행을 이루도록 구속
접선구속	두 개의 원호 또는 원과 선이 접선이 되도록 구속
일치구속	떨어져 있는 점, 선, 호, 타원을 정확하게 연결하는 구속

3. 치수구속의 종류

- 정해진 치수 크기를 설정해줌으로써 구속을 주는 방법
- 3D스케치 작성에 대한 치수를 지정 : 길이, 각도, 지름, 원호, 현 등의 크기
- 형상조건을 부여한 후 치수구속을 통해 형상을 완전히 구속

4. 구속조건 검토

4-1 완전 정의

형상구속, 치수구속을 통해 크기, 위치, 방향 등이 완전히 결정된 상태

4-2 불완전 정의

형상구속, 치수구속이 누락되어 스케치 요소가 아직 구속되지 않은 상태. 스케치 변동이 가능

4-3 색상으로 스케치 요소의 구속조건 상태를 검토

5. 조립 구속 조건

어셈블리상에서 단품이나 서브 어셈블리를 해당 위치에 고정시키거나 다른 부속품과의 관계로 인하여 움직임에 대한 제한 조건을 설정하는 기능

고정	어셈블리가 움직이지 않도록 하는 구속 조건
일치	2개의 대상물의 선택 요소를 정렬시키는 구속 조건
동심	2개의 대상물의 중심축에 대한 요소를 정렬시키는 구속 조건
옵셋	2개의 대상물에 대한 요소 사이에 일정한 간격을 설정하는 구속 조건
각도	2개의 대상물에 대한 요소 사이에 일정한 각도를 설정하는 구속 조건

CHAPTER 04

모델링 데이터 출력

KEYWORD 데이터 변환방식의 종류, 3D프린터 출력장치 종류

01
3D 형상모델링 데이터

1. 모델링 데이터 정보 변환

3D CAD 프로그램은 전용 확장자를 가지는 파일로 저장되며 서로 호환이 불가 → 서로 다른 프로그램에서 형상모델링 데이터를 사용하는 일이 빈번히 발생
따라서, 3D 데이터의 경우 특별한 프로그램의 특성에 따르지 않는 일반적인 중립 확장자 (STEP, IGES)를 사용

2. 데이터 변환방식의 종류

STEP	• ISO에서 주관하며 개념설계, 재료특징, 테스트, 생산지원 등의 제품에 관련된 모든 정보교환에 관한 가장 최신의 국제표준(ISO 10303) • CAD, CAM, CAE에서 이용되는 3차원 모델의 거의 모든 정보를 포함 • 솔리드 모델의 정보를 받는다.
IGES	• 그래픽 정보를 교환하기 위해 미국 상무부에서 제정한 최초의 표준규격 • 도형 변환을 위해 가장 많이 사용하는 데이터 • 서피스 모델의 정보를 받는다. • 1개의 IGES 파일은 5개의 섹션(Section)으로 구성 - 개시(Start)섹션 : IGES 파일에 대한 주석(작성자, 일시 등)을 기록 - 글로벌(Global)섹션 : IGES 파일을 만든 시스템 환경 정보를 기록 - 디렉토리(Directory)섹션 : 파일에 정의된 모든 엔티티 목록을 저장 - 파라미터(Parameter)섹션 : 엔티티들에 대한 실제데이터를 저장 - 종결(Terminate)섹션 : 5개의 구성 섹션에 사용된 줄 수를 기록

STL	• 모든 CAD시스템으로부터 쉽게 생성이 가능하도록 단순하게 설계 • 3D프린팅, 쾌속조형의 표준입력파일의 포맷으로 사용 • CAD/CAM 시스템에서 정보 교환이 용이하나 모델링된 곡면을 다면체로 정확히 옮기기 어려우며, 변환 용량을 많이 차지한다.
GKS	• ISO, ANSI에서 표준으로 채택한 그래픽 교환 규격 • 프리미티브 종류 : Polyline, Fill area, Text, Polymaker
DXF	• 미국 Autodesk사에서 AutoCAD의 호환성을 위해 제정한 ASCII코드 • 문자로 구성되어 있어 문자편집기에 의해 편집이 가능하고 다른 컴퓨터 하드웨어에서도 처리가 가능
AMF	• 3D프린팅과 같은 적층 제조작업을 위한 객체를 표현하기 위한 표준 • 3D모델의 모양과 구성을 설명할 수 있도록 설계된 XML기반 파일 형식 • STL형식의 단점을 보완. 용량이 적고 재료, 색상, 윤곽을 표현
OBJ	• 3D애니메이션 프로그램 개발사인 Wavefront사에서 개발한 데이터 형식 • 3D프린터 표준 입력 파일 포맷으로 많이 사용 • 호환성이 매우 뛰어나지만 용량이 크다.

02 3D프린터 출력

1. 3D프린터 제작 단계

모델링(STL파일) → 슬라이싱 프로그램(G코드 저장) → 3D형상 출력(프린팅)→ 출력물 후가공

모델링	3D 형상모델링에서 STL, OBJ 형식으로 저장
슬라이싱 프로그램	STL, OBJ 확장자를 가진 파일을 3D프린터가 읽을 수 있는 G코드 언어로 변환(슬라이싱)하는 프로그램
3D형상출력 (프린팅)	3D프린터에 출력 데이터를 전송하여 출력
출력물 후가공	완성된 출력물의 서포터(지지대)제거, 사포질, 도색 등

2. 3D프린터 출력장치 종류

FDM	• FDM(Fused Deposition Modeling) : 재료압출 방식 • 고체 기반의 재료(열가소성플라스틱)에 열을 가하여 녹인 뒤 노즐로 G코드 좌표 경로에 따라 겹겹이 쌓아 올리는 가장 일반화된 방식 • 장점 : 장비 및 재료 가격이 저렴하고 가정에서 사용 가능하다. • 단점 : 정밀도가 낮고 출력속도가 느리다. 후가공 처리가 어렵다.
MJM	• MJM(Material Jetting) : 재료분사 방식 • 잉크젯프린터의 원리를 이용한 프린팅 방식 • 미세노즐을 이용하여 원하는 패턴에만 분사한 후 자외선 램프를 작동시켜 반복적으로 조형 • 장점 : 정밀도가 우수하고 표면 조도가 양호하다. • 단점 : 강도가 약하고 고온에서 열변형이 일어난다.
SLA	• SLA(Stereo Lithography Apparatus) : 광중합 방식 • 광경화성 액상 수지를 수조에 준비한 뒤 레이저로 한층씩 경화시켜 조형하는 방식 • 장점 : 세밀하고 정교하게 출력 가능하고 출력속도가 빠르다. • 단점 : 색상 및 원료가 제한적이고 장비와 재료가 고가이며, 부피가 크다.
DLP	• DLP(Digital Light Processing) : 광중합 방식 • SLA와 유사한 방식으로 광경화성 액상 수지를 수조에 준비한 뒤 빔프로젝터로 경화시키는 방식(SLA보다 품질이 낮다) • 장점 : 단면층 전체 이미지를 한번에 조사하고 경화하여 출력속도가 우수하다. • 단점 : 색상 및 원료가 제한적이고 장비와 재료가 고가이며, 부피가 크다.
SLS	• SLS(Selective Laser Sintering) : 분말적층 방식 • 다양한 분말 형태의 재료를 겹겹이 쌓아가면서 레이저나 액체 접착제 등으로 선택적으로 소결시켜는 방식 • 장점 : 사용 가능한 소재가 다양하며 강도가 매우 강하고 출력속도가 빨라 대량생산이 가능하다. 작은 입자로 적층하기 때문에 정밀도가 우수하다. • 단점 : 장비 부피가 크고 가격이 비싸다.

PART 04

CBT 복원문제

2017년 제1, 4회 CBT 복원문제
2018년 제1, 4회 CBT 복원문제
2019년 제1, 4회 CBT 복원문제
2020년 제1, 4회 CBT 복원문제
2021년 제1, 4회 CBT 복원문제
2022년 제1, 4회 CBT 복원문제
2023년 제1, 4회 CBT 복원문제
2024년 제1, 4회 CBT 복원문제
2025년 제1, 3회 CBT 복원문제

CBT 복원문제 — 2017 * 1

* 2016년 5회부터 CBT(컴퓨터 기반 시험)방식으로 변경되어 문제가 공개되지 않아 복원된 문제가 일부 상이할 수 있습니다.

01
체결하려는 부분이 두꺼워서 관통구멍을 뚫을 수 없을 때 사용되는 볼트는?

① 탭 볼트 ② T홈 볼트
③ 아이 볼트 ④ 스테이 볼트

해설및용어설명 |
② T홈 볼트 : 볼트 머리가 T자형으로 만들어진 것으로 T형 홈에 끼워서 사용
③ 아이 볼트 : 나사의 머리부를 고리 모양으로 만들어 체인 또는 훅 등을 걸 때에 사용
④ 스테이 볼트 : 간격 유지

02
그림의 치수선은 어떤 치수를 나타내는 것인가?

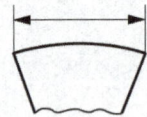

① 각도의 치수 ② 현의 길이 치수
③ 호의 길이 치수 ④ 반지름의 치수

해설및용어설명 |

현의 치수	호의 치수
40	⌢42

03
그림과 같은 스프링에서 스프링 상수가 k_1 = 10N/mm, k_2 = 15N/mm일 때, 합성 스프링 상수값은 약 몇 N/mm인가?

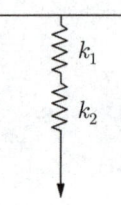

① 3 ② 6
③ 9 ④ 25

해설및용어설명 |
직렬의 경우, $\dfrac{1}{k} = \dfrac{1}{k_1} + \dfrac{1}{k_2}$

병렬의 경우, $k = k_1 + k_2$

$\dfrac{1}{k} = \dfrac{1}{10} + \dfrac{1}{15} = \dfrac{1}{6}$, $k = 6$

정답 01 ① 02 ② 03 ②

04

표준기어의 피치점에서 이끝까지의 반지름 방향으로 측정한 거리는?

① 이뿌리 높이 ② 이끝 높이
③ 이끝 원   ④ 이끝 틈새

해설및용어설명 | 기어 각부 명칭
- 이끝 높이 : 피치원에서 이끝원까지의 거리
- 피치원 : 두 개의 기어가 맞물릴 때에, 서로 접하는 점을 이어 만든 원
- 이뿌리 높이 : 피치원에서 이뿌리원까지의 거리
- 총 이높이 : 이끝 높이 + 이뿌리 높이
- 이끝 틈새 : 이끝원에서부터 이것과 맞물리고 있는 기어의 이뿌리원까지의 거리
- 유효 이의 높이 : 이뿌리원부터 이끝원까지의 거리

05

다음 중 V-벨트의 단면 형상에서 단면이 가장 큰 벨트는?

① A   ② C
③ E   ④ M

해설및용어설명 | V-벨트의 표준치수
M, A, B, C, D, E의 6종류가 있으며, M에서 E쪽으로 갈수록 단면이 커진다.

06

호칭번호가 6208로 표기되어 있는 구름베어링이 있다. 이 표기 중에서 08이 뜻하는 것은?

① 틈새 기호   ② 계열 번호
③ 안지름 번호 ④ 등급 기호

해설및용어설명 | 베어링 표기법(6208)
- 6 : 베어링 종류 - 깊은 홈 볼 베어링
- 2 : 베어링 바깥지름(직경 계열)
- 08 : 안지름 번호 - 08×5 = 40mm

07

그림과 같은 입체도를 화살표 방향으로 정면으로 하여 3각법으로 정투상한 도면으로 가장 적합한 것은?

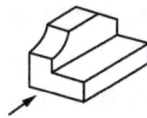

① 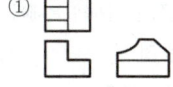   ②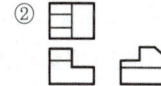

③ 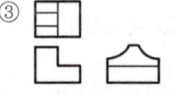   ④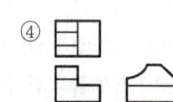

해설및용어설명 |
- 정면도 올바른 보기 : ②, ④
- 평면도 올바른 보기 : 모두
- 우측면도 올바른 보기 : ①, ④(왼쪽 필렛, 오른쪽 모따기)

즉, ④번이 정답이다.

08

치수에 사용하는 기호이다. 잘못 연결된 것은?

① 정사각형의 변 – □
② 구의 반지름 – R
③ 지름 – ∅
④ 45° 모따기 – C

해설및용어설명 | 구의 반지름 치수보조기호는 SR이다.

09

두 물체 사이의 거리를 일정하게 유지시키면서 결합하는 데 사용하는 볼트는?

① 기초 볼트
② 아이 볼트
③ 나비 볼트
④ 스테이 볼트

해설및용어설명 | 볼트의 종류
- 관통 볼트 : 머리 달린 볼트를 연결할 두 부품에 구멍을 뚫고 이것을 관통시켜 반대쪽에 끼워 체결하는 것
- 탭 볼트 : 실린더 블록에 구멍을 뚫고 탭으로 나사를 깎은 다음 머리 달린 볼트로 실린더 헤드를 체결하는 것
- 스터드 볼트 : 봉의 양 끝에 나사가 절삭되어 한쪽은 기계의 본체에 체결하고 다른 한쪽은 너트를 사용해서 체결하는 것
- 리머 볼트 : 리머로 다듬질한 구멍에 박아 체결하는 볼트
- T 볼트 : 공작기계의 테이블에 공작물을 고정시킬 때 사용하는 볼트
- 나비 볼트 : 손으로 쉽게 돌려 죌 수 있는 볼트
- 아이 볼트 : 기계, 가구류 등을 매달아 올릴 때 사용되는 쇠고리 모양의 볼트
- 스테이 볼트 : 두 물체의 간격 유지하는 데 사용하는 볼트
- 충격 볼트 : 충격이 많이 걸리는 곳에 사용되며 나사부분과 나사를 깎지 않은 부분과의 단면적을 같게 해주어 고른 강도를 가지게 만든다

10

기계 제도에서 도형에 나타나지 않으나 공작 시의 이해를 돕기 위하여 가공 전 형상이나, 공구의 위치 등을 나타내는 데 사용하는 선은?

① 파단선
② 숨은선
③ 중심선
④ 가상선

해설및용어설명 | 선의 종류

용도에 의한 명칭	선의 종류	용도
외형선	굵은 실선	대상물의 보이는 부분의 모양을 표시하는 데 사용한다.
치수선	가는 실선	치수 기입하기 위해 사용한다.
치수 보조선		치수 기입하기 위해 도형으로부터 끌어내는 데 사용한다.
숨은선	파선	대상물의 보이지 않는 부분의 모양을 표시하는 데 사용한다.
중심선	가는 1점 쇄선	도형의 중심 표시하는 데 사용한다.
기준선		위치 결정의 근거가 된다는 것을 명시할 때 사용한다.
피치선		되풀이하는 도형의 피치를 취하는 기준을 표시하는 데 사용한다.
특수 지정선	굵은 1점 쇄선	특수한 가공을 하는 부분 등 특별한 요구사항을 적용할 수 있는 범위를 표시하는 데 사용한다.
가상선	가는 2점 쇄선	인접부분을 참고로 표시하는 데 사용한다.
파단선	불규칙한 파형의 가는 실선	대상물의 일부를 판단한 경계 또는 일부를 떼어낸 경계를 표시하는 데 사용한다.

11

도면에서 척도란에 NS로 표시된 것은 무엇을 뜻하는가?

① 축척임을 표시
② 제1각법임을 표시
③ 비례척이 아님을 표시
④ 배척임을 표시

해설및용어설명 | NS(No Scale) : 비례척이 아님을 표시한다.

정답 08 ② 09 ④ 10 ④ 11 ③

12

가공방법의 보조기호 중에서 리밍(Reaming) 가공에 해당하는 것은?

① FS
② FL
③ FF
④ FR

해설 및 용어설명 |
- FS : 스크레이퍼 다듬질
- FL : 래핑 다듬질
- FF : 줄 다듬질

13

그림과 같은 투상도의 평면도와 우측면도에 가장 적합한 정면도는?

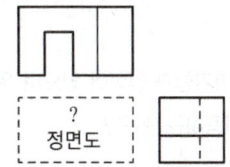

①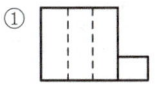
②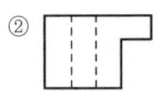
③
④

해설 및 용어설명 | 측면도 중간에 실선이 있으므로 계단 형태로 나타낸다.

14

국제단위계(SI)에서 기본 단위로 옳은 것은?

① 길이, 질량, 시간, 전압, 열역학적 온도, 물질량, 광속
② 길이, 질량, 시간, 전류, 열역학적 온도, 물질량, 광도
③ 길이, 질량, 시간, 저항, 열역학적 온도, 물질량, 광도
④ 길이, 질량, 시간, 전압, 열역학적 온도, 물질량, 광도

해설 및 용어설명 | 국제단위계(SI) 기본단위

항목	명칭	기호
길이	미터	m
질량	킬로그램	kg
시간	초	s
전류	암페어	A
온도	캘빈온도	K
물질량	몰수	mol
광도	칸델라	cd

15

회전수를 적게 하고 빨리 조이고 싶을 때 가장 유리한 나사는?

① 1줄 나사
② 2줄 나사
③ 3줄 나사
④ 4줄 나사

해설 및 용어설명 | l(리드) : 나사가 1회전하여 진행한 거리
l(리드) = n(나사 줄수)×p(피치)에서 나사의 줄 수와 리드값은 비례하고 나사의 줄 수가 클수록 나사를 빨리 조일 수 있다.

16

리벳의 호칭 길이를 가장 올바르게 도시한 것은?

① 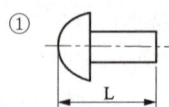 ②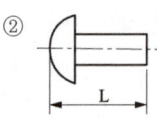

③ 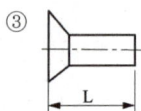 ④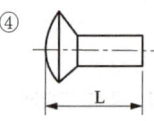

해설및용어설명 | 리벳의 호칭길이는 접시머리 리벳만 머리를 포함하고 다른 리벳은 머리를 포함하지 않는다.

17

재료의 어느 범위 내에 단위 면적당 균일하게 작용하는 하중은?

① 집중하중 ② 분포하중
③ 반복하중 ④ 교번하중

해설및용어설명 |
① 집중하중 : 전하중이 부재의 한 곳에 작용하는 하중
③ 반복하중 : 계속하여 반복 작용하는 하중
④ 교번하중 : 하중의 크기와 방향이 충격 없이 주기적으로 변화하는 하중

18

페더 키(Feather Key)라고도 하며, 축 방향으로 보스를 슬라이딩 운동을 시킬 필요가 있을 때 사용하는 키는?

① 성크 키 ② 접선 키
③ 미끄럼 키 ④ 원뿔 키

해설및용어설명 |
① 성크 키 : 묻힘 키라고도 하며 축과 보스에 홈을 파는 가장 널리 사용하는 일반적인 키
② 접선 키 : 축의 접선 방향으로 끼우는 키로 1/100 기울기를 가진 2개의 키를 한 쌍으로 하여 사용하는 키로 아주 큰 회전력을 전달하는 데 적합하다.
④ 원뿔 키 : 축이 설치되는 구멍에 원뿔 통을 끼워 마찰로서 축과 보스를 고정하는 키

19

끝면의 모양에 따라 45° 모따기형과 평형이 있으며 위치 결정이나 막대의 연결용으로 사용하는 핀은?

① 스프링 핀 ② 분할 핀
③ 테이퍼 핀 ④ 평행 핀

해설및용어설명 |
• 평행 핀 : 끝면의 모양에 따라 45° 모따기형과 평형이 있으며 위치결정이나 막대의 연결용으로 사용하는 핀
• 분할 핀 : 나사의 풀림 방지나 부품을 축에 결부하는 데 사용하는 가운데가 갈라진 핀
• 테이퍼 핀 : 톱니바퀴, 벨트, 핸들 따위의 보스를 축에 간단히 고정하는 핀
• 스프링 핀 : 탄성이 있는 얇은 강판을 원통 모양으로 둥글게 말아서 핀의 반지름 방향으로 스프링 작용이 발생하게 한 핀

20

투상도법에서 그림과 같이 경사진 부분의 실제 모양을 도시하기 위하여 사용하는 투상도의 명칭은?

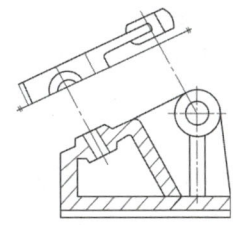

① 부분 투상도 ② 국부 투상도
③ 부분 확대도 ④ 보조 투상도

해설및용어설명 |
④ 보조 투상도 : 물체의 경사면을 실형으로 그려서 바꿀 필요가 있을 경우에는 그 경사면과 위치에 필요한 부분만 보조 투상도로 표시한다.
① 부분 투상도 : 그림의 일부를 도시하는 것으로 충분한 경우에는 필요한 부분만 투상도로서 나타낸다.
② 국부 투상도 : 물체의 구멍이나 홈 등의 한 국부만의 모양을 도시하는 것으로 충분한 경우에는 필요한 부분을 국부 투상도로 나타낸다.
③ 부분 확대도 : 도형의 일부분이 너무 작아서 알아보기 어렵거나 치수 기입을 하기 곤란한 경우에 그 부분만을 확대해서 그리는 것

21

벨트 풀리와 벨트 사이의 접촉면에 치형의 돌기가 있어 미끄럼을 방지하고 맞물려 전동할 수 있는 벨트는?

① 평 벨트 ② V-벨트
③ 타이밍 벨트 ④ 체인 벨트

해설및용어설명 | 타이밍 벨트
- 크랭크축에 장착된 타이밍기어와 캠축에 장착된 타이밍기어를 연결해 캠축을 회전시키는 역할을 하는 벨트
- 기어처럼 등간격의 홈을 가진 벨트 풀리의 홈에 정확히 맞물리도록 내측에 같은 간격의 홈을 가진 벨트로 회전을 정확하게 전달할 수가 있다.
- V-벨트와 기어의 양쪽 장점을 살린 톱니붙이 전동벨트, 미끄러지지 않고 소음이 적어 고속회전에 적합하다.

22

속도비가 1/3이고, 원동차의 잇수가 25개, 모듈이 4인 표준 스퍼기어의 외접 연결에서 중심거리는?

① 75mm ② 100mm
③ 150mm ④ 200mm

해설및용어설명 |

속도비$(i) = \dfrac{n_B}{n_A} = \dfrac{D_A}{D_B} = \dfrac{MZ_A}{MZ_B} = \dfrac{Z_A}{Z_B}$

중심거리$(C) = \dfrac{D_A + D_B}{2} = \dfrac{M(Z_A + Z_B)}{2}$

피치원의 지름$(D_A) = MZ = 4 \times 25 = 100$

속도비 식에서 $D_B = 300$

그러므로, 중심거리$(C) = \dfrac{D_A + D_B}{2} = \dfrac{100 + 300}{2} = 200$

23

선의 종류에 의한 용도 중 가는 실선으로 표현해야 하는 선으로 틀린 것은?

① 치수선 ② 중심선
③ 지시선 ④ 외형선

해설및용어설명 | 외형선은 굵은 실선으로 표시한다.

24

축계 기계요소에서 레이디얼 하중과 스러스트 하중을 동시에 견딜 수 있는 베어링은?

① 니들 베어링
② 원추 롤러 베어링
③ 원통 롤러 베어링
④ 레이디얼 볼 베어링

해설및용어설명 | 하중의 작용에 따른 분류
- 레이디얼 베어링 : 축선에 직각으로 작용하는 레이디얼 하중을 받쳐준다.
- 스러스트 베어링 : 축선과 같은 방향으로 작용하는 스러스트 하중을 받쳐준다.
- 테이퍼 베어링(원추 롤러 베어링) : 레이디얼 하중과 스러스트 하중을 동시에 작용하는 하중을 받쳐준다

25

피치원 지름이 250mm인 표준 스퍼 기어에서 잇수가 50개일 때 모듈은?

① 2
② 3
③ 5
④ 7

해설및용어설명 |

모듈 $m = \dfrac{\text{피치원의 지름}}{\text{잇수}} = \dfrac{D}{Z} = \dfrac{250}{50} = 5$

26

도면에서 특정 치수가 비례척도가 아닌 경우를 바르게 표기한 것은?

① (24)
② ~~24~~
③ 24
④ <u>24</u>

해설및용어설명 |
① 참고치수
② 수정치수
③ 일반치수

27

그림과 같은 솔리드 모델링에 의한 물체의 형상에서 화살표 방향의 정면도로 가장 적합한 투상도는?

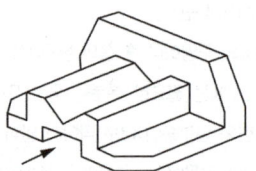

① ② ③ ④

해설및용어설명 | 정면도는 물체의 형상을 잘 표현할 수 있는 방향에서 본 것으로 ③그림이 정답이다.

28

V-벨트의 단면 형태를 표시한 것 중 단면적이 가장 큰 것은?

① A형 ② B형
③ C형 ④ M형

해설및용어설명 | V - 벨트의 표준치수
M, A, B, C, D, E의 6종류가 있으며, M에서 E쪽으로 갈수록 단면이 커진다.

29

SI단위계의 물리량과 단위가 틀린 것은?

① 힘 – N ② 압력 – Pa
③ 에너지 – dyne ④ 일률 – W

해설및용어설명 | ③ 에너지 - J

30

도면의 같은 장소에 선이 겹칠 때 표시되는 우선순위가 가장 먼저인 것은?

① 숨은선 ② 절단선
③ 중심선 ④ 치수 보조선

해설및용어설명 | 선의 우선순위
문자(기호, 숫자) - 외형선 - 숨은선 - 절단선 - 중심선 - 무게중심선 - 치수 보조선

31

유니파이 나사의 나사산 각도는?

① 55° ② 60°
③ 30° ④ 50°

해설및용어설명 | 유니파이 나사의 나사산 각도는 60°이다(인치계).
※ 미터나사 나사산 : 60°, 미터 사다리꼴 나사 나사산 : 30°

32

애크미 나사라고도 하며 나사산의 각도가 인치계에서는 29°이고, 미터계에서는 30°인 나사는?

① 사다리꼴 나사 ② 미터 나사
③ 유니파이 나사 ④ 너클 나사

해설및용어설명 |
② 미터 나사 : 나사산의 각도가 60°인 삼각나사이다.
③ 유니파이 나사 : ABC나사라고도 하며 나사산이 삼각형인 삼각나사로, 나사산의 각도는 미터 나사와 같은 60°로 되어 있지만, 인치나사로 ISO에 규격화되어 있는 나사. 유니파이 보통 나사(UNC)와 유니파이 가는 나사(UNF)로 분류된다.
④ 너클 나사(둥근 나사) : 나사산의 단면이 원호 모양으로 되어 있는 형태의 나사로서, 모난 곳이 없으므로 먼지나 가루 등이 나사부에 끼이기 쉬운 곳에 사용된다.

정답 28 ③ 29 ③ 30 ① 31 ② 32 ①

33

다음 중 전단력이 작용하는 곳에 가장 적합한 볼트는?

① 스터드 볼트　② 탭 볼트
③ 리머 볼트　④ 스테이 볼트

해설및용어설명 | 볼트의 종류
- 스터드 볼트 : 봉의 양 끝에 나사가 절삭되어 한쪽은 기계의 본체에 체결하고 다른 한 쪽은 너트를 사용해서 체결하는 것
- 스테이 볼트 : 두 물체의 간격 유지하는 데 사용하는 볼트
- 리머 볼트 : 리머로 다듬질한 구멍에 박아 체결하는 볼트로 전단력이 작용하는 곳에 적합하다.
- 관통 볼트 : 머리 달린 볼트를 연결할 두 부품에 구멍을 뚫고 이것을 관통시켜 반대쪽에 끼워 체결하는 것

34

다음 도면에 사용된 치수가 아닌 것은?

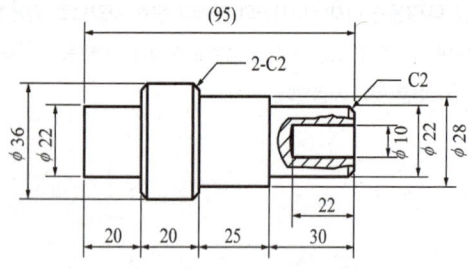

① 참고 치수　② 모따기 치수
③ 지름 치수　④ 반지름 치수

해설및용어설명 |
① 참고치수 : (95)
② 모따기 치수 : C2
③ 지름 치수 : φ22, φ36

35

헬리컬 기어에 관한 설명으로 틀린 것은?

① 축방향의 반력이 발생한다.
② 큰 동력의 전달과 고속운전에 적합하다.
③ 이의 맞물림의 원활하여 이의 변형과 진동 소음이 작다.
④ 이 끝이 직선이며 축에 나란한 원통형 기어로 감속비는 최고 1 : 6까지 가능하다.

해설및용어설명 | 헬리컬 기어(Helical Gear)
- 이의 변형과 진동, 소음이 작고 큰 동력전달과 고속운전에 적합한 것으로 두 축이 서로 평행한 기어이다.
- 이가 잇면을 따라 연속적으로 접촉을 하므로 이의 물림 길이가 같다.
- 임의로 비틀림 각을 선정할 수 있으므로 중심거리를 조정할 수 있다.
- 기하학적 형상으로 인하여 축 방향 하중이 발생한다.

36

관이음(Pipe Joint)의 종류가 아닌 것은?

① 나사 이음　② 신축 이음
③ 수막 이음　④ 플랜지 이음

해설및용어설명 | 관이음 종류
- 나사 이음(일반 이음)
- 신축 이음
- 플랜지 이음
- 패킹 이음
- 고무 이음
- 턱걸이 이음

37

체결하려는 부분이 두꺼워서 관통구멍을 뚫을 수 없을 때 사용되는 볼트는?

① 탭 볼트
② T홈 볼트
③ 아이 볼트
④ 스테이 볼트

해설및용어설명 |
② T홈 볼트 : 볼트 머리가 T자형으로 만들어진 것으로 T형 홈에 끼워서 사용
③ 아이 볼트 : 나사의 머리부를 고리 모양으로 만들어 체인 또는 훅 등을 걸 때에 사용
④ 스테이 볼트 : 간격 유지용 볼트

38

그림과 같은 3각법으로 정투상한 정면도와 우측면도에 가장 적합한 평면도는?

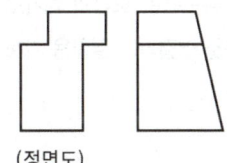

(정면도)

① 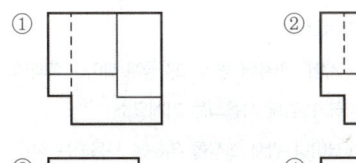 ②

③ 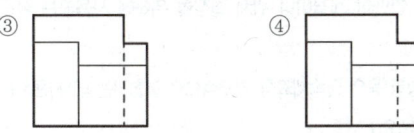 ④

해설및용어설명 | 평면도 오른쪽에 파선이 있고 우측면도의 경사 부분이 잘 나타나 있는 ③번이 정답이다.

39

미끄럼이 거의 없어 변속비가 일정하게 유지되고 두 축이 평행한 경우에 한하여 사용되며, 진동, 소음에 취약하여 고속회전에는 사용하기 곤란한 전동장치는?

① 벨트 전동장치
② 체인 전동장치
③ 기어 전동장치
④ 로프 전동장치

해설및용어설명 | 체인 전동장치의 경우 체인과 이의 물림에 의해 미끄럼이 거의 없고 변속비가 일정하게 유지될 수 있다.

40

다음 도면에 대한 설명으로 옳은 것은?

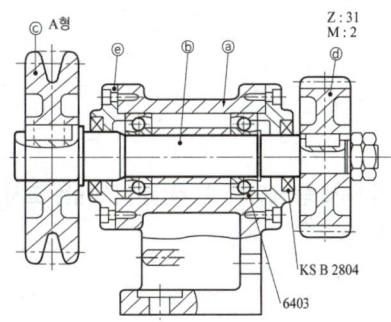

① 품번 ⓒ에서 사용하는 V-벨트는 KS 규격품 중에서 그 두께가 가장 작은 것이다.
② 품번 ⓓ는 스퍼기어로서 피치원 지름은 62mm이다.
③ 롤러 베어링이 사용되었으며 안지름치수는 15mm이다.
④ 축과 스퍼기어는 묻힘 편으로 고정되어 있다.

해설및용어설명 |
② D(피치원 지름) = M(모듈)×Z(잇수), 31×2 = 62mm
① 품번 ⓒ번에서 사용하는 V-벨트는 A형이다. KS규격품(M, A, B) 중 가장 두께가 작은 것은 M형이다.
③ 볼 베어링이 사용되었으며, 안지름치수는 "03"으로 17mm이다.
④ 축과 스퍼기어는 묻힘 키로 고정되어 있다.

41

제품의 표면거칠기를 나타낼 때 표면조직의 파라미터를 "평가된 프로파일의 산술 평균 높이"로 사용하고자 한다면 그 기호로 옳은 것은?

① R_t
② R_c
③ R_z
④ R_a

해설및용어설명 |
- 평가 프로파일의 산술 평균 높이(R_a) : 기준 길이 내에서 절대 세로 좌표값의 산술 평균 = 산술 평균 거칠기
- 프로파일의 최대 높이(R_z) : 기준 길이 내에서 최대 프로파일 산 높이와 최대 프로파일 골 깊이의 합 = 최대 높이 거칠기
- 프로파일 요소의 평균 높이(R_c) : 기준 길이 내에서 프로파일 요소 높이의 평균값

42

관용 테이퍼 나사 중 테이퍼 수나사를 나타내는 표시 기호로 옳은 것은?

① G
② R
③ Rc
④ Rp

해설및용어설명 |
① G : 관용 평행 나사
③ Rc : 관용 테이퍼 나사(테이퍼 암나사)
④ Rp : 관용 테이퍼 나사(평행 암나사)

43

벨트 풀리와 벨트 사이의 접촉면에 치형의 돌기가 있어 미끄럼을 방지하고 맞물려 전동할 수 있는 벨트는?

① 평 벨트
② V-벨트
③ 타이밍 벨트
④ 체인 벨트

해설및용어설명 | 타이밍 벨트
- 크랭크축에 장착된 타이밍기어와 캠축에 장착된 타이밍기어를 연결해 캠축을 회전시키는 역할을 하는 벨트
- 기어처럼 등간격의 홈을 가진 벨트 풀리의 홈에 정확히 맞물리도록 내측에 같은 간격의 홈을 가진 벨트
- 회전을 정확하게 전달할 수가 있다.
- V-벨트와 기어의 양쪽 장점을 살린 톱니붙이 전동벨트. 미끄러지지 않고 소음이 적어 고속회전에 적합하다.

44

한쪽 또는 양쪽의 기울기를 갖는 평판 모양의 쐐기로 인장력이나 압축력을 받는 2개의 축을 연결하는 결합용 기계요소는?

① 키
② 핀
③ 코터
④ 리벳

해설및용어설명 | 결합용 기계요소
- 키 : 일반적으로 벨트풀리·기어·커플링 등과 그것들에 끼이는 축과의 상대적 회전미끄럼을 방지하기 위해 사용되는 기계요소
- 핀 : 기계부품의 간단한 체결이나 위치 결정을 위하여 사용하는 작은 지름의 환봉
- 리벳 : 강철판, 형강 등의 금속재료를 영구적으로 결합하는 데 사용되는 막대 모양의 기계요소
- 코터 : 축과 축 등을 결합시키는 데 사용하는 쐐기

45

V-벨트에 관한 설명으로 옳은 것은?

① V-벨트는 벨트 풀리와의 마찰이 없다.
② V-벨트의 종류는 M, A, B, C, D, E 여섯가지이다.
③ V-벨트 풀리의 홈 모양의 크기는 V-벨트 크기에 관계없이 일정하다.
④ V-벨트의 형상은 V-벨트 풀리와 밀착성을 높이기 위해 38°(도)의 마름모꼴 형상이다.

해설및용어설명 | V-벨트 전동장치에 사용되는 벨트에 관한 사항
- 허용장력의 크기에 따라 6종류로 규정하고 있다.
- 벨트의 길이는 조정할 수가 없어 생산 시에 여러가지 길이의 규격으로 제공한다.
- 벨트의 단면 규격도 표준규격이 제정되어 있다.
- M, A, B, C, D, E의 6종류가 있으며, M의 단면이 가장 작고 E의 단면이 가장 크다. 벨트의 장력은 단면의 크기에 비례하므로, M이 가장 작고, E가 가장 큰 허용장력을 받을 수 있다.

46

기어의 모듈이 M, 잇수를 Z라고 할 때 피치원 지름 Dmm를 구하는 공식은?

① D = Z/M　　② D = M·Z
③ D = Z/πM　　④ D = πZ/M

해설및용어설명 |
M(모듈) = D(피치 원지름) / Z(잇수)

47

두 개의 기어가 서로 맞물려서 운동을 전달하고 있다. 회전 방향이 같고 감속비가 큰 기어는 어느 것인가?

① 헬리컬 기어　　② 웜 기어
③ 내접 기어　　④ 하이포이드 기어

해설및용어설명 | 축이 평행한 경우
- 평 기어(스퍼 기어) : 기어의 이가 축에 평행한 원통 기어로 제작이 용이하고 동력 전달용으로 많이 사용된다.
- 헬리컬 기어 : 이의 변형과 진동, 소음이 작고 큰 동력전달과 고속운전에 적합한 것으로 두 축이 서로 평행한 기어이다.
- 더블 헬리컬 기어 : 좌우 두 개의 나선 이를 가지는 헬리컬 기어가 일체형으로 된 것이다.
- 래크(Rack) : 회전운동을 직선운동으로 변환하거나 직선운동을 회전운동으로 변환하는 곳에 사용된다.
- 내접 기어(인터널 기어) : 피치원통의 안쪽에 톱니가 나 있는 기어 또는 큰 기어에 내접하여 작은 기어가 맞물려 있는 것으로 회전 방향이 같고 감속비가 크다.

48

다음 그림의 치수 기입에 대한 설명으로 틀린 것은?

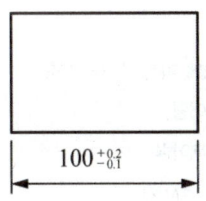

① 공차는 0.1이다.
② 기준 치수는 100이다.
③ 최대 허용치수는 100.2이다.
④ 최소 허용치수는 99.9이다.

해설및용어설명 |
치수공차 = 최대 허용치수 - 최소 허용치수
즉, 위 치수 허용차 - 아래 치수 허용차 이므로, 100.2 - 99.9 = 0.30이다.

49

그림에서 치수 500과 같이 치수 밑에 굵은 실선을 적용하였을 때 이 치수에 대한 해석으로 옳은 것은?

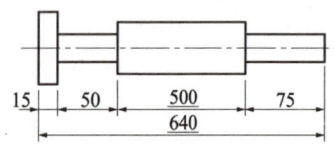

① 500의 치수 부분은 비례척이 아님
② 치수 500만큼 표면 처리를 함
③ 치수 500 부분을 정밀 가공을 함
④ 치수 500은 참고 치수임

해설및용어설명 |
- 500 : 500 치수 부분은 비례척이 아니다.
- 640 : 640 치수 부분은 비례척이 아니다.
- 참고치수 : (500)

50

하중이 축에 직각으로 작용하는 곳에 쓰이는 베어링은?

① 레이디얼 베어링 ② 컬러 베어링
③ 스러스트 베어링 ④ 피벗 베어링

해설및용어설명 | 하중에 따른 베어링 분류
- 축방향 : 스러스트 베어링
- 원주방향 : 레이디얼 베어링
- 축, 원주방향 : 테이퍼 베어링

51

다음 중 각도를 측정할 수 있는 측정기는?

① 사인바 ② 마이크로미터
③ 하이트 게이지 ④ 버니어캘리퍼스

해설및용어설명 |
- 사인바 : 기준으로 삼는 여러 가지 각도를 만들거나 각도를 측정하는 공구
- 마이크로미터 : 나사의 회전각과 딤블 직경의 눈금으로 확대하여 측정하는 측정기
- 하이트 게이지 : 공작물의 높이를 측정하기 위한 비교측정기
- 버니어캘리퍼스 : 어미자의 측면과 버니어를 가진 슬라이드의 측정면 사이에서 제품을 측정하며, 외경, 내경, 깊이, 길이 등을 측정하는 측정기

52

볼트 부품을 제도할 때 수나사의 완전 나사부와 불완전 나사부의 경계선을 나타내는 선은?

① 가는 실선 ② 굵은 실선
③ 가는 1점 쇄선 ④ 굵은 1점 쇄선

해설및용어설명 | 나사의 제도
- 수나사의 바깥지름과 암나사의 안지름은 굵은 실선으로 그린다.
- 수나사의 골지름과 암나사의 골지름은 가는 실선으로 그린다.
- 완전 나사부와 불완전 나사부의 경계선은 굵은 실선으로 그린다.
- 불완전 나사부의 끝 밑선은 축선에 대하여 30°의 가는 실선으로 그린다.
- 가려서 보이지 않는 나사부는 파선으로 그린다.
- 수나사와 암나사의 측면도시에서의 골지름은 가는 실선으로 그린다.

53

다음 중 입력장치로만 짝지어진 것은?

① 릴레이, 타이머, 카운터
② 타이머, 카운터, 엔코더
③ 습도센서, 토글스위치, 릴레이
④ 푸시버튼, 캠스위치, 토글스위치

해설및용어설명 |
- 입력장치 : 센서, 스위치, 엔코더
- 출력장치 : 릴레이, 타이머, 카운터, 모터, 솔레노이드 밸브, 램프 등

54

다음 중 산화알루미늄(Al_2O_3) 분말을 주성분으로 소결한 절삭공구 재료는?

① 세라믹
② 고속도강
③ 다이아몬드
④ 주조경질합금

해설및용어설명 | 세라믹
산화 알루미늄 가루(Al_2O_3) 분말에 규소 및 마그네슘 등의 산화물이나 다른 산화물의 첨가물을 넣고 소결한 것
- 내마모성이 풍부하여 경사면 마모가 적다.
- 다량 생산이 가능하다.
- 금속과 친화력이 적고 구성 인선이 생기지 않는다.
- 칩 브레이커 제작이 곤란하다.
- 절삭열에 의해 냉각제를 사용하지 않는다.

55

SI 단위가 아닌 것은?

① g
② A
③ K
④ mol

해설및용어설명 | 국제단위계(SI) 기본단위

항목	명칭	기호
길이	미터	m
질량	킬로그램	kg
시간	초	s
전류	암페어	A
온도	캘빈온도	K
물질량	몰수	mol
광도	칸델라	cd

56

3차원의 기하학적 형상 모델링의 종류가 아닌 것은?

① 솔리드 모델링
② 서피스 모델링
③ 와이어프레임 모델링
④ 어셈블리 모델링

해설및용어설명 | 3차원의 기하학적 형상 모델링
- 솔리드 모델링
- 와이어프레임 모델링
- 서피스 모델링

정답 53 ④ 54 ① 55 ① 56 ④

57

다음 중 표면의 결을 도시할 때 제거가공을 허용하지 않는다는 것을 지시한 것은?

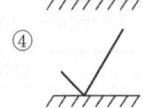

해설및용어설명 | 제거가공 표시 기호

제거가공	제거가공을 필요로 함	제거가공 허락하지 않음

58

공기 마이크로미터를 원리에 따라 분류할 때 이에 속하지 않는 것은?

① 광학식 ② 배압식
③ 유량식 ④ 유속식

해설및용어설명 | 공기 마이크로미터 분류
- 배압식 : 배압식은 공기의 압력을 이용한 구조로써 변화압을 수치로 확대 변환하여 치수를 측정한다.
- 유량식 : 단위시간에 노즐 내를 흐르는 공기량의 변화를 이용한 구조로 플로트가 정지한 위치의 눈금을 읽어 측정치를 구한다. 노즐의 지름은 2mm이며 블록게이지가 필요하다.
- 유속식 : 공기의 속도에 따라 발생하는 압력의 차를 이용한 방법으로 수치로 변환하여 측정치를 이용한다.

59

공업 계측용으로 이용되고 있는 소자 중 온도를 전압으로 변환하는 것은?

① 열전대 ② 트라이악
③ 제너 다이오드 ④ 광전 다이오드

해설및용어설명 |
- 열전대 : 제베크(제벡) 효과를 이용하여 온도를 측정하기 위한 소자가 열전대
- 트라이악 : 교류 부하용 무접점 출력검출소자
- 제너 다이오드 : 다이오드에 역방향 바이어스를 걸어줄 때 어느 한도 이상의 역방향 바이어스를 넘어서면 전류가 급속히 증가하고 전압이 일정하게 된다(정전압특성).
- 광전 다이오드 : 역방향 바이어스를 걸어주면 빛을 방출한다.
- ※ 제벡 효과 : 두 가지 금속의 양단을 접합하여 양 접합점의 접촉 전위차에 의해 불평형이 발생하여 열전류가 저온측에서 고온측으로 이동하여 단자 사이에 기전력이 발생하는 현상

60

미국의 3D System사가 Albert Consulting Group에 의뢰하여 만들어진 것으로 3차원 데이터의 서피스 모델을 삼각형 다면체로 근사시킨 것으로 쾌속조형의 표준입력 파일 포맷으로 사용하고 있는 규격은?

① DXF ② IGES
③ STL ④ GKS

해설및용어설명 |
① DXF : AUTO CAD 파일 확장자명
② IGES(Initial Graphics Exchange Specification) : CAD / CAM 간 데이터 통신 표준
④ GKS(Graphical Kernel System) : 그래픽 소프트웨어 범용화를 위한 2차원 · 3차원용 표준 규격

CBT 복원문제   2017 * 4

*2016년 5회부터 CBT(컴퓨터 기반 시험)방식으로 변경되어 문제가 공개되지 않아 복원된 문제가 일부 상이할 수 있습니다.

01

주변기기를 사용하여 프로그램을 메모리에 입력시키는 것은?

① 로딩 ② 코딩
③ 디버그 ④ 리프레쉬

해설및용어설명 |
- 로딩 : 필요한 프로그램이나 데이터를 보조기억장치나 입력장치로부터 주기억장치로 옮기는 일이다.
- 코딩 : 자료 처리를 자동화하기 위해 일정한 규칙에 따라 품목별로 대상 번호 또는 문자를 부여하는 것으로, 프로그래밍 언어를 사용해 프로그램을 입력하는 것이다.
- 디버깅 : 오류 수정. 컴퓨터 프로그램의 잘못을 찾아내고 고치는 작업, 작성된 프로그램들이 정확한가(즉, 잘못 작성된 부분이 없는가)를 조사하는 과정

02

다음 중 기하공차 기호와 그 의미의 연결이 틀린 것은?

① ▱ : 평면도   ② ◎ : 동축도
③ ∠ : 경사도   ④ ○ : 원통도

해설및용어설명 | 기하공차 종류

공차의 종류		기호
모양 공차	진직도 공차	—
	평면도 공차	▱
	진원도 공차	○
	원통도 공차	⌭
	선의 윤곽도 공차	⌒
	면의 윤곽도 공차	⌓
자세 공차	평행도 공차	//
	직각도 공차	⊥
	경사도 공차	∠
위치 공차	위치도 공차	⊕
	동축도 공차 또는 동심도 공차	◎
	대칭도 공차	⩵
흔들림 공차	원주 흔들림 공차	↗
	온 흔들림 공차	⫽

03

주조경질 합금 중 상온에서 고속도강보다 경도가 낮고 고온에서는 경도가 높으며 단조나 열처리가 되지 않는 것은?

① 서멧(Cermet)   ② 세라믹(Ceramic)
③ 다이아몬드(Diamond)   ④ 스텔라이트(Stellite)

해설및용어설명 | 공구재료 종류
- 탄소공구강 : 탄소량 0.6~1.5% 함유한 고품질의 탄소강
- 고속도강 : 텅스텐(W), 크롬(Cr), 바나듐(V), 코발트(Co) 등의 원소를 함유하는 합금강
- 소결초경합금 : W, Ti, Ta, Mo 등의 경질합금 탄화물 분말을 Co, Ni을 결합제로 하여 1,400℃ 이상의 고온으로 가열하면서 프레스로 소결 성형한 절삭공구
- 주조경질합금 : 스텔라이트가 대표적이며, 주성분은 W, Cr, Co, Fe
- 서멧 : 세라믹스와 금속의 합성어로, TiC를 주체로 하고 TiN, TiCN 등의 탄화물을 초미립화하여 소결시킨 합금

정답 01 ① 02 ④ 03 ④

04

도면에서 2종류 이상의 선이 같은 장소에서 중복되는 경우에 우선순위를 옳게 나타낸 것은?

① 외형선 > 절단선 > 숨은선 > 치수보조선 > 중심선 > 무게 중심선
② 외형선 > 숨은선 > 절단선 > 중심선 > 무게 중심선 > 치수 보조선
③ 숨은선 > 절단선 > 외형선 > 중심선 > 무게 중심선 > 치수 보조선
④ 숨은선 > 절단선 > 외형선 > 치수보조선 > 중심선 > 무게 중심선

해설및용어설명 | 선의 우선순위

외형선 - 숨은선 - 절단선 - 중심선 - 무게 중심선 - 치수선 - 치수보조선

05

다음 중 스퍼 기어의 도시법으로 옳은 것은?

① 잇봉우리원은 가는 실선으로 그린다.
② 잇봉우리원은 굵은 실선으로 그린다.
③ 이골원은 가는 1점 쇄선으로 그린다.
④ 이골원은 가는 2점 쇄선으로 그린다.

해설및용어설명 | 스퍼 기어 제도
- 이끝원은 굵은 실선으로 그린다(이끝원 = 잇봉우리원).
- 피치원은 가는 1점 쇄선으로 그린다.
- 이뿌리원은 가는 실선으로 그린다. 단, 축에 직각방향으로 단면투상할 경우에는 굵은 실선으로 그린다.

06

제작 도면에서 제거가공을 해서는 안 된다고 지시할 때의 표면 결 도시방법은?

① 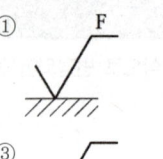 ②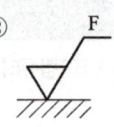

③ 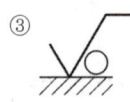 ④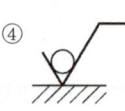

해설및용어설명 | 제거가공 표시 기호

제거가공	제거가공을 필요로 함	제거가공 허락하지 않음

07

그림에서 표시된 기하 공차는?

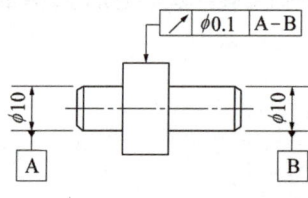

① 동심도 공차   ② 경사도 공차
③ 원주 흔들림 공차   ④ 온 흔들림 공차

해설및용어설명 |
- ╱ : 원주 흔들림 공차
- ╱╱ : 온 흔들림 공차

04 ② 05 ② 06 ④ 07 ③

08

단면도의 표시방법에서 그림과 같은 단면도의 종류는?

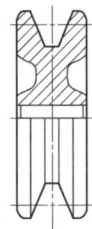

① 온 단면도 ② 한쪽 단면도
③ 부분 단면도 ④ 회전 도시 단면도

해설및용어설명 |
② 한쪽 단면도 : 상하 또는 좌우가 대칭의 물체를 중심선을 기준으로 내부 모양과 외부 모양을 동시에 표현하는 방법
① 온 단면도 : 물체를 반으로 절단하여 물체의 기본적인 특징을 가장 잘 나타낼 수 있도록 단면모양을 그리는 것
③ 부분 단면도 : 일부분을 잘라내고 필요한 내부모양을 그리기 위한 방법
④ 회전 도시 단면도 : 핸들, 벨트 풀리, 기어 등과 같은 바퀴의 암, 리브, 후크, 축과 주로 구조물에 사용하는 형강 등 투상법으로 표시하기 어려운 경우 단면으로 물체를 절단하여 90°로 회전시켜 도시하는 방법

09

굵은 1점 쇄선을 사용하는 선으로 가장 적합한 것은?

① 되풀이하는 도형의 피치를 나타내는 기준선
② 수면, 유면 등의 위치를 표시하는 선
③ 표면처리 부분을 표시하는 특수 지정선
④ 치수선을 긋기 위하여 도형에서 인출해낸 선

해설및용어설명 | 굵은 1점 쇄선
특수한 가공 부위를 표시하기 위하여 사용

10

그림과 같이 입체도의 화살표 방향을 정면으로 한 제3각 정투상도로 가장 적합한 것은?

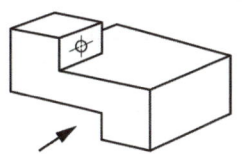

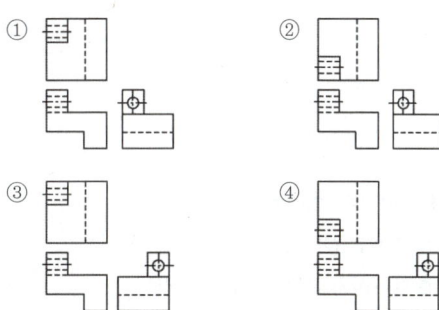

해설및용어설명 | 정면도, 평면도, 우측면도에서의 구멍의 위치를 보면 정답은 ②이다.

11

서보량(위치, 속도, 가속도 등)을 정밀하게 제어한 서보제어계에 사용되는 서보센서의 종류가 아닌 것은?

① 열전대 ② 포텐쇼미터
③ 타코미터 ④ 리졸버

해설및용어설명 | 각도 검출용 센서
- 포텐쇼미터 : 직선변위와 회전변위를 전기저항의 변화로 바꾸는 가변 저항기
- 타코미터 : 회전계 또는 회전속도계는 기기에 있어서 축의 회전수(회전속도)를 지시하는 계량기, 측정기이며, 회전계의 일종
- 리졸버 : 싱크로 또는 그와 유사한 장치. 회전자는 기계적으로 구동되고, 회전자 각도의 사인이나 코사인에 상당하는 전기 출력이 생긴다.
※ 열전대 : 제베크 효과를 이용하여 온도를 측정하기 위한 소자(열전 온도계)
※ 제베크 효과 : 두 가지 금속의 양단을 접합하여 양 접합점의 접촉 전위차에 의해 불평형이 발생하여 열전류가 저온측에서 고온측으로 이동하여 단자 사이에 기전력이 발생하는 현상

12

그림에서 기준 치수 φ50 구멍의 최대실체치수(MMS)는 얼마인가?

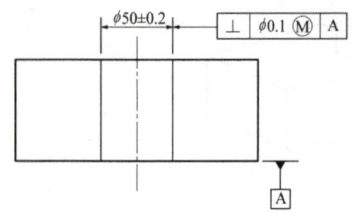

① φ49.8
② φ50
③ φ50.2
④ φ49.7

해설및용어설명 | 최대실체치수(MMS)
형태의 최대 재료 조건을 규정하는 크기
구멍이 가장 작을 때 재료가 가장 큰 조건이 되므로,
φ50 - 0.2 = φ49.8

13

축과 구멍의 끼워 맞춤에서 최대 틈새는?

① 구멍의 최대 허용 치수 – 축의 최소 허용 치수
② 구멍의 최소 허용 치수 – 축의 최대 허용 치수
③ 축의 최대 허용 치수 – 구멍의 최소 허용 치수
④ 구멍의 최소 허용 치수 – 구멍의 최대 허용 치수

해설및용어설명 |
최대 틈새 = 구멍의 최대 허용 치수 - 축의 최소 허용 치수

14

ISO 표준에 따라 관용나사의 종류를 표시하는 기호 중 테이퍼 암나사를 표시하는 기호는?

① R
② Rc
③ Rp
④ G

해설및용어설명 |
② Rc : 관용 테이퍼 암나사
① R : 관용 테이퍼 수나사
③ Rp : 관용 평행 암나사
④ G : 관용 평행 나사

15

두 축의 중심을 정확히 일치시키기 어려울 때 사용되며 고무, 강선, 가죽, 스프링 등을 이용하여 충격과 진동을 완화시켜 주는 커플링은?

① 올덤 커플링
② 고정식 커플링
③ 플랜지 커플링
④ 플랙시블 커플링

해설및용어설명 | 커플링 종류
- 올덤 커플링 : 두 축이 평행하고 축의 중심선이 약간 어긋났을 때, 각속도의 변동 없이 토크를 전달하는 데 사용하는 축 이음
- 고정식 커플링 : 두 축이 동일선상에 있다.
- 플랜지 커플링 : 주철 또는 주강재의 플랜지를 축에 억지 끼워 맞춤을 하거나 키로 결합시킨 후, 두 플랜지를 볼트로 체결한 것
- 플랙시블 커플링 : 두 축 사이에 약간의 상호 이동을 허용할 수 있다. 축 이음으로 기어형 축 이음, 체인 축 이음, 그리드형 축 이음, 고무 축 이음 등이 있다.

16

그림과 같이 벨트 풀리의 암 부분을 투상한 단면도법은?

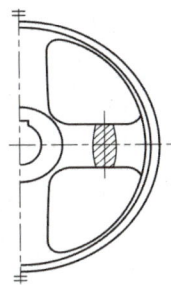

① 부분 단면도
② 국부 단면도
③ 회전도시 단면도
④ 한쪽 단면도

해설및용어설명 | 회전도시 단면도
핸들, 벨트 풀리, 기어 등과 같은 바퀴의 암, 리브, 후크, 축과 주로 구조물에 사용하는 형강 등 투상법으로 표시하기 어려운 경우 단면으로 물체를 절단하여 90°로 회전시켜 도시하는 방법

17

도면과 같이 위치도를 규제하기 위하여 B 치수에 이론적으로 정확한 치수를 기입한 것은?

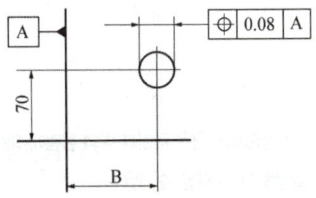

① (100)
② ~~100~~
③ 100 (밑줄)
④ 100 (상자)

해설및용어설명 |
① 참고치수
② 수정치수
③ 비례척이 아님

18

핀 전체가 두 갈래로 되어있어 너트의 풀림 방지나 핀이 빠져 나오지 않게 하는 데 사용되는 핀은?

① 테이퍼 핀
② 너클 핀
③ 분할 핀
④ 평행 핀

해설및용어설명 | 핀의 종류
- 평행 핀 : 부품의 위치결정
- 분할 핀 : 나사나 볼트, 너트 풀림 방지
- 스프링 핀 : 부품결합(구멍의 크기가 정확하지 않을 때)
- 테이퍼 핀 : 전달동력이 작을 때 키대용으로 부품 고정

19

줄 다듬질의 가공방법 약호는?

① BR
② FF
③ GBL
④ SB

해설및용어설명 |
② FF : 줄 다듬질
① BR : 브로칭 가공
③ GBL : 벨트연삭 가공
④ SB : 브러스트 다듬질

20

기하공차 기호 중 자세공차 기호는?

① ◎　　　② ○
③ //　　　④ ⌒

해설및용어설명 | 기하공차 종류

공차의 종류		기호
모양 공차	진직도 공차	—
	평면도 공차	▱
	진원도 공차	○
	원통도 공차	⌭
	선의 윤곽도 공차	⌒
	면의 윤곽도 공차	⌓
자세 공차	평행도 공차	//
	직각도 공차	⊥
	경사도 공차	∠
위치 공차	위치도 공차	⊕
	동축도 공차 또는 동심도 공차	◎
	대칭도 공차	≡
흔들림 공차	원주 흔들림 공차	↗
	온 흔들림 공차	↗↗

21

볼 베어링에서 베어링 하중을 2배로 하면 수명은 몇 배로 되는가?

① 4배　　　② 1/4배
③ 8배　　　④ 1/8배

해설및용어설명 | 구름베어링(볼 베어링, 롤러 베어링)의 수명

$$L_h = \left(\frac{C}{P}\right)^r \times 10^6 \text{rev} = 500 \times \frac{33.3}{N} \times \left(\frac{C}{P}\right)^r \text{hr}$$

볼 베어링일 때 $r = 3$, 롤러 베어링일 때 $r = 10/3$

- L_h : 수명시간
- N : 회전수
- C : 기본정격 하중
- P : 베어링 하중

위 식에서 볼 베어링이므로 $r = 3$, 베어링 하중(P)를 2배로 하면 수명은 1/8배가 된다.

22

그림과 같은 3각법에 의한 투상도면의 입체도로 적합한 것은?

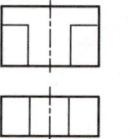

① 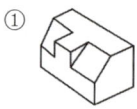　　②

③ 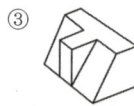　　④

해설및용어설명 | 정면도, 평면도, 우측면도에서 대각선을 보면 '③'이 정답이다.

23

미끄럼이 거의 없어 변속비가 일정하게 유지되고 두 축이 평행한 경우에 한하여 사용되며, 진동, 소음에 취약하여 고속 회전에는 사용하기 곤란한 전동장치는?

① 벨트 전동장치　　② 체인 전동장치
③ 기어 전동장치　　④ 로프 전동장치

해설및용어설명 | 체인 전동장치의 경우 체인과 이의 물림에 의해 미끄럼이 거의 없고 변속비가 일정하게 유지될 수 있다.

24

그림과 같은 제어 밸브 방식은?

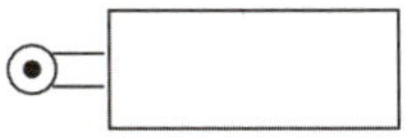

① 누름 스위치 방식   ② 공압 제어 방식
③ 페달 방식   ④ 롤러레버 방식

해설및용어설명 | 조작 방식 기호

작동 방식	기호
수동 작동	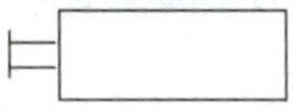
압력을 가함	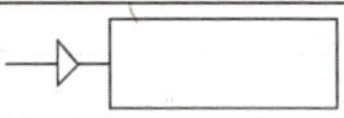
압력을 제거	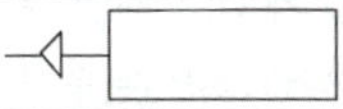
작동 솔레노이드	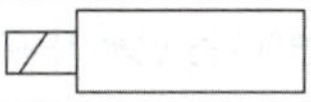
간접작동형 솔레노이드	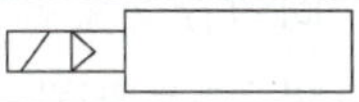
플런저	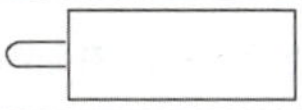
누름 버튼	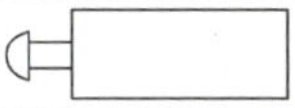
스프링	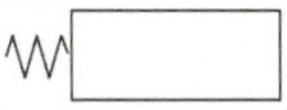
레버	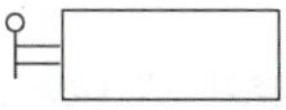
롤러 레버	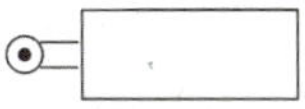
페달	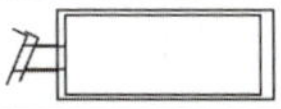
방향성 롤러-레버	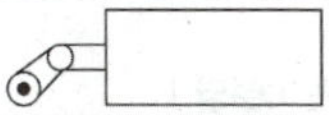

25

그림과 같은 기하공차 기입틀에서 첫째구획에 들어가는 내용은?

첫째구획	둘째구획	셋째구획

① 공차값   ② MMC 기호
③ 공차의 종류 기호   ④ 데이텀을 지시하는 문자 기호

해설및용어설명 | 기하공차 기입방법

첫째구획	둘째구획	셋째구획

- 첫째구획 : 공차의 종류와 기호
- 둘째구획 : 공차값
- 셋째구획 : 데이텀을 지시하는 문자 기호

26

직접측정기가 아닌 것은?

① 측장기   ② 마이크로미터
③ 다이얼 게이지   ④ 버니어 캘리퍼스

해설및용어설명 | 직접측정기의 종류

- 버니어 캘리퍼스
- 마이크로미터
- 측장기

※ 다이얼 게이지는 비교측정기이다.

27

베어링 호칭번호가 6205인 경우 안지름은 몇 mm인가?

① 15　　　　　　② 20
③ 25　　　　　　④ 205

해설및용어설명 | 베어링의 안지름 번호

- 00 : 안지름 10mm
- 01 : 안지름 12mm
- 02 : 안지름 15mm
- 03 : 안지름 17mm
- 04 이상 : 안지름 번호×5

∴ 05×5 = 25mm

28

한 부품에 같은 종류의 구멍이 여러 개가 있다. 구멍의 지시선 위에 "20-φ10 드릴"이라는 구멍 표시의 올바른 해석은?

① 구멍의 지름이 20mm이고, 구멍의 수가 10개이다.
② φ20mm의 드릴 구멍과 φ10mm의 드릴 구멍이 있다.
③ φ10mm의 드릴 구멍이 20mm 간격으로 있다.
④ φ10mm의 드릴 구멍이 20개 있다.

해설및용어설명 | "20-φ10 드릴" 해석

φ10mm의 드릴 구멍이 20개 있다.

29

두 개의 기어가 서로 맞물려서 운동을 전달하고 있다. 회전 방향이 같고 감속비가 큰 기어는 어느 것인가?

① 헬리컬 기어　　　② 웜 기어
③ 내접 기어　　　　④ 하이포이드 기어

해설및용어설명 | 축이 평행한 경우

- 평 기어(스퍼 기어, Spur Gear) : 기어의 이가 축에 평행한 원통 기어로 제작이 용이하고 동력 전달용으로 많이 사용된다.
- 헬리컬 기어(Helical Gear) : 이의 변형과 진동, 소음이 작고 큰 동력전달과 고속운전에 적합한 것으로 두 축이 서로 평행한 기어이다.
- 더블 헬리컬 기어(Double-helical Gear) : 좌우 두 개의 나선 이를 가지는 헬리컬 기어가 일체형으로 된 것이다.
- 래크(Rack) : 회전운동을 직선운동으로 변환하거나 직선운동을 회전운동으로 변환하는 곳에 사용된다.
- 내접 기어(인터널 기어, Internal Gear) : 피치원통의 안쪽에 톱니가 나 있는 기어 또는 큰 기어에 내접하여 작은 기어가 맞물려 있는 것으로 회전 방향이 같고 감속비가 크다.

30

재료 기호가 "SF340A"로 표시되었을 때 이 재료는 무엇인가?

① 탄소강 단강품　　② 고속도 공구강
③ 합금 공구강　　　④ 소결 합금강

해설및용어설명 |

- S : 강
- F : 단조물
- 340 : 인장강도 340N/mm^2

31

절삭 공구재료의 구비조건으로 적합하지 않은 것은?

① 내마모성이 클 것
② 형상을 만들기 쉬울 것
③ 고온에서 경도가 낮고 취성이 클 것
④ 피삭재보다 단단하고 인성이 있을 것

해설및용어설명 | 고온에서 경도가 낮아지지 않고 취성이 작으며 인성이 클 것

32

다음의 입체도를 제3각법으로 나타낼 때 정면도로 올바른 것은? (단, 화살표 방향이 정면이다)

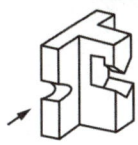

①
②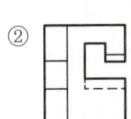
③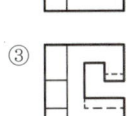
④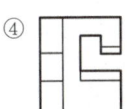

해설및용어설명 | 정면도 오른쪽에서 밑에는 점선, 위는 실선으로 나타내야 하며, 가장 적절한 것은 "②번"이다.

33

투상도에서 특정 부분의 도형이 작기 때문에 그 부분을 상세히 도시하거나 치수를 기입할 수 없을 때, 그 부분을 확대하여 별도로 다른 곳에 상세하게 도시하는 것은?

① 보조 투상도
② 국부 투상도
③ 부분 확대도
④ 부분 투상도

해설및용어설명 |
- 보조 투상도 : 경사면부가 있는 대상물에서 그 경사면의 실제 모양을 표시할 필요가 있는 경우에 그린 투상도
- 국부 투상도 : 대상물의 구멍, 홈 등 한 국부만의 모양을 도시하는 것
- 부분 투상도 : 그림의 일부를 도시하는 것으로, 그 필요 부분만을 나타내는 투상도로 생략한 부분과의 경계를 파단선으로 나타낸다.

34

가공 방법의 표시 방법 중 M은 어떤 가공법인가?

① 선반 가공
② 밀링 가공
③ 평삭 가공
④ 주조

해설및용어설명 |
② 밀링 가공 : M
① 선반 가공 : L
③ 평삭 가공 : P
④ 주조 : C

35

다음 보기 중 현의 치수 기입 방법으로 옳은 것은?

① 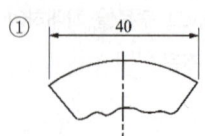   ②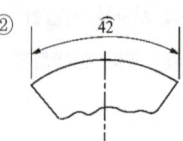

③ 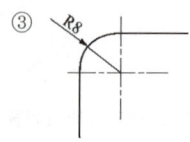   ④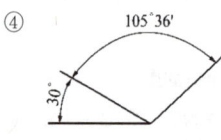

해설및용어설명 |
① 현의 치수
② 호의 치수
③ 반지름 치수
④ 각도 치수

36

기하공차의 종류를 성격에 따라 구분하고자 할 때 이에 해당하지 않는 것은?

① 흔들림 공차   ② 위치 공차
③ 자세 공차   ④ 허용 공차

해설및용어설명 | 공차의 종류
모양 공차, 자세 공차, 위치 공차, 흔들림 공차

37

그림과 같은 면의 지시기호에서 A부에 기입하는 내용은 무엇인가?

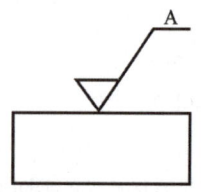

① 가공 방법   ② 산술 평균거칠기 값
③ 컷오프 값   ④ 줄무늬 방향의 기호

해설및용어설명 | 가공방법 기호

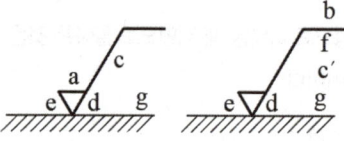

- a : R_a의 값(μm)
- b : 가공 방법, 표면처리
- c : 컷 오프값·평가 길이
- c' : 기준 길이·평가 길이
- d : 줄무늬 방향 기호
- e : 기계가공 공차
- f : R_a 이외의 파라미터
- g : 표면 파상도(KS B ISO 4287에 따른다)

38

다음 그림에 대한 설명으로 옳은 것은?

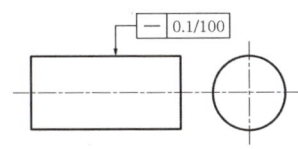

① 지시한 면의 진직도가 임의의 100mm 길이에 대해서 0.1mm 만큼 떨어진 2개의 평행면 사이에 있어야 한다.
② 지시한 면의 진직도가 임의의 구분 구간 길이에 대해서 0.1mm 만큼 떨어진 2개의 평행 직선 사이에 있어야 한다.
③ 지시한 원통면의 진직도가 임의의 모선 위에서 임의의 구분 구간 길이에 대해서 0.1mm 만큼 떨어진 2개의 평행면 사이에 있어야 한다.
④ 지시한 원통면의 진직도가 임의의 모선 위에서 임의로 선택한 100mm 길이에 대해, 축선을 포함한 평면 내에 있어 0.1mm 만큼 떨어진 2개의 평행한 직선 사이에 있어야 한다.

해설및용어설명 | 기하공차 종류
- 진직도 : 해당 모양에서 기하학적으로 정확한 직선을 기준으로 설정하고 이 직선으로부터 벗어나는 어긋남의 크기를 측정한다.
- 평면도 : 해당 모양에서 기하학적으로 정확한 평면을 기준으로 설정하고 이 평면으로부터 벗어나는 어긋남의 크기를 측정한다.
- 진원도 : 해당 모양에서 기하학적으로 정확한 원을 기준으로 설정하고 이 원으로부터 벗어나는 어긋남의 크기를 측정한다.
- 원통도 : 해당 모양에서 기하학적으로 정확한 원통을 기준으로 설정하고 이 원통으로부터 벗어나는 어긋남의 크기를 측정한다.
※ 문제에서 기하공차는 진직도 공차이고 원통형상이기 때문에 지시한 원통면의 진직도가 임의의 모선 위에서 임의로 선택한 100mm 길이에 대해, 축선을 포함한 평면 내에 있어 0.1mm 만큼 떨어진 2개의 평행한 직선 사이에 있어야 한다.

39

그림과 같이 대상물의 구멍, 홈 등의 한 곳만의 모양을 도시하는 것으로 충분한 경우 그 필요부분만을 도시하는 투상도는?

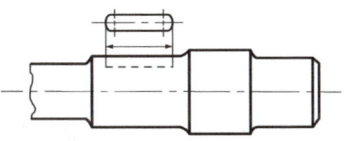

① 한쪽 투상도   ② 회전 투상도
③ 국부 투상도   ④ 보조 투상도

해설및용어설명 |
① 한쪽 투상도 : 도형이 대칭인 경우 대칭중심선의 한쪽만을 표현하는 투상도
② 회전 투상도 : 투상면이 일정한 각도를 가지고 있어서 실형을 제대로 표시하기 어려운 경우에, 그 부분의 일부를 회전하여 나타내는 투상도
④ 보조 투상도 : 경사면부가 있는 대상물에서 그 경사면의 실제 모양을 표시할 필요가 있는 경우에 그린 투상도

40

SKH2로 규정되는 고속도강의 표준 성분(%)으로 적합한 것은?

① 18(W)−7(Cr)−1(V)   ② 18(W)−4(Cr)−1(V)
③ 28(W)−7(Cr)−1(V)   ④ 28(W)−12(Cr)−1(V)

해설및용어설명 | 고속도강
- 텅스텐(W), 크롬(Cr), 바나듐(V), 코발트(Co) 등의 원소를 함유하는 합금강
- 절삭속도가 탄소 공구강의 2배
- 고온경도가 높고 내마모성이 우수
- 표준 고속도강 : W(18%) - Cr(4%) - V(1%)
- 특수 고속도강 : Co 및 V의 함유량을 많이 첨가시킨 고속도강

41

입방정 질화붕소의 미결정을 결합제를 사용하여 초고압 고온에서 인공 합성한 공구재료로 경도가 다이아몬드의 3/2 정도인 것은?

① 초경합금
② 세라믹공구
③ CBN공구
④ 피복초경합금

해설및용어설명 | 공구재료 종류

- 탄소공구강 : 탄소량 0.6~1.5% 함유한 고품질의 탄소강
- 고속도강 : 텅스텐(W), 크롬(Cr), 바나듐(V), 코발트(Co) 등의 원소를 함유하는 합금강
- 소결초경합금 : W, Ti, Ta, Mo 등의 경질합금 탄화물 분말을 Co, Ni을 결합제로 하여 1,400℃ 이상의 고온으로 가열하면서 프레스로 소결 성형한 절삭공구
- 주조경질합금 : 스텔라이트가 대표적이며, 주성분은 W, Cr, Co, Fe
- 서멧 : 세라믹스와 금속의 합성으로, TiC를 주체로 하고 TiN, TiCN 등의 탄화물을 초미립화하여 소결시킨 합금
- CBN(Cubic Boron Nitride) 공구 : 입방정 질화붕소의 미결정 결합제를 사용하여 초고압 고온에서 인공 합성한 공구재료

42

열간가공이 쉽고 다듬질 표면이 아름다우며 용접성이 우수한 강으로 몰리브덴 첨가로 담금질성이 높아 각종 축, 강력볼트, 암, 레버 등에 많이 사용되는 강은?

① 크로뮴 - 몰리브덴강
② 크로뮴 - 바나듐강
③ 규소 - 망간강
④ 니켈 - 구리 - 코발트강

해설및용어설명 | 크로뮴 - 몰리브덴(Cr - Mo)강

- 니켈 : 크로뮴강에서 니켈 대신 몰리브데넘을 소량 첨가하여 강인성과 내식성을 향상시킨 저합금강
- 값이 비싼 니켈을 대신하기 위하여 개발
- 용접성이 우수, 경화능이 크고 뜨임, 메짐성도 적으며, 고온 가공성 우수
- 가공면이 깨끗하여 얇은 강판이나 관의 제조, 축, 강력볼트, 암 등에 많이 사용

43

치수 보조 기호 중 구의 반지름 기호는?

① SR
② Sϕ
③ ϕ
④ R

해설및용어설명 | 치수 보조 기호

기호 이름	기호	기호 이름	기호
지름	ϕ	판의 두께	t
반지름	R	45° 모따기	C
구의 지름	Sϕ	참고 치수	( )
구의 반지름	SR	이론적으로 정확한 치수	10
정사각형의 변	□4		

44

그림과 같은 입체도를 제3각법으로 투상한 도면으로 가장 적합한 것은?

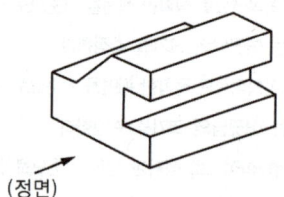
(정면)

①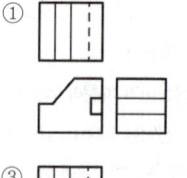
②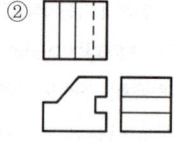
③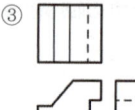
④

해설및용어설명 | 정면도를 먼저 봤을 때 적합한 것은 ②, ③, ④, 우측면도를 봤을 때 적합한 것은 ④이다.

45

평 벨트와 비교한 V-벨트 전동의 특성이 아닌 것은?

① 설치면적이 넓어 큰 공간이 필요하다.
② 비교적 작은 장력으로 큰 회전력을 전달할 수 있다.
③ 운전이 정숙하다.
④ 마찰력이 평 벨트보다 크고 미끄럼이 적다.

해설및용어설명 | V-벨트의 특징
- 고무나 가죽으로 된 사다리꼴 단면을 갖는 V-벨트를 풀리 홈에 끼워 마찰에 의해 전동한다.
- 마찰력이 평 벨트보다 크고, 미끄럼이 적어 비교적 작은 장력으로 큰 회전력을 전달할 수 있다.
- 운전이 정숙하고, 충격을 완화하는 작용을 한다.
- 지름이 작은 풀리에도 사용 가능하다.
- 설치 면적이 좁아 사용이 편리하다.

※ 선반, 밀링머신 등의 동력 전달 장치에서는 마찰력이 크고 미끄럼이 적은 V-벨트를 가장 많이 사용한다.

46

피치 원지름이 165mm이고 잇수가 55인 표준평기어의 모듈은?

① 2　　② 3
③ 4　　④ 6

해설및용어설명 |

$$모듈(Z) = \frac{피치\ 원지름(D)}{잇수(Z)} = \frac{165}{55} = 3$$

47

구멍의 최대 치수가 축의 최소 치수보다 작은 경우이며, 항상 죔새가 생기는 끼워 맞춤으로 분해조립이 불필요한 영구 조립 부품에 적용하는 끼워 맞춤은?

① 억지 끼워 맞춤　　② 중간 끼워 맞춤
③ 헐거운 끼워 맞춤　　④ 게이지 제작 끼워 맞춤

해설및용어설명 |
- 억지 끼워 맞춤 : 구멍의 최대 치수가 축의 최소 치수보다 작은 경우로서 틈새가 없이 항상 죔새가 생기는 끼워 맞춤을 말하며, 분해와 조립을 하지 않는 부품에 적용한다.
- 헐거운 끼워 맞춤 : 구멍의 최소 치수가 축의 최대 치수보다 큰 경우로서 항상 틈새가 생기는 상태를 말하며, 미끄럼 운동이나 회전 운동이 필요한 부품에 적용한다.
- 중간 끼워 맞춤 : 부품의 기능과 역할에 따라 틈새 또는 죔새가 생기게 하는 끼워 맞춤으로 헐거운 끼워 맞춤이나 억지 끼워 맞춤으로 얻을 수 없는 부품에 적용한다.

48

다음 그린 기호가 표시하는 것은?

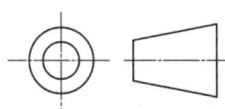

① 제1각법　　② 정투상법
③ 제3각법　　④ 등각투상법

해설및용어설명 | 3각법, 1각법 비교

3각법 기호	1각법 기호
⊕ ▭	▭ ⊕

49

도형의 대부분을 외형도로 하고, 필요로 하는 요소의 일부분만을 단면도로 나타낸 것은?

① 전 단면도
② 한쪽 단면도
③ 부분 단면도
④ 회전도시 단면도

해설및용어설명 |

① 전 단면도 : 물체를 기본 중심선에서 1/2로 절단하여 도시한 단면도
② 한쪽 단면도 : 좌우 대칭인 물체에서 외형과 단면을 도시에 나타내고자 1/4만 잘라내어 도시한 단면도
④ 회전도시 단면도 : 암, 리브, 훅 등을 축에 수직한 면으로 절단하여 이면 위에 그려진 절단 투상도를 90° 회전시켜 단면의 모양과 크기를 국부적으로 나타낸 단면도

50

표준기어의 피치점에서 이끝까지의 반지름 방향으로 측정한 거리는?

① 이뿌리 높이
② 이끝 높이
③ 이끝원
④ 이끝 틈새

해설및용어설명 | 기어 각부 명칭

- 피치원 : 두 개의 기어가 맞물릴 때에, 서로 접하는 점을 이어 만든 원
- 이끝 높이 : 피치원에서 이끝원까지의 거리
- 이뿌리 높이 : 피치원에서 이뿌리원까지의 거리
- 총 이높이 : 이끝 높이 + 이뿌리 높이
- 이끝 틈새 : 이끝원에서부터 이것과 맞물리고 있는 기어의 이뿌리원까지의 거리
- 유효 이의 높이 : 이뿌리원부터 이끝원까지의 거리

51

가공방법의 보조기호 중에서 리밍(Reaming) 가공에 해당하는 것은?

① FS
② FL
③ FF
④ FR

해설및용어설명 |

- FS : 스크레이퍼 다듬질
- FL : 래핑 다듬질
- FF : 줄 다듬질

52

나사의 종류를 표시하는 기호 중에서 관용 평행 나사를 나타내는 것은?

① E
② G
③ M
④ R

해설및용어설명 |

① E : 전구 나사
③ M : 미터 나사
④ R : 테이퍼 수나사

53

다음 중 척도의 표시 중에서 배척에 해당하는 것은?

① 1 : 1
② 1 : 5
③ 2 : 1
④ $1 : \sqrt{2}$

해설및용어설명 | 척도의 표시

A(도면에서의 크기) : B(물체의 실제 크기)

- 축척 : 실물보다 작게 그린 경우의 척도   예) 1 : 2, 1 : 5, 1 : 10
- 현척 : 실물과 같은 크기로 그린 경우의 척도   예) 1 : 1
- 배척 : 실물보다 크게 그린 경우의 척도   예) 2 : 1, 5 : 1, 10 : 1

54

플랜지를 이용하여 관을 결합했을 때 도시법으로 올바른 것은?

①  ②
③  ④

해설및용어설명 | 관의 결합방식 표시 방법

결합방식의 종류	그림기호
일반	—├—
용접식	—●—
플랜지식	—╫—
턱걸이식	—⊃—
유니언식	—┤├—

55

나사의 도시 방법으로 옳은 것은?

① 암나사의 골지름은 굵은 실선으로 그린다.
② 수나사의 바깥지름은 굵은 실선으로 그린다.
③ 완전 나사부와 불완전 나사부의 경계는 가는 실선으로 그린다.
④ 수나사와 암나사의 조립부를 그릴 때는 암나사를 기준으로 그린다.

해설및용어설명 |
① 암나사의 골지름은 가는 실선으로 그린다.
③ 완전 나사부와 불완전 나사부의 경계는 굵은 실선으로 그린다.
④ 수나사와 암나사의 조립부를 그릴 때는 수나사를 기준으로 그린다.

56

다음 중 나사의 표시법을 통하여 알 수 없는 것은?

① 나사의 감긴 방향   ② 나사산의 줄수
③ 나사의 종류   ④ 나사의 길이

해설및용어설명 | 나사 표시법
• 나사의 감기는 방향
• 나사산 줄수
• 나사의 호칭
• 나사의 등급

57

두 축이 나란하지도 교차하지도 않으며, 베벨 기어의 축을 엇갈리게 한 것으로, 자동차의 차동기어 장치의 감속기어로 사용되는 것은?

① 베벨 기어   ② 웜 기어
③ 헬리컬 베벨 기어   ④ 하이포이드 기어

해설및용어설명 |
① 베벨 기어 : 교차되는 두 축 간에 운동을 전달하는 원뿔형의 기어 총칭
② 웜 기어 : 두 축이 직각을 이루는 경우에 적용
③ 헬리컬 베벨 기어 : 교차되는 두 축에 베벨 기어와 헬리컬 기어를 사용한 기어

정답 54 ② 55 ② 56 ④ 57 ④

58

호칭번호가 6208로 표기되어 있는 구름베어링이 있다. 이 표기 중에서 08이 뜻하는 것은?

① 틈새 기호
② 계열 번호
③ 안지름 번호
④ 등급 기호

해설및용어설명 | 베어링 표기법(6208)
- 6 : 베어링 종류 - 깊은 홈 볼 베어링
- 2 : 베어링 바깥지름(직경 계열)
- 08 : 안지름 번호 - 08×5 = 40mm

59

크기와 방향이 동시에 변화하면서 인장과 압축이 교대로 반복하여 작용하는 하중은?

① 크리프
② 인장하중
③ 전단하중
④ 교번하중

해설및용어설명 | 하중의 종류
- 교번하중 : 크기와 방향이 변화하면서 외력(인장과 압축 또는 굽힘과 비틀림)이 교대로 작용하는 하중
- 인장하중 : 재료의 축선 방향으로 늘어나게 하려는 하중
- 압축하중 : 재료의 축선 방향으로 재료를 누르는 하중
- 전단하중 : 재료를 가위로 자르려는 것과 같은 형태의 하중
- 크리프 : 외력이 일정하게 유지되어 있을 때, 시간이 흐름에 따라 재료의 변형이 증대하는 현상

60

보기와 같은 KS 용접 기호의 해독으로 틀린 것은?

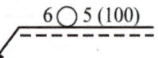

① 화살표 반대쪽 점 용접
② 점 용접부의 지름 6mm
③ 용접부의 개수(용접 수) 5개
④ 점 용접한 간격은 100mm

해설및용어설명 |
① 위 용접 기호는 화살표 쪽으로 점 용접을 뜻하는 기호이다.

CBT 복원문제 2018 * 1

*2016년 5회부터 CBT(컴퓨터 기반 시험)방식으로 변경되어 문제가 공개되지 않아 복원된 문제가 일부 상이할 수 있습니다.

01

단면적이 10cm²인 봉에 길이방향으로 100kg의 인장력이 작용할 때 발생하는 인장응력은?

① 5kg/cm²
② 10kg/cm²
③ 80kg/cm²
④ 99.6kg/cm²

해설및용어설명 |

인장응력 = $\frac{하중}{단면적}$ = $\frac{100kg}{10cm^2}$ = 10kg/cm²

02

도면 중 다음과 같은 표기가 나타내는 의미는?

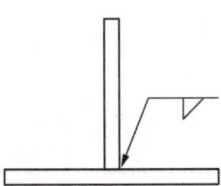

① 화살표 방향으로 필렛 용접을 한다.
② 화살표 방향으로 맞대기 용접을 한다.
③ 화살표 반대방향으로 필렛 용접을 한다.
④ 화살표 반대방향으로 맞대기 용접을 한다.

해설및용어설명 | 지시선에 점선을 표시하지 않고 필렛 용접을 나타내었으므로 화살표 방향으로 필렛 용접을 하도록 표기하였다.

03

그림 중 ㉠~㉣의 괄호에 들어갈 투상도의 명칭이 바르게 구성된 것은?

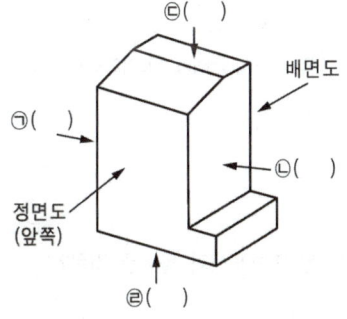

① ㉠ 우측면도, ㉡ 좌측면도, ㉢ 저면도, ㉣ 평면도
② ㉠ 우측면도, ㉡ 좌측면도, ㉢ 평면도, ㉣ 저면도
③ ㉠ 좌측면도, ㉡ 우측면도, ㉢ 저면도, ㉣ 평면도
④ ㉠ 좌측면도, ㉡ 우측면도, ㉢ 평면도, ㉣ 저면도

해설및용어설명 | 제3각법 배치

	평면도		
좌측면도	정면도	우측면도	배면도
	저면도		

㉠ 좌측면도
㉡ 우측면도
㉢ 평면도
㉣ 저면도

정답 01 ② 02 ① 03 ④

04

다음 도면의 (*) 안의 치수로 가장 적합한 것은?

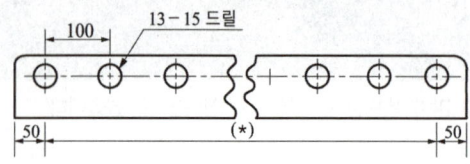

① 1,400 ② 1,300
③ 1,200 ④ 1,100

해설및용어설명 | "13-15 드릴" 해석

지름이 15mm인 드릴구멍 13개

원이 13개이고 인접 원과의 거리가 100이므로, 12×100 = 1,200

05

배관도에 사용된 밸브표시가 올바른 것은?

① 밸브 일반 : ⋈   ② 게이트 밸브 : ⋈ (검은색)
③ 나비 밸브 : ◁   ④ 체크 밸브 : ▷|

해설및용어설명 | 밸브 도시 기호

밸브·콕의 종류	그림 기호	밸브·콕의 종류	그림 기호
밸브 일반	⋈	앵글 밸브	◁
게이트 밸브	⋈	3방향 밸브	⋈
글로브 밸브	⋈●	안전 밸브	⋈
체크 밸브	▷◀ 또는 ▷|		
볼 밸브	⋈		
버터플라이 밸브	⋈ 또는 ▷●	콕 일반	⋈

06

리벳 구멍에 카운터 싱크가 없고 공장에서 드릴 가공 및 끼워 맞추기 할 때의 간략 표시 기호는?

① ✳   ② ✱
③ ✚   ④ ⊕

해설및용어설명 |
① ✳ : 양쪽 카운터 싱크가 있는 경우
② ✱ : 한쪽에만 카운터 싱크가 있는 경우 및 현장작업
④ ⊕ : 기하공차 기호(위치도)

07

나사 표시가 "L 2N M50×2 -4h"로 나타낼 때 이에 대한 설명으로 틀린 것은?

① 왼 나사이다.   ② 2줄 나사이다.
③ 미터 가는 나사이다.   ④ 암나사 등급이 4h이다.

해설및용어설명 | 나사 표기방법

나사산의 감는 방향	나사산의 줄의 수	나사의 호칭	나사의 등급
왼	2줄	M50×2	4h

"L 2N M50×2-4h"의 해석

- 나사산의 감는 방향 : 왼쪽
- 나사산의 줄 수 : 2
- 나사의 호칭 : 지름이 50mm인 미터 가는 나사
- 나사의 등급 : 수나사 등급 4, 공차위치 h

※ 등급이 대문자(구멍기준) : 암나사
   등급이 소문자(축기준) : 수나사

08

금속재료가 고온에서 일정한 하중을 받고 있을 때 시간의 경과에 따라 변형도가 증가하는 현상을 무엇이라 하는가?

① 피로한도 ② 크리프
③ 인장강도 ④ 시효경화

해설및용어설명 |
- 크리프 : 재료에 작은 하중을 걸 때에는 곧바로 변형을 일으키지는 않으나 시간이 경과함에 따라 변형이 생기는 현상
- 피로한도 : 영구적으로 재료가 파단되지 않는 응력 중에서 가장 큰 것
- 인장강도 : 인장 시험을 하는 도중 시험편이 견디는 최대의 하중
- 시효경화 : 금속재료를 일정한 시간 동안 적당한 온도하에 놓아두면 단단해지는 현상

09

그림과 같은 치수 기입 방법은?

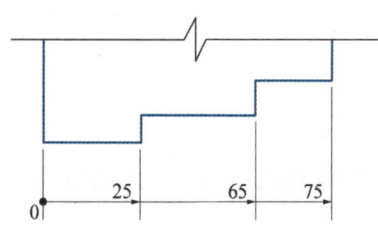

① 직렬 치수 기입법 ② 병렬 치수 기입법
③ 조합 치수 기입법 ④ 누진 치수 기입법

해설및용어설명 |
- 누진치수 기입법 : 치수의 기준점에 기점기호를 기입하고 한 개의 연속된 누진 치수로 기입한 것
- 직렬치수 기입법 : 한 지점에서 그 다음 지점까지의 치수를 각각 기입한 것
- 좌표치수 기입법 : 위치를 나타내는 치수를 좌표에 따라 기입한 것
- 병렬치수 기입법 : 기준면에서부터 각각의 지점까지의 치수를 기입한 것

10

기하공차 기호 중 자세공차 기호는?

① ◎ ② ○
③ // ④ ⌒

해설및용어설명 | 기하공차 종류

공차의 종류		기호
모양 공차	진직도 공차	─
	평면도 공차	▱
	진원도 공차	○
	원통도 공차	⌀
	선의 윤곽도 공차	⌒
	면의 윤곽도 공차	⌓
자세 공차	평행도 공차	//
	직각도 공차	⊥
	경사도 공차	∠
위치 공차	위치도 공차	⊕
	동축도 공차 또는 동심도 공차	◎
	대칭도 공차	≡
흔들림 공차	원주 흔들림 공차	↗
	온 흔들림 공차	↗↗

11

그림과 같은 미터나사에서 나사산의 각도는 얼마인가?

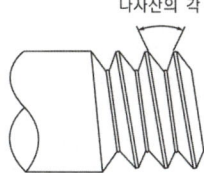

① 45° ② 55°
③ 60° ④ 65°

해설및용어설명 | 미터 삼각나사의 나사산 각도는 60°이다.

12

길이 방향으로 단면하여 도면에 표시해도 관계없는 것은?

① 핸들의 암
② 구부러진 배관
③ 베어링의 볼
④ 조립 상태의 볼트

해설및용어설명 | 단면으로 표시하지 않는 부품

- 길이 방향으로 절단하지 않는 부품 : 축, 스핀들, 볼트, 너트, 와셔, 작은 나사, 세트 스크루, 키, 핀, 코터, 리벳)
- 세로 방향으로 절단하지 않는 부품 : 리브 바퀴의 암, 기어의 이, 핸들 등
- 얇은 부분 : 리브, 웨브
- 베어링의 볼, 롤러 등

13

다음 중 끼워 맞춤 용어의 설명에서 잘못된 것은?

① 최소 틈새 : 구멍의 최소치수와 축의 최대치수와의 차
② 최대 틈새 : 구멍의 최대치수와 축의 최소치수와의 차
③ 최소 죔새 : 축의 최대치수와 구멍의 최소치수와의 차
④ 최대 죔새 : 축의 최대치수와 구멍의 최소치수와의 차

해설및용어설명 | 최소 죔새

축의 최소치수와 구멍의 최대치수의 차

14

표면의 줄무늬 방향의 기호 중 "R"의 설명으로 맞는 것은?

① 가공에 의한 커터의 줄무늬 방향이 기호를 기입한 그림의 투상면에 직각
② 가공에 의한 커터의 줄무늬 방향이 기호를 기입한 그림의 투상면에 평행
③ 가공에 의한 커터의 줄무늬 방향이 여러 방향으로 교차 또는 무방향
④ 가공에 의한 커터의 줄무늬 방향이 기호를 기입한 면의 중심에 대하여 대략 레이디얼 모양

해설및용어설명 |

기호	커터의 줄무늬 방향	적용
⊥	투상면에 직각	선삭
=	투상면에 평행	셰이핑
X	투상면에 경사지고 두 방향으로 교차	호닝
C	중심에 대하여 동심원	끝면절삭
M	여러 방향으로 교차되거나 무방향	밀링, 래핑
R	중심에 대하여 레이디얼 모양	일반적인 가공

15

브레이크의 축방향에 압력이 작용하는 브레이크는?

① 원판 브레이크
② 복식 블록 브레이크
③ 밴드 브레이크
④ 드럼 브레이크

해설및용어설명 | 축압 브레이크(축방향에 압력이 작용)

- 원판 브레이크 : 회전 운동을 하는 드럼이 안쪽에 있고 바깥에서 양쪽 대칭으로 드럼을 밀어 붙여 마찰력이 발생하도록 한 장치
- 원추 브레이크 : 축방향 하중은 브레이크 접촉면에 수직한 하중을 발생시키는데 이 수직력으로 인한 접촉면의 마찰력으로 제동하는 브레이크

16

벨트의 종류에서 인장강도가 가장 큰 것은?

① 가죽벨트 ② 섬유벨트
③ 고무벨트 ④ 강철벨트

해설및용어설명 | 강철벨트는 벨트 중 인장강도가 가장 크다.

17

회전축을 지지하고 있는 베어링에서 이 축과 베어링에 의하여 받쳐지고 있는 축 부분을 무엇이라 하는가?

① 리테이너 ② 저널
③ 볼   ④ 롤러

해설및용어설명 | 회전축을 지지하고 있는 베어링에서 이 축과 베어링에 의해 받쳐지고 있는 축 부분을 저널이라 한다.
- 리테이너 : 볼 베어링이나 롤러 베어링에서 볼이나 롤이 언제나 같은 간격을 유지하도록 끼워져 있는 부품

18

키의 종류에서 일반적으로 60mm 이하의 작은 축에 사용되고 특히 테이퍼 축에 사용이 용이하며, 키의 가공에 의해 축의 강도가 약하게 되는 하나 키 및 키 홈 등의 가공이 쉬운 것은?

① 성크 키   ② 접선 키
③ 반달 키   ④ 원뿔 키

해설및용어설명 |
- 성크 키 : 묻힘 키라고도 하며 축과 보스에 다같이 홈을 파는 가장 널리 사용하는 일반적인 키
- 접선 키 : 축의 접선 방향으로 끼우는 키로 1/100 기울기를 가진 2개의 키를 한 쌍으로 하여 사용
- 원뿔 키 : 축과 보스에 홈을 파지 않고, 한 군데가 갈라진 원뿔통을 끼워 넣어 마찰력으로 고정시켜 사용하는 키

19

축을 설계할 때 고려되는 사항과 가장 거리가 먼 것은?

① 축의 강도 ② 응력 집중
③ 축의 변형 ④ 축의 용도

해설및용어설명 | 축 설계 시 고려사항
강도, 강성도, 진동, 부식, 온도

20

그림에서 기준 치수 $\phi50$ 기둥의 최대실체치수(MMS)는 얼마인가?

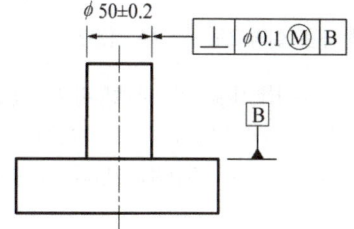

① $\phi50.2$ ② $\phi50.3$
③ $\phi49.8$ ④ $\phi49.7$

해설및용어설명 | 최대실체크기(MMS, Maximum Material Size)
형태의 최대 실체 조건을 규정하는 크기
즉, 재료가 가장 큰 조건이라면 $\phi50 + 0.2 = \phi50.20$이다.

21

리벳의 호칭이 "KS B 1102 둥근 머리 리벳 18×40 SV330"로 표시된 경우 "40" 숫자의 의미는?

① 리벳의 수량
② 리벳의 구멍치수
③ 리벳의 길이
④ 리벳의 호칭지름

해설및용어설명 | 리벳의 호칭

규격번호 / 종류 / 호칭지름×길이 / 재료표시
- 18 : 호칭지름
- 40 : 길이

22

한쪽 단면도에 대한 설명으로 올바른 것은?

① 대칭형 물체를 중심선을 경계로 하여 외형도의 절반과 단면도의 절반을 조합하여 표시한 것이다.
② 부품도의 중앙 부위 전후를 절단하고, 단면을 90° 회전시켜 표시한 것이다.
③ 도형 전체가 단면으로 표시된 것이다.
④ 물체의 필요한 부분만 단면으로 표시한 것이다.

해설및용어설명 |

② 회전 도시 단면도
③ 온 단면도
④ 부분 단면도

23

대상으로 하는 부분의 단면이 한 변의 길이가 20mm인 정사각형이라고 할 때 그 면을 직접적으로 도시하지 않고 치수로 기입하여 정사각형임으로 나타내고자 할 때 사용하는 치수는?

① C20
② t20
③ □20
④ SR20

해설및용어설명 |

① 45° 모따기
② 두께 20mm
④ 구의 반지름 20

24

도면의 같은 장소에 선이 겹칠 때 표시되는 우선 순위가 가장 먼저인 것은?

① 숨은선
② 절단선
③ 중심선
④ 치수 보조선

해설및용어설명 | 선의 우선순위

외형선 - 숨은선 - 절단선 - 중심선 - 치수선 - 치수보조선

25

도면에서 표제란과 부품란으로 구분할 때, 부품란에 기입할 사항으로 거리가 먼 것은?

① 품명
② 재질
③ 수량
④ 척도

해설및용어설명 | 척도는 표제란에 기입한다.

정답 21 ③ 22 ① 23 ③ 24 ① 25 ④

26

투상면이 각도를 가지고 있어 실형을 표시하지 못할 때에는 그림과 같이 표시할 수 있다. 무슨 투상도인가?

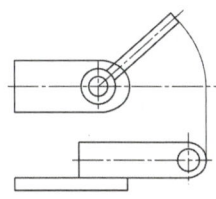

① 보조 투상도　　② 회전 투상도
③ 부분 투상도　　④ 국부 투상도

해설및용어설명 |
② 회전 투상도 : 투상면이 일정한 각도를 가지고 있어서 실형을 제대로 표시하기 어려운 경우에, 그 부분의 일부를 회전하여 나타내는 투상도
① 보조 투상도 : 경사면부가 있는 대상물에서 그 경사면의 실제 모양을 표시할 필요가 있는 경우에 그린 투상도
③ 부분 투상도 : 그림의 일부를 도시하는 것으로, 그 필요 부분만을 나타내는 투상도로 생략한 부분과의 경계를 파단선으로 나타낸다.
④ 국부 투상도 : 대상물의 구멍, 홈 등 한 국부만의 모양을 도시하는 것

27

비중이 약 2.7로 가볍고 내식성과 가공성이 좋으며 전기 및 열전도도가 높은 재료는?

① 금(Au)　　② 알루미늄(Al)
③ 철(Fe)　　④ 은(Ag)

해설및용어설명 | 비중
어떤 물질의 질량과, 이것과 같은 부피를 가진 표준 물질의 질량과의 비율
① 금(Au) : $19.3g/cm^3$
③ 철(Fe) : $7.84g/cm^3$
④ 은(Ag) : $10.49g/cm^3$

28

순철의 성질에 관한 사항 중 틀린 것은?

① 상온에서 연성과 전성이 크다.
② 용융점의 온도는 539℃ 정도이다.
③ 단접하기 쉽고 소성가공이 용이하다.
④ 용접성이 좋다.

해설및용어설명 | 순철의 용융점 : 1,538℃

29

노 내에서 페로 실리콘(Fe - Si), 알루미늄(Al) 등의 강탈산제를 첨가하여 충분히 탈산시킨 것으로서, 표면에 헤어 크랙이 생기기 쉬우며 상부에 수축관이 생기기 쉬운 강괴는?

① 킬드강　　② 림드강
③ 세미킬드강　　④ 캡트강

해설및용어설명 |
• 탈산정도에 따른 강의 종류
 - 킬드강 : 규소 또는 알루미늄과 같은 강한 탈산제로 탈산한 강
 - 림드강 : 용강의 탈산정도가 낮은 것으로, 강괴는 주형에 접촉하여 급랭된 곳은 치밀한 조직이되지만, 내부는 가스를 함유한 덩어리이며, 강괴 단면에 녹이 긴 것 같은 모습이다.
 - 세미킬드강 : 탈산의 정도가 킬드강과 림드강의 중간에 위치하는 철강
• 헤어 크랙
강재의 마무리 면에 발생하는 미세한 균열을 말한다. 그 크기가 모발과 같이 미세하기 때문에 붙은 이름이다. 헤어 크랙은 또 「백점」이라고도 한다. 헤어 크랙을 검출하기 위해서는 보통 매크로 에칭이 이용된다.

30

다음 중 응력의 단위를 옳게 표시한 것은?

① N/m
② N/m²
③ N·m
④ N

해설및용어설명 | 응력 : 단위 면적에 대한 힘

응력 $\sigma = \dfrac{P}{A}$ N/m²

31

다음 중 자유롭게 휠 수 있는 축은?

① 전동 축
② 크랭크 축
③ 중공 축
④ 플렉시블 축

해설및용어설명 | 플렉시블 축
축 방향을 변화할 수 있도록 가요성(휨성)을 갖게 만든 축

32

제강할 때 편석을 일으키기 쉬우며, 이 원소의 함유량이 0.25% 정도 이상이 되면 연신율이 감소하고 냉간 취성을 일으키는 원소는?

① 인
② 황
③ 망간
④ 규소

해설및용어설명 | P(인)을 0.25% 함유하면 연신율이 감소하고 냉간 취성이 발생한다.

33

니켈-구리계 합금 중 구리에 니켈을 60~70% 정도 첨가한 것으로 내열, 내식성이 우수하므로 터빈날개, 펌프 임펠러 등의 재료로 사용되는 것은?

① 모넬 메탈
② 콘스탄탄
③ 로우 메탈
④ 인코넬

해설및용어설명 |
- 모넬 메탈 : Ni 60~75%, Cu 26~32%를 주성분으로 하고 내식성이 크고, 인장 강도가 연강에 비해서 낮지 않으므로 봉, 선, 단조물, 터빈 블레이드, 밸브 및 밸브 시트, 화학 공업용 용기 등으로 많이 사용된다.
- 콘스탄탄 : Cu 54%, Ni 45%, Mn 1%의 합금으로, 계측기, 열전대, 400℃ 이하의 전열용에 사용된다.
- 인코넬 : 니켈을 주체로 하여 15%의 크로뮴, 6~7%의 철, 2.5%의 타이타늄, 1% 이하의 알루미늄·망가니즈·규소를 첨가한 내열합금이다. 내열성이 좋다.

34

다음 그림에서 A 부의 치수는 얼마인가?

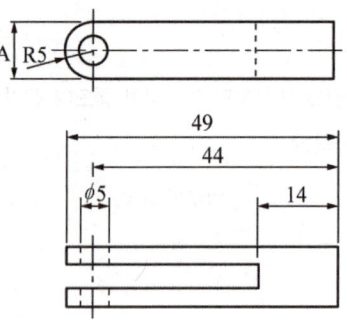

① 5
② 10
③ 15
④ 14

해설및용어설명 | R5(반지름 5mm) 이므로 A부의 치수는 5 + 5 = 10이 된다.

35

선은 굵기에 따라 가는 선, 굵은 선, 아주 굵은 선의 세 종류로 구분하는 데 굵기의 비율로 가장 올바른 것은?

① 1 : 2 : 3
② 1 : 2 : 4
③ 1 : 3 : 5
④ 1 : 2 : 5

해설및용어설명 | 굵기에 따른 선의 종류
- 가는 선 : 0.18 ~ 0.5mm 선
- 굵은 선 : 0.35 ~ 1mm인 선
- 아주 굵은 선 : 0.7 ~ 2mm인 선

36

KS 용접기호 중에서 그림과 같은 용접기호는 무슨 용접기호인가?

① 심 용접
② 비드 용접
③ 필릿 용접
④ 점 용접

해설및용어설명 |

심 용접	비드 용접	점 용접
⊖	⌒	○

37

그림과 같은 배관 도시 기호가 있는 관에는 어떤 종류의 유체가 흐르는가?

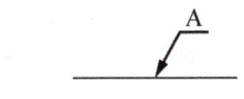

① 공기
② 연료가스
③ 증기
④ 물

해설및용어설명 |
- 공기 : A
- 연료가스 : G
- 증기 : V
- 물 : W

38

개스킷, 박판, 형강 등에서 절단면이 얇은 경우 단면도 표시법으로 가장 적합한 설명은?

① 절단면을 검게 칠한다.
② 실제치수와 같은 굵기의 아주 굵은 1점 쇄선으로 표시한다.
③ 얇은 두께의 단면이 인접되는 경우 간격을 두지 않는 것이 원칙이다.
④ 모든 인접 단면과의 간격은 0.5mm 이하의 간격이 있어야 한다.

해설및용어설명 | 절단면이 얇은 경우 단면을 검게 칠하거나 외형선보다 약간 굵은 실선으로 표시한다.

39

도면에 표제란과 부품란이 있을 때, 부품란에 기입할 사항으로 가장 거리가 먼 것은?

① 제도 일자　　② 부품명
③ 재질　　　　　④ 부품번호

해설및용어설명 | 부품란에는 품번, 품명, 재질, 수량, 무게, 공정, 비고란 등을 기입한다. 제도 일자는 표제란에 기입한다.

40

나사의 풀림 방지법이 아닌 것은?

① 철사를 사용하는 방법　　② 와셔를 사용하는 방법
③ 로크 너트에 의한 방법　　④ 사각 너트에 의한 방법

해설및용어설명 | 너트(나사)의 풀림 방지법
- 로크 너트에 의한 방법
- 핀 또는 작은 나사를 쓰는 방법
- 철사에 의한 방법
- 너트의 회전 방향에 의한 방법
- 자동 죔 너트에 의한 방법
- 세트 스크루에 의한 방법
- 탄성 와셔에 의한 방법

41

암이나 리브 등의 단면을 회전도시 단면도를 사용하여 나타낼 경우 절단한 곳의 전후를 끊어서 그 사이에 단면의 형상을 나타낼 때 사용하는 선은?

① 굵은 실선　　　② 가는 1점 쇄선
③ 가는 파선　　　④ 굵은 1점 쇄선

해설및용어설명 | 바퀴의 암, 리브, 훅, 형강 등의 경우 절단한 단면의 모양을 90° 회전시켜 투상도의 내부에 도시할 때 가는 실선으로, 외부에 도시할 때는 굵은 실선으로 그린다.

42

그림과 같은 용접 기호에 대한 해석이 잘못된 것은?

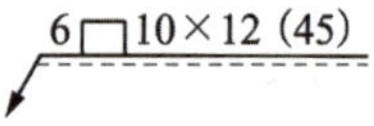

$6 \square 10 \times 12 \ (45)$

① 용접 목 길이는 10mm
② 슬롯부의 너비는 6mm
③ 용접부의 길이는 12mm
④ 인접한 용접부 간의 거리(피치)는 45mm

해설및용어설명 |
① 용접 목의 길이가 아닌 홈의 길이가 10mm이다.

43

도면의 마이크로 사진 촬영, 복사 등의 작업을 편리하게 하기 위하여 표시하는 것과 가장 관계가 깊은 것은?

① 윤곽선　　　② 중심마크
③ 표제란　　　④ 재단마크

해설및용어설명 |
① 윤곽선 : 제도용지의 가장자리와 그림을 그리는 영역을 구분하기 위한 선
③ 표제란 : 도면의 우측 하단에 그리며, 도면 번호, 도면명, 작성자명, 작성일자, 척도, 투상법 등을 기입하는 것을 원칙으로 한다.
④ 재단마크 : 도면이나 용지를 재단할 때 편의를 위하여 원도에 재단마크를 마련하는 것

44

그림의 도면은 제3각법으로 정투상한 정면도와 우측면도일 때 가장 적합한 평면도는?

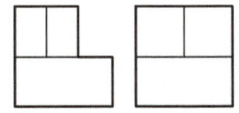

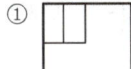 

 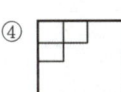

해설및용어설명 | 정면도와 우측면도를 고려해봤을 때 평면도로 가장 적합한 것은 ③번이다.

45

기계제도에서 가는 2점 쇄선을 사용하는 것은?

① 중심선　　　② 지시선
③ 가상선　　　④ 피치선

해설및용어설명 | 가상선과 무게중심선은 가는 2점 쇄선을 사용한다.

46

기계가공 도면에서 구의 반지름을 표시하는 기호는?

① ϕ　　　　② R
③ SR　　　　④ Sϕ

해설및용어설명 |
- ϕ : 지름
- R : 반지름
- Sϕ : 구의 지름

47

아이볼트에 2톤의 인장하중이 걸릴 때 나사부의 바깥지름은? (단, 허용응력 = 10kgf/mm²이고, 나사는 미터 보통나사를 사용한다.)

① 20mm　　　② 30mm
③ 36mm　　　④ 40mm

해설및용어설명 |

볼트의 지름 $d = \sqrt{\dfrac{2P}{\sigma}} = \sqrt{\dfrac{2 \times 2,000}{10}} = 20mm$

48

맞물림 클러치의 턱 형태에 해당하지 않는 것은?

① 사다리꼴형 ② 나선형
③ 유선형 ④ 톱니형

해설및용어설명 | 맞물림 클러치
원동축과 종동축의 끝에 서로 물림이 가능한 형상의 턱을 만들어 서로 맞물려 동력을 전달하는 장치로 턱의 모양은 사각형, 톱니형, 사다리꼴형, 나선형 등이 있다.

49

미터 나사에 관한 설명으로 틀린 것은?

① 미터법을 사용하는 나라에서 사용된다.
② 나사산의 각도가 60°이다.
③ 미터 보통 나사는 진동이 심한 곳의 이완방지용으로 사용된다.
④ 호칭치수는 수나사의 바깥지름과 피치를 mm로 나타낸다.

해설및용어설명 | 미터 나사
- 호칭 지름과 피치를 mm로 나타낸다.
- 나사산 각은 60°인 미터계 3각나사
- 미터 가는 나사는 나사의 지름에 비해 피치가 작아 강도를 필요로 하는 곳, 살이 얇은 원통부, 공작기계의 이완방지용, 세밀한 위치조정, 수밀이나 기밀 등을 필요로 하는 부분에 사용된다.

50

회전력의 전달과 동시에 보스를 축 방향으로 이동시킬 때 가장 적합한 키는?

① 새들 키 ② 반달 키
③ 미끄럼 키 ④ 접선 키

해설및용어설명 |
③ 미끄럼 키 : 페더 키 또는 안내 키라고도 하며 축 방향으로 보스를 미끄럼 운동을 시킬 필요가 있을 때 사용
① 새들 키 : 안장 키라고도 하며 키에는 기울기가 없다. 축의 강도 저하가 없고, 축의 임의의 위치에 부착시켜 사용하는 이점이 있으나 큰 토크 전달에는 부적절하다.
② 반달 키 : 축에 반달모양의 홈을 만들어 반달 모양으로 가공된 키를 끼운다. 축의 강도가 약하게 되는 결점이 있으나 키가 자동적으로 축과 보스에 조정되는 장점이 있다.
④ 접선 키 : 축의 접선 방향으로 끼우는 키로 1/100 기울기를 가진 2개의 키를 한 쌍으로 하여 사용하는 키로 아주 큰 회전력을 전달하는 데 적합하다.

51

피치원 지름이 250mm인 표준 스퍼 기어에서 잇수가 50개일 때 모듈은?

① 2 ② 3
③ 5 ④ 7

해설및용어설명 |

모듈 $m = \dfrac{\text{피치원의 지름}}{\text{잇수}} = \dfrac{D}{Z} = \dfrac{250}{50} = 5$

52
V-벨트 전동장치의 장점을 맞게 설명한 것은?

① 설치면적이 넓으므로 사용이 편리하다.
② 평 벨트처럼 벗겨지는 일이 없다.
③ 마찰력이 평 벨트보다 작다.
④ 벨트의 마찰면을 둥글게 만들어 사용한다.

해설및용어설명 | V-벨트의 특징
- 홈의 양면에 밀착되므로 마찰력이 평 벨트보다 크고, 미끄럼이 적어 비교적 작은 장력으로 큰 회전력을 전달할 수 있다.
- 평 벨트와 같이 벗겨지는 일이 없다.
- 이음매가 없어 운전이 정숙하고, 충격을 완화하는 작용을 한다.
- 지름이 작은 풀리에도 사용할 수 있다.
- 설치 면적이 좁으므로 사용이 편리하다.

53
브레이크 드럼을 브레이크 블록으로 누르게 한 것으로 단식, 복식으로 구분하며 차량, 기중기 등에 많이 사용되는 것은?

① 가죽 브레이크
② 블록 브레이크
③ 축압 브레이크
④ 밴드 브레이크

해설및용어설명 | 반지름 방향으로 밀어 붙이는 형식
- 블록 브레이크
- 팽창 브레이크

54
단면임을 나타내기 위하여 단면부분의 주된 중심선에 대해 45° 정도로 경사지게 나타내는 선들을 의미하는 것은?

① 호핑
② 해칭
③ 코킹
④ 스머징

해설및용어설명 |
② 해칭 : 단면을 명시하기 위한 평행한 사선을 등간격(45°)으로 기입하는 것
① 호핑 : 물질 표면에서 흡착된 분자가 흡착점을 이동하는 것
③ 코킹 : 리벳의 머리나 금속판의 이음새를 두들겨서 기밀하게 하는 작업
④ 스머징 : 도면에 있어서 단면 표시의 한 방법으로 단면도에서 복잡한 도형의 내부 형상을 분명하게 하는 경우에 연필로 단면을 얇게 칠한다.

55
기계제도에서 대상물의 일부를 떼어낸 경계를 표시하는 데 사용하는 선의 명칭은?

① 가상선
② 피치선
③ 파단선
④ 지시선

해설및용어설명 |
③ 파단선 : 대상물의 일부를 파단한 경계 또는 일부를 떼어낸 경계를 표시하는 데 사용
① 가상선 : 인접 부분을 참고로 표시하는 선
② 피치선 : 반복 도형의 피치를 잡는 기준이 되는 선
④ 지시선 : 지시, 기호를 표시하기 위해 끌어낸 선

56
그림과 같은 용접보조기호 설명으로 가장 적합한 것은?

① 일주 공장 용접
② 공장점 용접
③ 일주 현장 용접
④ 현장점 용접

해설및용어설명 | 그림은 전체(일주) 둘레 현장 용접 기호이다.

57

볼트와 너트의 풀림방지, 핸들을 축에 고정할 때 등 큰 힘을 받지 않는 가벼운 부품을 설치하기 위한 결합용 기계요소로 사용되는 것은?

① 키
② 핀
③ 코터
④ 리벳

해설및용어설명 |

① 키 : 기어, 풀리, 플라이휠, 커플링, 클러치 등의 회전체를 고정시켜 회전운동을 전달
③ 코터 : 축방향으로 인장 혹은 압축이 작용하는 두 축을 연결하는 데 쓰이며 분해 가능
④ 리벳 : 보일러, 철교, 구조물, 탱크와 같은 영구 결합에 널리 쓰임

58

핀 전체가 두 갈래로 되어있어 너트의 풀림 방지나 핀이 빠져나오지 않게 하는 데 사용되는 핀은?

① 테이퍼 핀
② 너클 핀
③ 분할 핀
④ 평행 핀

해설및용어설명 | 핀의 종류

- 평행 핀 : 부품의 위치결정
- 분할 핀 : 나사나 볼트, 너트 풀림 방지
- 스프링 핀 : 부품결합(구멍의 크기가 정확하지 않을 때)
- 테이퍼 핀 : 전달동력이 작을 때 키대용으로 부품 고정

59

작은 스퍼 기어와 맞물리고 잇줄이 축방향과 일치하여 회전운동을 직선운동으로 바꾸는 데 사용하는 기어는?

① 내접 기어
② 래크 기어
③ 헬리컬 기어
④ 크라운 기어

해설및용어설명 |

① 내접 기어 : 기어의 이가 안쪽으로 가공되어 큰 기어 속에 작은 기어가 접하여 회전하는 기어
③ 헬리컬 기어 : 바퀴 주위에 비틀린 이가 절삭되어 있는 원통 기어
④ 크라운 기어 : 직각으로 동력을 전하며, 피치면이 평면인 베벨 기어

60

코일스프링에 하중을 36kgf 작용시킬 때 처짐량이 6mm였다면, 스프링 상수값은 몇 kgf/mm인가?

① 6
② 7
③ 8
④ 10

해설및용어설명 |

스프링상수 $k = \dfrac{P}{\delta} = \dfrac{36}{6} = 6$ kgf/mm

CBT 복원문제 2018 * 4

*2016년 5회부터 CBT(컴퓨터 기반 시험)방식으로 변경되어 문제가 공개되지 않아 복원된 문제가 일부 상이할 수 있습니다.

01

응력변형률 선도에서 응력을 서서히 제거할 때 변형이 서서히 없어지는 성질은?

① 점성 ② 탄성
③ 소성 ④ 관성

해설및용어설명 |
② 탄성 : 외력에 의해 변형된 물체가 외력을 제거하면 원래의 상태로 돌아가려는 성질
① 점성 : 유체의 흐름에 대한 저항
③ 소성 : 물체가 외력을 받으면 변형하고 외력을 제거해도 원형으로 복귀하지 않고 변형이 남아 있는 성질
④ 관성 : 물체가 외부로부터 힘을 받지 않을 때 처음의 운동 상태를 계속 유지하려는 성질

02

속도비가 1/30이고, 원동차의 잇수가 25개, 모듈이 4인 표준 스퍼 기어의 외접 연결에서 중심거리는?

① 75mm ② 100mm
③ 150mm ④ 200mm

해설및용어설명 |
원동차의 피치원 지름 $D_A = mZ_A = 4 \times 25 = 100mm$
속도비 $i = \dfrac{N_B}{N_A} = \dfrac{D_A}{D_B} = \dfrac{mZ_A}{mZ_B} = \dfrac{Z_A}{Z_B}$ 에서, $\dfrac{1}{3} = \dfrac{D_A}{D_B}$ 이므로
스퍼기어의 피치원 지름 $D_B = 3D_A = 3 \times 100 = 300mm$
중심거리 $C = \dfrac{D_A + D_B}{2} = \dfrac{100 + 300}{2} = 200mm$

03

그림과 같이 도면에서 대각선으로 표시한 가는 실선이 나타내는 뜻은?

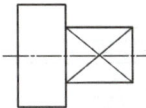

① 평면 ② 열처리할 면
③ 가공제외 면 ④ 끼워맞춤부분

해설및용어설명 | 도면에서 평면인 것을 나타낼 때는 가는 실선으로 대각선을 그어 표시한다.

04

기계제도에서 제3각법에 대한 설명으로 틀린 것은?

① 눈 → 투상면 → 물체의 순으로 나타낸다.
② 평면도는 정면도의 위에 그린다.
③ 배면도는 정면도의 아래에 그린다.
④ 좌측면도는 정면도의 좌측에 그린다.

해설및용어설명 |
• 배면도는 우측면도 우측에 그린다.
• 정면도 아래에 저면도를 그린다.

정답 01 ② 02 ④ 03 ① 04 ③

05

표면의 줄무늬 방향기호에 대한 설명으로 맞는 것은?

① X : 가공에 의한 컷의 줄무늬 방향이 투상면에 직각
② M : 가공에 의한 컷의 줄무늬 방향이 투상면에 평행
③ C : 가공에 의한 컷의 줄무늬 방향이 중심에 동심원 모양
④ R : 가공에 의한 컷의 줄무늬 방향이 투상면에 교차 또는 경사

해설및용어설명ㅣ

기호	커터의 줄무늬 방향	적용
⊥	투상면에 직각	선삭
=	투상면에 평행	셰이핑
X	투상면에 경사지고 두 방향으로 교차	호닝
C	중심에 대하여 동심원	끝면절삭
M	여러 방향으로 교차되거나 무방향	밀링, 래핑
R	중심에 대하여 레이디얼 모양	일반적인 가공

06

그림의 표면의 결 도시 기호에서 각 항목이 설명하는 것으로 틀린 것은?

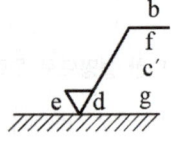

① d : 줄무늬 방향의 기호
② b : 컷 오프 값
③ c : 기준 길이·평가 길이
④ g : 표면 파상도

해설및용어설명ㅣ가공방법 기호

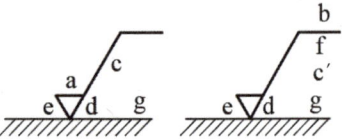

- a : R_a의 값(μm)
- b : 가공 방법, 표면처리
- c : 컷 오프값·평가 길이
- c' : 기준 길이·평가 길이
- d : 줄무늬 방향 기호
- e : 기계가공 공차
- f : R_a 이외의 파라미터
- g : 표면 파상도(KS B ISO 4287에 따른다)

07

기계제도에서 물체의 투상에 관한 설명 중 잘못된 것은?

① 주투상도는 대상물의 모양 및 기능을 가장 명확하게 표시하는 면을 그린다.
② 보다 명확한 설명을 위해 주투상도를 보충하는 다른 투상도는 되도록 많이 그린다.
③ 특별한 이유가 없는 경우 대상물을 가로 길이로 놓은 상태로 그린다.
④ 서로 관련되는 그림의 배치는 되도록 숨은선을 쓰지 않도록 한다.

해설및용어설명ㅣ 주투상도를 보충하는 다른 투상도는 되도록 적게 그린다.

08

스프링의 용도에 가장 적합하지 않은 것은?

① 충격 완화용
② 무게 측정용
③ 동력 전달용
④ 에너지 축적용

해설및용어설명ㅣ스프링의 용도

- 진동·충격 완화 : 차대·섀시
- 에너지 축적 : 시계의 스프링
- 하중과 변형 이용 : 안전 스프링, 스프링 저울

09

하중 20kN을 지지하는 훅 볼트에서 나사부의 바깥지름은 약 몇 mm인가? (단, 허용응력 σ = 50N/mm² 이다)

① 29   ② 57
③ 10   ④ 20

해설및용어설명 |

볼트의 지름 $d = \sqrt{\dfrac{2P}{\sigma}} = \sqrt{\dfrac{2 \times 20,000}{50}} ≒ 28.28$mm

10

평기어에서 잇수가 40개, 모듈이 2.5인 기어의 피치원 지름은 몇 mm인가?

① 100   ② 125
③ 150   ④ 250

해설및용어설명 |

모듈 $m = \dfrac{\text{피치원의 지름}}{\text{잇수}} = \dfrac{D}{Z}$ 에서,

피치원 지름 $D = mZ = 2.5 \times 40 = 100$mm

11

다음과 같은 용접 도시 기호의 명칭으로 옳은 것은?

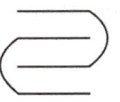

① 겹침 접합부   ② 경사 접합부
③ 표면 접합부   ④ 표면 육성

해설및용어설명 |

경사 접합부	표면 접합부 (서페이싱 이음)	표면 육성 (서페이싱)
//	=	⌒

12

모따기의 각도가 45°일 때 치수 수치 앞에 넣는 모따기 기호는?

① D   ② C
③ R   ④ ϕ

해설및용어설명 | 치수보조기호

기호 이름	기호	기호 이름	기호
지름	ϕ	판의 두께	t
반지름	R	45° 모따기	C
구의 지름	Sϕ	참고치수	( )
구의 반지름	SR	이론적으로 정확한 치수	10
정사각형의 변	□	깊이	↧
카운터 보어	⊔	카운터 싱크	∨

13

기계에서 발생하는 소음이나 진동 등과 같은 주위 환경에서 오는 오차 또는 자연 현상의 급변 등으로 생기는 오차는?

① 측정기의 오차
② 시차
③ 우연오차
④ 긴 물체의 휨에 의한 영향

해설및용어설명 | 오차의 종류
- 기기오차(측정기의 오차) : 측정기의 구조, 측정압력, 측정온도, 측정기의 마모 등에 따른 오차로서 아무리 정밀한 측정이라도 다소의 기기오차는 있으며 구해진 값을 보정하여 사용한다.
- 개인오차 : 측정하는 사람의 습관, 부주의, 숙련도에 따라 발생하는 오차
- 외부조건에 의한 오차 : 온도나 채광의 변화에 의한 오차
- 우연오차 : 개인오차나 외부조건에 의한 오차를 없애고 기기오차를 보정하여도 발생하는 오차로 어떤 현상을 측정함에 있어 방해가 되는 모든 요소로 인해 생기는 오차

14

도면의 척도란에 5 : 1로 표시되었을 때 의미로 올바른 것은?

① 축척으로 도면의 형상 크기는 실물의 1/5이다.
② 축척으로 도면의 형상 크기는 실물의 5배이다.
③ 배척으로 도면의 형상 크기는 실물의 1/5이다.
④ 배척으로 도면의 형상 크기는 실물의 5배이다.

해설및용어설명 | 척도
A(도면에서의 크기) : B(물체의 실제 크기)

16

다음 중 선의 굵기가 가는 실선이 아닌 것은?

① 지시선
② 치수선
③ 해칭선
④ 외형선

해설및용어설명 | 외형선 : 굵은 실선

17

회전축의 회전 방향이 양쪽 방향인 경우 2쌍의 접선 키를 설치할 때 접선키의 중심각은?

① 30°
② 60°
③ 90°
④ 120°

해설및용어설명 | 접선 키의 특징
- 축의 접선 방향으로 끼우는 키로 1/100 기울기를 가진 2개의 키를 한 쌍으로 하여 사용한다.
- 회전방향이 양쪽 방향일 때는 중심각이 120°되는 위치에 두 쌍을 설치한다.
- 아주 큰 회전력을 전달하는 데 적합하다.

18

축이나 구멍에 설치한 부품이 축방향으로 이동하는 것을 방지하는 목적으로 주로 사용하며, 가공과 설치가 쉬워 소형정밀기기나 전자기기에 많이 사용되는 기계요소는?

① 키
② 코터
③ 멈춤링
④ 커플링

해설및용어설명 |
③ 멈춤링 : 축이나 구멍에 부착하여 베어링 등의 부품이 빠지지 않도록 사용하는 스프링 부품
① 키 : 벨트풀리·기어·커플링 등과 그것들에 끼이는 축과의 상대적 회전 미끄럼을 방지하기 위해 사용되는 기계요소
② 코터 : 축과 축 등을 결합시키는 데 사용하는 쐐기
④ 커플링 : 축과 축을 연결하기 위하여 사용되는 요소 부품

19

기어에서 이의 간섭 방지 대책으로 틀린 것은?

① 압력각을 크게 한다.
② 이의 높이를 높인다.
③ 이끝을 둥글게 한다.
④ 피니언의 이뿌리면을 파낸다.

해설및용어설명 | 기어 이의 간섭 방지 대책
- 압력각을 크게 한다.
- 이의 높이를 줄인다.
- 이끝을 둥글게 한다.
- 피니언 반지름 방향의 이뿌리면을 파낸다.

20

결합용 기계요소인 와셔를 사용하는 이유가 아닌 것은?

① 볼트 머리보다 구멍이 클 때
② 볼트 길이가 길어 체결 여유가 많을 때
③ 자리면이 볼트 체결 압력을 지탱하기 어려울 때
④ 너트가 닿는 자리면이 거칠거나 기울어져 있을 때

해설및용어설명 | 와셔의 사용
- 볼트 결합부의 구멍이 크거나 너트의 자리면이 고르지 못할 때
- 자리면의 재료가 너무 연하여 볼트의 체결 압력에 견딜 수 없을 때
- 너트의 풀림을 방지할 때
- 접촉면이 바르지 못하고 경사졌을 때

21

보기에서와 같이 입체도를 제3각법으로 그린 투상도에 관한 설명으로 옳은 것은?

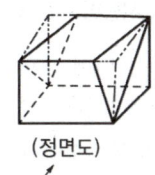

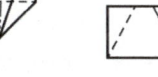
(정면도)

① 평면도만 틀림
② 정면도만 틀림
③ 우측면도만 틀림
④ 모두 올바름

해설및용어설명 | 평면도에서 숨은선이 없어야 한다.

22

그림과 같이 경사면부가 있는 물체에서 경사면의 실제 형상을 나타낼 수 있도록 그린 투상도는?

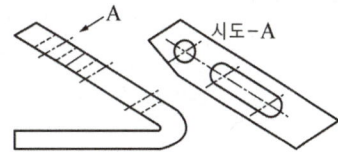

① 보조 투상도
② 국부 투상도
③ 회전 투상도
④ 부분 투상도

해설및용어설명 | 문제 그림은 보조 투상도에 대한 내용이다.

23

원호의 반지름이 커서 그 중심위치를 나타낼 필요가 있을 경우, 지면 등의 제약이 있을 때는 그 반지름의 치수선을 구부려서 표시할 수 있다. 이때 치수선의 표시방법으로 맞는 것은?

① 중심점의 위치는 원호의 실제 중심위치에 있어야 한다.
② 중심점에서 연결된 치수선의 방향은 정확히 화살표로 향한다.
③ 치수선의 방향은 중심에 관계없이 보기 좋게 긋는다.
④ 치수선에 화살표가 붙은 부분은 정확한 중심위치를 향하도록 한다.

해설 및 용어설명 | 반지름 치수 기입법
- 반지름 치수는 치수 수치 앞에 반지름 기호 R을 같은 크기로 기입하여 표시
- 치수선의 화살표를 원호 쪽에만 붙이고 중심 쪽에는 붙이지 않으며 정확한 중심 위치를 향하도록 함
- 화살표나 치수 수치를 기입할 여지가 없을 경우
- 반지름이 커서 그 중심 위치까지 치수선을 그을 수 없거나 여백이 없을 경우 화살표를 붙이는 치수선은 반지름의 정확한 중심 방향으로 긋고 Z자 형으로 휘어서 표시

24

도면 부품란에 "SM45C"로 기입되어 있을 때 어떤 재료를 의미하는가?

① 탄소 주강품
② 용접용 스테인리스 강재
③ 회주철품
④ 기계 구조용 탄소 강재

해설 및 용어설명 | SM45C 해석
- SM(기계 구조용)
- 45C(탄소함유량 0.45%인 탄소 강재)

25

다음 그림에서 "가"와 "나"의 용도에 의한 명칭과 선의 종류(굵기)가 바르게 연결된 것은?

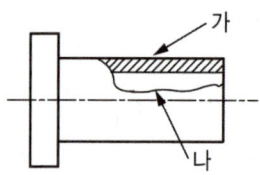

① 가. 해칭선 – 가는 실선, 나. 가상선 – 가는 실선
② 가. 해칭선 – 굵은 실선, 나. 파단선 – 굵은 실선
③ 가. 해칭선 – 가는 실선, 나. 파단선 – 굵은 실선
④ 가. 해칭선 – 가는 실선, 나. 파단선 – 가는 실선

해설 및 용어설명 |
가. 해칭선 - 가는 실선
나. 파단선 - 가는 실선

26

다음 투상법의 기호는 제 몇 각법을 나타내는 기호인가?

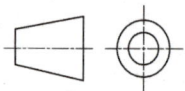

① 1각법
② 2각법
③ 3각법
④ 4각법

27

강판을 말아서 그림과 같은 원통을 만들고자 한다. 다음 중 가장 적합한 강판의 크기(가로×세로)는?

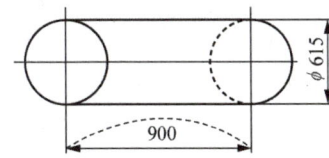

① 966×900
② 1,932×900
③ 2,515×900
④ 3,864×900

해설및용어설명 |
세로의 크기 = 원주길이 = $\pi d = \pi \times 615 ≒ 1,932$
즉, 강판의 크기(가로×세로) = 1,932×900

28

코일 스프링의 전체의 평균 지름이 30mm, 소선의 지름이 3mm라면 스프링 지수는?

① 0.1
② 6
③ 8
④ 10

해설및용어설명 | 스프링 지수
스프링 설계에 중요한 수로, 코일의 평균 지름과 재료의 지름의 비다.

스프링지수 = $\dfrac{30}{3}$ = 10

29

양 끝에 왼나사 및 오른나사가 있어서 막대나 로프 등을 조이는 데 사용하는 기계요소는?

① 나비 너트
② 캡 너트
③ 아이 너트
④ 턴 버클

해설및용어설명 |
④ 턴 버클 : 좌우에 나사막대가 있고 나사부가 공통 너트로 연결되어 있고 한쪽의 수나사는 오른나사, 다른 쪽 수나사는 왼나사로 되어 있는 죔기구의 하나
① 나비 너트 : 손가락으로 돌려서 체결할 수 있는 손잡이가 달린 너트
② 캡 너트 : 너트의 한쪽을 관통되지 않도록 만든 것
③ 아이 너트 : 한쪽 끝에 핀이나 끈을 통할 수 있는 둥근 고리가 달린 너트

30

한 변의 길이가 2cm인 정사각형 단면의 주철제 각봉에 4,000N의 중량을 가진 물체를 올려놓았을 때 생기는 압축응력(N/mm^2)은?

① $10N/mm^2$
② $20N/mm^2$
③ $30N/mm^2$
④ $40N/mm^2$

해설및용어설명 |
압축응력 $\sigma = \dfrac{P}{A} = \dfrac{4,000}{20 \times 20} = 10N/mm^2$

31

다음 입체도에서 화살표 방향의 정면도로 적합한 것은?

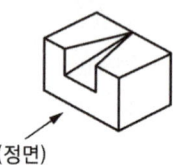

① ② ③ ④

해설 및 용어설명 | 화살표 방향의 정면에서 봤을 때 "④"가 정답이다.

32

축을 설계할 때 고려사항으로 가장 적합하지 않은 것은?

① 변형 ② 축간거리
③ 강도 ④ 진동

해설 및 용어설명 | 축 설계상 고려할 사항
- 강도
- 응력집중
- 처짐 변형
- 비틀림 변형
- 진동
- 열응력
- 부식
- 열팽창

33

국제단위계 SI단위를 옳게 표현한 것은?

① 가속도 : km/h   ② 체적 : kL
③ 응력 : Pa   ④ 힘 : N/m²

해설 및 용어설명 |
① 가속도 : m/s²
② 체적 : m³
④ 힘 : N, kg·m/s²

34

다음은 무엇에 대한 설명인가?

> 2개의 축이 평행하지만 축 선의 위치가 어긋나 있을 때 사용하며, 한 개의 원판 앞뒤에 서로 직각 방향으로 키 모양의 돌기를 만들어 이것을 양 축 사이의 플랜지 사이에 끼워 놓아, 한쪽의 축을 회전시키면 중앙의 원판이 홈에 따라서 미끄러지며 다른 쪽의 축에 회전력을 전달시키는 축 이음 방법이다.

① 셀러 커플링 ② 유니버설 커플링
③ 올덤 커플링 ④ 마찰 클러치

해설 및 용어설명 |
① 셀러 커플링 : 외통과 내통의 결합으로 구성되는 축 이음
② 유니버설 커플링 : 두 축의 중심선이 어느 각도로 교차되고, 그 사이의 각도가 운전 중 다소 변하여도 자유로이 운동을 전달할 수 있는 축이음이다.
④ 마찰 클러치 : 두 개의 마찰면을 밀어 붙여 마찰면에 생기는 마찰력으로 동력을 전달하는 클러치로 원판 마찰 클러치와 원추 마찰 클러치가 있다.

35

다음 중 다른 벨트에 비하여 탄성과 마찰계수는 떨어지지만 인장강도가 대단히 크고 벨트 수명이 긴 장점을 가지고 있는 것으로 마찰을 크게 하기 위하여 풀리의 표면에 고무, 코르크 등을 붙여 사용하는 것은?

① 가죽 벨트
② 고무 벨트
③ 섬유 벨트
④ 강철 벨트

해설및용어설명 |
④ 강철 벨트 : 압연한 얇은 강철판으로 만들며, 다른 벨트에 비하여 탄성과 마찰 계수는 떨어지지만 인장강도가 대단히 크며, 늘어나지도 않고 수명이 긴 장점이 있다.
① 가죽 벨트 : 소 가죽, 물소 가죽을 연하게 처리하여 두께 약 5~8mm 정도로 만든 벨트
② 고무벨트 : 2장 이상의 직물 벨트에 고무를 포개 붙여 만든 것으로 유연하고, 풀리에 잘 접촉 되므로 미끄럼이 적고, 비교적 수명이 길다.
③ 섬유벨트 : 무명, 대마, 합성 섬유의 직물을 이음매 없이 짜서 만든 것으로 폭과 길이를 마음대로 만들 수 있으나, 가죽에 비하여 연결하기가 힘들다. 인장강도는 크지만 마찰계수가 작고, 온도와 습도에 의한 신축이 심하며 유연성이 좋지 않아 전동 효율이 떨어진다.

36

그림과 같은 용접 기호에서 a5는 무엇을 의미하는가?

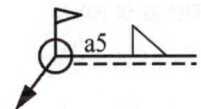

① 루트 간격이 5mm
② 필릿 용접 목 두께가 5mm
③ 필릿 용접 목 길이가 5mm
④ 점 용접부의 용접 수가 5개

해설및용어설명 | 전체 둘레 현장 용접의 보호 기호로 필릿 용접, 목 두께를 나타낸다.

37

기계제도에서 척도 및 치수 기입법 설명으로 잘못된 것은?

① 치수는 되도록 주 투상도에 집중하여 기입 한다.
② 치수는 특별한 명기가 없는 한 제품의 완성치수이다.
③ 현의 길이를 표시하는 치수선은 동심 원호로 표시한다.
④ 도면에 NS로 표시된 것은 비례척이 아님을 나타낸 것이다.

해설및용어설명 | 현의 길이를 표시하는 치수선은 직선으로 표시하고 호의 길이를 표시하는 치수선은 원호로 표시한다.

38

그림과 같이 직육면체를 나타낼 수 있는 투상도는?

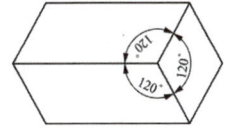

① 정 투상도
② 사 투상도
③ 등각 투상도
④ 부등각 투상도

해설및용어설명 |
- 등각 투상도 : 각이 서로 120°를 이루는 3개의 축을 기본으로 하여, 이들 기본 축에 물체의 높이, 너비, 안쪽 길이를 옮겨서 나타내는 투상도
- 정 투상도 : 서로 직각으로 교차하는 세 개의 화면, 즉 평화면, 입화면, 측화면 사이에 물체를 놓고 각 화면에 수직되는 평행 광선으로 투상한 투상도
- 사 투상도 : 물체의 주요면을 투상면에 평행하게 놓고 투상면에 대하여 수직보다 다소 옆면에서 보고 그린 투상도
- 부등각 투상도 : 등각투상도와 달리 세 각이 모두 다르게 하여 나타낸 것

39

3각법으로 투상한 그림과 같은 정면도와 평면도에 좌측면도로 적합한 것은?

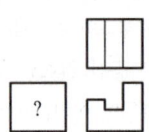

①   ②

③   ④

해설및용어설명 | 정면도에서의 가운데 홈부분을 고려하면 좌측면도 파선이 잘 표현된 것은 ②번이다.

40

기준원 위에서 원판을 굴릴 때 원판 위의 1점이 그리는 궤적으로 나타내는 것은?

① 쌍곡선 ② 포물선
③ 인벌류트 곡선 ④ 사이클로이드 곡선

해설및용어설명 |
- 사이클로이드 곡선 : 작은 구름원이 피치원의 바깥둘레(외측)를 미끄럼 없이 굴러갈 때 구름 원주상의 한 점이 그리는 궤적
- 인벌류트 곡선 : 원통 면(기초원)에 실을 감아서 팽팽하게 잡아당기면서 풀어나갈 때 실의 한 점이 그리는 궤적

41

기어에서 이끝 높이(Addendum)가 의미하는 것은?

① 두 기어의 이가 접촉하는 거리
② 이뿌리원에서부터 이끝원까지의 거리
③ 피치원에서부터 이뿌리까지의 거리
④ 피치원에서부터 이끝원까지의 거리

해설및용어설명 | 기어 각부 명칭
- 피치원 : 두 개의 기어가 맞물릴 때에, 서로 접하는 점을 이어 만든 원
- 이끝 높이 : 피치원에서 이끝원까지의 거리
- 이뿌리 높이 : 피치원에서 이뿌리원까지의 거리
- 총 이높이 : 이끝 높이 + 이뿌리 높이
- 이끝 틈새 : 이끝원에서부터 이것과 맞물리고 있는 기어의 이뿌리원까지의 거리
- 유효 이의 높이 : 이뿌리원부터 이끝원까지의 거리

42

607C2P6으로 표시된 베어링에서 안지름은?

① 7mm ② 30mm
③ 35mm ④ 60mm

해설및용어설명 |
60 / 7 / C2 / P6
- 60 : 베어링 계열번호(깊은 홈 볼 베어링)
- 7 : 내경 (7mm)
- C2 : 내부 틈새
- P6 : 등급 기호(5급)

43

체결용 기계요소가 아닌 것은?

① 나사　　　　② 키
③ 브레이크　　④ 핀

해설및용어설명 | 브레이크는 제동용 요소이다.

44

코일 스프링에 350N의 하중을 걸어 5.6cm 늘어났다면 이 스프링의 스프링 상수(N/mm)는?

① 5.25　　　　② 6.25
③ 53.5　　　　④ 62.5

해설및용어설명 | 스프링 상수 : 작용하중과 변위량의 비

스프링 상수 $\delta = \dfrac{P}{k} = \dfrac{350}{56} = 6.25 \text{N/mm}$

45

축에서 토크가 67.5kN·mm이고, 지름 50mm일 때 키(Key)에 발생하는 전단 응력은 몇 N/mm²인가? (단, 키의 크기는 나비×높이×길이 = 15mm×10mm×60mm이다)

① 2　　　　② 3
③ 6　　　　④ 8

해설및용어설명 |

전달 토크 $T = P \times r$에서, 전단력 $P = \dfrac{67.5 \times 1,000}{25} = 2,700 \text{N}$

전단응력 $\tau = \dfrac{P}{A} = \dfrac{2,700}{15 \times 60} = 3 \text{N/mm}^2$

46

원동차와 종동차의 지름이 각각 400mm, 200mm일 때 중심거리는?

① 300mm　　　② 600mm
③ 150mm　　　④ 200mm

해설및용어설명 | 원동차 2축 간 중심거리

$C = \dfrac{D_A + D_B}{2} = \dfrac{400 + 200}{2} = 300 \text{mm}$

47

관용 테이퍼 나사 중 테이퍼 수나사를 나타내는 표시 기호로 옳은 것은?

① G　　　　② R
③ Rc　　　　④ Rp

해설및용어설명 |
① G : 관용 평행 나사
③ Rc : 관용 테이퍼 나사(테이퍼 암나사)
④ Rp : 관용 테이퍼 나사(평행 암나사)

48

물체의 구멍, 홈 등 특정 부분만의 모양을 도시하는 것으로 그림과 같이 그려진 투상도의 명칭은?

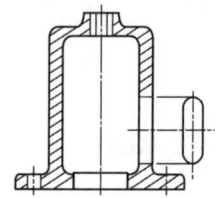

① 회전 투상도 ② 보조 투상도
③ 부분 확대도 ④ 국부 투상도

해설및용어설명 |
① 회전 투상도 : 투상면이 일정한 각도를 가지고 있어 실형을 제대로 표시하기 어려운 경우 일부를 회전하여 나타내는 투상도
② 보조 투상도 : 필요 부분만을 나타내는 투상도
③ 부분 확대도 : 특정부분의 도형이 작아 그 부분의 상세한 표시나 치수 기입이 어려운 경우 사용한다.

49

그림과 같은 용접기호에서 "40"의 의미를 바르게 설명한 것은?

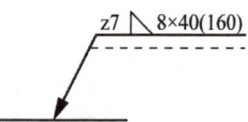

① 용접부 길이 ② 용접부 수
③ 인접한 용접부의 간격 ④ 용입의 바닥까지의 최소거리

해설및용어설명 |
- z7 : 단면에서 이등변 삼각형의 변 길이
- 8 : 용접부의 개수
- 40 : 용접부 길이
- 160 : 인접한 용접부 간격

50

도면에서 판의 두께를 표시하는 방법을 정해 놓고 있다. 두께 3mm의 표시 방법으로 옳은 것은?

① P3 ② C3
③ t3 ④ □3

해설및용어설명 |
① 해당없음
② 45° 모따기 3mm
④ 정사각형 한 변 치수 3mm

51

기계 제도에서 도형에 나타나지 않으나 공작 시의 이해를 돕기 위하여 가공 전 형상이나, 공구의 위치 등을 나타내는 데 사용하는 선은?

① 파단선 ② 숨은선
③ 중심선 ④ 가상선

해설및용어설명 | 선의 종류

용도에 의한 명칭	선의 종류	용도
외형선	굵은 실선	대상물의 보이는 부분의 모양을 표시하는 데 사용한다.
치수선	가는 실선	치수 기입하기 위해 사용한다.
치수 보조선		치수 기입하기 위해 도형으로부터 끌어내는 데 사용한다.
숨은선	파선	대상물의 보이지 않는 부분의 모양을 표시하는 데 사용한다.
중심선	가는 1점 쇄선	도형의 중심 표시하는 데 사용한다.
기준선		위치 결정의 근거가 된다는 것을 명시할 때 사용한다.
피치선		되풀이하는 도형의 피치를 취하는 기준을 표시하는 데 사용한다.
특수 지정선	굵은 1점 쇄선	특수한 가공을 하는 부분 등 특별한 요구사항을 적용할 수 있는 범위를 표시하는 데 사용한다.
가상선	가는 2점 쇄선	인접부분을 참고로 표시하는 데 사용한다.
파단선	불규칙한 파형의 가는 실선	대상물의 일부를 파단한 경계 또는 일부를 떼어낸 경계를 표시하는 데 사용한다.

52

저널 베어링에서 저널의 지름이 30mm, 길이가 40mm, 베어링의 하중이 2,400N일 때, 베어링의 압력은 몇 MPa인가?

① 1　　　　　　　　② 2
③ 3　　　　　　　　④ 4

해설및용어설명 | 베어링에 작용하는 압력

$$P = \frac{W}{D \times L} \text{MPa}$$

- W : 하중(N)
- D : 베어링 직경(mm)
- L : 베어링 길이(mm)

$$P = \frac{2,400}{30 \times 40} = 2\text{MPa}$$

53

나사가 축을 중심으로 한 바퀴 회전할 때 축방향으로 이동한 거리는 무엇인가?

① 피치　　　　　　② 리드
③ 리드각　　　　　④ 백래시

해설및용어설명 |
② 리드 : 나선을 따라 한 점이 축 주위를 한 바퀴 돌 때의 축방향 이동거리
① 피치 : 나사산과 나사산의 거리
③ 리드각 : 나선의 접선과 나선이 놓인 원통 축에 직각인 평면 사이의 예각
④ 백래시 : 한 쌍의 기어를 맞물렸을 때 치면 사이에 생기는 틈새

54

너트 위쪽에 분할 핀을 끼워 풀리지 않도록 하는 너트는?

① 원형 너트　　　　② 플랜지 너트
③ 홈붙이 너트　　　④ 슬리브 너트

해설및용어설명 |
① 원형 너트(캡너트) : 수나사의 선단이 보이지 않기 위해 편면을 모자 형태로 만든 너트
② 플랜지 너트 : 너트 바닥면에 둥근 테가 붙은 모양의 와셔 겸용의 너트
④ 슬리브 너트 : 암나사를 낸 가늘고 긴 통 모양의 너트

55

다음 중 담금질에서 나타나는 조직으로 경도와 강도가 가장 높은 조직은?

① 시멘타이트　　　② 오스테나이트
③ 소르바이트　　　④ 마텐자이트

해설및용어설명 | 조직 경도비교
시멘타이트 > 마텐자이트 > 트루스타이트 > 소르바이트 > 펄라이트 > 오스테나이트 > 페라이트

56

원형나사 또는 둥근나사라고도 하며, 나사산의 각(a)은 30°로 산마루와 골이 둥근 나사는?

① 톱나사　　　　　② 너클나사
③ 볼나사　　　　　④ 세트 스크루

해설및용어설명 |
② 너클나사 : 나사산의 단면이 원호 모양으로 되어 있는 형태의 나사(둥근나사)
① 톱니나사 : 나사산이 톱니 모양인 비대칭 단면의 나사
③ 볼나사 : 수나사와 암나사의 홈을 서로 맞붙여 나선형의 홈에 강구를 넣은 나사
④ 세트 스크루 : 보스와 축을 고정시키거나 축에 꺼 맞춰진 기어와 풀리의 설치 위치의 조정 또는 키 대용으로 사용

57

나사에 관한 설명으로 틀린 것은?

① 나사에서 피치가 같으면 줄 수가 늘어나도 리드는 같다.
② 미터계 사다리꼴 나사산의 각도는 30°이다.
③ 나사에서 리드라 하면 나사축 1회전당 전진하는 거리를 말한다.
④ 톱니나사는 한방향으로 힘을 전달시킬 때 사용한다.

해설및용어설명 | $L(리드)= n(줄수)×p(피치)$에서 리드와 줄 수는 비례하기 때문에 줄 수가 늘어나면 리드도 늘어난다.

58

판금 제품을 만드는 데 필요한 도면으로 입체의 표면을 한 평면 위에 펼쳐서 그리는 도면은?

① 회전 평면도
② 전개도
③ 보조 투상도
④ 사 투상도

해설및용어설명 |
① 회전 투상도 : 투상면이 일정한 각도를 가지고 있어서 실형을 제대로 표시하기 어려운 경우에 그 부분의 일부를 회전하여 나타내는 투상도
③ 보조 투상도 : 경사면부가 있는 대상물에서 그 경사면의 실제 모양을 표시할 필요가 있는 경우에 그린 투상도
④ 사 투상도 : 물체의 주요면을 투상면에 평행하게 놓고 투상면에 대하여 수직보다 다소 옆면에서 보고 그린 투상도

59

일반 구조용 압연강재의 KS 기호는?

① SPCG
② SPHC
③ SS400
④ STS304

해설및용어설명 |
- SS : 일반 구조용 압연강재
- 400 : 최저 인장강도(N/mm^2)

60

다음 중 주조상태의 주강품 조직이 거칠고 취약하기 때문에 반드시 실시해야 하는 열처리는?

① 침탄
② 풀림
③ 질화
④ 금속침투

해설및용어설명 | 열처리의 종류
- 풀림 : 금속 재료를 적당한 온도로 가열한 다음 서서히 상온으로 냉각시키는 조작으로 경화된 재료를 연화시키거나 내부 응력을 제거하기 위함
- 뜨임 : 담금질(강도와 경도 증가)한 금속 재료에 강인성이나 더 높은 경도를 부여하기 위해 적당한 온도로 다시 가열했다가 공기 중에서 서서히 냉각시키는 열처리 방법
- 불림 : 강의 조직을 표준상태로 하기 위하여 변태점 이상의 적당한 온도로 가열한 후 대기 중에서 냉각하는 열처리
- 담금질 : 고온으로 가열한 후 물이나 기름을 이용하여 급랭시켜 필요한 성질을 부여하는 열처리 방법

CBT 복원문제 2019 * 1

*2016년 5회부터 CBT(컴퓨터 기반 시험)방식으로 변경되어 문제가 공개되지 않아 복원된 문제가 일부 상이할 수 있습니다.

01
A : B로 척도를 표시할 때 A : B의 설명으로 옳은 것은?

         A   :   B
① 도면에서의 길이 : 대상물의 실제길이
② 도면에서의 치수값 : 대상물의 실제길이
③ 대상물의 실제길이 : 도면에서의 길이
④ 대상물의 크기 : 도면의 크기

해설및용어설명 | 척도
도면에서의 길이 : 물체의 실제길이 = A : B

02
기계제도에서 가는 실선으로 나타내는 선은?

① 외형선 ② 피치선
③ 가상선 ④ 파단선

해설및용어설명 | 가는 실선의 용도
치수선, 치수 보조선, 지시선, 회전 단면선, 중심선, 수준면선, 파단선

03
강도와 기밀을 필요로 하는 압력용기에 쓰이는 리벳은?

① 접시머리 리벳 ② 둥근머리 리벳
③ 납작머리 리벳 ④ 얇은 납작머리 리벳

해설및용어설명 | 보일러용, 구조용으로 사용되는 리벳은 둥근머리 리벳과 둥근접시머리 리벳이 있다.

04
그림과 같은 입체도에서 화살표 방향을 정면으로 할 때 좌측면도로 옳은 것은?

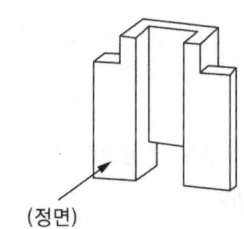
(정면)

① 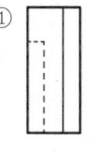 ②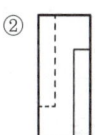

③ 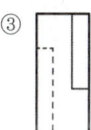 ④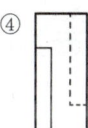

해설및용어설명 | 좌측에서 바라본 모습은 ②번 그림이다.

정답 01 ① 02 ④ 03 ② 04 ②

05

다음 중 가장 큰 회전력을 전달할 수 있는 것은?

① 안장 키 ② 평 키
③ 묻힘 키 ④ 스플라인

해설및용어설명 | 가장 큰 회전력을 전달하는 것은 스플라인이다.

06

양끝을 고정한 단면적 2cm²인 사각봉이 온도 -10℃에서 가열되어 50℃가 되었을 때, 재료에 발생하는 열응력은?
(단, 사각 봉의 탄성계수는 21GPa, 선팽창 계수는 12×10^{-6}/℃이다)

① 15.1MPa ② 25.2MPa
③ 29.9MPa ④ 35.8MPa

해설및용어설명 | 열 응력
$\sigma = E\times\alpha(t_2-t_1) = 21,000\times12\times10^{-6}\times60 = 15.12$MPa

07

풀리의 지름 200mm, 회전수 900rpm인 평벨트 풀리가 있다. 벨트의 속도는 약 몇 m/s인가?

① 9.42 ② 10.42
③ 11.42 ④ 12.42

해설및용어설명 | 원주속도
$v = \dfrac{\pi D_1 N_1}{60\times1,000} = \dfrac{\pi D_2 N_2}{60\times1,000} = \dfrac{\pi\times200\times900}{60\times1,000} = 9.42$m/s

08

나사에서 리드(L), 피치(P), 나사 줄 수(n)와의 관계식으로 옳은 것은?

① $L = P$ ② $L = 2P$
③ $L = nP$ ④ $L = n$

해설및용어설명 | L(리드) = n(줄수) × P(피치)

09

다음 중 숨은선 그리기의 예로 적절하지 않은 것은?

해설및용어설명 | 숨은선이 서로 교차하는 부분은 서로 만나게 그린다.

10

고압 탱크나 보일러의 리벳이음 주위에 코킹(Caulking)을 하는 주목적은?

① 강도를 보장하기 위해서
② 기밀을 유지하기 위해서
③ 표면을 깨끗하게 유지하기 위해서
④ 이음 부위의 파손을 방지하기 위해서

해설및용어설명 | 코킹
고압 탱크, 보일러 등과 같이 기밀을 필요로 할 때 리베팅이 끝난 뒤에 리벳머리의 주위 또는 강판의 가장자리를 정으로 때려 그 부분을 밀착시켜서 틈을 없애는 작업

05 ④ 06 ① 07 ① 08 ③ 09 ③ 10 ②

11

모듈 5이고 잇수가 각각 40개와 60개인 한 쌍의 표준 스퍼기어에서 두 축의 중심거리는?

① 100mm
② 150mm
③ 300mm
④ 250mm

해설및용어설명 |

$C = \dfrac{D_A + D_B}{2} = \dfrac{m(Z_A + Z_B)}{2}$ 에서,

중심거리 $C = \dfrac{5 \times (40 + 60)}{2} = 250mm$

12

애크미 나사라고도 하며 나사산의 각도가 인치계에서는 29°이고, 미터계에서는 30°인 나사는?

① 사다리꼴 나사
② 미터 나사
③ 유니파이 나사
④ 너클 나사

해설및용어설명 |

② 미터 나사 : 나사산의 각도가 60°인 삼각 나사의 일종이다.

③ 유니파이 나사 : ABC나사라고도 하며 나사산이 삼각형인 삼각 나사로, 나사산의 각도는 미터 나사와 같은 60°로 되어 있지만, 인치 나사로 ISO에 규격화되어 있는 나사. 유니파이 보통 나사(UNC)와 유니파이 가는 나사(UNF)로 분류된다.

④ 너클 나사(둥근 나사) : 나사산의 단면이 원호 모양으로 되어 있는 형태의 나사로서, 모난 곳이 없으므로 먼지나 가루 등이 나사부에 끼이기 쉬운 곳에 사용된다.

13

그림과 같은 입체도에서 화살표 방향을 정면으로 한다면 좌측면도로 적합한 투상도는? (단, 투상도는 제3각법을 이용한다)

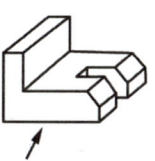

①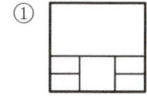
②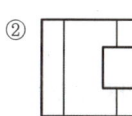
③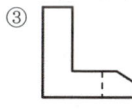
④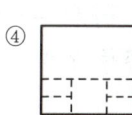

해설및용어설명 | ①은 우측면도, ②는 평면도, ③은 정면도

14

둥근 봉을 비틀 때 생기는 비틀림 변형을 이용하여 만드는 스프링은?

① 코일 스프링
② 벌류트 스프링
③ 접시 스프링
④ 토션 바

해설및용어설명 |

④ 토션 바 : 곧바른 봉의 한 끝을 고정하고 다른 쪽 끝을 비틀어, 그때의 비틀림 변위를 이용하는 스프링

① 코일 스프링 : 쇠막대를 나선형으로 둥글게 감아 만든 스프링

② 벌류트 스프링 : 원뿔 코일 스프링의 일종. 사각형 단면의 강판을 원뿔 형상으로 감은 압축 스프링

③ 접시 스프링 : 밑바닥이 없는 접시 모양의 스프링

15

SI 단위계의 물리량과 단위가 틀린 것은?

① 힘 – N ② 압력 – Pa
③ 에너지 – dyne ④ 일률 – W

해설및용어설명 | ③ 에너지 - J

16

그림과 같이 대상물의 구멍, 홈 등과 같이한 부분의 모양을 도시하는 것으로 충분한 경우에는 그 필요한 부분만을 나타내는 투상도의 종류는?

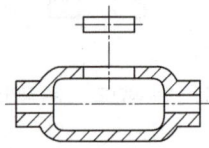

① 국부 투상도 ② 부분 투상도
③ 보조 투상도 ④ 회전 투상도

해설및용어설명 |
② 부분 투상도 : 그림의 일부를 도시하는 것으로, 그 필요 부분만을 나타내는 투상도로 생략한 부분과의 경계를 파단선으로 나타낸다.
③ 보조 투상도 : 경사면부가 있는 대상물에서 그 경사면의 실제 모양을 표시할 필요가 있는 경우에 그린 투상도
④ 회전 투상도 : 투상면이 일정한 각도를 가지고 있어서 실형을 제대로 표시하기 어려운 경우에, 그 부분의 일부를 회전하여 나타내는 투상도

17

정사각뿔의 중심에 직립하는 원통의 구조물에 대해 그림과 같이 정면도와 평면도를 나타내었다. 여기서 일부 선이 누락된 정면도를 가장 정확하게 완성한 것은?

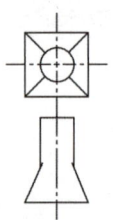

①   ②
③   ④

해설및용어설명 | 평면도를 참고하여 유추한 정면도는 "①"이다.

18

보기 도면과 같이 지시된 치수보조기호의 해독으로 옳은 것은?

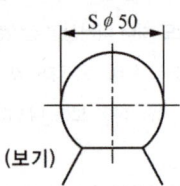

(보기)

① 호의 지름이 50mm ② 구의 지름이 50mm
③ 호의 반지름이 50mm ④ 구의 반지름이 50mm

해설및용어설명 | Sϕ는 구의 지름을 의미한다.

19

지름 15mm, 표점거리 100mm인 인장 시험편을 인장시켰더니 110mm가 되었다면 길이 방향의 변형률은?

① 9.1% ② 10%
③ 11%   ④ 15%

해설및용어설명 |

변형률 $\dfrac{\ell' - \ell}{\ell} = \dfrac{110 - 100}{100} \times 100 = 10\%$

20

동력전달을 직접 전동법과 간접 전동법으로 구분할 때, 직접 전동법으로 분류되는 것은?

① 체인 전동 ② 벨트 전동
③ 마찰차 전동 ④ 로프 전동

해설및용어설명 |
- 직접 전동법 : 마찰차, 기어, 캠
- 간접 전동법 : 벨트, 로프, 체인

21

사인 바는 피측정물의 무엇을 측정하기에 적합한가?

① 나사 측정 ② 길이 측정
③ 임의의 각 측정 ④ 면 조도 측정

해설및용어설명 | 길이를 측정하여 직각 삼각형의 삼각 함수를 이용한 계산에 의하여 임의의 각 측정 또는 임의각을 만드는 기구

22

3차원 측정기의 구동부에 일반적으로 많이 사용되는 베어링은?

① 공기 베어링 ② 오일리스 베어링
③ 유니트 베어링 ④ 니들 베어링

해설및용어설명 | 3차원 측정기에 사용하는 베어링은 일반적으로 공기 베어링이 사용되며, 볼 베어링, 실린더 베어링 등의 구름 베어링도 사용한다.

- 3차원 측정기
  측정점 검출기가 서로 직각인 X, Y, Z 축의 3차원 공간으로 운동하면서 각 측정점의 좌표를 검출하고, 그 데이터를 컴퓨터가 처리하여 3차원적인 위치, 크기, 방향, 윤곽, 형상 등을 측정하는 만능 측정기
- 3차원 측정기의 구조
  몸체 및 스케일, 컴퓨터, 프로브, 구동장치, 공기 베어링 등

23

기계제도에서 사용하는 치수기입 시 사용되는 기호와 그 설명으로 틀린 것은?

① C : 45° 모따기 ② φ : 지름
③ SR : 구의 반지름 ④ ◇ : 정사각형

해설및용어설명 | 치수 보조 기호

기호 이름	기호	기호 이름	기호
지름	φ	판의 두께	t
반지름	R	45° 모따기	C
구의 지름	Sφ	참고치수	( )
구의 반지름	SR	이론적으로 정확한 치수	10
정사각형의 변	□	깊이	↧
카운터 보어	⊔	카운터 싱크	∨

24

주철의 편상 흑연 결함을 개선하기 위하여 마그네슘, 세륨, 칼슘 등을 첨가한 것으로 기계적 성질이 우수하여 자동차 주물 및 특수 기계의 부품용 재료에 사용되는 것은?

① 미하나이트 주철 ② 구상 흑연 주철
③ 칠드 주철 ④ 가단 주철

해설및용어설명 |
② 구상 흑연 주철 : 용융 상태의 주철 중에 마그네슘, 세륨 또는 칼슘 등을 첨가하여 편상 흑연을 구상화한 주철
① 미하나이트 주철 : 연성과 인성이 매우 크며 두께의 차에 의한 성질의 변화가 매우 적은, 인장 강도가 343~441MPa 이상인 고급주철
③ 칠드 주철 : 주조 시 주형에 냉금을 삽입하여 주물표면을 급랭시키는 방법으로 제조되며 금속 압연용 롤 등으로 사용되는 주철
④ 가단 주철 : 백주철을 장시간 열처리하여 탄소를 분해시켜 탈탄 또는 흑연화하여 강도와 연성을 향상시킨 주철

25

KS 나사 표시 방법에서 G 1/2 A로 기입된 기호의 올바른 해독은?

① 가스용 암나사로 인치 단위이다.
② 관용 평행 암나사로 등급이 A급이다.
③ 관용 평행 수나사로 등급이 A급이다.
④ 가스용 수나사로 인치 단위이다.

해설및용어설명 | G 1/2 A
관용 평행 수나사, 등급 A급

26

축의 치수가 $\phi 100^{+0.05}_{-0.02}$일 때 치수공차는 얼마인가?

① 0.02 ② 0.03
③ 0.05 ④ 0.07

해설및용어설명 | 치수공차
최대허용한계 치수 - 최소허용한계 치수
0.05 + 0.02 = 0.07

27

그림과 같은 도면은 물체를 제3각법으로 정투상한 정면도와 우측면도이다. 이 물체의 평면도로 가장 적합한 것은?

해설및용어설명 | 정면도에서 작은 사각형 위치와 우측면도의 작은 사각형 위치를 보았을 때, 평면도에서 작은 사각형의 위치는 아래 중앙에 위치해야 하므로 ④번이 적절하다.

28

그림과 같은 도면에 지시한 기하공차의 설명으로 가장 옳은 것은?

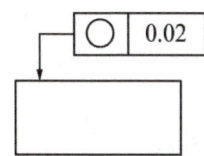

① 원통의 축선은 지름 0.02mm의 원통 내에 있어야 한다.
② 지시한 표면은 0.02mm 만큼 떨어진 2개의 평면 사이에 있어야 한다.
③ 임의의 축 직각 단면에 있어서의 바깥둘레는 동일 평면 위에서 0.02mm 만큼 떨어진 두 개의 동심원 사이에 있어야 한다.
④ 대칭으로 하고 있는 면은 0.02mm 만큼 떨어진 2개의 등축 원통면 사이에 있어야 한다.

해설및용어설명 | 위 도면에서 기하공차가 진원도이므로 축 직각 단면에 있어서 바깥 둘레는 동일 평면 위에서 0.02mm 만큼 떨어진 두 개의 동심원 사이에 있어야 한다.

29

절삭 공구재료의 구비조건으로 적합하지 않은 것은?

① 내마모성이 클 것
② 형상을 만들기 쉬울 것
③ 고온에서 경도가 낮고 취성이 클 것
④ 피삭재보다 단단하고 인성이 있을 것

해설및용어설명 | 절삭 공구재료 구비조건
• 고온 경도가 높을 것
• 형상을 만들기 쉬울 것
• 경도가 높을 것
• 인성이 크고 취성이 작을 것
• 내마모성이 클 것

30

나사 마이크로미터는 나사의 어느 부분을 측정하는가?

① 피치
② 바깥지름
③ 골지름
④ 유효지름

해설및용어설명 | 나사 마이크로미터
나사의 유효지름을 측정하는 기구

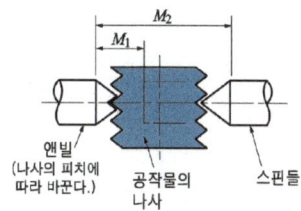

31

다음 도면에서 A 치수는 얼마인가?

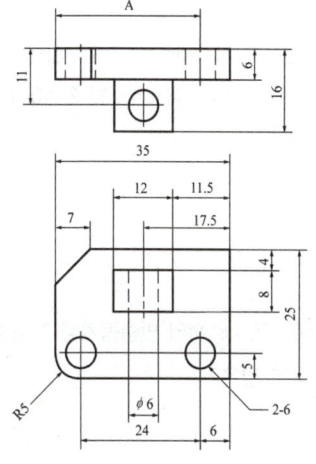

① 26
② 27
③ 28
④ 29

해설및용어설명 | 24 + R5 = 29mm

32

그림과 같은 입체도에서 화살표 방향이 정면도일 경우 평면도로 가장 적합한 것은?

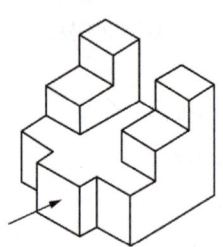

① 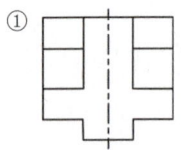 ②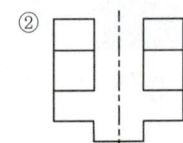
③ 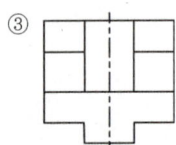 ④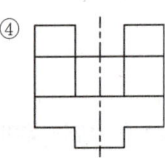

해설및용어설명 | 문제 그림을 위에서 내려다보면 가운데 십자가 모양이 끊기는 선이 없이 모두 보인다. 그것을 충족하는 ①, ②번 중 가운데 윗부분 선도 보이므로 ①번이 적절하다.

33

구멍 80에 대해 h5, h6, h7, h8 끼워 맞춤공차를 적용할 때, 치수공차 값이 가장 작은 것은?

① h5　　　　　② h6
③ h7　　　　　④ h8

해설및용어설명 | 치수공차
- H(대문자) : 구멍기준, 암나사
- h(소문자) : 축기준, 수나사
※ 같은 문자이면 숫자가 작을수록 치수공차 값이 작아진다.

34

기하공차의 종류를 성격에 따라 구분하고자 할 때 이에 해당하지 않는 것은?

① 흔들림 공차　　② 위치 공차
③ 자세 공차　　　④ 허용 공차

해설및용어설명 | 공차의 종류
모양 공차, 자세 공차, 위치 공차, 흔들림 공차

35

마이크로미터를 사용할 때 주의사항으로 틀린 것은?

① 딤블을 잡고 프레임을 휘둘러 돌리지 않는다.
② 래칫 스톱을 사용하여 측정압을 일정하게 한다.
③ 클램프로 스핀들을 고정하고 캘리퍼스 대용으로 사용하지 않는다.
④ 사용 후 앤빌과 스핀들을 밀착시켜 둔다.

해설및용어설명 | 마이크로미터 사용 후 앤빌과 스핀들을 밀착시키지 않는다.

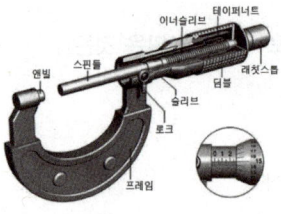

36

그림의 표면의 결 도시 기호에서 각 항목이 설명하는 것으로 틀린 것은?

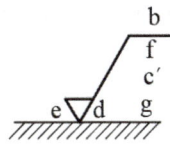

① d : 줄무늬 방향의 기호   ② b : 컷 오프 값
③ c' : 기준 길이·평가 길이   ④ g : 표면 파상도

해설및용어설명 | 가공방법 기호

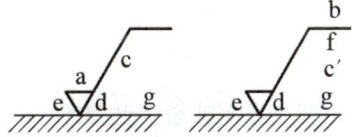

- a : R_a의 값(μm)
- b : 가공 방법, 표면처리
- c : 컷 오프값·평가 길이
- c' : 기준 길이·평가 길이
- d : 줄무늬 방향 기호
- e : 기계가공 공차
- f : R_a 이외의 파라미터
- g : 표면 파상도(KS B ISO 4287에 따른다)

37

기하 공차의 종류별 표시 기호가 모두 올바르게 표시된 것은?

① 평면도 : ——, 진직도 : ⊥, 동심도 : ◎, 진원도 : ⌖
② 평면도 : ——, 진직도 : ∠, 동심도 : ○, 진원도 : ⌖
③ 평면도 : ▱, 진직도 : ⊥, 동심도 : ⌖, 진원도 : ○
④ 평면도 : ▱, 진직도 : ——, 동심도 : ◎, 진원도 : ○

해설및용어설명 | 기하공차의 종류 및 기호

	공차의 종류	기호
모양 공차	진직도 공차	—
	평면도 공차	▱
	진원도 공차	○
	원통도 공차	⌭
	선의 윤곽도 공차	⌒
	면의 윤곽도 공차	⌓
자세 공차	평행도 공차	//
	직각도 공차	⊥
	경사도 공차	∠
위치 공차	위치도 공차	⌖
	동축도 공차 또는 동심도 공차	◎
	대칭도 공차	≡
흔들림 공차	원주 흔들림 공차	↗
	온 흔들림 공차	↗↗

38

그림의 입체도를 제3각법으로 올바르게 제도한 것은?
(단, 화살표 방향을 정면으로 한 투상도이다)

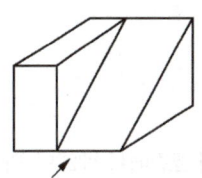

해설및용어설명 |
① 우측면도의 빗면의 방향이 잘못되었다.
③ 우측면도의 빗면의 방향이 잘못되고 정면도에서 빗면이 없어야 한다.
④ 정면도에서 빗면이 없어야 한다.

39

그림의 조립도에서 부품 ㉠의 기능 및 조립 시와 가공 시를 고려할 때, 가장 적합하게 투상된 부품도는?

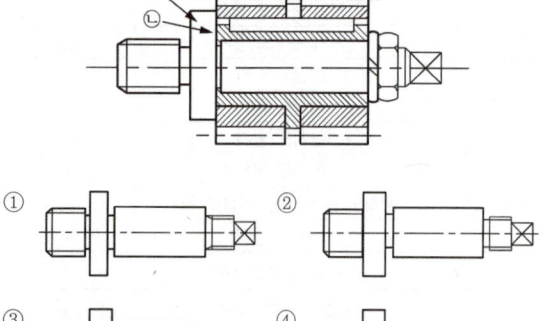

해설및용어설명 | 부품 ㉠의 기능을 파악하여 단면도로 나타낼 경우 나사 부분의 제도를 정확하게 도면으로 나타낼 수 있는지를 물어보는 문제이다. 보기의 그림과 가장 적합하게 투상된 부품은 "④"이다.

40

"7206 C DB" 베어링의 호칭에서 "72"의 의미는?

① 베어링 계열 기호 ② 궤도륜 모양 기호
③ 접촉각 기호 ④ 안지름 번호

해설및용어설명 |
① 72 : 베어링 계열 기호(단열 앵귤러 볼 베어링)
② 06 : 베어링 안지름 30mm
③ C : 보조기호로 접촉각이다(10~22°).
④ DB : 베어링의 조합을 나타내는 보조기호로 뒷면조합을 의미한다.

41

KS 나사제도에서 관용 평행 나사를 나타내는 종류 기호는?

① R ② G
③ M ④ S

해설및용어설명 |
② G : 관용 평행 나사
① R : 관용 테이퍼 수나사
③ M : 미터 보통 나사
④ S : 미니추어(미니어처) 나사

42

기계제도에서 도형의 생략에 관한 설명 중 틀린 것은?

① 대칭도형을 생략할 경우 대칭 중심선의 한쪽 도형만을 그리고, 그 대칭 중심선의 양끝 부분에 가는 선으로 동그라미(대칭 기호)를 그린다.
② 대칭도형을 생략할 경우 대칭 중심선의 한쪽 도형을 대칭 중심선을 조금 넘은 부분까지 그릴 수 있다. 다만, 이 경우 대칭기호를 생략할 수 있다.
③ 같은 종류, 같은 모양의 것이 다수 줄지어 있는 반복도형을 생략하는 경우 실형 대신 그림기호를 피치선과 중심선과의 교점에 기입한다.
④ 중간 부분을 생략할 경우 생략된 중간부분을 파단선으로 나타내서 생략할 수 있으며, 요점만을 도시하는 경우, 혼동될 염려가 없을 때는 파단선을 생략하여도 된다.

해설및용어설명 | 대칭도형을 생략할 경우 대칭 중심선의 한쪽 도형만을 그리고 대칭중심선 양 끝부분에 "="과 같이 대칭기호를 지시한다.

43

그림과 같은 입체도의 화살표 방향이 정면도 일 때, 우측면도로 가장 적합한 투상도는?

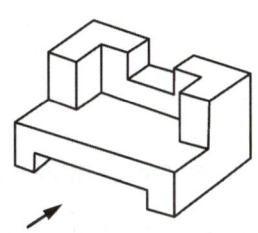

① 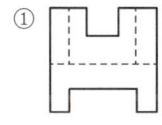 ②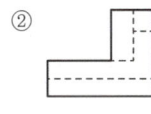
③ 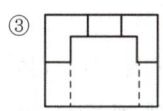 ④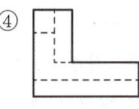

해설및용어설명 | ①은 배면도, ③은 평면도, ④은 좌측면도이다.

44

구멍의 최대 치수가 축의 최소 치수보다 작은 경우이며, 항상 죔새가 생기는 끼워 맞춤으로 분해조립이 불필요한 영구 조립 부품에 적용하는 끼워 맞춤은?

① 억지 끼워 맞춤 ② 중간 끼워 맞춤
③ 헐거운 끼워 맞춤 ④ 게이지 제작 끼워 맞춤

해설및용어설명 |
- 헐거운 끼워 맞춤 : 구멍의 최소 치수가 축의 최대 치수보다 큰 경우로서 항상 틈새가 생기는 상태를 말하며, 미끄럼 운동이나 회전 운동이 필요한 부품에 적용한다.
- 억지 끼워 맞춤 : 구멍의 최대 치수가 축의 최소 치수보다 작은 경우로서 틈새가 없이 항상 죔새가 생기는 끼워 맞춤을 말하며, 분해와 조립을 하지 않는 부품에 적용한다.
- 중간 끼워 맞춤 : 부품의 기능과 역할에 따라 틈새 또는 죔새가 생기게 하는 끼워 맞춤으로 헐거운 끼워 맞춤이나 억지 끼워 맞춤으로 얻을 수 없는 부품에 적용한다.

45

기계가공 도면에서 지시선으로 인출하여 표기한 치수가 "30-φ12드릴"일 때 올바른 해독은?

① 구멍의 지름이 30mm이며, 구멍의 수가 12개이다.
② 구멍의 지름을 12mm로 하며, 30mm 깊이까지 드릴 작업한다.
③ 구멍의 지름이 12mm이며, 구멍의 수가 30개이다.
④ 구멍의 지름을 30mm로 하며, 12mm 깊이까지 드릴 작업한다.

해설및용어설명 | "30-φ12드릴" 지름이 12mm인 구멍이 30개이다.

46

그림의 도면에서 기준면으로 가장 적합한 면은?

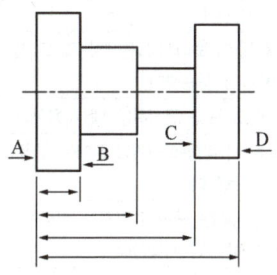

① A ② B
③ C ④ D

해설및용어설명 | 그림에서 기준면은 가장 넓은 A면이 된다.

47

다음 선의 종류 중에서 물체의 보이지 않는 부분의 형상을 나타내는 것은?

① 굵은 1점 쇄선
② 가는 1점 쇄선
③ 가는 2점 쇄선
④ 가는 파선 또는 굵은 파선

해설및용어설명 | 선의 종류

용도에 의한 명칭	선의 종류	용도
외형선	굵은 실선	대상물의 보이는 부분의 모양을 표시하는 데 사용한다.
치수선	가는 실선	치수 기입하기 위해 사용한다.
치수 보조선		치수 기입하기 위해 도형으로부터 끌어내는 데 사용한다.
숨은선	파선	대상물의 보이지 않는 부분의 모양을 표시하는 데 사용한다.
중심선	가는 1점 쇄선	도형의 중심 표시하는 데 사용한다.
기준선		특히 치 결정의 근거가 된다는 것을 명시할 때 사용한다.
피치선		되풀이하는 도형의 피치를 취하는 기준을 표시하는 데 사용한다.
특수 지정선	굵은 1점 쇄선	특수한 가공을 하는 부분 등 특별한 요구사항을 적용할 수 있는 범위를 표시하는 데 사용한다.
가상선	가는 2점 쇄선	인접부분을 참고로 표시하는 데 사용한다.
파단선	불규칙한 파형의 가는 실선	대상물의 일부를 판단한 경계 또는 일부를 떼어낸 경계를 표시하는 데 사용한다.

48

버니어 캘리퍼스에서 어미자의 1눈금이 0.5mm이고 아들자의 눈금은 12mm를 25등분 하였다면 최소 측정값(mm)은?

① 0.002
② 0.005
③ 0.02
④ 0.05

해설및용어설명 | 어미자의 1눈금이 0.5mm, 아들자의 눈금이 $\frac{12}{25}$ = 0.48mm이면 한 눈금당 0.02mm 차이가 난다. 즉, 최소 측정값은 0.02mm 이다.

49

치수를 표현하는 기호 중 치수와 병용되어 특수한 의미를 나타내는 기호를 적용할 때가 있다. 이 기호에 해당하지 않는 것은?

① Sϕ
② C3
③ □5
④ SR15

해설및용어설명 |
① Sϕ : 구의 지름
② C3 : 45° 모따기 3mm
④ SR15 : 구의 반지름이 15mm

50

제거가공을 허락하지 않는 것을 의미하는 표면의 결 도시 기호는?

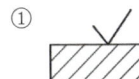
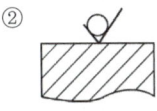
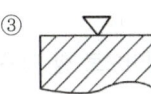
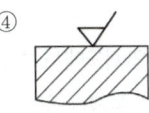

해설및용어설명 |
② 제거가공을 해서는 안 된다.
① 제거가공의 필요여부를 문제 삼지 않는다.
③ 해당없음
④ 제거가공을 필요로 한다.

51

기계제도에서 사용하는 치수 공차 및 끼워맞춤과 관련한 용어 설명으로 틀린 것은?

① 실 치수 : 형체의 실측 치수
② 기준 치수 : 위 치수 허용차 및 아래 치수 허용차를 적용하는 데 따라 허용 한계 치수가 주어지는 기준이 되는 치수
③ 최소 허용 치수 : 형체에 허용되는 최소 치수
④ 공차 등급 : 기본 공차의 산출에 사용하는 기준치수의 함수로 나타낸 단위

해설및용어설명 | 공차 등급은 IT 1부터 IT 18에 대한 기본 공차의 수치를 나타낸다.

52

다음 도시된 단면도의 명칭은?

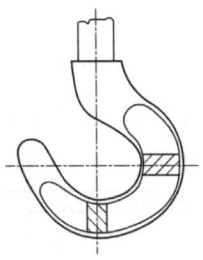

① 전 단면도　② 한쪽 단면도
③ 부분 단면도　④ 회전도시 단면도

해설및용어설명 | 단면도 종류

전 단면도	반 단면도
부분 단면도	회전도시 단면도

53

다음 기하공차를 나타내는 데 있어서 데이텀이 반드시 필요한 것은?

① 원통도　② 평행도
③ 진직도　④ 진원도

해설및용어설명 | 데이텀이 반드시 필요한 것은 평행도, 직각도, 경사도, 위치도, 동축도, 흔들림 공차이다.

정답　50 ②　51 ④　52 ④　53 ②

54

아래 도시된 내용은 리벳 작업을 위한 도면 내용이다. 바르게 설명한 것은?

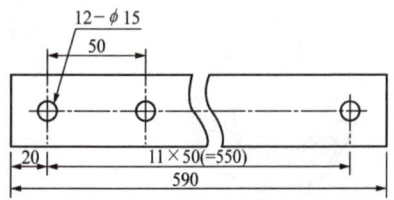

① 양끝 20mm 띄워서 50mm의 피치로 지름 15mm의 구멍을 12개 뚫는다.
② 양끝 20mm 띄워서 50mm의 피치로 지름 12mm의 구멍을 15개 뚫는다.
③ 양끝 20mm 띄워서 12mm의 피치로 지름 15mm의 구멍을 50개 뚫는다.
④ 양끝 20mm 띄워서 15mm의 피치로 지름 50mm의 구멍을 12개 뚫는다.

해설및용어설명 | 양끝을 20mm로 띄워서 50mm의 피치로 지름 15mm의 구멍 12개를 뚫는다.

55

기어를 도시하는 데 있어서 선의 사용 방법으로 맞는 것은?

① 잇봉우리원은 가는 실선으로 표시한다.
② 피치원은 가는 2점 쇄선으로 표시한다.
③ 이골원은 가는 1점 쇄선으로 표시한다.
④ 잇줄방향은 보통 3개의 가는 실선으로 표시한다.

해설및용어설명 | 스퍼기어 제도(KS B 0002)
- 이끝원(이끝선)은 굵은 실선으로 작도한다.
- 피치원(피치선)은 가는 1점 쇄선으로 작도한다.
- 이뿌리원(이뿌리선)은 가는 실선으로 작도한다. 다만, 정면도를 단면도로 표시할 때에는 이뿌리선을 굵은 실선으로 그린다.
- 헬리컬 기어, 나사 기어, 웜 등에서 잇줄 방향은 3개의 가는 실선으로 그린다. 단, 헬리컬 기어의 정면도를 단면도로 도시할 때에는 잇줄 방향을 3개의 가는 2점 쇄선으로 그린다.
- 맞물려 회전하는 한 쌍의 기어에서 주투상도를 단면도로 도시할 때에는 한 쪽 기어의 이끝원은 파선으로 그린다.

56

그림과 같이 입체도에서 화살표 방향을 정면으로 할 경우 정면도로 가장 적합한 것은?

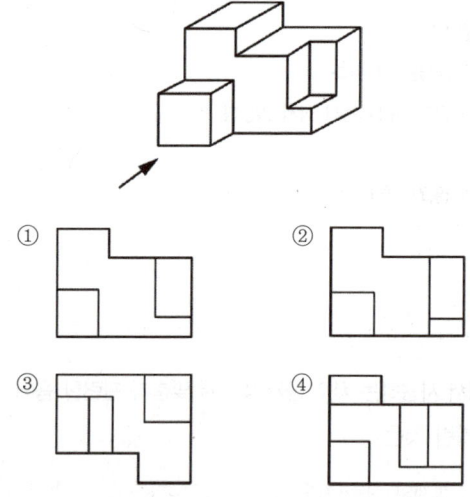

해설및용어설명 | 위 입체도형을 화살표 방향으로 바라봤을 때 ①과 ②와 같은 외형이 보이고, 좌측 하단에 정사각형이 보이며 우측 상단에 직사각형이 있고 밑변과 실선으로 이어져 있지 않아야 하므로 ①번이 적절하다.

54 ① 55 ④ 56 ①

57

다음 중 알루미늄 합금(Alloy)의 종류가 아닌 것은?

① 실루민(Silumin)　② Y 합금
③ 로엑스(Lo-Ex)　④ 인코넬(Inconel)

해설및용어설명 | 알루미늄 합금
- 실루민 : Al에 12% Si를 가한 주물용 합금
- Y 합금 : Al - Cu 4% - Ni 2% - Mg 1.5%, 내열성을 필요로 하는 엔진의 피스톤이나 가솔린 엔진의 실린더 헤드 등에 쓰임
- 로엑스 : Al - Si합금에 Cu, Mg, Ni를 소량 첨가한 것
- ※ 인코넬 : 니켈을 주체로 하여 15%의 크로뮴, 6~10%의 철, 2.5%의 타이타늄, 1% 이하의 알루미늄·망가니즈·규소를 첨가한 내열합금

58

다음 선의 종류 중에서 선이 중복되는 경우 가장 우선하여 그려야 되는 선은?

① 외형선　② 중심선
③ 숨은선　④ 치수보조선

해설및용어설명 | 선의 우선순위
외형선 - 숨은선 - 절단선 - 중심선 - 무게 중심선 - 치수선 - 치수보조선

59

비경화 테이퍼 핀의 호칭 지름을 나타내는 부분은?

① 가장 가는 쪽의 지름　② 가장 굵은 쪽의 지름
③ 중간 부분의 지름　④ 핀 구멍 지름

해설및용어설명 | 테이퍼 핀 호칭지름

테이퍼 핀의 호칭지름은 위 그림과 같이 가장 가는 쪽의 지름으로 한다.

60

구멍 $50^{+0.025}_{+0.009}$에 조립되는 축의 치수가 $50^{0}_{-0.016}$이라면 이는 어떤 끼워 춤인가?

① 구멍 기준식 헐거운 끼워맞춤
② 구멍 기준식 중간 끼워맞춤
③ 축 기준식 헐거운 끼워맞춤
④ 축 기준식 중간 끼워맞춤

해설및용어설명 |
- 헐거운 끼워맞춤 : 구멍의 최소 치수가 축의 최대 치수보다 큰 경우로서 항상 틈새가 생기는 상태를 말하며, 미끄럼 운동이나 회전 운동이 필요한 부품에 적용한다.
- 억지 끼워맞춤 : 구멍의 최대 치수가 축의 최소 치수보다 작은 경우로서 틈새가 없이 항상 죔새가 생기는 끼워맞춤을 말하며, 분해와 조립을 하지 않는 부품에 적용한다.
- 중간 끼워맞춤 : 부품의 기능과 역할에 따라 틈새 또는 죔새가 생기게 하는 끼워 맞춤으로 헐거운 끼워 맞춤이나 억지 끼워 맞춤을 얻을 수 없는 부품에 적용한다.
- 구멍 기준식 : 일정한 공차를 가진 기준 구멍(일반적으로 아래치수 허용차가 0)을 정하고 여기에 결합되는 상대방 축의 직경을 크거나 작게 한 여러 가지 조합으로 적용하는 끼워맞춤 방식
- 축 기준식 : 일정한 공차를 가진 축(일반적으로 위치수 허용차가 0)을 정하고 여기에 결합되는 상대방 구멍의 직경을 크거나 작게 한 여러 가지 조합으로 적용하는 끼워맞춤 방식

정답 57 ④　58 ①　59 ①　60 ③

CBT 복원문제

2019 * 4

* 2016년 5회부터 CBT(컴퓨터 기반 시험)방식으로 변경되어 문제가 공개되지 않아 복원된 문제가 일부 상이할 수 있습니다.

01
일방적으로 압력은 유체 내에서 단위면적당 작용하는 힘으로 나타낸다. 다음 중 압력 단위로 틀린 것은?

① kg_f/cm^2　　② bar
③ N　　④ psi

해설및용어설명 | 압력단위
kg_f/cm^2, Pa, bar, atm, psi 등
N(뉴턴)은 힘의 단위이다.

02
철강에서 펄라이트 조직으로 구성되어 있는 강은?

① 경질강　　② 공석강
③ 강인강　　④ 고용체강

해설및용어설명 | 공석강
철 - 탄소의 이원계의 공석점은 탄소 0.8%인 곳이고 723℃ 부근에서 공석 반응에 따라 α - 철에 소량의 탄소가 용해된 고용체(페라이트), 철과 탄소의 화합물인 시멘타이트 (Fe_3C)가 층상조직으로 섞인 펄라이트 조직으로 구성된다.

03
Ni-Cu계 합금에서 60~70% Ni 합금은?

① 모넬메탈(Monel metal)　　② 어드밴스(Advance)
③ 콘스탄탄(Constantan)　　④ 알민(Almin)

해설및용어설명 |
① 모넬메탈 : Ni(50~75%) + Cu(26~30%) + 소량의 Fe, Mn, Si
② 어드밴스 : Ni(45%) + Cu(55%) + Mn(0.5%) + Fe
③ 콘스탄탄 : Ni(45%) + Cu(54%) + Mn(1%)
④ 알민 : Al + Mn(1~1.5%)

04
가스 침탄법의 특징에 대한 설명으로 틀린 것은?

① 침탄온도, 기체혼합비 등의 조절로 균일한 침탄층을 얻을 수 있다.
② 열효율이 좋고 온도를 임의로 조절할 수 있다.
③ 대량 생산에 적합하다.
④ 침탄 후 직접 담금질이 불가능하다.

해설및용어설명 | 가스 침탄법
침탄제로 메탄가스나 프로판 가스 등을 이용하여 강 제품을 침탄하는 방법
• 열효율이 좋다.
• 연속적으로 침탄할 수 있다. → 대량 생산에 적합하다.
• 일정한 탄소량을 가진 침탄층을 얻을 수 있다.
• 침탄 후 바로 담금질이 가능하다.
• 조작이 쉽고 작업 환경이 청결하다.

정답 01 ③　02 ②　03 ①　04 ④

05

다음 중 풀림의 목적이 아닌 것은?

① 결정립을 조대화시켜 내부응력을 상승시킨다.
② 가공경화 현상을 해소시킨다.
③ 경도를 줄이고 조직을 연화시킨다.
④ 내부응력을 제거한다.

해설및용어설명 | 풀림은 결정립을 미세화시켜 내부응력을 제거한다.

06

18-8 스테인리스강의 조직으로 맞는 것은?

① 페라이트   ② 오스테나이트
③ 펄라이트   ④ 마텐자이트

해설및용어설명 | 스테인리스강 종류
- 오스테나이트계
- 페라이트계
- 마르텐자이트계
- 석출경화계
※ 18-8 스테인리스강이란 Cr(18%) - Ni(8%) 조성을 가진 오스테나이트계 스테인리스강을 뜻한다.

07

구름 베어링의 호칭번호가 6001 C2 P6으로 표시된 경우에 베어링의 안지름은 몇 mm인가?

① 100   ② 60
③ 12   ④ 10

해설및용어설명 | 롤링 베어링의 호칭
- 베어링 계열(단열 깊은 홈 형 볼 베어링)
- 안지름

안지름 번호	안지름 치수
00	10
01	12
02	15
03	17
04	20

- 실드 기호(편측)
- 궤도륜 형상 기호

08

특수 주강 중 주로 롤러 등으로 사용되는 것은?

① Ni 주강   ② Ni – Cr 주강
③ Mn 주강   ④ Mo 주강

해설및용어설명 | 특수 주강
- 고망간 주강 : 내마멸성이 뛰어나 주로 롤러 등으로 사용된다.
- 몰리브덴 주강 : 내열성이 뛰어나다.

09

탄소가 0.25%인 탄소강이 0~500℃의 온도 범위에서 일어나는 기계적 성질의 변화 중 온도가 상승함에 따라 증가되는 성질은?

① 항복점　　　　② 탄성한계
③ 탄성계수　　　 ④ 연신율

해설및용어설명 |

- 항복점 : 응력 - 변형률 곡선에서 응력의 증가 없이 많은 변형률이 생기는 응력, 또는 탄성 한계를 지나 하중의 증가 없이 연신이 생기기 시작하는 처음의 최대 하중
- 탄성한계 : 외부의 힘에 의해 변형된 물체가 그 힘을 없애면 본래의 형태로 되돌아가는 힘의 범위
- 탄성계수 : $E = \dfrac{\text{항복응력}}{\text{연신율}}$
- 연신율 : $\dfrac{\text{시험 전 표점거리 - 시험 후 표점거리}}{\text{시험 전 표점거리}} \times 10$

※ 온도가 상승하면 연성이 증가하는 데 연성이 클수록 연신율이 높아진다.

10

단면도의 표시방법에 관한 설명 중 틀린 것은?

① 단면을 표시할 때에는 해칭 또는 스머징을 한다.
② 인접한 단면의 해칭은 선의 방향 또는 각도를 변경하거나 그 간격을 변경하여 구별한다.
③ 절단했기 때문에 이해를 방해하는 것이나 절단하여도 의미가 없는 것은 원칙적으로 긴 쪽 방향으로는 절단하여 단면도를 표시하지 않는다.
④ 개스킷 같이 얇은 제품의 단면은 투상선을 한 개의 가는 실선으로 표시한다.

해설및용어설명 | 단면도 표시방법

- 투상도에서 가상의 절단면은 일반적으로 물체의 중심선을 절단면으로 선택한다.
- 절단면이 한 개 이상일 때에는 절단면의 설치 위치에 가는 1점 쇄선으로 절단선을 그리고, 절단선의 양 끝은 굵은 1점 쇄선으로, 방향이 변하는 부분은 굵은 실선으로 그린다.
- 해칭은 단면을 구별하기 위해 가는 실선을 외형선의 안쪽 절단면에 2~3mm 간격으로 경사선을 그리는 것이며, 스머징은 해칭의 자리에 색칠하는 것을 말한다.
- 개스킷, 박판, 형강처럼 얇은 물체의 단면은 한 개의 매우 굵은 실선으로 그린다.
- 단면도 작업을 할 때 절단면 뒤의 숨은선이나 중심선은 되도록 생략한다.

11

2종류 이상의 선이 같은 장소에서 중복될 경우 다음 중 가장 우선적으로 그려야 할 선은?

① 중심선　　　　② 숨은선
③ 무게 중심선　　④ 치수보조선

해설및용어설명 | 선의 우선순위

외형선 - 숨은선 - 절단선 - 중심선 - 무게 중심선 - 치수선 - 치수보조선

12

배관도에 사용된 밸브표시가 올바른 것은?

① 밸브 일반 : ─▷◁─　　② 게이트 밸브 : ─▷◁─
③ 나비 밸브 : △　　　　④ 체크 밸브 : ─▷|◁─

해설및용어설명 | 밸브 도시 기호

밸브·콕의 종류	그림 기호	밸브·콕의 종류	그림 기호
밸브 일반	▷◁	앵글 밸브	△
게이트 밸브	▷◁	3방향 밸브	▷◁
글로브 밸브	▶◀	안전 밸브	
체크 밸브	▶| 또는 ▷◁		
볼 밸브	▷◁		
버터플라이 밸브	▷◁ 또는 ▷●	콕 일반	▷◁

정답 09 ④　10 ④　11 ②　12 ④

13

다음 중 일반 구조용 탄소 강관의 KS 재료 기호는?

① SPP ② SPS
③ SKH ④ STK

해설및용어설명 |
① SPP : 배관용 탄소강관
② SPS : 스프링강재
③ SKH : 고속도강

14

용접 보조기호 중 현장용접을 나타내는 기호는?

①   ②
③   ④

해설및용어설명 | ① 현장용접, ② 전체둘레용접, ③, ④ : 해당없음

15

도면에 리벳의 호칭이 "KS B 1102 보일러용 둥근 머리 리벳 13×30 SV 400"로 표시된 경우 올바른 설명은?

① 리벳의 수량 13개
② 리벳의 길이 30mm
③ 최대 인장강도 400kPa
④ 리벳의 호칭 지름 30mm

해설및용어설명 | 리벳의 표시
규격번호 / 종류 / 호칭지름×길이 / 재료
예 KS B 1102 둥근머리 리벳 16×40 SV 330
※ SV 400에서 400은 최저 인장강도를 뜻한다.

16

전개도는 대상물을 구성하는 면을 평면 위에 전개한 그림을 의미하는 데, 원기둥이나 각기둥의 전개에 가장 적합한 전개도법은?

① 평행선 전개도법 ② 방사선 전개도법
③ 삼각형 전개도법 ④ 사각형 전개도법

해설및용어설명 | 전개도법 종류
- 평행선 전개도법 : 평행선을 이용한 전개도법은 원기둥이나 각기둥과 같이 중심축과 평행한 면의 전개도를 그릴 때 사용하는 방법
- 방사선 전개도법 : 방사선을 이용한 전개도법은 한 점을 중심으로 모서리의 길이를 반지름으로 하여 원호를 그리며 전개도를 그릴 때 사용하는 방법
- 삼각형 전개도법 : 삼각형을 이용한 전개도법은 물체의 면을 여러 개의 삼각형으로 나누어 전개도를 그릴 때 사용하는 방법

17

그림과 같은 정면도와 우측면도에 가장 적합한 평면도는?

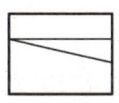 
(정면도)　　(우측면도)

① 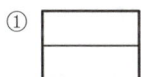　②
③ 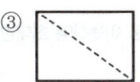　④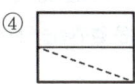

해설및용어설명 | 정면도와 우측면도로 평면도를 유추해보면 대각선임을 알 수 있다. 가장 적절한 평면도는 "③번"이다.
※ 문제 오류로 실제 시험에서는 ③번으로 정답이 발표되었지만 확정답안 발표 시 ②, ③번이 정답 처리되었습니다. 여기서는 ③번을 정답 처리합니다.

18

그림은 투상법의 기호이다. 몇 각법을 나타내는 기호인가?

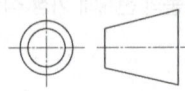

① 제1각법　　② 제2각법
③ 제3각법　　④ 제4각법

해설및용어설명 | 3각법, 1각법 기호

1각법	3각법

19

기계제도에서 도면에 치수를 기입하는 방법에 대한 설명으로 틀린 것은?

① 길이는 원칙으로 mm의 단위로 기입하고, 단위 기호는 붙이지 않는다.
② 치수의 자릿수가 많을 경우 세 자리마다 콤마를 붙인다.
③ 관련 치수는 되도록 한 곳에 모아서 기입한다.
④ 치수는 되도록 주 투상도에 집중하여 기입한다.

해설및용어설명 | 치수기입하는 방법
치수의 자릿수가 많은 경우에는 단위를 바꾸거나 척도를 이용하여 최대한 간단하게 표기한다.

20

18-8형 스테인리스강의 특징을 설명한 것 중 틀린 것은?

① 비자성체이다.
② 18-8에서 18은 Cr%, 8은 Ni%이다.
③ 결정구조는 면심입방격자를 갖는다.
④ 500~800℃로 가열하면 탄화물이 입계에 석출하지 않는다.

해설및용어설명 | 18-8형 스테인리스강(오스테나이트계)
- 비자성체, FCC(면심입방격자) 결정구조
- 18-8 스테인리스강 : 표준 조성은 (Cr)18%, (Ni)8%
- 고크로뮴계보다도 내식성과 내산화성 더 우수하다.
- 상온에서 오스테나이트 조직으로 변하여 가공성이 좋다.
- 18-8 스테인리스강의 입계 부식 : 600~800℃에서 단시간 내에 탄화물이 결정립계에 석출되어 입계 부근의 내식성이 저하되어 점진적으로 부식
- 입계부식 방지 : 고온에서 담금질하여 탄화물을 고용
- 화학 공업, 건축, 자동차, 의료기기, 가구, 식기 등에 사용

21

질량의 대소에 따라 담금질 효과가 다른 현상을 질량효과라고 한다. 탄소강에 니켈, 크로뮴, 망간 등을 첨가하면 질량효과는 어떻게 변하는가?

① 질량효과가 커진다.
② 질량효과가 작아진다.
③ 질량효과는 변하지 않는다.
④ 질량효과가 작아지다가 커진다.

해설및용어설명 | 질량효과
강재의 질량의 대소에 따라 열처리 효과가 달라지는 비율
- 질량효과가 클수록 담금질 효과가 적다.
- 질량효과가 작을수록 담금질 효과가 크다.
- 일반적으로 탄소강은 질량효과가 크다.
- 자경성이 강한 Ni-Cr강, 고 Mn강 등은 질량효과가 작다.

22

Mg(마그네슘)의 융점은 약 몇 ℃인가?

① 650℃ ② 1,538℃
③ 1,670℃ ④ 3,600℃

해설및용어설명 | 각종 금속의 용융점

금속	용융점(℃)	금속	용융점(℃)
Fe	1,538	Cu	1,084
Al	660	Mg	650
Ag	960	Au	1,063

23

주철에 관한 설명으로 틀린 것은?

① 인장강도가 압축강도보다 크다.
② 주철은 백주철, 반주철, 회주철 등으로 나눈다.
③ 주철은 메짐(취성)이 연강보다 크다.
④ 흑연은 인장강도를 약하게 한다.

해설및용어설명 | 주철의 특징
- 탄소 함유량이 2.0~6.67%인 철 합금으로 규소, 망간, 인, 황 등을 함유하고 있는 합금이다.
- 용융점이 낮고 주조성이 우수하여 복잡한 형상도 쉽게 주조, 값이 저렴하여 널리 사용한다.
- 탄소강에 비하여 취성이 크고 소성 변형이 어렵다.
- 백주철, 회주철, 반주철 등으로 나뉜다(마우러 조직도).
- 흑연은 강도를 약하게 한다.
- 강에 비해 약하고 취약하나 인장강도에 비해 압축강도가 높다.

24

강재 부품에 내마모성이 좋은 금속을 용착시켜 경질의 표면층을 얻는 방법은?

① 브레이징(Brazing) ② 숏 피닝(Shot Peening)
③ 하드 페이싱(Hard Facing) ④ 질화법(Nitriding)

해설및용어설명 |
③ 하드 페이싱 : 기계 부품에 내마모, 내식, 내열성을 줄 목적으로 표면에 금속을 용착시키는 것
① 브레이징 : 경납땜이라고도 하며, 놋쇠납, 은납 등을 접착제로 하여 접착부를 가열하고, 이것을 용해시켜서 접합시키는 것
② 숏 피닝 : 재료의 표면에 강으로 된 작은 구를 분사시켜 피닝 효과를 주어 재료 표면을 단련시키는 방법
④ 질화법 : 질화용 강의 표면층에 질소를 확산시켜, 표면층을 경화하는 방법

25

용해 시 흡수한 산소를 인(P)으로 탈산하여 산소를 0.01% 이하로 한 것이며, 고온에서 수소 취성이 없고 용접성이 좋아 가스관, 열교환관 등으로 사용되는 구리는?

① 탈산구리 ② 정련구리
③ 전기구리 ④ 무산소구리

해설및용어설명 |
- 탈산구리 : 정련구리를 인으로 탈산하여 산소량 0.01% 이하로 한 것
- 정련구리 : 전기 구리를 정제하여 얻은 구리
- 전기구리 : 전기분해를 통해 얻은 구리
- 무산소구리 : 산소량 0.001~0.002%인 구리

26

저합금강 중에서 연강에 비하여 고장력강의 사용 목적으로 틀린 것은?

① 재료가 절약된다.
② 구조물이 무거워진다.
③ 용접공수가 절감된다.
④ 내식성이 향상된다.

해설및용어설명 | 고장력강
보통 강보다 인장강도가 강한 강으로 인장강도가 50kgf/mm² 이상인 강. 0.2% 정도의 탄소를 함유한 탄소강에 규소·망간·니켈·크로뮴·구리 등을 첨가하여 용접성, 절삭성, 내식성, 인성 등을 향상시킨 것

27

한 변의 길이가 30mm인 정사각형 단면의 강재에 4,500N의 압축하중이 작용할 때 강재의 내부에 발생하는 압축응력은 몇 N/mm²인가?

① 2
② 4
③ 5
④ 10

해설및용어설명 |
압축응력 $\sigma = \dfrac{P}{A} = \dfrac{4,500}{30 \times 30} = 5\text{N/mm}^2$

28

합금강이 탄소강에 비하여 좋은 성질이 아닌 것은?

① 기계적 성질 향상
② 결정입자의 조대화
③ 내식성, 내마멸성 향상
④ 고온에서 기계적 성질 저하 방지

해설및용어설명 | 결정입자가 조대화되면 기계적 성질이 저하된다.

30

산소나 탈산제를 품지 않으며, 유리에 대한 봉착성이 좋고 수소취성이 없는 시판동은?

① 무산소동
② 전기동
③ 전련동
④ 탈산동

해설및용어설명 | 수소취성
전처리나 도금처리의 과정에서 피도금물이 수소를 흡입, 저장하여 무르게 되는 현상. 동에 수소와 반응을 하여 물을 생성해 수소취성을 일으키는 산소를 최소화하여야 한다.

31

도면에 "KS B 1101 둥근 머리 리벳 25×36 SWRM 10"와 같이 리벳이 표시되었을 경우 올바른 설명은?

① 호칭 지름은 25mm이다.
② 리벳이음의 피치는 400mm이다.
③ 리벳의 재질은 황동이다.
④ 둥근머리부의 바깥지름은 36mm이다.

해설및용어설명 | 리벳의 표시
규격번호 / 종류 / 호칭지름×길이 / 재료

- 규격번호 : KS B 1101
- 종류 : 둥근 머리 리벳
- 호칭지름 : 25mm, 길이 : 36mm
- 종류 : SWRM 10(연강선재)
※ 선재 : 보통 지름이 5.5~9mm의 둥근강

정답 26 ② 27 ③ 28 ② 30 ① 31 ①

32

기계제도 도면에서 "t120"이라는 치수가 있을 경우 "t"가 의미하는 것은?

① 모따기
② 재료의 두께
③ 구의 지름
④ 정사각형의 변

해설및용어설명 | 치수보조기호

기호 이름	기호	기호 이름	기호
지름	φ	판의 두께	t
반지름	R	45° 모따기	C
구의 지름	Sφ	참고치수	( )
구의 반지름	SR	이론적으로 정확한 치수	10
정사각형의 변	□	깊이	↧
카운터 보어	⊔	카운터 싱크	∨

33

도면에서의 지시한 용접법으로 바르게 짝지어진 것은?

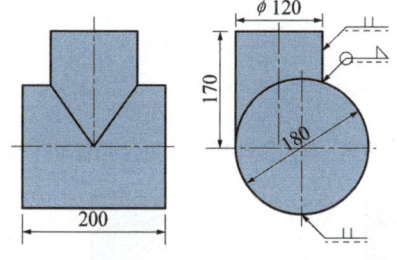

① 이면 용접, 필릿 용접
② 겹치기 용접, 플러그 용접
③ 평행 맞대기 용접, 필릿 용접
④ 심 용접, 겹치기 용접

해설및용어설명 |

- ‖ : 평행 맞대기 용접
- ⊳ : 필릿 용접

34

그림과 같은 입체도에서 화살표 방향이 정면일 때 우측면도로 적합한 것은?

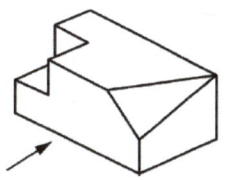

① 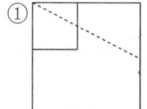 ②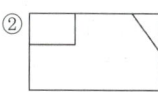

③ 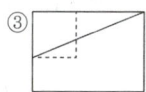 ④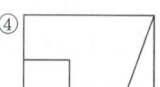

해설및용어설명 | 오른쪽에서 보면 위 입체도는 왼쪽 상단에 직각 삼각형이 보이고 반대편 왼쪽 상단 사각형이 뚫려 있으므로 점선으로 표시해주면 된다. 두 가지 조건을 충족하는 것은 ③번이다.

35

배관용 아크 용접 탄소강 강관의 KS 기호는?

① PW
② WM
③ SCW
④ SPW

해설및용어설명 |

- SCW : 주강품의 용접구조용 강
- SPW : 배관용 아크 용접 탄소강 강관
- PW : 피아노선
- WM : 화이트 메탈

36

기계 제작 부품 도면에서 도면의 윤곽선 오른쪽 아래 구석에 위치하는 표제란을 가장 올바르게 설명한 것은?

① 품번, 품명, 재질, 주서 등을 기재한다.
② 제작에 필요한 기술적인 사항을 기재한다.
③ 제조 공정별 처리방법, 사용공구 등을 기재한다.
④ 도번, 도명, 제도 및 검도 등 관련자 서명, 척도 등을 기재한다.

해설및용어설명 | 표제란
도면관리에 필요한 사항과 도면내용에 관한 중요한 사항을 정리하여 기입하는 데, 도면번호, 도면명칭, 기업(소속단체)명, 책임자의 서명, 도면작성 연월일, 척도, 투상법(각법)을 기입하고 필요시는 제도자, 설계자, 검도자, 공사명, 결재란 등을 기입하는 칸도 만든다.

37

그림과 같이 제3각법으로 정면도와 우측면도를 작도할 때 누락된 평면도로 적합한 것은?

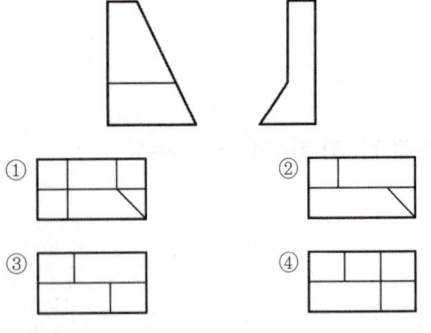

해설및용어설명 | 기울기가 있는 정면도와 우측면도 왼쪽 부분이 돌출되어 있는 것을 보고 평면도를 유추해보면 가장 적절한 것은 "②번"이다.

38

그림과 같은 원추를 전개하였을 경우 전개면의 꼭지각이 180°가 되려면 ϕD의 치수는 얼마가 되어야 하는가?

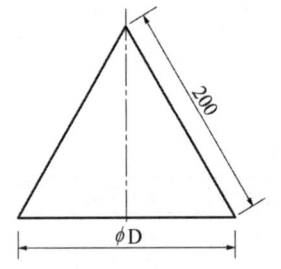

① $\phi 100$ ② $\phi 120$
③ $\phi 180$ ④ $\phi 200$

해설및용어설명 | 전개도

$180 = 360 \times \dfrac{r}{L}$ 에서,

반지름 $r = \dfrac{180 \times 200}{360} = 100$

지름 $D = 2r = 2 \times 100 = 200\text{mm}$

39

단면을 나타내는 해칭선의 방향이 가장 적합하지 않은 것은?

① 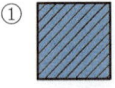 ②

③ 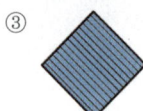 ④

해설및용어설명 | 해칭은 도형의 외형선과 평행하지 않는 45° 경사선으로 나타낸다.

40

기계제도에서 사용하는 선의 굵기 기준이 아닌 것은?

① 0.9mm ② 0.25mm
③ 0.18mm ④ 0.7mm

해설및용어설명 | 기계제도에서 사용하는 일반적은 선의 굵기
0.18mm, 0.25mm, 0.35mm, 0.5mm, 0.7mm, 1.0mm

41

열간가공이 쉽고 다듬질 표면이 아름다우며 용접성이 우수한 강으로 몰리브덴 첨가로 담금질성이 높아 각종 축, 강력볼트, 암, 레버 등에 많이 사용되는 강은?

① 크로뮴 – 몰리브덴강 ② 크로뮴 – 바나듐강
③ 규소 – 망간강 ④ 니켈 – 구리 – 코발트강

해설및용어설명 | 크로뮴 - 몰리브덴(Cr - Mo)강
- 니켈 : 크로뮴강에서 니켈 대신 몰리브데넘을 소량 첨가하여 강인성과 내식성을 향상시킨 저합금강
- 값이 비싼 니켈을 대신하기 위하여 개발
- 용접성이 우수, 경화능이 크고 뜨임, 메짐성도 적으며, 고온 가공성 우수
- 가공면이 깨끗하여 얇은 강판이나 관의 제조, 축, 강력볼트, 암 등에 많이 사용

42

내식강 중에서 가장 대표적인 특수 용도용 합금강은?

① 주강 ② 탄소강
③ 스테인리스강 ④ 알루미늄강

해설및용어설명 | 스테인리스강
철의 최대 결점인 내식성의 부족을 개선할 목적으로 Cr, Ni을 첨가하여 내식성을 증대시킨 강

43

아공석강의 기계적 성질 중 탄소함유량이 증가함에 따라 감소하는 성질은?

① 연신율 ② 경도
③ 인장강도 ④ 항복강도

해설및용어설명 | 아공석강(0.02 ~ 0.8%C)에서 탄소함유량이 많아지면 펄라이트의 양이 증가하여 경도와 인장강도 및 항복강도가 증가하나 연신율은 감소한다.

44

베어링(Bearing)용 합금의 구비조건에 대한 설명 중 틀린 것은?

① 마찰계수가 적고 내식성이 좋을 것
② 충분한 취성을 가지며 소착성이 클 것
③ 하중에 견디는 내압력과 저항력이 클 것
④ 주조성 및 절삭성이 우수하고 열전도율이 클 것

해설및용어설명 | 베어링용 합금의 구비조건
- 하중에 견디는 저항력이 크고 충분한 강성을 유지할 것
- 마모와 마찰저항(마찰계수)이 작을 것
- 열전도율이 크고 동력손실이 적을 것
- 구조가 간단하고 가공성이 좋아 유지보수가 용이할 것

45

다음 중 담금질에서 나타나는 조직으로 경도와 강도가 가장 높은 조직은?

① 시멘타이트 ② 오스테나이트
③ 소르바이트 ④ 마텐자이트

해설및용어설명 | 조직 경도비교
시멘타이트 > 마텐자이트 > 트루스타이트 > 소르바이트 > 펄라이트 > 오스테나이트 > 페라이트

정답 40 ① 41 ① 42 ③ 43 ① 44 ② 45 ①

46

주위의 온도에 의하여 선팽창 계수나 탄성률 등의 특정한 성질이 변하지 않는 불변강이 아닌 것은?

① 인바 ② 엘린바
③ 슈퍼인바 ④ 베빗메탈

해설및용어설명 | 불변강의 종류
- 인바 : 36% 니켈, 0.2% 이하 탄소, 0.4% 망가니즈, 나머지 철인 합금
- 엘린바 : 36% 니켈, 12% 크로뮴, 나머지는 철로 된 합금
- 초인바 : 니켈 29 ~ 40%, 코발트 15% 나머지는 철인 합금
- 플래티나이트 : 약 46%의 니켈, 나머지는 철로 조성된 합금

47

주조 시 주형에 냉금을 삽입하여 주물표면을 급랭시키는 방법으로 제조되며 금속 압연용 롤 등으로 사용되는 주철은?

① 가단 주철 ② 칠드 주철
③ 고급 주철 ④ 페라이트 주철

해설및용어설명 |
① 가단 주철 : 백주철을 장시간 열처리하여 탄소를 분해시켜 탈탄 또는 흑연화하여 강도와 연성을 향상시킨 주철
③ 고급 주철 : 인장 강도가 245MPa 이상인 주철
④ 페라이트 주철 : 페라이트 + 흑연 주철

48

일반적으로 강에 S, Pb, P 등을 첨가하여 절삭성을 향상시킨 강은?

① 구조용강 ② 쾌삭강
③ 스프링강 ④ 탄소공구강

해설및용어설명 | 쾌삭강
저탄소강의 하나로 절삭 가공을 쉽게 하기 위하여 황, 납, 인, 망가니즈 따위를 미량으로 혼합하여 만든 특수한 강

49

그림과 같이 파단선을 경계로 필요로 하는 요소의 일부만을 단면으로 표시하는 단면도는?

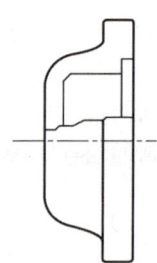

① 온 단면도 ② 부분 단면도
③ 한쪽 단면도 ④ 회전 도시 단면도

해설및용어설명 | 단면도의 종류
- 온 단면도 : 물체를 반으로 절단하여 물체의 기본적인 특징을 가장 잘 나타낼 수 있도록 단면 모양을 그리는 것
- 한쪽 단면도 : 상하 또는 좌우가 대칭의 물체를 중심선을 기준으로 내부 모양과 외부 모양을 동시에 표현하는 방법
- 회전 도시 단면도 : 핸들, 벨트 풀리, 기어 등과 같은 바퀴의 암, 리브, 후크, 축과 주로 구조물에 사용하는 형강 등 투상법으로 표시하기 어려운 경우 단면으로 물체를 절단하여 90°로 회전시켜 도시하는 방법이다.

50

그림과 같은 치수 기입 방법은?

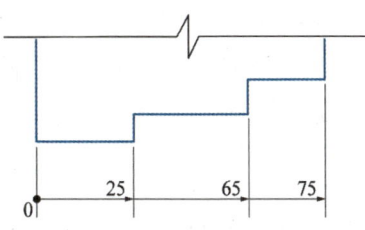

① 직렬 치수 기입법
② 병렬 치수 기입법
③ 조합 치수 기입법
④ 누진 치수 기입법

해설및용어설명 |

- 누진 치수 기입법 : 치수의 기준점에 기점기호를 기입하고 한 개의 연속된 누진 치수로 기입한 것
- 직렬 치수 기입법 : 한 지점에서 그 다음 지점까지의 치수를 각각 기입한 것
- 좌표 치수 기입법 : 위치를 나타내는 치수를 좌표에 따라 기입한 것
- 병렬 치수 기입법 : 기준면에서부터 각각의 지점까지의 치수를 기입한 것

51

도면에서 표제란과 부품란으로 구분할 때 다음 중 일반적으로 표제란에만 기입하는 것은?

① 부품번호
② 부품기호
③ 수량
④ 척도

해설및용어설명 |

- 표제란 : 도명, 척도, 각법, 날짜 등
- 부품란 : 부품번호, 부품기호, 수량, 재질 등

52

KS 재료 기호에서 고압 배관용 탄소강관을 의미하는 것은?

① SPP
② SPS
③ SPPA
④ SPPH

해설및용어설명 |

④ SPPH : 고압 배관용 탄소강관
① SPP : 배관용 탄소강관
② SPS : 일반 구조용 탄소강관
③ SPPA : 일반 배관용 탄소강관

53

용도에 의한 명칭에서 선의 종류가 모두 가는 실선인 것은?

① 치수선, 치수보조선, 지시선
② 중심선, 지시선, 숨은선
③ 외형선, 치수보조선, 해칭선
④ 기준선, 피치선, 수준면선

해설및용어설명 | 선의 종류 및 용도

- 굵은 실선 : 외형선
- 가는 실선 : 치수선, 치수보조선, 지시선, 수준면선
- 가는 파선 : 숨은선
- 가는 1점 쇄선 : 중심선, 기준선, 피치선
- 굵은 1점 쇄선 : 특수지정선
- 가는 2점 쇄선 : 가상선, 무게중심선

54

리벳의 호칭 방법으로 옳은 것은?

① 규격 번호, 종류, 호칭지름×길이, 재료
② 명칭, 등급, 호칭지름×길이, 재료
③ 규격번호, 종류, 부품 등급, 호칭, 재료
④ 명칭, 다음질 경도, 호칭, 등급, 강도

해설및용어설명 | 리벳의 표시

규격번호 / 종류 / 호칭지름×길이 / 재료

55

그림과 같은 제3각법 정투상도의 3면도를 기초로 한 입체도로 가장 적합한 것은?

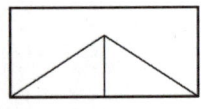

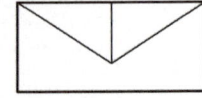

① 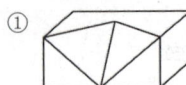 ②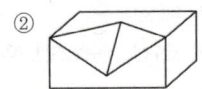

③ 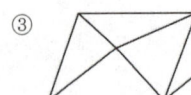 ④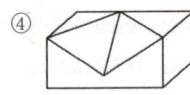

해설및용어설명 | 각각 보기에 정면도, 평면도, 우측면도를 대입해본다.

- 정면도 : ②, ④
- 평면도 : ①, ②
- 우측면도 : ②

즉, 문제 3면도의 입체도로 가장 적절한 것은 "②번"이다.

56

스테인리스강의 종류에 해당되지 않는 것은?

① 페라이트계 스테인리스강
② 레데뷰라이트계 스테인리스강
③ 석출경화형 스테인리스강
④ 마텐자이트계 스테인리스강

해설및용어설명 | 스테인리스강 종류

- 오스테나이트계
- 페라이트계
- 마텐자이트계
- 석출경화계

57

금속 침투법 중 칼로라이징은 어떤 금속을 침투시킨 것인가?

① B   ② Cr
③ Al   ④ Zn

해설및용어설명 | 금속침투법

원소	금속침투법	원소	금속침투법
Al	칼로라이징	Si	실리코라이징
Zn	세라다이징	Cr	크로마이징

58

마그네슘(Mg)의 특성을 설명한 것 중 틀린 것은?

① 비강도가 Al 합금보다 떨어진다.
② 구상흑연 주철의 첨가제로 사용된다.
③ 비중이 약 1.74 정도로 실용금속 중 가볍다.
④ 항공기, 자동차 부품, 전기기기, 선박, 광학기계, 인쇄제판 등에 사용된다.

해설및용어설명 | 마그네슘의 특징

- 비중 1.74, 용융점은 650℃로 알루미늄에 비하여 약 35% 가볍고, 마그네슘 합금은 실용하는 합금 중에서 가장 가볍다.
- 비강도가 알루미늄 합금보다 우수하다.
- 내산성이 극히 나쁘지만 내알칼리성이 강하다.
- 바닷물에 매우 약하다.
- 내식성이 나쁘다.

59

Al - Si계 합금의 조대한 공정조직을 미세화하기 위하여 나트륨(Na), 수산화나트륨(NaOH), 알칼리염류 등을 합금 용탕에 첨가하여 10 ~ 15분간 유지하는 처리는?

① 시효 처리
② 폴링 처리
③ 개량 처리
④ 응력제거 풀림처리

해설및용어설명 |

- 개량 처리 : Al - Si 합금의 강도와 인성을 개선하기 위해 금속나트륨, 불화알칼리 등을 첨가하여 공정의 Si상을 미세화시키는 처리
- 시효 처리 : 열처리 또는 급랭이나 냉간 가공 등에 의해 불안정 상태에 있는 금속은 안정 상태로 되돌아가려고 하는 경향이 있는데, 이로 인해 이들 제반 성질이 시간의 경과와 더불어 서서히 변화하는 현상을 이용한 처리

60

조성이 2.0 ~ 3.0%C, 0.6 ~ 1.5%Si 범위의 것으로 백주철을 열처리로에 넣어 가열해서 탈탄 또는 흑연화 방법으로 제조한 주철은?

① 가단 주철
② 칠드 주철
③ 구상 흑연 주철
④ 고력 합금 주철

해설및용어설명 |

① 가단 주철 : 백주철을 장시간 열처리하여 탄소를 분해시켜 탈탄 또는 흑연화하여 강도와 연성을 향상시킨 주철
② 칠드 주철 : 주물의 일부 또는 전부의 표면을 높은 경도 또는 내마모성으로 만들기 위해 금형에 접해서 주철용탕을 응고 급랭시켜 제조하는 주철 주물
③ 구상 흑연 주철 : 용융 상태의 주철 중에 마그네슘, 세륨 또는 칼슘 등을 첨가하여 편상 흑연을 구상화한 주철
④ 고력 합금 주철 : 보통 주철에 니켈(Ni)을 0.5 ~ 2.0% 첨가하거나 여기에 약간의 크로뮴, 몰리브덴을 배합한 주철

정답 58 ① 59 ③ 60 ①

01

구리(Cu)에 대한 설명으로 옳은 것은?

① 구리는 체심입방격자이며, 변태점이 있다.
② 전기 구리는 O_2나 탈산제를 품지 않는 구리이다.
③ 구리의 전기 전도율은 금속 중에서 은(Ag)보다 높다.
④ 구리는 CO_2가 들어 있는 공기 중에서 염기성 탄산 구리가 생겨 녹청색이 된다.

해설및용어설명 | 구리의 특징
- 전기 및 열전도율이 다른 금속에 비하여 높고 전연성이 좋아 가공이 용이하다.
- 비중 8.96, 용융점 1,083°C
- 가공성, 내식성 합금성 우수
- 구리의 빛깔은 고유한 담적색이나 공기 중에 산화하면 암적색이 되고 습기나 이산화탄소에 산화되면 녹청색이 된다.
- 전기 전도율과 열전도율이 금속 중에서 은 다음으로 높음
- 비자성체이며 결정격자는 면심입방격자
- 연하고 가공성이 풍부하여 냉간 가공으로 적당한 강도 부여 가능
- 밴드(Band), 관, 선, 주발(Bowl), 플랜지(Flange) 등 사용

02

열간가공과 냉간가공을 구분하는 온도로 옳은 것은?

① 재결정 온도
② 재료가 녹는 온도
③ 물의 어는 온도
④ 고온취성 발생온도

해설및용어설명 |
- 열간가공 : 재결정 온도 이상에서 가공
- 냉간가공 : 재결정 온도 이하에서 가공

03

담금질에 대한 설명 중 옳은 것은?

① 위험구역에서는 급랭한다.
② 임계구역에서는 서랭한다.
③ 강을 경화시킬 목적으로 실시한다.
④ 정지된 물속에서 냉각 시 대류단계에서 냉각속도가 최대가 된다.

해설및용어설명 | 열처리의 종류 - 담금질
강을 경화시킬 목적으로 고온 가열한 후 물이나 기름을 이용하여 급랭시켜 필요한 성질을 부여하는 열처리 방법. 위험구역에서는 서랭하고 임계구역에서는 급랭한다.

냉각작용
- 1단계(증기막 단계) : 수증기의 작용으로 냉각속도가 떨어진다.
- 2단계(비등 단계) : 증기막 파괴로 냉각속도가 최대로 된다.
- 3단계(대류) : 대류에 의해 냉각액과 시편의 냉각속도가 같아진다.

정답 01 ④ 02 ① 03 ③

04

강의 표준 조직이 아닌 것은?

① 페라이트(Ferrite)
② 펄라이트(Pearlite)
③ 시멘타이트(Cementite)
④ 소르바이트(Sorbite)

해설및용어설명 | 강의 표준조직

펄라이트, 페라이트, 시멘타이트, 오스테나이트

※ 소르바이트 : α-철과 미립 시멘타이트의 기계적 혼합물로 마르텐사이트를 500~600℃로 템퍼링 한 경우 및 담금질의 경우, A_1 변태를 600~650℃에서 하기 시작했을 때 얻어지는 조직이다.

05

보통 주강에 3% 이하의 Cr을 첨가하여 강도와 내마멸성을 증가시켜 분쇄기계, 석유화학 공업용 기계부품 등에 사용되는 합금 주강은?

① Ni 주강
② Cr 주강
③ Mn 주강
④ Ni-Cr 주강

해설및용어설명 | 내마멸주강

• 탄소주강에 Cr, Mn, V 등을 첨가하여 내마멸성을 향상시킨 것
• 주로 제지용 롤의 재료로 사용
※ 문제에서 주강에 Cr을 첨가했다고 했으므로 Cr주강

06

다음 중 탄소량이 가장 적은 강은?

① 연강
② 반경강
③ 최경강
④ 탄소공구강

해설및용어설명 |

• 연강 : 0.15~0.28%C 탄소강
• 반경강 : 0.3~0.4%C 탄소강
• 최경강 : 0.5~0.6%C 탄소강
• 탄소공구강 : 0.6~1.5%C

07

기계제도에서의 척도에 대한 설명으로 잘못된 것은?

① 척도는 표제란에 기입하는 것이 원칙이다.
② 축척의 표시는 2:1, 5:1, 10:1 등과 같이 나타낸다.
③ 척도란 도면에서의 길이와 대상물의 실제 길이의 비이다.
④ 도면을 정해진 척도값으로 그리지 못하거나 비례하지 않을 때에는 척도를 'NS'로 표시할 수 있다.

해설및용어설명 | 척도

A(도면에서의 크기) : B(물체의 실제 크기)

• 축척 : 실물보다 작게 그린 경우의 척도 예 1:2, 1:5, 1:10
• 현척 : 실물과 같은 크기로 그린 경우의 척도 예 1:1
• 배척 : 실물보다 크게 그린 경우의 척도 예 2:1, 5:1, 10:1

정답 04 ④ 05 ② 06 ① 07 ②

08

리벳 구멍에 카운터 싱크가 없고 공장에서 드릴 가공 및 끼워 맞추기 할 때의 간략 표시 기호는?

① 　②

③ 　④

해설 및 용어설명 |

① ✳ : 양쪽 카운터 싱크가 있는 경우

② ✳ : 한쪽에만 카운터 싱크가 있는 경우 및 현장작업

④ ⊕ : 기하공차 기호(위치도)

09

그림과 같이 지름이 같은 원기둥과 원기둥이 직각으로 만날 때의 상관선은 어떻게 나타나는가?

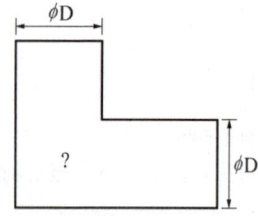

① 점선 형태의 직선
② 실선 형태의 직선
③ 실선 형태의 포물선
④ 실선 형태의 하이포이드 곡선

해설 및 용어설명 | 비슷한 크기의 원통이 만날 때의 상관선은 실선 형태의 직선으로 나타낸다.

10

리벳 이음(Rivet Joint) 단면의 표시법으로 가장 올바르게 투상된 것은?

① 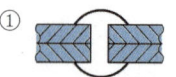　②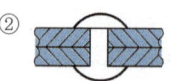

③ 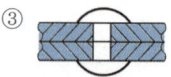　④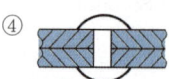

해설 및 용어설명 | 리벳은 절단하여 표시하지 않는다.

올바름	잘못됨

11

KS 재료기호 중 기계구조용 탄소강재의 기호는?

① SM 35C　② SS 490B
③ SF 340A　④ STKM 20A

해설 및 용어설명 |

① SM 35C : 탄소함유량 0.35%C 기계구조용 탄소강재

② SS 490B : 일반구조용 압연강재

③ SF 340A : 탄소강 단강품

④ STKM 20A : 기계구조용 탄소강관

정답 08 ③　09 ②　10 ④　11 ①

12

다음 중 치수기입의 원칙에 대한 설명으로 가장 적절한 것은?

① 중요한 치수는 중복하여 기입한다.
② 치수는 되도록 주 투상도에 집중하여 기입한다.
③ 계산하여 구한 치수는 되도록 식을 같이 기입한다.
④ 치수 중 참고 치수에 대하여는 네모 상자 안에 치수 수치를 기입한다.

해설및용어설명 | 치수기입의 원칙

- 대상물의 기능, 제작, 조립 등을 고려하여, 필요하다고 생각되는 치수를 명료하게 도면에 지시한다.
- 치수는 대상물의 크기, 자세, 및 위치를 가장 명확하게 표시하는 데 필요하고 충분한 것을 기입한다.
- 도면에 표시하는 치수는 특별히 명시하지 않는 한 그 도면에 도시한 대상물의 다듬질 치수를 표시한다.
- 치수에는 기능상(호환성을 포함) 필요한 경우 KS A ISO 1280에 따라 치수의 허용한계를 지시한다. 다만, 이론적으로 정확한 치수는 제외한다.
- 치수는 되도록 주 투상도에 집중한다.
- 치수는 중복 기입을 피한다.
- 치수는 되도록 계산해서 구할 필요가 없도록 한다.
- 치수는 필요에 따라 기준으로 하는 점, 선 또는 면을 기준으로 하여 기입한다.
- 관련되는 치수는 되도록 한 곳에 모아서 기입한다.
- 치수는 되도록 공정마다 배열을 분리하여 기입한다.
- 치수 중 참고 치수에 대하여는 치수 수치에 괄호를 붙인다.

13

다음 용접기호에서 "3"의 의미로 올바른 것은?

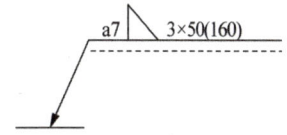

① 용접부 수
② 용접부 간격
③ 용접의 길이
④ 필릿 용접 목 두께

해설및용어설명 | 용접기호 해석

- a7 : 목두께
- 용접종류 : 필릿용접
- 3×50 : 용접부 수×용접의 길이
- (160) : 용접부 간격

14

다음 중 지시선 및 인출선을 잘못 나타낸 것은?

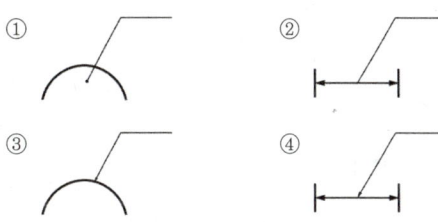

해설및용어설명 | 인출선에는 화살표가 붙지 않는다.
※ 치수선에서 인출될 경우 화살표가 붙지 않는다.

정답 12 ② 13 ① 14 ④

15

제3각 정투상법으로 투상한 그림과 같은 투상도의 우측면도로 가장 적합한 것은?

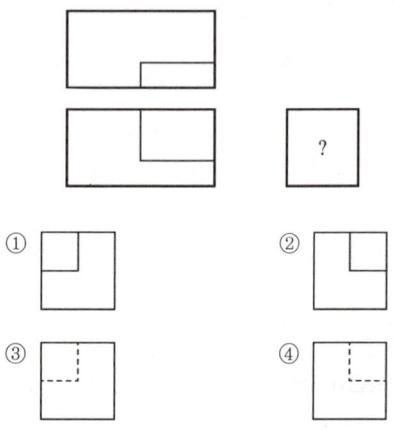

해설및용어설명 | 정면도를 보고 우측면도의 수평선의 위치를 알 수 있고, 평면도를 보고 우측면도의 수직선의 위치를 알 수 있다. 올바른 위치로 ①, ③ 중 우측에서 보았을 때 보이는 부분이기 때문에 실선으로 표현되어 있는 것은 ①번이다.

16

다음 중 비파괴 시험에 해당하는 시험은?

① 굽힘 시험　　② 현미경 조직 시험
③ 파면 시험　　④ 초음파 시험

해설및용어설명 |
- 파괴 검사 : 인장 시험, 압축 시험, 굽힘 시험, 경도 시험, 충격 시험, 피로 시험, 크리프 시험, 마모 시험
- 비파괴 검사 : 초음파 시험, 침투 탐상시험, 방사선 투과시험, 자분 탐상 시험, 맴돌이 전류시험(와전류 탐상시험), 누설검사

17

7-3 황동에 주석을 1% 첨가한 것으로 전연성이 좋아 관 또는 판을 만들어 증발기, 열교환기 등에 사용되는 것은?

① 문쯔메탈　　② 네이벌 황동
③ 카트리지 브레스　　④ 애드미럴티 황동

해설및용어설명 |
④ 애드미럴티 황동 : Zn 약 30%, Sn 약 1%, Cu 나머지. 7 - 3 황동에 Sn 약 1% 첨가된 합금이다.
① 문쯔메탈 : 6 - 4황동이라고 하며, 적열하면 단조할 수가 있어서, 가단황동 이라고도 한다.
② 네이벌 황동 : 6 - 4황동에 Sn을 첨가한 황동을 말하며, Sn이 함유되어 있기 때문에 강도가 커짐과 동시에 내식성이 커져서 함선의 축, 기어, 플랜지, 볼트 등에 쓰인다. 고온가공으로 봉이나 판재로도 쓰인다.
③ 카트리지 브레스 : 70% 구리 - 30% 아연 합금으로 가공용 황동의 대표로 연신율이 크고 인장 강도가 매우 높아 판, 막대, 관, 선 등으로 널리 사용된다.

18

탄소강의 표준 조직을 검사하기 위해 A_3 또는 A_{cm} 선보다 30 ~ 50℃ 높은 온도로 가열한 후 공기 중에서 냉각하는 열처리는?

① 노말라이징　　② 어닐링
③ 템퍼링　　④ 퀜칭

해설및용어설명 | 강의 열처리
- 불림(노말라이징) : A_3 ~ A_{cm} 변태점보다 30 ~ 50℃ 정도의 높은 온도로 가열하여 균일한 오스테나이트 조직으로 개선한 후에 공기 중에서 냉각 시키는 작업
- 담금질(퀜칭) : 강의 강도나 경도를 높이기 위하여 강을 오스테나이트 조직으로 될 때까지 A_1 ~ A_3변태점보다 30~50℃ 높은 온도로 가열한 후 물이나 기름에 급랭하여 마텐자이트 변태가 생기도록 하는 열처리
- 뜨임(템퍼링) : 적당한 강인성을 주기 위해서 A_1변태점 이하의 온도에서 재가열하는 열처리
- 풀림(어닐링) : A_1 ~ A_3 변태점보다 30~50℃ 높은 온도로 가열하여 오스테 나이트로 변환시킨 후 노나 재 속에서 서서히 냉각시켜 연화시키는 작업

19

황(S)이 적은 선철을 용해하여 구상흑연 주철을 제조 시 주로 첨가하는 원소가 아닌 것은?

① Al
② Ca
③ Ce
④ Mg

해설및용어설명 | 구상흑연 주철 제조 시 주철에 Mg, Ce, Ca 등을 첨가한다.

20

하드필드(Hadfield)강은 상온에서 오스테나이트 조직을 가지고 있다. Fe 및 C 이외에 주요 성분은?

① Ni
② Mn
③ Cr
④ Mo

해설및용어설명 | 하드필드강(1.0 ~ 1.4% C, 10 ~ 14% Mn, 나머지 Fe)
- 고망간강으로 내마모재료로 널리 이용된다.
- 오스테나이트 조직을 하여 강인하지만 격렬한 충격적 외력의 작용으로 표면층이 현저하게 가공경화하며, 연삭 마모 또는 거친 마모에 잘 견딘다.

21

조밀육방격자의 결정구조로 옳게 나타낸 것은?

① FCC
② BCC
③ FOB
④ HCP

해설및용어설명 |
④ HCP : 조밀육방격자
① FCC : 면심입방격자
② BCC : 체심입방격자
③ FOB : 해당없음

22

소성 변형이 일어나면 금속이 경화하는 현상을 무엇이라 하는가?

① 탄성경화
② 가공경화
③ 취성경화
④ 자연경화

해설및용어설명 | 금속 강화 기구
- 고용체강화 : 치환이나 침입이든 고용체가 되면 격자의 변형이 발생되고 이로 인해 용질 원자 주위에 응력장이 발생, 전위이동이 방해되어 강화시킨다.
- 석출경화 : 실용합금의 강화는 제 2상의 석출에 의해 강화시키는 방법으로 전위의 이동이 석출물에 부딪히면 기지보다 단단하여 전위가 고착되어 강화시킨다.
- 분산강화 : 석출물에 의하지 않고 자체 내부에서 생성된 산화물과 같은 제 2상에 의한 강화
- 입자 미세화 강화 : 다결정체의 강도는 결정입도에 의존하여 내적인 변화에 의한 강화법(항복강도는 입자 미세화로 증가되는데 이로 인해 결정립계가 전위의 이동을 방해한다)
- 가공경화 : 압연, 단조, 인발, 압출 등에 의한 경화 → 이후 열처리하여 적당하게 연화시킨다.

23

납 황동은 황동에 납을 첨가하여 어떤 성질을 개선한 것인가?

① 강도
② 절삭성
③ 내식성
④ 전기 전도도

해설및용어설명 | 납 황동
- 황동에 납을 첨가하여 절삭성을 좋게 한 황동
- 쾌삭 황동 또는 하드 브래스(Hard Brass)라고도 한다.
- 스크루(Screw), 시계용 기어 등 정밀 가공 필요 부품 사용

24

마우러 조직도에 대한 설명으로 옳은 것은?

① 주철에서 C와 P량에 따른 주철의 조직 관계를 표시한 것이다.
② 주철에서 C와 Mn량에 따른 주철의 조직 관계를 표시한 것이다.
③ 주철에서 C와 Si량에 따른 주철의 조직 관계를 표시한 것이다.
④ 주철에서 C와 S량에 따른 주철의 조직 관계를 표시한 것이다.

해설및용어설명 | 마우러 조직도
주철에서 C와 Si량에 따른 주철의 조직 관계를 표시한 것이다.

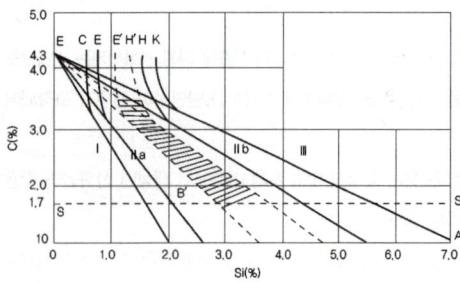

25

순 구리(Cu)와 철(Fe)의 용융점은 약 몇 ℃인가?

① Cu 660℃, Fe 890℃
② Cu 1,063℃, Fe 1,050℃
③ Cu 1,083℃, Fe 1,539℃
④ Cu 1,455℃, Fe 2,200℃

해설및용어설명 | 각종 금속 용융점

금속	용융점(℃)	금속	용융점(℃)
Fe	1,538	Cu	1,084
Al	660	Mg	650
Ag	960	Au	1,063

26

게이지용 강이 갖추어야 할 성질로 틀린 것은?

① 담금질에 의한 변형이 없어야 한다.
② HRC 55 이상의 경도를 가져야 한다.
③ 열팽창 계수가 보통 강보다 커야 한다.
④ 시간에 따른 치수 변화가 없어야 한다.

해설및용어설명 | 게이지용 강 구비조건
- 시간이 지남에 따른 치수 변화가 없어야 한다.
- 담금질에 의한 변형, 담금질 균열이 없어야 한다.
- HRC 55 이상의 경도를 가져야 한다.
- 열팽창 계수가 보통 강보다 작아야 한다.

27

그림에서 마텐자이트 변태가 가장 빠른 곳은?

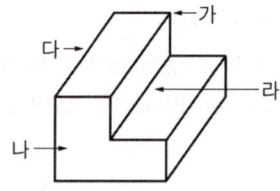

가 : 꼭지점, 나 : 평면, 다 : 모서리, 라 : 요철부

① 가 ② 나
③ 다 ④ 라

해설및용어설명 | 열 발산 방향이 많을수록 냉각속도가 빠르므로 꼭지점 부분이 마텐자이트 변태가 가장 빠르다.

28

그림과 같은 입체도의 제3각 정투상도로 가장 적합한 것은?

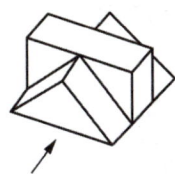

①    ②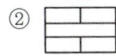
   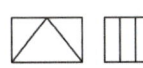

③ 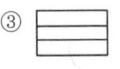   ④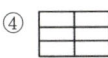
   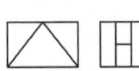

해설및용어설명 | 문제 그림의 입체도 정면도로는 모두 옳고, 평면도로는 ①, ②이 옳다. 우측면도를 보면 ②만 옳다. 즉, 입체도의 제3각 투상도로 가장 적합한 것은 "②번"이다.

30

다음 중 저온배관용 탄소강관의 기호는?

① SPPS   ② SPLT
③ SPHT   ④ SPA

해설및용어설명 |
② SPLT(Steel Pipe Low Temperature) : 저온배관용 탄소강관
① SPPS(Steel Pipe Pressure Service) : 압력배관용 탄소강관
③ SPHT(Steel Pipe High Temperature) : 고온배관용 탄소강관
④ SPA(Steel Pipe Alloy) : 배관용 합금강 강관

31

다음 중에서 이면 용접 기호는?

① ◯   ② V
③ ⌣   ④ Y

해설및용어설명 |
① ◯ : 점용접(스폿용접)
② V : 한쪽면 개선형 맞대기 용접
④ Y : 넓은 루트면이 있는 한 면 개선형 맞대기 용접

32

다음 중 현의 치수 기입을 올바르게 나타낸 것은?

① 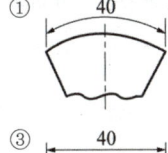   ②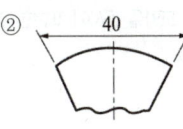

③ 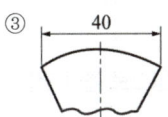   ④

해설및용어설명 |
③ 현의 길이
① 호의 길이
② 해당 없음
④ 각도 치수

33

다음 중 대상물을 한쪽 단면도로 올바르게 나타낸 것은?

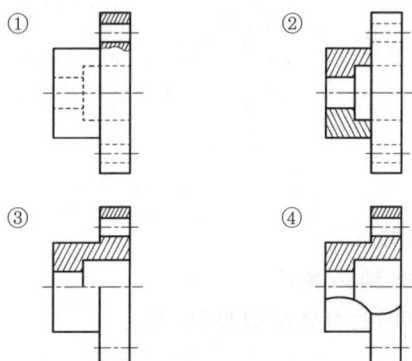

해설및용어설명 |
한쪽단면도 : 상하 또는 좌우가 대칭의 물체를 중심선을 기준으로 내부 모양과 외부 모양을 동시에 표현하는 방법.
외부와 내부 모양을 동시에 표현한 것으로 가장 적절한 것은 "③번"이다.

34

다음 중 도면에서 단면도의 해칭에 대한 설명으로 틀린 것은?

① 해칭선은 반드시 주된 중심선에 45°로만 경사지게 긋는다.
② 해칭선은 가는 실선으로 규칙적으로 줄을 늘어놓는 것을 말한다.
③ 단면도에 재료 등을 표시하기 위해 특수한 해칭(또는 스머징)을 할 수 있다.
④ 단면 면적이 넓을 경우에는 그 외형선에 따라 적절한 범위에 해칭(또는 스머징)을 할 수 있다.

해설및용어설명 | 인접한 단면의 해칭은 선의 방향 또는 각도를 변경하거나 그 간격을 변경하여 구별한다.

35

그림과 같은 입체도에서 화살표 방향에서 본 투상을 정면으로 할 때 평면도로 가장 적합한 것은?

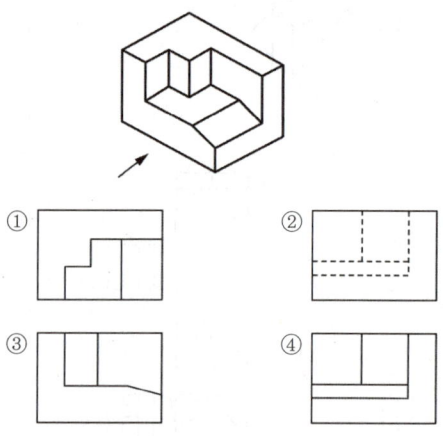

해설및용어설명 | 보기 입체도를 위에서 내려다 보면 전부 보이므로 숨은선이 아닌 모두 실선으로 나타낸다. 경사진 부분도 위에서 내려다보면 수평선으로 보이고 돌출컷 된 위치를 고려하면 입체도의 평면도로 가장 적절한 것은 "①번"이다.

36

금속재료의 경량화와 강인화를 위하여 섬유 강화 금속 복합재료가 많이 연구되고 있다. 강화섬유 중에서 비금속계로 짝지어진 것은?

① K, W
② W, Ti
③ W, Be
④ SiC, Al_2O_3

해설및용어설명 | 섬유 강화 금속 복합재료
금속 모재 중에 휘스커와 같은 대단히 강한 섬유상의 물질을 분산시켜 요구되는 특징을 가지도록 만든 것
• 비금속계 : C, B, SiC, Al_2O_3, AlN, ZrO_2 등
• 금속계 : Be, W, Mo, Fe, Ti 및 그 합금
※ 휘스커 : 단결정으로 이루어진 섬유로 높은 강도를 지닌다.

정답 33 ③ 34 ① 35 ① 36 ④

37

상자성체 금속에 해당되는 것은?

① Al　　　　　　　② Fe
③ Ni　　　　　　　④ Co

해설및용어설명 | 자성체
- 강자성체 : 외부에서 자력을 얻게 되면 자신도 자석이 되는 물질(Fe, Ni, Co)
- 상자성체 : 외부에서 자력이 주어지면 자석이 되지만 자력이 없어지면 자신도 자력을 잃어버리는 물질(Al)
- 비자성체 : 스테인리스강, 고무, 나무, 비금속

38

구리(Cu)합금 중에서 가장 큰 강도와 경도를 나타내며 내식성, 도전성, 내피로성 등이 우수하여 베어링, 스프링 및 전극재료 등으로 사용되는 재료는?

① 인(P) 청동　　　　② 규소(Si) 동
③ 니켈(Ni) 청동　　　④ 베릴륨(Be) 동

해설및용어설명 | 특수 청동
- 인 청동 : 청동(구리 + 주석)에 인을 0.05 ~ 0.5% 혼합한 합금강으로, 청동 속의 산화석이 제거되어 강도가 높고 내식성이 좋으며 베어링, 압연관, 용수철, 선박의 프로펠러를 만드는 데 쓰인다.
- 규소 동 : 3% Si, 1% Sn을 함유하는 동합금. 내산성에 우수하고 관재로 하여 화학장치용에 적합하다.
- 니켈 청동 : Ni을 함유한 Cu - Sn 합금이며, 이 경우 Ni은 Sn의 일부와 치환하는 것으로, 이로 인하여 점성이 강하고 내식성도 크며, 표면이 평활한 합금이다.
- 베릴륨 동 : 동 + Be(0.2 ~ 2.5%) 시효경화성이 있다. 동합금 중 최고의 강도이며 내식성, 내마모성, 내열성, 피로한도, 스프링 특성, 전기전도성이 모두 뛰어나기 때문에 전기접점, 베어링, 고급스프링, 무인 불꽃 안전공구에 사용되고 있다.

39

고 Mn강으로 내마멸성과 내충격성이 우수하고, 특히 인성이 우수하기 때문에 파쇄 장치, 기차 레일, 굴착기 등의 재료로 사용되는 것은?

① 엘린바(Elinvar)　　　② 디디뮴(Didymium)
③ 스텔라이트(Stellite)　 ④ 해드필드(Hadfield)강

해설및용어설명 |
① 엘린바 : 약 36%의 니켈, 약 12%의 크로뮴(Cr), 나머지는 철로 조성, 온도 변화에 따른 탄성률의 변화가 매우 작고 지진계 및 정밀기계의 주요 재료에 사용된다.
② 디디뮴 : 네오듐을 주성분으로 하는 것으로 희토류 금속 원소같이 합금의 강도를 증가시키기 위하여 첨가하는 원소
③ 스텔라이트 : 코발트를 주성분으로 하는 코발트 - 크로뮴 - 텅스텐 - 탄소 (Co - Cr - W - C)계의 합금으로 금형 주조에 의하여 일정한 형상으로 만들어 연삭하여 사용하는 주조 경질 합금 공구재료

40

시험편의 지름이 15mm, 최대하중이 5,200kg일 때 인장강도는?

① $16.8 kg_f/mm^2$　　　② $29.4 kg_f/mm^2$
③ $33.8 kg_f/mm^2$　　　④ $55.8 kg_f/mm^2$

해설및용어설명 |

인장강도 $\sigma = \dfrac{P}{A} = \dfrac{5,200}{\dfrac{\pi \times 15^2}{4}} ≒ 29.4 kg_f/mm^2$

41

다음의 금속 중 경금속에 해당하는 것은?

① Cu
② Be
③ Ni
④ Sn

해설및용어설명 | 중금속 경금속 분류
- 경금속 : 비중이 4.5 이하인 금속(알루미늄, 마그네슘, 타이타늄, 베릴륨 등)
- 중금속 : 비중이 4.5 이상인 금속(구리, 철, 납, 니켈, 주석 등 대부분)

42

순철의 자기변태(A_2)점 온도는 약 몇 ℃인가?

① 210℃
② 768℃
③ 910℃
④ 1,400℃

해설및용어설명 | 변태점
- A_0 : 시멘타이트의 자기변태점(210℃)
- A_1 : 공석변태점(723℃)
- A_2 : 순철의 자기변태점(768℃)
- A_3 : α-Fe → γ-Fe 동소변태점(910℃)
- A_4 : γ-Fe → δ-Fe 동소변태점(1,400℃)

43

주철의 일반적인 성질을 설명한 것 중 틀린 것은?

① 용탕이 된 주철은 유동성이 좋다.
② 공정 주철의 탄소량은 4.3% 정도이다.
③ 강보다 용융 온도가 높아 복잡한 형상이라도 주조하기 어렵다.
④ 주철에 함유하는 전탄소(Total Carbon)는 흑연 화합탄소로 나타낸다.

해설및용어설명 | 주철의 특징
- 탄소 함유량이 2.0~6.67%인 철 합금으로 규소, 망가니즈, 인, 황 등을 함유하고 있는 합금
- 용융점이 낮고 주조성이 우수하여 복잡한 형상도 쉽게 주조 값이 저렴하여 널리 사용
- 탄소강에 비하여 취성이 크고 소성 변형이 어렵다.
- 백주철, 회주철, 반주철 등으로 나뉜다.
- 흑연은 강도를 약하게 한다.
- 강에 비해 약하고 취약하나 인장강도에 비해 압축강도가 높다.

44

포금(Gun Metal)에 대한 설명으로 틀린 것은?

① 내해수성이 우수하다.
② 성분은 8~12% Sn 청동에 1~2% Zn을 첨가한 합금이다.
③ 용해주조 시 탈산제로 사용되는 P의 첨가량을 많이 하여 합금 중에 P를 0.05~0.5% 정도 남게 한 것이다.
④ 수압, 수증기에 잘 견디므로 선박용 재료로 널리 사용된다.

해설및용어설명 | 포금
- 8~12% Sn 청동에 1~2% Zn을 넣은 것
- 예전에 포신 재료로 많이 사용 → 포금이라 불린다.
- 강도, 연성, 내식성, 내마멸성 우수

45

저용융점(Fusible) 합금에 대한 설명으로 틀린 것은?

① Bi를 55% 이상 함유한 합금은 응고 수축을 한다.
② 용도로는 화재통보기, 압축공기용 탱크 안전밸브 등에 사용된다.
③ 33 ~ 66% Pb를 함유한 Bi 합금은 응고 후 시효 진행에 따라 팽창현상을 나타낸다.
④ 저용융점 합금은 약 250℃ 이하의 용융점을 갖는 것이며 Pb, Bi, Sn, In 등의 합금이다.

해설및용어설명 | 저용융점 합금
일반적으로 주석의 용융점(232℃)보다 낮은 융점을 가진 합금
• 종류 : 우드메탈, 리포위쯔합금, 뉴우톤합금, 로우즈합금, 비스무트땜납
※ Bi(비스무트)는 응고 시 부피가 증가한다.

46

치수 기입 방법이 틀린 것은?

①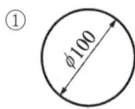
②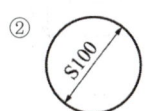
③
④

해설및용어설명 | 치수보조 기호 중 "S"라는 기호는 없다.
$S\phi 100$으로 수정하여 기입하는 것이 맞다.

47

표제란에 표시하는 내용이 아닌 것은?

① 재질
② 척도
③ 각법
④ 제품명

해설및용어설명 |
• 표제란 : 도명, 척도, 각법
• 부품란 : 부품번호, 부품기호, 수량, 재질

48

그림과 같은 용접기호의 설명으로 옳은 것은?

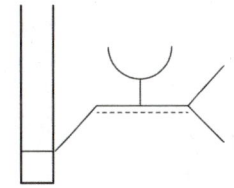

① U형 맞대기 용접, 화살표쪽 용접
② V형 맞대기 용접, 화살표쪽 용접
③ U형 맞대기 용접, 화살표 반대쪽 용접
④ V형 맞대기 용접, 화살표 반대쪽 용접

해설및용어설명 | 문제 그림의 용접기호는 U형 맞대기 용접으로 화살표쪽 용접을 나타낸다.

화살표쪽 용접	화살표쪽 반대용접

49

전기아연도금 강판 및 강대의 KS기호 중 일반용 기호는?

① SECD
② SECE
③ SEFC
④ SECC

해설및용어설명 |
④ SECC : 전기아연도금 강판 일반용
① SECD : 전기아연도금 강판 가공용

50

보기 도면은 정면도와 우측면도만이 올바르게 도시되어 있다. 평면도로 가장 적합한 것은?

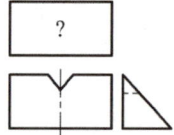

① 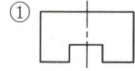   ②

③ 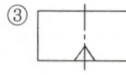   ④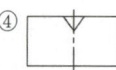

해설및용어설명 | 정면도와 우측면도로 평면도를 유추해보면 아래쪽에 경사진 부분이 있다는 것을 알 수 있으므로 ①, ③이 적절하다. 우측면도를 보면 경사져 있으므로 사각형이 아닌 경사진 도형으로 나타내야 한다. 따라서 평면도로 적절한 것은 "③번"이다.

51

선의 종류와 용도에 대한 설명의 연결이 틀린 것은?

① 가는 실선 : 짧은 중심을 나타내는 선
② 가는 파선 : 보이지 않는 물체의 모양을 나타내는 선
③ 가는 1점 쇄선 : 기어의 피치원을 나타내는 선
④ 가는 2점 쇄선 : 중심이 이동한 중심궤적을 표시하는 선

해설및용어설명 | 중심이 이동한 중심궤적을 표시하는 선(중심선)은 가는 1점 쇄선으로 나타낸다.
- 가는 1점 쇄선 : 피치선, 기준선, 중심선
- 가는 2점 쇄선 : 가상선, 무게 중심선

52

그림의 입체도를 제3각법으로 올바르게 투상한 투상도는?

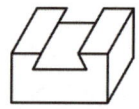

① 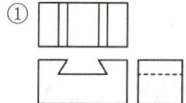   ②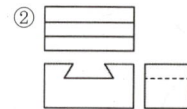

③ 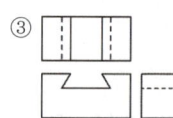   ④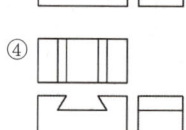

해설및용어설명 | 문제 입체도를 보았을 때, 평면도로 밑 경사진 부분 파인 곳을 숨은선으로 나타내므로 올바르게 투상한 투상도는 "③번"이다.

53

KS에서 규정하는 체결부품의 조립 간략 표시방법에서 구멍에 끼워 맞추기 위한 구멍, 볼트, 리벳의 기호 표시 중 공장에서 드릴 가공 및 끼워 맞춤을 하는 것은?

① 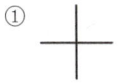   ②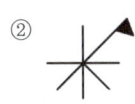

③ 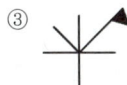   ④

해설및용어설명 |

② ⩱ : 한쪽에만 카운터 싱크가 있는 경우

③ ⩱ : 한쪽에만 카운터 싱크가 있는 경우

④ ⩱ : 양쪽 카운터 싱크가 있는 경우

54

그림과 같은 단면도에서 "A"가 나타내는 것은?

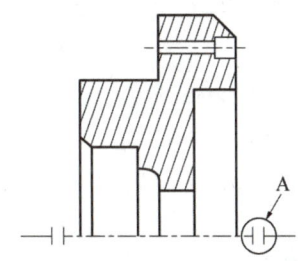

① 바닥 표시 기호
② 대칭 도시 기호
③ 반복 도형 생략 기호
④ 한쪽 단면도 표시 기호

해설및용어설명 | "A" 기호는 반대쪽도 같다는 대칭 도시 기호이다.

55

금속의 물리적 성질에서 자성에 관한 설명 중 틀린 것은?

① 연철(鍊鐵)은 잔류자기는 작으나 보자력이 크다.
② 영구자석재료는 쉽게 자기를 소실하지 않는 것이 좋다.
③ 금속을 자석에 접근시킬 때 금속에 자석의 극과 반대의 극이 생기는 금속을 상자성체라 한다.
④ 자기장의 강도가 증가하면 자화되는 강도도 증가하나 어느 정도 진행되면 포화점에 이르는 이 점을 퀴리점이라 한다.

해설및용어설명 | 보자력

강자성체를 자기 포화 상태에서 자장을 0으로 했을 때 잔류 자화가 남는데, 다시 반대 방향 자장을 증가시켰을 때 자화가 감소하고, 어느 세기의 자장에서 자화는 0이 되는데 그때의 자장의 세기

※ 일반적으로 잔류자기와 보자력은 비례한다.

56

다음 중 탄소강의 표준 조직이 아닌 것은?

① 페라이트   ② 펄라이트
③ 시멘타이트   ④ 마텐자이트

해설및용어설명 | 강의 표준조직

펄라이트, 페라이트, 시멘타이트, 오스테나이트

57

주요성분이 Ni-Fe 합금인 불변강의 종류가 아닌 것은?

① 인바
② 모넬메탈
③ 엘린바
④ 플래티나이트

해설 및 용어설명 | 불변강

② 모넬메탈 : Ni-Cu 합금으로 내식성이 크고, 인장 강도가 연강에 비해서 낮지 않으므로 봉, 선, 단조물, 터빈 블레이드, 밸브 및 밸브 시트, 화학 공업용 용기 등으로 많이 사용된다.

① 인바 : 탄소 0.2% 이하, 니켈 35~36%, 망가니즈 0.4%, 나머지는 Fe로 이루어져 있는 합금이다. 열팽창계수가 200℃ 이하의 온도에서 현저하게 적으며 보통 철의 1/100이다.

③ 엘린바 : 약 36%의 니켈, 약 12%의 크로뮴(Cr), 나머지는 철로 조성, 온도 변화에 따른 탄성률의 변화가 매우 작다.

④ 플래티나이트 : 약 46%의 니켈, 나머지는 철로 조성, 열팽창계수가 백금과 거의 동일하다.

58

탄소강 중에 함유된 규소의 일반적인 영향 중 틀린 것은?

① 경도의 상승
② 연신율의 감소
③ 용접성의 저하
④ 충격값의 증가

해설 및 용어설명 | 탄소강에 영향을 미치는 원소(규소)

- 합금 원소 또는 탈산제의 잔류 원소로 고용
- 0.3% 이상 함유되면 인장 강도, 경도, 탄성 한도는 높이지만 연신율과 충격값은 감소
- 결정 입자의 성장을 크게 하여 단접성과 냉간 가공성 저하

59

실온까지 온도를 내려 다른 형상으로 변형시켰다가 다시 온도를 상승시키면 어느 일정한 온도 이상에서 원래의 형상으로 변화하는 합금은?

① 제진합금
② 방진합금
③ 비정질합금
④ 형상기억합금

해설 및 용어설명 |

④ 형상기억합금 : 힘에 의해 변형되더라도 특정온도에 올라가면 본래의 모양으로 돌아오는 합금

① 제진합금 : 감쇠능이 큰 합금

② 방진합금 : 제진합금과 같은 의미

③ 비정질합금 : 원자의 배열이 불규칙한 합금으로 보통 합금에는 없는 성질을 갖는다. 단단하고 기계적 강도가 우수하다.

- 감쇠능 : 진동을 흡수하는 성질
- 비정질 : 원자의 배열이 불규칙한 상태

60

금속에 대한 설명으로 틀린 것은?

① 리튬(Li)은 물보다 가볍다.
② 고체 상태에서 결정구조를 가진다.
③ 텅스텐(W)은 이리듐(Ir)보다 비중이 크다.
④ 일반적으로 용융점이 높은 금속은 비중도 큰 편이다.

해설 및 용어설명 | 금속 특징

- 상온에서 고체상태로 존재(수은(Hg) 제외) → 결정 구조를 형성
- 특유의 광택을 띠며, 열과 전기를 잘 전달하는 도체
- 연성과 전성이 우수
- 다른 물질보다 비중이 크다.
- 리튬(Li) 0.53으로 가장 작고, 이리듐(Ir) 22.5로 가장 크다.
- 일반적으로 용융점이 높으면 비중도 크다.

CBT 복원문제 2020 * 4

*2016년 5회부터 CBT(컴퓨터 기반 시험)방식으로 변경되어 문제가 공개되지 않아 복원된 문제가 일부 상이할 수 있습니다.

01
금속을 냉간가공하면 결정입자가 미세화되어 재료가 단단해지는 현상은?

① 가공경화 ② 열간연화
③ 저온취성 ④ 청열메짐

해설 및 용어설명 |
- 저온취성 : 온도가 낮아짐에 따라 강도가 급격히 증가하면서 인성이 저하하는 현상
- 가공경화 : 금속 재료를 소성변형시키면 단단해지며, 가공도에 따라 경도가 증가하고 연신율이 감소하는 현상
- 청열메짐(취성) : 200~300℃에서 연강은 상온보다 연신율은 낮아지고 강도와 경도는 높아지는데, 동시에 취성을 가지는 현상

02
고강도 Al 합금으로 조성이 Al - Cu - Mg - Mn인 합금은?

① 라우탈 ② Y합금
③ 두랄루민 ④ 하이드로날륨

해설 및 용어설명 |
- ③ 두랄루민 : Al—Cu—Mg—Mn 합금, 고강도 알루미늄합금으로 항공기, 자동차 바디 재료로 사용
- ① 라우탈 : Al—Cu—Si 합금, 주조성 개선, 피삭성 우수
- ② Y합금 : Al—Cu—Ni—Mg 합금, 실린더 헤드, 피스톤 등에 사용
- ④ 하이드로날륨 : Al—Mg 합금, 내식성이 가장 우수하며, 내해수성·내식성, 연신율이 우수하여 선박용 부품, 조리용기구 등에 사용

03
7-3 황동에 1% 내외의 Sn을 첨가하여 열교환기, 증발기 등에 사용되는 합금은?

① 코슨 황동 ② 네이벌 황동
③ 애드미럴티 황동 ④ 에버듀어 메탈

해설 및 용어설명 |
- ③ 애드미럴티 황동 : 7-3황동에 주석을 1% 첨가한 것(70% 구리, 29% 아연, 1% 주석), 전연성이 좋아 관 또는 판을 만들어 증발기, 열교환기 등에 사용
- ① 코슨 황동 : Ni 3~4%, Si 1%를 첨가한 것으로 시효경화성이 있고 인장강도가 우수하며 통신선, 스프링에 사용
- ② 네이벌 황동 : 6-4황동에 주석을 1% 첨가한 것(62% 구리, 37% 아연, 1% 주석) 판, 봉으로 가공하여 용접봉, 밸브대 등에 사용

04
구리에 5~20% Zn을 첨가한 황동으로, 강도는 낮으나 전연성이 좋고 색깔이 금색에 가까워, 모조금이나 판 및 선 등에 사용되는 것은?

① 톰백 ② 켈밋
③ 포금 ④ 문쯔메탈

해설 및 용어설명 |
- ① 톰백 : Cu에 Zn이 5~20% 정도 함유된 황동
- ② 켈밋 : 베어링으로 사용되는 Cu와 Pb의 합금
- ③ 포금 : 8~12% Sn 청동에 1~2% Zn을 넣은 것
- ④ 문쯔메탈 : 6-4황동이라고 하며, 적열하면 단조할 수가 있어서, 가단황동이라고도 한다

정답 01 ③ 02 ③ 03 ③ 04 ①

05

열간 성형 리벳의 종류별 호칭길이(L)를 표시한 것 중 잘못 표시된 것은?

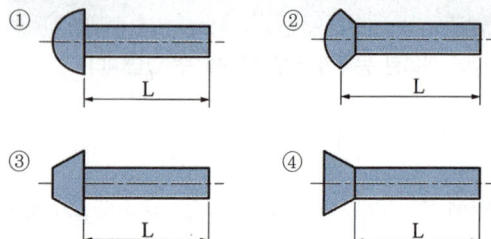

해설및용어설명 |

④ 접시머리 리벳

① 둥근머리 리벳

② 둥근접시머리 리벳

③ 납작머리 리벳

• 접시머리 리벳의 호칭길이는 접시머리까지 측정한다.

06

다음 중 배관용 탄소 강관의 재질기호는?

① SPA
② STK
③ SPP
④ STS

해설및용어설명 |

③ SPP : 배관용 탄소 강관

① SPA : 배관용 합금강 강관

② STK : 일반구조용 탄소 강관

④ STS : 보일러, 열교환기용 스테인레스강 강관

07

그림과 같은 KS 용접 보조기호의 설명으로 옳은 것은?

① 필릿 용접부 토우를 매끄럽게 함

② 필릿 용접 끝단부를 볼록하게 다듬질

③ 필릿 용접 끝단부에 영구적인 덮개 판을 사용

④ 필릿 용접 중앙부에 제거 가능한 덮개 판을 사용

해설및용어설명 |

매끄럽게 다듬질	볼록하게 다듬질	영구적인 덮개 판 사용	제거 가능한 덮개 판 사용
⌣	⌒	M	MR

08

그림과 같은 경 ㄷ 형강의 치수 기입 방법으로 옳은 것은? (단, L은 형강의 길이를 나타낸다)

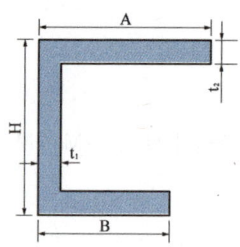

① ㄷ A×B×H×t_1×t_2 − L
② ㄷ H×A×B×t_1×t_2 − L
③ ㄷ B×A×H×t_1×t_2 − L
④ ㄷ H×B×A×L − t_1×t_2

해설및용어설명 | ㄷ 형강의 치수기입방법

ㄷ형강	표시방법
	ㄷ H×A×B×t_1×t_2 - L

09

도면에서 반드시 표제란에 기입해야 하는 항목으로 틀린 것은?

① 재질 ② 척도
③ 투상법 ④ 도명

해설및용어설명 |
- 표제란 : 도명, 척도, 각법
- 부품란 : 부품번호, 부품기호, 수량, 재질

10

선의 종류와 명칭이 잘못된 것은?

① 가는 실선 – 해칭선 ② 굵은 실선 – 숨은선
③ 가는 2점 쇄선 – 가상선 ④ 가는 1점 쇄선 – 피치선

해설및용어설명 | 선의 종류 및 용도
- 굵은 실선 : 외형선
- 가는 실선 : 치수선, 치수보조선, 지시선, 수준면선, 해칭선
- 가는 파선 : 숨은선
- 가는 1점 쇄선 : 중심선, 기준선, 피치선
- 굵은 1점 쇄선 : 특수지정선
- 가는 2점 쇄선 : 가상선, 무게중심선

11

그림과 같은 입체도에서 화살표 방향을 정면으로 할 때 평면도로 가장 적합한 것은?

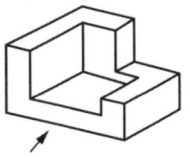

① 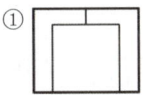   ②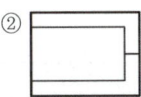

③ 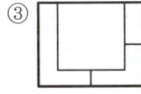   ④

해설및용어설명 | 문제 입체도를 위에서 보면 ①번과 같은 모양이 나온다.

12

도면의 밸브 표시방법에서 안전밸브에 해당하는 것은?

① 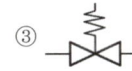   ②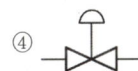

③   ④

해설및용어설명 | 밸브 기호

밸브·콕의 종류	그림 기호	밸브·콕의 종류	그림 기호
밸브 일반	⋈	앵글 밸브	
게이트 밸브	⋈	3방향 밸브	
글로브 밸브		안전 밸브	
체크 밸브	◀ 또는 ⋈		
볼 밸브	⋈		
버터플라이 밸브	⋈ 또는	콕 일반	⋈

13

제1각법과 제3각법에 대한 설명 중 틀린 것은?

① 제3각법은 평면도를 정면도의 위에 그린다.
② 제1각법은 저면도를 정면도의 아래에 그린다.
③ 제3각법의 원리는 눈 → 투상면 → 물체의 순서가 된다.
④ 제1각법에서 우측면도는 정면도를 기준으로 본 위치와는 반대쪽인 좌측에 그려진다.

해설및용어설명 |

제3각법 배치도	제1각법 배치도

A : 정면도, B : 평면도, C : 좌측면도, D : 우측면도, E : 저면도, F : 배면도

• 3각법 : 눈 → 투상면 → 물체
• 1각법 : 눈 → 물체 → 투상면

14

일반적으로 치수선을 표시할 때, 치수선 양 끝에 치수가 끝나는 부분임을 나타내는 형상으로 사용하는 것이 아닌 것은?

①    ②

③    ④

해설및용어설명 | 치수선 표시 종류

명칭	기호
90도로 끝이 열린 화살표	←
사선	/
검은 둥근 점	●
끝이 닫히고 속을 칠한 화살표	◀
끝이 닫힌 화살표	◁
끝이 열린 화살표	←

15

알루미늄과 마그네슘의 합금으로 바닷물과 알칼리에 대한 내식성이 강하고 용접성이 매우 우수하여 주로 선박용 부품, 화학 장치용 부품 등에 쓰이는 것은?

① 실루민
② 하이드로날륨
③ 알루미늄 청동
④ 애드미럴티 황동

해설및용어설명 |

② 하이드로날륨 : 알루미늄에 6~10% 마그네슘을 첨가한 합금으로 바닷물과 알칼리성에 대한 내식성이 강하고 용접성이 매우 우수
① 실루민 : 알루미늄에 규소를 가한 주물용 합금
③ 알루미늄 청동 : 청동에 12% 이하의 알루미늄을 첨가한 합금으로 주조성, 가공성, 용접성은 나쁘지만 내식성, 내열성, 내마멸성이 황동 또는 다른 청동에 비해 우수
④ 애드미럴티 황동 : Zn 약 30%, Sn 약 1%, Cu 나머지. 7-3 황동에 Sn 약 1% 첨가된 합금

16

60% Cu - 40% Zn 황동으로 복수기용 판, 볼트, 너트 등에 사용되는 합금은?

① 톰백(Tombac)
② 길딩메탈(Gilding Metal)
③ 문쯔메탈(Muntz Metal)
④ 애드미럴티메탈(Admiralty Metal)

해설및용어설명 |

③ 문쯔메탈 : 6-4황동이라고 하며, 적열하면 단조할 수가 있어서, 가단 황동이라고도 한다.
① 톰백 : Cu에 Zn이 5~20% 정도 함유된 황동
② 길딩메탈 : 95~97% Cu, 3% Zn으로 된 값싼 가짜금을 만드는 황동
④ 애드미럴티메탈 : Zn 약 30%, Sn 약 1%, Cu 나머지. 7-3 황동에 Sn 약 1% 첨가된 합금

17

시편의 표점거리가 125mm, 늘어난 길이가 145mm이었다면 연신율은?

① 16% ② 20%
③ 26% ④ 30%

해설및용어설명 |

연신율 = (나중길이 - 처음길이) / 처음길이 = 늘어난 길이 / 처음길이

$$\frac{\ell' - \ell_0}{\ell_0} \times 100 = \frac{145 - 125}{125} \times 100 = \frac{20}{125} \times 100 = 16\%$$

18

주철의 유동성을 나쁘게 하는 원소는?

① Mn ② C
③ P   ④ S

해설및용어설명 | 탄소강에 함유된 원소의 영향

원소	영향
Mn	• 황과 결합하여 황화 망가니즈(MnS)를 만들어 탈황효과, 탈산효과가 있다. • 강도와 고온 가공성을 증가 • 연신율의 감소를 억제시켜 주조성과 담금질 효과 향상 • 메짐 방지
Si	• 결정 입자의 성장을 크게 하여 단접성과 냉간가공성 저하 • 0.3% 이상 함유되면 인장 강도, 경도, 탄성 한도는 높이지만 연신율과 충격값을 감소시킨다.
P	• 결정 입자를 크고 거칠게 하여 강도와 경도를 다소 증가, 연신율을 감소 • 탄소강에 함유된 인은 철과 화합하여 인화 철(Fe_3P)을 만들어 결정립계에 편석 생성 • 충격값을 떨어뜨리고 균열을 일으킨다. • 충격값을 저하시켜 상온 메짐 • 절삭 성능을 개선시키는 효과 → 쾌삭강에 이용
S	• 선철의 불순물로 남아 철과 반응하여 FeS 형성 • 고온메짐의 원인 • 주철의 유동성을 저하시킨다.

19

주변 온도가 변화하더라도 재료가 가지고 있는 열팽창계수나 탄성계수 등의 특정한 성질이 변하지 않는 강은?

① 쾌삭강   ② 불변강
③ 강인강   ④ 스테인리스강

해설및용어설명 |

② 불변강 : 온도의 변화에 따른 탄성률 변화가 거의 없는 강(인바, 초인바, 엘린바, 플래티나이트)

① 쾌삭강 : 저탄소강의 하나로 절삭 가공을 쉽게 하기 위하여 황, 납, 인, 망가니즈 따위를 미량으로 혼합하여 만든 특수한 강

③ 강인강 : 탄소강에서 얻을 수 없는 강인성을 가지는 재료를 얻기 위하여 탄소강에 니켈, 크로뮴, 텅스텐, 몰리브데넘, 규소 등을 첨가한 것

④ 스테인리스강 : 금속의 부식 현상을 개선하기 위하여 부식에 강하거나 표면에 보호막을 형성하여 부식이 내부로 진행하지 않도록 내식성을 부여한 강

20

열과 전기의 전도율이 가장 좋은 금속은?

① Cu ② Al
③ Ag ④ Au

해설및용어설명 | 전기 전도율 순서

Ag > Cu > Au(Pt) > Al > Mg > Zn > Ni > Fe > Pb > Sb

정답 17 ① 18 ④ 19 ② 20 ③

21

구상흑연주철에서 그 바탕조직이 펄라이트이면서 구상흑연의 주위를 유리된 페라이트가 감싸고 있는 조직의 명칭은?

① 오스테나이트(Austenite) 조직
② 시멘타이트(Cementite) 조직
③ 레데뷰라이트(Ledeburite) 조직
④ 불스 아이(Bull's eye) 조직

해설및용어설명 | 불스 아이

가단 주철이나 구상 흑연 주철의 현미경 조직에서 주철 속의 흑연이 완전히 구상이 되어 그 주위가 페라이트로 되어 있는 것

22

섬유 강화 금속 복합 재료의 기지 금속으로 가장 많이 사용되는 것으로 비중이 약 2.7인 것은?

① Na
② Fe
③ Al
④ Co

해설및용어설명 | 알루미늄(Al)

- 알루미늄(Al)은 규소 다음으로 지구상에 많이 존재하는 원소
- 가볍고(비중 2.7) 내식성이 좋아 다양하게 사용됨
- 용융점이 660℃인 은백색의 전연성이 좋은 금속
- 주조가 쉽고, 다른 금속과 합금이 잘되며, 상온 및 고온가공이 용이하여 압연품, 주물, 단조품으로 이용
- 섬유 강화 금속 복합 재료의 기지 금속으로 사용됨

23

강에서 상온 메짐(취성)의 원인이 되는 원소는?

① P
② S
③ Al
④ Co

해설및용어설명 | 탄소강에 영향을 주는 원소

- S : 적열 취성의 원인
- P : 상온 취성의 원인
- Mn : 취성 방지

24

강자성체 금속에 해당되는 것은?

① Bi, Sn, Au
② Fe, Pt, Mn
③ Ni, Fe, Co
④ Co, Sn, Cu

해설및용어설명 | 자성체

- 강자성체 : Fe, Ni, Co
- 반자성체 : 안티모니(Sb)
- 비자성체 : 스테인리스강, 나무, 고무, 비금속

25

그림과 같은 KS 용접기호의 해석으로 올바른 것은?

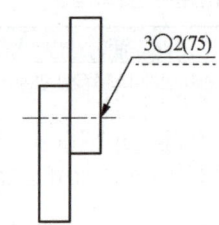

① 지름이 2mm이고, 피치가 75mm인 플러그 용접이다.
② 지름이 2mm이고, 피치가 75mm인 심 용접이다.
③ 용접 수는 2개이고, 피치가 75mm인 슬롯 용접이다.
④ 용접 수는 2개이고, 피치가 75mm인 스폿(점) 용접이다

해설및용어설명 | 3 ○ 2(75) 해석

- 3 : 구멍의 지름
- ○ : 점(스폿) 용접
- 2 : 용접 수
- (75) : 피치

26

그림과 같은 도시 기호가 나타내는 것은?

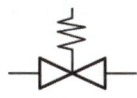

① 안전 밸브 ② 전동 밸브
③ 스톱 밸브 ④ 슬루스 밸브

해설및용어설명 |

밸브·콕의 종류	그림 기호	밸브·콕의 종류	그림 기호
밸브 일반	⋈	앵글 밸브	⊿
게이트 밸브	⋈	3방향 밸브	⋈
글로브 밸브	⋈	안전 밸브	⋈
체크 밸브	◁ 또는 ◀		⋈
볼 밸브	⋈		
버터플라이 밸브	⋈ 또는 ●	콕 일반	⋈

27

도면의 척도값 중 실제 형상을 확대하여 그리는 것은?

① 2 : 1 ② $1 : \sqrt{2}$
③ 1 : 1 ④ 1 : 2

해설및용어설명 | 척도

A(도면에서의 크기) : B(물체의 실제 크기)

- 축척 : 실물보다 작게 그린 경우의 척도 예 1 : 2, 1 : 5, 1 : 10
- 현척 : 실물과 같은 크기로 그린 경우의 척도 예 1 : 1
- 배척 : 실물보다 크게 그린 경우의 척도 예 2 : 1, 5 : 1, 10 : 1

28

그림과 같은 입체도를 3각법으로 올바르게 도시한 것은?

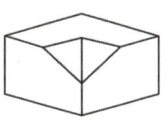

①   ②

③ 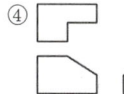 ④

해설및용어설명 |

- 정면도가 올바른 것 - ①, ②, ③
- 평면도가 올바른 것 - ③
- 우측면도가 올바른 것 - ①, ②, ③

즉, 입체도의 3각법으로 올바르게 도시한 것은 "③번"이다.

29

도면에 물체를 표시하기 위한 투상에 관한 설명 중 잘못된 것은?

① 주 투상도는 대상물의 모양 및 기능을 가장 명확하게 표시하는 면을 그린다.
② 보다 명확한 설명을 위해 주 투상도를 보충하는 다른 투상도를 많이 나타낸다.
③ 특별한 이유가 없을 경우 대상물을 가로길이로 놓은 상태로 그린다.
④ 서로 관련되는 그림의 배치는 되도록 숨은선을 쓰지 않도록 한다.

해설및용어설명 | 투상도는 형상을 알아 볼 수 있는 최소의 개수로 나타낸다.

정답 26 ① 27 ① 28 ③ 29 ②

30

KS 기계재료 표시기호 "SS 400"의 400은 무엇을 나타내는가?

① 경도
② 연신율
③ 탄소 함유량
④ 최저 인장강도

해설및용어설명 | SS400

일반기계구조용 강재로 최저 인장강도 400N/mm²

31

그림과 같이 기계 도면 작성 시 가공에 사용하는 공구 등의 모양을 나타낼 필요가 있을 때 사용하는 선으로 올바른 것은?

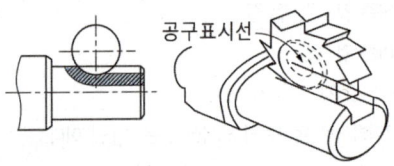

① 가는 실선
② 가는 1점 쇄선
③ 가는 2점 쇄선
④ 가는 파선

해설및용어설명 | 가상선(가는 2점 쇄선)

- 인접부분을 참고로 표시하는 데 사용한다.
- 공구, 지그 등의 위치를 참고로 나타내는 데 사용한다.
- 가동부분을 이동 중의 특정한 위치 또는 이동한계의 위치로 표시하는 데 사용한다.
- 가공 전 또는 가공 후의 모양을 표시하는 데 사용한다.
- 되풀이하는 것을 나타내는 데 사용한다.
- 도시된 단면의 앞쪽에 있는 부분을 표시하는 데 사용한다.

32

기호를 기입한 위치에서 먼 면에 카운터 싱크가 있으며, 공장에서 드릴 가공 및 현장에서 끼워 맞춤을 나타내는 리벳의 기호 표시는?

① 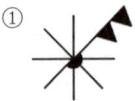 ②

③ 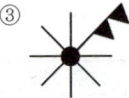 ④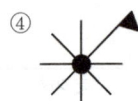

해설및용어설명 |

- 기호를 기입한 위치에서 먼 면에 카운터 싱크가 있다. : ①, ②
- 현장가공을 나타내는 기호 : ✶ = ②, ④

답은 "②번"이다.

33

그림과 같은 입체도의 화살표 방향 투시도로 가장 적합한 것은?

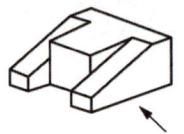

①  ②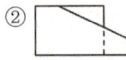

③ 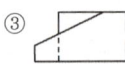 ④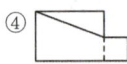

해설및용어설명 | 화살표 방향으로 입체도를 바라보면 안쪽 사각형 왼쪽 아래가 점선으로 나타나야 한다. 이것을 충족하는 것은 "③번"이다.

34

치수기입의 원칙에 관한 설명 중 틀린 것은?

① 치수는 필요에 따라 기준으로 하는 점, 선 또는 면을 기준으로 하여 기입한다.
② 대상물의 기능, 제작, 조립 등을 고려하여 필요하다고 생각되는 치수를 명료하게 도면에 지시한다.
③ 치수 입력에 대해서는 중복 기입을 피한다.
④ 모든 치수에는 단위를 기입해야 한다.

해설및용어설명 | 치수기입의 원칙
- 대상물의 기능, 제작, 조립 등을 고려하여, 필요하다고 생각되는 치수를 명료하게 도면에 지시한다.
- 치수는 대상물의 크기, 자세, 및 위치를 가장 명확하게 표시하는 데 필요하고 충분한 것을 기입한다.
- 도면에 표시하는 치수는 특별히 명시하지 않는 한 그 도면에 도시한 대상물의 다듬질 치수를 표시한다.
- 치수에는 기능상(호환성을 포함) 필요한 경우 KS A ISO 128에 따라 치수의 허용한계를 지시한다. 다만, 이론적으로 정확한 치수는 제외한다.
- 치수는 되도록 주 투상도에 집중한다.
- 치수는 중복 기입을 피한다.
- 치수는 되도록 계산해서 구할 필요가 없도록 한다.
- 치수는 필요에 따라 기준으로 하는 점, 선 또는 면을 기준으로 하여 기입한다.
- 관련되는 치수는 되도록 한 곳에 모아서 기입한다.
- 치수는 되도록 공정마다 배열을 분리하여 기입한다.
- 치수 중 참고 치수에 대하여는 치수 수치에 괄호를 붙인다.
- 치수 기입 시 단위는 일반적으로 mm이고 따로 단위를 기입하지 않는다.

35

니켈 - 크로뮴 합금 중 사용한도가 1,000°C까지 측정할 수 있는 합금은?

① 망가닌　　② 우드메탈
③ 배빗메탈　④ 크로멜-알루멜

해설및용어설명 | 열전대를 사용하여 1,200°C 이하의 온도측정을 할 수 있다.
- 망가닌 : Mn - Ni - Cu 합금으로서 온도에 의한 전기 저항의 변화가 22 ~ 25°C에서는 거의 0에 가깝다.
- 우드메탈 : Bi - Pb - Sn - Cd계의 가용 합금으로 융점이 71°C이다.
- 배빗메탈 : 주석(Sn) 80 ~ 90%, 안티몬(Sb) 3 ~ 12%, 구리(Cu) 3 ~ 7%가 표준 조성이고, 이 밖에 납(Pb), 아연(Zn) 등이 포함된 것도 있다. 경도가 비교적 작기 때문에 축과의 친화력이 좋고, 국부적인 하중에 대해 쉽게 변형이 안 되며, 유막 유지가 확실하다.

36

Mg 및 Mg 합금의 성질에 대한 설명으로 옳은 것은?

① Mg의 열전도율은 Cu와 Al보다 높다.
② Mg의 전기전도율은 Cu와 Al보다 높다.
③ Mg합금보다 Al합금의 비강도가 우수하다.
④ Mg는 알칼리에 잘 견디나, 산이나 염수에는 침식된다.

해설및용어설명 | 마그네슘 특징
- 비중 1.74로 알루미늄에 비하여 약 35% 가볍고, 마그네슘 합금은 실용하는 합금 중에서 가장 가볍다.
- 비강도가 알루미늄 합금보다 우수하여 항공기나 자동차 부품, 전기 기기, 선박, 광학 기계, 인쇄 제판 등에 이용
- 구상 흑연 주철의 첨가제로도 많이 사용
- 산류, 염류에는 침식되나, 알칼리에는 강하다.
- 마그네슘 합금은 부식되기 쉽고, 탄성 한도와 연신율이 작아 알루미늄, 아연, 망가니즈, 지르코늄 등을 첨가한 합금으로 제조한다.
- 비강도가 크고, 냉간가공이 거의 불가능하다.

※ 전기전도율 및 열전도율 순서 : 은 - 구리 - 금 - 알루미늄 > 마그네슘

정답 34 ④　35 ④　36 ④

37
철에 Al, Ni, Co를 첨가한 합금으로 잔류 자속밀도가 크고 보자력이 우수한 자성 재료는?

① 퍼멀로이
② 센더스트
③ 알니코 자석
④ 페라이트 자석

해설및용어설명 | 알니코 자석
Al, Ni, Co를 첨가한 합금으로 가장 광범위하게 사용되고 있고 높은 보자력의 영구자석 재료로 안정성은 좋지만 기계 가공에 적합하지 않다.

38
Al의 비중과 용융점(℃)은 약 얼마인가?

① 2.7, 660℃
② 4.5, 390℃
③ 8.9, 220℃
④ 10.5, 450℃

해설및용어설명 | 알루미늄 비중 2.7, 용융점 : 660℃

39
금속 간 화합물의 특징을 설명한 것 중 옳은 것은?

① 어느 성분 금속보다 용융점이 낮다.
② 어느 성분 금속보다 경도가 낮다.
③ 일반 화합물에 비하여 결합력이 약하다.
④ Fe_3C는 금속 간 화합물에 해당되지 않는다.

해설및용어설명 | 금속 간 화합물
- 두 가지 이상의 금속원소가 간단한 정수비로 결합된 화합물
- 성분 금속 간에 친화력이 클 때 화학적으로 결합하여 성분 금속과는 다른 성질을 가지며 대체로 취성이 크다. 강의 경우 Fe_3C 시멘타이트 조직은 대표적인 금속 간 화합물이다.

40
주위의 온도 변화에 따라 선팽창 계수나 탄성률 등의 특정한 성질이 변하지 않는 불변강이 아닌 것은?

① 인바
② 엘린바
③ 코엘린바
④ 스텔라이트

해설및용어설명 | 불변강의 종류
- 인바 : 36% 니켈, 0.2% 이하 탄소, 0.4% 망가니즈, 나머지 철인 합금
- 엘린바 : 36% 니켈, 12% 크로뮴, 나머지는 철로 된 합금
- 초인바 : 니켈 29~40%, 코발트 15% 나머지는 철인 합금
- 플래티나이트 : 약 46%의 니켈, 나머지는 철로 조성된 합금
- 코엘린바 : 엘린바에 코발트 26~58% 함유하는 합금

41
강에 S, Pb 등의 특수 원소를 첨가하여 절삭할 때 칩을 잘게 하고 피삭성을 좋게 만든 강은 무엇인가?

① 불변강
② 쾌삭강
③ 베어링강
④ 스프링강

해설및용어설명 |
- 불변강 : 온도의 변화에 따른 탄성률 변화가 거의 없는 강
 (인바, 초인바, 엘린바, 플래티나이트)
- 쾌삭강 : 일반강에 S, P, Pb 등을 첨가하여 절삭성을 향상시킨 강
- 베어링강
- 스프링강

42

주철에 대한 설명으로 틀린 것은?

① 인장강도에 비해 압축강도가 높다.
② 회주철은 편상 흑연이 있어 감쇠능이 좋다.
③ 주철 절삭 시에는 절삭유를 사용하지 않는다.
④ 액상일 때 유동성이 나쁘며, 충격 저항이 크다.

해설및용어설명 | 주철의 특징

- 탄소 함유량이 2.0 ~ 6.67%인 철 합금으로 규소, 망가니즈, 인, 황 등을 함유하고 있는 합금이다.
- 용융점이 낮고 주조성이 우수하여 복잡한 형상도 쉽게 주조, 값이 저렴하여 널리 사용한다.
- 탄소강에 비하여 취성이 크고 소성 변형이 어렵다.
- 백주철, 회주철, 반주철 등으로 나뉜다.
- 흑연은 강도를 약하게 한다.
- 강에 비해 약하고 취약하나 인장강도에 비해 압축강도가 높다.
- 회주철은 편상 흑연이 있어 감쇠능이 좋다.
- 염산, 질산 등의 산에 약하지만 알칼리에는 강하다.
- 절삭성이 좋아 절삭 시 절삭유를 사용하지 않는다.
- 주조성, 마찰저항이 좋다.
※ 편상 흑연 : 회색주철에 나타나는 흑연 조직으로 편상모양

43

황동의 종류 중 순 Cu와 같이 연하고 코이닝하기 쉬우므로 동전이나 메달 등에 사용되는 합금은?

① 95% Cu – 5% Zn 합금
② 70% Cu – 30% Zn 합금
③ 60% Cu – 40% Zn 합금
④ 50% Cu – 50% Zn 합금

해설및용어설명 | 톰백

Cu에 Zn이 5 ~ 20% 정도 함유된 황동으로 순구리와 같이 연하고 코이닝이 쉬워 동전이나 메달 등에 사용(5% Zn)

44

금속재료의 표면에 강이나 주철의 작은 입자(ϕ0.5mm ~ 1.0mm)를 고속으로 분사시켜, 표면의 경도를 높이는 방법은?

① 침탄법
② 질화법
③ 폴리싱
④ 쇼트피닝

해설및용어설명 |

- 쇼트피닝 : 재료의 표면에 강으로 된 작은 구를 분사시켜 피닝 효과를 주어 재료 표면을 단련시키는 방법
- 침탄법 : 저탄소의 표면 경화강에 탄소를 침입시킨 다음 담금질 처리를 함으로써 표면층만 경화되어 내마모성이 큰 표면층과 인성이 큰 중심부를 얻게 되는 처리
- 질화법 : 질화용 강의 표면층에 질소를 확산시켜, 표면층을 경화하는 방법
- 폴리싱 : 연마

45

탄소강은 200 ~ 300℃에서 연신율과 단면 수축률이 상온보다 저하되어 단단하고 깨지기 쉬우며, 강의 표면이 산화되는 현상은?

① 적열메짐
② 상온메짐
③ 청열메짐
④ 저온메짐

해설및용어설명 | 메짐(취성)의 종류

- 청열취성 : 200 ~ 300℃에서 연강은 상온보다 연신율은 낮아지고 강도와 경도는 높아지는데, 동시에 취성을 가지는 현상
- 저온취성 : 온도가 낮아짐에 따라 강도가 급격히 증가하면서 인성이 저하하는 현상
- 고온취성(적열취성) : 적열상태에서 FeS가 존재할 때 가열로 인하여 용해되어 강의 결정 사이의 응집력을 파괴하여 취성이 발생하는 현상
- 뜨임취성 : 500 ~ 600℃ 사이에서 담금질 후 뜨임을 하면 충격값이 감소하는 현상

46

물과 얼음, 수증기가 평형을 이루는 3중점 상태에서의 자유도는?

① 0
② 1
③ 2
④ 3

해설및용어설명 | 상률

여러 개의 평형을 이루고 있는 계의 자유도 수를 정하는 법칙(깁스의 상률)

자유도(F) = 성분 수(n) + 2 - 상의 수(p)

※ 자유도 : 독립적으로 변화하는 상태변수의 수

$F = 1 + 2 - 3 = 0$

47

다음 치수 중 참고 치수를 나타내는 것은?

① (50)
② □50
③ 50 (박스)
④ 50

해설및용어설명 | 치수보조기호

기호 이름	기호	기호 이름	기호
지름	φ	판의 두께	t
반지름	R	45° 모따기	C
구의 지름	Sφ	참고치수	( )
구의 반지름	SR	이론적으로 정확한 치수	10
정사각형의 변	□	깊이	↧
카운터 보어	⊔	카운터 싱크	∨

48

기계제도에서 물체의 보이지 않는 부분의 형상을 나타내는 선은?

① 외형선
② 가상선
③ 절단선
④ 숨은선

해설및용어설명 |

① 외형선 : 대상물의 보이는 부분의 모양을 표시하는 데 쓰인다.
② 가상선 : 인접부분을 참고로 표시하는 데 사용하거나 가공 전 또는 가공 후의 모양을 표시하는 데 사용한다.
③ 절단선 : 단면도를 그리는 경우, 그 절단 위치를 대응하는 그림에 표시하는 데 사용한다.

49

그림의 입체도에서 화살표 방향을 정면으로 하여 제3각법으로 그린 정투상도는?

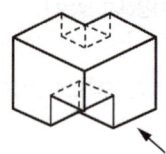

① ② ③ ④

해설및용어설명 | 화살표 방향을 정면으로 보면 왼쪽 하단 사각형이 비어 있는 형상으로 올바르게 투상한 것은 ①, ②번이다.

위에서 바라보면 오른쪽 상단이 비어있고 왼쪽 하단 사각형이 은선으로 표시되어야 하므로 답은 ①번이다.

50

그림의 도면에서 x의 거리는?

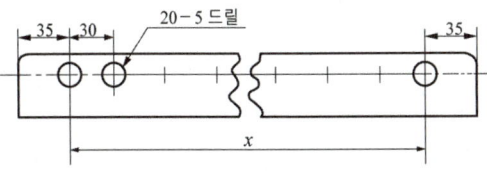

① 510mm　　② 570mm
③ 600mm　　④ 630mm

해설및용어설명 | $X = 30 \times 19 = 570mm$

51

다음 중 한쪽 단면도를 올바르게 도시한 것은?

① 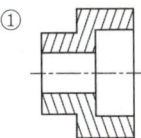　　②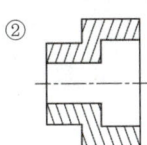

③ 　　④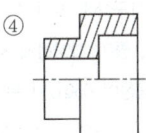

해설및용어설명 | 한쪽단면도
상하 또는 좌우가 대칭의 물체를 중심선을 기준으로 내부 모양과 외부 모양을 동시에 표현하는 방법
외부와 내부의 모양을 가장 잘 나타낸 것은 "④번"이다.

52

다음 재료 기호 중 용접구조용 압연 강재에 속하는 것은?

① SPPS380　　② SPCC
③ SCW450　　④ SM400C

해설및용어설명 |
④ SM400C : 용접 구조용 압연 강재
① SPPS380 : 배관용 탄소강 강관
② SPCC : 일반 구조용 강재
③ SCW450 : 주강 강재

53

그림과 같은 배관 도면에서 도시 기호 S는 어떤 유체를 나타내는 것인가?

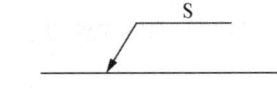

① 공기　　② 가스
③ 유류　　④ 증기

해설및용어설명 | 배관 도면 도시 기호

공기	가스	유류	증기
A	G	O	S

54

주 투상도를 나타내는 방법에 관한 설명으로 옳지 않은 것은?

① 조립도 등 주로 기능을 나타내는 도면에서는 대상물을 사용하는 상태로 표시한다.
② 주 투상도를 보충하는 다른 투상도는 되도록 적게 표시한다.
③ 특별한 이유가 없을 경우, 대상물을 세로 길이로 놓은 상태로 표시한다.
④ 부품도 등 가공하기 위한 도면에서는 가공에 있어서 도면을 가장 많이 이용하는 공정에서 대상물을 놓은 상태로 표시한다.

해설및용어설명 | 특별한 이유가 없을 경우 대상물을 가로 길이로 놓은 상태로 표시한다.

55

그림과 같은 입체도의 화살표 방향을 정면도로 표현할 때 실제와 동일한 형상으로 표시하는 면을 모두 고른 것은?

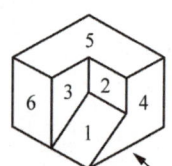

① 3과 4
② 4와 6
③ 2와 6
④ 1과 5

해설및용어설명 | 화살표 방향이 정면이라고 하면 형상 그대로 보이는 면은 3과 4이다.

56

그림에서 나타난 용접기호의 의미는?

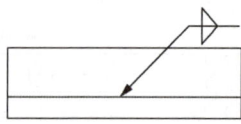

① 플래어 K형 용접
② 양쪽 필릿 용접
③ 플러그 용접
④ 프로젝션 용접

해설및용어설명 | 위 도시 기호는 양쪽 필릿 용접을 나타낸다.

57

다이캐스팅 주물품, 단조품 등의 재료로 사용되며 융점이 약 660℃이고, 비중이 약 2.7인 원소는?

① Sn
② Ag
③ Al
④ Mn

해설및용어설명 | 알루미늄의 특징
- 규소 다음으로 지구상에 많이 존재하는 원소
- 가볍고 내식성이 좋아 다양하게 사용
- 비중이 2.7, 용융점이 660℃인 은백색의 전연성이 좋은 금속
- 주조가 쉽고, 다른 금속과 합금이 잘 되며, 상온 및 고온 가공 용이하여 압연품, 주물, 단조품으로 이용

58

다음 중 주철에 관한 설명으로 틀린 것은?

① 비중은 C와 Si 등이 많을수록 작아진다.
② 용융점은 C와 Si 등이 많을수록 낮아진다.
③ 주철을 600℃ 이상의 온도에서 가열 및 냉각을 반복하면 부피가 감소한다.
④ 투자율을 크게 하기 위해서는 화합 탄소를 적게 하고 유리 탄소를 균일하게 분포시킨다.

해설및용어설명 | 주철의 성장

600℃ 이상의 온도에서 가열과 냉각을 반복하면 부피가 증가하여 파열되는 현상
- 투자율 : 자기장의 영향을 받아 자화할 때에 생기는 자기력선속밀도와 진공 중에서 나타나는 자기장 세기의 비로 철 등의 강자성체 등에서 극히 큰 값을 나타낸다.

59

금속의 소성변형을 일으키는 원인 중 원자 밀도가 가장 큰 격자면에서 잘 일어나는 것은?

① 슬립   ② 쌍정
③ 전위   ④ 편석

해설및용어설명 |

① 슬립 : 어느 금속의 결정이 다른 결정에 대하여 일부가 불가역적인 전단 변위를 함으로써 소성변형을 하는 과정으로 어느 한정된 결정 방향으로 생기는 것이며 일반적으로 특정한 결정면에서 이루어진다.
② 쌍정 : 같은 종류의 광물에서 2개의 결정이 특정한 결정면이나 결정축에 대하여 대칭적으로 결합한 1개체의 결정
③ 전위 : 결정 속의 전위선을 따라 일어난 일련의 원자 변위
④ 편석 : 고체재료 속에서 조성이 불균일하게 되는 현상

60

다음 중 Ni-Cu 합금이 아닌 것은?

① 어드밴스   ② 콘스탄탄
③ 모넬메탈   ④ 니칼로이

해설및용어설명 | Ni-Cu 합금

종류	내용
콘스탄탄	45%의 Ni과 55%의 Cu로 이루어진 합금. 전기저항률이 높아 저항기로 쓰거나 철·구리와 짝지어 열전쌍으로 사용
어드밴스	54% Cu, 45% Ni로 구성되어 있으며 인발 가공이 쉬운 선은 표준 저항성 또는 열전쌍용 선으로 사용
모넬메탈	• 50~75% Ni을 함유 • 내식성 및 기계적·화학적 성질이 매우 우수 • R 모넬(0.035% 황 함유), KR 모넬(0.28% 탄소 함유) 등은 쾌삭성 우수 • H 모넬(3% Si 함유)과 S 모넬(4% Si 함유) 메탈은 경화성 및 강도 우수
MMM합금	• 60~65% Ni, 24~28% Cu, 9~11% Sn 및 소량의 철, 규소, 망가니즈 등을 함유한 것 • 압력 용기, 밸브 등에 사용

※ 니칼로이 : Ni(50%) - Mn - Fe

CBT 복원문제 2021 * 1

*2016년 5회부터 CBT(컴퓨터 기반 시험)방식으로 변경되어 문제가 공개되지 않아 복원된 문제가 일부 상이할 수 있습니다.

01

침탄법에 대한 설명으로 옳은 것은?

① 표면을 용융시켜 연화시키는 것이다.
② 망상 시멘타이트를 구상화시키는 방법이다.
③ 강재의 표면에 아연을 피복시키는 방법이다.
④ 흠강재의 표면에 탄소를 침투시켜 경화시키는 것이다.

해설및용어설명 | 침탄법
저탄소의 표면 경화강에 탄소를 침입시킨 다음 담금질 처리를 함으로써 표면층만 경화되어 내마모성이 큰 표면층과 인성이 큰 중심부를 얻게 되는 처리, 침탄처리에 사용하는 침탄제의 종류에 따라 고체 침탄법, 액체 침탄법, 가스 침탄법으로 구별

02

그림과 같은 결정격자의 금속 원소는?

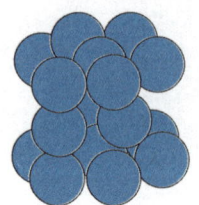 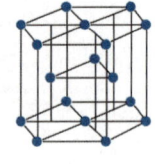

① Ni
② Mg
③ Al
④ Au

해설및용어설명 | 결정구조
- BCC(체심입방격자) : Fe(α철, β철), Li, Cr, Mo
- FCC(면심입방격자) : Fe(γ철), Al, Au, Cu, Ni
- HCP(조밀육방격자) : Co, Mg, Zn

03

구상흑연 주철은 주조성, 가공성 및 내마멸성이 우수하다. 이러한 구상흑연 주철 제조 시 구상화제로 첨가되는 원소로 옳은 것은?

① P, S
② O, N
③ Pb, Zn
④ Mg, Ca

해설및용어설명 | 구상흑연 주철
강도와 연성 등을 개선하기 위하여 용융 상태의 주철 중에 Mg, Ce, Ca 등을 첨가하여 편상 흑연을 구상화한 것

04

형상 기억 효과를 나타내는 합금을 일으키는 변태는?

① 펄라이트 변태
② 마텐자이트 변태
③ 오스테나이트 변태
④ 레데뷰라이트 변태

해설및용어설명 | 형상 기억 합금은 마텐자이트 변태에 의해 형상 기억 효과를 일으킨다.

05

Y합금의 일종으로 Ti과 Cu를 0.2% 정도씩 첨가한 것으로 피스톤에 사용되는 것은?

① 두랄루민
② 코비탈륨
③ 로엑스합금
④ 하이드로날륨

해설및용어설명 |

② 코비탈륨 : Y합금의 일종으로 Ti과 Cu를 0.2% 정도씩 첨가한 것으로 피스톤용으로 많이 쓰인다.

① 두랄루민 : 구리와 마그네슘 및 그 외 1~2종의 원소를 알루미늄에 첨가하여 시효경화성을 가지게 한 고력 알루미늄 합금

③ 로엑스합금 : 12% Si, 1% Cu, 1% Mg, 1.8% Ni 등을 함유한 내열성 알루미늄 합금으로 고온 강도가 우수하고 팽창률이 낮다.

④ 하이드로날륨 : Al-Mg 합금, 내식성이 가장 우수하며, 내해수성, 내식성, 연신율이 우수하여 선박용 부품, 조리용기구 등에 사용

06

시험편을 눌러 구부리는 시험방법으로 굽힘에 대한 저항력을 조사하는 시험방법은?

① 충격시험
② 굽힘시험
③ 전단시험
④ 인장시험

해설및용어설명 |

② 굽힘시험 : 시험편을 눌러 구부리는 시험법으로 연성 및 전성, 균열의 발생 유무를 알아보는 시험

① 충격시험 : 인성 및 취성을 알아보는 시험

③ 전단시험 : 물체에 전단하중을 가하여 파괴하고 이 하중에 대한 재료의 강도 등을 조사하는 시험

④ 인장시험 : 재료가 파단하기까지 인장하중을 가하여 하중과 변형량과의 관계를 알아보는 시험으로 인장강도, 항복점, 탄성률, 연신율, 단면 수축률 등의 기계적 성질을 측정하는 시험

07

Fe - C 평형상태도에서 공정점의 C%는?

① 0.02%
② 0.8%
③ 4.3%
④ 6.67%

해설및용어설명 | Fe - C형 평형상태도 반응

- 공석점 : 0.8% C, 723℃
- 공정점 : 4.3% C, 1,148℃
- 포정점 : 0.18% C, 1,405℃

08

다음 용접 기호 중 표면 육성을 의미하는 것은?

①
②
③
④

해설및용어설명 | 용접 도시 기호

경사접합부	표면접합부 (서페이싱 이음)	표면육성 (서페이싱)	겹침 접합부

정답 05 ② 06 ② 07 ③ 08 ①

09

배관의 간략 도시방법에서 파이프의 영구 결합부(용접 또는 다른 공법에 의한다) 상태를 나타내는 것은?

① 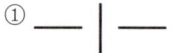   ②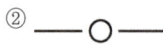

③    ④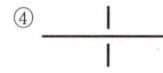

해설및용어설명 |

접속하고 있지 않을 때		접속하고 있을 때	
		교차	분기

- 영구 결합부는 눈에 띄는 크기의 점으로 표시하며, 점의 지름은 선 굵기의 5배로 한다.

10

제3각법의 투상에서 도면의 배치 관계는?

① 평면도를 중심하여 정면도는 위에 우측면도는 우측에 배치된다.
② 정면도를 중심하여 평면도는 밑에 우측면도는 우측에 배치된다.
③ 정면도를 중심하여 평면도는 위에 우측면도는 우측에 배치된다.
④ 정면도를 중심하여 평면도는 위에 우측면도는 좌측에 배치된다.

해설및용어설명 | 제3각법 배치도

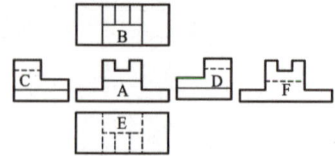

B : 평면도
C : 좌측면도
D : 우측면도
E : 저면도
F : 배면도

11

그림과 같이 제3각법으로 정투상한 각뿔의 전개도 형상으로 적합한 것은?

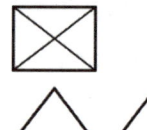

① 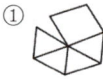   ②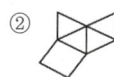

③   ④

해설및용어설명 | 밑면이 사각형인 사각뿔을 전개하면 "②번"과 같은 모양이 나온다.

12

그림과 같은 도면에서 나타난 "□40" 치수에서 "□"가 뜻하는 것은?

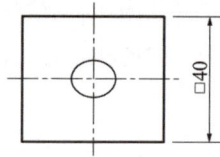

① 정사각형의 변   ② 이론적으로 정확한 치수
③ 판의 두께   ④ 참고치수

해설및용어설명 | 치수보조기호

기호 이름	기호	기호 이름	기호
지름	φ	판의 두께	t
반지름	R	45° 모따기	C
구의 지름	Sφ	참고치수	( )
구의 반지름	SR	이론적으로 정확한 치수	10
정사각형의 변	□	깊이	↧
카운터 보어	⊔	카운터 싱크	∨

정답 09 ③ 10 ③ 11 ② 12 ①

13

도면에 대한 호칭방법이 다음과 같이 나타날 때 이에 대한 설명으로 틀린 것은?

```
KS B ISO 5457-A1t-TP 112.5- R-TBL
```

① 도면은 KS B ISO 5457을 따른다.
② A1 용지 크기이다.
③ 재단하지 않은 용지이다.
④ 112.5g/m² 사양의 트레이싱지이다.

해설및용어설명 | KS B ISO 5457 - A1t - TP 112.5 - R - TBL에서 A1 뒤에 T가 붙었으므로 제단한 용지임을 알 수 있다. 제단하지 않은 용지는 하기 표와 같이 U로 표시한다.

크기	그림	재단한 용지(T)		제도 공간		제단하지 않은 용지(U)	
		a_1	b_1	a_2	b_2	a_3	b_3
A0	1	841	1,189	821	1,159	880	1,230
A1	1	594	841	574	811	625	880
A2	1	420	594	400	564	450	625
A3	1	297	420	277	390	330	450
A4	1과 2	210	297	180	277	240	330

※ 비고 A0 크기보다 클 경우에는 KS M ISO 216 참조
* 공차는 KS M ISO 216 참조

14

다음 중 가는 실선으로 나타내는 경우가 아닌 것은?

① 시작점과 끝점을 나타내는 치수선
② 소재의 굽은 부분이나 가공 공정의 표시선
③ 상세도를 그리기 위한 틀의 선
④ 금속 구조 공학 등의 구조를 나타내는 선

해설및용어설명 | 가는 실선으로 나타내는 선
치수선, 치수보조선, 지시선, 회전단면선, 중심선, 수준면선
• 금속 구조 공학 등의 구조를 나타내는 선 : 굵은 실선

15

그림과 같이 원통을 경사지게 절단한 제품을 제작할 때, 다음 중 어떤 전개법이 가장 적합한가?

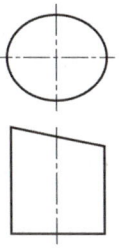

① 사각형법
② 평행선법
③ 삼각형법
④ 방사선법

해설및용어설명 | 전개도법 종류
• 평행선 전개도법 : 평행선을 이용한 전개도법은 원기둥이나 각기둥과 같이 중심축과 평행한 면의 전개도를 그릴 때 사용하는 방법
• 방사선 전개도법 : 방사선을 이용한 전개도법은 한 점을 중심으로 모서리의 길이를 반지름으로 하여 원호를 그리며 전개도를 그릴 때 사용하는 방법
• 삼각형 전개도법 : 삼각형을 이용한 전개도법은 물체의 면을 여러 개의 삼각형으로 나누어 전개도를 그릴 때 사용하는 방법

16

다음 중 일반 구조용 탄소 강관의 KS 재료 기호는?

① SPP
② SPS
③ SKH
④ STK

해설및용어설명 |
① SPP : 배관용 탄소 강관
② SPS : 스프링강재
③ SKH : 고속도강

17

그림과 같은 도면에서 괄호 안의 치수는 무엇을 나타내는가?

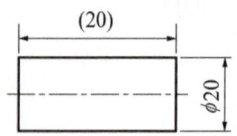

① 완성 치수
② 참고 치수
③ 다듬질 치수
④ 비례척이 아닌 치수

해설및용어설명 | 치수보조기호

기호 이름	기호	기호 이름	기호
지름	φ	판의 두께	t
반지름	R	45° 모따기	C
구의 지름	Sφ	참고치수	( )
구의 반지름	SR	이론적으로 정확한 치수	10
정사각형의 변	□	깊이	↧
카운터 보어	⊔	카운터 싱크	∨

18

강자성을 가지는 은백색의 금속으로 화학 반응용 촉매, 공구 소결재로 널리 사용되고 바이탈륨의 주성분 금속은?

① Ti
② Co
③ Al
④ Pt

해설및용어설명 | 자성체

- 강자성체 : Fe, Ni, Co
- 비자성체 : 스테인리스강, 나무, 고무, 비금속
- 바이탈륨 : Co 65%, Cr 30%, Mo 5% 외에 망가니즈, 규소, 알루미늄 등을 함유하는 코발트 베이스 합금으로 기계 가공이 곤란한 내열 부품용에 주조해서 사용한다.

19

재료에 어떤 일정한 하중을 가하고 어떤 온도에서 긴 시간 동안 유지하면 시간이 경과함에 따라 스트레인이 증가하는 것을 측정하는 시험 방법은?

① 피로 시험
② 충격 시험
③ 비틀림 시험
④ 크리프 시험

해설및용어설명 |

④ 크리프 시험 : 일정 응력 또는 하중하에서 시간의 경과와 함께 재료가 변형하는 현상을 측정하는 시험
① 피로시험 : 피로 시험기를 이용하여 재료에 반복하중(인장, 압축, 회전, 굽힘, 비틀림, 충격 등)을 가하고 파괴될 때까지의 반복 횟수를 구하는 시험
② 충격시험 : 충격적으로 가해지는 외력에 대한 재료의 저항력, 즉 점성강도·메짐성을 알기 위한 시험
③ 비틀림 시험 : 시험편을 비틀림 시험기로 비틀어서 비틀림 모멘트, 비틀림각, 전단 강도 등을 측정하는 시험

20

금속의 결정구조에서 조밀육방격자(HCP)의 배위수는?

① 6
② 8
③ 10
④ 12

해설및용어설명 | 배위수

한 개의 원자를 중심으로 원자주위에 있는 최근접원자의 수. 배위 화합물에서 중심 금속 원자에 결합되는 원자나 원자단의 리간드(Ligand) 수

※ 리간드 : 착화합물에서 중심 금속 원자에 전자쌍을 제공하면서 배위 결합을 형성하는 원자나 원자단을 말한다.

- BCC : 8개
- FCC : 12개
- HCP : 12개

21

주석 청동의 용해 및 주조에서 1.5 ~ 1.7%의 아연을 첨가할 때의 효과로 옳은 것은?

① 수축률이 감소된다.
② 침탄이 촉진된다.
③ 취성이 향상된다.
④ 가스가 흡입된다.

해설및용어설명 | 주석 청동에 1.5~1.7% 아연을 첨가하면 주조성, 가공성이 좋아지며 수축률이 감소한다.

22

비금속 개재물이 강에 미치는 영향이 아닌 것은?

① 고온 메짐의 원인이 된다.
② 인성은 향상시키나 경도를 떨어뜨린다.
③ 열처리 시 개재물로 인한 균열을 발생시킨다.
④ 단조나 압연 작업 중에 균열의 원인이 된다.

해설및용어설명 | 비금속 개재물의 종류

종류	성분
A계	황화물
B계	알루민산염
C계	규산염
D계	구형 산화물
DS계	단일 구형

비금속 개재물은 인성을 저하시키고 경도를 떨어뜨린다.

23

해드 필드강(Hadfield Steel)에 대한 설명으로 옳은 것은?

① Ferrite계 고 Ni강이다.
② Pearlite계 고 Co강이다.
③ Cementite계 고 Cr강이다.
④ Austenite계 Mn강이다.

해설및용어설명 | 해드 필드강

망가니즈 함유량 10~14%, 내마멸성과 내충격성이 우수, 특히 조직이 오스테나이트이므로 인성이 우수하여 각종 광산기계의 파쇄 장치, 임펠러 플레이트 등이나 기차 레일, 굴착기 등의 재료로 사용

24

탄소강에서 탄소의 함량이 높아지면 낮아지는 것은?

① 경도
② 항복강도
③ 인장강도
④ 단면 수축률

해설및용어설명 | 탄소강에서 탄소의 함량이 높아지면
• 높아지는 것 : 강도, 경도
• 낮아지는 것 : 단면 수축률, 연신율

25

3~5% Ni, 1% Si을 첨가한 Cu 합금으로 C 합금이라고도 하며, 강력하고 전도율이 좋아 용접봉이나 전극재료로 사용되는 것은?

① 톰백 ② 문쯔메탈
③ 길딩메탈 ④ 코르손 합금

해설및용어설명 |
④ 코르손 합금 : 니켈 3~5%, 규소 1%을 첨가한 것으로 C합금이라고도 한다. 강력하고 전기전도율이 좋아 용접봉, 전극재료로 사용한다.
① 톰백 : Cu에 Zn이 5~20% 정도 함유된 황동
② 문쯔메탈 : 6-4황동이라고 하며, 적열하면 단조할 수가 있어서, 가단 황동이라고도 한다.
③ 길딩메탈 : 95~97% Cu, 3% Zn으로 된 값싼 가짜금을 만드는 황동

26

치수 기입법에서 지름, 반지름, 구의 지름 및 반지름, 모따기, 두께 등을 표시할 때 사용하는 보조기호 표시가 잘못된 것은?

① 두께 : D6 ② 반지름 : R3
③ 모따기 : C3 ④ 구의 지름 : S∅6

해설및용어설명 | 치수보조기호

기호 이름	기호	기호 이름	기호
지름	∅	판의 두께	t
반지름	R	45° 모따기	C
구의 지름	S∅	참고치수	( )
구의 반지름	SR	이론적으로 정확한 치수	⬚10
정사각형의 변	□	깊이	⊤
카운터 보어	⊔	카운터 싱크	∨

27

인접부분을 참고로 표시하는 데 사용하는 것은?

① 숨은선 ② 가상선
③ 외형선 ④ 피치선

해설및용어설명 | 가상선(가는 2점 쇄선)
• 인접부분을 참고로 표시하는 데 사용한다.
• 공구, 지그 등의 위치를 참고로 나타내는 데 사용한다.
• 가동부분을 이동 중의 특정한 위치 또는 이동한계의 위치로 표시하는 데 사용한다.
• 가공 전 또는 가공 후의 모양을 표시하는 데 사용한다.
• 되풀이하는 것을 나타내는 데 사용한다.
• 도시된 단면의 앞쪽에 있는 부분을 표시하는 데 사용한다.

28

보기와 같은 KS 용접 기호의 해독으로 틀린 것은?

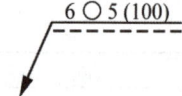

① 화살표 반대쪽 점 용접
② 점 용접부의 지름 6mm
③ 용접부의 개수(용접 수) 5개
④ 점 용접한 간격은 100mm

해설및용어설명 | 6○5(100) 해석
• 화살표 쪽 용접 • 용접부 지름 6mm
• 점(스폿) 용접 • 용접부의 개수 5개
• 용접부 간격 100mm

29

상하, 좌우 대칭인 그림과 같은 형상을 도면화하려고 할 때 이에 관한 설명으로 틀린 것은? (단, 물체에 뚫린 구멍의 크기는 같고 간격은 6mm로 일정하다)

 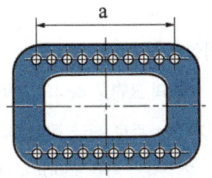

① 치수 a는 9×6(=54)으로 기입할 수 있다.
② 대칭기호를 사용하여 도형을 1/2로 나타낼 수 있다.
③ 구멍은 동일 형상일 경우 대표 형상을 제외한 나머지 구멍은 생략할 수 있다.
④ 구멍은 크기가 동일하더라도 각각의 치수를 모두 나타내야 한다.

해설 및 용어 설명 | 구멍의 크기가 동일하면 각각의 치수를 모두 나타내는 것이 아니라 구멍의 지름과 개수를 나타낸다.
예) 20 - φ5 : 지름이 5mm 구멍이 20개

30

그림과 같은 제3각법 정투상도에 가장 적합한 입체도는?

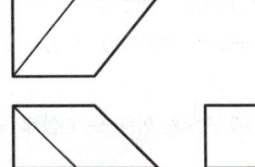

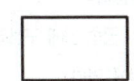

① 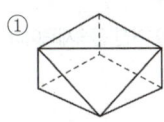   ②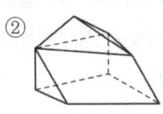

③ 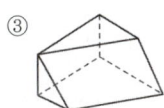   ④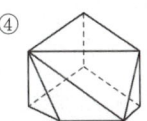

해설 및 용어 설명 | 우측면도 사각형이 나오는 것은 ③번 밖에 없다. 따라서, 가장 적합한 입체도는 "③번"이다.

31

3각기둥, 4각기둥 등과 같은 각기둥 및 원기둥을 평행하게 펼치는 전개 방법의 종류는?

① 삼각형을 이용한 전개도법
② 평행선을 이용한 전개도법
③ 방사선을 이용한 전개도법
④ 사다리꼴을 이용한 전개도법

해설 및 용어 설명 | 전개도법 종류
• 평행선 전개도법 : 평행선을 이용한 전개도법은 원기둥이나 각기둥과 같이 중심축과 평행한 면의 전개도를 그릴 때 사용하는 방법
• 방사선 전개도법 : 방사선을 이용한 전개도법은 한 점을 중심으로 모서리의 길이를 반지름으로 하여 원호를 그리며 전개도를 그릴 때 사용하는 방법
• 삼각형 전개도법 : 삼각형을 이용한 전개도법은 물체의 면을 여러 개의 삼각형으로 나누어 전개도를 그릴 때 사용하는 방법

32

SF 340A는 탄소강 단강품이며, 340은 최저인장강도를 나타낸다. 이때 최저 인장강도의 단위로 가장 옳은 것은?

① N/m^2 ② kg_f/m^2
③ N/mm^2 ④ kg_f/mm^2

해설 및 용어 설명 |

인장강도 = $\dfrac{인장하중}{단면적}$, N/mm^2

정답 29 ④ 30 ③ 31 ② 32 ③

33

배관 도면에서 그림과 같은 기호의 의미로 가장 적합한 것은?

① 체크 밸브　② 볼 밸브
③ 콕 일반　④ 안전 밸브

해설및용어설명 |

밸브·콕의 종류	그림 기호	밸브·콕의 종류	그림 기호
밸브 일반	⋈	앵글 밸브	⊿
게이트 밸브	⋈	3방향 밸브	⋈
글로브 밸브	●	안전 밸브	⋈
체크 밸브	▶ 또는 ⋈		
볼 밸브	⋈		
버터플라이 밸브	⋈ 또는 ●	콕 일반	⋈

34

한쪽 단면도에 대한 설명으로 올바른 것은?

① 대칭형의 물체를 중심선을 경계로 하여 외형도의 절반과 단면도의 절반을 조합하여 표시한 것이다.
② 부품도의 중앙 부위의 전후를 절단하여 단면을 90° 회전시켜 표시한 것이다.
③ 도형 전체가 단면으로 표시된 것이다.
④ 물체의 필요한 부분만 단면으로 표시한 것이다.

해설및용어설명 | 한쪽 단면도
상하 또는 좌우가 대칭인 물체를 중심선을 기준으로 내부 모양과 외부 모양을 동시에 표현하는 방법

35

판금 작업 시 강판재료를 절단하기 위하여 가장 필요한 도면은?

① 조립도　② 전개도
③ 배관도　④ 공정도

해설및용어설명 |
② 전개도 : 입체의 표면을 하나의 평면 위에 펼쳐 놓은 도형을 전개도라 한다. 전개도는 주로 판금 작업이나 항공기, 자동차, 기차 환기통 및 특색 있는 건축물의 지붕 물받이 등의 공사에 중추적인 역할을 하고 있다.
① 조립도 : 2개 이상의 부품이나 부분 조립품을 조립한 상태에서 그 상호 관계와 조립에 필요한 치수 및 정보 등을 나타낸 도면
③ 배관도 : 관의 배치, 기기의 종류·위치 등 배관에 필요한 사항을 표시한 도면
④ 공정도 : 전체 공사의 흐름을 한눈에 볼 수 있도록 공정을 도식화 해놓은 도면

36

다음 중 저융점 합금에 대하여 설명한 것 중 틀린 것은?

① 납(Pb : 용융점 327℃)보다 낮은 융점을 가진 합금을 말한다.
② 가용합금이라 한다.
③ 2원 또는 다원계의 공정합금이다.
④ 전기 퓨즈, 화재경보기, 저온 땜납 등에 이용된다.

해설및용어설명 | 저융점 합금(이융합금, 가용합금)
• 융점이 낮고 녹기 쉬운 것을 말하며, 일반적으로 Sn 융점(232℃)보다 낮은 융점을 가진 합금이다.
• Sn, Pb, Cd, Bi 등의 각 금속 간에 구성되는 이원 또는 다원계의 공정합금으로 거의 모두가 되어 있다.
• 전기 퓨즈, 화재경보기, 저온 납땜 등에 사용된다.
※ 저융점 금속 : Pb(녹는점 : 327℃) 보다 낮은 융점을 가진 금속재료이다.
　(예) 납땜합금

37

열처리방법에 따른 효과로 옳지 않은 것은?

① 불림 – 미세하고 균일한 표준조직
② 풀림 – 탄소강의 경화
③ 담금질 – 내마멸성 향상
④ 뜨임 – 인성 개선

해설및용어설명 | 열처리 종류

- 풀림 : A_1 ~ A_3 변태점보다 30 ~ 50℃ 높은 온도로 가열하여 오스테나이트로 변환시킨 후 노나 재 속에서 서서히 냉각시켜 연화시키는 작업
- 뜨임 : 적당한 강인성을 주기 위해서 A_1 변태점 이하의 온도에서 재가열 하는 열처리
- 퀜칭 : 강의 강도나 경도를 높이기 위하여 강을 오스테나이트 조직으로 될 때까지 A_1 ~ A_3 변태점보다 30 ~ 50℃ 높은 온도로 가열한 후 물이나 기름에 급랭하여 마텐자이트 변태가 생기도록 하는 작업
- 불림 : A_3 ~ A_{cm} 변태점보다 40 ~ 60℃ 정도의 높은 온도로 가열하여 균일한 오스테나이트 조직으로 개선한 후에 공기 중에서 냉각시키는 작업

38

고 Ni의 초고장력강이며 1,370 ~ 2,060MPa의 인장강도와 높은 인성을 가진 석출경화형 스테인리스강의 일종은?

① 마르에이징(Maraging)강
② Cr 18% – Ni 8%의 스테인리스강
③ 13% Cr강의 마텐자이트계 스테인리스강
④ Cr 12 – 17%, C 0.2%의 페라이트계 스테인리스강

해설및용어설명 | 마르에이징강

무탄소로서 다량의 Ni, Co, Ti을 첨가하여 마텐자이트 조직에서 금속간 화합물을 미세하게 석출하여 강인성을 높이기 위한 초강력강의 일종으로 무탄소 조성이므로 담금질 상태에서 연한 마텐자이트 조직이 생성된다. 그 상태로 가공, 용접을 하지 못한다. 그 후 500℃ 부근의 시효만으로 고강도가 얻어지며, 열처리 변형이 적다는 등의 특징을 갖는다. 초강력강 중에서 강도와 인성의 균형이 가장 우수한 강종으로서 인장강도를 140 ~ 280kg/mm²으로 제어한 일련의 강종이 개발되었다.

39

다음 중 대표적인 주조 경질 합금은?

① HSS
② 스텔라이트
③ 콘스탄탄
④ 켈멧

해설및용어설명 |

- HSS(하이스강) : 금속재료를 빠른 속도로 절삭하는 공구에 사용되는 특수강이다. 표준조성은 텅스텐 18%, 크로뮴 4%, 바나듐 1%이며, '18 - 4 - 1' 고속도강이라 한다.
- 스텔라이트 : 코발트를 주성분으로 하는 코발트 - 크로뮴 - 텅스텐 - 탄소 (Co - Cr - W - C)계의 합금으로 금형 주조에 의하여 일정한 형상으로 만들어 연삭하여 사용하는 주조 경질 합금 공구재료이다.
- 콘스탄탄 : 45%의 니켈과 55%의 구리로 이루어진 합금. 전기저항률이 높아 저항기로 쓰거나 철·구리와 짝 지어 열전쌍으로 사용한다.
- 켈멧 : 베어링으로 사용되는 구리와 납의 합금으로 열전도성이 좋고, 기계적 성질로서의 내마모성도 우수하기 때문에 플레인 베어링의 라이닝재로 사용된다.

40

침탄법을 침탄제의 종류에 따라 분류할 때 해당되지 않는 것은?

① 고체 침탄법
② 액체 침탄법
③ 가스 침탄법
④ 화염 침탄법

해설및용어설명 | 침탄제의 종류에 따른 침탄법 분류

- 고체 침탄법 : 코크스, 목탄
- 액체 침탄법 : 시안화나트륨, 시안화칼륨 용액
- 기체 침탄법 : LPG, LNG, 변성가스 등

정답 37 ② 38 ① 39 ② 40 ④

41

금속의 공통적 특성이 아닌 것은?

① 상온에서 고체이며 결정체이다(단, Hg은 제외).
② 열과 전기의 양도체이다.
③ 비중이 크고 금속적 광택을 갖는다.
④ 소성변형이 없어 가공하기 쉽다.

해설및용어설명 | 금속의 특징

- 상온에서 고체상태로 존재(수은(Hg) 제외)
- 특유의 광택을 띠며, 열과 전기를 잘 전달하는 도체
- 연성과 전성이 우수
- 다른 물질보다 비중이 큼

42

비자성이고 상온에서 오스테나이트 조직인 스테인리스강은?
(단, 숫자는 %를 의미한다)

① 18 Cr - 8 Ni 스테인리스강
② 13 Cr 스테인리스강
③ Cr계 스테인리스강
④ 13 Cr - Al 스테인리스강

해설및용어설명 | 스테인리스강의 종류 및 특징

종류	특징
페라이트계	• 크로뮴은 페라이트에 고용되어 내식성 증가 • 일반적으로 크로뮴 13%인 것과 크로뮴 18%인 것을 사용 • 탄소 함유량 0.12% 이하로 담금질 효과가 없는 페라이트 조직 • 페라이트계 스테인리스강 연마 표면 → 공기, 수증기 내식성 우수 • 내산성이 오스테나이트계에 비하여 작고 담금질 상태에서는 내식성 우수 • 내수성은 크지만 질산 이외의 염산 등의 비산화성인 산에는 견디지 못하므로 내산강으로는 사용하지 않는다.
오스테나이트계	• 18 - 8 스테인리스강 : 표준 조성은 (Cr)18%, (Ni)8% • 고크로뮴계보다도 내식성과 내산화성 더 우수 • 상온에서 오스테나이트 조직으로 변하여 가공성이 좋다. • 18 - 8 스테인리스강의 입계 부식 : 600~800℃에서 단시간 내에 탄화물이 결정립계에 석출되어 입계 부근의 내식성이 저하되어 점진적으로 부식 • 입계부식 방지 : 고온에서 담금질하여 탄화물을 고용 • 화학 공업, 건축, 자동차, 의료기기, 가구, 식기 등에 사용
마텐자이트계	• 이 합금은 12~17%의 크로뮴(Cr)과 충분한 탄소를 함유하여 담금질한 후에 뜨임 처리하여 마텐자이트 조직 형성 • 높은 강도와 경도를 목적으로 하였기 때문에 내식성이 고크로뮴(Cr)계 및 고크로뮴 - 니켈(Cr - Ni)계에 비하여 나쁘다. • 인장 강도는 열처리에 의하여 어느 정도 조정 가능 • 담금질 온도는 크로뮴(Cr)의 함유량이 많을수록 높으며, 크로뮴 함유량이 높기 때문에 공기 중에서 냉각하여도 마텐자이트를 얻을 수 있고 계속하여 뜨임 가능 • 페라이트계에 비하여 내식성이 좀 떨어지지만 강도가 크므로 일반 구조용과 내식 공구 등에 사용
석출경화계	알루미늄, 동 등의 원소를 소량 첨가하여 열처리에 의해 이것들의 원소 화합물 등을 석출시켜 경화하는 성질을 갖게 하는 스테인리스강

43

구리는 비철재료 중에 비중을 크게 차지한 재료이다. 다른 금속재료와의 비교 설명 중 틀린 것은?

① 철에 비해 용융점이 높아 전기제품에 많이 사용된다.
② 아름다운 광택과 귀금속적 성질이 우수하다.
③ 전기 및 열의 전도도가 우수하다.
④ 전연성이 좋아 가공이 용이하다.

해설및용어설명 | 구리의 특징

- 비중 8.96, 용융점 1,083℃
- 가공성, 내식성, 합금성 우수
- 전기 전도율과 열전도율이 금속 중에서 은 다음으로 높다.
- 비자성체이고 면심입방격자(FCC)
- 전연성이 좋아 가공성이 좋다.

44

크로뮴 강의 특징을 잘못 설명한 것은?

① 크로뮴 강은 담금질이 용이하고 경화층이 깊다.
② 탄화물이 형성되어 내마모성이 크다.
③ 내식 및 내열강으로 사용한다.
④ 구조용은 W, V, Co를 첨가하고 공구용은 Ni, Mn, Mo을 첨가한다.

해설및용어설명 | 크로뮴 강의 특징
- 크로뮴 강은 담금질이 용이하고 경화층이 크다.
- 탄화물이 형성되어 내마모성이 크다.
- 내식 및 내열강으로 사용한다.
- 연신율의 감소를 수반하지 않고, 인장력과 탄성을 높일 수 있다.
- 구조용은 Ni, Mn, Mo을 첨가하고, 공구용은 W, V, Cr를 첨가한다.

45

청동은 다음 중 어느 합금을 의미하는가?

① Cu – Zn   ② Fe – Al
③ Cu – Sn   ④ Zn – Sn

해설및용어설명 | 황동 : Cu + Zn, 청동 : Cu + Sn

46

그림과 같은 도면에서 지름 3mm 구멍의 수는 모두 몇 개인가?

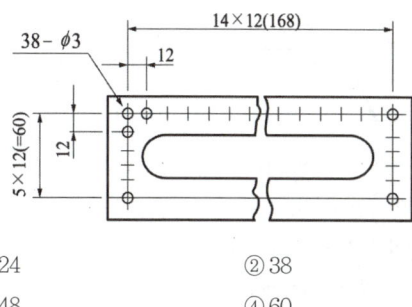

① 24   ② 38
③ 48   ④ 60

해설및용어설명 | 38 - φ3 : 지름이 3mm인 구멍이 38개

47

다음 중 도면의 일반적인 구비조건으로 거리가 먼 것은?

① 대상물의 크기, 모양, 자세, 위치의 정보가 있어야 한다.
② 대상물을 명확하고 이해하기 쉬운 방법으로 표현해야 한다.
③ 도면의 보존, 검색 이용이 확실히 되도록 내용과 양식을 구비해야 한다.
④ 무역과 기술의 국제 교류가 활발하므로 대상물의 특징을 알 수 없도록 보안성을 유지해야 한다.

해설및용어설명 | 대상물의 특징을 알 수 있도록 국제 규격(ISO)으로 통일한다.

48

그림과 같은 용접기호에서 a7이 의미하는 뜻으로 알맞은 것은?

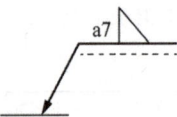

① 용접부 목 길이가 7mm이다.
② 용접 간격이 7mm이다.
③ 용접 모재의 두께가 7mm이다.
④ 용접부 목 두께가 7mm이다.

해설 및 용어설명 |
- a7 : 목 두께가 7mm
- z7 : 목 길이가 7mm

49

일반적으로 표면의 결 도시 기호에서 표시하지 않는 것은?

① 표면 재료 종류
② 줄무늬 방향의 기호
③ 표면의 파상도
④ 컷 오프값, 평가 길이

해설 및 용어설명 | 표면의 결 도시 기호

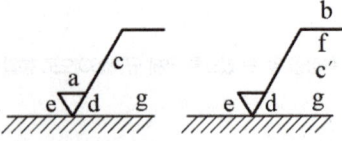

- a : R_a의 값(μm)
- c : 컷 오프값·평가 길이
- d : 줄무늬 방향 기호
- f : R_a 이외의 파라미터
- b : 가공 방법, 표면처리
- c' : 기준길이·평가 길이
- e : 기계가공 공차
- g : 표면 파상도

(KS B ISO 4287에 따른다)

50

치수 숫자와 함께 사용되는 기호가 바르게 연결된 것은?

① 지름 : P
② 정사각형의 변 : □
③ 구면의 지름 : ϕ
④ 구의 반지름 : C

해설 및 용어설명 | 치수보조기호

기호 이름	기호	기호 이름	기호
지름	ϕ	판의 두께	t
반지름	R	45° 모따기	C
구의 지름	$S\phi$	참고치수	( )
구의 반지름	SR	이론적으로 정확한 치수	10
정사각형의 변	□	깊이	↧
카운터 보어	⊔	카운터 싱크	∨

51

그림과 같은 입체도에서 화살표 방향을 정면으로 할 때 제3각법으로 올바르게 정투상한 것은?

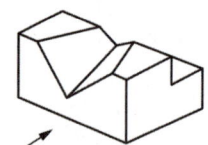

①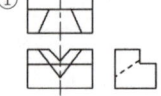
②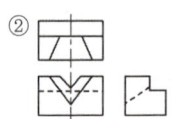
③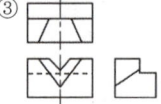
④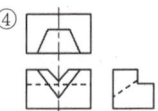

해설 및 용어설명 | 화살표 방향을 정면으로 봤을 때, 평면도는 위 직사각형은 모두 보이고 아래 직사각형은 이등분에 바깥쪽으로 향하는 대각선이 있는 형상이다. 즉, 답은 ②번이다.

48 ④ 49 ① 50 ② 51 ②

52

다음 중 일반구조용 압연강재의 KS 재료 기호는?

① SS490
② SSW 41
③ SBC 1
④ SM400A

해설및용어설명 |
- SS490 : 일반구조용 압연강재
- SBC 1 : 체인용 원형강
- SM400A : 용접구조용 압연강재

53

배관의 접합 기호 중 플랜지 연결을 나타내는 것은?

①
②
③ ④

해설및용어설명 | 배관 접합 기호

연결 상태	이음	용접식 이음	플랜지 이음	턱걸이식 이음	유니언식 이음
도시 기호		●			

54

다음 중 직원뿔 전개도의 형태로 가장 적합한 형상은?

①
②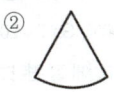
③
④

해설및용어설명 | 직원뿔 전개도의 형태로는 아래 원을 전개하면 호가 되므로 ②번이 적절하다.

55

그림에서 '6.3' 선이 나타내는 선의 명칭으로 옳은 것은?

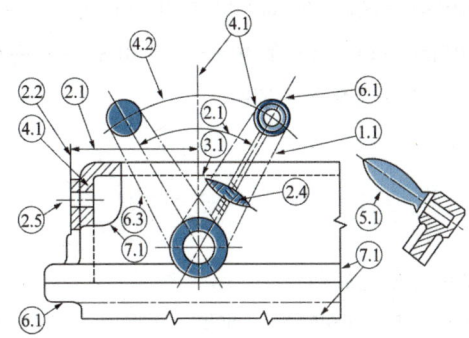

① 가상선
② 절단선
③ 중심선
④ 무게 중심선

해설및용어설명 | 6.3 선은 가는 2점 쇄선으로 가상선을 나타낸다.

가상선의 용도
- 인접부분을 참고로 표시하는 데 사용
- 가동부분을 이동 중의 특정한 위치 또는 이동한계의 위치로 표시하는 데 사용
- 가공 전 또는 가공 후의 모양을 표시하는 데 사용

56

다음의 열처리 중 항온열처리 방법에 해당되지 않는 것은?

① 마퀜칭
② 마템퍼링
③ 오스템퍼링
④ 인상 담금질

해설및용어설명 | 항온열처리 방법
- 마퀜칭 : 오스테나이트 상태로부터 Ms 바로 위 온도의 염욕 중에 담금질
- 마템퍼링 : 강을 오스테나이트 영역에서 M_s와 M_f 사이에서 항온변태 처리
- 오스템퍼링 : 펄라이트 형성 온도보다 낮고, 마텐자이트 형성 온도보다는 높은 온도에서 행하는 철계 합금의 항온변태 처리

57

탄소강의 담금질 중 고온의 오스테나이트 영역에서 소재를 냉각하면 냉각속도의 차에 따라 마텐자이트, 페라이트, 펄라이트, 소르바이트 등의 조직으로 변태되는데 이들 조직 중에서 강도와 경도가 가장 높은 것은?

① 마텐자이트
② 페라이트
③ 펄라이트
④ 소르바이트

해설및용어설명 | 경도 비교

마텐자이트 > 트루스타이트 > 소르바이트 > 펄라이트 > 오스테나이트 > 페라이트

58

주철에서 탄소와 규소의 함유량에 의해 분류한 조직의 분포를 나타낸 것은?

① T.T.T 곡선
② Fe – C 상태도
③ 공정반응 조직도
④ 마우러(Maurer) 조직도

해설및용어설명 |

- T.T.T 곡선 : Time - Temperature - Transform
- Fe - C 상태도 : 가로축을 철과 탄소의 2원 합금 조성(%)으로 하고 세로축을 온도(℃)로 했을 때, 각 조성의 비율에 따라 나타나는 합금의 변태점을 연결하여 만든 선도
- 공정반응 조직도 : 공정반응(액체 ↔ A결정 + B결정)을 나타내는 조직도
- 마우러 조직도 : 주철의 조직을 탄소와 규소의 함유량에 따라서 분류한 조직도

59

구리(Cu)와 그 합금에 대한 설명 중 틀린 것은?

① 가공하기 쉽다.
② 전연성이 우수하다.
③ 아름다운 색을 가지고 있다.
④ 비중이 약 2.7인 경금속이다.

해설및용어설명 | 구리의 특징

- 전기 및 열전도율이 다른 금속에 비하여 높고 전연성이 좋아 가공이 용이
- 비중 8.96, 용융점 1,083℃
- 가공성, 내식성 합금성 우수
- 구리의 빛깔은 고유한 담적색

※ 비중이 2.7인 경금속은 알루미늄이다.

60

베어링에 사용되는 대표적인 구리합금으로 70% Cu - 30% Pb 합금은?

① 켈밋(Kelmet)
② 톰백(Tombac)
③ 다우메탈(Dow Metal)
④ 배빗메탈(Babbitt Metal)

해설및용어설명 |

- 켈밋 : 베어링으로 사용되는 Cu(70%)와 Pb(30%)의 합금
- 톰백 : Cu에 Zn이 5~20% 정도 함유된 황동
- 다우메탈 : Mg - Al(2.8%) 마그네슘 합금으로 주조용 및 단조용 합금
- 배빗메탈 : Sn 70~90%, Sb 7~20%, Cu 2~10%를 주성분으로 하는 베어링메탈로, 고온·고압에 잘 견디고, 점성이 강해 고속·고하중용 베어링 재료로 사용된다.

CBT 복원문제   2021 * 4

*2016년 5회부터 CBT(컴퓨터 기반 시험)방식으로 변경되어 문제가 공개되지 않아 복원된 문제가 일부 상이할 수 있습니다.

01
라우탈(Lautal) 합금의 주성분은?

① Al – Cu – Si
② Al – Si – Ni
③ Al – Cu – Mn
④ Al – Si – Mn

해설및용어설명 |
- 실루민 : Al - Si합금으로 주조성은 좋으나 절삭성이 좋지 않다.
- 라우탈 : Al - Cu - Si합금으로 주조성이 개선되고 피삭성이 우수하다.

02
Mg - Al에 소량의 Zn과 Mn을 첨가한 합금은?

① 엘린바(Elinvar)
② 엘렉트론(Elektron)
③ 퍼멀로이(Permalloy)
④ 모넬메탈(Monel Metal)

해설및용어설명 |
- 엘린바 : 36% 니켈, 12% 크로뮴, 나머지는 철로 된 합금
- 엘렉트론 : Mg - Al - Zn 마그네슘 합금
- 퍼멀로이 : 70 ~ 90% 니켈, 10 ~ 30% 철인 합금
- 모넬메탈 : Ni(50 ~ 75%) + Cu(26 ~ 30%) + 소량의 Fe, Mn, Si

03
주강에 대한 설명으로 틀린 것은?

① 주조조직 개선과 재질 균일화를 위해 풀림처리를 한다.
② 주철에 비해 기계적 성질이 우수하고, 용접에 의한 보수가 용이하다.
③ 주철에 비해 강도는 작으나 용융점이 낮고 유동성이 커서 주조성이 좋다.
④ 탄소함유량에 따라 저탄소 주강, 중탄소 주강, 고탄소 주강으로 분류한다.

해설및용어설명 | 주강의 특징
- 주강은 모양이 크고 복잡하여 단조 가공이 곤란하거나 주철 주물보다 강도가 큰 기계재료에 사용된다.
- 주철에 비하여 용융 온도가 높기 때문에 주조하기가 어렵고 비용이 많이 든다.
- 용접에 의한 보수가 용이하고 주철에 비해 기계적 성질이 우수하다.

04
금속의 공통적 특성에 대한 설명으로 틀린 것은?

① 열과 전기의 부도체이다.
② 금속 특유의 광택을 갖는다.
③ 소성변형이 있어 가공이 가능하다.
④ 수은을 제외하고 상온에서 고체이며, 결정체이다.

해설및용어설명 | 금속의 특징
- 상온에서 고체상태로 존재(수은(Hg) 제외)
- 특유의 광택을 띠며, 열과 전기를 잘 전달하는 도체
- 연성과 전성이 우수
- 다른 물질보다 비중이 크다.

정답 01 ① 02 ② 03 ③ 04 ①

05

미터나사의 호칭지름은 수나사의 바깥지름을 기준으로 정한다. 이에 결합되는 암나사의 호칭지름은 무엇이 되는가?

① 암나사의 골지름
② 암나사의 안지름
③ 암나사의 유효지름
④ 암나사의 바깥지름

해설및용어설명 | 미터나사의 호칭지름은 수나사인 경우 바깥지름, 암나사인 경우 골지름이 된다.
• 호칭지름 : 치수를 대표하는 지름

06

그림과 같은 입체도에서 화살표 방향이 정면일 경우 좌측면도로 가장 적합한 것은?

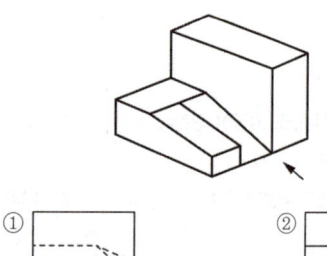

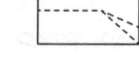 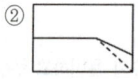

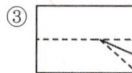 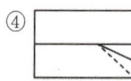

해설및용어설명 | 화살표 방향을 정면이라고 했을 때 좌측에서 보면, ②번과 같은 형상이 된다.

07

도면의 마이크로필름 촬영, 복사 할 때 등의 편의를 위해 만든 것은?

① 중심마크
② 비교눈금
③ 도면구역
④ 재단마크

해설및용어설명 |

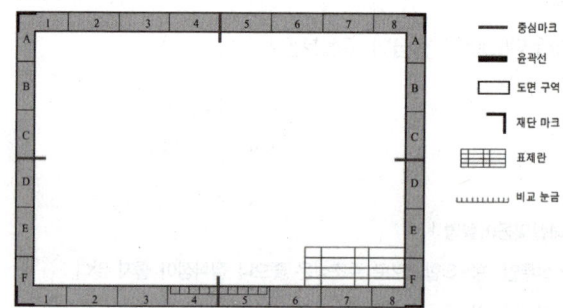

• 중심마크 : 복사하거나 마이크로필름을 촬영할 때 편의를 위하여 마련하는 것
• 재단마크 : 복사한 도면을 규격에서 정한 크기대로 자르기에 편리하도록 용지의 4구석에 표시한 것

08

원호의 길이 치수 기입에서 원호를 명확히 하기 위해서 치수에 사용되는 치수 보조 기호는?

① (20)
② C20
③ 20̄
④ $\widehat{20}$

해설및용어설명 | 치수보조기호

기호 이름	기호	기호 이름	기호
지름	φ	판의 두께	t
반지름	R	45° 모따기	C
구의 지름	Sφ	참고치수	( )
구의 반지름	SR	이론적으로 정확한 치수	10
정사각형의 변	□	깊이	↧
카운터 보어	⊔	카운터 싱크	∨

05 ① 06 ② 07 ① 08 ④

09

그림과 같은 입체를 제3각법으로 나타낼 때 가장 적합한 투상도는? (단, 화살표 방향을 정면으로 한다)

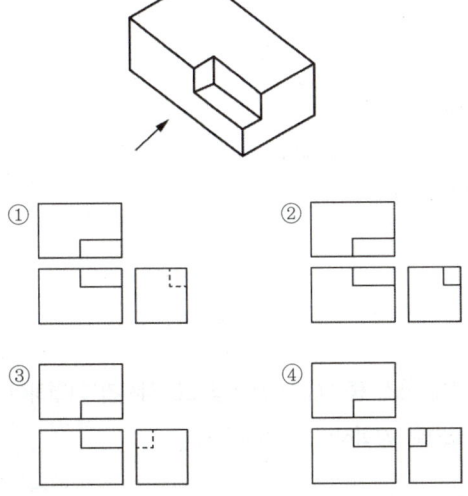

해설및용어설명 | 화살표 방향을 정면으로 보았을 때, 오른쪽에서 봤을 때 사각형은 좌측 상단에 있고 보이는 선이므로 외형선으로 나타낸다.

10

바퀴의 암(Arm), 림(Rim), 축(Shaft), 훅(Hook) 등을 나타낼 때 주로 사용하는 단면도로서, 단면의 일부를 90° 회전하여 나타낸 단면도는?

① 부분 단면도 ② 회전도시 단면도
③ 계단 단면도 ④ 곡면 단면도

해설및용어설명 | 단면도의 종류
- 온 단면도 : 물체를 반으로 절단하여 물체의 기본적인 특징을 가장 잘 나타낼 수 있도록 단면 모양을 그리는 것
- 한쪽 단면도 : 상하 또는 좌우가 대칭의 물체를 중심선을 기준으로 내부 모양과 외부 모양을 동시에 표현하는 방법
- 부분 단면도 : 일부분을 잘라내고 필요한 내부 모양을 그리기 위한 방법
- 조합 단면도 : 조합 단면도는 2개 이상의 절단면에 의한 단면도를 조합하여 그리는 투상도로, 복잡한 물체의 투상도 수를 줄이기 위한 목적으로 사용

- 회전도시 단면도 : 핸들, 벨트 풀리, 기어 등과 같은 바퀴의 암, 리브, 후크, 축과 주로 구조물에 사용하는 형강 등 투상법으로 표시하기 어려운 경우 단면으로 물체를 절단하여 90°로 회전시켜 도시하는 방법

11

용기 모양의 대상물 도면에서 아주 굵은 실선을 외형선으로 표시하고 치수 표시가 ϕint 34로 표시된 경우 가장 올바르게 해독한 것은?

① 도면에서 int로 표시된 부분의 두께 치수
② 화살표로 지시된 부분의 폭방향 치수가 ϕ34mm
③ 화살표로 지시된 부분의 안쪽 치수가 ϕ34mm
④ 도면에서 int로 표시된 부분만 인치단위 치수

해설및용어설명 | 용기 모양의 대상물에서 아주 굵은 선에 직접 끝부분 기호를 대었을 경우에는 그 바깥쪽까지의 치수를 말한다. 오해할 우려가 있을 경우에는 화살표의 끝을 명확하게 나타낸다. 안쪽을 나타내는 치수에는 치수 수치 앞에 "int"를 부기한다.

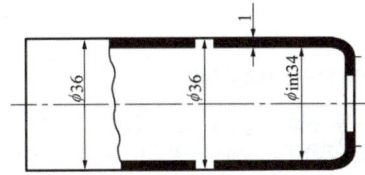

12

배관의 간략도시방법 중 환기계 및 배수계의 끝부분 장치 도시방법의 평면도에서 그림과 같이 도시된 것의 명칭은?

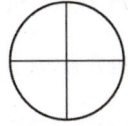

① 회전식 환기삿갓 ② 고정식 환기삿갓
③ 벽붙이 환기삿갓 ④ 콕이 붙은 배수구

해설및용어설명 | 보기 그림은 콕이 붙은 배수구를 나타내는 기호이다.

13

용접부의 도시 기호가 "a4△3×25(7)"일 때의 설명으로 틀린 것은?

① △ – 필릿 용접
② 3 – 용접부의 폭
③ 25 – 용접부의 길이
④ 7 – 인접한 용접부의 간격

해설 및 용어설명 |
- a4 : 목두께 4mm
- 3×25 : 용접부 개수×용접부의 길이
- (7) : 인접한 용접부의 간격

14

강의 인성을 증가시키며, 특히 노치 인성을 증가시켜 강의 고온 가공을 쉽게 할 수 있도록 하는 원소는?

① P
② Si
③ Pb
④ Mn

해설 및 용어설명 | 탄소강에 함유된 원소의 영향

망간 (Mn)	• 제강 원료로 사용, 선철 중에 0.2~0.8% 함유 • 일부는 탄소강에 고용되고, 나머지는 황(S)과 결합하여 황화망가니즈(MnS)를 만들어 탈황효과가 있으며, 탈산효과도 있음 • 강도와 고온 가공성을 증가 • 연신율의 감소를 억제시켜 주조성과 담금질 효과를 향상
규소 (Si)	• 합금 원소 또는 탈산제의 잔류 원소로 고용 • 0.3% 이상 함유되면 인장 강도, 경도, 탄성 한도는 높이지만 연신율과 충격값을 감소 • 결정 입자의 성장을 크게 하여 단접성과 냉간 가공성 저하
인 (P)	• 결정 입자를 크고 거칠게 하여 강도와 경도를 다소 증가, 연신율을 감소 • 탄소강에 함유된 인은 철과 화합하여 인화 철(Fe_3P)을 만들어 결정립계에 편석 생성 • 충격값을 떨어뜨리고 균열을 일으킴 • 충격값을 저하시켜 상온 메짐 • 절삭 성능을 개선시키는 효과 → 쾌삭강에 이용
구리 (Cu)	• 탄소강에 0.3% 이하의 구리가 고용되면 인장 강도와 탄성 한도를 높여 주고, 내식성을 개선시켜 부식에 대한 저항 증가
황 (S)	• 선철의 불순물로 남아 철과 반응하여 황화 철(FeS) 형성 • 탄소강에 고용된 황화 철은 용융점이 낮아 고온에서 취약 →가공할 때 파괴의 원인(고온 메짐), 절삭성을 향상시키기 때문에 쾌삭강의 경우 0.08~0.35% 정도 함유

15

냉간 압연 강판 및 강대에서 일반용으로 사용되는 종류의 KS 재료 기호는?

① SPSC
② SPHC
③ SSPC
④ SPCC

해설 및 용어설명 |
- SPHC : 열간압연 연강판 및 강대
- SPCC : 냉간압연 강판 및 강대

16

암모니아(NH_3) 가스 중에서 500℃ 정도로 장시간 가열하여 강제품의 표면을 경화시키는 열처리는?

① 침탄 처리
② 질화 처리
③ 화염 경화처리
④ 고주파 경화처리

해설 및 용어설명 |
- 침탄 처리 : 저탄소의 표면 경화강에 탄소를 침입시킨 다음 담금질 처리를 함으로써 표면층만 경화되어 내마모성이 큰 표면층과 인성이 큰 중심부를 얻게 되는 처리
- 질화 처리 : 질화용 강의 표면층에 질소를 확산시켜, 표면층을 경화하는 처리
- 화염 경화처리 : 산소 - 아세틸렌 불꽃으로 강재의 표층부를 담금질 온도까지 급속하게 가열하고 이어서 강재를 물로 냉각하여 담금질 경화시키는 처리방법
- 고주파 경화처리 : 고주파 전류를 이용하여 일정한 두께의 표면만을 가열한 후 급랭시켜 표면층만을 담금질하는 방법

17

18% Cr - 8% Ni계 스테인리스강의 조직은?

① 페라이트계
② 마텐자이트계
③ 오스테나이트계
④ 시멘타이트계

정답 13 ② 14 ④ 15 ④ 16 ② 17 ③

해설및용어설명 | 스테인리스강 종류
- 오스테나이트계
- 페라이트계
- 마텐자이트계
- 석출경화계

※ 18-8 스테인리스강이란 Cr(18%) - Ni(8%) 조성을 가진 오스테나이트계 스테인리스강을 뜻한다.

18

냉간가공을 받은 금속의 재결정에 대한 일반적인 설명으로 틀린 것은?

① 가공도가 낮을수록 재결정 온도는 낮아진다.
② 가공시간이 길수록 재결정 온도는 낮아진다.
③ 철의 재결정온도는 330 ~ 450℃ 정도이다.
④ 재결정 입자의 크기는 가공도가 낮을수록 커진다.

해설및용어설명 |
- 가공도가 작으면 핵생성속도는 작으나 핵성장속도가 커서 결정 입자의 크기가 크다.
- 재결정 온도가 높으면 핵성장속도가 커서 결정 입자의 크기가 크다.
- 재결정 입자의 크기는 가공도가 작을수록 커진다.
- 가공시간이 길면 재결정 온도가 낮아진다.
- 각 금속의 재결정 온도

금속	재결정 온도	금속	재결정 온도
Al	150 ~ 240℃	Zn	7 ~ 75℃
Ni	530 ~ 600℃	Cu	200 ~ 230℃
Fe	350 ~ 450℃		

19

황동의 화학적 성질에 해당되지 않는 것은?

① 질량 효과 ② 자연 균열
③ 탈아연 부식 ④ 고온 탈아연

해설및용어설명 | 황동의 화학적 성질
- 탈아연 부식 : 불순한 물질 또는 부식성 물질이 녹아 있는 수용액의 작용에 의하여 황동의 표면 또는 깊은 곳까지 탈아연 되는 현상
- 자연 균열 : 저장 중에 갈라지는 현상으로 공기 중의 암모니아나 염소류에 의해 입계부식 및 상온가공에 의한 내부응력 때문에 생긴 균열
- 고온 탈아연 : 높은 온도에서 증발에 의하여 황동 표면으로부터 아연이 탈출하는 현상

※ 질량 효과 : 금속의 열처리에서 금속의 질량에 따라 얼마나 균일한 조직을 얻을 수 있는지를 보는 척도

20

주강제품에는 기포, 기공 등이 생기기 쉬우므로 제강작업 시에 쓰이는 탈산제는?

① P, S ② Fe-Mn
③ SO_2 ④ Fe_2O_3

해설및용어설명 | 탈산제
규소철(Fe - Si), 망간철(Fe - Mn), 티탄철(Fe - Ti) 등의 철합금 또는 금속 망간, 알루미늄 등이 사용되며, 용융 금속 중에 침투한 산화물을 제거하는 탈산 정련작용을 한다.

21

Fe - C 상태도에서 아공석강의 탄소함량으로 옳은 것은?

① 0.025 ~ 0.80% C ② 0.80 ~ 2.0% C
③ 2.0 ~ 4.3% C ④ 4.3 ~ 6.67% C

해설및용어설명 |
- 아공석강 : 0.025 ~ 0.8% C
- 공석강 : 0.8% C
- 과공석강 : 0.8% C ~ 2.0% C

정답 18 ① 19 ① 20 ② 21 ①

22

저온 메짐을 일으키는 원소는?

① 인(P) ② 황(S)
③ 망간(Mn) ④ 니켈(Ni)

해설및용어설명 ㅣ
- 인(P) : 저온 메짐의 원인
- 황(S) : 고온 메짐의 원인

23

텅스텐(W)의 용융점은 약 몇 ℃인가?

① 1,538℃ ② 2,610℃
③ 3,410℃ ④ 4,310℃

해설및용어설명 ㅣ 각종 금속의 용융점

금속	용융점(℃)	금속	용융점(℃)
Fe	1,538	Cu	1,084
Al	660	Mg	650
Ag	960	Au	1,063
Zn	419	Sn	231.9
Pb	325	Pt	1,774
W	3,410		

24

저온뜨임의 목적이 아닌 것은?

① 치수의 경년변화 방지 ② 담금질 응력 제거
③ 내마모성의 향상 ④ 기공의 방지

해설및용어설명 ㅣ 저온뜨임의 목적
- 경도유지
- 재료강도, 내마모성 유지
- 응력제거
- 변형방지

※ 경년변화 : 재료의 성질이 시간의 경과와 함께 서서히 변화하는 일

25

다음 중 기계제도 분야에서 가장 많이 사용되며, 제3각법에 의하여 그리므로 모양을 엄밀, 정확하게 표시할 수 있는 도면은?

① 캐비닛도 ② 등각투상도
③ 투시도 ④ 정투상도

해설및용어설명 ㅣ 정투상법에는 기준에 따라 제1각법, 제3각법으로 나눌 수 있고 엄밀하고 정확하게 표시가능하다.

26

그림과 같은 도면에서 ⓐ 판의 두께는 얼마인가?

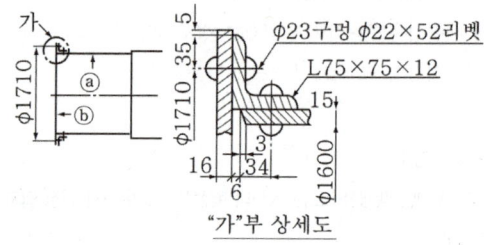

① 6mm ② 12mm
③ 15mm ④ 16mm

해설및용어설명 ㅣ ⓐ판의 두께는 "가"부 상세도에서 유추할 수 있듯이 15mm이다.

27

배관 도시 기호 중 체크밸브를 나타내는 것은?

해설및용어설명 | 배관 도시 기호

밸브·콕의 종류	그림 기호	밸브·콕의 종류	그림 기호
밸브 일반	⋈	앵글 밸브	⊿
게이트 밸브	⋈	3방향 밸브	⋈
글로브 밸브	⋈	안전 밸브	⋈
체크 밸브	◀ 또는 ⋈		⋈
볼 밸브	⋈		
버터플라이 밸브	⋈ 또는 ⋈	콕 일반	⋈

28

다음 중 단독형체로 적용되는 기하공차로만 짝지어진 것은?

① 평면도, 진원도
② 진직도, 직각도
③ 평행도, 경사도
④ 위치도, 대칭도

해설및용어설명 | 기하공차의 종류 및 기호

적용하는 형체	공차의 종류		기호
단독형체	모양 공차	진직도 공차	—
		평면도 공차	▱
		진원도 공차	○
		원통도 공차	⌭
단독형체 또는 관련형체		선의 윤곽도 공차	⌒
		면의 윤곽도 공차	⌓
관련형체	자세 공차	평행도 공차	∥
		직각도 공차	⊥
		경사도 공차	∠
	위치 공차	위치도 공차	⊕
		동축도 공차 또는 동심도 공차	◎
		대칭도 공차	=
	흔들림 공차	원주 흔들림 공차	╱
		온 흔들림 공차	╱╱

29

기계제도에서 도면의 크기 및 양식에 대한 설명 중 틀린 것은?

① 도면 용지는 A열 사이즈를 사용할 수 있으며, 연장하는 경우에는 연장사이즈를 사용한다.
② A4 ~ A0 도면 용지는 반드시 긴 쪽을 좌우 방향으로 놓고서 사용해야 한다.
③ 도면에서 반드시 윤곽선 및 중심마크를 그린다.
④ 복사한 도면을 접을 때 그 크기는 원칙적으로 A4 크기로 한다.

해설및용어설명 | A4 ~ A0 도면 용지는 일반적으로 폭이 넓은 쪽을 길이 방향으로 사용해야 한다.

30

물체의 정면도를 기준으로 하여 뒤쪽에서 본 투상도는?

① 정면도
② 평면도
③ 저면도
④ 배면도

해설및용어설명 |
- 정면도 : 정면도를 기준으로 앞에서 본 투상도
- 평면도 : 정면도를 기준으로 위에서 본 투상도
- 저면도 : 정면도를 기준으로 밑에서 본 투상도
- 배면도 : 정면도를 기준으로 뒤에서 본 투상도

31

그림과 같은 용접 이음을 용접 기호로 옳게 표시한 것은?

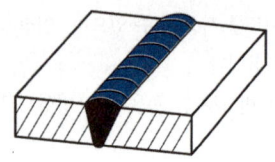

① 　　②

③ 　　④

해설및용어설명 | 용접 이음의 기본 기호

번호	명칭	기호
1	양면 플랜지형 맞대기 이음 용접	八
2	평면형 평행 맞대기 이음 용접	‖
3	한쪽면 V형 홈 맞대기 이음 용접	V
4	한쪽면 개선형 맞대기 이음 용접	V
5	부분 용입 한쪽면 V형 맞대기 이음 용접	Y
6	넓은 루트면이 있는 한 면 개선형 맞대기 용접	Y
7	한쪽면 U형 홈 맞대기 이음 용접	Y
8	한쪽면 J형 홈 맞대기 이음 용접	Y
9	뒷면 용접	⌒
10	필릿 용접	◣
11	플러그 용접	⊓
12	스폿 용접	○
13	심 용접	⊖

32

다음 중 치수 보조 기호를 적용할 수 없는 것은?

① 구의 지름 치수　　② 단면이 정사각형인 면
③ 단면이 정삼각형인 면　　④ 판재의 두께 치수

해설및용어설명 | 치수보조기호

기호 이름	기호	기호 이름	기호
지름	φ	판의 두께	t
반지름	R	45° 모따기	C
구의 지름	Sφ	참고치수	( )
구의 반지름	SR	이론적으로 정확한 치수	10
정사각형의 변	□	깊이	↧
카운터 보어	⊔	카운터 싱크	∨

33

다음 중 용접 구조용 압연 강재의 KS 기호는?

① SS 400　　② SCW 450
③ SM 400C　　④ SCM 415M

해설및용어설명 |

③ SM 400C : 용접 구조용 압연 강재
① SS 400 : 일반 구조용 압연 강재
② SCW 450 : 용접 구조용 주강품
④ SCM 415M : 기계 구조용 합금강 강재(크로뮴 몰디브덴강)

34

다음 그림에서 축 끝에 도시된 센터 구멍 기호가 뜻하는 것은?

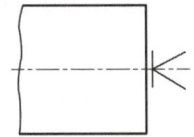

① 센터 구멍이 남아 있어도 좋다.
② 센터 구멍이 필요하지 않다.
③ 센터 구멍을 반드시 남겨둔다.
④ 센터 구멍이 필요하다.

해설및용어설명 | 센터구멍의 도시 기호와 지시방법(KS A ISO 6411)

센터 구멍 필요 여부 (도시된 상태로 다듬질되었을 때)	도시 기호	센터 구멍 규격 번호 및 호칭방법을 지정하지 않는 경우
반드시 남겨둔다.	<	
남아 있어도 좋다.	−	
남아 있어서는 안 된다.	K	

35

알루미늄 합금 재료가 가공된 후 시간의 경과에 따라 합금이 경화하는 현상은?

① 재결정
② 시효경화
③ 가공경화
④ 인공시효

해설및용어설명 | 시효경화

과포화된 고용 탄화물이 시간의 경과에 따라 탄화물이 석출되어 재료가 단단하게 되는 것

※ 인공시효 : 상온보다 높은 온도로 행하는 시효

36

경금속(Light Metal) 중에서 가장 가벼운 금속은?

① 리튬(Li)
② 베릴륨(Be)
③ 마그네슘(Mg)
④ 티타늄(Ti)

해설및용어설명 |

- 경금속 : 비중이 4.5 이하인 금속
- 리튬 : 비중 0.53으로 가장 낮다.
※ 베릴륨 : 1.86, 마그네슘 : 1.74, 티타늄 : 4.5

37

정련된 용강에 뚜껑을 씌워 응고하여 리밍작용을 억제시킨 강괴는?

① 킬드강
② 캡드강
③ 림드강
④ 세미 킬드강

해설및용어설명 |

- 킬드강 : 용강 중에 Fe - Si 또는 Al 분말 등의 강한 탈산제를 첨가하여 완전히 탈산한 강
- 림드강 : 탈산 및 기타 가스 처리가 불충분한 상태의 용강을 그대로 주형에 주입하여 응고한 것
- 세미 킬드강 : 탈산 정도가 킬드강과 림드강의 중간 정도의 것
- 캡드강 : 림드강에서 리밍작용을 억제하려고 뚜껑을 씌워 응고한 것

38

합금 공구강을 나타내는 한국산업표준(KS)의 기호는?

① SKH 2
② SCr 2
③ STS 11
④ SNCM

해설및용어설명 |

- SKH 2 : 고속도강
- SCr 2 : 크로뮴강
- STS 11 : 합금 공구강(스테인리스강)
- SNCM : 기계 구조용 합금강

39

스테인리스강의 금속 조직학상 분류에 해당하지 않는 것은?

① 마텐자이트계
② 페라이트계
③ 시멘타이트계
④ 오스테나이트계

해설및용어설명 | 스테인리스강 금속 조직학상 분류

- 페라이트계
- 오스테나이트계
- 석출경화계
- 마텐자이트계

40

구리에 40~50% Ni을 첨가한 합금으로서 전기저항이 크고 온도계수가 일정하므로 통신기자재, 저항선, 전열선 등에 사용하는 니켈합금은?

① 인바
② 엘린바
③ 모넬메탈
④ 콘스탄탄

해설및용어설명 |

- 콘스탄탄 : 45%의 Ni과 55%의 Cu로 이루어진 합금. 전기저항률이 높아 저항기로 쓰거나 철·구리와 짝지어 열전쌍으로 사용된다.
- 인바 : 36% 니켈, 0.1~0.3% 코발트, 0.4% 망가니즈, 나머지는 철인 합금이다.
- 엘린바 : 36% 니켈, 12% 크로뮴, 나머지는 철로 된 합금이다.
- 모넬메탈 : Ni - Cu 합금으로 내식성이 크고, 인장 강도가 연강에 비해 낮지 않으므로 봉, 선, 단조물, 터빈 블레이드, 밸브 및 밸브 시트, 화학 공업용 용기 등으로 많이 사용된다.

41

강의 표면에 질소를 침투시켜 경화시키는 표면 경화법은?

① 침탄법
② 질화법
③ 세라다이징
④ 고주파 담금질

해설및용어설명 |

- 침탄법 : 저탄소의 표면 경화강에 탄소를 침입시킨 다음 담금질 처리를 함으로써 표면층만 경화되어 내마모성이 큰 표면층과 인성이 큰 중심부를 얻게 되는 처리
- 질화법 : 질화용 강의 표면층에 질소를 확산시켜, 표면층을 경화하는 방법
- 세라다이징 : 아연금속을 침투시키는 금속침투법
- 고주파 담금질 : 고주파 전류를 이용하여 일정한 두께의 표면만을 가열한 후 급랭시켜 표면층만을 담금질하는 방법

42

합금강의 분류에서 특수 용도용으로 게이지, 시계추 등에 사용되는 것은?

① 불변강 ② 쾌삭강
③ 규소강 ④ 스프링강

해설및용어설명 | 특수목적용 합금강 용도

강의 종류	용도
쾌삭강	볼트, 너트, 기어축 등
스프링강	스프링축 등
내마멸강	크로스 레일, 파쇄기 등
베어링강	볼 베어링, 전동체(강구, 롤러) 등
자석용강	전력 기기, 자석 등
규소강	변압기, 발전기, 차단기 커버 및 배전판
불변강	바이메탈, 계측기 부품, 시계 진자 등

43

인장강도가 98 ~ 196MPa 정도이며, 기계 가공성이 좋아 공작기계의 베드, 일반기계 부품, 수도관 등에 사용되는 주철은?

① 백주철 ② 회주철
③ 반주철 ④ 흑주철

해설및용어설명 | 주철의 조직

주철 종류	내용
회주철	• 주철의 조직 중에 흑연이 많을 경우 탄소가 전부 흑연으로 변하여 그 파단면의 광택이 회색을 띤다. • 일반적으로 주물 두께가 두껍고 규소의 양이 많은 경우, 응고 시 냉각속도가 느린 경우 회주철 생성 • 보통주철 (회주철을 대표하는 주철) : 인장강도 98 ~ 196 MPa, 주로 편상 흑연과 페라이트, 약간의 필라이트 함유되어 있고 기계 가공성이 좋고 경제적이다. 일반 기계부품, 수도관, 난방기, 공작 기계의 베드, 프레임 및 기계 구조물의 몸체 등에 사용된다.
백주철	• 주철의 조직에서 흑연의 양이 적어 부분의 탄소가 화합 탄소인 시멘타이트로 구성된 것 • 파단면이 흰색을 띤 백주철
반주철	• 주철의 조직에서 시멘타이트와 흑연이 혼합되어 백주철과 회주철의 중간 상태로 존재하여 파단면에 반점이 있는 반주철

44

열처리된 탄소강의 현미경 조직에서 경도가 가장 높은 것은?

① 소르바이트 ② 오스테나이트
③ 마텐자이트 ④ 트루스타이트

해설및용어설명 | 조직 경도비교
M > C > T > S > P > F > A

45

3각법으로 정투상한 아래 도면에서 정면도와 우측면도에 가장 적합한 평면도는?

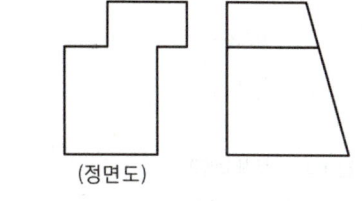

(정면도)

① 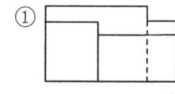   ②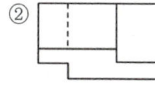

③ 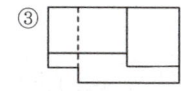   ④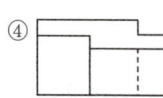

해설및용어설명 | 정면도를 보았을 때 평면도는 왼쪽 하단이 외형선으로 나타나야 하므로 ①, ④번이 적합하다. 우측면도를 보았을 때 평면도는 점선이 위에서 끝까지 이어져 있어야 하므로 답은 ①번이다.

46

다음 그림은 경유 서비스 탱크 지지철물의 정면도와 측면도이다. 모두 동일한 ㄱ 형강일 경우 중량은 약 몇 kgf인가? (단, ㄱ형강(L-50×50×6)의 단위 m당 중량은 4.43kgf/m이고, 정면도와 측면도에서 좌우 대칭이다)

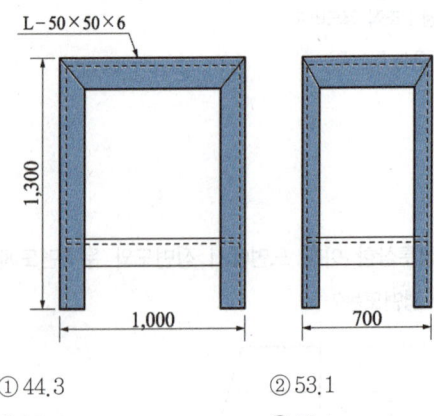

① 44.3
② 53.1
③ 55.4
④ 76.1

해설및용어설명 | 중량 = 전체길이 × 무게(1m당)
(1.3m×4 + 1m×4 + 0.7m×4)×4.43kgf/m = 53.1kgf

47

다음 그림과 같은 양면 용접부 조합기호의 명칭으로 옳은 것은?

① 양면 V형 맞대기 용접
② 넓은 루트면이 있는 양면 V형 용접
③ 넓은 루트면이 있는 K형 맞대기 용접
④ 양면 U형 맞대기 용접

해설및용어설명 | 보기 기호는 양면 U형 맞대기 용접을 뜻한다.

48

도면에 그려진 길이가 실제 대상물의 길이보다 큰 경우 사용한 척도의 종류인 것은?

① 현척
② 실척
③ 배척
④ 축척

해설및용어설명 | 척도의 종류

척도의 종류	내용
축척	실물보다 작게 그린 경우
현척	실물과 같은 크기로 그릴 경우의 척도
배척	실물보다 크게 그린 경우의 척도

49

기계제도의 치수 보조 기호 중에서 Sϕ는 무엇을 나타내는 기호인가?

① 구의 지름
② 원통의 지름
③ 판의 두께
④ 원호의 길이

해설및용어설명 | 치수보조기호

기호 이름	기호	기호 이름	기호
지름	ϕ	판의 두께	t
반지름	R	45° 모따기	C
구의 지름	Sϕ	참고치수	( )
구의 반지름	SR	이론적으로 정확한 치수	10
정사각형의 변	□	깊이	↧
카운터 보어	⊔	카운터 싱크	∨

46 ② 47 ④ 48 ③ 49 ①

50

대상물의 보이는 부분의 모양을 표시하는 데 사용하는 선은?

① 치수선　　② 외형선
③ 숨은선　　④ 기준선

해설및용어설명 |

선의 종류	용도 명칭	선의 용도
굵은 실선	외형선	대상물의 보이는 부분의 겉모양을 표시한 선
가는 실선	치수선	치수를 기입하기 위한 선
	치수 보조선	치수를 기입하기 위해 도형으로부터 끌어낸 선
	지시선	지시, 기호를 표시하기 위해 끌어낸 선
	회전 단면선	도형 내에 절단면을 90° 회전하여 표시한 선
	중심선	도형의 중심을 나타내는 선
숨은선	가는 파선 굵은 파선	대상물의 보이지 않는 부분의 모양을 표시하는 데 쓰인다.
가는 1점 쇄선	중심선	도형의 중심을 나타내는 선
	기준선	위치 결정의 근거를 명시할 때 사용하는 선
	피치선	반복 도형의 피치를 잡는 기준이 되는 선
굵은 1점 쇄선	특수 지정선	특수한 가공을 하는 부분 등 특별한 요구사항을 적용할 수 있는 범위를 표시하는 데 사용
굵은 2점 쇄선	가상선	인접부분을 참고로 표시하는 데 사용
	무게 중심선	단면의 무게 중심을 연결한 선을 표시하는 데 사용
불규칙한 파형의 가는 실선 또는 지그재그선	파단선	대상물의 일부를 파단한 경계 또는 일부를 떼어낸 경계를 표시하는 데 사용
가는 1점 쇄선으로 끝부분 및 방향이 변하는 부분을 굵게 한 것	절단선	단면도를 그리는 경우, 그 절단 위치를 대응하는 그림에 표시하는 데 사용
가는 실선	특수한 용도의 선	외형선 및 숨은선의 연장을 표시하는 데 사용
아주 굵은 실선		얇은 부분의 단선 도시를 명시하는 데 사용
가는 실선을 규칙적으로 줄 늘어 놓은 것	해칭	도형의 한정된 특정 부분을 다른 부분과 구별하는 데 사용

51

그림과 같은 관 표시 기호의 종류는?

① 크로스　　② 리듀서
③ 디스트리뷰터　　④ 휨 관 조인트

해설및용어설명 | 보기 그림 기호는 휨 관 조인트 기호이다.

52

재료기호가 "SM400C"로 표시되어 있을 때 이는 무슨 재료인가?

① 일반 구조용 압연 강재　　② 용접 구조용 압연 강재
③ 스프링 강재　　④ 탄소 공구강 강재

해설및용어설명 | SM400C는 용접 구조용 압연 강재를 가리킨다.
- 일반 구조용 압연 강재 : SS400
- 스프링 강재 : SPS
- 탄소 공구강 강재 : STC

53

회전도시 단면도에 대한 설명으로 틀린 것은?

① 절단할 곳의 전후를 끊어서 그 사이에 그린다.
② 절단선의 연장선 위에 그린다.
③ 도형 내의 절단한 곳에 겹쳐서 도시할 경우 굵은 실선을 사용하여 그린다.
④ 절단면은 90° 회전하여 표시한다.

해설및용어설명 | 회전도시 단면도

물체를 축에 수직인 면으로 절단하고, 절단면을 90° 회전하여 도형의 안이나 밖에 도시하는 단면도

- 투상도 내에 절단한 곳에 겹쳐서 그릴 때는 단면도의 중심에 회전 중심선을 긋고, 단면의 외형은 가는 실선으로 그리고, 해칭을 하여 단면임을 나타낸다.
- 절단할 곳의 전후를 파단선으로 끊고, 단면도의 중심에 회전 중심선을 긋고, 단면의 외형은 굵은 실선으로 그리고, 해칭을 하여 단면임을 나타낸다.
- 투상도 밖에 회전 도시 단면도를 그릴 때에는 단면을 하고자 하는 부위부터 가는 1점 쇄선으로 절단선을 그리고 끝부분은 굵은 실선으로 표시하며, 단면도의 중심에 회전 중심선을 긋고, 단면의 외형은 굵은 실선으로 그리고 해칭을 하여 단면임을 나타낸다.

54

아래 그림은 원뿔을 경사지게 자른 경우이다. 잘린 원뿔의 전개 형태로 가장 올바른 것은?

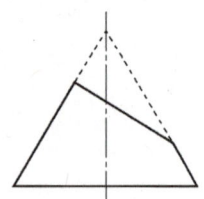

①  ②
③  ④

해설및용어설명 | 보기 그림 위 전개형태는 가운데 부분이 볼록하고 양 끝부분이 위를 향하는 모양으로 ①번이 정답이다.

55

지름 13mm, 표점거리 150mm인 연강재 시험편을 인장시험한 후의 거리가 154mm가 되었다면 연신율은?

① 3.89% ② 4.56%
③ 2.67% ④ 8.45%

해설및용어설명 |

$$\text{연신율} = \frac{\text{나중길이} - \text{처음길이}}{\text{처음길이}} \times 100\% = \frac{154mm - 150mm}{150mm} \times 100$$

$$= \frac{4}{150} \times 100 = \frac{8}{3} \fallingdotseq 2.67\%$$

56

포금의 주성분에 대한 설명으로 옳은 것은?

① 구리에 8 ~ 12% Zn을 함유한 합금이다.
② 구리에 8 ~ 12% Sn을 함유한 합금이다.
③ 6-4 황동에 1% Pb을 함유한 합금이다.
④ 7-3 황동에 1% Mg을 함유한 합금이다.

해설및용어설명 | 포금

- 8 ~ 12% Sn 청동에 1 ~ 2% Zn을 넣은 것
- 예전에 포신 재료로 많이 사용 → 포금이라 불린다.
- 강도, 연성, 내식성, 내마멸성 우수

정답 53 ③ 54 ① 55 ③ 56 ②

57

다음 중 완전 탈산시켜 제조한 강은?

① 킬드강   ② 림드강
③ 고망간강   ④ 세미 킬드강

해설및용어설명 | 탈산에 따른 강괴의 종류

- 킬드강 : 용강 중에 Fe - Si 또는 Al 분말 등의 강한 탈산제를 첨가하여 완전히 탈산한 강
- 림드강 : 탈산 및 기타 가스 처리가 불충분한 상태의 용강을 그대로 주형에 주입하여 응고한 것
- 세미킬드강 : 탈산 정도가 킬드강과 림드강의 중간 정도의 것

58

Al - Cu - Si합금으로 실리콘(Si)을 넣어 주조성을 개선하고 Cu를 첨가하여 절삭성을 좋게 한 알루미늄 합금으로 시효 경화성이 있는 합금은?

① Y합금   ② 라우탈
③ 코비탈륨   ④ 로 - 엑스 합금

해설및용어설명 |

- Y합금 : Al - Cu 4% - Ni 2% - Mg 1.5%, 내열성을 필요로 하는 엔진의 피스톤이나 가솔린 엔진의 실린더 헤드 등에 쓰인다.
- 라우탈 : Al - Cu - Si합금, 주조성 개선, 피삭성 우수, 시효경화성이 있다.
- 코비탈륨 : Y합금의 일종으로 Ti과 Cu를 0.2% 정도씩 첨가한 것으로 피스톤용으로 많이 쓰인다.
- 로 - 엑스 합금 : Al - Si합금에 Cu, Mg, Ni를 소량 첨가한 것이다.

59

주철 중 구상 흑연과 편상 흑연의 중간 형태의 흑연으로 형성된 조직을 갖는 주철은?

① CV 주철   ② 에시큘러 주철
③ 니크로 실라 주철   ④ 미하나이트 주철

해설및용어설명 | CV 주철

- 형상이 누에 모양을 한 주철로 버미큘러 주철이라고도 한다.
- 흑연의 형상에 크게 영향되므로 성질은 구상 흑연주철과 편상 흑연주철의 중간 성질을 나타낸다.
- 애시큘러 주철 : 보통주철 + 0.5 ~ 4.0% Ni, 1.0 ~ 1.5% Mo + 소량의 Cu, Cr 등을 첨가한 것으로 강인하며 내미멸성이 우수하다.
- 니크로 실라 주철 : 오스테나이트계의 니켈 - 크로뮴 - 실리콘 주철로서, 대체로 1.8 ~ 2.4% C, 5.0 ~ 7.0% Si, 0.5 ~ 1.2% Mn, 0.30 ~ 0.12% S, 0.05 ~ 0.20% P, 16 ~ 23% Ni, 1.8 ~ 5.0% Cr을 함유한다. 내열, 내식을 목적으로 하는 합금주철로서, 니레지스트와 같은 목적에 쓰인다. 고온으로 가열되어도 균열이나 변형을 일으키지 않는다.
- 미하나이트 주철 : 연성과 인성이 매우 크며 두께의 차에 의한 성질의 변화가 매우 적다.
- ※ 니레지스트 : 모넬메탈에 Cr 및 Mn을 첨가하여 만든다. 표준 성분 비율은 12 ~ 15% Ni, 5 ~ 7% Cu, 1.25 ~ 4.0% Cr, 1.0 ~ 1.5% Mn, 1 ~ 2% Si이며 전탄소는 2.75 ~ 3.1%이다.

60

연질 자성 재료에 해당하는 것은?

① 페라이트 자석   ② 알니코 자석
③ 네오디뮴 자석   ④ 퍼멀로이

해설및용어설명 | 자성 재료

- 경질 자성 재료(영구자석 재료) : 알니코 자석, 페라이트 자석, Nd(네오디뮴) 자석, Fe - Cr - Co계
- 연질 자성 재료 : 규소강판, 퍼멀로이, 센더스트, 알펌, 퍼멘듈, 수퍼멘듈

CBT 복원문제 2022 * 1

*2016년 5회부터 CBT(컴퓨터 기반 시험)방식으로 변경되어 문제가 공개되지 않아 복원된 문제가 일부 상이할 수 있습니다.

01
다음 중 황동과 청동의 주성분으로 옳은 것은?

① 황동 : Cu + Pb, 청동 : Cu + Sb
② 황동 : Cu + Sn, 청동 : Cu + Zn
③ 황동 : Cu + Sb, 청동 : Cu + Pb
④ 황동 : Cu + Zn, 청동 : Cu + Sn

해설및용어설명 | 황동 : Cu + Zn, 청동 : Cu + Sn

02
다음 중 담금질에 의해 나타난 조직 중에서 경도와 강도가 가장 높은 것은?

① 오스테나이트
② 소르바이트
③ 마텐자이트
④ 크루스타이트

해설및용어설명 | 조직 경도비교
M > C > T > S > P > F > A

03
다음 중 재결정 온도가 가장 낮은 금속은?

① Al
② Cu
③ Ni
④ Zn

해설및용어설명 | 각 금속의 재결정온도
- Al : 150 ~ 240℃
- Cu : 220 ~ 230℃
- Ni : 530 ~ 600℃
- Zn : 7 ~ 75℃
※ Fe : 350 ~ 450℃

04
다음 중 상온에서 구리(Cu)의 결정 격자 형태는?

① HCT
② BCC
③ FCC
④ CPH

해설및용어설명 | 상온에서 구리는 면심입방격자(FCC) 결정 격자를 가지고 있다.

정답 01 ④ 02 ③ 03 ④ 04 ③

05

Ni - Fe 합금으로서 불변강이라 불리우는 합금이 아닌 것은?

① 인바
② 모넬메탈
③ 엘린바
④ 슈퍼인바

해설및용어설명 |
- 인바 : 36% 니켈, 0.1 ~ 0.3% 코발트, 0.4% 망가니즈, 나머지 철인 합금
- 모넬메탈 : Ni(50 ~ 75%) + Cu(26 ~ 30%) + 소량의 Fe, Mn, Si
- 엘린바 : 36% 니켈, 12% 크로뮴, 나머지는 철로 된 합금
- 슈퍼인바 : 니켈 30 ~ 32%, 코발트 4 ~ 6% 나머지는 철인 합금
※ Ni - Fe 불변강 : 인바, 엘린바, 슈퍼인바

06

다음 중 Fe - C 평형 상태도에 대한 설명으로 옳은 것은?

① 공정점의 온도는 약 723℃이다.
② 포정점은 약 4.30% C를 함유한 점이다.
③ 공석점은 약 0.8% C를 함유한 점이다.
④ 순철의 자기 변태 온도는 210℃이다.

해설및용어설명 |
- 공정점의 온도는 약 1,148℃이다.
- 포정점은 약 0.53% C를 함유한 점이다.
- 순철의 자기 변태 온도는 768℃(퀴리온도)이다.
※ 공석점의 온도는 약 723℃이다.
※ 시멘타이트의 자기 변태 온도는 210℃이다.

07

고주파 담금질의 특징을 설명한 것 중 옳은 것은?

① 직접 가열하므로 열효율이 높다.
② 열처리 불량은 적으나 변형 보정이 항상 필요하다.
③ 열처리 후의 연삭 과정을 생략 또는 단축시킬 수 없다.
④ 간접 부분 담금질으로 원하는 깊이만큼 경화하기 힘들다.

해설및용어설명 | 고주파 담금질 특징
코일 속 또는 코일 곁에 철강의 피가열체를 두고 코일에 흘린 고주파 전류에 의하여 발생한 전자 유도 전류에 의해서 피가열체의 표면층만을 급속히 가열한 다음, 곧바로 물을 분사하여 급랭시킴으로써 표면층만을 담금질하는 방법

08

다음 입체도의 화살표 방향 투상도로 가장 적합한 것은?

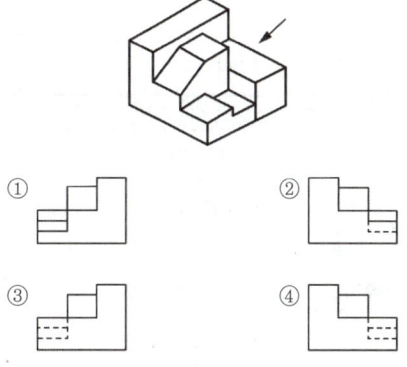

해설및용어설명 | 화살표 방향으로 입체도를 투상하면 ①, ③과 같은 방향으로 투상된다. 왼쪽 밑부분 가운데 홈이 보이지 않으므로 점선으로 나타낸다. 그러므로 답은 ③번이다.

09

다음 그림과 같은 용접방법 표시로 맞는 것은?

① 삼각 용접
② 현장 용접
③ 공장 용접
④ 수직 용접

해설및용어설명 |

현장 용접	전체둘레 용접	온둘레 현장 용접

정답 05 ② 06 ③ 07 ① 08 ③ 09 ②

10

다음 밸브 기호는 어떤 밸브를 나타낸 것인가?

① 풋 밸브 ② 볼 밸브
③ 체크 밸브 ④ 버터플라이 밸브

해설및용어설명 | 보기 기호는 풋 밸브이다.

밸브·콕의 종류	그림 기호	밸브·콕의 종류	그림 기호
밸브 일반	⋈	앵글 밸브	⊲
게이트 밸브	⋈	3방향 밸브	⋈
글로브 밸브	⋈	안전 밸브	⋈
체크 밸브	◁◀ 또는 ⋈		
볼 밸브	⋈		
버터플라이 밸브	⋈ 또는 ◁◀	콕 일반	⋈

11

다음 중 리벳용 원형강의 KS 기호는?

① SV ② SC
③ SBB ④ PW

해설및용어설명 |
- SC : 주강
- SBB : 보일러용 압연강재
- PW : 피아노선

12

대상물의 일부를 떼어낸 경계를 표시하는 데 사용하는 선의 굵기는?

① 굵은 실선 ② 가는 실선
③ 아주 굵은 실선 ④ 아주 가는 실선

해설및용어설명 | 선의 종류

선의 종류	용도 명칭	선의 용도
굵은 실선	외형선	대상물의 보이는 부분의 겉모양을 표시한 선
가는 실선	치수선	치수를 기입하기 위한 선
	치수 보조선	치수를 기입하기 위해 도형으로부터 끌어낸 선
	지시선	지시, 기호를 표시하기 위해 끌어낸 선
	회전 단면선	도형 내에 절단면을 90° 회전하여 표시한 선
	중심선	도형의 중심을 나타내는 선
숨은선	가는 파선 굵은 파선	대상물의 보이지 않는 부분의 모양을 표시하는 데 사용
가는 1점 쇄선	중심선	도형의 중심을 나타내는 선
	기준선	위치 결정의 근거를 명시할 때 사용하는 선
	피치선	반복 도형의 피치를 잡는 기준이 되는 선
굵은 1점 쇄선	특수 지정선	특수한 가공을 하는 부분 등 특별한 요구사항을 적용할 수 있는 범위를 표시하는 데 사용
가는 2점 쇄선	가상선	인접부분을 참고로 표시하는 데 사용
	무게 중심선	단면의 무게 중심을 연결한 선을 표시하는 데 사용
불규칙한 파형의 가는 실선 또는 지그재그선	파단선	대상물의 일부를 파단한 경계 또는 일부를 떼어낸 경계를 표시하는 데 사용
가는 1점 쇄선으로 끝부분 및 방향이 변하는 부분을 굵게 한 것	절단선	단면도를 그리는 경우, 그 절단 위치를 대응하는 그림에 표시하는 데 사용
가는 실선	특수한 용도의 선	외형선 및 숨은선의 연장을 표시하는 데 사용
아주 굵은 실선		얇은 부분의 단선 도시를 명시하는 데 사용
가는 실선을 규칙적으로 줄 늘어 놓은 것	해칭	도형의 한정된 특정 부분을 다른 부분과 구별하는 데 사용

13

그림과 같은 배관도시 기호가 있는 관에는 어떤 종류의 유체가 흐르는가?

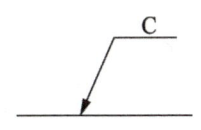

① 온수
② 냉수
③ 냉온수
④ 증기

해설및용어설명 | 배관 도면 도시 기호

공기	가스	유류	증기	냉수
A	G	O	S	C

14

제3각법에 대하여 설명한 것으로 틀린 것은?

① 저면도는 정면도 밑에 도시한다.
② 평면도는 정면도의 상부에 도시한다.
③ 좌측면도는 정면도의 좌측에 도시한다.
④ 우측면도는 평면도의 우측에 도시한다.

해설및용어설명 |

제3각법 배치도	제1각법 배치도
(그림)	(그림)

A : 정면도, B : 평면도, C : 좌측면도, D : 우측면도, E : 저면도, F : 배면도

15

다음 치수 표현 중에서 참고 치수를 의미하는 것은?

① $S\phi 24$
② $t = 24$
③ (24)
④ □24

해설및용어설명 | 치수보조기호

기호 이름	기호	기호 이름	기호
지름	φ	판의 두께	t
반지름	R	45° 모따기	C
구의 지름	Sφ	참고치수	( )
구의 반지름	SR	이론적으로 정확한 치수	10
정사각형의 변	□	깊이	↧
카운터 보어	⊔	카운터 싱크	∨

16

구멍에 끼워 맞추기 위한 구멍, 볼트, 리벳의 기호 표시에서 현장에서 드릴가공 및 끼워맞춤을 하고 양쪽 면에 카운터 싱크가 있는 기호는?

①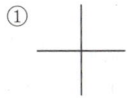
②
③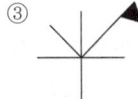
④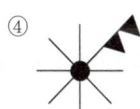

해설및용어설명 |

- ✳ : 양쪽 카운터싱크가 있는 경우
- ✳ : 한쪽에만 카운터싱크가 있는 경우 및 현장작업
- ✳ : 양쪽 면에 카운터싱크가 있는 경우 및 현장작업

정답 13 ② 14 ④ 15 ③ 16 ④

17

도면을 용도에 따른 분류와 내용에 따른 분류로 구분할 때 다음 중 내용에 따라 분류한 도면인 것은?

① 제작도 ② 주문도
③ 견적도 ④ 부품도

해설및용어설명 |

도면 사용목적에 따른 분류	• 계획도 • 주 견적도	• 제작도 • 설명도	• 주문도 • 공정도
도면 내용에 따른 분류	• 조립도 • 접속도 • 기초도 • 장치도	• 부분조립도 • 배선도 • 설치도	• 부품도 • 배관도 • 배치도

18

융점이 높은 코발트(Co) 분말과 1~5m 정도의 세라믹, 탄화 텅스텐 등의 입자들을 배합하여 확산과 소결 공정을 거쳐서 분말 야금법으로 입자강화 금속 복합재료를 제조한 것은?

① FRP ② FRS
③ 서멧(Cermet) ④ 진공청정구리(OFHC)

해설및용어설명 | 서멧
탄화 텅스텐(WC) 입자와 코발트(Co) 입자를 혼합하고 소결하여 경질 공구 재료에 사용
• FRP : 유리강화플라스틱
• OFHC : 무산소 고전도도 구리

19

황동에 납(Pb)을 첨가하여 절삭성을 좋게 한 황동으로 스크류, 시계용 기어 등의 정밀가공에 사용되는 합금은?

① 리드 브라스(Lead Brass)
② 문쯔메탈(Munts Metal)
③ 틴 브라스(Tin Brass)
④ 실루민(Silumin)

해설및용어설명 | 리드 브라스(연황동 = 납황동)
3% 이하의 납을 6-4황동에 첨가하여 절삭성을 향상시킨 쾌삭 황동이며 기계적 성질은 약간 떨어진다. 시계용 기어 등의 정밀가공에 사용된다.

20

탄소강에 함유된 원소 중에서 고온 메짐(Hot Shortness)의 원인이 되는 것은?

① Si ② Mn
③ P   ④ S

해설및용어설명 |
• 고온 메짐의 원인 : S
• 상온 메짐의 원인 : P

21

재료 표면상에 일정한 높이로부터 낙하시킨 추가 반발하여 튀어 오르는 높이로부터 경도값을 구하는 경도기는?

① 쇼어 경도기 ② 로크웰 경도기
③ 비커즈 경도기 ④ 브리넬 경도기

해설및용어설명 | 쇼어 경도 시험
하중을 충격적으로 가했을 때 반발하여 튀어 오른 높이로 경도를 측정
• 로크웰, 비커즈, 브리넬 경도기는 압입자를 압입하여 생기는 압입된 자리의 깊이에 의해 경도를 측정하는 방법이다.

정답 17 ④ 18 ③ 19 ① 20 ④ 21 ①

22

Fe - C 평형 상태도에서 나타날 수 없는 반응은?

① 포정 반응　　② 편정 반응
③ 공석 반응　　④ 공정 반응

해설및용어설명 | Fe - C 평형 상태도 반응

- 공석반응 : γ - Fe $\leftrightarrow$ α - Fe + Fe$_3$C
- 공정반응 : L (액상) $\leftrightarrow$ γ - 고용체 + Fe$_3$C
- 포정반응 : δ - Fe + L (액상) $\leftrightarrow$ + γ - Fe

23

2 ~ 10% Sn, 0.6% P 이하의 합금이 사용되며 탄성률이 높아 스프링 재료로 가장 적합한 청동은?

① 알루미늄 청동　　② 망간 청동
③ 니켈 청동　　　　④ 인청동

해설및용어설명 |

- 알루미늄 청동 : 약 12%까지의 Al을 함유한 구리 합금
- 망간 청동 : 황동에 약 3% 이하의 소량의 망간을 첨가한 것
- 니켈 청동 : 0.84 ~ 10% 니켈(Ni)을 함유한 Cu-Sn 합금
- 인청동 : 청동에 1% 이하의 인을 첨가한 합금으로 청동 용탕의 유동성이 좋아지고, 합금의 경도와 강도가 증가하며, 내마멸성과 탄성이 향상된다.

24

강의 담금질 깊이를 깊게 하고 크리프 저항과 내식성을 증가시키며 뜨임 메짐을 방지하는 데 효과가 있는 합금 원소는?

① Mo　　② Ni
③ Cr　　④ Si

해설및용어설명 | 합금 원소 효과

합금 원소	효과
니켈 (Ni)	강인성, 내식성 및 내마멸성을 증가시킨다.
크로뮴 (Cr)	함유량이 적어도 강도와 경도를 증가시키며, 함유량이 많아지면 내식성, 내열성 및 자경성을 크게 증가시키는 외에 탄화물의 생성을 용이하게 하여 내마멸성도 증가시킨다.
망가니즈 (Mn)	강도, 경도, 내마멸성을 증가시키고 취성을 방지한다.
몰리브덴 (Mo)	함유량이 적으면 니켈과 거의 비슷한 작용밖에 하지 못하지만 함유량이 많아지면 내마멸성을 크게 증가시키고 적열 취성을 방지한다. 담금질 깊이를 깊게 하며 크리프 저항과 내식성을 증가시킨다.
규소 (Si)	함유량이 적으면 강도와 경도를 조금 향상시키지만 함유량이 많아지면 내식성과 내마멸성을 크게 증가시키고, 전자기적 성질도 개선시킨다.
텅스텐 (W)	함유량이 적으면 크로뮴과 거의 비슷한 작용밖에 하지 못하지만 함유량이 많아지면 탄화물 생성을 용이하게 하여 경도와 내마멸성을 크게 증가시킨다. 특히, 고온 강도와 경도를 증가시킨다.
코발트 (Co)	크로뮴과 함께 사용하여 고온 강도와 고온 경도를 크게 증가시킨다.
바나듐 (V)	몰리브데넘과 비슷한 작용을 하지만 경화성을 증가시킨다.
구리 (Cu)	크로뮴 또는 크로뮴 - 텅스텐과 함께 사용해야 그 효과가 크다. 석출경화가 일어나기 쉽게 하고 내산화성을 증가시킨다.
티타늄 (Ti)	규소나 바나듐과 비슷한 작용을 하고, 탄화물의 생성을 용이하게 하며, 결정 입자 사이의 부식에 대한 저항성을 증가시킨다.

25

알루미늄 합금 중 대표적인 단련용 Al합금으로 주요성분이 Al - Cu - Mg - Mn인 것은?

① 알민
② 알드리
③ 두랄루민
④ 하이드로날륨

해설및용어설명 |
- 알민 : Al + Mn(1 ~ 1.5%)
- 알드리 : 0.5% 규소, 0.43% 마그네슘을 함유
- 두랄루민 : Al - Cu - Mg - Mn 합금, 고강도 알루미늄 합금으로 항공기, 자동차 바디재료로 사용
- 하이드로날륨 : Al - Mg 합금, 내식성이 가장 우수하며, 내해수성, 내식성, 연신율이 우수하여 선박용 부품, 조리용 기구 등에 사용

26

인장시험에서 표점거리가 50mm의 시험편을 시험 후 절단된 표점거리를 측정하였더니 65mm가 되었다. 이 시험편의 연신율은 얼마인가?

① 20%
② 23%
③ 30%
④ 33%

해설및용어설명 | 연신율 = $\dfrac{\text{시험 후 길이} - \text{시험 전 길이}}{\text{시험 전 길이}}$

연신율 = $\dfrac{65 - 50}{50} \times 100 = 30\%$

27

면심입방격자 구조를 갖는 금속은?

① Cr
② Cu
③ Fe
④ Mo

해설및용어설명 |
- 체심입방격자(BCC) : α - Fe, δ - Fe, W, Cr, Mo, V
- 면심입방격자(FCC) : γ - Fe, Au, Ag, Cu, Ni, Al, Pb, Pt

28

노멀라이징(Normalizing) 열처리의 목적으로 옳은 것은?

① 연화를 목적으로 한다.
② 경도 향상을 목적으로 한다.
③ 인성부여를 목적으로 한다.
④ 재료의 표준화를 목적으로 한다.

해설및용어설명 | 열처리의 종류
- 풀림(어닐링) : 금속 재료를 적당한 온도로 가열한 다음 서서히 상온으로 냉각시키는 조작
- 뜨임(템퍼링) : 담금질(강도와 경도 증가)한 금속 재료에 강인성이나 더 높은 경도를 부여하기 위해 적당한 온도로 다시 가열했다가 공기 중에서 서서히 냉각시키는 열처리 방법
- 불림(노멀라이징) : 강의 조직을 표준상태로 하기 위하여 변태점 이상의 적당한 온도로 가열한 후 대기 중에서 냉각하는 열처리 방법
- 담금질(퀜칭) : 고온으로 가열한 후 물이나 기름을 이용하여 급랭시켜 필요한 성질을 부여하는 열처리 방법

정답 25 ③ 26 ③ 27 ② 28 ④

29

물체를 수직단면으로 절단하여 그림과 같이 조합하여 그릴 수 있는데, 이러한 단면도를 무슨 단면도라고 하는가?

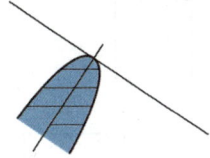

① 온 단면도 ② 한쪽 단면도
③ 부분 단면도 ④ 회전도시 단면도

해설및용어설명 | 단면도의 종류
- 온 단면도 : 물체를 반으로 절단하여 물체의 기본적인 특징을 가장 잘 나타낼 수 있도록 단면 모양을 그리는 것
- 한쪽 단면도 : 상하 또는 좌우가 대칭인 물체를 중심선을 기준으로 내부 모양과 외부 모양을 동시에 표현하는 방법
- 부분 단면도 : 일부분을 잘라내고 필요한 내부 모양을 그리기 위한 방법
- 조합 단면도 : 조합 단면도는 2개 이상의 절단면에 의한 단면도를 조합하여 그리는 투상도로, 복잡한 물체의 투상도 수를 줄이기 위한 목적으로 사용한다.
- 회전도시 단면도 : 핸들, 벨트 풀리, 기어 등과 같은 바퀴의 암, 리브, 후크, 축과 주로 구조물에 사용하는 형강 등 투상법으로 표시하기 어려운 경우 단면으로 물체를 절단하여 90°로 회전시켜 도시하는 방법

30

일면 개선형 맞대기 용접의 기호로 맞는 것은?

① ∨ ② ⱽ
③)(④ ○

해설및용어설명 |
② ⱽ : 한쪽면 K형 맞대기 이음 용접(한쪽면 개선형 맞대기 이음 용접)
① ∨ : 한쪽면 V형 홈 맞대기 이음 용접
③)(: 양면 플랜지형 맞대기 이음용접
④ ○ : 스폿용접

31

다음 배관 도면에 없는 배관 요소는?

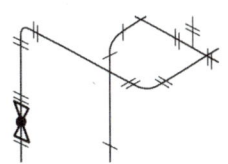

① 티 ② 엘보
③ 플랜지 이음 ④ 나비 밸브

해설및용어설명 |
- 엘보 :
- 티 :
- 나사박음식 캡 :
- 플랜지 이음 :

밸브 및 콕 몸체의 표시 방법

밸브·콕의 종류	그림 기호	밸브·콕의 종류	그림 기호
밸브 일반	⋈	앵글 밸브	◁
게이트 밸브	⋈	3방향 밸브	⋈
글로브 밸브	⋈	안전 밸브	
체크 밸브	◀ 또는 ⋈		
볼 밸브	⋈		
버터플라이 밸브	⋈ 또는 ⋈	콕 일반	⋈

32

치수선상에서 인출선을 표시하는 방법으로 옳은 것은?

① 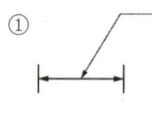 ②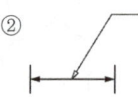

③ 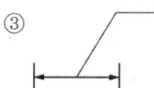 ④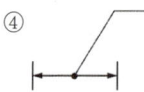

해설및용어설명 | 인출선

각종의 기입을 위해 도형에서 인출하는 선으로 0.2mm의 가는 실선으로서 끝에 화살표를 붙인다. 단, 치수선에서 인출할 경우는 화살표를 붙이지 않는다.

33

KS 재료기호 "SM10C"에서 10C는 무엇을 뜻하는가?

① 일련번호 ② 항복점
③ 탄소함유량 ④ 최저인장강도

해설및용어설명 | SM10C 에 대한 해석
- SM : 기계구조용
- 10C : 탄소함유량 0.10% C

34

그림과 같이 정투상도의 제3각법으로 나타낸 정면도와 우측면도를 보고 평면도를 올바르게 도시한 것은?

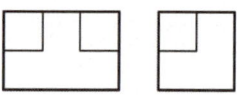

① 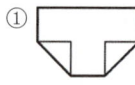 ②

③  ④

해설및용어설명 | 정면도와 우측면도를 보면 평면도의 아래 부분 양 쪽에 사각형이 있다는 것을 알 수 있다. 따라서 답은 ④번이다.

35

도면을 축소 또는 확대했을 경우, 그 정도를 알기 위해서 설정하는 것은?

① 중심 마크 ② 비교 눈금
③ 도면의 구역 ④ 재단 마크

해설및용어설명 |

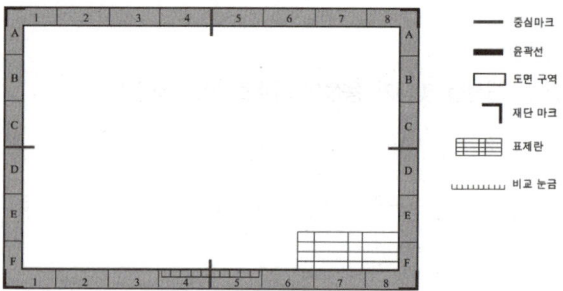

- 중심마크 : 복사하거나 마이크로필름을 촬영할 때 편의를 위하여 마련하는 것
- 재단마크 : 복사한 도면을 규격에서 정한 크기대로 자르기에 편리하도록 용지의 4구석에 표시한 것

36

다음 중 선의 종류와 용도에 의한 명칭 연결이 틀린 것은?

① 가는 1점 쇄선 : 무게 중심선
② 굵은 1점 쇄선 : 특수 지정선
③ 가는 실선 : 중심선
④ 아주 굵은 실선 : 특수한 용도의 선

해설및용어설명 |

선의 종류	용도 명칭	선의 용도
굵은 실선	외형선	대상물의 보이는 부분의 겉모양을 표시한 선
가는 실선	치수선	치수를 기입하기 위한 선
	치수 보조선	치수를 기입하기 위해 도형으로부터 끌어낸 선
	지시선	지시, 기호를 표시하기 위해 끌어낸 선
	회전 단면선	도형 내에 절단면을 90° 회전하여 표시한 선
	중심선	도형의 중심을 나타내는 선
숨은선	가는 파선	대상물의 보이지 않는 부분의 모양을 표시하는 데 사용
	굵은 파선	
가는 1점 쇄선	중심선	도형의 중심을 나타내는 선
	기준선	위치 결정의 근거를 명시할 때 사용하는 선
	피치선	반복 도형의 피치를 잡는 기준이 되는 선
굵은 1점 쇄선	특수 지정선	특수한 가공을 하는 부분 등 특별한 요구사항을 적용할 수 있는 범위를 표시하는 데 사용
가는 2점 쇄선	가상선	인접부분을 참고로 표시하는 데 사용
	무게 중심선	단면의 무게 중심을 연결한 선을 표시하는 데 사용
불규칙한 파형의 가는 실선 또는 지그재그선	파단선	대상물의 일부를 파단한 경계 또는 일부를 떼어낸 경계를 표시하는 데 사용
가는 1점 쇄선으로 끝부분 및 방향이 변하는 부분을 굵게 한 것	절단선	단면도를 그리는 경우, 그 절단 위치를 대응하는 그림에 표시하는 데 사용
가는 실선	특수한 용도의 선	외형선 및 숨은선의 연장을 표시하는 데 사용
아주 굵은 실선		얇은 부분의 단선 도시를 명시하는 데 사용
가는 실선을 규칙적으로 줄을 늘어 놓은 것	해칭	도형의 한정된 특정 부분을 다른 부분과 구별하는 데 사용

37

다음 중 원기둥의 전개에 가장 적합한 전개도법은?

① 평행선 전개도법 ② 방사선 전개도법
③ 삼각형 전개도법 ④ 타출 전개도법

해설및용어설명 | 전개도법 종류

평행선 전개도법	각기둥과 원기둥을 연직 평면 위에 펼쳐 놓은 것으로 모서리에 직각방향으로 전개되어 있다. 원기둥의 전개에 적합하다.
방사선 전개도법	각뿔이나 원뿔의 끝 지점을 중심으로 하여 방사상으로 전개시킨 것
삼각형 전개도법	방사 전개법에 의하여 전개하는 것이 원칙이나 꼭짓점이 지면 밖으로 나가거나 또는 큰 컴퍼스가 없을 때에는 서로 인접한 면소와 위 원, 그리고 아래 원의 호로 둘러싸인 부분을 사변형이라 생각하여 전개하는 것
타출 전개도법	반구 또는 접시형 용기를 타출하여 전개하는 방식

38

나사의 단면도에서 수나사와 암나사의 골밑(골지름)을 도시하는 데 적합한 선은?

① 가는 실선   ② 굵은 실선
③ 가는 파선   ④ 가는 1점 쇄선

해설및용어설명 | 나사의 제도

• 수나사의 바깥지름과 암나사의 안지름은 굵은 실선으로 그린다.
• 수나사의 골지름과 암나사의 골지름은 가는 실선으로 그린다.
• 완전 나사부와 불완전 나사부의 경계선은 굵은 실선으로 그린다.
• 불완전 나사부의 끝 밑선은 축선에 대하여 30°의 가는 실선으로 그린다.
• 가려져 보이지 않는 나사부는 파선으로 그린다.
• 수나사와 암나사의 측면도시에서의 골지름은 가는 실선으로 그린다.

39

인장강도가 750MPa인 용접 구조물의 안전율은?
(단, 허용응력은 250MPa이다)

① 3   ② 5
③ 8   ④ 12

해설및용어설명 | 안전율 = $\dfrac{\text{인장강도}}{\text{허용응력}}$ = $\dfrac{750\text{MPa}}{250\text{MPa}}$ = 3

40

게이지용 강이 갖추어야 할 성질에 대한 설명 중 틀린 것은?

① HRC 55 이하의 경도를 가져야 한다.
② 팽창계수가 보통 강보다 작아야 한다.
③ 시간이 지남에 따라 치수변화가 없어야 한다.
④ 담금질에 의한 변형이나 담금질 균열이 없어야 한다.

해설및용어설명 | 게이지용 강이 갖추어야 할 성질
- HRC 55 이상의 경도를 가져야 한다.
- 팽창계수는 작아야 한다.
- 치수변화가 없어야 한다.
- 담금질에 의한 변형이나 균열이 없어야 한다.

41

알루미늄에 대한 설명으로 옳지 않은 것은?

① 비중이 2.7로 낮다.
② 용융점은 1,067℃이다.
③ 전기 및 열전도율이 우수하다.
④ 고강도 합금으로 두랄루민이 있다.

해설및용어설명 | 알루미늄 특징
- 비중 : 2.7 (백색의 경금속), 용융점 약 660℃
- 무게가 철의 1/3 정도이지만 합금을 만들 경우에는 강도 우수
- 전기 전도율 : 구리의 65%로 은, 구리, 금 다음으로 좋다.
- 표면에 산화 알루미늄이 얇게 생성되어 대기 중 내식성 향상
- 염화물 용액 중 내식성 나쁘다.

42

강의 표면 경화 방법 중 화학적 방법이 아닌 것은?

① 침탄법   ② 질화법
③ 침탄질화법   ④ 화염경화법

해설및용어설명 | 강의 표면 경화 방법
- 물리적 경화법 : 화염경화법, 고주파경화법, 숏피닝, 방전경화법
- 화학적 경화법 : 침탄법, 질화법, 금속침투법, 침탄질화법

43

황동 합금 중에서 강도는 낮으나 전연성이 좋고 금색에 가까워 모조금이나 판 및 선에 사용되는 합금은?

① 톰백(Tombac)
② 7-3 황동(Cartridge Brass)
③ 6-4 황동(Muntz Metal)
④ 주석 황동(Tin Brass)

해설및용어설명 | 톰백의 특징

- 5~20% 아연의 황동
- 5% 아연 합금 : 순구리와 같이 연하고 코이닝(Coining)이 쉬워 동전이나 메달 등에 사용
- 10% 아연 황동 : 톰백의 대표적인 것으로, 딥 드로잉(Deep Drawing)용 재료, 건축용, 가구용 등에 사용(색깔이 청동과 비슷, 청동 대용)
- 15% 아연 황동 : 연하고 내식성이 좋아 건축용, 금속 잡화, 소켓 체결구 등에 사용
- 20% 아연 황동 : 전연성이 좋고 색깔이 아름다워 장식 용품, 악기 등에 사용
- 납을 첨가한 것은 금박의 대용으로도 사용

44

다음 중 비중이 가장 작은 것은?

① 청동   ② 주철
③ 탄소강   ④ 알루미늄

해설및용어설명 |

- 청동 : 8.85
- 주철 : 7.0~7.3(흑연이 많을수록 비중이 작아진다)
- 탄소강 : 7.85(탄소함량이 높을수록 비중이 작아진다)
- 알루미늄 : 2.7

45

냉간가공 후 재료의 기계적 성질을 설명한 것 중 옳은 것은?

① 항복강도가 감소한다.   ② 인장강도가 감소한다.
③ 경도가 감소한다.   ④ 연신율이 감소한다.

해설및용어설명 | 열간가공 & 냉간가공

열간가공	• 재결정 온도 이상에서의 가공 • 가공도가 크고, 대형 가공이 가능, 거친 가공
냉간가공	• 재결정 온도 이하에서의 가공 • 정밀한 치수 가공이 가능하고 기계적 성질이 양호, 마무리 가공 • 강도가 증가하고, 연신율은 감소한다.

46

인장 시험에서 변형량을 원표점 거리에 대한 백분율로 표시한 것은?

① 연신율   ② 항복점
③ 인장 강도   ④ 단면 수축률

해설및용어설명 |

- 연신율 = $\dfrac{변형량}{원표점\ 거리} \times 100$

- 단면 수축률 = $\dfrac{단면\ 수축량}{처음\ 단면} \times 100$

47

강에 인(P)이 많이 함유되면 나타나는 결함은?

① 적열메짐   ② 연화메짐
③ 저온메짐   ④ 고온메짐

해설및용어설명 |

- 고온메짐의 원인 : S
- 상온메짐(저온메짐)의 원인 : P

48

화살표가 가리키는 용접부의 반대쪽 이음의 위치로 옳은 것은?

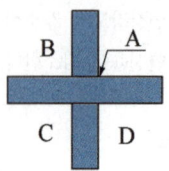

① A
② B
③ C
④ D

해설및용어설명 | 화살표가 가리키는 용접부의 반대쪽 이음의 위치는 "B"이다.

49

재료기호에 대한 설명 중 틀린 것은?

① SS 400은 일반 구조용 압연 강재이다.
② SS 400의 400은 최고 인장 강도를 의미한다.
③ SM 45C는 기계 구조용 탄소 강재이다.
④ SM 45C의 45C는 탄소 함유량을 의미한다.

해설및용어설명 | 400은 최저 인장 강도를 의미한다.

50

보기 입체도의 화살표 방향이 정면일 때 평면도로 적합한 것은?

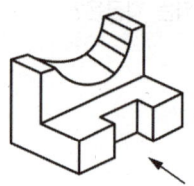

① 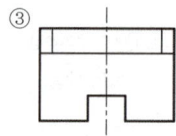 ②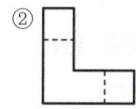

③ 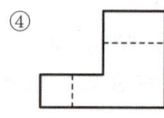 ④

해설및용어설명 | 화살표 방향을 정면으로 봤을 때 평면도는 위는 사각형 안에 사각형이 있는 형상, 아래는 밑에 사각형이 비어있는 형상이 된다. 따라서, 답은 ③번이다.

51

보조 투상도의 설명으로 가장 적합한 것은?

① 물체의 경사면을 실제 모양으로 나타낸 것
② 특수한 부분을 부분적으로 나타낸 것
③ 물체를 가상해서 나타낸 것
④ 물체를 90° 회전시켜서 나타낸 것

해설및용어설명 | 보조투상도
경사면부가 있는 대상물에서 그 경사면의 실제 모양을 표시할 필요가 있는 경우에 그린 투상도

52

용접부의 보조기호에서 제거 가능한 이면 판재를 사용하는 경우의 표시 기호는?

① M
② P
③ MR
④ PR

해설및용어설명 | 용접부의 보조기호
- M : 영구적인 덮개 판 사용
- MR : 제거 가능한 덮개 판을 사용

53

다음 그림과 같이 상하면의 절단된 경사각이 서로 다른 원통의 전개도 형상으로 가장 적합한 것은?

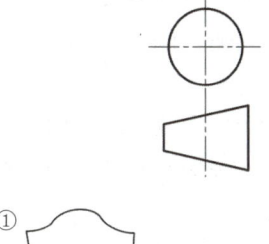

①  ②
③  ④

해설및용어설명 | 절단될 경사각이 다른 원통은 수평선을 기준선으로 하여 회전을 시키면 곡선 기울기가 다른 ④번과 같은 호리병 같은 모양이 나온다.

54

기계나 장치 등의 실체를 보고 프리핸드(Freehand)로 그린 도면은?

① 배치도
② 기초도
③ 조립도
④ 스케치도

해설및용어설명 |
- 스케치도 : 물체의 실물을 보고 손으로만 자유롭게 그린 도면으로, 필요한 사항을 기입하여 완성한 도면
- 조립도 : 기계나 구조물의 전체적인 조립 상태를 나타내는 도면

55

도면에서 2종류 이상의 선이 겹쳤을 때, 우선하는 순위를 바르게 나타낸 것은?

① 숨은선 > 절단선 > 중심선
② 중심선 > 숨은선 > 절단선
③ 절단선 > 중심선 > 숨은선
④ 무게 중심선 > 숨은선 > 절단선

해설및용어설명 | 선의 우선순위
외형선 - 숨은선 - 절단선 - 중심선 - 무게 중심선 - 치수보조선

56

관용 테이퍼 나사 중 평행 암나사를 표시하는 기호는?
(단, ISO 표준에 있는 기호로 한다)

① G
② R
③ Rc
④ Rp

해설및용어설명 |
- G : 관용 평행 나사
- R : 관용 테이퍼 수나사
- Rc : 관용 테이퍼 암나사
- Rp : 관용 테이퍼 평행 암나사

정답 52 ③ 53 ④ 54 ④ 55 ① 56 ④

57

현의 치수 기입 방법으로 옳은 것은?

①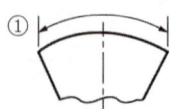
②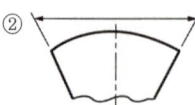
③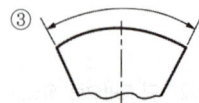
④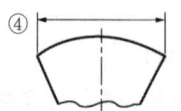

해설및용어설명 | 치수선의 기입

- 현의 길이 치수

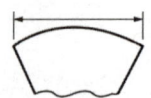

- 각도 치수

- 호의 길이 치수

58

라우탈은 Al - Cu - Si 합금이다. 이중 3 ~ 8% Si를 첨가하여 향상되는 성질은?

① 주조성 ② 내열성
③ 피삭성 ④ 내식성

해설및용어설명 | 라우탈

알루미늄에 구리 4%, 규소 5%를 가한 주조용 알루미늄 합금으로, 490 ~ 510℃로 담금질한 다음, 120 ~ 145℃에서 16 ~ 48시간 뜨임을 하면 취성이 완화되어 기계적 성질(주조성)이 좋아진다.

59

금속의 조직검사로서 측정이 불가능한 것은?

① 결함 ② 결정입도
③ 내부응력 ④ 비금속 개재물

해설및용어설명 | 조직시험으로 측정가능한 것

- 청동 중의 Pb, 강중의 S와 같은 함유 원소의 편석에 의한 불균일 조직
- 슬래그, 황화물, 산화물과 같은 비금속 개재물의 존재
- 결정의 크기, 결정 성장 구조 등의 파악
- 주조, 단조, 용접 가공 과정의 제조 방법
- 균열, 블로홀, 편석 등의 금속결함
- 결정립 지름이 0.1mm 이상의 것으로 조직의 분포상태, 모양, 크기 또는 편석 유무로 내부결함 판정

60

문쯔메탈(Muntz Metal)에 대한 설명으로 옳은 것은?

① 90% Cu – 10% Zn 합금으로 톰백의 대표적인 것이다.
② 70% Cu – 30% Zn 합금으로 가공용 황동의 대표적인 것이다.
③ 70% Cu – 30% Zn 황동에 주석을 1% 함유한 것이다.
④ 60% Cu – 40% Zn 합금으로 황동 중 아연 함유량이 가장 높은 것이다.

해설및용어설명 | 문쯔메탈

- 60% 구리 - 40% 아연 합금($\alpha + \beta$ 조직)
- 상온 중 7 - 3황동에 비하여 전연성이 낮고 인장강도가 크다.

CBT 복원문제 2022 * 4

* 2016년 5회부터 CBT(컴퓨터 기반 시험)방식으로 변경되어 문제가 공개되지 않아 복원된 문제가 일부 상이할 수 있습니다.

01
다음의 조직 중 경도 값이 가장 낮은 것은?

① 마텐자이트 ② 베이나이트
③ 소르바이트 ④ 오스테나이트

해설및용어설명 | 조직 경도비교
M > C > T > S > P > F > A

02
열처리의 종류 중 항온열처리 방법이 아닌 것은?

① 마퀜칭 ② 어닐링
③ 마템퍼링 ④ 오스템퍼링

해설및용어설명 | 항온열처리 종류
오스템퍼링, 마템퍼링, 마퀜칭, 오스포밍

03
컬러 텔레비전의 전자총에서 나온 광선의 영향을 받아 섀도 마스크가 열팽창 하면 엉뚱한 색이 나오게 된다. 이를 방지하기 위해 섀도 마스크의 제작에 사용되는 불변강은?

① 인바 ② Ni – Cr강
③ 스테인리스강 ④ 플래티나이트

해설및용어설명 | 섀도마스크
TV 및 PC 모니터 내면에 장착되어 화질, 색상, 선명도를 결정짓는 핵심 부품으로 크게 인바섀도마스크, 어퍼처그릴, 크로마클리어 방식으로 나뉜다. 인바섀도마스크는 선팽창계수가 작은 불변강인 인바를 사용한 부품이다.

04
다음 단면도에 대한 설명으로 틀린 것은?

① 부분 단면도는 일부분을 잘라내고 필요한 내부 모양을 그리기 위한 방법이다
② 조합에 의한 단면도는 축, 휠, 볼트, 너트류의 절단면의 이해를 위해 표시한 것이다.
③ 한쪽 단면도는 대칭형 대상물의 외형 절반과 온 단면도의 절단을 조합하여 표시한 것이다.
④ 회전도시 단면도는 핸들이나 바퀴 등의 암, 림, 훅, 구조물 등의 절단면을 90도 회전시켜서 표시한 것이다.

해설및용어설명 | 축, 핀, 볼트, 너트, 와셔, 작은 나사, 세트스크루, 리벳, 키, 테이퍼핀, 볼 베어링의 볼, 원통 롤러, 리브, 웨브, 바퀴의 암, 기어의 이 등의 부품은 절단하여 표시하지 않는다.

정답 01 ④ 02 ② 03 ① 04 ②

05

나사의 감김 방향의 지시 방법 중 틀린 것은?

① 오른나사는 일반적으로 감김 방향을 지시하지 않는다.
② 왼나사는 나사의 호칭 방법에 약호 "LH"를 추가하여 표시한다.
③ 동일 부품에 오른나사와 왼나사가 있을 때는 왼나사에만 약호 "LH"를 추가한다.
④ 오른나사는 필요하면 나사의 호칭 방법에 약호 "RH"를 추가하여 표시할 수 있다.

해설및용어설명 | 나사산의 감김 방향의 지시
- 오른나사는 일반적으로 특기할 필요가 없다. 왼나사는 나사의 호칭 방법에 약호 LH를 추가하여 표시한다.
- 동일 부품에 오른나사와 왼나사가 있을 때는 각각 쌍방에 표시한다.
- 오른나사는 필요하면 나사의 호칭 방법에 약호 RH를 추가하여 표시한다.

06

그림과 같은 도면의 해독으로 잘못된 것은?

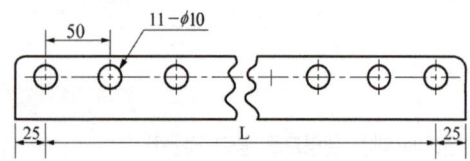

① 구멍사이의 피치는 50mm
② 구멍의 지름은 10mm
③ 전체 길이는 600mm
④ 구멍의 수는 11개

해설및용어설명 | "11 - φ10" : φ10인 구멍 11개
전체길이는 (50×10) + 50 = 550mm
※ 구멍이 11개이므로 원에서 원까지의 거리 50mm×10 + 첫 번째 원과 마지막 원의 중심에서 각 끝선까지의 거리(25×2)

07

그림과 같이 제3각법으로 정투상한 도면에 적합한 입체도는?

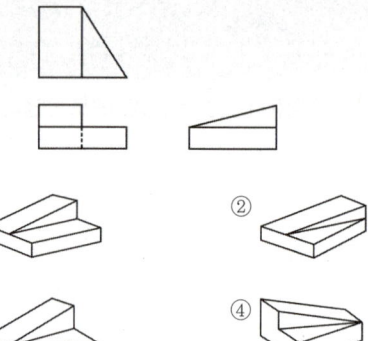

해설및용어설명 |
- 정면도 : ①, ②
- 평면도 : ②, ④
- 우측면도 : ②, ③

08

동일 장소에서 선이 겹칠 경우 나타내야 할 선의 우선순위를 옳게 나타낸 것은?

① 외형선 > 중심선 > 숨은선 > 치수보조선
② 외형선 > 치수보조선 > 중심선 > 숨은선
③ 외형선 > 숨은선 > 중심선 > 치수보조선
④ 외형선 > 중심선 > 치수보조선 > 숨은선

해설및용어설명 | 선의 우선순위
외형선 - 숨은선 - 절단선 - 중심선 - 무게 중심선 - 치수선 - 치수보조선

09

일반적인 판금 전개도의 전개법이 아닌 것은?

① 다각전개법 ② 평행선법
③ 방사선법   ④ 삼각형법

해설및용어설명 | 전개도법 종류
- 평행선 전개도
- 방사선 전개도
- 삼각형 전개도
- 타출 전개법

10

다음 냉동 장치의 배관 도면에서 팽창 밸브는?

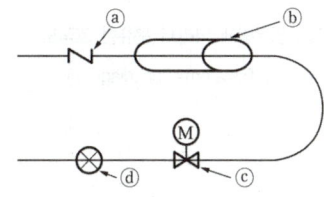

① ⓐ   ② ⓑ
③ ⓒ   ④ ⓓ

11

다음 중 치수 보조기호로 사용되지 않는 것은?

① π   ② Sϕ
③ R   ④ □

해설및용어설명 | 치수보조기호

기호 이름	기호	기호 이름	기호
지름	ϕ	판의 두께	t
반지름	R	45° 모따기	C
구의 지름	Sϕ	참고치수	( )
구의 반지름	SR	이론적으로 정확한 치수	10
정사각형의 변	□	깊이	▼
카운터 보어	⊔	카운터 싱크	∨

12

3각법으로 그린 투상도 중 잘못된 투상이 있는 것은?

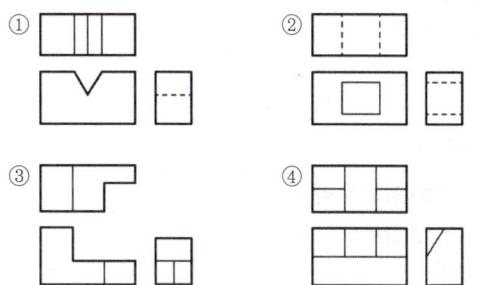

13

30% Zn을 포함한 황동으로 연신율이 비교적 크고, 인장강도가 매우 높아 판, 막대, 관, 선 등으로 널리 사용되는 것은?

① 톰백(Tombac)
② 네이벌 황동(Naval Brass)
③ 6-4 황동(Muntz Metal)
④ 7-3 황동(Cartridge Brass)

해설및용어설명 |
- 톰백 : Cu에 Zn이 5~20% 정도 함유된 황동이다.
- 네이벌 황동 : 6-4 주석황동. Cu 62%, Zn 37%, Sn 1%, 인장강도 35~45kg/mm², 연신율 50~30%, Sn의 함유로 내식성과 강도가 증가하고 기어, 플랜지, 볼트, 축 등에 사용한다.
- 6-4 황동 : 60% Cu-40% Zn 합금으로 상온 중 7-3 황동에 비하여 전연성이 인장강도가 커 판재, 선재, 볼트, 열교환기, 파이프, 밸브, 탄피 등에 많이 사용한다.
- 7-3 황동 : 70% Cu-30% Zn 합금으로 가공용 황동의 대표로 연신율이 크고 인장 강도가 매우 높아 판, 막대, 관, 선 등으로 널리 사용한다.

14

다음 중 열간압연 강판 및 강대에 해당하는 재료 기호는?

① SPCC ② SPHC
③ STS   ④ SPB

해설및용어설명 |

- SPCC : 냉간압연 강판 및 강대
- SPHC : 열간압연 강판 및 강대
- STS : 합금공구강
- SPB : 주석 도금 강판

15

다음 상태도에서 액상선을 나타내는 것은?

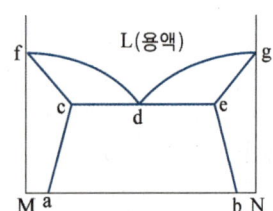

① acf ② cde
③ fdg ④ beg

해설및용어설명 |

- 고상선 : 합금의 상태도 중 모든 배합 합금의 응고 완료 온도를 이은 선(fcde)
- 액상선 : 액상에서 고상으로 응고되기 시작하는 선(fdg)

16

철강 인장시험결과 시험편이 파괴되기 직전 표점거리 62mm, 원표점거리 50mm일 때 연신율은?

① 12% ② 24%
③ 31% ④ 36%

해설및용어설명 |

$$연신율 = \frac{파괴되기\ 직전\ 표점거리 - 원표점거리}{원표점거리} \times 100$$

$$= \frac{62-50}{50} \times 100 = 24\%$$

17

주철의 조직은 C와 Si의 양과 냉각속도에 의해 좌우된다. 이들의 요소와 조직의 관계를 나타내는 것은?

① C.C.T 곡선   ② 탄소 당량도
③ 주철의 상태도 ④ 마우러 조직도

해설및용어설명 | 마우러 조직도

주철의 조직을 탄소와 규소의 함유량에 따라서 분류한 조직도

- C.C.T 곡선(Continuous Cooling Transformation diagram)

18

Al - Cu - Si계 합금의 명칭으로 옳은 것은?

① 알민   ② 라우탈
③ 알드리   ④ 코르손 합금

해설및용어설명 |

- 알민 : Al + Mn (1 ~ 1.5%)
- 라우탈 : Al - Cu - Si 합금, 주조성 개선, 피삭성 우수
- 알드리 : Al - Mg - Si계 합금, 담금질 후 상온 가공에 의해 기계적 성질 개선, 용접성, 내식성, 인성, 전기 전도율 우수
- 코르손 합금 : Ni 3 ~ 4%, Si 0.8 ~ 1.0%의 Cu 합금으로 도전성이 크고 고력 통신선, 장경간 송전선, 고력 트롤리선에 사용됨

19

다음 중 재결정온도가 가장 낮은 것은?

① Sn   ② Mg
③ Cu   ④ Ni

해설및용어설명 | 각 금속의 재결정온도

- Al : 150 ~ 240℃
- Cu : 220 ~ 230℃
- Ni : 530 ~ 600℃
- Zn : 7 ~ 75℃
- Fe : 350 ~ 450℃
- Sn : 0℃
- Mg : 150℃
- W : 1,200℃

20

다음 중 해드필드(Hadfield)강에 대한 설명으로 틀린 것은?

① 오스테나이트조직의 Mn강이다.
② 성분은 10 ~ 14 Mn%, 0.9 ~ 1.3 C% 정도이다.
③ 이 강은 고온에서 취성이 생기므로 600 ~ 800℃에서 공랭한다.
④ 내마멸성과 내충격성이 우수하고, 인성이 우수하기 때문에 파쇄장치, 임펠러 플레이트 등에 사용된다.

해설및용어설명 | 고망가니즈강(해드필드강)

- 망가니즈 함유량 10 ~ 14%
- 내마멸성과 내충격성이 우수
- 조직 : 오스테나이트
- 인성이 우수하여 각종 광산 기계의 파쇄 장치, 임펠러 플레이트 등이나 기차 레일, 굴착기 등의 재료로 사용
- 해드필드강은 고온에서 취성이 생기므로 수인법을 이용하여 개선된다.

※ 수인법 : 1,100도에서 수중담금질을 하여 강인성을 부여하는 방법

21

Fe - C 상태도에서 A_3와 A_4변태점 사이에서의 결정구조는?

① 체심정방격자   ② 체심입방격자
③ 조밀육방격자   ④ 면심입방격자

해설및용어설명 | 동소변태

- A_1 ~ A_3 : 체심입방격자(BCC)
- A_3 ~ A_4 : 면심입방격자(FCC)
- A_4 ~ : 체심입방격자(BCC)

22

열팽창계수가 다른 두 종류의 판을 붙여서 하나의 판으로 만든 것으로 온도 변화에 따라 휘거나 그 변형을 구속하는 힘을 발생하며 온도감응소자 등에 이용되는 것은?

① 서멧 재료   ② 바이메탈 재료
③ 형상기억합금   ④ 수소저장합금

해설및용어설명 | 바이메탈 재료

열에 의하여 팽창하는 정도가 다른 두 종류의 얇은 금속판을 맞붙여 놓은 것으로 온도가 높아지면 팽창이 덜 되는 쪽으로 휘게 된다. 바이메탈의 재료로는 팽창이 작은 쪽에는 니켈과 철의 합금, 팽창이 큰 쪽에는 구리와 아연의 합금 등이 사용된다.

23

나사의 종류에 따라 표시기호가 옳은 것은?

① M – 미터 사다리꼴 나사
② UNC – 미니추어 나사
③ Rc – 관용 테이퍼 암나사
④ G – 전구 나사

해설및용어설명

- M : 미터 보통나사
- UNC : 유니파이 보통나사
- Rc : 관용 테이퍼 암나사
- G : 관용 평행 나사

24

배관용 탄소 강관의 종류를 나타내는 기호가 아닌 것은?

① SPPS 380
② SPPH 380
③ SPCD 390
④ SPLT 390

해설및용어설명

- SPPS 380 : 압력배관용 탄소 강관
- SPPH 380 : 고압배관용 탄소 강관
- SPCD 390 : 냉간압연 강판 및 강대
- SPLT 390 : 저온 배관용 강관

25

그림과 같은 용접 기호는 무슨 용접을 나타내는가?

① 심 용접
② 비드 용접
③ 필릿 용접
④ 점 용접

해설및용어설명 | 보기와 같은 기호는 필릿 용접을 나타내는 기호이다.

26

기계제도에서 가는 2점 쇄선을 사용하는 것은?

① 중심선
② 지시선
③ 피치선
④ 가상선

해설및용어설명 | 선의 종류

선의 종류	용도 명칭	선의 용도
굵은 실선	외형선	대상물의 보이는 부분의 겉모양을 표시한 선
가는 실선	치수선	치수를 기입하기 위한 선
	치수 보조선	치수를 기입하기 위해 도형으로부터 끌어 낸 선
	지시선	지시, 기호를 표시하기 위해 끌어낸 선
	회전 단면선	도형 내에 절단면을 90° 회전하여 표시한 선
	중심선	도형의 중심을 나타내는 선
숨은선	가는파선 굵은파선	대상물의 보이지 않는 부분의 모양을 표시하는 데 쓰인다.
가는 1점 쇄선	중심선	도형의 중심을 나타내는 선
	기준선	위치 결정의 근거를 명시할 때 사용하는 선
	피치선	반복 도형의 피치를 잡는 기준이 되는 선
굵은 1점 쇄선	특수 지정선	특수한 가공을 하는 부분 등 특별한 요구사항을 적용할 수 있는 범위를 표시하는 데 사용
가는 2점 쇄선	가상선	인접부분을 참고로 표시하는 데 사용
	무게 중심선	단면의 무게 중심을 연결한 선을 표시하는 데 사용
불규칙한 파형의 가는 실선 또는 지그재그선	파단선	대상물의 일부를 파단한 경계 또는 일부를 떼어낸 경계를 표시하는 데 사용
가는 1점 쇄선으로 끝부분 및 방향이 변하는 부분을 굵게 한 것	절단선	단면도를 그리는 경우, 그 절단 위치를 대응하는 그림에 표시하는 데 사용
가는 실선	특수한 용도의 선	외형선 및 숨은선의 연장을 표시하는 데 사용
아주 굵은 실선		얇은 부분의 단선 도시를 명시하는 데 사용
가는 실선을 규칙적으로 줄 늘어 놓은 것	해칭	도형의 한정된 특정 부분을 다른 부분과 구별하는 데 사용

27

기계제도에서 도형의 생략에 관한 설명으로 틀린 것은?

① 도형이 대칭 형식인 경우에는 대칭 중심선의 한쪽 도형만을 그리고, 그 대칭 중심선의 양끝 부분에 대칭그림 기호를 그려서 대칭임을 나타낸다.
② 대칭 중심선의 한쪽 도형을 대칭 중심선을 조금 넘는 부분까지 그려서 나타낼 수도 있으며, 이때 중심선 양 끝에 대칭그림 기호를 반드시 나타내야 한다.
③ 같은 종류, 같은 모양의 것이 다수 줄지어 있는 경우에는 실형 대신 그림기호를 피치선과 중심선과의 교점에 기입하여 나타낼 수 있다.
④ 축, 막대, 관과 같은 동일 단면형의 부분은 지면을 생략하기 위하여 중간 부분을 파단선으로 잘라내서 그 긴요한 부분만을 가까이 하여 도시할 수 있다.

해설및용어설명 | 도형의 생략
- 도형의 모양이 대칭 형식의 경우에는 다음 중 어느 한 가지 방법에 따라 대칭 중심선의 한쪽을 생략할 수 있다.
  - 대칭 중심선의 한쪽 도형만을 그리고 그 대칭 중심선의 양끝 부분에 짧은 두 개의 나란한 가는 선을 그린다.
  - 대칭 중심선의 한쪽의 도형을 대칭 중심선을 조금 넘은 부분까지 그린다. 이때에는 생략할 수 있다.
- 같은 종류 또는 같은 모양의 것이 여러 개 규칙적으로 있는 경우에는 다음에 따라 도형을 생략할 수 있다.
- 축, 봉, 관, 형강, 테이퍼축 등과 같이 일정한 단면 모양의 부분 또는 테이퍼 부분이 긴 경우에는 그의 중간 부분을 절단하여 짧게 도시할 수 있다.

28

모따기의 치수가 2mm이고 각도가 45°일 때 올바른 치수 기입 방법은?

① C2
② 2C
③ 2-45°
④ 45°×2

해설및용어설명 | "C2"의 해석
- 45° 모따기 치수 2mm(= 2×45°)

29

도형의 도시 방법에 관한 설명으로 틀린 것은?

① 소성가공 때문에 부품의 초기 윤곽선을 도시해야 할 필요가 있을 때는 가는 2점 쇄선으로 도시한다.
② 필릿이나 둥근 모퉁이와 같은 가상의 교차선은 윤곽선과 서로 만나지 않은 가는 실선으로 투상도에 도시할 수 있다.
③ 널링부는 굵은 실선으로 전체 또는 부분적으로 도시한다.
④ 투명한 재료로 된 모든 물체는 기본적으로 투명한 것처럼 도시한다.

해설및용어설명 | 투명한 대상물의 외형은 실선으로 나타낸다.

30

그림과 같은 제3각 정투상도에 가장 적합한 입체도는?

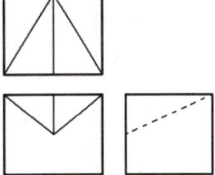

 ①
 ②

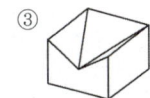 ③
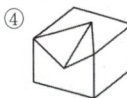 ④

해설및용어설명 |
- 정면도 : ①, ④
- 평면도 : ①
- 우측면도 : ①, ③

따라서, 정답은 ①번이다.

31

제3각법으로 정투상한 그림에서 누락된 정면도로 가장 적합한 것은?

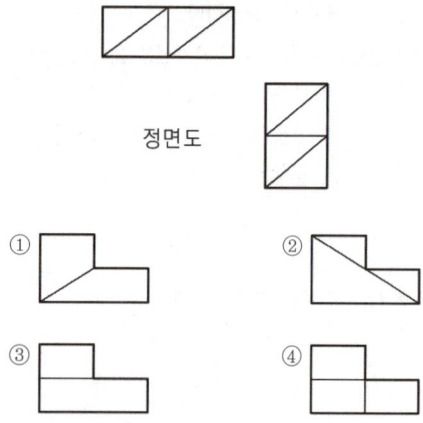

해설및용어설명 | 평면도와 우측면도를 보아 정면도를 유추해보면, 오른쪽으로 빗면이 있고 보이는 형상이 사각형이 아니라 삼각형 2개인 것을 알 수 있다. 빗변의 방향을 맞춰보면 답은 ②번이다.

32

다음 중 게이트 밸브를 나타내는 기호는?

① 　②
③ 　④ ⋈

해설및용어설명 | 밸브 도시 기호

밸브·콕의 종류	그림 기호	밸브·콕의 종류	그림 기호
밸브 일반	⋈	앵글 밸브	
게이트 밸브	⋈	3방향 밸브	
글로브 밸브	⋈•	안전 밸브	
체크 밸브	▶⋈ 또는		
볼 밸브	⊗		
버터플라이 밸브	⋈ 또는 •⋈	콕 일반	⋈

33

인장시험편의 단면적이 $50mm^2$이고 최대 하중이 $500kg_f$일 때 인장강도는 얼마인가?

① $10kg_f/mm^2$
② $50kg_f/mm^2$
③ $100kg_f/mm^2$
④ $250kg_f/mm^2$

해설및용어설명 | 인장강도 $= \dfrac{\text{인장하중}}{\text{단면적}} = \dfrac{500kg_f}{50mm^2} = 10kg_f/mm^2$

34

4% Cu, 2% Ni, 1.5% Mg 등을 알루미늄에 첨가한 Al 합금으로 고온에서 기계적 성질이 매우 우수하고, 금형 주물 및 단조용으로 이용될 뿐만 아니라 자동차 피스톤용에 많이 사용되는 합금은?

① Y 합금　② 슈퍼인바
③ 코르손 합금　④ 두랄루민

해설및용어설명 |
- Y 합금 : Al - Cu - Ni - Mg계 합금, 시효 경화성이 있어서 모래형 또는 금형 및 단조용으로 사용, 내열성 우수 → 자동차, 항공기용 엔진의 공랭 실린더 헤드와 피스톤 등에 많이 사용
- 슈퍼인바 : Ni 29 ~ 40%, Co 15% 나머지는 Fe인 합금, 20℃의 팽창계수 0에 가깝다.
- 코르손 합금 : Ni 3 ~ 4%, Si 0. 8 ~ 1.0%의 Cu 합금으로 도전성이 크고 고력 통신선, 장경간 송전선, 고력 트롤리선에 사용된다.
- 두랄루민 : Al - Cu - Mg - Mn 합금, 고강도 알루미늄합금으로 항공기, 자동차 바디재료로 사용

정답 31 ② 32 ① 33 ① 34 ①

35

Al - Si계 합금을 개량처리하기 위해 사용되는 접종처리제가 아닌 것은?

① 금속나트륨 ② 염화나트륨
③ 불화알칼리 ④ 수산화나트륨

해설및용어설명 | 접종처리제 종류
- 금속나트륨
- 불화알칼리
- 수산화나트륨

36

그림과 같은 결정격자는?

 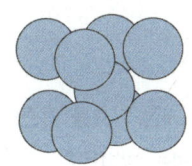

① 면심입방격자 ② 조밀육방격자
③ 저심면방격자 ④ 체심입방격자

해설및용어설명 | 결정격자의 종류
- 체심입방격자(BCC) : 입방체의 각 꼭짓점과 중심에 입자가 위치하는 구조
- 면심입방격자(FCC) : 입방체의 각 꼭짓점과 각 면의 중심에 입자가 위치하는 구조
- 조밀육방격자(HCP) : 정육각형의 각 꼭짓점과 그 면의 중심에 입자가 있는 층이 있고, 그 층의 중심 입자 위에 삼각형의 꼭짓점에 입자를 가진 면을 놓고 다시 정육각형의 층을 그 위에 포개어 놓은 밀집 구조

37

Mg의 비중과 용융점(℃)은 약 얼마인가?

① 0.8, 350℃ ② 1.2, 550℃
③ 1.74, 650℃ ④ 2.7, 780℃

해설및용어설명 | 마그네슘의 특징
- 비중 1.74, 용융점은 650℃로 알루미늄에 비하여 약 35% 가볍고, 마그네슘 합금은 실용하는 합금 중에서 가장 가볍다.
- 비강도가 알루미늄 합금보다 우수하다.
- 내산성이 극히 나쁘지만 내알칼리성이 강하다.
- 바닷물에 매우 약하다.
- 내식성이 나쁘다.

38

다음 중 Fe - C 평형상태도에서 가장 낮은 온도에서 일어나는 반응은?

① 공석반응 ② 공정반응
③ 포석반응 ④ 포정반응

해설및용어설명 | Fe - C 형 평형상태도 반응
- 공석점 : 0.8% C, 723℃($\gamma \Leftrightarrow \alpha + Fe_3C$)
- 공정점 : 4.3% C, 1,148℃($L \Leftrightarrow \gamma + Fe_3C$)
- 포정점 : 0.18% C, 1,405℃($L + \delta \Leftrightarrow \gamma$)

39

금속의 공통적 특성으로 틀린 것은?

① 열과 전기의 양도체이다.
② 금속 고유의 광택을 갖는다.
③ 이온화하면 음(-)이온이 된다.
④ 소성변형성이 있어 가공하기 쉽다.

해설및용어설명 | 금속의 특징
- 상온에서 고체상태로 존재(수은(Hg) 제외)
- 특유의 광택을 띠며, 열과 전기를 잘 전달하는 도체
- 연성과 전성이 우수
- 다른 물질보다 비중이 크다.
- 이온화하면 양(+)이온이 된다.

40

담금질한 강을 뜨임 열처리하는 이유는?

① 강도를 증가시키기 위하여
② 경도를 증가시키기 위하여
③ 취성을 증가시키기 위하여
④ 연성을 증가시키기 위하여

해설및용어설명 | 강을 담금질하면 경도는 증가하나 취성도 증가하여 깨지기 쉬우므로 뜨임 열처리를 통해 인성 및 연성을 증가시켜 메짐(취성)을 방지한다.

41

탄소강 단강품의 재료 표시기호 "SF 490A"에서 "490"이 나타내는 것은?

① 최저 인장강도　　② 강재 종류 번호
③ 최대 항복강도　　④ 강재 분류 번호

해설및용어설명 | 490은 재료의 최저 인장강도(N/mm²)를 나타낸다.

42

다음 중 호의 길이 치수를 나타내는 것은?

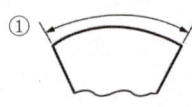 
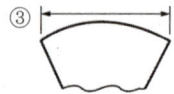 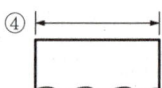

해설및용어설명 |
② 호의 치수
① 각도 치수
③ 현의 치수
④ 변의 치수

43

그림과 같이 기점 기호를 기준으로 하여 연속된 치수선으로 치수를 기입하는 방법은?

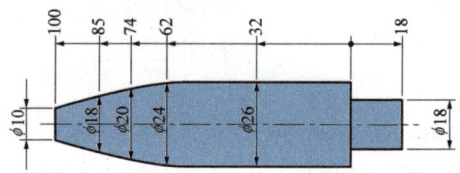

① 직렬 치수 기입법　　② 병렬 치수 기입법
③ 좌표 치수 기입법　　④ 누진 치수 기입법

해설및용어설명 | 치수 기입법
- 직렬 치수 기입법 : 한 지점에서 그 다음 지점까지의 치수를 각각 기입한 것

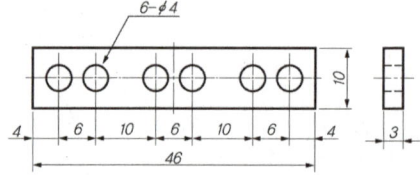

- 좌표 치수 기입법 : 위치를 나타내는 치수를 좌표에 따라 기입한 것

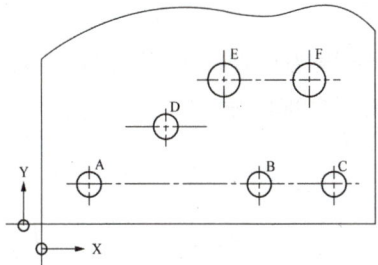

- 병렬 치수 기입법 : 기준면에서부터 각각의 지점까지의 치수를 기입한 것

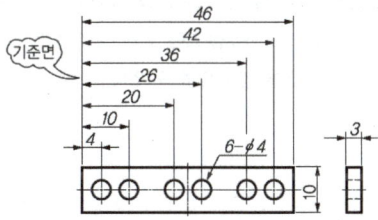

- 누진 치수 기입법 : 치수의 기준점에 기점기호를 기입하고 한 개의 연속된 누진 치수로 기입한 것

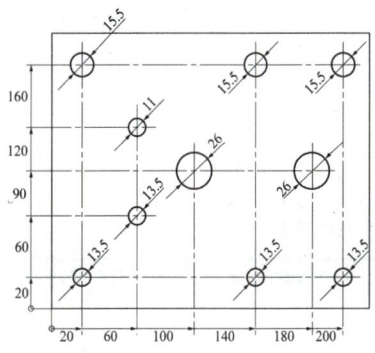

44

아주 굵은 실선의 용도로 가장 적합한 것은?

① 특수 가공하는 부분의 범위를 나타내는 데 사용
② 얇은 부분의 단면도시를 명시하는 데 사용
③ 도시된 단면의 앞쪽을 표현하는 데 사용
④ 이동한계의 위치를 표시하는 데 사용

해설및용어설명 |

선의 종류	용도 명칭	선의 용도
굵은 실선	외형선	대상물의 보이는 부분의 겉모양을 표시한 선
가는 실선	치수선	치수를 기입하기 위한 선
	치수 보조선	치수를 기입하기 위해 도형으로부터 끌어낸 선
	지시선	지시, 기호를 표시하기 위해 끌어낸 선
	회전 단면선	도형 내에 절단면을 90° 회전하여 표시한 선
	중심선	도형의 중심을 나타내는 선
숨은선	가는 파선 굵은 파선	대상물의 보이지 않는 부분의 모양을 표시하는 데 사용
가는 1점 쇄선	중심선	도형의 중심을 나타내는 선
	기준선	위치 결정의 근거를 명시할 때 사용하는 선
	피치선	반복 도형의 피치를 잡는 기준이 되는 선
굵은 1점 쇄선	특수 지정선	특수한 가공을 하는 부분 등 특별한 요구사항을 적용할 수 있는 범위를 표시하는 데 사용
굵은 2점 쇄선	가상선	인접부분을 참고로 표시하는 데 사용
	무게 중심선	단면의 무게 중심을 연결한 선을 표시하는 데 사용
불규칙한 파형의 가는 실선 또는 지그재그선	파단선	대상물의 일부를 파단한 경계 또는 일부를 떼어낸 경계를 표시하는 데 사용
가는 1점 쇄선으로 끝부분 및 방향이 변하는 부분을 굵게 한 것	절단선	단면도를 그리는 경우, 그 절단 위치를 대응하는 그림에 표시하는 데 사용
가는 실선	특수한 용도의 선	외형선 및 숨은선의 연장을 표시하는 데 사용
아주 굵은 실선		얇은 부분의 단선 도시를 명시하는 데 사용
가는 실선을 규칙적으로 줄을 늘어 놓은 것	해칭	도형의 한정된 특정 부분을 다른 부분과 구별하는 데 사용

45

나사의 표시방법에 대한 설명으로 옳은 것은?

① 수나사의 골지름은 가는 실선으로 표시한다.
② 수나사의 바깥지름은 가는 실선으로 표시한다.
③ 암나사의 골지름은 아주 굵은 실선으로 표시한다.
④ 완전 나사부와 불완전 나사부의 경계선은 가는 실선으로 표시한다.

해설및용어설명 | 나사의 표지방법
- 수나사의 바깥지름과 암나사의 안지름은 굵은 실선으로 그린다.
- 수나사의 골지름과 암나사의 골지름은 가는 실선으로 그린다.
- 완전 나사부와 불완전 나사부의 경계선은 굵은 실선으로 그린다.
- 불완전 나사부의 끝 밑선은 축선에 대하여 30°의 가는 실선으로 그린다.
- 가려서 보이지 않는 나사부는 파선으로 그린다.
- 수나사와 암나사의 측면도시에서의 골지름은 가는 실선으로 그린다.

46

다음 입체도의 화살표 방향을 정면으로 한다면 좌측면도로 적합한 투상도는?

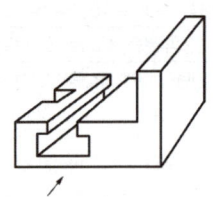

① 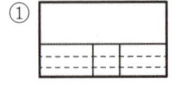   ②

③ 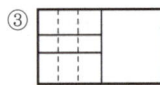   ④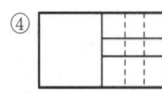

해설및용어설명 | 화살표 방향을 정면으로 한다면 좌측에서 봤을 때, ①, ②번과 같이 윗면, 아랫면으로 나뉘면서 위는 평면, 아랫면은 3등분 되는 형상이 된다. 즉, 정답은 ①번이다.

47

판을 접어서 만든 물체를 펼친 모양으로 표시할 필요가 있는 경우 그리는 도면을 무엇이라 하는가?

① 투상도   ② 개략도
③ 입체도   ④ 전개도

해설및용어설명 | 전개도
입체의 표면을 하나의 평면 위에 펼쳐 놓은 그림으로 상자나 원통, 원뿔, 각뿔 등의 입체를 만들 때 평면에 전개도를 그린 후 전개된 그림을 접는 부위에 맞게 접으면 원하는 형상을 쉽게 얻을 수 있다.

48

배관도서기호에서 유량계를 나타내는 기호는?

① 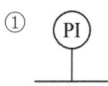   ②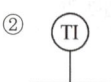

③ 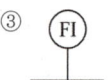   ④

해설및용어설명 | 배관 도시 기호

온도지시계	압력지시계	유량지시계
TI	PI	FI

49

용접 보조기호 중 "제거 가능한 이면 관계사용" 기호는?

① MR   ② ──

③ ⌣⌣   ④ M

해설및용어설명 |

영구적인 덮개 판 사용	제거 가능한 덮개 판을 사용

50

그림과 같은 입체도의 정면도로 적합한 것은?

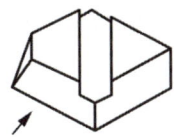

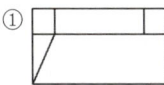 ① 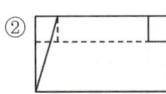 ②

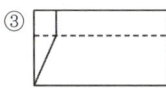 ③ 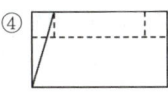 ④

해설및용어설명 | 화살표 방향을 정면으로 봤을 때 정면도는 왼쪽이 역삼각형 모양이고, 가운데 대각선으로 뚫린 부분을 점선으로 표시해주어야 하고, 오른쪽은 사각형 모양으로 보이므로 외형선으로 나타낸다. 따라서 답은 ②번이다.

51

재료 기호 중 SPHC의 명칭은?

① 배관용 탄소 강관
② 열간 압연 연강판 및 강대
③ 용접구조용 압연 강재
④ 냉간 압연 강판 및 강대

해설및용어설명 |
- SPHC : 열간 압연 연강판 및 강대
- SPCC : 냉간 압연 강판 및 강대

52

기계제도에서 사용하는 척도에 대한 설명으로 틀린 것은?

① 척도의 표시방법에는 현척, 배척, 축척이 있다.
② 도면에 사용한 척도는 일반적으로 표제란에 기입한다.
③ 한 장의 도면에 서로 다른 척도를 사용할 필요가 있는 경우에는 해당되는 척도를 모두 표제란에 기입한다.
④ 척도는 대상물과 도면의 크기로 정해진다.

해설및용어설명 | 한 장의 도면에 서로 다른 척도를 사용할 때에는 주요 척도를 표제란에 기입하고, 그 외의 척도를 부품번호 근처나 표제란의 척도란에 괄호를 사용하여 기입한다.
- 전체 그림을 정해진 척도로 그리지 못할 때에는 표제란의 척도란에 '비례척이 아님' 또는 'NS(Not to Scale)'로 표시한다.

53

다음 중 도면의 일반적인 구비조건으로 관계가 가장 먼 것은?

① 대상물의 크기, 모양, 자세, 위치의 정보가 있어야 한다.
② 대상물을 명확하고 이해하기 쉬운 방법으로 표현해야 한다.
③ 도면의 보존, 검색 이용이 확실히 되도록 내용과 양식을 구비해야 한다.
④ 무역과 기술의 국제 교류가 활발하므로 대상물의 특징을 알 수 없도록 보안성을 유지해야 한다.

해설및용어설명 | 다른 나라에서도 규격을 보고 알 수 있도록 국제규격(ISO)에 따라 도면을 작성하여 대상물의 특징을 잘 알 수 있도록 한다.

54

보기 입체도를 제3각법으로 올바르게 투상한 것은?

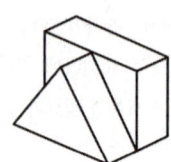

① ② ③ ④

해설및용어설명 | 위에서 보았을 때, 사각형을 삼등분한 모양으로 보이고, 우측에서 보았을 때, 사각형을 세로로 이등분한 모양으로 보인다. 즉, 정답은 ④번이다.

55

배관도에서 유체의 종류와 문자 기호를 나타내는 것 중 틀린 것은?

① 공기 : A
② 연료 가스 : G
③ 증기 : W
④ 연료유 또는 냉동기유 : O

해설및용어설명 | 배관 도면 도시 기호

공기	가스	유류	증기
A	G	O	S

56

리벳의 호칭 표기법을 순서대로 나열한 것은?

① 규격번호, 종류, 호칭지름×길이, 재료
② 종류, 호칭지름×길이, 규격번호, 재료
③ 규격번호, 종류, 재료, 호칭지름×길이
④ 규격번호, 호칭지름×길이, 종료, 재료

해설및용어설명 | 리벳의 표시

• 규격번호/종류/호칭지름×길이/재료

　예) KS B 1102 둥근머리 리벳 16×40 SV 330

※ SV 330에서 330은 최저 인장강도를 뜻한다.

57

다음 중 일반적으로 긴 쪽 방향으로 절단하여 도시할 수 있는 것은?

① 리브
② 기어의 이
③ 바퀴의 암
④ 하우징

해설및용어설명 | 단면으로 표시하지 않는 부품

절단해서 표시하면 이해를 방해하는 것 또는 절단하여도 의미가 없는 것은 원칙적으로 긴 쪽 방향으로 절단하지 않는다.

• 리브, 바퀴의 암, 기어의 이
• 축, 핀, 볼트, 너트, 와셔, 작은 나사, 리벳 키, 강구, 원통 롤러

58

단면의 무게 중심을 연결한 선을 표시하는 데 사용하는 선의 종류는?

① 가는 1점 쇄선 ② 가는 2점 쇄선
③ 가는 실선   ④ 굵은 파선

해설 및 용어설명 |

선의 종류	용도 명칭	선의 용도
굵은 실선	외형선	대상물의 보이는 부분의 겉모양을 표시한 선
가는 실선	치수선	치수를 기입하기 위한 선
	치수 보조선	치수를 기입하기 위해 도형으로부터 끌어낸 선
	지시선	지시, 기호를 표시하기 위해 끌어낸 선
	회전 단면선	도형 내에 절단면을 90° 회전하여 표시한 선
	중심선	도형의 중심을 나타내는 선
숨은선	가는 파선	대상물의 보이지 않는 부분의 모양을 표시하는 데 사용
	굵은 파선	
가는 1점 쇄선	중심선	도형의 중심을 나타내는 선
	기준선	위치 결정의 근거를 명시할 때 사용하는 선
	피치선	반복 도형의 피치를 잡는 기준이 되는 선
굵은 1점 쇄선	특수 지정선	특수한 가공을 하는 부분 등 특별한 요구사항을 적용할 수 있는 범위를 표시하는 데 사용
가는 2점 쇄선	가상선	인접부분을 참고로 표시하는 데 사용
	무게 중심선	단면의 무게 중심을 연결한 선을 표시하는 데 사용
불규칙한 파형의 가는 실선 또는 지그재그선	파단선	대상물의 일부를 파단한 경계 또는 일부를 떼어낸 경계를 표시하는 데 사용
가는 1점 쇄선으로 끝부분 및 방향이 변하는 부분을 굵게 한 것	절단선	단면도를 그리는 경우, 그 절단 위치를 대응하는 그림에 표시하는 데 사용
가는 실선	특수한 용도의 선	외형선 및 숨은선의 연장을 표시하는 데 사용
아주 굵은 실선		얇은 부분의 단선 도시를 명시하는 데 사용
가는 실선을 규칙적으로 줄을 늘어 놓은 것	해칭	도형의 한정된 특정 부분을 다른 부분과 구별하는 데 사용

59

다음 용접 보조기호에 현장용접 기호는?

①   ②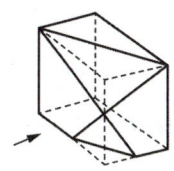
③ ○ ④ —

해설 및 용어설명 | ① 이면용접, ② 현장용접, ③ 점용접

60

보기 입체도의 화살표 방향 투상 도면으로 가장 적합한 것은?

① 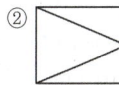 ②

③ 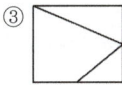 ④

해설 및 용어설명 | 화살표 방향을 정면으로 보면 ③번과 같은 형상이 나온다.

CBT 복원문제 2023 * 1

*2016년 5회부터 CBT(컴퓨터 기반 시험)방식으로 변경되어 문제가 공개되지 않아 복원된 문제가 일부 상이할 수 있습니다.

01

Ni - Fe계 합금은 강하고 인성이 좋으며 열팽창계수가 상온부근에서 매우 작아 길이의 변화가 거의 없어 표준자나 바이메탈의 재료로 사용되는 것은?

① 콘스탄탄
② 모넬메탈
③ 크로멜
④ 인바

해설및용어설명 |

- 콘스탄탄(Constantan) : Ni 40 ~ 45%를 함유한 합금으로 전기저항선이나 열전쌍의 재료로 많이 사용된다.
- 모넬메탈(Monel Metal) : Ni 50 ~ 75%를 함유한 합금으로 내열성, 내식성이 우수하여 열기관 부품이나 화학, 기계부품 등의 재료로 널리 사용된다.
- 인바 : 탄소 0.2% 이하, 니켈 35 ~ 36%, 망가니즈 0.4% 정도의 조성, 200℃ 이하의 온도에서 열팽창 계수가 현저하게 작다.
- 크로멜 : 열전대를 이용한 온도계의 일종으로 89% Ni - 9.8% Cr - 1% Fe - 0.2% Mn 합금

02

다음 중 금속의 물리적 성질에 해당되지 않는 것은?

① 비중
② 비열
③ 열전도율
④ 피로한도

해설및용어설명 |

- 금속재료의 기계적 성질 : 강도, 경도, 인성, 취성, 피로한도, 크리프한도, 전연성 등
- 금속재료의 물리적 성질 : 비중, 비열, 용융점, 열전도율, 전기전도율, 선팽창계수 등

03

4% Cu, 2% Ni 및 1.5% Mg이 첨가된 알루미늄 합금으로 내연기관용 피스톤이나 실린더 헤드 등으로 사용되는 재료는?

① Lo-Ex 합금
② Y합금
③ 라우탈(Lautal)
④ 하이드로날륨(Hydronalium)

해설및용어설명 |

- Y합금 : Al - Cu - Ni - Mg계 합금, 시효 경화성이 있어서 모래형 또는 금형 및 단조용으로 사용, 내열성 우수 → 자동차, 항공기용 엔진의 공랭 실린더 헤드와 피스톤 등에 많이 사용
- 라우탈(Al - Cu계) : 기계적 성질 및 주조성이 뛰어나다. 분배관, 밸브, 기타 일반용
- 히드로날륨(Al - Mg계) : 내식성이 양호하여 화학공업, 선박용으로 사용
- 로엑스(Al - Si - Cu - Ni - Mg계) : 내열성이 양호하며 피스톤용으로 사용

04

다음 중 절삭성을 향상시킨 특수 황동은?

① 납 황동
② 철 황동
③ 규소 황동
④ 주석 황동

해설및용어설명 | 납 황동

황동에 0.6 ~ 4% 납(Pb)을 첨가하여 절삭성을 좋게 한 황동. 쾌삭 황동, 하드브래스(Hard Brass)라고도 한다. 시계용 기어 부품에 사용

정답 01 ④ 02 ④ 03 ② 04 ①

05

6-4 황동에 Sn을 1% 첨가한 것으로 판, 봉으로 가공되어 용접봉, 밸브 등에 사용되는 것은?

① 양백
② 델타 메탈
③ 네이벌 황동
④ 애드미럴티 황동

해설및용어설명 |

- 양백 : 15~21% Ni을 첨가한 황동, 색이 Ag와 비슷하여 장식용, 약기로 사용
- 델타 메탈 : 6-4 황동에 철 1~2%를 첨가하여 강도가 크고 내식성이 좋아 광산기계, 선반용 기계, 화학기계에 사용된다.
- 네이벌 황동 : 6-4 황동에 Sn을 첨가한 황동을 말하며, Sn이 함유되어 있기 때문에 강도가 커짐과 동시에 내식성이 커져서 함선의 축, 기어, 플랜지, 볼트 등에 쓰인다. 고온가공으로 봉이나 판재로도 쓰인다.
- 애드미럴티 황동 : Zn 약 30%, Sn 약 1%, Cu 나머지. 7-3 황동에 Sn 약 1% 첨가된 합금이다.

06

다음 금속에 대한 설명으로 틀린 것은?

① 수은(Hg)의 용융점은 약 −38.4℃ 정도이다.
② 텅스텐(W)의 용융점은 약 3,410℃이다.
③ 물보다 가벼운 리튬(Li)은 비중이 약 0.53이다.
④ 납(Pb)의 비중은 약 22.5이다.

해설및용어설명 |

- 수은 : 용융점이 −38.4℃로 상온에서 액체상태인 금속이다.
- 텅스텐 : 용융점이 3,400℃로 금속 원소 중 가장 높고, 고온에서도 인장강도가 크다.
- 리튬 : 비중이 0.53으로 물보다 가볍고 전기적 특성이 우수한 금속이다.
- 납 : 비중 11.34, 용융점 327℃로 무겁지만 가공이 용이하고 용융점이 낮아 합금이 쉽다.

07

다음 중 주철과 이에 따른 특징을 설명한 것으로 틀린 것은?

① 회주철은 보통주철이라고 하며, 펄라이트 바탕 조직에 검고 연한 흑연이 주철의 파단면에서 회색으로 보이는 주철이다.
② 미하나이트 주철은 저급주철이라고 하며, 흑연이 조대하고, 활모양으로 구부러져 고르게 분포한 주철이다.
③ 합금 주철은 합금강의 경우와 같이 주철에 특수원소를 첨가하여 내식성, 내마멸성, 내충격성 등을 좋게 한 주철이다.
④ 가단 주철은 백주철을 열처리로에 넣어 가열하여 탈탄 또는 흑연화 방법으로 제조한 주철이다.

해설및용어설명 | 미하나이트 주철

연성과 인성이 매우 크며 두께의 차에 의한 성질의 변화가 매우 적은, 인장 강도가 343~441MPa 정도인 고급주철

08

주강과 주철을 비교 설명한 것 중 틀린 것은?

① 주강은 주철에 비해 용접이 쉽다.
② 주강은 주철에 비해 용융점이 높다.
③ 주강은 주철에 비해 탄소량이 많다.
④ 주강은 주철에 비해 수축률이 크다.

해설및용어설명 | 주강(Cast Steel)

강주물에 사용한 탄소강이나 합금강. 주강은 모양이 크고 복잡하여 단조가공이 곤란하거나 주철 주물보다 강도가 큰 기계재료에 사용. 주철에 비해 용접이 쉽고 탄소량이 적다. 용융 온도가 높기 때문에 수축률 커서 주조하기가 어렵고 값이 고가이다.

정답 05 ③ 06 ④ 07 ② 08 ③

09

탄소강은 210~360℃ 부근에서 인장강도는 높아지나 연신율이 갑자기 감소하여 메짐(취성)을 가지게 되는 현상은?

① 저온 메짐
② 고온 메짐
③ 적열 메짐
④ 청열 메짐

해설및용어설명 | 메짐(취성)의 종류
- 청열취성 : 200~300℃에서 연강은 상온에서보다 연신율은 낮아지고 강도와 경도는 높아지는데, 동시에 취성을 가지는 현상
- 저온취성 : 온도가 낮아짐에 따라 강도가 급격히 증가하면서 인성이 저하하는 현상
- 고온취성(적열취성) : 적열상태에서 FeS가 존재할 때 가열로 인하여 용해되어 강의 결정 사이의 응집력을 파괴하여 취성이 발생하는 현상
- 뜨임취성 : 500~600℃ 사이에서 담금질 후 뜨임을 하면 충격값이 감소하는 현상

10

Al에 1~1.5%의 Mn을 합금한 내식성 알루미늄 합금으로 가공성, 용접성이 우수하여 저장 탱크, 기름 탱크 등에 사용되는 것은?

① 알민
② 알드리
③ 알클래드
④ 하이드로날륨

해설및용어설명 |
- 알민 : Al - Mn계, 가공성, 용접성이 우수하여 저장 탱크, 기름 탱크 등에 사용
- 알드리 : Al - Mg - Si계 담금질 후 상온가공으로 기계적 성질 개선. 용접성, 내식성, 인성 우수
- 알클래드 : 고강도 합금 판재인 두랄루민의 내식성을 향상시키기 위해 순Al 또는 알루미늄 합금을 피복한 재료
- 히드로날륨(Al - Mg계) : 내식성이 양호하여 화학공업, 선박용으로 사용

11

Cu에 5~20% 정도의 Zn을 함유한 황동으로 강도는 낮으나 전연성이 좋고 색깔이 금과 비슷하여 모조금 등으로 사용되는 합금은?

① 톰백(Tombac)
② 문쯔메탈(Muntz Metal)
③ 네이벌 황동(Naval Brass)
④ 알루미늄 황동(Aluminum Brass)

해설및용어설명 |
- 톰백(Tombac) : 5~20% Zn을 첨가한 황동(저아연 합금을 총칭). 전연성이 좋고 색깔이 금색에 가까워 모조금, 악기에 사용
- 문쯔메탈 : 6 - 4황동이라고 하며, 적열하면 단조할 수가 있어서, 가단 황동이라고도 한다.
- 네이벌 황동 : 6-4 황동에 Sn을 첨가한 황동을 말하며, Sn이 함유되어 있기 때문에 강도가 커짐과 동시에 내식성이 커져서 함선의 축, 기어, 플랜지, 볼트 등에 쓰인다. 고온가공으로 봉이나 판재로도 쓰인다.
- 알루미늄 황동 : 7-3황동에 2% 알루미늄(Al)을 첨가하여 강도, 경도를 증가시킨 황동

12

다음 중 초초두랄루민(ESD)의 조성으로 옳은 것은?

① Al-Si 계
② Al-Mn 계
③ Al-Cu-Si 계
④ Al-Zn-Mg 계

해설및용어설명 | 초강두랄루민(초초두랄루민, ESD)
- 표준조성 : 1.5% Cu, 5.5% Zn, 1% Mn, 1.5% Mg, 0.2% Cr(Al - Zn - Mn - Mg계)
- 인장 강도가 530MPa 이상으로 항공기의 구조용 재료로 사용
- 내식성이 낮고 응력부식균열을 일으켜 클래드 재료로 많이 쓰임

13

원표점거리가 50mm이고, 시험편이 파괴되기 직전의 표점거리가 60mm일 때 변형율은?

① 5% ② 10%
③ 15% ④ 20%

해설및용어설명 |

변형률 $\epsilon = \dfrac{\ell' - \ell}{\ell} = \dfrac{60 - 50}{50} = 0.2 = 20\%$

14

철강의 조직별 경도의 크기를 옳게 나열한 것은?

① 베이나이트<오스테나이트<페라이트<마텐자이트
② 페라이트<베이나이트<오스테나이트<마텐자이트
③ 오스테나이트<페라이트<베이나이트<마텐자이트
④ 페라이트<오스테나이트<베이나이트<마텐자이트

해설및용어설명 | 경도 비교

마텐자이트 > 트루스타이트 > 소르바이트 > 펄라이트 > 오스테나이트 > 페라이트

15

구리에 납(Pb)을 30 ~ 40% 첨가한 것으로 고속, 고하중용 베어링으로 적합하며 자동차, 항공기 등의 주베어링으로 쓰이는 것은?

① 켈밋 ② 화이트메탈
③ 문쯔메탈 ④ 인청동

해설및용어설명 |

켈밋(Kelmet)은 미끄럼 베어링 용도로 사용하는 합금으로 열전도율이 좋아 주로 고온·고하중을 받는 베어링에 사용한다. 주성분인 구리(Cu)에 납(Pb) 28 ~ 42%, 니켈(Ni) 또는 은(Ag) 2% 이하, 철(Fe) 0.80% 이하로 구성된다.

16

Y합금의 일종으로 Ti과 Cu를 0.2% 정도씩 첨가한 합금으로 피스톤에 사용되는 합금의 명칭은?

① 라우탈 ② 엘린바
③ 문쯔메탈 ④ 코비탈륨

해설및용어설명 |

- 라우탈(Al - Cu계) : 기계적 성질 및 주조성이 뛰어나다. 분배관, 밸브, 기타 일반용
- 문쯔메탈 : 6 - 4 황동이라고 하며, 적열하면 단조할 수가 있어서, 가단 황동이라고도 함
- 코비탈륨 : Y합금의 일종으로 Ti과 Cu를 0.2% 정도씩 첨가한 것으로 피스톤용으로 사용
- 엘린바 : 36% 니켈, 12% 크로뮴, 나머지는 철로 된 합금. 불변강으로 사용

17

제진 재료에 대한 설명으로 틀린 것은?

① 제진 합금으로는 Mg-Zr, Mn-Cu 등이 있다.
② 제진 합금에서 제진 기구는 마텐자이트 변태와 같다.
③ 제진 재료는 진동을 제어하기 위하여 사용되는 재료이다.
④ 제진 합금이란 큰 의미에서 두드려도 소리가 나지 않는 합금이다.

해설및용어설명 | 제진 재료

기계의 진동을 흡수하여 열에너지로 변환하는 재료. 제진 합금은 진동을 잘 흡수하여 두드려도 소리가 나지 않으며 Mg - Zr, Mn - Cu계가 있다.

정답 13 ④ 14 ④ 15 ① 16 ④ 17 ②

18

스텔라이트(Stellite)에 대한 설명으로 틀린 것은?

① 열처리를 실시하여야만 충분한 경도를 갖는다.
② 주조한 상태 그대로를 연삭하여 사용하는 비철합금이다.
③ 주요 성분은 40~55% Co, 25~33% Cr, 10~20% W, 2~5% C, 5% Fe이다.
④ 600℃ 이상에서는 고속도강보다 단단하며, 단조가 불가능하고, 충격에 의해서 쉽게 파손된다.

해설및용어설명 | 스텔라이트
코발트를 주성분으로 하는 코발트-크로뮴-텅스텐-탄소(Co-Cr-W-C)계의 합금으로 금형 주조에 의하여 일정한 형상으로 만들어 연삭하여 사용하는 주조 경질 합금 공구재료. 주조한 상태 그대로 연삭하여 사용하는 비철합금이며 고속도강보다 단단하지만 단조가 불가능하고 충격에 쉽게 파괴된다.

19

강의 표면 경화법에 해당되지 않는 것은?

① 침탄법
② 금속침투법
③ 마템퍼링법
④ 고주파 경화법

해설및용어설명 | 표면 경화법의 종류
- 화학적인 표면 경화 열처리 : 침탄법, 질화법, 금속침투법
- 물리적인 표면 경화 열처리 : 화염 경화, 고주파 경화, 숏피닝, 하드페이싱

20

다음 중 기능성 재료로서 실용하고 있는 가장 대표적인 형상기억합금으로 원자비가 1 : 1의 비율로 조성되어 있는 합금은?

① Ti-Ni
② Au-Cd
③ Cu-Cd
④ Cu-Sn

해설및용어설명 | 형상기억합금
힘에 의해 변형되더라도 특정온도에 올라가면 본래의 모양으로 돌아오는 합금. Ti-Ni계가 가장 많이 사용된다.

21

제도용지에 대한 설명으로 틀린 것은?

① A0 제도용지의 넓이는 약 $1m^2$이다.
② B0 제도용지의 넓이는 약 $1.5m^2$이다.
③ A0 제도용지의 크기는 594×841이다.
④ 제도용지의 세로와 가로의 비는 $1 : \sqrt{2}$이다.

해설및용어설명 |
- 도면의 크기 : A열 사이즈를 사용(A0~A4로 구분)한다.
- 제도용지의 폭과 길이의 비는 $1 : \sqrt{2}$로 하며, 세워서 사용할 수 있다.
- 큰 도면을 접을 때에는 A4(210×297mm)의 크기로 접는 것이 원칙이다.
- 도면을 철할 때 윤곽선은 용지 가장자리에서 25mm 간격으로 둔다.
- B0용지 크기는 1,030×1,456이다.

용지크기의 호칭			A0	A1	A2	A3	A4
a×b(단위 : mm)			1,189 ×841	841 ×594	594 ×420	420 ×297	297 ×210
도면의 테두리	c(최소)		20	20	10	10	10
	d (최소)	철하지 않을 때	20	20	10	10	10
		철할 때	25	25	25	25	25

[비고] d의 도면을 접었을 때, 표제란의 좌측이 되는 쪽에 설치한다.

22

도면에서 중심선을 꺾어서 연결 도시한 투상도는?

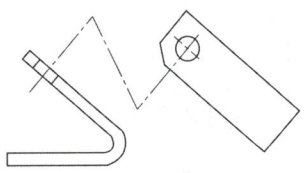

① 보조투상도   ② 국부투상도
③ 부분투상도   ④ 회전투상도

해설및용어설명 |
- 보조투상도 : 투상부의 경사진 부분의 내용을 투상면의 지점에 대해 회전해서 실제 길이와 같도록 투상하는 방법
- 부분투상도 : 물체의 전부를 나타내는 것보다 부분을 표시하는 것이 오히려 도면을 이해하기 쉬운 경우에 사용
- 국부투상도 : 대상물의 구멍, 홈 등 한 부분만의 모양을 도시하는 것
- 회전투상도 : 투상면이 각도를 가지고 있어 실제 형상을 표시하지 못할 때 사용

23

그림의 단면도의 종류가 옳은 것은?

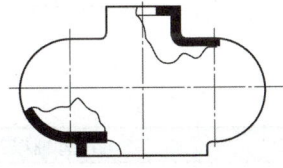

① 온단면도   ② 부분단면도
③ 계단단면도 ④ 회전단면도

해설및용어설명 |
- 온단면도 : 대상물의 기본적인 모양을 가장 좋게 표시할 수 있도록 물체를 1/2로 절단하여 내부를 단면도로 표시
- 부분단면도 : 필요한 내부 모양을 그리기 위해 일부분만 잘라내어 단면도로 표시. 파단선(가는 실선)으로 경계를 나타낸다.
- 계단단면도 : 2개 이상의 절단면을 조합하여 한눈에 볼 수 있게 표시하는 방법

24

다음 중 굵은 실선의 용도로 옳은 것은?

① 도형의 중심을 나타낸다.
② 단면도의 절단면을 나타낸다.
③ 치수를 기입하기 위하여 사용한다.
④ 대상물의 보이는 부분의 겉모양을 표시한다.

해설및용어설명 |
- 외형선(굵은 실선) : 물체의 보이는 부분의 모양을 나타내는 선
- 중심선(가는 1점 쇄선) : 도형의 중심을 표시하는 데 쓰이는 선
- 치수선(가는 실선) : 치수를 기입하기 위해 사용하는 선

25

제도에서 치수 기입법에 관한 설명으로 틀린 것은?

① 치수는 가급적 정면도에 기입한다.
② 치수는 계산할 필요가 없도록 기입해야 한다.
③ 치수는 정면도, 평면도, 측면도에 골고루 기입한다.
④ 2개의 투상도에 관계되는 치수는 가급적 투상도 사이에 기입한다.

해설및용어설명 | 치수기입의 원칙
- 대상물의 기능, 제작, 조립 등을 고려하여, 필요하다고 생각되는 치수를 명료하게 도면에 지시한다.
- 치수는 대상물의 크기, 자세, 및 위치를 가장 명확하게 표시하는 데 필요하고 충분한 것을 기입한다.
- 도면에 표시하는 치수는 특별히 명시하지 않는 한 그 도면에 도시한 대상물의 다듬질 치수를 표시한다.
- 치수에는 기능상(호환성을 포함) 필요한 경우 KS A ISO 1280에 따라 치수의 허용한계를 지시한다. 다만, 이론적으로 정확한 치수는 제외한다.
- 치수는 되도록 주 투상도에 집중한다.
- 치수는 중복 기입을 피한다.
- 치수는 되도록 계산해서 구할 필요가 없도록 한다.
- 치수는 필요에 따라 기준으로 하는 점, 선 또는 면을 기준으로 하여 기입한다.
- 관련되는 치수는 되도록 한 곳에 모아서 기입한다.
- 치수는 되도록 공정마다 배열을 분리하여 기입한다.
- 치수 중 참고 치수에 대하여는 치수 수치에 괄호를 붙인다.

정답 22 ① 23 ② 24 ④ 25 ③

26

다음 물체를 3각법으로 표현할 때 우측면도가 옳은 것은?
(단, 화살표 방향이 정면도 방향이다)

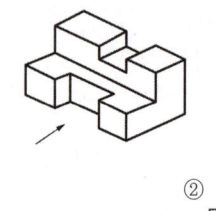

① 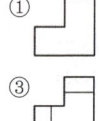 ②
③ 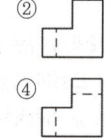 ④

27

척도에 관한 설명 중 보기에서 옳은 내용을 모두 고른 것은?

> ㉠ 물체의 실제 크기와 도면에서의 크기 비율을 말한다.
> ㉡ 실물보다 작게 그린 것을 축척이라 한다.
> ㉢ 실물과 같은 크기로 그린 것을 현척이라 한다.
> ㉣ 실물보다 크게 그린 것을 배척이라 한다.

① ㉠, ㉡
② ㉠, ㉢, ㉣
③ ㉡, ㉢, ㉣
④ ㉠, ㉡, ㉢, ㉣

해설및용어설명 | 척도

A(도면에서의 크기) : B(물체의 실제 크기)
- 축척 : 실물보다 작게 그린 경우의 척도 예 1 : 2, 1 : 5, 1 : 10
- 현척 : 실물과 같은 크기로 그린 경우의 척도 예 1 : 1
- 배척 : 실물보다 크게 그린 경우의 척도 예 2 : 1, 5 : 1, 10 : 1

28

보기 도면에서 괄호 안에 들어갈 치수는?

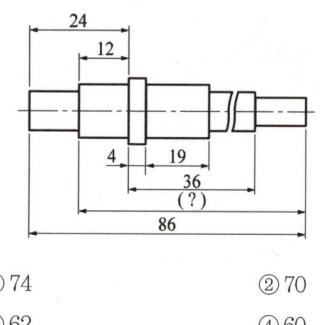

① 74
② 70
③ 62
④ 60

해설및용어설명 |

전체길이(86mm)에서 축의 앞부분의 길이(24 - 12 = 12mm)를 뺀 치수
따라서 86 - 12 = 74mm

29

제1각법에 대한 설명으로 틀린 것은?

① 평면도는 정면도를 기준으로 밑에 위치한다.
② 정면도를 기준으로 평면도는 우측에 위치한다.
③ 눈 → 물체 → 화면의 순서가 된다.
④ 정면도를 기준으로 하여 우측면도는 정면도의 왼쪽에 위치한다.

해설및용어설명 |

제3각법 배치도	제1각법 배치도
(그림)	(그림)

A : 정면도, B : 평면도, C : 좌측면도, D : 우측면도, E : 저면도, F : 배면도

26 ④ 27 ④ 28 ① 29 ②

30

다음과 같은 제품을 제3각법으로 투상한 것 중 옳은 것은?
(단, 화살표 방향을 정면도로 한다)

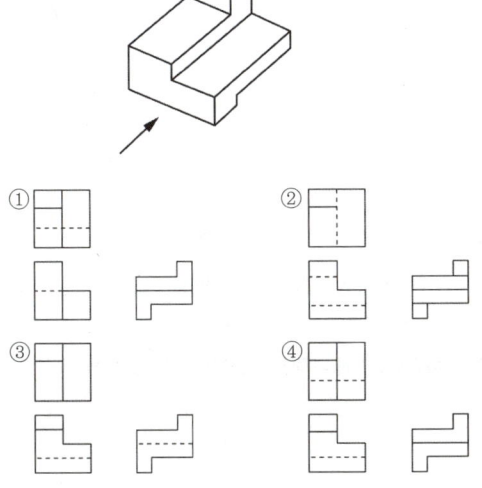

31

축과 구멍의 끼워맞춤에서 축의 치수는 $\phi 50^{-0.012}_{-0.028}$, 구멍의 치수는 $\phi 50^{+0.025}_{0}$일 경우 최대 틈새는 몇 mm인가?

① 0.053mm
② 0.037mm
③ 0.028mm
④ 0.025mm

해설및용어설명 |

최대 틈새 = 구멍의 최대허용치수 - 축의 최소허용치수
= 50.025 - 49.972 = 0.053

32

KS B ISO 4287 한국산업표준에서 정한 '거칠기 프로파일에서 산출한 파라미터'를 나타내는 기호는?

① R-파라미터
② P-파라미터
③ W-파라미터
④ Y-파라미터

해설및용어설명 | 표면 조직의 프로파일법(KS B ISO 4287)
프로파일 방법을 이용하여 표면 조직(거칠기, 파상도, 1차 프로파일)을 측정하기 위한 용어, 정의, 파라미터를 규정한다.
- P - 파라미터 : 1차 프로파일에서 산출한 파라미터
- R - 파라미터 : 거칠기 프로파일에서 산출한 파라미터
- W - 파라미터 : 파상도 프로파일에서 산출한 파라미터

33

스프링 강재를 표시하는 기호는?

① SKH
② STC
③ STD
④ SPS

해설및용어설명 |
- SPS : 스프링강
- SKH : 고속도강
- STC : 탄소공구강
- STD : 합금공구강(다이스강)

34

길이가 100mm인 스프링의 한 끝을 고정하고, 다른 끝에 무게 40N의 추를 달았더니 스프링의 전체 길이가 120mm로 늘어났다. 이 때의 스프링 상수(N/mm)는?

① 0.5
② 1
③ 2
④ 4

해설및용어설명 |

스프링 상수 $k = \dfrac{P}{\delta} = \dfrac{40}{120-100} = \dfrac{40}{20} = 2\text{N/mm}$

35

대상물의 보이지 않는 부분의 모양을 표시하는데 쓰이는 선의 명칭은?

① 숨은선
② 외형선
③ 파단선
④ 2점 쇄선

해설및용어설명 |

선의 종류	용도 명칭	선의 용도
굵은 실선	외형선	대상물의 보이는 부분의 겉모양을 표시한 선
가는 실선	치수선	치수를 기입하기 위한 선
	치수 보조선	치수를 기입하기 위해 도형으로부터 끌어 낸 선
	지시선	지시, 기호를 표시하기 위해 끌어낸 선
	회전 단면선	도형 내에 절단면을 90° 회전하여 표시한 선
	중심선	도형의 중심을 나타내는 선
숨은선	가는 파선	대상물의 보이지 않는 부분의 모양을 표시하는 데 사용
	굵은 파선	
가는 1점 쇄선	중심선	도형의 중심을 나타내는 선
	기준선	위치 결정의 근거를 명시할 때 사용하는 선
	피치선	반복 도형의 피치를 잡는 기준이 되는 선
굵은 1점 쇄선	특수 지정선	특수한 가공을 하는 부분 등 특별한 요구사항을 적용할 수 있는 범위를 표시하는 데 사용
가는 2점 쇄선	가상선	인접부분을 참고로 표시하는 데 사용
	무게 중심선	단면의 무게 중심을 연결한 선을 표시하는 데 사용
불규칙한 파형의 가는 실선 또는 지그재그선	파단선	대상물의 일부를 파단한 경계 또는 일부를 떼어낸 경계를 표시하는 데 사용
가는 1점 쇄선으로 끝부분 및 방향이 변하는 부분을 굵게 한 것	절단선	단면도를 그리는 경우, 그 절단 위치를 대응하는 그림에 표시하는 데 사용
가는 실선	특수한 용도의 선	외형선 및 숨은선의 연장을 표시하는 데 사용
아주 굵은 실선		얇은 부분의 단선 도시를 명시하는 데 사용
가는 실선을 규칙적으로 줄을 늘어 놓은 것	해칭	도형의 한정된 특정 부분을 다른 부분과 구별하는 데 사용

36

다음 정투상법에 대한 설명으로 틀린 것은?

① 제3각법은 물체를 제3면각 안에 놓고 투상하는 방법으로 눈→투상면→물체의 순서로 놓는다.
② 제1각법은 물체를 제1각 안에 놓고 투상하는 방법으로 눈→물체→투상면의 순서로 놓는다.
③ 전개도법에는 평행선법, 삼각형법, 방사선법을 이용한 세 가지의 전개도법이 있다.
④ 한 도면에는 제1각법과 제3각법을 같이 사용해서 그려야 한다.

해설및용어설명 |

• 전개도법의 종류 : 평행선법, 삼각형법, 방사선법
• 한 도면에서는 제1각법과 제3각법 중 하나를 선택하여 표제란에 표시한다. 두 투상법을 동시에 도면에 나타낼 때는 반드시 투상도법을 구분하여 적어준다.

37

제도에 사용되는 척도의 종류 중 현척에 해당하는 것은?

① 1 : 1
② 1 : 2
③ 2 : 1
④ 1 : 10

해설및용어설명 | 척도

A(도면에서의 크기) : B(물체의 실제 크기)

• 축척 : 실물보다 작게 그린 경우의 척도   예 1 : 2, 1 : 5, 1 : 10
• 현척 : 실물과 같은 크기로 그린 경우의 척도   예 1 : 1
• 배척 : 실물보다 크게 그린 경우의 척도   예 2 : 1, 5 : 1, 10 : 1

38

다음의 단면도 중 위아래 또는 왼쪽과 오른쪽이 대칭인 물체의 단면을 나타낼 때 사용되는 단면도는?

① 한쪽 단면도 ② 부분 단면도
③ 온 단면도   ④ 회전 도시 단면도

해설및용어설명 |
- 온 단면도 : 대상물의 기본적인 모양을 가장 좋게 표시할 수 있도록 물체를 1/2로 절단하여 내부를 단면도로 표시
- 부분 단면도 : 필요한 내부 모양을 그리기 위해 일부분만 잘라내어 단면도로 표시. 파단선(가는 실선)으로 경계를 나타낸다.
- 회전 도시 단면도 : 핸들이나 바퀴 등의 암 및 링, 리브, 훅, 축, 구조물의 부재 등의 절단면을 다음에 따라 90° 회전하여 표시한다. 도형 내의 절단한 곳에 겹쳐서 그릴 때는 가는 실선을 사용하여 그린다.

39

연강재 볼트에 8,000N의 하중이 축방향으로 작용할 때, 볼트의 골지름은 몇 mm 이상이어야 하는가? (단, 허용압축응력은 40N/mm²이다)

① 6.63   ② 20.02
③ 12.85 ④ 15.96

해설및용어설명 |
축방향 하중을 받는 볼트의 골지름
$$d_1 = \sqrt{\frac{4P}{\pi\sigma}} = \sqrt{\frac{4 \times 8{,}000}{\pi \times 40}} \fallingdotseq 15.96\text{mm}$$

40

지름 D_1 = 200mm, D_2 = 300mm의 내접 마찰차에서 그 중심거리는 몇 mm인가?

① 50   ② 100
③ 125   ④ 250

해설및용어설명 |
내접 마찰차의 중심거리 $C = \dfrac{D_2 - D_1}{2} = \dfrac{300 - 200}{2} = 50\text{mm}$

41

육각볼트와 너트의 그림에서 볼트의 길이는?

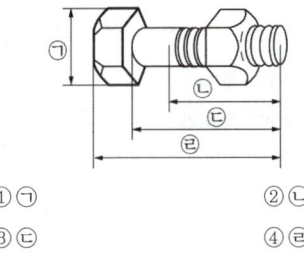

① ㉠   ② ㉡
③ ㉢   ④ ㉣

해설및용어설명 |

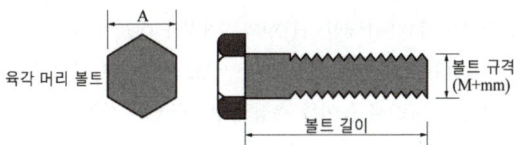

42

측정기기 중 삼각법을 이용하여 각도의 측정이나 기울기를 정밀하게 측정하는 것은?

① 공구현미경   ② 사인바
③ 정밀수준기   ④ 공기 마이크로미터

해설및용어설명 |
- 사인바 : 기준으로 삼는 여러 가지 각도를 만들거나 각도를 측정
- 수준기 : 에테르 · 알코올로 채워진 기포관 내에 기포 위치에 의해 수직 및 수평을 측정
- 공구 현미경 : 광학 현미경과 가동 테이블을 조합하여 대상 물체의 치수를 측정
- 공기 마이크로미터 : 공기의 흐름을 확대기구로 하여 길이를 측정하는 비교 측정기

43

항상 죔새가 생기는 경우의 설명으로 옳은 것은?

① 축의 최소 허용 치수가 구멍의 최대 허용 치수보다 큰 경우
② 구멍의 최소 허용 치수가 축의 최대 허용 치수보다 큰 경우
③ 실제 치수가 기준 치수보다 큰 경우
④ 축 지름이 구멍의 지름과 같은 경우

해설및용어설명 |

- 틈새 : 구멍의 치수가 축의 치수보다 클 때
- 죔새 : 구멍의 치수가 축의 치수보다 작을 때

44

하이트 게이지에 대한 설명으로 틀린 것은?

① 종류로는 HM형, HB형, HT형의 3가지가 대표적이다.
② 기본 구조는 스케일과 베이스 및 서피스게이지로 구성된다.
③ 정반면을 기준으로 높이를 측정하거나 금긋기 작업을 할 수 있다.
④ 아베의 원리에 맞는 구조로 스크라이버를 길게 고정하여 사용한다.

해설및용어설명 |

- 높이 게이지(하이트 게이지) : 대형 부품, 복잡한 모양의 부품 등을 정반 위에 올려놓고 높이를 측정하거나 스크라이버를 이용하여 금긋기 하는 데 사용. HM형, HB형, HT형이 있다.
- 아베의 원리 : 길이 측정 시 측정기로 인한 오차를 최소로 줄이기 위해서 물체의 길이를 기준이 되는 척도와 일직선상에 나란히 놓고 측정해야 한다는 원리이다.

45

다음 중 분할 핀에 관한 설명으로 틀린 것은?

① 핀 한쪽 끝이 두 갈래로 되어 있다.
② 너트의 풀림 방지에 사용된다.
③ 축에 끼워진 부품이 빠지는 것을 방지하는 데 사용된다.
④ 테이퍼 핀의 일종이다.

해설및용어설명 |

- 분할 핀 : 나사풀림 방지 또는 부품을 축에 결합할 때 사용하는 가운데가 갈라져있는 핀
- 테이퍼 핀 : 끝이 점점 가늘어지는 원뿔막대 형태의 핀. 미끄럼 방지용으로 사용되고 충격에 의해 이완이 쉽게 발생한다.

46

두 축이 평행하고 거리가 아주 가까울 때 각속도의 변동 없이 토크를 전달할 경우 사용되는 커플링은?

① 고정 커플링(Fixed Coupling)
② 플렉시블 커플링(Flexible Coupling)
③ 올덤 커플링(Oldham's Coupling)
④ 유니버설 커플링(Universal Coupling)

해설및용어설명 | 커플링 종류

- 올덤 커플링 : 두 축이 평행하고 축의 중심선이 약간 어긋났을 때, 각속도의 변동 없이 토크를 전달하는 데 사용하는 축 이음이다.
- 고정식 커플링 : 두 축이 동일선상에 있다.
- 플랜지 커플링 : 주철 또는 주강재의 플랜지를 축에 억지 끼워 맞춤을 하거나 키로 결합시킨 후 두 플랜지를 볼트로 체결한 것이다.
- 플렉시블 커플링 : 두 축 사이에 약간의 상호 이동을 허용할 수 있다. 축 이음으로 기어형 축 이음, 체인 축 이음, 그리드형 축 이음, 고무 축 이음 등이 있다.

47

모듈 5, 잇수가 40인 표준 평기어의 이끝원 지름은 몇 mm인가?

① 200mm ② 210mm
③ 220mm ④ 240mm

해설및용어설명 |
이끝원 지름 $D_e = D + 2m = m(Z+2) = 5 \times (40+2) = 210\text{mm}$

48

기어의 모듈이 7이고 잇수가 30개인 피치원의 지름은?

① 210mm ② 42.8mm
③ 21 mm ④ 4.28mm

해설및용어설명 |
피치원 지름 P.C.D $= mZ = 7 \times 30 = 210\text{mm}$

49

다음에서 그림에서 치수 공차는 얼마인가?

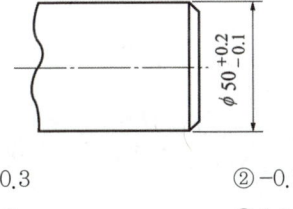

① -0.3 ② -0.1
③ 0.2   ④ 0.3

해설및용어설명 | 치수 공차(Tolerance)

최대 허용 치수와 최소 허용 치수와의 차를 말하며, 공차라고도 한다.
따라서, 치수공차 = 최대허용치수 - 최소허용치수 = + 0.2 - (- 0.1) = 0.3

50

2N M50×2-6h이라는 나사의 표시방법에 대한 설명으로 옳은 것은?

① 왼나사이다.
② 2줄 나사이다.
③ 유니파이 보통 나사이다.
④ 피치는 1인당 산의 개수로 표시한다.

해설및용어설명 | 나사 표기방법 예시

나사산의 감는 방향	나사산의 줄의 수	나사의 호칭	나사의 등급
왼	2줄	M50×2	4h

"L 2N M50×2-4h"의 해석

- 나사산의 감는 방향 : 왼쪽
- 나사산의 줄 수 : 2
- 나사의 호칭 : 지름이 50mm인 미터 가는 나사
- 나사의 등급 : 수나사 등급 4, 공차위치 h

※ 등급이 대문자(구멍기준) : 암나사
   등급이 소문자(축기준) : 수나사

51

기계요소의 핀에 대한 설명으로 틀린 것은?

① 기계 접촉면의 미끄럼 방지나 나사의 풀림 방지에 쓰인다.
② 위치 고정용으로 작용하는 힘이 비교적 작은 부분에 쓰인다.
③ 핀의 종류에는 평행 핀, 테이퍼 핀, 슬롯 테이퍼 핀, 분할 핀 등이 있다.
④ 결합용 기계요소로서 큰 회전력을 전달하는 데 쓰인다.

해설및용어설명 | 핀(Pin)은 2개 이상의 부품을 결합시키는 데 주로 사용하며, 나사 및 너트의 이완 방지, 핸들을 축에 고정하거나 힘이 적게 걸리는 부품을 설치할 때, 분해 조립할 부품의 위치를 결정하는 데에 많이 사용한다. 핀의 종류는 평행 핀, 테이퍼 핀, 분할 핀, 스프링 핀, 슬롯 테이퍼 핀 등이 있다.

52

끼워 맞춤에 관한 설명으로 옳은 것은?

① 최대 죔새는 구멍의 최대 허용 치수에서 축의 최소 허용 치수를 뺀 치수이다.
② 최소 죔새는 구멍의 최소 허용 치수에서 축의 최대 허용 치수를 뺀 치수이다.
③ 구멍의 최소 치수가 축의 최대 치수보다 작은 경우 헐거운 끼워 맞춤이 된다.
④ 구멍과 축의 끼워 맞춤에서 틈새가 없이 죔새만 있으면 억지 끼워 맞춤이 된다.

해설및용어설명 |
- 헐거운 끼워 맞춤 : 구멍의 최소 치수가 축의 최대 치수보다 큰 경우로서 항상 틈새가 생기는 상태를 말하며, 미끄럼 운동이나 회전 운동이 필요한 부품에 적용한다.
- 억지 끼워 맞춤 : 구멍의 최대 치수가 축의 최소 치수보다 작은 경우로서 틈새가 없이 항상 죔새가 생기는 끼워 맞춤을 말하며, 분해와 조립을 하지 않는 부품에 적용한다.
- 중간 끼워 맞춤 : 부품의 기능과 역할에 따라 틈새 또는 죔새가 생기게 하는 끼워 맞춤으로 헐거운 끼워 맞춤이나 억지 끼워 맞춤으로 얻을 수 없는 부품에 적용한다.

53

지름이 50mm 축에 폭이 10mm인 성크 키를 설치했을 때, 일반적으로 전단하중만을 받을 경우 키가 파손되지 않으려면 키의 길이는 몇 mm인가?

① 25mm   ② 75mm
③ 150mm ④ 200mm

해설및용어설명 |
일반적으로 키의 길이는 지름의 1.5배(1.5d) 이상으로 한다.
키의 길이 $\ell = 1.5d = 1.5 \times 50 = 75mm$

54

나사의 일반도시에서 굵은 실선으로 표시되지 않는 것은?

① 수나사의 바깥지름
② 나사부의 골을 표시하는 선
③ 완전 나사부와 불완전 나사부의 경계선
④ 암나사의 단면 도시에서 드릴 구멍을 나타내는 선

해설및용어설명 | 나사의 제도
- 수나사의 바깥지름과 암나사의 안지름은 굵은 실선으로 그린다.
- 수나사의 골지름과 암나사의 골지름은 가는 실선으로 그린다.
- 완전 나사부와 불완전 나사부의 경계선은 굵은 실선으로 그린다.
- 불완전 나사부의 끝 밑선은 축선에 대하여 30°의 가는 실선으로 그린다.
- 가려서 보이지 않는 나사부는 파선으로 그린다.
- 수나사와 암나사의 측면도시에서의 골지름은 가는 실선으로 그린다.
- 가려서 보이지 않는 나사부는 파선으로 그린다.
- 수나사와 암나사의 측면도시에서의 골지름은 가는 실선으로 그린다.

55

축방향으로 인장하중만을 받는 수나사의 바깥지름(d)과 볼트재료의 허용인장응력(σ_a) 및 인장하중(W)과의 관계가 옳은 것은?(단, 일반적으로 지름 3mm 이상인 미터나사이다)

① $d = \sqrt{\dfrac{2W}{\sigma_a}}$ ② $d = \sqrt{\dfrac{3W}{8\sigma_a}}$

③ $d = \sqrt{\dfrac{8W}{3\sigma_a}}$ ④ $d = \sqrt{\dfrac{10W}{3\sigma_a}}$

해설및용어설명 | 축방향에 하중작용 시 볼트의 지름

$d = \sqrt{\dfrac{2W}{\sigma_a}}$ mm (아이볼트)

56

베어링 호칭번호가 6205인 레이디얼 볼 베어링의 안지름은?

① 5 mm
② 25 mm
③ 62 mm
④ 205 mm

해설및용어설명 |
- 62 : 베어링 계열기호
- 05 : 베어링 안지름 번호

안지름 번호는 베어링의 안지름 치수를 나타내고, 안지름 번호가 04 이상인 것은 이 수치를 5배하면 안지름이 얻어진다.

※ 안지름 번호 : 00(안지름 10mm), 01(안지름 12mm), 02(안지름 15mm), 03(안지름 17mm), 04(안지름 20mm)

57

한계게이지를 형태별로 분류한 것 중 틀린 것은?

① 링(Ring)형 한계게이지
② 스냅(Snap)형 한계게이지
③ 플러그(Plug)형 한계게이지
④ 직각형(Square)한계게이지

해설및용어설명 | 한계게이지의 형태별 종류
링형, 스냅형, 봉형, 플러그형, 터보형, 평 플러그형 등

58

2kN의 짐을 들어 올리는 데 필요한 볼트의 바깥지름은 몇 mm 이상이어야 하는가?(단, 볼트 재료의 허용 인장응력은 400N/cm²이고, 안전계수를 적용한다)

① 20.2
② 31.6
③ 36.5
④ 42.2

해설및용어설명 | 허용인장응력 σ_a = 400N/cm² = 4N/mm²

안지름 번호는 베어링의 안지름 치수를 나타내고, 안지름 번호가 04 이상인 것은 이 수치를 5배하면 안지름이 얻어진다.

따라서 140mm / 5 = 280이 된다.

※ 안지름 번호 : 00(안지름 10mm), 01(안지름 12mm), 02(안지름 15mm), 03(안지름 17mm), 04(안지름 20mm)

59

기어제도에 관한 설명으로 틀린 것은?

① 피치원은 가는 실선으로 그린다.
② 잇봉우리원은 굵은 실선으로 그린다.
③ 잇줄 방향은 통상 3개의 가는 실선으로 표시한다.
④ 축에 직각된 방향으로 단면 도시할 경우 이골의 선은 굵은 실선으로 그린다.

해설및용어설명 | 스퍼기어 제도(KS B 0002)
- 이끝원(이끝선)은 굵은 실선으로 작도한다.
- 피치원(피치선)은 가는 1점 쇄선으로 작도한다.
- 이뿌리원(이뿌리선)은 가는 실선으로 작도한다. 다만, 정면도를 단면도로 표시할 때에는 이뿌리선을 굵은 실선으로 그린다.
- 헬리컬 기어, 나사 기어, 웜 등에서 잇줄 방향은 3개의 가는 실선으로 그린다. 단, 헬리컬 기어의 정면도를 단면도로 도시할 때에는 잇줄 방향을 3개의 가는 2점 쇄선으로 그린다.
- 맞물려 회전하는 한 쌍의 기어에서 주투상도를 단면도로 도시할 때에는 한 쪽 기어의 이끝원은 파선으로 그린다.

60

구름베어링의 안지름이 140mm일 때, 구름베어링의 호칭번호에서 안지름 번호로 가장 적합한 것은?

① 14
② 28
③ 70
④ 140

해설및용어설명 |

안지름 번호는 베어링의 안지름 치수를 나타내고, 안지름 번호가 04 이상인 것은 이 수치를 5배하면 안지름이 얻어진다.

따라서 $\dfrac{140\text{mm}}{5} = 28$이 된다.

※ 안지름 번호 : 00(안지름 10mm), 01(안지름 12mm), 02(안지름 15mm), 03(안지름 17mm), 04(안지름 20mm)

CBT 복원문제   2023 * 4

*2016년 5회부터 CBT(컴퓨터 기반 시험)방식으로 변경되어 문제가 공개되지 않아 복원된 문제가 일부 상이할 수 있습니다.

01

고강도 Al 합금으로 조성이 Al - Cu - Mg - Mn인 합금은?

① 라우탈
② Y합금
③ 두랄루민
④ 하이드로날륨

해설 및 용어설명 |

③ 두랄루민 : Al-Cu-Mg-Mn 합금, 고강도 알루미늄합금으로 항공기, 자동차 바디 재료로 사용
① 라우탈 : Al-Cu-Si 합금, 주조성 개선, 피삭성 우수
② Y합금 : Al-Cu-Ni-Mg 합금, 실린더 헤드, 피스톤 등에 사용
④ 하이드로날륨 : Al-Mg 합금, 내식성이 가장 우수하며, 내해수성·내산성, 연신율이 우수하여 선박용 부품, 조리용기구 등에 사용

02

접착제, 껌, 전기 절연재료에 이용되는 플라스틱 종류는?

① 폴리초산비닐계
② 셀룰로오스계
③ 아크릴계
④ 불소계

해설 및 용어설명 |

- 폴리초산비닐 : 초산비닐모노머를 중합하여 만들어지는 열가소성 수지. 수용성 고분자로 유기용매 저항이 높다. 예) 접착제, 껌, 절연재료
- 셀룰로오스계 플라스틱 : 비식용식물자원을 이용한 고분자 물질. 바이오플라스틱으로 이용한다.
- 아크릴 : 천연가스 유도로 만들어진 석유계 열가소성 수지. 투명성이 뛰어나고 강도가 높다. 예) 물감, 건축재료
- 불소수지 : 불소를 함유한 고분자 수지. 내구력과 전기절연성이 높다. 예) 가정용품, 화학공업, 전기전자공업용

03

노 내에서 페로 실리콘(Fe-Si), 알루미늄(Al) 등의 강탈산제를 첨가하여 충분히 탈산시킨 것으로서, 표면에 헤어 크랙이 생기기 쉬우며 상부에 수축관이 생기기 쉬운 강괴는?

① 킬드강
② 림드강
③ 세미킬드강
④ 캡트강

해설 및 용어설명 |

- 탈산정도에 따른 강의 종류
  - 킬드강 : 규소 또는 알루미늄과 같은 강한 탈산제로 탈산한 강
  - 림드강 : 용강의 탈산정도가 낮은 것으로, 강괴는 주형에 접촉하여 급랭된 곳은 치밀한 조직이되지만, 내부는 가스를 함유한 덩어리이며, 강괴 단면에 녹이 낀 것 같은 모습이다.
  - 세미킬드강 : 탈산의 정도가 킬드강과 림드강의 중간에 위치하는 철강
- 헤어 크랙
  강재의 마무리 면에 발생하는 미세한 균열을 말한다. 그 크기가 모발과 같이 미세하기 때문에 붙은 이름이다. 헤어 크랙은 또 「백점」이라고도 한다. 헤어 크랙을 검출하기 위해서는 보통 매크로 에칭이 이용된다.

04

KS의 부문별 기호에서 기계 부문을 나타내는 기호는?

① KS A
② KS B
③ KS C
④ KS D

해설및용어설명 | KS의 분류 기호

분류기호	A	B	C	D	E	F	G	H	I
부문	기본	기계	전기	금속	광산	토건	일용품	식료품	환경

분류기호	J	K	L	M	P	S	W	V	X
부문	생물	섬유	요업	화학	의료	서비스	물류	조선	정보

05

테이퍼 핀(Taper Pin)의 호칭 직경으로 바른 것은?

① 핀의 굵은 쪽 직경
② 핀의 가는 쪽 직경
③ 핀의 중간 직경
④ 핀 길이 1/2 지점의 직경

해설및용어설명 | 테이퍼 핀의 호칭법(KS B 1323)

규격 번호 또는 규격 명칭, 호칭지름×호칭길이, 재료, 지정 사항

예 KS B 1323 6×70-St : 분할 테이퍼 핀 호칭지름 6mm, 호칭길이 70mm

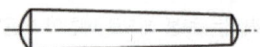

이때의 호칭지름은 핀의 가장 가는 쪽 직경으로 한다.

06

철강 재료에 관한 올바른 설명은?

① 주철은 강보다 탄소 함유량이 적다
② 탄소강은 탄소함유량이 3.0% ~ 4.3% 정도이다.
③ 합금강은 탄소강에 필요한 합금 원소를 첨가한 것이다.
④ 탄소강의 적열취성에 가장 큰 영향을 끼치는 원소는 규소(Si)이다.

해설및용어설명 |

③ 합금강(Alloy Steel, 특수강) : 탄소강에 합금원소를 첨가해서, 탄소강에서 얻을 수 없는 특수한 성질을 부여하여 준 강
① 주철(Cast Iron) : 탄소량이 2.0 ~ 6.67%인 철 합금으로, 보통주철의 조성은 탄소(C), 규소(Si), 망가니즈(Mn), 인(P), 황(S) 등을 포함하고 있다.
② 탄소강 : 철에 0.02 ~ 2.08%의 탄소가 함유된 강. 담금질, 뜨임, 풀림 등의 열처리에 의하여 성질이 변하고 이에 따른 용도가 넓다.
④ 적열취성에 영향을 끼치는 원소는 황(S)이다.

07

구멍 ⌀50H7과의 끼워맞춤에서 틈새가 가장 큰 경우는?

① ⌀50g6
② ⌀50m6
③ ⌀50js6
④ ⌀50p6

해설및용어설명 | H7 기준으로 g6만 헐거운 끼워맞춤에 해당한다.

기준	축의 공차역 클래스													
구멍	헐거운 끼워맞춤					중간 끼워맞춤				억지 끼워맞춤				
H7			f6	g6	h6	js6	k6	m6	n6	p6	r6	s6	t6	u6	x6
		e7	f7		h7	js7									

정답 04 ② 05 ② 06 ③ 07 ①

08

냉간 가공된 황동 제품들이 공기 중의 암모니아 및 염류로 인하여 입간부식에 의한 균열이 생기는 것은?

① 저장균열 ② 냉간균열
③ 자연균열 ④ 열간균열

해설및용어설명 | 황동의 자연균열
냉간 가공한 황동 파이프, 봉재 제품 등이 보관 중에 자연히 균열이 생기는 현상
- 원인 : 냉간 가공에 의한 내부응력, 공기 중의 염류, 암모니아 가스(NH_3)로 인해 입간부식
- 방지법 : 표면을 도금 또는 도색하거나, 200~300℃로 저온 풀림하여 내부응력을 제거한다.

09

"왼 2줄 M50×2 - 6H"로 표시된 나사의 설명으로 틀린 것은?

① 왼 : 나사산의 감는 방향
② 2줄 : 나사산의 줄 수
③ M50×2 : 나사의 호칭지름 및 피치
④ 6H : 수나사의 등급

해설및용어설명 |
- 6H : 암나사의 등급
- 6h : 수나사의 등급

10

구리가 다른 금속에 비해 우수한 성질이 아닌 것은?

① 전연성이 좋아 가공이 용이하다.
② 전기 및 열의 전도성이 우수하다.
③ 화학적 저항력이 커서 부식이 잘 되지 않는다.
④ 비중이 크므로 경금속에 속하며 금속적 광택을 갖는다.

해설및용어설명 | 구리의 성질
- 비중 : 8.96(중금속)
- 용융점 : 1,083℃
- 전기 및 열전도율이 높다.
- 내식성이 우수하다.
- 절연성, 가공성이 좋다.

11

KS 재료 기호에서 고압 배관용 탄소강관을 의미하는 것은?

① SPP   ② SPS
③ SPPA ④ SPPH

해설및용어설명 |
④ SPPH : 고압 배관용 탄소강관
① SPP : 배관용 탄소강관
② SPS : 일반 구조용 탄소강관
③ SPPA : 일반 배관용 탄소강관

12

다음 중 척도의 기입 방법으로 틀린 것은?

① 척도는 표제란에 기입하는 것의 원칙이다.
② 표제란이 없는 경우에는 부품 번호 또는 상세도의 참조 문자 부근에 기입한다.
③ 한 도면에는 반드시 한 가지 척도만 사용해야 한다.
④ 도형의 크기가 치수와 비례하지 않으면 NS라고 표시한다.

해설및용어설명 | 같은 도면에서 서로 다른 척도를 사용한 경우에는 해당 그림 부근에 적용한 척도를 표시한다.

13

다음 IT공차에 대한 설명으로 옳은 것은?

① IT 01부터 IT 18까지 20 등급으로 구분되어 있다.
② IT 01 ~ IT 4는 구멍 기준공차에서 게이지 제작공차이다.
③ IT 6 ~ IT 10은 축 기준공차에서 끼워맞춤 공차이다.
④ IT 10 ~ IT 18은 구멍 기준공차에서 끼워맞춤 이외의 공차이다.

해설및용어설명 |
- IT 기본 공차는 치수 공차와 끼워 맞춤에 있어서 정해진 모든 치수 공차를 의미하는 것으로 국제표준화기구(ISO) 공차 방식에 따라 분류하며, IT 01 ~ IT 18까지 20등급으로 나누고 정밀도에 따라 표와 같이 적용한다.

용도	게이지 제작공차	끼워맞춤 공차	끼워맞춤 이외 공차
구멍	IT 01 ~ IT 5	IT 6 ~ IT 10	IT 11 ~ IT 18
축	IT 01 ~ IT 4	IT 5 ~ IT 9	IT 10 ~ IT 18

14

미터 사다리꼴 나사 (Tr 40×7 LH)에서 'LH'가 뜻하는 것은?

① 피치
② 나사의 등급
③ 리드
④ 왼나사

해설및용어설명 | 왼나사는 나사의 표기 방법에 LH를 추가해야 한다.

15

기어 제도 시 이끝원에 사용하는 선의 종류는?

① 가는 실선
② 굵은 실선
③ 가는 1점 쇄선
④ 가는 2점 쇄선

해설및용어설명 | 이끝원은 굵은 실선으로, 피치원은 가는 1점 쇄선으로, 이뿌리원은 가는 실선 또는 굵은 실선으로 그리고 축방향에서 이골원은 가는 실선으로 그린다.

16

오스테나이트 계 18 - 8형 스테인리스강의 성분은?

① 크롬 18%, 니켈 8%
② 니켈 18%, 크롬 8%
③ 티탄 18%, 니켈 8%
④ 크롬 18%, 티탄 8%

해설및용어설명 | 18 - 8형 스테인리스강 : 표준조성은 Cr 18%, Ni 8%
- 고크로뮴계보다 내식성과 내산화성이 우수하다.
- 상온에서 오스테나이트 조직으로 변하여 용접성, 가공성이 좋다.

17

축에서 토크가 67.5kN·mm이고, 지름 50mm일 때 키(Key)에 발생하는 전단 응력은 몇 N/mm^2인가? (단, 키의 크기는 나비×높이×길이 = 15mm×10mm×60mm이다)

① 2
② 3
③ 6
④ 8

해설및용어설명 |

전달 토크 $T = P \times r$에서, 전단력 $P = \dfrac{67.5 \times 1,000}{25} = 2,700N$

전단응력 $\tau = \dfrac{P}{A} = \dfrac{2,700}{15 \times 60} = 3N/mm^2$

18

탄소강에 포함되었을 때 강도, 연신율, 충격치를 감소시키며 적열취성의 원인이 되는 원소는?

① Mn
② Si
③ P
④ S

해설및용어설명 | 탄소강 함유 원소 영향

원소명	영향
C(탄소)	강도·경도 증가, 인성·전성·충격값 감소, 담금질 효과 커짐, 냉간 가공성 저하
Si(규소)	강도·경도·주조성 증가, 연성·충격치 감소, 냉간 가공성 저하, 탄성한도 증가
Mn(망간)	강도·경도·인성·점성 증가, 연성 감소 억제, 황(S)의 해를 감소, 적열 메짐 예방, 주조성, 담금질성 효과 증가
P(인)	강도·경도 증가, 연신율 감소, 편석 발생, 냉간 가공성 저하, 저온 메짐 원인
S(황)	강도·경도·연성·절삭성 증가, 충격치 저하, 용접성 저하, 적열 메짐의 원인
H₂(수소)	헤어크랙(백점)의 발생

19

그림과 같은 입체도를 화살표 방향으로 정면으로 하여 3각법으로 정투상한 도면으로 가장 적합한 것은?

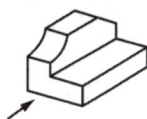

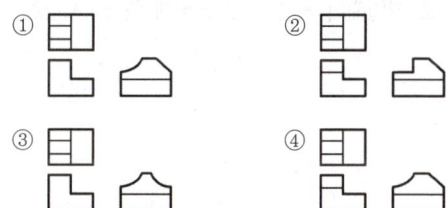

해설및용어설명 |
- 정면도 올바른 보기 : ②, ④
- 평면도 올바른 보기 : 모두
- 우측면도 올바른 보기 : ①, ④(왼쪽 필렛, 오른쪽 모따기)

즉, ④번이 정답이다.

20

다음과 같이 기하 공차가 기입되었을 때 설명으로 틀린 것은?

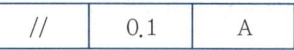

① 0.1은 공차값이다.
② //은 치수 공차이다.
③ //은 공차의 종류 기호이다.
④ A는 데이텀을 지시하는 문자 기호이다.

해설및용어설명 |

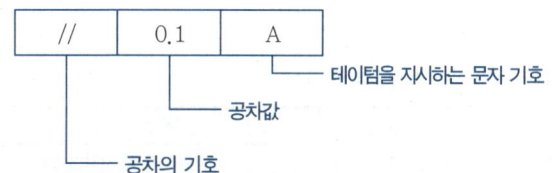

21

KS B 0001에 규정된 도면의 크기에 해당하는 A열 사이즈의 호칭에 해당되지 않는 것은?

① A0
② A3
③ A5
④ A1

해설및용어설명 |
- A열(A0 ~ A4로 구분) 사이즈를 사용한다. 도면은 세워서 사용할 수 있다.
- A열 A0의 넓이는 약 1m², 제도용지의 폭과 길이의 비는 1 : $\sqrt{2}$ 로 한다.
- 큰 도면을 접을 때에는 A4(210×297mm)의 크기로 접는 것이 원칙이다.
- 도면을 철할 때 윤곽선은 용지 가장자리에서 25mm 간격으로 둔다.

용지크기의 호칭			A0	A1	A2	A3	A4
a×b			1,189 ×841	841 ×594	594 ×420	420 ×297	297 ×210
도면의 테두리	c(최소)		20	20	10	10	10
	d (최소)	철하지 않을 때	20	20	10	10	10
		철할 때	25	25	25	25	25

정답 19 ④ 20 ② 21 ③

22

그림의 일부를 도시하는 것으로도 충분한 경우 필요한 부분만을 투상하여 그리는 그림과 같은 투상도는?

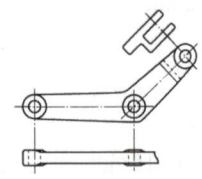

① 국부 투상도 ② 부분 투상도
③ 회전 투상도 ④ 보조 투상도

해설및용어설명 | 투상도의 표시방법

종류	그림	특징
주투상도		• 대상물의 모양이나 기능을 가장 명확하게 표시하는 면을 선정한다. • 기능을 나타내는 도면에서는 대상물을 사용하는 상태로 놓고 표시한다. • 특별한 이유가 없는 경우는 대상물을 가로길이로 놓은 상태로 그린다. • 비교 대조가 불편한 경우를 제외하고 숨은선을 사용하지 않도록 한다. • 주투상도를 보충하는 다른 투상도는 되도록 적게 한다.
보조 투상도		• 투상부의 경사진 부분의 내용을 투상면의 지점에 대해 회전해서 실제 길이와 같도록 투상하는 방법
부분 투상도		• 물체의 전부를 나타내는 것보다 부분을 표시하는 것이 오히려 도면을 이해하기 쉬운 경우에 사용 • 부분 투상도에서 투상을 생략한 부분과의 경계는 파단선으로 표시
국부 투상도		• 대상물의 구멍, 홈 등 한 부분만의 모양을 도시하는 것 • 주 투상도와 중심선, 기준선 또는 치수 보조선으로 연결한다.
회전 투상도		• 투상면이 각도를 가지고 있어 실제 형상을 표시하지 못할 때 사용 • 일부분을 회전해서 형상을 표시 • 잘못 볼 염려가 있을 경우에는 작도에 사용할 선을 표시한다.

23

다음 중 리벳의 호칭 방법으로 올바른 것은?

① 규격 번호, 종류, 호칭지름×길이, 재료
② 규격 번호, 길이×호칭지름, 종류, 재료
③ 재료, 종류, 호칭지름×길이, 규격 번호
④ 종류, 길이×호칭지름, 재료, 규격 번호

해설및용어설명 | 리벳의 호칭법(KS B 1102)

규격 번호 (생략가능)	종류	호칭 지름×길이	재료
KS B 1102	열간 둥근머리 리벳	16×40	SV 330

• 리벳의 호칭 길이 : 접시머리 리벳만 머리부를 포함한 전체의 길이로 호칭되고 그 외의 리벳은 머리부를 제외한 길이로 호칭한다.
• 길이는 겹쳐 놓은 형강 두께의 1.3~1.6d로 하고, 자루의 길이는 리벳지름의 4배 정도로 하며 그 이상의 곳에는 볼트와 너트를 사용한다.

24

다음 중 필수로 기입해야 하는 도면 양식에 해당하지 않는 것은?

① 비교눈금 ② 표제란
③ 중심마크 ④ 윤곽선

해설및용어설명 | 도면에 필수로 기입해야 하는 양식으로는 윤곽선, 표제란, 중심마크가 있다.

25

열처리에 대한 설명으로 틀린 것은?

① 금속 재료에 필요한 성질을 주기 위한 것이다.
② 가열 및 냉각의 조작으로 처리한다.
③ 금속의 기계적 성질을 변화시키는 처리이다.
④ 결정립을 조대화하는 처리이다.

해설및용어설명 | 열처리
금속 또는 합금에 요구되는 기계적 성질을 개선하거나 원하는 특성을 부여하기 위한 목적으로 가열과 냉각 조작을 가하는 기술을 말한다.

26
경금속에 속하지 않는 것은?

① 알루미늄　　② 마그네슘
③ 베릴륨　　　④ 주석

해설및용어설명 | 중금속과 경금속 분류
- 경금속 : 비중이 4.5 이하인 금속(알루미늄, 마그네슘, 타이타늄, 베릴륨 등)
- 중금속 : 비중이 4.5 이상인 금속(구리, 철, 납, 니켈, 주석 등 대부분)

27
주조성이 우수한 백선 주물을 만들고, 열처리하여 강인한 조직으로 단조를 가능하게 한 주철은?

① 가단 주철　　　② 칠드 주철
③ 구상 흑연 주철　④ 보통 주철

해설및용어설명 | 가단 주철
일반적으로 주철은 탄소를 2.5 ~ 4.6% 함유한다(4.3%C : 공정주철). 이에 따라 경도가 높고 연성이 낮아 단조 작업이 어렵다.
백주철을 장시간 열처리하여 강도와 연성을 향상시키면 단조가 가능해지는데, 이것이 가단 주철이다.
- 흑심 가단주철(BMC) : 저탄소, 저규소의 백주철을 2단계 열처리 공정을 거쳐 풀림 처리하여 흑연을 입상으로 석출시킨 주철
- 백심 가단주철(WMC) : 백주철을 풀림 처리해서 표면은 탈탄시켜 연하게 만들고, 내부로 갈수록 펄라이트가 많게 가단성을 부여한 주철
- 펄라이트 가단주철 : 흑심 가단주철 공정에서 1단계 흑연화 처리만 한 다음 500℃ 전후로 서랭하고, 다시 700℃ 부근에서 20 ~ 30시간 유지하여 필요한 조직과 성질을 얻는 주철

28
도면의 크기가 얼마만큼 확대 또는 축소되었는지를 확인하기 위해 도면 아래 중심선 바깥쪽에 마련하는 도면의 양식은?

① 표제란　　② 부품란
③ 중심마크　④ 비교눈금

해설및용어설명 | 비교 눈금은 도면의 축소 또는 확대 복사의 작업 및 이들의 복사도면을 취급할 때의 편의를 위하여 도면에 마련하는 것이다.

29
도면에서 척도란에 NS로 표시된 것은 무엇을 뜻하는가?

① 축척임을 표시
② 제1각법임을 표시
③ 비례척이 아님을 표시
④ 배척임을 표시

해설및용어설명 | NS(No Scale)
비례척이 아님을 표시한다.

30
결합용 기계요소인 와셔를 사용하는 이유가 아닌 것은?

① 볼트 머리보다 구멍이 클 때
② 볼트 길이가 길어 체결 여유가 많을 때
③ 자리면이 볼트 체결 압력을 지탱하기 어려울 때
④ 너트가 닿는 자리면이 거칠거나 기울어져 있을 때

해설및용어설명 | 와셔의 사용
- 볼트 결합부의 구멍이 크거나 너트의 자리면이 고르지 못할 때
- 자리면의 재료가 너무 연하여 볼트의 체결 압력에 견딜 수 없을 때
- 너트의 풀림을 방지할 때
- 접촉면이 바르지 못하고 경사졌을 때

정답　26 ④　27 ①　28 ④　29 ③　30 ②

31

나사에서 리드(Lead)의 정의를 가장 옳게 설명한 것은?

① 나사가 1회전 했을 때 축 방향으로 이동한 거리
② 나사가 1회전 했을 때 나사산의 1점이 이동한 원주거리
③ 암나사가 2회전 했을 때 축 방향으로 이동한 거리
④ 나사가 1회전 했을 때 나사산의 1점이 이동한 원주각

해설및용어설명 | 나사 곡선을 따라 축의 둘레를 한 바퀴 회전하였을 때 축 방향으로 이동하는 거리를 리드(Lead) l이라 하고, 서로 인접한 나사산과 나사산 사이의 축방향의 거리를 피치(Pitch) p라 한다.

32

강에 적당한 원소를 첨가하면 기계적 성질을 개선할 수 있는데, 특히 담금질성을 좋게 하고 내마멸성을 갖게 하며 내식성과 내산화성을 향상시킬 목적으로 어떤 원소를 첨가하는 것이 좋은가?

① Ni
② Mn
③ Mo
④ Cr

해설및용어설명 | 탄소강 합금 원소 효과

합금 원소	효과
니켈(Ni)	강인성, 내식성, 내마모성이 증가, 저온 충격저항 증가
크로뮴(Cr)	내식성, 내열성, 자경성이 크게 증가, 내마모성 증가
망가니즈(Mn)	강도·경도·내마모성 증가, 취성 방지, 고온 강도·경도 증가
몰리브데넘(Mo)	내마멸성이 크게 증가, 뜨임 취성 방지
규소(Si)	전자기적 성질 개선, 내식성·내마멸성 증가, 내열성 증가
텅스텐(W)	경도, 내마멸성 크게 증가, 고온 강도·경도 증가
구리(Cu)	석출경화를 용이하게 한다. 내산화성 증가
코발트(Co)	고온 강도와 고온 경도 크게 증가
바나듐(V)	경화성 증가
타이타늄(Ti)	결정입자 사이의 부식에 대한 저항성 증가

33

열간가공이 쉽고 다듬질 표면이 아름다우며 용접성이 우수한 강으로 몰리브덴 첨가로 담금질성이 높아 각종 축, 강력볼트, 암, 레버 등에 많이 사용되는 강은?

① 크로뮴 – 몰리브덴강
② 크로뮴 – 바나듐강
③ 규소 – 망간강
④ 니켈 – 구리 – 코발트강

해설및용어설명 | 크로뮴 - 몰리브덴(Cr - Mo)강

- 니켈 : 크로뮴강에서 니켈 대신 몰리브데넘을 소량 첨가하여 강인성과 내식성을 향상시킨 저합금강
- 값이 비싼 니켈을 대신하기 위하여 개발
- 용접성이 우수, 경화능이 크고 뜨임, 메짐성도 적으며, 고온 가공성 우수
- 가공면이 깨끗하여 얇은 강판이나 관의 제조, 축, 강력볼트, 암 등에 많이 사용

34

질화법에 사용하는 기체는?

① 탄산 가스
② 코크스
③ 목탄 가스
④ 암모니아 가스

해설및용어설명 |
- 질소를 포함하는 암모니아(NH_3) 가스로 표면을 경화하는 방법
- 경도가 크고, 변형이 적으며, 열처리가 불필요하지만 장시간 소요

35

컴퓨터의 기억용량 단위인 비트(bit)의 설명으로 틀린 것은?

① binary digit의 약자이다.
② 정보를 나타내는 가장 작은 단위이다.
③ 전기적으로 처리하기가 아주 편리하다.
④ 0와 1을 동시에 나타내는 정보 단위이다.

해설및용어설명 | 비트(bit)

2진 기수법 표기의 기본 단위. 2진 숫자라고도 한다. 2진 기수법에서는 모든 수를 0과 1로만 표기하는데 이 0 또는 1이 각각 하나의 비트가 된다.

36

마그네슘의 성질에 대한 설명으로 틀린 것은?

① 비중이 1.74이다.
② 비강도가 Al 합금보다 뛰어나다.
③ 산, 알칼리에 대해 거의 부식되지 않는다.
④ 항공기, 자동차 부품, 전기기기, 선박, 광학기계, 인쇄제판 등에 사용된다.

해설및용어설명 | 마그네슘의 특징
- 비중 1.74, 용융점은 650℃로 알루미늄에 비하여 약 35% 가볍고, 마그네슘 합금은 실용하는 합금 중에서 가장 가볍다.
- 비강도가 알루미늄 합금보다 우수하다.
- 내산성이 극히 나쁘지만 내알칼리성이 강하다.
- 바닷물에 매우 약하다.
- 내식성이 나쁘다.

37

가장 널리 쓰이는 키(Key)로 축과 보스 양쪽에 모두 키홈을 파서 동력을 전달하는 것은?

① 성크 키 ② 반달 키
③ 접선 키 ④ 원뿔 키

해설및용어설명 | 묻힘 키(성크 키)

축과 보스 양쪽에 키 홈이 있는 키. 키는 축심에 평행으로 끼우고 보스를 밀어넣는 평행 키와 때려박음 키가 일반적으로 널리 쓰인다.

키의 명칭	형상	특징과 용도
묻힘 키 (성크 키)	때려박음 키	• 축과 보스를 맞춘 후에 키를 박은 것(= 드라이빙 키) • 머리가 달린 비녀키(Gib-headed Key)가 널리 쓰인다.
	평행 키	• 축과 보스에 모두 홈을 파는 키 • 키는 축심에 평행으로 끼우고 보스를 밀어 넣는다.

38

구름 베어링의 호칭번호 "608C2P6"에서 C2가 나타내는 것은?

① 베어링 계열번호 ② 안지름 번호
③ 접촉각 기호 ④ 내부 틈새 기호

해설및용어설명 | 베어링 보조기호

구분	기호	내용	구분	기호	내용
밀봉(실) 또는 실드 기호	UU	양쪽 실드붙이	리테이너 기호	V	리테이너 없다.
	U	한쪽 실드붙이	레이디얼 내부 틈새 기호	C1	C2보다 작다.
	ZZ	양쪽 실드붙이		C2	보통 틈새보다 작다.
	Z	한쪽 실드붙이		CN	보통 틈새
궤도륜 모양 기호	K	내륜 테이퍼 (1/12) 구멍		C3	보통 틈새보다 크다.
	K30	내륜 테이퍼 (1/30) 구멍		C4	C3보다 크다.
	N	링 홈붙이		C5	C4보다 크다.
	NR	멈춤 링붙이	정밀도 등급 기호	없다.	0급
	F	플랜지붙이		P6	6급
베어링 조합 기호	DB	뒷면 조합		P5	5급
	DF	정면 조합		P4	4급
	DT	병렬 조합			

39

금속재료 중 주석, 아연, 납, 안티몬의 합금으로 주성분인 주석과 구리, 안티몬을 함유한 것은 베빗메탈이라고도 하는 것은?

① 켈밋 ② 합성수지
③ 트리메탈 ④ 화이트메탈

해설및용어설명 | 화이트메탈

융점이 낮고 부드러우며 마찰이 적어 베어링에 많이 사용
- 주석계 화이트메탈 : 배빗(Babbit) 메탈이 대표적이며, 고속 고하중용 베어링에 사용
- 납계 화이트메탈 : 루기(Lurgi) 메탈, 반(Bahn) 메탈, 주석계와 비슷하나 피로강도가 낮음

정답 36 ③ 37 ① 38 ④ 39 ④

40

초전도 재료의 초전도 상태에 대한 설명으로 옳은 것은?

① 상온에서 자화시켜 강한 자기장을 얻을 수 있는 금속이다.
② 알루미나가 주가 되는 재료로 높은 온도에서 잘 견디어 낸다.
③ 비금속의 무기 재료(Classical Ceramics)를 고온에서 소결처리 하여 만든 것이다.
④ 어떤 종류의 순금속이나 합금을 극저온으로 냉각하면 특정 온도에서 갑자기 전기저항이 영(0)이 된다.

해설및용어설명 | 초전도 현상
특정 금속이나 합금을 극저온으로 냉각하면 일정 온도에서 전기저항이 없어지는 현상

41

축의 치수가 $\varnothing 50^{+0.05}_{-0.02}$ 일 때 치수공차는 얼마인가?

① 0.02
② 0.03
③ 0.05
④ 0.07

해설및용어설명 | 치수공차
최대허용한계 치수 - 최소허용한계 치수 0.05 + 0.02 = 0.07

42

애크미 나사라고도 하며 나사산의 각도가 인치계에서는 29°이고, 미터계에서는 30°인 나사는?

① 사다리꼴 나사
② 미터 나사
③ 유니파이 나사
④ 너클 나사

해설및용어설명 |
② 미터 나사 : 나사산의 각도가 60°인 삼각 나사의 일종이다.
③ 유니파이 나사 : ABC나사라고도 하며 나사산이 삼각형인 삼각 나사로, 나사산의 각도는 미터 나사와 같은 60°로 되어 있지만, 인치 나사로 ISO에 규격화되어 있는 나사. 유니파이 보통 나사(UNC)와 유니파이 가는 나사(UNF)로 분류된다.
④ 너클 나사(둥근 나사) : 나사산의 단면이 원호 모양으로 되어 있는 형태의 나사로서, 모난 곳이 없으므로 먼지나 가루 등이 나사부에 끼이기 쉬운 곳에 사용된다.

43

지름 D_1 = 200mm, D_2 = 300mm의 내접 마찰차에서 그 중심거리는 몇 mm인가?

① 50
② 100
③ 125
④ 250

해설및용어설명 | 내접 마찰차의 중심거리

$$C = \frac{D_2 - D_1}{2} = \frac{300 - 200}{2} = 50mm$$

44

그림과 같은 용접 기호에 대한 해석이 잘못된 것은?

① 용접 목 길이는 10mm
② 슬롯부의 너비는 6mm
③ 용접부의 길이는 12mm
④ 인접한 용접부 간의 거리(피치)는 45mm

해설및용어설명 |
① 용접 목의 길이가 아닌 홈의 길이가 10mm이다.

45

그림과 같은 스프링에서 스프링 상수가 k_1 = 10N/mm, k_2 = 15N/mm일 때, 합성 스프링 상수값은 약 몇 N/mm인가?

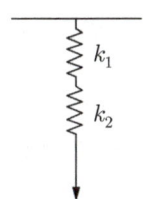

① 3
② 6
③ 9
④ 25

해설및용어설명 |

직렬의 경우, $\dfrac{1}{k} = \dfrac{1}{k_1} + \dfrac{1}{k_2}$

병렬의 경우, $k = k_1 + k_2$

$\dfrac{1}{k} = \dfrac{1}{10} + \dfrac{1}{15} = \dfrac{1}{6}$, $k = 6$

46

브레이크 블록의 길이와 나비가 60mm×20mm이고 브레이크 블록을 미는 힘이 900N일 때 제동압력은?

① 0.75N/mm^2
② 7.5N/mm^2
③ 75N/mm^2
④ 750N/mm^2

해설및용어설명 |

$P = \dfrac{F}{A} = \dfrac{900}{60 \times 20} = 0.75\text{N/mm}^2$

47

니켈 - 구리합금 중 Ni의 일부를 Zn으로 치환한 것으로 Ni 8 ~ 12%, Zn 20 ~ 35%, 나머지가 Cu인 단일 고용체로 식기, 악기 등에 사용되는 합금은?

① 베니딕트메탈(Benedict Metal)
② 큐프로니켈(Cupro-Nickel)
③ 양백(Nickel Silver)
④ 콘스탄탄(Constantan)

해설및용어설명 | 니켈 황동

- 양은(양백, 백동) : 황동에 10 ~ 20% 니켈(Ni)을 첨가한 황동
- 색이 은(Ag)과 비슷하여 장식용, 악기, 식기 및 은 대용품으로 사용
- 탄성과 내식성이 좋아 탄성 재료, 화학 기계용 재료에 사용

48

모양에 따른 선의 종류에 대한 설명으로 틀린 것은?

① 실선 : 연속적으로 이어진 선
② 파선 : 짧은 선을 일정한 간격으로 나열한 선
③ 1점 쇄선 : 길고 짧은 2종류의 선을 번갈아 나열한 선
④ 2점 쇄선 : 긴선 2개와 짧은 선 2개를 번갈아 나열한 선

해설및용어설명 | 선의 종류

명칭	굵기(mm)	선의 모양	선의 용도
외형선 (굵은 실선)	0.5 ~ 0.7	———	물체의 보이는 부분의 모양을 나타내는 선
숨은선 (파선, 은선)	0.3 ~ 0.4	------	물체의 보이지 않는 부분의 모양을 나타내는 선
중심선 (가는 1점 쇄선)	0.1 ~ 0.25	—·—·—	도형의 중심, 중심궤적을 표시하는데 쓰이는 선
가상선 (가는 2점 쇄선)	0.1 ~ 0.25	—··—··—	인접부분, 운동범위를 참고로 표시하는 선

49

에너지 흡수 능력이 크고, 스프링 작용 외에 구조용 부재기능을 겸하고 있으며, 재료가공이 용이하여 자동차 현가용으로 많이 사용하는 스프링은?

① 토션 바 ② 겹판 스프링
③ 코일 스프링 ④ 태엽 스프링

해설및용어설명 | 스프링의 종류

코일 스프링	• 하중의 방향에 따른 분류 : 압축 코일 스프링, 인장 코일 스프링 • 스프링의 외형에 따른 분류 : 원추형, 장고형, 드럼형 스프링 • 비틀림 코일 스프링 : 비틀림 모멘트를 받는 스프링
겹판 스프링	• 너비가 좁고 얇은 긴 판을 여러 장 겹쳐서 하중을 지지하는 스프링 • 주로 자동차의 현가장치로 사용
토션 바	• 원형 봉에 비틀림 모멘트를 가하면 비틀림 변형이 생기는 원리를 이용한 스프링
태엽 스프링	• 시계의 태엽에서와 같이 변형 에너지를 저장하였다가 변형이 회복되면서 일을 하는 스프링. 강철 줄자 등에 사용

50

도면에서 반드시 표제란에 기입해야 하는 항목으로 틀린 것은?

① 재질 ② 척도
③ 투상법 ④ 도명

해설및용어설명 |
• 표제란 : 도명, 척도, 각법
• 부품란 : 부품번호, 부품기호, 수량, 재질

51

전기의 전도율이 가장 좋은 금속은?

① Cu ② Al
③ Ag ④ Au

해설및용어설명 | 전기 전도율 순서

Ag > Cu > Au(Pt) > Al > Mg > Zn > Ni > Fe > Pb > Sb

52

다음 중 치수기입의 원칙 설명으로 틀린 것은?

① 대상물의 기능, 제작, 조립 등을 고려하여 필요한 치수를 명료하게 도면에 기입한다.
② 도면에 나타내는 치수는 특별히 명시하지 않는 한 도시한 대상물의 마무리 치수를 표시한다.
③ 치수는 되도록이면 정면도, 측면도, 평면도에 분산하여 기입한다.
④ 치수는 되도록이면 계산할 필요가 없도록 기입하고 중복되지 않게 기입한다.

해설및용어설명 | 치수기입 원칙
• 대상물의 기능, 제작, 조립 등을 고려하여 치수를 명확히 도면에 지시한다.
• 치수는 대상물의 크기, 자세, 위치가 가장 명확하게 나타나도록 기입한다.
• 도면에 나타내는 치수는 특별히 명시하지 않는 한 그 도면에 도시한 대상물의 다듬질 치수(마무리 치수)를 표시한다.
• 치수에는 기능상(호환성을 포함) 필요한 경우 치수의 허용한계를 지시한다.
• 치수는 되도록 주투상도에 집중하고 중복 기입을 피한다.
• 치수는 되도록 계산해서 구할 필요가 없도록 기입한다.
• 치수는 필요에 따라 기준으로 하는 점, 선 또는 면을 기준으로 하여 기입한다.
• 관련되는 치수는 되도록 한 곳에 모아서 기입한다.
• 치수는 되도록 공정마다 배열을 분리하여 기입한다.
• 치수 중 참고 치수에 대하여는 치수 수치에 괄호를 붙인다.

49 ② 50 ① 51 ③ 52 ③

53

마이크로미터를 사용할 때 주의사항으로 틀린 것은?

① 딤블을 잡고 프레임을 휘둘러 돌리지 않는다.
② 래칫 스톱을 사용하여 측정압을 일정하게 한다.
③ 클램프로 스핀들을 고정하고 캘리퍼스 대용으로 사용하지 않는다.
④ 사용 후 앤빌과 스핀들을 밀착시켜 둔다.

해설및용어설명 | 마이크로미터 사용 후 앤빌과 스핀들을 밀착시키지 않는다.

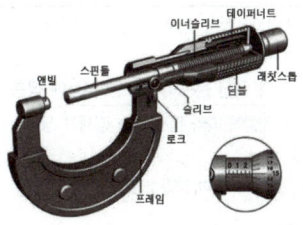

54

그림에서 치수 500과 같이 치수 밑에 굵은 실선을 적용하였을 때 이 치수에 대한 해석으로 옳은 것은?

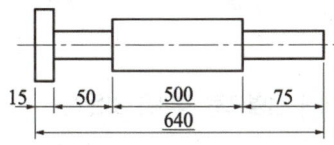

① 500의 치수 부분은 비례척이 아님
② 치수 500만큼 표면 처리를 함
③ 치수 500 부분을 정밀 가공을 함
④ 치수 500은 참고 치수임

해설및용어설명 |
- 500 : 500 치수 부분은 비례척이 아니다.
- 640 : 640 치수 부분은 비례척이 아니다.
- 참고치수 : (500)

55

기하 공차의 종류와 기호 설명이 틀린 것은?

① // : 평행도 공차
② ↗ : 원주 흔들림 공차
③ ○ : 동축도 또는 등심도 공차
④ ⊥ : 직각도 공차

해설및용어설명 | 기하공자 기호의 종류

적용하는 형체	공차의 종류		기호
단독형체	모양 공차	직진도 공차	—
		평면도 공차	▱
		진원도 공차	○
단독형체 또는 관련형체		원통도 교차	⌭
		선의 윤곽도 공차	⌒
		면의 윤곽도 공차	⌓
관련형체	자세 공차	평행도 공차	//
		직각도 공차	⊥
		경사도 공차	∠
	위치 공차	위치도 공차	⊕
		동축도 공차 또는 동심도 공차	◎
		대칭도 공차	═
	흔들림 공차	원주 흔들림 공차	↗
		온 흔들림 공차	↗↗

정답 53 ④ 54 ① 55 ③

56

어미자의 눈금이 0.5mm이며, 아들자의 눈금이 12mm를 25등분한 버니어 캘리퍼스의 최소 측정값은?

① 0.01mm ② 0.02mm
③ 0.05mm ④ 0.025mm

해설및용어설명 |

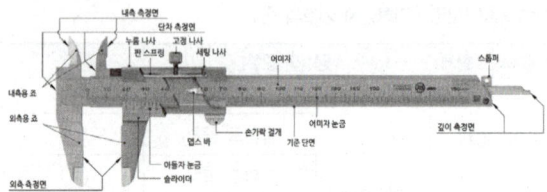

- 자와 캘리퍼스를 조합한 측정기. 어미자, 아들자 눈금의 조합으로 측정
- 공작물의 바깥지름, 안지름, 깊이, 단차 등을 측정하는 데 사용
- 측정 정도는 일반적으로 0.05mm

57

다음 중 알루미늄 합금(Alloy)의 종류가 아닌 것은?

① 실루민(Silumin) ② Y 합금
③ 로엑스(Lo-Ex) ④ 인코넬(Inconel)

해설및용어설명 | 알루미늄 합금

- 실루민 : Al에 12% Si를 가한 주물용 합금
- Y 합금 : Al - Cu 4% - Ni 2% - Mg 1.5%, 내열성을 필요로 하는 엔진의 피스톤이나 가솔린 엔진의 실린더 헤드 등에 쓰임
- 로엑스 : Al - Si합금에 Cu, Mg, Ni를 소량 첨가한 것
- ※ 인코넬 : 니켈을 주체로 하여 15%의 크로뮴, 6~10%의 철, 2.5%의 타이타늄, 1% 이하의 알루미늄·망가니즈·규소를 첨가한 내열합금

58

축과 구멍의 공차 값이 아래 보기와 같을 때 이러한 끼워맞춤을 무엇이라 하는가?

[보기]
축 $25^{+0.035}_{+0.022}$, 구멍 $25^{+0.021}_{0}$

① 헐거운 끼워 맞춤 ② 억지 끼워 맞춤
③ 중간 끼워 맞춤 ④ 슬라이딩 끼워 맞춤

해설및용어설명 | 끼워맞춤의 상태

헐거운 끼워맞춤	• 구멍과 축 사이에 항상 틈새가 생기는 상태 (구멍 > 축/A ~ G) • 미끄럼 운동이나 회전 운동이 필요한 부품에 적용
중간 끼워맞춤	• 부품의 기능과 역할에 따라 틈새 또는 죔새가 생기는 상태(H ~ N) • 헐거운 끼워맞춤, 억지 끼워맞춤으로 얻을 수 없는 부품에 적용
억지 끼워맞춤	• 구멍과 축 사이에 항상 죔새가 생기는 상태 (구멍 < 축/P ~ Z) • 분해와 조립을 하지 않는 부품에 적용

보기에 제시된 치수는 허용치수를 고려하였을 때 구멍보다 축이 항상 더 크므로, 항상 죔새가 있어 억지 끼워 맞춤에 해당한다.

59

냉간가공에 대한 설명으로 올바른 것은?

① 어느 금속이나 모두 상온(20℃) 이하에서 가공함을 말한다.
② 그 금속의 재결정 온도 이하에서 가공함을 말한다.
③ 그 금속의 공정점보다 10~20℃ 낮은 온도에서 가공함을 말한다.
④ 빙점(0℃) 이하의 낮은 온도에서 가공함을 말한다.

해설및용어설명 | 냉간가공(Cold Working)

재결정 온도 이하에서의 가공으로, 가공 경화로 경도와 인장강도는 증가되고 연신율은 저하된다.

60

다음은 어느 단면도에 대한 설명인가?

> 상하 또는 좌우 대칭인 물체는 $\frac{1}{4}$을 떼어낸 것으로 보고, 기본 중심선을 경계로 하여 $\frac{1}{2}$은 외형, $\frac{1}{2}$은 단면으로 동시에 나타낸다. 이때, 대칭 중심선의 오른쪽 또는 위쪽을 단면으로 하는 것이 좋다.

① 한쪽 단면도
② 부분 단면도
③ 회전도시 단면도
④ 온 단면도

해설및용어설명 | 한쪽 단면도
대칭형의 대상물을 1/4로 절단하여 내부와 외부의 모습을 조합하여 표시한다.

정답 60 ①

CBT 복원문제

2024 * 1

01

8 ~ 12% Sn에 1 ~ 2% Zn의 구리 합금으로 밸브, 콕, 기어, 베어링, 부시 등에 사용되는 합금은?

① 코르손 합금
② 베릴륨 합금
③ 포금
④ 규소 청동

해설및용어설명 | 포금(Gun Metal)

주석 8 ~ 12%, 아연 1 ~ 2%가 함유된 구리 합금으로, 단조성이 좋고 강력하며, 내식성 및 내해수성이 있어 밸브, 기어, 베어링 부시, 선박용으로 널리 사용된다.

02

다음 제시된 황동의 종류 중 Zn의 함량이 40%가 아닌 황동은?

① 네이벌 황동
② 고강도 황동
③ 톰백
④ 문쯔메탈

해설및용어설명 | 황동과 특수 황동의 종류와 용도

• 황동의 종류와 용도

종류	주요 특징 및 용도
톰백 (Tombac)	• 5 ~ 20% Zn을 첨가한 황동(저아연 합금을 총칭하여 톰백이라고 한다) • 전연성이 좋고 색깔이 금색에 가까워 모조금, 장식용 악기에 사용
7-3 황동 (Cartridge Brass)	• 70% Cu - 30% Zn 합금으로 가공용 황동의 대표 • 연신율이 크고 냉간가공성이 좋아 판, 막대, 관, 선 등으로 널리 사용 • 자동차 방열기 부품, 전구 소켓, 계기 부품, 장식품, 탄피 등에 사용
6-4 황동 (Muntz Metal)	• 60% Cu - 40% Zn 합금($\alpha + \beta$ 조직) • 7-3황동에 비해 전연성이 떨어지나 인장 강도가 높음 • 문쯔메탈 : Zn이 40% 내외인 황동. 강도를 요하는 기계구조용으로 사용

• 특수 황동의 종류와 용도

종류	주요 특징 및 용도
납 황동	• 황동에 0.6 ~ 4% 납(Pb)을 첨가하여 절삭성을 좋게 한 황동 • 쾌삭 황동, 하드브래스(Hard Brass)라고도 한다. 시계용 기어 부품에 사용
주석 황동	• 황동에 1% 주석(Sn)을 첨가하여 내식성을 개선한 황동 • 염류 수용액에 탈아연 부식을 방지 • 애드미럴티 황동 : 7-3 황동에 1% 주석 첨가. 내해수성이 우수. 열교환기에 사용 • 네이벌 황동 : 6-4 황동에 1% 주석 첨가. 내해수성 우수. 선박용 부품에 사용
알루미늄 황동	• 7-3 황동에 2% 알루미늄(Al)을 첨가하여 강도, 경도를 증가시킨 황동 • 알브락(Albrac) : 바닷물에 부식이 잘 되지 않음
니켈 황동	• 양은(양백, 백동) : 황동에 10 ~ 20% 니켈(Ni)을 첨가한 황동 • 색이 은(Ag)과 비슷하여 장식용, 악기, 식기 및 은 대용품으로 사용 • 탄성과 내식성이 좋아 탄성 재료, 화학 기계용 재료에 사용
고강도 황동	• 고강도 황동 : 6-4 황동에 Fe, Mn, Ni 등을 첨가하여 내해수성과 강도를 크게 증가시킨 황동 • 델타 메탈 : 6-4 황동에 1 ~ 2% Fe을 첨가하여 내식성과 강도를 증가, 광산기계에 사용

정답 01 ③ 02 ③

03

순철의 성질에 관한 사항 중 틀린 것은?

① 상온에서 연성과 전성이 크다.
② 용융점의 온도는 539℃ 정도이다.
③ 단접하기 쉽고 소성가공이 용이하다.
④ 용접성이 좋다.

해설 및 용어설명 | 순철의 용융점 : 1,538℃

04

금속을 냉간가공하면 결정입자가 미세화되어 재료가 단단해지는 현상은?

① 가공경화　　② 열간연화
③ 저온취성　　④ 청열메짐

해설 및 용어설명 |
- 저온취성 : 온도가 낮아짐에 따라 강도가 급격히 증가하면서 인성이 저하하는 현상
- 가공경화 : 금속 재료를 소성변형시키면 단단해지며, 가공도에 따라 경도가 증가하고 연신율이 감소하는 현상
- 청열메짐(취성) : 200~300℃에서 연강은 상온보다 연신율은 낮아지고 강도와 경도는 높아지는데, 동시에 취성을 가지는 현상

05

주철의 특성에 대한 설명으로 틀린 것은?

① 주조성이 우수하다.
② 내마모성이 우수하다.
③ 강보다 인성이 크다.
④ 인장강도보다 압축강도가 크다.

해설 및 용어설명 | 주철의 성질은 탄소량 또는 같은 탄소량이라 하더라도 그때의 성분, 용해 조건 등에 따라 달라질 수 있으나 일반적인 주철의 성질은 다음과 같다.
- 주조성이 우수하며 크고 복잡한 물체의 제작이 가능하다.
- 금속재료 중에서 단위 무게당의 가격이 제일 저렴한 편이다.
- 주물의 표면이 단단하며, 녹이 슬지 않고 칠이 잘 된다.
- 마찰 저항이 우수하고 절삭 가공이 쉽다.
- 인장 강도, 굽힘 강도, 충격값은 작으나 압축강도는 크다.

06

응력변형률 선도에서 응력을 서서히 제거할 때 변형이 서서히 없어지는 성질은?

① 점성　　② 탄성
③ 소성　　④ 관성

해설 및 용어설명 |
② 탄성 : 외력에 의해 변형된 물체가 외력을 제거하면 원래의 상태로 돌아가려는 성질
① 점성 : 유체의 흐름에 대한 저항
③ 소성 : 물체가 외력을 받으면 변형하고 외력을 제거해도 원형으로 복귀하지 않고 변형이 남아 있는 성질
④ 관성 : 물체가 외부로부터 힘을 받지 않을 때 처음의 운동 상태를 계속 유지하려는 성질

07

다음 중 금속의 물리적 성질에 해당되지 않는 것은?

① 비중　　② 비열
③ 열전도율　　④ 피로한도

해설 및 용어설명 |
- 금속재료의 기계적 성질 : 강도, 경도, 인성, 취성, 피로한도, 크리프한도, 전연성 등
- 금속재료의 물리적 성질 : 비중, 비열, 용융점, 열전도율, 전기전도율, 선팽창계수 등

08

다음 금속에 대한 설명으로 틀린 것은?

① 수은(Hg)의 용융점은 약 -38.4℃ 정도이다.
② 텅스텐(W)의 용융점은 약 3,410℃이다.
③ 물보다 가벼운 리튬(Li)은 비중이 약 0.53이다.
④ 납(Pb)의 비중은 약 22.5이다.

해설및용어설명 |
- 수은 : 용융점이 -38.4℃로 상온에서 액체상태인 금속이다.
- 텅스텐 : 용융점이 3,400℃로 금속 원소 중 가장 높고, 고온에서도 인장강도가 크다.
- 리튬 : 비중이 0.53으로 물보다 가볍고 전기적 특성이 우수한 금속이다.
- 납 : 비중 11.34, 용융점 327℃로 무겁지만 가공이 용이하고 용융점이 낮아 합금이 쉽다.

09

금속의 소성변형을 일으키는 원인 중 원자 밀도가 가장 큰 격자면에서 잘 일어나는 것은?

① 슬립　　　　② 쌍정
③ 전위　　　　④ 편석

해설및용어설명 |
① 슬립 : 어느 금속의 결정이 다른 결정에 대하여 일부가 불가역적인 전단변위를 함으로써 소성변형을 하는 과정으로 어느 한정된 결정 방향으로 생기는 것이며 일반적으로 특정한 결정면에서 이루어진다.
② 쌍정 : 같은 종류의 광물에서 2개의 결정이 특정한 결정면이나 결정축에 대하여 대칭적으로 결합한 1개체의 결정
③ 전위 : 결정 속의 전위선을 따라 일어난 일련의 원자 변위
④ 편석 : 고체재료 속에서 조성이 불균일하게 되는 현상

10

Al에 1 ~ 1.5%의 Mn을 합금한 내식성 알루미늄 합금으로 가공성, 용접성이 우수하여 저장 탱크, 기름 탱크 등에 사용되는 것은?

① 알민　　　　② 알드리
③ 알클래드　　④ 하이드로날륨

해설및용어설명 |
- 알민 : Al - Mn계. 가공성, 용접성이 우수하여 저장 탱크, 기름 탱크 등에 사용
- 알드리 : Al - Mg - Si계 담금질 후 상온가공으로 기계적 성질 개선. 용접성, 내식성, 인성 우수
- 알클래드 : 고강도 합금 판재인 두랄루민의 내식성을 향상시키기 위해 순Al 또는 알루미늄 합금을 피복한 재료
- 히드로날륨(Al - Mg계) : 내식성이 양호하여 화학공업, 선박용으로 사용

11

다음 중 GC25에서 25가 의미하는 것으로 옳은 것은?

① 최저 인장강도[N/mm²]
② 최저 인장강도[N·mm²]
③ 탄소 함유량 2.5%
④ 탄소 함유량 0.25%

해설및용어설명 |
최저 인장강도(MPa)을 의미함.
MPa은 N/mm²와 같은 의미이므로 정답은 1번

12

공석강을 오스템퍼링 하였을 때 나타나는 조직은?

① 베이나이트 ② 솔바이트
③ 오스테나이트 ④ 시멘타이트

해설및용어설명 | 강도와 인성이 높은 베이나이트 조직을 얻기 위해 오스템퍼링 열처리를 한다.

13

SKH2로 규정되는 고속도강의 표준 성분(%)으로 적합한 것은?

① 18(W)-7(Cr)-1(V) ② 18(W)-4(Cr)-1(V)
③ 28(W)-7(Cr)-1(V) ④ 28(W)-12(Cr)-1(V)

해설및용어설명 | 고속도강
- 텅스텐(W), 크롬(Cr), 바나듐(V), 코발트(Co) 등의 원소를 함유하는 합금강
- 절삭속도가 탄소 공구강의 2배
- 고온경도가 높고 내마모성이 우수
- 표준 고속도강 : W(18%) - Cr(4%) - V(1%)
- 특수 고속도강 : Co 및 V의 함유량을 많이 첨가시킨 고속도강

14

다음 중 초초두랄루민(ESD)의 조성으로 옳은 것은?

① Al-Si 계 ② Al-Mn 계
③ Al-Cu-Si 계 ④ Al-Zn-Mg 계

해설및용어설명 | 초강두랄루민(초초두랄루민, ESD)
- 표준조성 : 1.5% Cu, 5.5% Zn, 1% Mn, 1.5% Mg, 0.2% Cr(Al-Zn-Mn-Mg계)
- 인장 강도가 530MPa 이상으로 항공기의 구조용 재료로 사용
- 내식성이 낮고 응력부식균열을 일으켜 클래드 재료로 많이 쓰임

15

철강에서 펄라이트 조직으로 구성되어 있는 강은?

① 경질강 ② 공석강
③ 강인강 ④ 고용체강

해설및용어설명 | 공석강
철-탄소의 이원계의 공석점은 탄소 0.8%인 곳이고 723℃ 부근에서 공석반응에 따라 α-철에 소량의 탄소가 용해된 고용체(페라이트), 철과 탄소의 화합물인 시멘타이트 (Fe_3C)가 층상조직으로 섞인 펄라이트 조직으로 구성된다.

16

제진 재료에 대한 설명으로 틀린 것은?

① 제진 합금으로는 Mg-Zr, Mn-Cu 등이 있다.
② 제진 합금에서 제진 기구는 마텐자이트 변태와 같다.
③ 제진 재료는 진동을 제어하기 위하여 사용되는 재료이다.
④ 제진 합금이란 큰 의미에서 두드려도 소리가 나지 않는 합금이다.

해설및용어설명 | 제진 재료
기계의 진동을 흡수하여 열에너지로 변환하는 재료. 제진 합금은 진동을 잘 흡수하여 두드려도 소리가 나지 않으며 Mg-Zr, Mn-Cu계가 있다.

17

다음 중 기능성 재료로서 실용하고 있는 가장 대표적인 형상기억합금으로 원자비가 1 : 1의 비율로 조성되어 있는 합금은?

① Ti-Ni ② Au-Cd
③ Cu-Cd ④ Cu-Sn

해설및용어설명 | 형상기억합금
힘에 의해 변형되더라도 특정온도에 올리가면 본래의 모양으로 돌아오는 합금. Ti-Ni계가 가장 많이 사용된다.

18

구리(Cu)와 그 합금에 대한 설명 중 틀린 것은?

① 가공하기 쉽다.
② 전연성이 우수하다.
③ 아름다운 색을 가지고 있다.
④ 비중이 약 2.7인 경금속이다.

해설및용어설명 | 구리의 특징
- 전기 및 열전도율이 다른 금속에 비하여 높고 전연성이 좋아 가공이 용이
- 비중 8.96, 용융점 1,083℃
- 가공성, 내식성 합금성 우수
- 구리의 빛깔은 고유한 담적색

※ 비중이 2.7인 경금속은 알루미늄이다.

19

철에 Al, Ni, Co를 첨가한 합금으로 잔류 자속밀도가 크고 보자력이 우수한 자성 재료는?

① 퍼멀로이
② 센더스트
③ 알니코 자석
④ 페라이트 자석

해설및용어설명 | 알니코 자석
Al, Ni, Co를 첨가한 합금으로 가장 광범위하게 사용되고 있고 높은 보자력의 영구자석 재료로 안정성은 좋지만 기계 가공에 적합하지 않다.

20

지름 15mm, 표점거리 100mm인 인장 시험편을 인장시켰더니 110mm가 되었다면 길이 방향의 변형률은?

① 9.1%
② 10%
③ 11%
④ 15%

해설및용어설명 |

변형률 $\dfrac{\ell' - \ell}{\ell} = \dfrac{110 - 100}{100} \times 100 = 10\%$

21

제도용지에 대한 설명으로 틀린 것은?

① A0 제도용지의 넓이는 약 $1m^2$이다.
② B0 제도용지의 넓이는 약 $1.5m^2$이다.
③ A0 제도용지의 크기는 594×841이다.
④ 제도용지의 세로와 가로의 비는 $1 : \sqrt{2}$이다.

해설및용어설명 |
- 도면의 크기 : A열 사이즈를 사용(A0 ~ A4로 구분)한다.
- 제도용지의 폭과 길이의 비는 $1 : \sqrt{2}$로 하며, 세워서 사용할 수 있다.
- 큰 도면을 접을 때에는 A4(210×297mm)의 크기로 접는 것이 원칙이다.
- 도면을 철할 때 윤곽선은 용지 가장자리에서 25mm 간격으로 둔다.
- B0용지 크기는 1,030×1,456이다.

용지크기의 호칭		A0	A1	A2	A3	A4
a×b(단위 : mm)		1,189 ×841	841 ×594	594 ×420	420 ×297	297 ×210
도면의 테두리	c(최소)	20	20	10	10	10
	d (최소) 철하지 않을 때	20	20	10	10	10
	철할 때	25	25	25	25	25

[비고] d의 도면을 접었을 때, 표제란의 좌측이 되는 쪽에 설치한다.

22

다음 중 물체의 이동 후의 위치를 가상하여 나타내는 선은?

① ──────
② ------------
③ ───── ─────
④ ───·───·───

해설및용어설명 | 가는 2점 쇄선(가상선)
- 굵기 : 0.1 ~ 0.25
- 인접부분을 참고로 표시하는 선
- 물체가 이동할 운동범위를 나타내는 선
- 되풀이 되는 도형을 나타내는 선

23

다음 기하공차 종류 중 단독형체가 아닌 것은?

① 진직도　　　　② 진원도
③ 경사도　　　　④ 평면도

해설및용어설명 | 경사도는 관련형체 자세공차이다.

24

단면적이 10cm²인 봉에 길이방향으로 100kg의 인장력이 작용할 때 발생하는 인장응력은?

① 5kg/cm²　　　② 10kg/cm²
③ 80kg/cm²　　 ④ 99.6kg/cm²

해설및용어설명 |

인장응력 = $\dfrac{하중}{단면적}$ = $\dfrac{100kg}{10cm^2}$ = 10kg/cm²

25

전단하중에 대한 설명으로 옳은 것은?

① 재료를 축 방향으로 잡아당기도록 작용하는 하중이다.
② 재료를 축 방향으로 누르도록 작용하는 하중이다.
③ 재료를 가로 방향으로 자르도록 작용하는 하중이다.
④ 재료가 비틀어지도록 작용하는 하중이다.

해설및용어설명 |
① 인장하중
② 압축하중
④ 비틀림하중

26

다음은 어느 단면도에 대한 설명인가?

> 상하 또는 좌우 대칭인 물체는 $\dfrac{1}{4}$을 떼어낸 것으로 보고, 기본 중심선을 경계로 하여 $\dfrac{1}{2}$은 외형, $\dfrac{1}{2}$은 단면으로 동시에 나타낸다. 이때, 대칭 중심선의 오른쪽 또는 위쪽을 단면으로 하는 것이 좋다.

① 한쪽 단면도　　　② 부분 단면도
③ 회전도시 단면도　④ 온 단면도

해설및용어설명 | 한쪽 단면도
대칭형의 대상물을 1/4로 절단하여 내부와 외부의 모습을 조합하여 표시한다.

27

기준치수가 50인 구멍기준식 끼워맞춤에서 구멍과 축의 공차값이 다음과 같을 때 틀린 것은?

- 구멍 : $50^{+0.025}_{0.00}$　　　　• 축 : $50^{-0.025}_{-0.05}$

① 축의 최대 허용치수 : 49.975
② 구멍의 최소 허용치수 : 50.00
③ 최대 틈새 : 0.050
④ 최소 틈새 : 0.025

해설및용어설명 |
- 축의 최대 허용치수 : 기준치수 + 축의 위 치수 허용차 = 50 + (- 0.025)
  = 49.975
- 구멍의 최소 허용치수 : 기준치수 + 구멍의 아래 치수 허용차 = 50 + 0.00
  = 50.00
- 최대 틈새 : 구멍의 최대 허용치수 - 축의 최소 허용치수
  = (50+0.025) - (50-0.05) = 0.075
- 최소 틈새 : 구멍의 최소 허용치수 - 축의 최대 허용치수
  = 50 - (50 - 0.025) = 0.025

정답 23 ③　24 ②　25 ③　26 ①　27 ③

28

도면과 같이 위치도를 규제하기 위하여 B 치수에 이론적으로 정확한 치수를 기입한 것은?

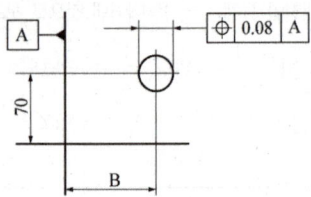

① (100)　　　　　② ~~100~~
③ <u>100</u>　　　　　④ □100□

해설및용어설명 |
① 참고치수
② 수정치수
③ 비례척이 아님

29

각속도(ω, rad/s)를 구하는 식 중 옳은 것은? (단, N : 회전수(rpm), H : 전달마력(PS)이다)

① $\omega = (2\pi N)/60$　　② $\omega = 60/(2\pi N)$
③ $\omega = (2\pi N)/(60H)$　④ $\omega = (60H)/(2\pi N)$

해설및용어설명 |

$\omega(각속도) = \dfrac{2\pi N(회전수)}{60}$ [rad/s]

30

도면의 마이크로필름 촬영, 복사 할 때 등의 편의를 위해 만든 것은?

① 중심마크　　　　② 비교눈금
③ 도면구역　　　　④ 재단마크

해설및용어설명 |

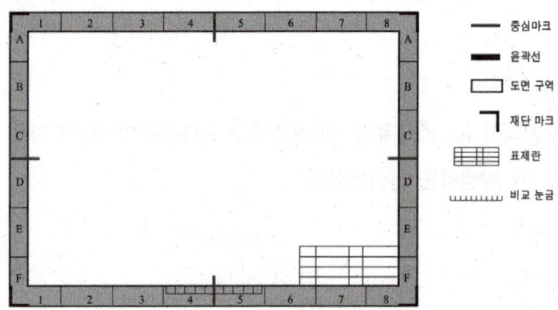

- 중심마크 : 복사하거나 마이크로필름을 촬영할 때 편의를 위하여 마련하는 것
- 재단마크 : 복사한 도면을 규격에서 정한 크기대로 자르기에 편리하도록 용지의 4구석에 표시한 것

31

브레이크 드럼에서 브레이크 블록에 수직으로 밀어 붙이는 힘이 1,000N이고 마찰계수가 0.45일 때 드럼의 접선방향 제동력은 몇 N인가?

① 150　　　　　② 250
③ 350　　　　　④ 450

해설및용어설명 | 제동력

$f = \mu P = 0.45 \times 1,000 = 450[N]$

32

다음 중 구멍 또는 내측 형체의 깊이를 나타내는 보조기호는?

① ⊔
② ∨
③ t=
④ ↧

해설및용어설명 | 치수보조기호

기호	구분	사용법	예
φ	지름	지름 치수 수치 앞에 붙인다.	φ10
R	반지름	반지름 치수 수치 앞에 붙인다.	R20
Sφ	구의 지름	구의 지름 치수 수치 앞에 붙인다.	Sφ5
SR	구의 반지름	구의 반지름 치수 수치 앞에 붙인다.	SR10
□	정사각형	정사각형의 한변 치수 수치 앞에 붙인다.	□6
C	45° 모따기	45° 모따기 치수의 치수 수치 앞에 붙인다.	C2
t	두께	판 두께의 치수 수치 앞에 붙인다.	t30
⌒	원호의 길이	원호의 길이 치수 수치 위에 붙인다.	⌒30
( )	참고 치수	참고 치수의 수치(치수 보조 기호 포함)를 둘러싼다.	(15)
□	이론적으로 정확한 치수	이론적으로 정확한 치수의 치수 수치를 둘러싼다.	50
⊔	카운터 보어	카운터 보어 지름 치수 수치 앞에 붙인다.	⊔φ6
∨	카운터 싱크	카운터 싱크 지름 치수 수치 앞에 붙인다.	∨φ10
↧	깊이	깊이 치수 수치 앞에 붙인다.	↧10

33

KS 재료기호 중 기계구조용 탄소강재의 기호는?

① SM 35C
② SS 490B
③ SF 340A
④ STKM 20A

해설및용어설명 |

① SM 35C : 탄소함유량 0.35%C 기계구조용 탄소강재
② SS 490B : 일반구조용 압연강재
③ SF 340A : 탄소강 단강품
④ STKM 20A : 기계구조용 탄소강관

34

볼나사의 단점이 아닌 것은?

① 자동체결이 곤란하다.
② 피치를 작게 하는 데 한계가 있다.
③ 너트의 크기가 크다.
④ 나사의 효율이 떨어진다.

해설및용어설명 | 볼 나사의 장단점

장점	단점
• 나사의 효율이 좋다. • 백래시를 작게 할 수 있다. • 윤활에 그다지 주의하지 않아도 좋다. • 먼지에 의한 마모가 적다. • 높은 정밀도를 오래 유지할 수가 있다.	• 자동체결이 곤란하다. • 가격이 비싸다. • 피치를 작게 하는 데 한계가 있다. • 너트의 크기가 크게 된다. • 고속으로 회전하면 소음이 발생한다.

35

미터 나사에 관한 설명으로 틀린 것은?

① 미터법을 사용하는 나라에서 사용된다.
② 나사산의 각도가 60°이다.
③ 미터 보통 나사는 진동이 심한 곳의 이완방지용으로 사용된다.
④ 호칭치수는 수나사의 바깥지름과 피치를 mm로 나타낸다.

해설및용어설명 | 미터 나사

• 호칭 지름과 피치를 mm로 나타낸다.
• 나사산 각은 60°인 미터계 3각나사
• 미터 가는 나사는 나사의 지름에 비해 피치가 작아 강도를 필요로 하는 곳, 살이 얇은 원통부, 공작기계의 이완방지용, 세밀한 위치조정, 수밀이나 기밀 등을 필요로 하는 부분에 사용된다.

36

결합용 기계요소인 와셔를 사용하는 이유가 아닌 것은?

① 볼트 머리보다 구멍이 클 때
② 볼트 길이가 길어 체결 여유가 많을 때
③ 자리면이 볼트 체결 압력을 지탱하기 어려울 때
④ 너트가 닿는 자리면이 거칠거나 기울어져 있을 때

해설및용어설명 | 와셔의 사용

- 볼트 결합부의 구멍이 크거나 너트의 자리면이 고르지 못할 때
- 자리면의 재료가 너무 연하여 볼트의 체결 압력에 견딜 수 없을 때
- 너트의 풀림을 방지할 때
- 접촉면이 바르지 못하고 경사졌을 때

37

다음 V-벨트의 종류 중 단면의 크기가 가장 작은 것은?

① M형　　　　② A형
③ B형　　　　④ D형

해설및용어설명 | V-벨트의 치수와 인장 강도

단면형상	종류	α (mm)	h (mm)	θ (°)	단면적 (mm²)	인장 강도 (kN)	허용 장력 (N)
	M	10.0	5.5	40	44	1.2 이상	78
	A	12.5	9.0	40	83	2.4 이상	147
	B	16.5	11.0	40	137	3.5 이상	235
	C	22.0	14.0	40	237	5.9 이상	392
	D	31.5	19.0	40	467	10.8 이상	843
	E	38.0	24.0	40	732	14.7 이상	1,176

38

다음 중 체인전동장치의 일반적인 특징이 아닌 것은?

① 미끄럼이 없는 일정한 속도비를 얻을 수 있다.
② 진동과 소음이 없고 회전각의 전달 정확도가 높다.
③ 초기 장력이 필요 없으므로 베어링 마멸이 적다.
④ 전동 효율이 대략 95% 이상으로 좋은 편이다.

해설및용어설명 | 체인 전동의 특징

- 미끄럼을 일으키지 않고 정확한 속도비를 전동시킬 수 있다.
- 유지보수 및 수리가 간단하고 수명이 길다.
- 체인이 인장강도가 크므로 큰 동력 전달이 가능하다.
- 속도비가 정확하며, 전동효율이 높다(95~98%).
- 두 축이 평행한 경우에만 체인전동이 가능하다.
- 체인진동장치는 진동과 소음이 많다.

39

보기 도면에서 괄호 안에 들어갈 치수는?

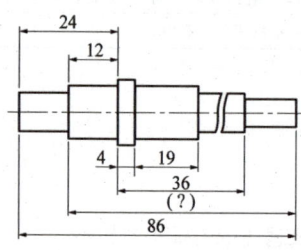

① 74　　　　② 70
③ 62　　　　④ 60

해설및용어설명 |

전체길이(86mm)에서 축의 앞부분의 길이(24 - 12 = 12mm)를 뺀 치수
따라서 86 - 12 = 74mm

40

제도에서 치수 기입법에 관한 설명으로 틀린 것은?

① 치수는 가급적 정면도에 기입한다.
② 치수는 계산할 필요가 없도록 기입해야 한다.
③ 치수는 정면도, 평면도, 측면도에 골고루 기입한다.
④ 2개의 투상도에 관계되는 치수는 가급적 투상도 사이에 기입한다.

해설및용어설명 | 치수기입의 원칙

- 대상물의 기능, 제작, 조립 등을 고려하여, 필요하다고 생각되는 치수를 명료하게 도면에 지시한다.
- 치수는 대상물의 크기, 자세, 및 위치를 가장 명확하게 표시하는 데 필요하고 충분한 것을 기입한다.
- 도면에 표시하는 치수는 특별히 명시하지 않는 한 그 도면에 도시한 대상물의 다듬질 치수를 표시한다.
- 치수에는 기능상(호환성을 포함) 필요한 경우 KS A ISO 128에 따라 치수의 허용한계를 지시한다. 다만, 이론적으로 정확한 치수는 제외한다.
- 치수는 되도록 주 투상도에 집중한다.
- 치수는 중복 기입을 피한다.
- 치수는 되도록 계산해서 구할 필요가 없도록 한다.
- 치수는 필요에 따라 기준으로 하는 점, 선 또는 면을 기준으로 하여 기입한다.
- 관련되는 치수는 되도록 한 곳에 모아서 기입한다.
- 치수는 되도록 공정마다 배열을 분리하여 기입한다.
- 치수 중 참고 치수에 대하여는 치수 수치에 괄호를 붙인다.

41

측정기기 중 삼각법을 이용하여 각도의 측정이나 기울기를 정밀하게 측정하는 것은?

① 공구현미경 ② 사인바
③ 정밀수준기 ④ 공기 마이크로미터

해설및용어설명 |

- 사인바 : 기준으로 삼는 여러 가지 각도를 만들거나 각도를 측정
- 수준기 : 에테르·알코올로 채워진 기포관 내에 기포 위치에 의해 수직 및 수평을 측정
- 공구 현미경 : 광학 현미경과 가동 테이블을 조합하여 대상 물체의 치수를 측정
- 공기 마이크로미터 : 공기의 흐름을 확대기구로 하여 길이를 측정하는 비교 측정기

42

그림의 단면도의 종류가 옳은 것은?

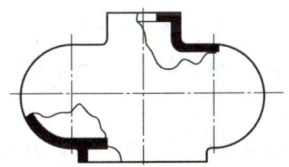

① 온단면도 ② 부분단면도
③ 계단단면도 ④ 회전단면도

해설및용어설명 |

- 온단면도 : 대상물의 기본적인 모양을 가장 좋게 표시할 수 있도록 물체를 1/2로 절단하여 내부를 단면도로 표시
- 부분단면도 : 필요한 내부 모양을 그리기 위해 일부분만 잘라내어 단면도로 표시. 파단선(가는 실선)으로 경계를 나타낸다.
- 계단단면도 : 2개 이상의 절단면을 조합하여 한눈에 볼 수 있게 표시하는 방법

43

그림과 같이 직육면체를 나타낼 수 있는 투상도는?

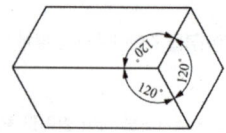

① 정 투상도
② 사 투상도
③ 등각 투상도
④ 부등각 투상도

해설및용어설명 |

- 등각 투상도 : 각이 서로 120°를 이루는 3개의 축을 기본으로 하여, 이들 기본 축에 물체의 높이, 너비, 안쪽 길이를 옮겨서 나타내는 투상도
- 정 투상도 : 서로 직각으로 교차하는 세 개의 화면, 즉 평화면, 입화면, 측화면 사이에 물체를 놓고 각 화면에 수직되는 평행 광선으로 투상한 투상도
- 사 투상도 : 물체의 주요면을 투상면에 평행하게 놓고 투상면에 대하여 수직보다 다소 옆면에서 보고 그린 투상도
- 부등각 투상도 : 등각투상도와 달리 세 각이 모두 다르게 하여 나타낸 것

44

척도에 관한 설명 중 보기에서 옳은 내용을 모두 고른 것은?

> ㉠ 물체의 실제 크기와 도면에서의 크기 비율을 말한다.
> ㉡ 실물보다 작게 그린 것을 축척이라 한다.
> ㉢ 실물과 같은 크기로 그린 것을 현척이라 한다.
> ㉣ 실물보다 크게 그린 것을 배척이라 한다.

① ㉠, ㉡
② ㉠, ㉢, ㉣
③ ㉡, ㉢, ㉣
④ ㉠, ㉡, ㉢, ㉣

해설및용어설명 | 척도

A(도면에서의 크기) : B(물체의 실제 크기)

- 축척 : 실물보다 작게 그린 경우의 척도 예) 1 : 2, 1 : 5, 1 : 10
- 현척 : 실물과 같은 크기로 그린 경우의 척도 예) 1 : 1
- 배척 : 실물보다 크게 그린 경우의 척도 예) 2 : 1, 5 : 1, 10 : 1

45

그림과 같이 제3각법으로 정투상한 각뿔의 전개도 형상으로 적합한 것은?

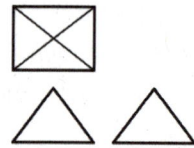

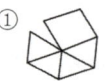 ①
 ②
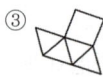 ③
 ④

해설및용어설명 | 밑면이 사각형인 사각뿔을 전개하면 "②번"과 같은 모양이 나온다.

46

기어의 모듈이 7이고 잇수가 30개인 피치원의 지름은?

① 210mm
② 42.8mm
③ 21 mm
④ 4.28mm

해설및용어설명 |

피치원 지름 $P.C.D = mZ = 7 \times 30 = 210mm$

47

인장강도가 750MPa인 용접 구조물의 안전율은? (단, 허용응력은 250MPa이다)

① 3
② 5
③ 8
④ 12

해설및용어설명 | 안전율 $= \dfrac{인장강도}{허용응력} = \dfrac{750MPa}{250MPa} = 3$

48

지름 13mm, 표점거리 150mm인 연강재 시험편을 인장시험한 후의 거리가 154mm가 되었다면 연신율은?

① 3.89% ② 4.56%
③ 2.67% ④ 8.45%

해설및용어설명 |

연신율 = $\dfrac{\text{나중길이} - \text{처음길이}}{\text{처음길이}} \times 100\% = \dfrac{154mm - 150mm}{150mm} \times 100$

$= \dfrac{4}{150} \times 100 = \dfrac{8}{3} \fallingdotseq 2.67\%$

49

길이가 100mm인 스프링의 한 끝을 고정하고, 다른 끝에 무게 40N의 추를 달았더니 스프링의 전체 길이가 120mm로 늘어났다. 이 때의 스프링 상수(N/mm)는?

① 0.5 ② 1
③ 2   ④ 4

해설및용어설명 |

스프링 상수 $k = \dfrac{P}{\delta} = \dfrac{40}{120-100} = \dfrac{40}{20} = 2$N/mm

50

리벳의 호칭 표기법을 순서대로 나열한 것은?

① 규격번호, 종류, 호칭지름×길이, 재료
② 종류, 호칭지름×길이, 규격번호, 재료
③ 규격번호, 종류, 재료, 호칭지름×길이
④ 규격번호, 호칭지름×길이, 종류, 재료

해설및용어설명 | 리벳의 표시
- 규격번호/종류/호칭지름×길이/재료
  예) KS B 1102 둥근머리 리벳 16×40 SV 330
※ SV 330에서 330은 최저 인장강도를 뜻한다.

51

기계요소의 핀에 대한 설명으로 틀린 것은?

① 기계 접촉면의 미끄럼 방지나 나사의 풀림 방지에 쓰인다.
② 위치 고정용으로 작용하는 힘이 비교적 작은 부분에 쓰인다.
③ 핀의 종류에는 평행 핀, 테이퍼 핀, 슬롯 테이퍼 핀, 분할 핀 등이 있다.
④ 결합용 기계요소로서 큰 회전력을 전달하는 데 쓰인다.

해설및용어설명 | 핀(Pin)은 2개 이상의 부품을 결합시키는 데 주로 사용하며, 나사 및 너트의 이완 방지, 핸들을 축에 고정하거나 힘이 적게 걸리는 부품을 설치할 때, 분해 조립할 부품의 위치를 결정하는 데에 많이 사용한다. 핀의 종류는 평행 핀, 테이퍼 핀, 분할 핀, 스프링 핀, 슬롯 테이퍼 핀 등이 있다.

52

축방향으로 인장하중만을 받는 수나사의 바깥지름(d)과 볼트 재료의 허용인장응력(σ_a) 및 인장하중(W)과의 관계가 옳은 것은?(단, 일반적으로 지름 3mm 이상인 미터나사이다)

① $d = \sqrt{\dfrac{2W}{\sigma_a}}$ ② $d = \sqrt{\dfrac{3W}{8\sigma_a}}$

③ $d = \sqrt{\dfrac{8W}{3\sigma_a}}$ ④ $d = \sqrt{\dfrac{10W}{3\sigma_a}}$

해설및용어설명 | 축방향에 하중작용 시 볼트의 지름

$d = \sqrt{\dfrac{2W}{\sigma_a}}$ mm (아이볼트)

53

마이크로미터를 사용할 때 주의사항으로 틀린 것은?

① 딤블을 잡고 프레임을 휘둘러 돌리지 않는다.
② 래칫 스톱을 사용하여 측정압을 일정하게 한다.
③ 클램프로 스핀들을 고정하고 캘리퍼스 대용으로 사용하지 않는다.
④ 사용 후 앤빌과 스핀들을 밀착시켜 둔다.

해설및용어설명 | 마이크로미터 사용 후 앤빌과 스핀들을 밀착시키지 않는다.

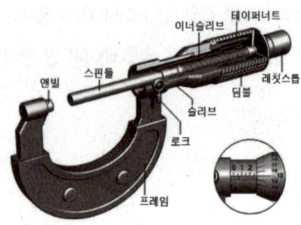

54

다음 중 형상 구속조건과 치수조건을 입력하여 모델링하는 기법으로 옳은 것은?

① 파라메트릭 모델링
② Wire Frame 모델링
③ B-rep(Boundary Representation)
④ CSG(Constructive Solid Geometry)

해설및용어설명 | 파라메트릭 모델(Parametric Model)
표면에서 각 점들이 자유 곡선의 제어점이 되어 점과 점을 잇는 선분을 부드러운 곡선으로 표현하는 방식. 곡선을 표현하는 유용한 방식이다. 형상 구속조건, 치수조건을 입력하여 2차원 형상모델링을 기반으로 3차원을 모델링한다.

55

지름이 50mm 축에 폭이 10mm인 성크 키를 설치했을 때, 일반적으로 전단하중만을 받을 경우 키가 파손되지 않으려면 키의 길이는 몇 mm인가?

① 25mm
② 75mm
③ 150mm
④ 200mm

해설및용어설명 |
일반적으로 키의 길이는 지름의 1.5배(1.5d) 이상으로 한다.
키의 길이 $\ell = 1.5d = 1.5 \times 50 = 75mm$

56

다음 중 전단력이 작용하는 곳에 가장 적합한 볼트는?

① 스터드 볼트
② 탭 볼트
③ 리머 볼트
④ 스테이 볼트

해설및용어설명 | 볼트의 종류
- 스터드 볼트 : 봉의 양 끝에 나사가 절삭되어 한쪽은 기계의 본체에 체결하고 다른 한 쪽의 너트를 사용해서 체결하는 것
- 스테이 볼트 : 두 물체의 간격 유지하는 데 사용하는 볼트
- 리머 볼트 : 리머로 다듬질한 구멍에 박아 체결하는 볼트로 전단력이 작용하는 곳에 적합하다.
- 관통 볼트 : 머리 달린 볼트를 연결할 두 부품에 구멍을 뚫고 이것을 관통시켜 반대쪽에 끼워 체결하는 것

스터드볼트	스테이볼트	리머볼트	관통볼트

57

byte로 1mb를 표시할 때 2의 몇 제곱으로 표시해야 하는가?

① 2^{10}byte ② 2^{20}byte
③ 2^{30}byte ④ 2^{40}byte

해설및용어설명 |
- 1KB = 2^{10}byte
- 1MB = 2^{20}byte
- 1GB = 2^{30}byte
- 1TB = 2^{40}byte
- 1PB = 2^{50}byte

58

한계게이지를 형태별로 분류한 것 중 틀린 것은?

① 링(Ring)형 한계게이지
② 스냅(Snap)형 한계게이지
③ 플러그(Plug)형 한계게이지
④ 직각형(Square)한계게이지

해설및용어설명 | 한계게이지의 형태별 종류
링형, 스냅형, 봉형, 플러그형, 터보형, 평 플러그형 등

59

두 축의 중심을 정확히 일치시키기 어려울 때 사용되며 고무, 강선, 가죽, 스프링 등을 이용하여 충격과 진동을 완화시켜 주는 커플링은?

① 올덤 커플링 ② 고정식 커플링
③ 플랜지 커플링 ④ 플렉시블 커플링

해설및용어설명 | 커플링 종류
- 올덤 커플링 : 두 축이 평행하고 축의 중심선이 약간 어긋났을 때, 각속도의 변동 없이 토크를 전달하는 데 사용하는 축 이음
- 고정식 커플링 : 두 축이 동일선상에 있다.
- 플랜지 커플링 : 주철 또는 주강재의 플랜지를 축에 억지 끼워 맞춤을 하거나 키로 결합시킨 후, 두 플랜지를 볼트로 체결한 것
- 플렉시블 커플링 : 두 축 사이에 약간의 상호 이동을 허용할 수 있다. 축 이음으로 기어형 축 이음, 체인 축 이음, 그리드형 축 이음, 고무 축 이음 등이 있다.

60

나사의 풀림 방지법이 아닌 것은?

① 철사를 사용하는 방법 ② 와셔를 사용하는 방법
③ 로크 너트에 의한 방법 ④ 사각 너트에 의한 방법

해설및용어설명 | 너트(나사)의 풀림 방지법
- 로크 너트에 의한 방법
- 핀 또는 작은 나사를 쓰는 방법
- 철사에 의한 방법
- 너트의 회전 방향에 의한 방법
- 자동 죔 너트에 의한 방법
- 세트 스크루에 의한 방법
- 탄성 와셔에 의한 방법

정답 57 ② 58 ④ 59 ④ 60 ④

CBT 복원문제 2024 * 4

01
주철의 결점인 여리고 약한 인성을 개선하기 위하여 먼저 백주철의 주물을 만들고, 이것을 장시간 열처리하여 탄소의 상태를 분해 또는 소실시켜 인성 또는 연성을 증가시킨 주철은?

① 보통 주철
② 합금 주철
③ 고급 주철
④ 가단 주철

해설및용어설명 | 가단 주철
회주철은 주조성이 좋으나 취약하여 거의 연신율이 없는데 이 결점을 보충한 것이 가단 주철이다. 먼저 백주철의 주물을 만든 후 장시간 열처리하여 탈탄과 시멘타이트 흑연화에 의하여 연성을 가지게 한 것이다.

02
금속재료가 고온에서 일정한 하중을 받고 있을 때 시간의 경과에 따라 변형도가 증가하는 현상을 무엇이라 하는가?

① 피로한도
② 크리프
③ 인장강도
④ 시효경화

해설및용어설명 |
- 크리프 : 재료에 작은 하중을 걸 때에는 곧바로 변형을 일으키지는 않으나 시간이 경과함에 따라 변형이 생기는 현상
- 피로한도 : 영구적으로 재료가 파단되지 않는 응력 중에서 가장 큰 것
- 인장강도 : 인장 시험을 하는 도중 시험편이 견디는 최대의 하중
- 시효경화 : 금속재료를 일정한 시간 동안 적당한 온도하에 놓아두면 단단해지는 현상

03
다음 중 Al - Cu - Si계 합금으로 올바른 것은?

① 실루민
② 라우탈
③ 알민
④ 알드리

해설및용어설명 |
- 실루민 : Al - Si
- 라우탈(Lautal) : Al - Cu - Si
- 알민 : Al - Mn
- 알드리 : Al - Mg - Si

04
필요한 부분에만 금형을 배치한 모래형에 쇳물을 주입하여 금형에 접촉된 부분이 급랭 경화되고 내부는 연한 조직이 되는 주철은?

① 회주철
② 칠드주철
③ 가단주철
④ 고급주철

해설및용어설명 |
- 회주철 : 주철의 조직 중에 흑연이 많을 경우 탄소가 전부 흑연으로 변하여 그 파단면의 광택이 회색을 띤다.
- 칠드 주철 : 주조 시 주형에 냉금을 삽입하여 주물표면을 급랭시키는 방법으로 제조되며 금속 압연용 롤 등으로 사용되는 주철
- 가단 주철 : 백주철을 장시간 열처리하여 탄소를 분해시켜 탈탄 또는 흑연화하여 강도와 연성을 향상시킨 주철

정답 01 ④ 02 ② 03 ② 04 ②

05

금속재료의 표면에 강이나 주철의 작은 입자(ϕ0.5mm ~ 1.0mm)를 고속으로 분사시켜, 표면의 경도를 높이는 방법은?

① 침탄법　　　　② 질화법
③ 폴리싱　　　　④ 쇼트피닝

해설및용어설명ㅣ
- 쇼트피닝 : 재료의 표면에 강으로 된 작은 구를 분사시켜 피닝 효과를 주어 재료 표면을 단련시키는 방법
- 침탄법 : 저탄소의 표면 경화강에 탄소를 침입시킨 다음 담금질 처리를 함으로써 표면층만 경화되어 내마모성이 큰 표면층과 인성이 큰 중심부를 얻게 되는 처리
- 질화법 : 질화용 강의 표면층에 질소를 확산시켜, 표면층을 경화하는 방법
- 폴리싱 : 연마

06

주철의 특성에 대한 설명으로 틀린 것은?

① 주조성이 우수하다.
② 내마모성이 우수하다.
③ 강보다 인성이 크다.
④ 인장강도보다 압축강도가 크다.

해설및용어설명ㅣ 주철의 성질은 탄소량 또는 같은 탄소량이라 하더라도 그때의 성분, 용해 조건 등에 따라 달라질 수 있으나 일반적인 주철의 성질은 다음과 같다.
- 주조성이 우수하며 크고 복잡한 물체의 제작이 가능하다.
- 금속재료 중에서 단위 무게당의 가격이 제일 저렴한 편이다.
- 주물의 표면이 단단하며, 녹이 슬지 않고 칠이 잘 된다.
- 마찰 저항이 우수하고 절삭 가공이 쉽다.
- 인장 강도, 굽힘 강도, 충격값은 작으나 압축강도는 크다.

07

금속재료 중 주석, 아연, 납, 안티몬의 합금으로 주성분인 주석과 구리, 안티몬을 함유한 것은 베빗메탈이라고도 하는 것은?

① 켈밋　　　　　② 합성수지
③ 트리메탈　　　④ 화이트메탈

해설및용어설명ㅣ 화이트메탈
융점이 낮고 부드러우며 마찰이 적어 베어링에 많이 사용
- 주석계 화이트메탈 : 배빗(Babbit) 메탈이 대표적이며, 고속 고하중용 베어링에 사용
- 납계 화이트메탈 : 루기(Lurgi) 메탈, 반(Bahn) 메탈, 주석계와 비슷하나 피로강도가 낮음

08

경질이고 내열성이 있는 열경화성 수지로서 전기기구, 기어 및 프로펠러 등에 사용되는 것은?

① 아크릴수지　　② 페놀수지
③ 스틸렌수지　　④ 폴리에틸렌

해설및용어설명ㅣ
- 열경화성(열에 의해 경화되는 수지) : 페놀수지, 요소수지, 멜라민수지, 규소수지, 폴리에스테르수지
- 열가소성(열에 의해 부드러워지는 수지) : 스틸렌수지, 염화비닐, 초산비닐, 폴리에틸렌, 아크릴수지

09

주조경질 합금 중 상온에서 고속도강보다 경도가 낮고 고온에서는 경도가 높으며 단조나 열처리가 되지 않는 것은?

① 서멧(Cermet) ② 세라믹(Ceramic)
③ 다이아몬드(Diamond) ④ 스텔라이트(Stellite)

해설및용어설명 | 공구재료 종류
- 탄소공구강 : 탄소량 0.6 ~ 1.5% 함유한 고품질의 탄소강
- 고속도강 : 텅스텐(W), 크롬(Cr), 바나듐(V), 코발트(Co) 등의 원소를 함유하는 합금강
- 소결초경합금 : W, Ti, Ta, Mo 등의 경질합금 탄화물 분말을 Co, Ni을 경합제로 하여 1,400℃ 이상의 고온으로 가열하면서 프레스로 소결 성형한 절삭공구
- 주조경질합금 : 스텔라이트가 대표적이며, 주성분은 W, Cr, Co, Fe
- 서멧 : 세라믹스와 금속의 합성어로, TiC를 주체로 하고 TiN, TiCN 등의 탄화물을 초미립화하여 소결시킨 합금

10

그림에서 마텐자이트 변태가 가장 빠른 곳은?

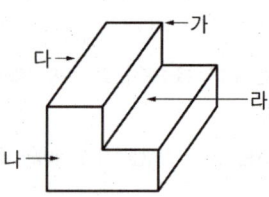

가 : 꼭지점, 나 : 평면, 다 : 모서리, 라 : 요철부

① 가 ② 나
③ 다 ④ 라

해설및용어설명 | 열 발산 방향이 많을수록 냉각속도가 빠르므로 꼭지점 부분이 마텐자이트 변태가 가장 빠르다.

11

아공석강의 기계적 성질 중 탄소함유량이 증가함에 따라 감소하는 성질은?

① 연신율 ② 경도
③ 인장강도 ④ 항복강도

해설및용어설명 | 아공석강(0.02 ~ 0.8%C)에서 탄소함유량이 많아지면 펄라이트의 양이 증가하여 경도와 인장강도 및 항복강도가 증가하나 연신율은 감소한다.

12

초경합금에 대한 설명 중 틀린 것은?

① 경도가 HRC 50 이하로 낮다.
② 고온경도 및 강도가 양호하다.
③ 내마모성과 압축강도가 높다.
④ 사용목적, 용도에 따라 재질의 종류가 다양하다.

해설및용어설명 | 초경합금
금속 탄화물의 분말형의 금속원소를 프레스로 성형한 다음 이것을 소결하여 만든 합금이다. 높은 경도를 갖고 절삭공구, 다이스, 내열, 내마멸성이 요구되는 부품에 사용된다. 탄화물의 종류는 WC, TiC, TaC이 있다.

13

다음 중 알루미늄 합금(Alloy)의 종류가 아닌 것은?

① 실루민(Silumin)   ② Y 합금
③ 로엑스(Lo-Ex)   ④ 인코넬(Inconel)

해설 및 용어설명 | 알루미늄 합금
- 실루민 : Al에 12% Si를 가한 주물용 합금
- Y 합금 : Al - Cu 4% - Ni 2% - Mg 1.5%, 내열성을 필요로 하는 엔진의 피스톤이나 가솔린 엔진의 실린더 헤드 등에 쓰임
- 로엑스 : Al - Si합금에 Cu, Mg, Ni를 소량 첨가한 것
- ※ 인코넬 : 니켈을 주체로 하여 15%의 크로뮴, 6~10%의 철, 2.5%의 타이타늄, 1% 이하의 알루미늄·망가니즈·규소를 첨가한 내열합금

14

섬유 강화 금속 복합 재료의 기지 금속으로 가장 많이 사용되는 것으로 비중이 약 2.7인 것은?

① Na   ② Fe
③ Al   ④ Co

해설 및 용어설명 | 알루미늄(Al)
- 알루미늄(Al)은 규소 다음으로 지구상에 많이 존재하는 원소
- 가볍고(비중 2.7) 내식성이 좋아 다양하게 사용됨
- 용융점이 660℃인 은백색의 전연성이 좋은 금속
- 주조가 쉽고, 다른 금속과 합금이 잘되며, 상온 및 고온가공이 용이하여 압연품, 주물, 단조품으로 이용
- 섬유 강화 금속 복합 재료의 기지 금속으로 사용됨

15

열간가공이 쉽고 다듬질 표면이 아름다우며 용접성이 우수한 강으로 몰리브덴 첨가로 담금질성이 높아 각종 축, 강력볼트, 암, 레버 등에 많이 사용되는 강은?

① 크로뮴 - 몰리브덴강   ② 크로뮴 - 바나듐강
③ 규소 - 망간강   ④ 니켈 - 구리 - 코발트강

해설 및 용어설명 | 크로뮴 - 몰리브덴(Cr - Mo)강
- 니켈 : 크로뮴강에서 니켈 대신 몰리브데넘을 소량 첨가하여 강인성과 내식성을 향상시킨 저합금강
- 값이 비싼 니켈을 대신하기 위하여 개발
- 용접성이 우수, 경화능이 크고 뜨임, 메짐성도 적으며, 고온 가공성 우수
- 가공면이 깨끗하여 얇은 강판이나 관의 제조, 축, 강력볼트, 암 등에 많이 사용

16

다이캐스팅 알루미늄 합금으로 요구되는 성질 중 틀린 것은?

① 유동성이 좋을 것
② 금형에 점착성이 좋을 것
③ 열간 취성이 적을 것
④ 응고수축에 대한 용탕 보급성이 좋을 것

해설 및 용어설명 | 다이캐스팅용 합금으로 요구되는 성질
- 유동성이 좋을 것
- 금형 충진성이 좋을 것
- 금형에서 잘 떨어질 것
- 응고수축에 대한 용탕 보급이 좋을 것
- 메짐성이 적을 것

17

공석강을 오스템퍼링 하였을 때 나타나는 조직은?

① 베이나이트   ② 솔바이트
③ 오스테나이트 ④ 시멘타이트

해설및용어설명 | 강도와 인성이 높은 베이나이트 조직을 얻기 위해 오스템퍼링 열처리를 한다.

18

다음 중 주조상태의 주강품 조직이 거칠고 취약하기 때문에 반드시 실시해야 하는 열처리는?

① 침탄   ② 풀림
③ 질화   ④ 금속침투

해설및용어설명 | 열처리의 종류

- 풀림 : 금속 재료를 적당한 온도로 가열한 다음 서서히 상온으로 냉각시키는 조작으로 경화된 재료를 연화시키거나 내부 응력을 제거하기 위함
- 뜨임 : 담금질(강도와 경도 증가)한 금속 재료에 강인성이나 더 높은 경도를 부여하기 위해 적당한 온도로 다시 가열했다가 공기 중에서 서서히 냉각시키는 열처리 방법
- 불림 : 강의 조직을 표준상태로 하기 위하여 변태점 이상의 적당한 온도로 가열한 후 대기 중에서 냉각하는 열처리
- 담금질 : 고온으로 가열한 후 물이나 기름을 이용하여 급랭시켜 필요한 성질을 부여하는 열처리 방법

19

다음 제시된 황동의 종류 중 Zn의 함량이 40%가 아닌 황동은?

① 네이벌 황동   ② 고강도 황동
③ 톰백   ④ 문쯔메탈

해설및용어설명 | 황동과 특수 황동의 종류와 용도

- 황동의 종류와 용도

종류	주요 특징 및 용도
톰백 (Tombac)	• 5~20% Zn을 첨가한 황동(저아연 합금을 총칭하여 톰백이라고 한다) • 전연성이 좋고 색깔이 금색에 가까워 모조금, 장식용 악기에 사용
7-3 황동 (Cartridge Brass)	• 70% Cu-30% Zn 합금으로 가공용 황동의 대표 • 연신율이 크고 냉간가공성이 좋아 판, 막대, 관, 선 등으로 널리 사용 • 자동차 방열기 부품, 전구 소켓, 계기 부품, 장식품, 탄피 등에 사용
6-4 황동 (Muntz Metal)	• 60% Cu-40% Zn 합금($\alpha + \beta$조직) • 7-3황동에 비해 전연성이 떨어지나 인장 강도가 높음 • 문쯔메탈 : Zn이 40% 내외인 황동. 강도를 요하는 기계구조용으로 사용

- 특수 황동의 종류와 용도

종류	주요 특징 및 용도
납 황동	• 황동에 0.6~4% 납(Pb)을 첨가하여 절삭성을 좋게 한 황동 • 쾌삭 황동, 하드브래스(Hard Brass)라고도 한다. 시계용 기어 부품에 사용
주석 황동	• 황동에 1% 주석(Sn)을 첨가하여 내식성을 개선한 황동 • 염류 수용액에 탈아연 부식을 방지 • 애드미럴티 황동 : 7-3 황동에 1% 주석 첨가. 내해수성이 우수. 열교환기에 사용 • 네이벌 황동 : 6-4 황동에 1% 주석 첨가. 내해수성 우수. 선박용 부품에 사용
알루미늄 황동	• 7-3 황동에 2% 알루미늄(Al)을 첨가하여 강도, 경도를 증가시킨 황동 • 알브락(Albrac) : 바닷물에 부식이 잘 되지 않음
니켈 황동	• 양은(양백, 백동) : 황동에 10~20% 니켈(Ni)을 첨가한 황동 • 색이 은(Ag)과 비슷하여 장식용, 악기, 식기 및 은 대용품으로 사용 • 탄성과 내식성이 좋아 탄성 재료, 화학 기계용 재료에 사용
고강도 황동	• 고강도 황동 : 6-4 황동에 Fe, Mn, Ni 등을 첨가하여 내해수성과 강도를 크게 증가시킨 황동 • 델타 메탈 : 6-4 황동에 1~2% Fe을 첨가하여 내식성과 강도를 증가, 광산기계에 사용

20

노 내에서 페로 실리콘(Fe - Si), 알루미늄(Al) 등의 강탈산제를 첨가하여 충분히 탈산시킨 것으로서, 표면에 헤어 크랙이 생기기 쉬우며 상부에 수축관이 생기기 쉬운 강괴는?

① 킬드강
② 림드강
③ 세미킬드강
④ 캡트강

해설및용어설명 |

- 탈산정도에 따른 강의 종류
  - 킬드강 : 규소 또는 알루미늄과 같은 강한 탈산제로 탈산한 강
  - 림드강 : 용강의 탈산정도가 낮은 것으로, 강괴는 주형에 접촉하여 급랭된 곳은 치밀한 조직이 되지만, 내부는 가스를 함유한 덩어리이며, 강괴 단면에 녹이 낀 것 같은 모습이다.
  - 세미킬드강 : 탈산의 정도가 킬드강과 림드강의 중간에 위치하는 철강
- 헤어 크랙
  강재의 마무리 면에 발생하는 미세한 균열을 말한다. 그 크기가 모발과 같이 미세하기 때문에 붙은 이름이다. 헤어 크랙은 또 「백점」이라고도 한다. 헤어 크랙을 검출하기 위해서는 보통 매크로 에칭이 이용된다.

21

그림과 같은 도면에서 지름 3mm 구멍의 수는 모두 몇 개인가?

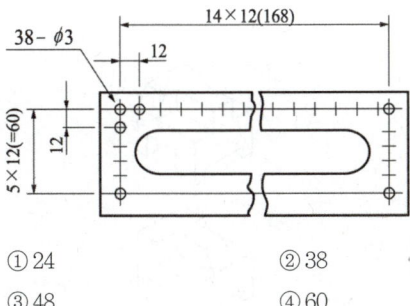

① 24
② 38
③ 48
④ 60

해설및용어설명 | 38 - φ3 : 지름이 3mm인 구멍이 38개

22

다음 도면은 3각법에 의한 정면도와 평면도이다. 우측면도를 완성한 것은?

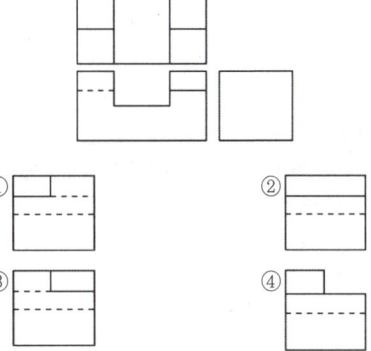

23

여러 각도로 기울어진 면의 치수를 기입할 때 일반적으로 잘못 기입된 치수는?

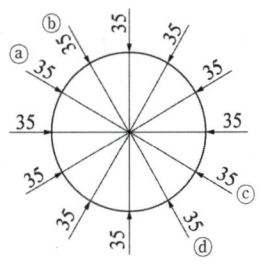

① ⓐ
② ⓑ
③ ⓒ
④ ⓓ

24

다음 중 동일한 도면 내에서 사용하는 가는 선, 굵은 선, 아주 굵은 선의 비율을 나타내는 것으로 옳은 것은?

① 1:2:4
② 1:3:6
③ 1:4:8
④ 1:5:10

해설 및 용어설명 | 선의 굵기 비율
같은 선이라도 도형의 크기에 따라 굵기를 선택하나, 동일 도면 내에서는 선 굵기 비율에 따라 나타낸다.
• 가는 선 : 굵은 선 : 아주 굵은 선 = 1 : 2 : 4

25

나사 표기가 다음과 같이 나타날 때 설명으로 틀린 것은?

$$Tr40 \times 14(P7)LH$$

① 호칭지름은 40mm이다.
② 피치는 14mm이다.
③ 왼 나사이다.
④ 미터 사다리꼴 나사이다.

해설 및 용어설명 |
• Tr : 미터 사다리꼴 나사
• 40 : 호칭지름 40mm
• 14 : 리드의 길이 14mm
• LH : 왼 나사

26

기계제도에서 도면에 치수를 기입하는 방법에 대한 설명으로 틀린 것은?

① 길이는 원칙으로 mm의 단위로 기입하고, 단위 기호는 붙이지 않는다.
② 치수의 자릿수가 많을 경우 세 자리마다 콤마를 붙인다.
③ 관련 치수는 되도록 한 곳에 모아서 기입한다.
④ 치수는 되도록 주 투상도에 집중하여 기입한다.

해설 및 용어설명 | 치수기입하는 방법
치수의 자릿수가 많은 경우에는 단위를 바꾸거나 척도를 이용하여 최대한 간단하게 표기한다.

27

다음 그림은 제3각법으로 제도한 것이다. 이 물체의 등각투상도로 알맞은 것은?

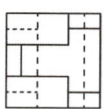

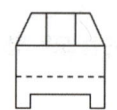 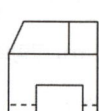

① 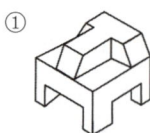 ②

③ 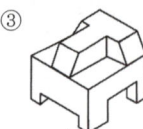 ④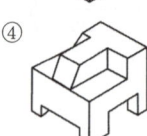

정답: 24 ① 25 ② 26 ② 27 ③

28

스프링의 제도에 관한 설명으로 틀린 것은?

① 코일 스프링은 일반적으로 하중이 걸리지 않은 상태로 그린다.
② 코일 스프링에서 특별한 단서가 없으면 오른쪽을 감은 스프링을 의미한다.
③ 코일 스프링에서 양 끝을 제외한 동일 모양 부분의 일부를 생략할 때는 생략하는 부분의 선 지름의 중심선을 가는 1점 쇄선으로 나타낸다.
④ 스프링의 종류와 모양만을 간략도로 나타내는 경우에는 스프링 재료의 중심선만을 가는 실선으로 그린다.

해설및용어설명 | 코일 스프링 제도방법

- 무하중 상태에서 그리는 것을 원칙으로 한다. 하중이 걸린 상태에서 그린 경우에는, 치수를 기입할 때, 그때의 하중을 기입한다.
- 하중과 높이(또는 길이) 또는 처짐과의 관계를 표시할 필요가 있을 때에는 선도(Diagram) 또는 표로 나타낸다. 또 선도로 표시하는 경우에는 하중과 높이(또는 길이) 또는 처짐을 표시하는 좌표축과 그 관계를 표시하는 선은 스프링의 모양을 나타내는 선과 같은 굵은 실선으로 그린다.
- 그림에서 단서가 없는 코일 스프링이나 벌류트 스프링은 모두 오른쪽으로 감은 것으로 나타낸다. 왼쪽으로 감은 경우에는 "감김 방향 왼쪽"이라고 표시한다.
- 그림 안에 기입하기 힘든 사항은 일괄하여 요목표에 기입한다.

29

리벳의 호칭 길이를 가장 올바르게 도시한 것은?

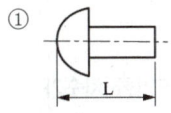 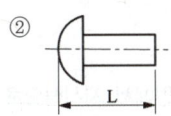
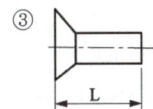 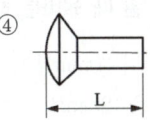

해설및용어설명 | 리벳의 호칭길이는 접시머리 리벳만 머리를 포함하고 다른 리벳은 머리를 포함하지 않는다.

30

제3각법으로 표시된 다음 정면도와 우측면도에 가장 적합한 평면도는?

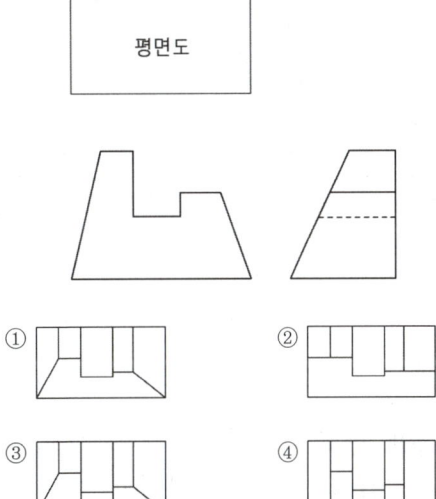

31

보조 투상도의 설명 중 가장 옳은 것은?

① 복잡한 물체를 절단하여 그린 투상도
② 그림의 특정 부분만을 확대하여 그린 투상도
③ 물체의 경사면에 대응하는 위치에 그린 투상도
④ 물체의 홈, 구멍 등 투상도의 일주를 나타낸 투상도

해설및용어설명 |

- 복잡한 물체를 절단하여 그린 투상도 : 단면도
- 그림의 특정 부분만을 확대하여 그린 투상도 : 확대도, 상세도
- 물체의 홈, 구멍 등 투상도의 일부를 나타낸 투상도 : 국부투상도

32

그림과 같은 용접부의 용접 지시기호로 옳은 것은?

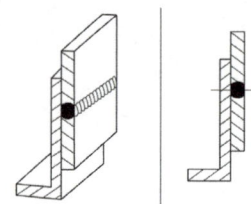

①
② ○
③ ———
④ ▭

해설및용어설명 |
① 심 용접
② 스폿 용접(점 용접)
③ 평면 다듬질
④ 플러그 용접

33

구멍 80에 대해 h5, h6, h7, h8 끼워 맞춤공차를 적용할 때, 치수공차 값이 가장 작은 것은?

① h5
② h6
③ h7
④ h8

해설및용어설명 | 치수공차
- H(대문자) : 구멍기준, 암나사
- h(소문자) : 축기준, 수나사
※ 같은 문자이면 숫자가 작을수록 치수공차 값이 작아진다.

34

치수 배치 방법 중 치수 공차가 누적되어도 좋은 경우에 사용하는 방법은?

① 누진치수 기입법
② 직렬치수 기입법
③ 병렬치수 기입법
④ 좌표치수 기입법

해설및용어설명 | 직렬치수 기입법
직렬로 나란히 연결된 개개의 치수에 주어진 치수 공차가 축차로 누적되어도 좋은 경우에 사용한다. 철골 구조물 설계에 쓰인다.

35

도면에서 A3 제도 용지의 크기는?

① 841×1,189
② 594×841
③ 420×594
④ 297×420

해설및용어설명 |

용지크기의 호칭		A0	A1	A2	A3	A4
axb		1,189×841	841×594	594×420	420×297	297×210
도면의 테두리	c(최소)	20	20	10	10	10
	d(최소) 철하지 않을 때	20	20	10	10	10
	철할 때	25	25	25	25	25

36

기계가공 도면에서 지시선으로 인출하여 표기한 치수가 "30-φ12드릴"일 때 올바른 해독은?

① 구멍의 지름이 30mm이며, 구멍의 수가 12개이다.
② 구멍의 지름을 12mm로 하며, 30mm 깊이까지 드릴 작업한다.
③ 구멍의 지름이 12mm이며, 구멍의 수가 30개이다.
④ 구멍의 지름을 30mm로 하며, 12mm 깊이까지 드릴 작업한다.

해설및용어설명 | "30-φ12드릴" 지름이 12mm인 구멍이 30개이다.

32 ① 33 ① 34 ② 35 ④ 36 ③

37

관용 테이퍼 나사 중 테이퍼 수나사를 나타내는 표시 기호로 옳은 것은?

① G ② R
③ Rc ④ Rp

해설및용어설명 |
① G : 관용 평행 나사
③ Rc : 관용 테이퍼 나사(테이퍼 암나사)
④ Rp : 관용 테이퍼 나사(평행 암나사)

38

나사의 유효지름 측정과 관련이 없는 것은?

① 나사 마이크로미터 ② 삼침법
③ 공구현미경 ④ 센터게이지

해설및용어설명 | 나사의 유효지름 측정법의 종류
- 삼침법에 의한 방법
- 공구 현미경에 의한 방법
- 나사마이크로미터에 의한 방법

39

도면 부품란에 "SM45C"로 기입되어 있을 때 어떤 재료를 의미하는가?

① 탄소 주강품 ② 용접용 스테인리스 강재
③ 회주철품 ④ 기계 구조용 탄소 강재

해설및용어설명 | SM45C 해석
- SM(기계 구조용)
- 45C(탄소함유량 0.45%인 탄소 강재)

40

그림에서 나타난 용접기호의 의미는?

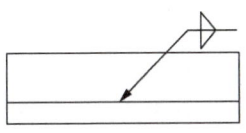

① 플래어 K형 용접 ② 양쪽 필릿 용접
③ 플러그 용접 ④ 프로젝션 용접

해설및용어설명 | 위 도시 기호는 양쪽 필릿 용접을 나타낸다.

41

스프로킷 휠의 도시방법에 대한 설명 중 옳은 것은?

① 스프로킷의 이끝원은 가는 실선으로 그린다.
② 스프로킷의 피치원은 가는 2점 쇄선으로 그린다.
③ 스프로킷의 이뿌리원은 가는 실선으로 그린다.
④ 축의 직각 방향에서 단면을 도시할 때 이뿌리선은 가는 실선으로 그린다.

해설및용어설명 | 스프로킷 휠의 도시방법
- 우측면도의 바깥지름(이끝원)은 굵은 실선, 피치원은 가는 1점 쇄선, 이골원(이뿌리원)은 가는 실선, 또는 굵은 파선으로 표시하나 이골원은 기입을 생략할 수 있다.
- 축에 직각인 방향에서 본 그림(정면도)을 단면으로 도시할 때에는 이골의 선은 굵은 실선으로 기입한다.

42

기준원 위에서 원판을 굴릴 때 원판 위의 1점이 그리는 궤적으로 나타내는 것은?

① 쌍곡선
② 포물선
③ 인벌류트 곡선
④ 사이클로이드 곡선

해설및용어설명 |
- 사이클로이드 곡선 : 작은 구름원이 피치원의 바깥둘레(외측)를 미끄럼 없이 굴러갈 때 구름 원주상의 한 점이 그리는 궤적
- 인벌류트 곡선 : 원통 면(기초원)에 실을 감아서 팽팽하게 잡아당기면서 풀어나갈 때 실의 한 점이 그리는 궤적

43

다음 중 전동용 기계요소에 해당하는 것은?

① 볼트와 너트
② 리벳
③ 체인
④ 핀

해설및용어설명 |
- 전동용 요소 : 스프로킷, 체인, v 벨트, 기어 등
- 체결용 요소 : 볼트와 너트, 리벳, 핀 등

44

다음 중 자동하중 브레이크에 속하지 않는 것은?

① 원추 브레이크
② 웜 브레이크
③ 캠 브레이크
④ 원심 브레이크

해설및용어설명 | 자동하중 브레이크
웜 브레이크, 나사 브레이크, 원심 브레이크, 전자 브레이크, 캠 브레이크

45

볼트의 머리가 조립부분에서 밖으로 나오지 않아야 할 때, 사용하는 볼트는?

① 아이 볼트
② 나비 볼트
③ 기초 볼트
④ 육각 구멍붙이 볼트

해설및용어설명 |
- 육각 구멍붙이 볼트 : 볼트의 머리를 원통형으로 하고, 머리 가운데에 육각 렌치를 넣고 죌 수 있는 구멍이 있는 볼트다. 볼트 재질로는 강도가 우수한 합금강(SCM435)이 사용된다.
- 나비 볼트 : 볼트의 머리부를 나비 모양으로 만들어 스패너 없이 손으로 조이거나 풀 수 있어, 별도의 공구 없이 손으로 탈착이 가능하다.
- 기초 볼트 : 기계, 구조물 등을 콘크리트 기초에 고정시키기 위하여 사용하는 볼트이다.
- 아이 볼트 : 볼트의 머리부에 핀을 끼울 구멍이 있어 자주 탈착하는 뚜껑의 결합에 사용된다.

46

나사가 축을 중심으로 한 바퀴 회전할 때 축 방향으로 이동한 거리는?

① 피치
② 리드
③ 리드각
④ 백래쉬

해설및용어설명 | 나사 곡선을 따라 축의 둘레를 한 바퀴 회전하였을 때 축 방향으로 이동하는 거리를 리드(Lead) l 이라 하고, 서로 인접한 나사산과 나사산 사이의 축방향의 거리를 피치(Pitch) p 라 한다.

$l = n \times p$

- l : 리드(1회전 시 이동한 거리)
- n : 줄수
- p : 피치

47

표면의 줄무늬 방향기호에 대한 설명으로 맞는 것은?

① X : 가공에 의한 컷의 줄무늬 방향이 투상면에 직각
② M : 가공에 의한 컷의 줄무늬 방향이 투상면에 평행
③ C : 가공에 의한 컷의 줄무늬 방향이 중심에 동심원 모양
④ R : 가공에 의한 컷의 줄무늬 방향이 투상면에 교차 또는 경사

해설및용어설명 |

기호	커터의 줄무늬 방향	적용
⊥	투상면에 직각	선삭
=	투상면에 평행	셰이핑
X	투상면에 경사지고 두 방향으로 교차	호닝
C	중심에 대하여 동심원	끝면절삭
M	여러 방향으로 교차되거나 무방향	밀링, 래핑
R	중심에 대하여 레이디얼 모양	일반적인 가공

48

볼트 너트의 풀림 방지 방법 중 틀린 것은?

① 로크 너트에 의한 방법
② 스프링 와셔에 의한 방법
③ 플라스틱 플러그에 의한 방법
④ 아이 볼트에 의한 방법

해설및용어설명 | 너트의 풀림 방지법

- 스프링 와셔, 이붙이 와셔, 갈퀴붙이 와셔, 혀붙이 와셔 등이 있음
- 로크 너트의 의한 방법
- 고정핀이나 분할핀을 이용하는 방법
- 플라스틱 플러그에 의한 방법

49

다음 중 하중의 크기 및 방향이 주기적으로 변화하는 하중으로서 양진하중을 말하는 것은?

① 집중 하중
② 분포 하중
③ 교번 하중
④ 반복 하중

해설및용어설명 |
① 집중 하중 : 재료의 한점에 집중하여 작용하는 하중
② 분포 하중 : 재료의 어느 범위 내에 분포되어 작용하는 하중으로 하중의 분포 상태에 따라 균일 분포 하중과 불균일 분포 하중이 있음
④ 반복 하중 : 계속하여 반복 작용하는 하중으로 진폭이 일정하고 주기가 규칙적인 하중

50

볼트와 너트의 풀림방지, 핸들을 축에 고정할 때 등 큰 힘을 받지 않는 가벼운 부품을 설치하기 위한 결합용 기계요소로 사용되는 것은?

① 키
② 핀
③ 코터
④ 리벳

해설및용어설명 |
① 키 : 기어, 풀리, 플라이휠, 커플링, 클러치 등의 회전체를 고정시켜 회전 운동을 전달.
③ 코터 : 축방향으로 인장 혹은 압축이 작용하는 두 축을 연결하는 데 쓰이며 분해 가능
④ 리벳 : 보일러, 철교, 구조물, 탱크와 같은 영구 결합에 널리 쓰임

51

일반 스퍼기어와 비교한 헬리컬 기어의 특징에 대한 설명으로 틀린 것은?

① 임의의 비틀림 각을 선택할 수 있어서 축 중심거리의 조절이 용이하다.
② 물림 길이가 길고 물림률이 크다.
③ 최소 잇수가 적어서 회전비를 크게 할 수 있다.
④ 추력이 발생하지 않아서 진동과 소음이 적다.

해설및용어설명 | 헬리컬 기어는 구동할 때 추력이 발생하므로 보통 더블 헬리컬 기어를 사용한다.

52

맞물린 한 쌍의 인벌류트 기어에서 피치원의 공통접선과 맞물리는 부위에 힘이 작용하는 작용선이 이루는 각도를 무엇이라고 하는가?

① 중심각 ② 접선각
③ 전위각 ④ 압력각

해설및용어설명 | 압력각
인벌류트 기어에서 작용선과 피치점을 지나고 두 기어의 피치원에 공통으로 접하는 직선이 이루는 각도, 기어 잇면의 한 점에서 그 반지름 선과 피치원에서의 접선이 이루는 각을 말하며 표준 인벌류트 치형의 압력각은 20°이다.

53

컴퓨터에서 CPU와 주기억장치 간의 데이터 접근 속도 차이를 극복하기 위해 사용하는 고속의 기억장치는?

① Cache Memory ② Associative Memory
③ Destructive Memory ④ Nonvolatile Memory

해설및용어설명 | 캐시 메모리(Cache Memory)
중앙처리장치(CPU)와 주기억장치 사이에서 원활한 정보의 교환을 위하여 주기억장치의 정보를 일시적으로 저장하는 고속 기억장치이다.

54

두 축이 평행하고 거리가 아주 가까울 때 각속도의 변동 없이 토크를 전달할 경우 사용되는 커플링은?

① 고정 커플링(Fixed Coupling)
② 플렉시블 커플링(Flexible Coupling)
③ 올덤 커플링(Oldham's Coupling)
④ 유니버설 커플링(Universal Coupling)

해설및용어설명 | 커플링 종류
• 올덤 커플링 : 두 축이 평행하고 축의 중심선이 약간 어긋났을 때, 각속도의 변동 없이 토크를 전달하는 데 사용하는 축 이음이다.
• 고정식 커플링 : 두 축이 동일선상에 있다.
• 플랜지 커플링 : 주철 또는 주강재의 플랜지를 축에 억지 끼워 맞춤을 하거나 키로 결합시킨 후 두 플랜지를 볼트로 체결한 것이다.
• 플랙시블 커플링 : 두 축 사이에 약간의 상호 이동을 허용할 수 있다. 축 이음으로 기어형 축 이음, 체인 축 이음, 그리드형 축 이음, 고무 축 이음 등이 있다.

55

애크미 나사라고도 하며 나사산의 각도가 인치계에서는 29°이고, 미터계에서는 30°인 나사는?

① 사다리꼴 나사 ② 미터 나사
③ 유니파이 나사 ④ 너클 나사

해설및용어설명 |
② 미터 나사 : 나사산의 각도가 60°인 삼각 나사의 일종이다.
③ 유니파이 나사 : ABC나사라고도 하며 나사산이 삼각형인 삼각 나사로, 나사산의 각도는 미터 나사와 같은 60°로 되어 있지만, 인치 나사로 ISO에 규격화되어 있는 나사. 유니파이 보통 나사(UNC)와 유니파이 가는 나사(UNF)로 분류된다.
④ 너클 나사(둥근 나사) : 나사산의 단면이 원호 모양으로 되어 있는 형태의 나사로서, 모난 곳이 없으므로 먼지나 가루 등이 나사부에 끼이기 쉬운 곳에 사용된다.

정답 51 ④ 52 ④ 53 ① 54 ③ 55 ①

56

다음 V-벨트의 종류 중 단면의 크기가 가장 작은 것은?

① M형 ② A형
③ B형 ④ D형

해설및용어설명 |

단면형상	종류	α (mm)	h (mm)	θ (°)	단면적 (mm²)	인장 강도 (kN)	허용 장력 (N)
	M	10.0	5.5	40	44	1.2 이상	78
	A	12.5	9.0	40	83	2.4 이상	147
	B	16.5	11.0	40	137	3.5 이상	235
	C	22.0	14.0	40	237	5.9 이상	392
	D	31.5	19.0	40	467	10.8 이상	843
	E	38.0	24.0	40	732	14.7 이상	1,176

57

전달마력 30kW, 회전수 200rpm인 전동축에서 토크 T는 약 몇 N·m인가?

① 107 ② 146
③ 1,070 ④ 1,430

해설및용어설명 | 토크

$$T = 9,549.3 \times \frac{H\text{kW}}{N\text{rpm}} \text{ N·m} = 9,549.3 \times \frac{30}{200} = 1,432.4 \text{ N·m}$$

58

3차원의 기하학적 형상 모델링의 종류가 아닌 것은?

① 솔리드 모델링 ② 서피스 모델링
③ 와이어프레임 모델링 ④ 어셈블리 모델링

해설및용어설명 | 3차원의 기하학적 형상 모델링

- 솔리드 모델링
- 와이어프레임 모델링
- 서피스 모델링

59

정육면체, 실린더 등 기본적인 단순한 입체의 조합으로 복잡한 형상을 표현하는 방법은?

① B-rep 모델링 ② CSG 모델링
③ Parametric 모델링 ④ 분해 모델링

해설및용어설명 |

- CSG(Constructive Solid Geometry)방식 : CSG는 복잡한 형상을 단순한 형상(Primitive : 구, 실린더, 직육면체, 원추 등)의 조합으로 표현한다. 여기서 불리언 연산자(합, 차, 적)를 사용한다.
- B-rep(Boundary Representation)방식 : 형상을 구성하고 있는 정점, 면, 모서리가 어떠한 관계를 가지는가에 따라 표현하는 방법이다.

60

byte로 1mb를 표시할 때 2의 몇 제곱으로 표시해야 하는가?

① 2^{10}byte ② 2^{20}byte
③ 2^{30}byte ④ 2^{40}byte

해설및용어설명 |

- 1KB = 2^{10}byte
- 1MB = 2^{20}byte
- 1GB = 2^{30}byte
- 1TB = 2^{40}byte
- 1PB = 2^{50}byte

정답 56 ① 57 ④ 58 ④ 59 ② 60 ②

CBT 복원문제 2025 * 1

*2016년 5회부터 CBT(컴퓨터 기반 시험)방식으로 변경되어 문제가 공개되지 않아 복원된 문제가 일부 상이할 수 있습니다.

01
도면 구역(grid) 번호로 사용하지 않는 문자는?

① Z ② X
③ K ④ I

해설 및 용어설명 | 그리드 번호는 혼동을 피하려 I와 O를 건너뛰며, X·Y·Z·K는 사용 가능하다.

02
데이텀을 생략하고도 기입할 수 있는 기하공차는?

① 선의 윤곽도 ② 원주 흔들림 공차
③ 위치도 ④ 대칭도

해설 및 용어설명 | 윤곽 공차(프로파일)는 '형상 공차'에 속해 기준(데이텀) 없이도 허용된다. 위치·대칭 공차는 '자세 공차'라 반드시 데이텀이 필요

03
기계요소 분류로 맞는 설명은?

① 클러치·브레이크— 제동·완충
② 나사·볼트·키— 결합용
③ 직접요소— 윤활
④ 간접요소— 회전전달

해설 및 용어설명 | 기계요소 대분류
- 결합·체결 요소: 나사·볼트·너트·리벳·키·핀·코터(분리/비분리형)
- 동력 전달·제어 요소: 기어·벨트·체인·클러치·브레이크(제동·단속)
- 완충·지지 요소: 스프링·댐퍼·베어링

04
가공 전·후 상태를 나타내는 선 종류로 옳은 것은?

① 굵은 1점 쇄선 ② 굵은 2점 쇄선
③ 실선 ④ 가는 파선

해설 및 용어설명 | 선종류 요약(KS B 0001)
- 가공 전·후·제거 부분 → 굵은 2점 쇄선
- 중심선 → 가는 1점 쇄선
- 절단선·가상 이동 → 가는 2점 쇄선

05
두 축이 서로 평행도 교차도 하지 않을 때 쓰는 기어는?

① 스퍼 기어 ② 헬리컬 기어
③ 베벨 기어 ④ 하이포이드 기어

해설 및 용어설명 | 축 관계 vs 기어 종류
- 평행 → 스퍼·헬리컬·더블헬리컬
- 교차 → 베벨(직선·스파이럴)
- 비평행·비교차 → 하이포이드; 축이 서로 어긋나 감마(γ)각 형성

정답 01 ④ 02 ① 03 ② 04 ② 05 ④

06
평벨트를 V-벨트 풀리로 감을 때 접촉각을 늘리기 위한 장치는?

① 아이들러 풀리 ② 림
③ 허브 ④ 스포크

해설및용어설명 | 아이들러(idler) 풀리를 추가해 벨트의 궤적을 바꿔 접촉각을 증가시킨다. 림·허브·스포크는 풀리 자체 구성부

07
반복 측정으로 평균을 취해 줄일 수 있는 오차는?

① 측정기 오차 ② 우연 오차
③ 시차 오차 ④ 개인 오차

해설및용어설명 | 우연 오차는 반복·통계로 감소시킬 수 있으나 측정기·시차·개인 오차는 체계적이므로 별도 보정이 필요

08
탄소강에서 탄소 함유량 증가 시 변하는 기계적 성질로 옳은 것은?

① 인장강도↑, 경도↑ ② 인장강도↑, 경도↓
③ 인장강도↓, 경도↑ ④ 인장강도↓, 경도↓

해설및용어설명 |
C↑ → 시멘타이트↑ → 강도·경도 상승, 연성·인성 감소

09
알루미늄 합금 기호 ALDC1은 무엇을 의미하는가?

① Al-Si 다이캐스트 합금 ② Al-Cu 주조 합금
③ Al-Mg 가공성 합금 ④ Al-Zn-Mg 열처리 합금

해설및용어설명 | ALDC는 Aluminium Die-Casting Si 계열(Si ≈ 11%)로, 'C1'은 Si가 비교적 낮은 범위를 뜻한다.

10
훅(Hooke)의 법칙 $\sigma = \square \varepsilon$ 에서 □에 들어갈 값은?

① 탄성계수(E) ② 전단계수(G)
③ 포아송비(ν) ④ 열팽창계수(α)

해설및용어설명 | 인장·압축 선형 탄성 구간은 E(Young's Modulus)·변형률 관계로 정의된다.

11
물체를 수직단면으로 절단하여 그림과 같이 조합하여 그릴 수 있는데, 이러한 단면도를 무슨 단면도라고 하는가?

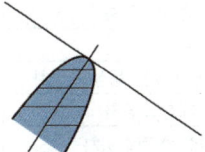

① 온 단면도 ② 한쪽 단면도
③ 부분 단면도 ④ 회전도시 단면도

해설및용어설명 | 단면도의 종류
- 온 단면도 : 물체를 반으로 절단하여 물체의 기본적인 특징을 가장 잘 나타낼 수 있도록 단면 모양을 그리는 것
- 한쪽 단면도 : 상하 또는 좌우가 대칭의 물체를 중심선을 기준으로 내부 모양과 외부 모양을 동시에 표현하는 방법
- 부분 단면도 : 일부분을 잘라내고 필요한 내부 모양을 그리기 위한 방법
- 조합 단면도 : 조합 단면도는 2개 이상의 절단면에 의한 단면도를 조합하여 그리는 투상도로, 복잡한 물체의 투상도 수를 줄이기 위한 목적으로 사용한다.
- 회전도시 단면도 : 핸들, 벨트 풀리, 기어 등과 같은 바퀴의 암, 리브, 후크, 축과 주로 구조물에 사용하는 형강 등 투상법으로 표시하기 어려운 경우 단면으로 물체를 절단하여 90°로 회전시켜 도시하는 방법

12

기하 공차의 종류별 표시 기호가 모두 올바르게 표시된 것은?

① 평면도 : ——, 진직도 : ⊥, 동심도 : ◎, 진원도 : ⌖
② 평면도 : ——, 진직도 : ∠, 동심도 : ○, 진원도 : ⌖
③ 평면도 : ▱, 진직도 : ⊥, 동심도 : ⌖, 진원도 : ○
④ 평면도 : ▱, 진직도 : ——, 동심도 : ◎, 진원도 : ○

해설및용어설명 | 기하공차의 종류 및 기호

공차의 종류		기호
모양 공차	진직도 공차	——
	평면도 공차	▱
	진원도 공차	○
	원통도 공차	⌭
	선의 윤곽도 공차	⌒
	면의 윤곽도 공차	⌓
자세 공차	평행도 공차	//
	직각도 공차	⊥
	경사도 공차	∠
위치 공차	위치도 공차	⌖
	동축도 공차 또는 동심도 공차	◎
	대칭도 공차	≡
흔들림 공차	원주 흔들림 공차	↗
	온 흔들림 공차	↗↗

13

도면의 척도값 중 실제 형상을 확대하여 그리는 것은?

① 2 : 1
② 1 : $\sqrt{2}$
③ 1 : 1
④ 1 : 2

해설및용어설명 | 척도
A(도면에서의 크기) : B(물체의 실제 크기)
• 축척 : 실물보다 작게 그린 경우의 척도 예) 1 : 2, 1 : 5, 1 : 10
• 현척 : 실물과 같은 크기로 그린 경우의 척도 예) 1 : 1
• 배척 : 실물보다 크게 그린 경우의 척도 예) 2 : 1, 5 : 1, 10 : 1

14

핀(Pin)의 종류에 대한 설명으로 틀린 것은?

① 테이퍼 핀은 보통 1/50 정도의 테이퍼를 가지며, 축에 보스를 고정시킬 때 사용할 수 있다.
② 평행 핀은 분해·조립하는 부품의 맞춤면의 관계 위치를 일정하게 할 필요가 있을 때 주로 사용된다.
③ 분할 핀은 한쪽 끝이 2가닥으로 갈라진 핀으로 축에 끼워진 부품이 빠지는 것을 막는 데 사용할 수 있다.
④ 스프링 핀은 2개의 봉을 연결하기 위해 구멍에 수직으로 판을 끼워 2개의 봉이 상대각운동을 할 수 있도록 연결한 것이다.

해설및용어설명 | 스프링 핀(Spring Pin)
스프링 핀은 세로 방향으로 갈라져 있으므로 바깥지름보다 작은 구멍에 끼워 넣고, 스프링의 작용을 할 수 있도록 하여 기계 부품을 결합하는 데 사용한다.

15

회전체의 균형을 좋게 하거나 너트를 외부에 돌출시키지 않으려고 할 때 주로 사용하는 너트는?

① 캡 너트
② 둥근 너트
③ 육각 너트
④ 와셔붙이 너트

해설및용어설명 |
• 둥근 너트 : 회전체의 균형을 좋게 하거나 너트를 외부에 돌출시키지 않으려고 할 때 주로 사용하며, 너트를 죄는 데는 특수한 스패너가 필요하다.
• 육각 너트 : 6각 모양으로 되어 있으며, 가장 널리 사용되는 너트이다. 6각 너트에는 너트의 호칭 높이가 호칭지름에 대하여 0.8배 이상인 너트(일반 6각 너트)와 0.8배 이하인 너트(6각 낮은 너트)가 있다.
• 와셔붙이 너트 : 너트의 밑면에 넓은 원형 플랜지가 붙어있는 와셔붙이 너트는 볼트 구멍이 큰 경우 또는 접촉하는 물체와의 접촉면적을 크게 함으로써 접촉 압력을 작게 하려고 할 때 주로 사용하며, 너트 하나로 와셔의 역할을 겸한 너트이다.
• 캡 너트 : 너트의 한쪽을 관통되지 않도록 만든 것으로 나사면을 따라 증기나 기름 등이 누출되는 것을 방지하는 부위 또는 외부로부터 먼지 등의 오염물 침입을 막는 데 주로 사용한다.

정답 12 ④ 13 ① 14 ④ 15 ②

16

다음은 무엇에 대한 설명인가?

> 2개의 축이 평행하지만 축 선의 위치가 어긋나 있을 때 사용하며, 한 개의 원판 앞뒤에 서로 직각 방향으로 키 모양의 돌기를 만들어 이것을 양 축 사이의 플랜지 사이에 끼워 놓아, 한쪽의 축을 회전시키면 중앙의 원판이 홈에 따라서 미끄러지며 다른 쪽의 축에 회전력을 전달시키는 축 이음 방법이다.

① 셀러 커플링
② 유니버셜 커플링
③ 올덤 커플링
④ 마찰 클러치

해설 및 용어설명 |

① 셀러 커플링 : 외통과 내통의 결합으로 구성되는 축 이음
② 유니버셜 커플링 : 두 축의 중심선이 어느 각도로 교차되고, 그 사이의 각도가 운전 중 다소 변하여도 자유로이 운동을 전달할 수 있는 축이음이다.
④ 마찰 클러치 : 두 개의 마찰면을 밀어 붙여 마찰면에 생기는 마찰력으로 동력을 전달하는 클러치로 원판 마찰 클러치와 원추 마찰 클러치가 있다.

17

애크미 나사라고도 하며 나사산의 각도가 인치계에서는 29°이고, 미터계에서는 30°인 나사는?

① 사다리꼴 나사
② 미터 나사
③ 유니파이 나사
④ 너클 나사

해설 및 용어설명 |

② 미터 나사 : 나사산의 각도가 60°인 삼각 나사의 일종이다.
③ 유니파이 나사 : ABC나사라고도 하며 나사산이 삼각형인 삼각 나사로, 나사산의 각도는 미터 나사와 같은 60°로 되어 있지만, 인치 나사로 ISO에 규격화되어 있는 나사. 유니파이 보통 나사(UNC)와 유니파이 가는 나사(UNF)로 분류된다.
④ 너클 나사(둥근 나사) : 나사산의 단면이 원호 모양으로 되어 있는 형태의 나사로서, 모난 곳이 없으므로 먼지나 가루 등이 나사부에 끼이기 쉬운 곳에 사용된다.

18

미터나사의 호칭지름은 수나사의 바깥지름을 기준으로 정한다. 이에 결합되는 암나사의 호칭지름은 무엇이 되는가?

① 암나사의 골지름
② 암나사의 안지름
③ 암나사의 유효지름
④ 암나사의 바깥지름

해설 및 용어설명 | 미터나사의 호칭지름은 수나사인 경우 바깥지름, 암나사인 경우 골지름이 된다.

• 호칭지름 : 치수를 대표하는 지름

19

다음 그림과 같은 양면 용접부 조합기호의 명칭으로 옳은 것은?

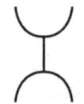

① 양면 V형 맞대기 용접
② 넓은 루트면이 있는 양면 V형 용접
③ 넓은 루트면이 있는 K형 맞대기 용접
④ 양면 U형 맞대기 용접

해설 및 용어설명 | 보기 기호는 양면 U형 맞대기 용접을 뜻한다.

20

제 3각법으로 투상한 그림과 같은 정면도와 우측면도에 적합한 평면도는?

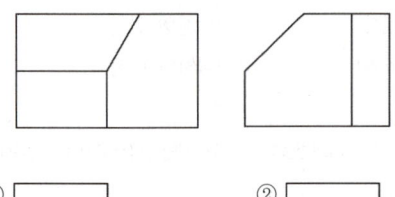

21

그림과 같은 치수 기입 방법은?

① 직렬 치수 기입법 ② 병렬 치수 기입법
③ 조합 치수 기입법 ④ 누진 치수 기입법

해설및용어설명 |
- 누진 치수 기입법 : 치수의 기준점에 기점기호를 기입하고 한 개의 연속된 누진 치수로 기입한 것
- 직렬 치수 기입법 : 한 지점에서 그 다음 지점까지의 치수를 각각 기입한 것
- 좌표 치수 기입법 : 위치를 나타내는 치수를 좌표에 따라 기입한 것
- 병렬 치수 기입법 : 기준면에서부터 각각의 지점까지의 치수를 기입한 것

22

구멍 $50^{+0.025}_{+0.009}$에 조립되는 축의 치수가 $50^{0}_{-0.016}$이라면 이는 어떤 끼워 춤인가?

① 구멍 기준식 헐거운 끼워맞춤
② 구멍 기준식 중간 끼워맞춤
③ 축 기준식 헐거운 끼워맞춤
④ 축 기준식 중간 끼워맞춤

해설및용어설명 |
- 헐거운 끼워맞춤 : 구멍의 최소 치수가 축의 최대 치수보다 큰 경우로서 항상 틈새가 생기는 상태를 말하며, 미끄럼 운동이나 회전 운동이 필요한 부품에 적용한다.
- 억지 끼워맞춤 : 구멍의 최대 치수가 축의 최소 치수보다 작은 경우로서 틈새가 없이 항상 죔새가 생기는 끼워맞춤을 말하며, 분해와 조립을 하지 않는 부품에 적용한다.
- 중간 끼워맞춤 : 부품의 기능과 역할에 따라 틈새 또는 죔새가 생기게 하는 끼워 맞춤으로 헐거운 끼워 맞춤이나 억지 끼워 맞춤을 얻을 수 없는 부품에 적용한다.
- 구멍 기준식 : 일정한 공차를 가진 기준 구멍(일반적으로 아래치수 허용차가 0)을 정하고 여기에 결합되는 상대방 축의 직경을 크거나 작게 한 여러 가지 조합으로 적용하는 끼워맞춤 방식
- 축 기준식 : 일정한 공차를 가진 축(일반적으로 위치수 허용차가 0)을 정하고 여기에 결합되는 상대방 구멍의 직경을 크거나 작게 한 여러 가지 조합으로 적용하는 끼워맞춤 방식

23

치수 배치 방법 중 치수 공차가 누적되어도 좋은 경우에 사용하는 방법은?

① 누진치수 기입법 ② 직렬치수 기입법
③ 병렬치수 기입법 ④ 좌표치수 기입법

해설및용어설명 | 직렬치수 기입법
직렬로 나란히 연결된 개개의 치수에 주어진 치수 공차가 축차로 누적되어도 좋은 경우에 사용한다. 철골 구조물 설계에 쓰인다.

24

그림과 같이 표면의 결 지시기호에서 각 항목에 대한 설명이 틀린 것은?

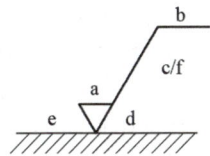

① a : 거칠기 값
② c : 가공 여유
③ d : 표면의 줄무늬 방향
④ f : R_a가 아닌 다른 거칠기 값

해설및용어설명 |

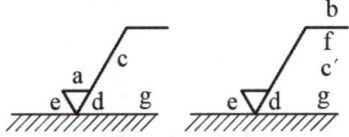

- a : R_a의 값(μm)
- b : 가공 방법, 표면처리
- c : 컷 오프값·평가 길이
- c' : 기준 길이·평가 길이
- d : 줄무늬 방향의 기호
- e : 기계가공 공차
- f : R_a 이외의 파라미터(t_p일 때에는 파라미터/절단 레벨)
- g : 표면 파상도(KS B ISO 4287에 따른다)
* 주 : a 또는 f 이외에는 필요에 따라 기입한다.

25

제품의 표면거칠기를 나타낼 때 표면 조직의 파라미터를 "평가된 프로파일의 산술 평균 높이"로 사용하고자 한다면 그 기호로 옳은 것은?

① R_t
② R_c
③ R_z
④ R_a

해설및용어설명 |

- 평가 프로파일의 산술 평균 높이(R_a) : 기준 길이 내에서 절대 세로 좌표값의 산술 평균 = 산술 평균 거칠기
- 프로파일의 최대 높이(R_z) : 기준 길이 내에서 최대 프로파일 산 높이와 최대 프로파일 골 깊이의 합 = 최대 높이 거칠기
- 프로파일 요소의 평균 높이(R_c) : 기준 길이 내에서 프로파일 요소 높이의 평균값

26

기어의 잇수는 31개, 피치원지름은 62mm인 표준 스퍼기어의 모듈은 얼마인가?

① 1
② 2
③ 4
④ 8

해설및용어설명 |

P.C.D(피치원 지름) = mZ에서,

$m = \dfrac{P.C.D}{Z} = \dfrac{62}{31} = 2$

정답 24 ② 25 ④ 26 ②

27

원통형 코일의 스프링 지수가 9이고, 코일의 평균 지름이 180mm이면 소선의 지름은 몇 mm인가?

① 9
② 18
③ 20
④ 27

해설및용어설명 |

스프링 지수$(C) = \dfrac{\text{코일의 평균지름}(D)}{\text{소선의 지름}(d)}$ 에서,

$d = \dfrac{D}{C} = \dfrac{180}{9} = 20[mm]$

28

인장강도가 750MPa인 용접 구조물의 안전율은?
(단, 허용응력은 250MPa이다)

① 3
② 5
③ 8
④ 12

해설및용어설명 | 안전율 $= \dfrac{\text{인장강도}}{\text{허용응력}} = \dfrac{750MPa}{250MPa} = 3$

29

속도비가 1/3이고, 원동차의 잇수가 25개, 모듈이 4인 표준 스퍼 기어의 외접 연결에서 중심거리는?

① 75mm
② 100mm
③ 150mm
④ 200mm

해설및용어설명 |

원동차의 피치원 지름 $D_A = mZ_A = 4 \times 25 = 100mm$

속도비 $i = \dfrac{N_B}{N_A} = \dfrac{D_A}{D_B} = \dfrac{mZ_A}{mZ_B} = \dfrac{Z_A}{Z_B}$ 에서, $\dfrac{1}{3} = \dfrac{D_A}{D_B}$ 이므로

스퍼기어의 피치원 지름 $D_B = 3D_A = 3 \times 100 = 300mm$

중심거리 $C = \dfrac{D_A + D_B}{2} = \dfrac{100 + 300}{2} = 200mm$

30

한쪽 단면도에 대한 설명으로 올바른 것은?

① 대칭형 물체를 중심선을 경계로 하여 외형도의 절반과 단면도의 절반을 조합하여 표시한 것이다.
② 부품도의 중앙 부위 전후를 절단하고, 단면을 90° 회전시켜 표시한 것이다.
③ 도형 전체가 단면으로 표시된 것이다.
④ 물체의 필요한 부분만 단면으로 표시한 것이다.

해설및용어설명 |
② 회전 도시 단면도
③ 온 단면도
④ 부분 단면도

31

그림에서 기하공차 기호로 기입할 수 없는 것은?

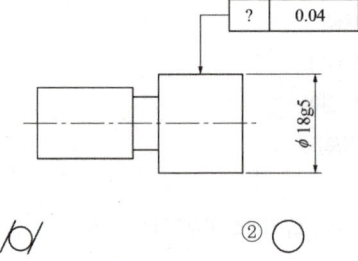

① (빗금 기호)
② ○
③ =
④ ―

해설및용어설명 | 대칭도 공차는 데이텀으로 설정한 기준면이 없으므로 기입할 수 없다.

32

다음과 같이 다면체를 전개한 방법으로 옳은 것은?

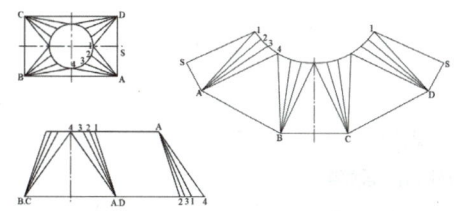

① 삼각형법 전개
② 방사선법 전개
③ 평행선법 전개
④ 사각형법 전개

해설및용어설명 | 삼각형을 이용한 전개도
원뿔의 꼭지점이 도형에서 멀리 떨어져 있을 때에 입체의 표면을 몇 개의 삼각형으로 나누어 전개도를 그릴 때는 삼각형법을 이용한다.

33

CAD 시스템에서 출력장치가 아닌 것은?

① 디스플레이(CRT)
② 스캐너
③ 프린터
④ 플로터

해설및용어설명 | 스캐너는 입력장치이다.
- 스캐너(Scanner) : 기존의 그려진 모형을 CAD 시스템에 이용하여 CAD 데이터베이스에 입력하는 장치. 스캐너는 픽셀의 데이터를 래스터 스캔 방식으로 얻기 때문에 래스터 스캐너라 부른다.
- 입력장치 : 마우스, 키보드, 스캐너, 트랙볼, 터치스크린, 라이트펜, 태블릿, 디지털카메라, 조이스틱 등
- 출력장치 : 그래픽 디스플레이, 플로터, 프린터, 하드카피, COM장치 등

34

CAD 시스템에서 기하학적 데이터의 변환에 속하지 않는 것은?

① 이동(move)
② 회전(rotation)
③ 스케일링(scaling)
④ 리드로잉(redrawing)

35

컴퓨터의 처리 속도 단위 중 ps(피코 초)란?

① 10^{-3}초
② 10^{-6}초
③ 10^{-9}초
④ 10^{-12}초

해설및용어설명 |
- ms : 10^{-3}초
- μs : 10^{-6}초
- ns : 10^{-9}초

36

모따기의 치수가 2mm이고 각도가 45°일 때 올바른 치수 기입 방법은?

① C2
② 2C
③ 2 − 45°
④ 45°×2

해설및용어설명 | "C2"의 해석
- 45° 모따기 치수 2mm(= 2×45°)

37

표면거칠기 지시기호가 옳지 않은 것은?

① 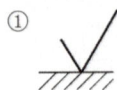 ②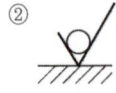

③ 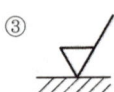 ④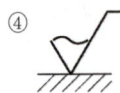

해설및용어설명 |

가공 여부 묻지 않음	제거 가공을 필요로 함	제거 가공을 허락하지 않음

38

그림과 같은 기하공차 기입틀에서 첫째구획에 들어가는 내용은?

첫째구획	둘째구획	셋째구획

① 공차값 ② MMC 기호
③ 공차의 종류 기호 ④ 데이텀을 지시하는 문자 기호

해설및용어설명 | 기하공차 기입방법

첫째구획	둘째구획	셋째구획

- 첫째구획 : 공차의 종류와 기호
- 둘째구획 : 공차값
- 셋째구획 : 데이텀을 지시하는 문자 기호

39

끼워 맞춤에서 축 기준식 헐거운 끼워 맞춤을 나타낸 것은?

① H7/g6   ② H6/F8
③ h6/P9   ④ h6/F7

해설및용어설명 |

② 유효하지 않은 공차역
④ 유효하지 않은 공차역

40

다음 중 대상물을 한쪽 단면도로 올바르게 나타낸 것은?

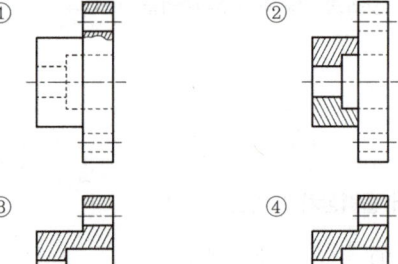

해설및용어설명 |

한쪽단면도 : 상하 또는 좌우가 대칭의 물체를 중심선을 기준으로 내부 모양과 외부 모양을 동시에 표현하는 방법.

외부와 내부 모양을 동시에 표현한 것으로 가장 적절한 것은 "③번"이다.

41

직접측정기가 아닌 것은?

① 측장기
② 마이크로미터
③ 다이얼 게이지
④ 버니어 캘리퍼스

해설및용어설명 | 직접측정기의 종류
- 버니어 캘리퍼스
- 마이크로미터
- 측장기

※ 다이얼 게이지는 비교측정기이다.

42

그림과 같은 KS 용접기호의 해석으로 올바른 것은?

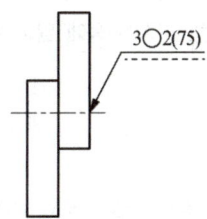

① 지름이 2mm이고, 피치가 75mm인 플러그 용접이다.
② 지름이 2mm이고, 피치가 75mm인 심 용접이다.
③ 용접 수는 2개이고, 피치가 75mm인 슬롯 용접이다.
④ 용접 수는 2개이고, 피치가 75mm인 스폿(점) 용접이다.

해설및용어설명 | 3 ○ 2(75) 해석
- 3 : 구멍의 지름
- ○ : 점(스폿) 용접
- 2 : 용접 수
- (75) : 피치

43

하이트 게이지에 대한 설명으로 틀린 것은?

① 종류로는 HM형, HB형, HT형의 3가지가 대표적이다.
② 기본 구조는 스케일과 베이스 및 서피스게이지로 구성된다.
③ 정반면을 기준으로 높이를 측정하거나 금긋기 작업을 할 수 있다.
④ 아베의 원리에 맞는 구조로 스크라이버를 길게 고정하여 사용한다.

해설및용어설명 |
- 높이 게이지(하이트 게이지) : 대형 부품, 복잡한 모양의 부품 등을 정반 위에 올려놓고 높이를 측정하거나 스크라이버를 이용하여 금긋기 하는 데 사용. HM형, HB형, HT형이 있다.
- 아베의 원리 : 길이 측정 시 측정기로 인한 오차를 최소로 줄이기 위해서 물체의 길이를 기준이 되는 척도와 일직선상에 나란히 놓고 측정해야 한다는 원리이다.

44

구멍의 최소 치수가 축의 최대 치수보다 큰 경우로 항상 틈새가 생기는 상태를 말하며, 미끄럼 운동이나 회전운동이 필요한 부품에 적용하는 끼워맞춤은?

① 억지 끼워맞춤
② 중간 끼워맞춤
③ 헐거운 끼워맞춤
④ 조립 끼워맞춤

해설및용어설명 |
- 헐거운 끼워맞춤 : 구멍의 최소 치수가 축의 최대 치수보다 큰 경우로서 항상 틈새가 생기는 상태
- 억지 끼워맞춤 : 구멍의 최대 치수가 축의 최소 치수보다 작은 경우로서 틈새가 없이 항상 죔새가 생기는 상태
- 중간 끼워맞춤 : 부품의 기능과 역할에 따라 틈새 또는 죔새가 생기는 상태

45

구멍이 있는 원통형 소재의 외경을 선반으로 가공할 때 사용하는 부속장치는?

① 면판 ② 돌리개
③ 맨드릴 ④ 방진구

해설및용어설명 | 맨드릴(Mandrel, 심봉)
내면이 다듬질된 중공의 공작물의 외면을 가공할 때 구멍에 끼워 사용하는 것을 맨드릴 또는 심봉이라 하며 내면과 외면이 동심원이 되도록 가공하는 것이 주목적이다(풀리나 기어소재 가공).

46

금속재료의 경량화와 강인화를 위하여 섬유 강화 금속 복합 재료가 많이 연구되고 있다. 강화섬유 중에서 비금속계로 짝지어진 것은?

① K, W ② W, Ti
③ W, Be ④ SiC, Al_2O_3

해설및용어설명 | 섬유 강화 금속 복합재료
금속 모재 중에 휘스커와 같은 대단히 강한 섬유상의 물질을 분산시켜 요구되는 특징을 가지도록 만든 것
- 비금속계 : C, B, SiC, Al_2O_3, AlN, ZrO_2 등
- 금속계 : Be, W, Mo, Fe, Ti 및 그 합금
※ 휘스커 : 단결정으로 이루어진 섬유로 높은 강도를 지닌다.

47

공구용으로 사용되는 비금속 재료로 초내열성 재료, 내마멸성 및 내열성이 높은 세라믹과 강한 금속의 분말을 배열 소결하여 만든 것은?

① 다이아몬드 ② 고속도강
③ 서멧 ④ 석영

해설및용어설명 | 서멧
세라믹(Ceramic) + 금속(Metal)의 복합어로 세라믹의 취성을 보완, 금속과 내화물의 복합체의 총칭이다. Al_2O_3 분말 70%에 TiC 또는 TiN 분말을 30% 혼합한 후 수소분위기에서 소결하여 제작한다.

48

브레이크 드럼을 브레이크 블록으로 누르게 한 것으로 단식, 복식으로 구분하며 차량, 기중기 등에 많이 사용되는 것은?

① 가죽 브레이크 ② 블록 브레이크
③ 축압 브레이크 ④ 밴드 브레이크

해설및용어설명 | 반지름 방향으로 밀어 붙이는 형식
- 블록 브레이크
- 팽창 브레이크

49

베어링 호칭번호가 6205인 레이디얼 볼 베어링의 안지름은?

① 5 mm ② 25 mm
③ 62 mm ④ 205 mm

해설및용어설명 |
- 62 : 베어링 계열기호
- 05 : 베어링 안지름 번호

안지름 번호는 베어링의 안지름 치수를 나타내고, 안지름 번호가 04 이상인 것은 이 수치를 5배하면 안지름이 얻어진다.
※ 안지름 번호 : 00(안지름 10mm), 01(안지름 12mm), 02(안지름 15mm), 03(안지름 17mm), 04(안지름 20mm)

정답 45 ③ 46 ④ 47 ③ 48 ② 49 ②

50

볼트 부품을 제도할 때 수나사의 완전 나사부와 불완전 나사부의 경계선을 나타내는 선은?

① 가는 실선 ② 굵은 실선
③ 가는 1점 쇄선 ④ 굵은 1점 쇄선

해설및용어설명 | 나사의 제도

- 수나사의 바깥지름과 암나사의 안지름은 굵은 실선으로 그린다.
- 수나사의 골지름과 암나사의 골지름은 가는 실선으로 그린다.
- 완전 나사부와 불완전 나사부의 경계선은 굵은 실선으로 그린다.
- 불완전 나사부의 끝 밑선은 축선에 대하여 30°의 가는 실선으로 그린다.
- 가려서 보이지 않는 나사부는 파선으로 그린다.
- 수나사와 암나사의 측면도시에서의 골지름은 가는 실선으로 그린다.

51

다음 중 주철에 관한 설명으로 틀린 것은?

① 비중은 C와 Si 등이 많을수록 작아진다.
② 용융점은 C와 Si 등이 많을수록 낮아진다.
③ 주철을 600℃ 이상의 온도에서 가열 및 냉각을 반복하면 부피가 감소한다.
④ 투자율을 크게 하기 위해서는 화합 탄소를 적게 하고 유리 탄소를 균일하게 분포시킨다.

해설및용어설명 | 주철의 성장

600℃ 이상의 온도에서 가열과 냉각을 반복하면 부피가 증가하여 파열되는 현상

- 투자율 : 자기장의 영향을 받아 자화할 때에 생기는 자기력선속밀도와 진공 중에서 나타나는 자기장 세기의 비로 철 등의 강자성체 등에서 극히 큰 값을 나타낸다.

52

황동 합금 중에서 강도는 낮으나 전연성이 좋고 금색에 가까워 모조금이나 판 및 선에 사용되는 합금은?

① 톰백(Tombac)
② 7 − 3 황동(Cartridge Brass)
③ 6 − 4 황동(Muntz Metal)
④ 주석 황동(Tin Brass)

해설및용어설명 | 톰백의 특징

- 5 ~ 20% 아연의 황동
- 5% 아연 합금 : 순구리와 같이 연하고 코이닝(Coining)이 쉬워 동전이나 메달 등에 사용
- 10% 아연 황동 : 톰백의 대표적인 것으로, 딥 드로잉(Deep Drawing)용 재료, 건축용, 가구용 등에 사용(색깔이 청동과 비슷, 청동 대용)
- 15% 아연 황동 : 연하고 내식성이 좋아 건축용, 금속 잡화, 소켓 체결구 등에 사용
- 20% 아연 황동 : 전연성이 좋고 색깔이 아름다워 장식 용품, 악기 등에 사용
- 납을 첨가한 것은 금박의 대용으로도 사용

53

지름 D_1 = 200mm, D_2 = 300mm의 내접 마찰차에서 그 중심거리는 몇 mm인가?

① 50 ② 100
③ 125 ④ 250

해설및용어설명 |

내접 마찰차의 중심거리 $C = \dfrac{D_2 - D_1}{2} = \dfrac{300 - 200}{2} = 50\text{mm}$

54

중앙처리장치(CPU)의 구성 요소가 아닌 것은?

① 주기억장치   ② 파일저장장치
③ 논리연산장치   ④ 제어장치

해설및용어설명 |
- 중앙처리장치 : 주기억장치, 연산장치, 제어장치
- 입력장치 : 마우스, 키보드, 스캐너, 트랙볼, 터치스크린, 라이트펜, 태블릿, 디지털카메라, 조이스틱 등
- 출력장치 : 그래픽 디스플레이, 플로터, 프린터, 하드카피, COM장치 등

55

기계제도에서 사용하는 치수 공차 및 끼워맞춤과 관련한 용어 설명으로 틀린 것은?

① 실 치수 : 형체의 실측 치수
② 기준 치수 : 위 치수 허용차 및 아래 치수 허용차를 적용하는 데 따라 허용 한계 치수가 주어지는 기준이 되는 치수
③ 최소 허용 치수 : 형체에 허용되는 최소 치수
④ 공차 등급 : 기본 공차의 산출에 사용하는 기준치수의 함수로 나타낸 단위

해설및용어설명 | 공차 등급은 IT 1부터 IT 18에 대한 기본 공차의 수치를 나타낸다.

56

주위의 온도에 의하여 선팽창 계수나 탄성률 등의 특정한 성질이 변하지 않는 불변강이 아닌 것은?

① 인바   ② 엘린바
③ 슈퍼인바   ④ 베빗메탈

해설및용어설명 | 불변강의 종류
- 인바 : 36% 니켈, 0.2% 이하 탄소, 0.4% 망가니즈, 나머지 철인 합금
- 엘린바 : 36% 니켈, 12% 크로뮴, 나머지는 철로 된 합금
- 초인바 : 니켈 29~40%, 코발트 15% 나머지는 철인 합금
- 플래티나이트 : 약 46%의 니켈, 나머지는 철로 조성된 합금

57

시편의 표점거리가 125mm, 늘어난 길이가 145mm이었다면 연신율은?

① 16%   ② 20%
③ 26%   ④ 30%

해설및용어설명 |

$$연신율 = \frac{나중길이 - 처음길이}{처음길이} = \frac{늘어난 길이}{처음길이}$$

$$\frac{\ell' - \ell_0}{\ell_0} \times 100 = \frac{145 - 125}{125} \times 100 = \frac{20}{125} \times 100 = 16\%$$

58

게이지용 강이 갖추어야 할 성질에 대한 설명 중 틀린 것은?

① HRC 55 이하의 경도를 가져야 한다.
② 팽창계수가 보통 강보다 작아야 한다.
③ 시간이 지남에 따라 치수변화가 없어야 한다.
④ 담금질에 의한 변형이나 담금질 균열이 없어야 한다.

해설및용어설명 | 게이지용 강이 갖추어야 할 성질
- HRC 55 이상의 경도를 가져야 한다.
- 팽창계수는 작아야 한다.
- 치수변화가 없어야 한다.
- 담금질에 의한 변형이나 균열이 없어야 한다.

59

기어에서 이(tooth)의 간섭을 막는 방법으로 틀린 것은?

① 이의 높이를 높인다.
② 압력각을 증가시킨다.
③ 치형의 이끝면을 깎아낸다.
④ 피니언의 반경 방향의 이뿌리면을 파낸다.

해설및용어설명 | 이의 간섭을 막는 방법 → 원인
- 이의 높이를 줄인다. → 잇수가 적을 때
- 압력각을 증가시킨다(20° 또는 그 이상 크게 한다). → 압력각이 적을 때
- 치형의 이끝면을 깎아낸다. → 잇수비가 클 때
- 피니언의 반경 방향의 이뿌리면을 파낸다.

60

다음 설명에 가장 적합한 3차원의 기하학적 형상 모델링 방법은?

- Boolean연산(합, 차, 적)을 통하여 복잡한 형상 표현이 가능하다.
- 형상을 절단한 단면도 작성이 용이하다.
- 은선 제거가 가능하고 물리적 성질 등의 계산이 가능하다.
- 컴퓨터의 메모리량과 데이터처리가 많아진다.

① 서피스 모델링(surface modeling)
② 솔리드 모델링(solid modeling)
③ 시스템 모델링(system modeling)
④ 와이어프레임모델링(wire frame modeling)

해설및용어설명 |
- 솔리드 모델링 장점 : 은선 제거 가능, 간섭 체크 가능, 단면도 용이, 물리적 성질 계산, 복잡한 형상 표현, 물체를 명확하게 파악 가능, 애니메이션이나 시뮬레이션에도 이용
- 솔리드 모델링 단점 : 데이터가 복잡하여 모델링보다 대용량, 처리시간이 많이 걸린다.

정답 58 ① 59 ① 60 ②

CBT 복원문제 2025 * 3

*2016년 5회부터 CBT(컴퓨터 기반 시험)방식으로 변경되어 문제가 공개되지 않아 복원된 문제가 일부 상이할 수 있습니다.

01

3D CAD 모델링 방식 중 '제너레이티브(Generative) Design'의 특징으로 옳은 것은?

① 사용자가 모든 치수를 직접 구속한다.
② 간섭검사만 자동 수행한다.
③ AI가 설계 조건·하중을 입력받아 최적 형상을 자동 생성한다.
④ 솔리드 모델을 서피스로 단순화한다.

해설및용어설명 | Generative Design은 하중·구속·재료 제약을 입력하면 알고리즘이 형상 후보를 자동 제안한다.

02

드릴의 속도가 v[m/min], 지름이 d[mm]일 때, 드릴의 회전수 n[rpm]을 구하는 식은?

① $n = \dfrac{1,000}{\pi d v}$ ② $n = \dfrac{1,000v}{\pi d}$

③ $n = \dfrac{\pi d v}{1,000}$ ④ $n = \dfrac{\pi d}{1,000v}$

해설및용어설명 |
절삭 속도 $v = \dfrac{\pi d n}{1,000}$ 의 식을 변형하여, 회전수 $n = \dfrac{1,000v}{\pi d}$

03

나사 단면 해칭에 대한 설명으로 틀린 것은?

① 나사산 끝까지 해칭한다.
② 해칭 각도는 45°가 기본이다.
③ 외나사는 해칭하지 않는다.
④ 재질이 같을 때 해칭 간격은 동일하게 한다.

해설및용어설명 |
- 나사 단면 해칭은 산끝까지 칠하지 않고 1/4 ~ 1/6P 범위
- 이유 : 나사산 경사면과 구분, 시인성 확보
- 외나사·암나사 모두 같은 규칙

04

황(S)에 소량 첨가해 절삭성을 향상하는 원소는?

① Mn ② Cr
③ Ni ④ V

해설및용어설명 |
역할 Mn과 S가 결합해 MnS 포함물 형성 → 칩 절단면 취약부 제공 → 절삭력·온도 ↓
※ 주의
Mn이 과다하면 강인성 ↓, Cr·Ni는 내식·내열, V는 석출경화용

01 ③ 02 ② 03 ① 04 ①

05

수준기와 망원경을 조합해 초정밀 직각·평행을 검출하는 측정기는?

① 오토콜리메이터 ② 옵티컬 플랫
③ 비교측정 현미경 ④ 하이트 게이지

해설및용어설명 | 오토콜리메이터는 광학 - 수준기 원리로 0.1″ (arc-sec) 단위 각도 측정이 가능

06

축선 방향과 평행하게 작용하는 하중은?

① 인장 하중 ② 전단 하중
③ 굽힘 하중 ④ 토션 하중

해설및용어설명 | 기본 하중 분류
- 인장/압축 : 축과 일치 (↑ ↓)
- 전단 : 축에 수직
- 굽힘 : 전단 + 모멘트 복합
- 토션 : 축 주위 비틀림

07

원자 배열이 불규칙한 '비정질(amorphous) 재료' 예로 가장 적절한 것은?

① 유리 ② α -철
③ 흑연 ④ Si 단결정

해설및용어설명 | 유리·플라스틱·에폭시 등의 고체는 장주기 결정격자가 없다.

08

NAND 플래시 메모리를 주 저장 매체로 쓰는 장치는?

① SSD ② HDD
③ ODD ④ FDD

해설및용어설명 | SSD(Solid-State Drive)는 NAND Flash를 병렬 구성해 고속·무구동 저장을 실현한다.

09

열가소성 합성수지의 일반적 특징으로 틀린 것은?

① 반복 가열·성형이 가능하다.
② 전기 절연성이 우수하다.
③ 열에 강하다.
④ 비교적 가볍다.

해설및용어설명 | 열가소성 수지는 내열 한계가 낮다(≈ 100 ℃). 내열성은 열경화성 수지가 우수하다.

10

오일리스 베어링(oilless bearing)의 특징을 설명한 것으로 틀린 것은?

① 다공질이므로 강인성이 높다.
② 무급유 베어링으로 사용한다.
③ 대부분 분말 야금법으로 제조한다.
④ 동계에는 Cu-Sn-C합금이 있다.

해설및용어설명 | 오일리스 베어링은 기름 보급이 곤란한 곳에 사용하는 베어링으로, 구리, 주석, 흑연 분말을 가압 성형하여 700 ~ 750℃의 수소기류 중에서 소결하여 만든 소결합금을 이용한다. 다공질 재료로서 응력집중 등의 영향으로 강인성이 떨어져 너무 큰 하중이나 고속 회전부는 부적합하며, 기름에서 가열하면 무게의 20 ~ 30%의 기름이 흡수된다.

11

측정에서 다음 설명에 해당하는 원리는?

> 표준자와 피측정물은 동일 축 선상에 있어야 한다.

① 아베의 원리 ② 버니어의 원리
③ 에어리의 원리 ④ 헤르츠의 원리

해설및용어설명 | 아베의 원리
길이 측정 시 측정기로 인한 오차를 최소로 줄이기 위해서 물체의 길이를 기준이 되는 척도와 일직선상에 나란히 놓고 측정해야 한다는 원리이다.

12

3각법으로 투상한 그림과 같은 정면도와 평면도에 좌측면도로 적합한 것은?

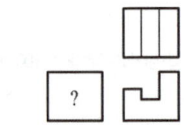

해설및용어설명 | 정면도에서의 가운데 홈부분을 고려하면 좌측면도 파선이 잘 표현된 것은 ②번이다.

13

그림과 같이 기점 기호를 기준으로 하여 연속된 치수선으로 치수를 기입하는 방법은?

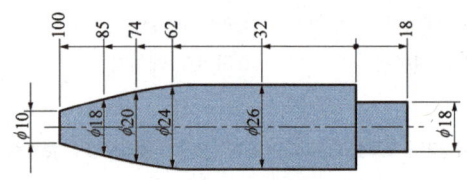

① 직렬 치수 기입법 ② 병렬 치수 기입법
③ 좌표 치수 기입법 ④ 누진 치수 기입법

해설및용어설명 | 치수 기입법

- 직렬 치수 기입법 : 한 지점에서 그 다음 지점까지의 치수를 각각 기입한 것

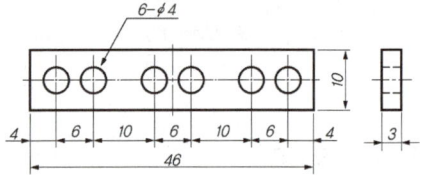

- 좌표 치수 기입법 : 위치를 나타내는 치수를 좌표에 따라 기입한 것

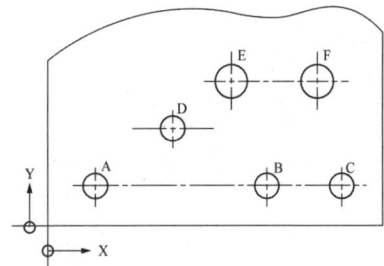

- 병렬 치수 기입법 : 기준면에서부터 각각의 지점까지의 치수를 기입한 것

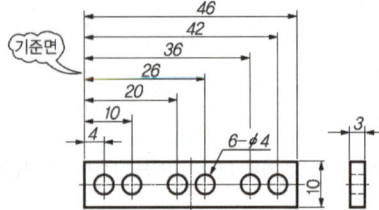

• 누진 치수 기입법 : 치수의 기준점에 기점기호를 기입하고 한 개의 연속된 누진 치수로 기입한 것

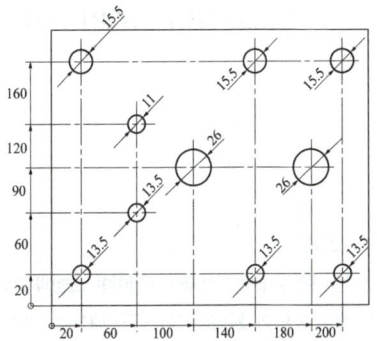

해설및용어설명 | 단면도 종류

전 단면도	반 단면도
부분 단면도	회전도시 단면도

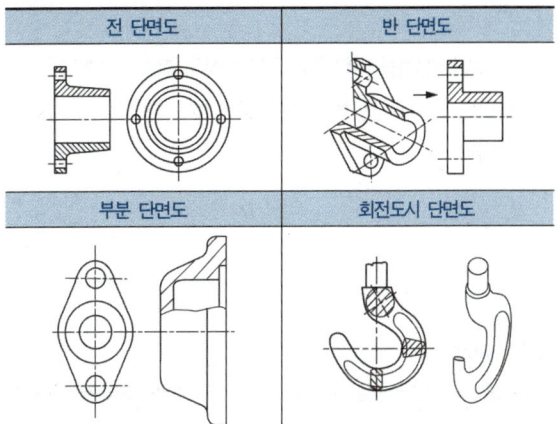

14

나사의 종류를 표시하는 기호 중에서 관용 평행 나사를 나타내는 것은?

① E ② G
③ M ④ R

해설및용어설명 |
① E : 전구 나사
③ M : 미터 나사
④ R : 테이퍼 수나사

15

다음 도시된 단면도의 명칭은?

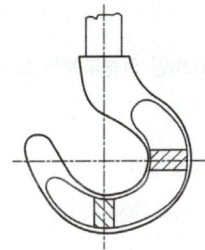

① 전 단면도 ② 한쪽 단면도
③ 부분 단면도 ④ 회전도시 단면도

16

기하 공차의 종류와 기호 설명이 잘못된 것은?

① ▱ : 평면도 공차   ② ○ : 원통도 공차
③ ⊕ : 위면도 공차   ④ ⊥ : 직각도 공차

해설및용어설명 |

공차의 종류		기호	공차의 종류		기호
모양 공차	진직도	—	자세 공차	평행도	//
	평면도	▱		직각도	⊥
	진원도	○		경사도	∠
	원통도	⌭	위치 공차	위치도	⊕
	선의 윤곽도	⌒		동심도	◎
	면의 윤곽도	⌓		대칭도	=
흔들림 공차	원주 흔들림	↗	흔들림 공차	온 흔들림	⤢

정답 14 ② 15 ④ 16 ②

17

제품의 표면거칠기를 나타낼 때 표면조직의 파라미터를 "평가된 프로파일의 산술 평균 높이"로 사용하고자 한다면 그 기호로 옳은 것은?

① R_t ② R_c
③ R_z ④ R_a

해설및용어설명 |
- 평가 프로파일의 산술 평균 높이(R_a) : 기준 길이 내에서 절대 세로 좌푯값의 산술 평균 = 산술 평균 거칠기
- 프로파일의 최대 높이(R_z) : 기준 길이 내에서 최대 프로파일 산 높이와 최대 프로파일 골 깊이의 합 = 최대 높이 거칠기
- 프로파일 요소의 평균 높이(R_c) : 기준 길이 내에서 프로파일 요소 높이의 평균값

18

CAD 시스템에서 점을 정의하기 위해 사용되는 좌표계가 아닌 것은?

① 극 좌표계 ② 원통 좌표계
③ 회전 좌표계 ④ 직교 좌표계

해설및용어설명 |
- 직교 좌표계(Cartesian Coordinate system) : 서로 직교하는 X, Y, Z 방향의 축을 기준으로 공간상에서 하나의 점을 표기할 때 각 축에 대한 X, Y, Z에 대응하는 좌푯값으로 표기하는 방식이다.
- 극 좌표계(Polar Coordinate System) : 한 쌍의 직교축과 단위길이를 사용하여 평면상의 한 점 P의 위치를 표시하는 방법이다.
- 원통 좌표계(Cylindrical Coordinate system) : 평면상에 있는 하나의 점을 나타내기 위해 사용한 극좌표계에 공간의 개념을 적용하여 공간상의 한 점을 표기하기 위한 좌표계로서 평면에서 사용한 극좌표에 Z축 좌푯값을 적용시킨 방식이다.
- 구면 좌표계(Spherical Coordinate System) : 공간상에 구성되어 있는 하나의 점을 표현하는 방법 중의 한 가지로, 해당 점의 좌표를 기준점을 중심으로 구를 그리듯이 표현하는 방법이다.

19

기어 절삭기로 가공된 기어의 면을 매끄럽고 정밀하게 다듬질 하는 가공은?

① 래핑 ② 호닝
③ 폴리싱 ④ 기어 셰이빙

해설및용어설명 | 기어 셰이빙
기어 셰이빙은 기어 생산 시 아주 유용하고 정확한 방법이며, 호빙과 같이 창성공정이다. 사용되는 툴은 호빙의 웜(Worm)형 공구 대신에 피니언(Pinion)형 공구가 사용된다. 스퍼기어와 헤리컬 기어를 가공하고 내 기어와 외 기어를 가공할 수 있다.

20

아래 그림과 같은 치수 기입 방법은?

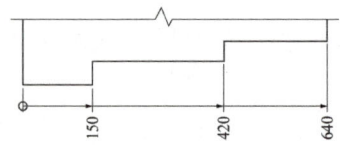

① 직렬 치수 기입 방법 ② 병렬 치수 기입 방법
③ 누진 치수 기입 방법 ④ 복합 치수 기입 방법

해설및용어설명 | 누진 치수 기입법
치수 공차에 관하여 병렬 치수 기입법과 완전히 동등한 의미를 가지면서, 하나의 연속된 치수선으로 간편하게 표시된다. 이 경우, 치수의 기점 위치는 기점 기호(○)로 나타내고, 치수선의 다른 끝은 화살표로 나타낸다.

21

전달마력 30kW, 회전수 200rpm인 전동축에서 토크 T는 약 몇 N·m인가?

① 107 ② 146
③ 1,070 ④ 1,430

해설및용어설명 | 토크
$$T = 9{,}549.3 \times \frac{H[\text{kW}]}{N[\text{rpm}]} \; [\text{N} \cdot \text{m}] = 9{,}549.3 \times \frac{30}{200} = 1{,}432.4[\text{N} \cdot \text{m}]$$

17 ④ 18 ③ 19 ④ 20 ③ 21 ④

22

선반에서 φ40mm의 환봉을 120m/min의 절삭속도로 절삭가공을 하려고 할 경우, 2분 동안의 주축 총 회전수는?

① 650회   ② 960회
③ 1,720회   ④ 1,910회

해설및용어설명 |

$v = \dfrac{\pi dn}{1,000}$ 에서

$n = \dfrac{1,000v}{\pi d} = \dfrac{1,000 \times 120}{\pi \times 40} = 955.4[rpm]$

2분 회전했으므로, 총 회전수 = 955.4 × 2 = 1,910회

23

일면 개선형 맞대기 용접의 기호로 맞는 것은?

① ∨   ② ∨
③ ⋎   ④ ○

해설및용어설명 |

② ∨ : 한쪽면 K형 맞대기 이음 용접(한쪽면 개선형 맞대기 이음 용접)
① ∨ : 한쪽면 V형 홈 맞대기 이음 용접
③ ⋎ : 양면 플랜지형 맞대기 이음용접
④ ○ : 스폿용접

24

담금질한 강을 뜨임 열처리하는 이유는?

① 강도를 증가시키기 위하여
② 경도를 증가시키기 위하여
③ 취성을 증가시키기 위하여
④ 연성을 증가시키기 위하여

해설및용어설명 | 강을 담금질하면 경도는 증가하나 취성도 증가하여 깨지기 쉬우므로 뜨임 열처리를 통해 인성 및 연성을 증가시켜 메짐(취성)을 방지한다.

25

나사 마이크로미터는 나사의 어느 부분을 측정하는가?

① 피치   ② 바깥지름
③ 골지름   ④ 유효지름

해설및용어설명 | 나사 마이크로미터
나사의 유효지름을 측정하는 기구

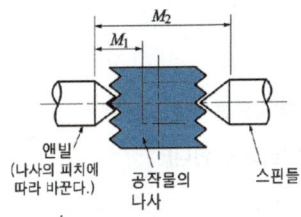

앤빌 (나사의 피치에 따라 바꾼다.)   공작물의 나사   스핀들

26

원통형 코일의 스프링 지수가 9이고, 코일의 평균 지름이 180mm이면 소선의 지름은 몇 mm인가?

① 9   ② 18
③ 20   ④ 27

해설및용어설명 |

스프링 지수(C) = $\dfrac{\text{코일의 평균지름}(D)}{\text{소선의 지름}(d)}$ 에서,

$d = \dfrac{D}{C} = \dfrac{180}{9} = 20[mm]$

27

공작물의 외경 또는 내면 등을 어떤 필요한 형상으로 가공할 때, 많은 절삭날을 갖고 있는 공구를 1회 통과시켜 가공하는 공작기계는?

① 브로칭 머신
② 밀링 머신
③ 호빙 머신
④ 연삭기

해설및용어설명 | 일정한 단면 모양을 가진 가늘고 긴 공구에 많은 날을 가진 브로치(broach)라는 절삭 공구를 사용하여 가공물의 내면이나 외경에 필요한 형상의 부품을 가공하는 절삭 방법을 브로칭(broaching)이라 한다.

28

다음 중 스프로킷 휠의 도시방법으로 틀린 것은?
(단, 축방향에서 본 경우를 기준으로 한다)

① 항목표에는 톱니의 특성을 나타내는 사항을 기입한다.
② 바깥지름은 굵은 실선으로 그린다.
③ 피치원은 가는 2점 쇄선으로 그린다.
④ 이뿌리원은 나타내는 선은 생략 가능하다.

해설및용어설명 | 스프로킷 휠의 도시방법
- 우측면도의 바깥지름(이끝원)은 굵은 실선, 피치원은 가는 1점 쇄선, 이골원(이뿌리원)은 가는 실선, 또는 굵은 파선으로 표시하나 이골원은 기입을 생략할 수 있다.
- 축에 직각인 방향에서 본 그림(정면도)을 단면으로 도시할 때에는 이골의 선은 굵은 실선으로 기입한다.

29

그림의 "b"부분에 들어갈 기하 공차 기호로 가장 옳은 것은?

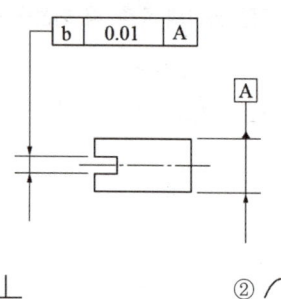

① ⊥
② ⌒
③ ○
④ ═

해설및용어설명 | A부분 데이텀을 기준으로 대칭도를 나타낸다.

공차의 종류		기호	공차의 종류		기호
모양공차	진직도	—	자세공차	평행도	//
	평면도	▱		직각도	⊥
	진원도	○		경사도	∠
	원통도	⌀	위치공차	위치도	⊕
	선의 윤곽도	⌒		동심도	◎
	면의 윤곽도	⌒		대칭도	═
흔들림공차	원주 흔들림	↗	흔들림공차	온 흔들림	↗↗

30

기계관련 부품에서 ϕ80H7/g6로 표기된 것의 설명으로 틀린 것은?

① 구멍 기준식 끼워맞춤이다.
② 구멍의 끼워맞춤 공차는 H7이다.
③ 축의 끼워맞춤 공차는 g6이다.
④ 억지 끼워맞춤이다.

해설및용어설명 |
④ H7구멍 기준식과 g6는 헐거운 끼워맞춤이다.

기준 구멍	축의 공차역 클래스												
	헐거운 끼워맞춤				중간 끼워맞춤			억지 끼워맞춤					
H7			f6	g6	h6	js6	k6	m6	n6	p6	r6	s6	t6	u6	x6
		e7	f7		h7	js7								

정답 27 ① 28 ③ 29 ④ 30 ④

31

치수에 사용하는 기호이다. 잘못 연결된 것은?

① 정사각형의 변 – □   ② 구의 반지름 – R
③ 지름 – ∅   ④ 45° 모따기 – C

해설및용어설명 | 구의 반지름 치수보조기호는 SR이다.

32

관용 테이퍼 나사 중 테이퍼 수나사를 나타내는 표시 기호로 옳은 것은?

① G   ② R
③ Rc   ④ Rp

해설및용어설명 |
① G : 관용 평행 나사
③ Rc : 관용 테이퍼 나사(테이퍼 암나사)
④ Rp : 관용 테이퍼 나사(평행 암나사)

33

스핀들과 앤빌의 측정면이 뾰족한 마이크로미터로서 드릴의 웨브(web), 나사의 골지름 측정에 주로 사용되는 마이크로미터는?

① 깊이 마이크로미터   ② 내측 마이크로미터
③ 포인트 마이크로미터   ④ V-앤빌 마이크로미터

해설및용어설명 |
- 깊이 마이크로미터 : 공작물의 깊이를 측정할 때 사용
- 내측(내경) 마이크로미터 : 공작물의 안지름을 측정할 때 사용
- 포인트 마이크로미터 : 스핀들과 앤빌의 끝을 원추형(원뿔형)으로 만들어 나사 골지름 측정
- V-앤빌 마이크로미터 : 앤빌이 V홈으로 만들어져 탭, 리머의 지름 측정
- 나사 마이크로미터 : 수나사의 유효 지름을 직접 측정할 때 사용

34

구름 베어링의 호칭번호 "608C2P6"에서 C2가 나타내는 것은?

① 베어링 계열번호   ② 안지름 번호
③ 접촉각 기호   ④ 내부 틈새 기호

해설및용어설명 | 베어링 보조기호

구분	기호	내용	구분	기호	내용
밀봉(실) 또는 실드 기호	UU	양쪽 실드붙이	리테이너 기호	V	리테이너 없다.
	U	한쪽 실드붙이	레이디얼 내부 틈새 기호	C1	C2보다 작다.
	ZZ	양쪽 실드붙이		C2	보통 틈새보다 작다.
	Z	한쪽 실드붙이		CN	보통 틈새
궤도륜 모양 기호	K	내륜 테이퍼 (1/12) 구멍		C3	보통 틈새보다 크다.
	K30	내륜 테이퍼 (1/30) 구멍		C4	C3보다 크다.
	N	링 홈붙이		C5	C4보다 크다.
	NR	멈춤 링붙이	정밀도 등급 기호	없다.	0급
	F	플랜지붙이		P6	6급
베어링 조합 기호	DB	뒷면 조합		P5	5급
	DF	정면 조합		P4	4급
	DT	병렬 조합			

35

원주에 톱니형상의 이가 달려 있으며 폴(pawl)과 결합하여 한쪽 방향으로 간헐적인 회전운동을 주고 역회전을 방지하기 위하여 사용되는 것은?

① 래칫 휠   ② 플라이 휠
③ 원심 브레이크   ④ 자동하중 브레이크

해설및용어설명 | 래칫 휠(ratchet wheel)
톱니 형상의 이(래칫 이빨)를 가진 원판과 폴(pawl, 걸쇠)이 맞물려 한쪽 방향으로만 간헐적으로 회전시키고, 폴이 역방향 회전을 물리적으로 차단하는 장치이다. 윈치, 잭, 자전거 프리휠 등에서 역회전 방지 및 단계적 전진에 사용된다.

36

브레이크 드럼에서 브레이크 블록에 수직으로 밀어 붙이는 힘이 1,000N이고 마찰계수가 0.45일 때 드럼의 접선방향 제동력은 몇 N인가?

① 150
② 250
③ 350
④ 450

해설및용어설명 | 제동력

$f = \mu P = 0.45 \times 1,000 = 450[N]$

37

외접하고 있는 원통마찰차의 지름이 각각 240mm, 360mm일 때, 마찰차의 중심 거리는?

① 60mm
② 300mm
③ 400mm
④ 600mm

해설및용어설명 | 외접 마찰차의 경우

$C = \dfrac{360 + 240}{2} = 300mm$

38

다음과 같이 지시된 기하 공차의 해석이 맞는 것은?

| ○ | 0.05 | |
| // | 0.02/150 | A |

① 원통도 공차값 0.05mm, 축선은 데이텀, 축직선 A에 직각이고 지정길이 150mm, 평행도 공차값 0.02mm
② 진원도 공차값 0.05mm, 축선은 데이텀, 축직선 A에 직각이고 지정길이 150mm, 평행도 공차값 0.02mm
③ 진원도 공차값 0.05mm, 축선은 데이텀, 축직선 A에 평행하고 지정길이 150mm, 평행도 공차값 0.02mm
④ 원통의 윤곽도 공차값 0.05mm, 축선은 데이텀, 축직선 A에 직각이고 전체길이 150mm, 평행도 공차값 0.02mm

39

가공 과정에서 줄무늬가 다음과 같이 나타날 때 표면의 줄무늬 방향 지시기호(*)로 옳은 것은?

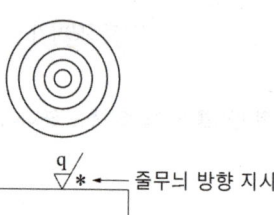

① =
② M
③ C
④ R

해설및용어설명 |

기호	커터의 줄무늬 방향	적용
⊥	투상면에 직각	선삭
=	투상면에 평행	셰이핑
X	투상면에 경사지고 두 방향으로 교차	호닝
C	중심에 대하여 동심원	끝면절삭
M	여러 방향으로 교차되거나 무방향	밀링, 래핑
R	중심에 대하여 레이디얼 모양	일반적인 가공

40

8~12% Sn에 1~2% Zn의 구리 합금으로 밸브, 콕, 기어, 베어링, 부시 등에 사용되는 합금은?

① 코르손 합금
② 베릴륨 합금
③ 포금
④ 규소 청동

해설및용어설명 | 포금(gun metal)

주석 8~12%, 아연 1~2%가 함유된 구리 합금으로, 단조성이 좋고 강력하며, 내식성 및 내해수성이 있어 밸브, 기어, 베어링 부시, 선박용으로 널리 사용된다.

41

탄소강에 첨가하는 합금원소와 특성과의 관계가 틀린 것은?

① Ni – 인성 증가
② Cr – 내식성 향상
③ Si – 전자기적 특성 개선
④ Mo – 뜨임취성 촉진

해설및용어설명 |

원소	특성
Ni	인성 증가, 저온 충격저항 증가
Cr	내식성, 내마모성 증가
Mo	뜨임취성 방지
Cu	공기중 내산화성 증가
Si	전자기특성, 내열성 우수
V, Ti, Zr	결정입자의 조절

42

다음 시스템 중 출력장치로 틀린 것은?

① 디지타이저(digitizer)
② 플로터(plotter)
③ 프린터(printer)
④ 하드 카피(hard copy)

해설및용어설명 | 디지타이저는 입력장치이다.
- 태블릿(tablet) : 메뉴의 선택, 커서의 제어 등에 사용하며, 50cm 이하의 소형을 말한다. 대형의 것은 디지타이저(digitizer)라 부른다.
- 입력장치 : 마우스, 키보드, 스캐너, 트랙볼, 터치스크린, 라이트펜, 태블릿, 디지털카메라, 조이스틱 등
- 출력장치 : 그래픽 디스플레이, 플로터, 프린터, 하드카피, COM장치 등

43

컴퓨터에서 CPU와 주기억장치 간의 데이터 접근 속도 차이를 극복하기 위해 사용하는 고속의 기억장치는?

① Cache Memory
② Associative Memory
③ Destructive Memory
④ Nonvolatile Memory

해설및용어설명 | 캐시 메모리(Cache Memory)
중앙처리장치(CPU)와 주기억장치 사이에서 원활한 정보의 교환을 위하여 주기억장치의 정보를 일시적으로 저장하는 고속 기억장치이다.

44

다른 모델링과 비교하여 와이어 프레임 모델링의 일반적인 특징을 설명한 것 중 틀린 것은?

① 데이터의 구조가 간단하다.
② 처리속도가 느리다.
③ 숨은선을 제거할 수 없다.
④ 체적 등의 물리적 성질을 계산하기가 용이하지 않다.

해설및용어설명 | 와이어 프레임 모델링
- 장점 : 데이터 구조가 간단하다. 모델작성이 용이하다. 처리 속도가 빠르다. 투시도 작성이 용이하다.
- 단점 : 물리적 성질의 계산이 불가능하다. 단면도 작성 및 은선 제거가 불가능하다.

45

다음 중심선 평균 거칠기 값 중에서 표면이 가장 매끄러운 상태를 나타낸 것은?

① 0.2a
② 1.6a
③ 3.2a
④ 6.3a

해설및용어설명 |

명칭	표면거칠기의 표준수열			다듬질 기호 (종래의 기호)
	R_a	R_{max}	R_z	
다듬질 안함	규정안함			~
거친 다듬질	25a	100s	100z	▽
보통 다듬질	6.3a	25s	25z	▽▽
정밀 다듬질	1.6a	6.3s	6.3z	▽▽▽
연마 다듬질	0.2a	0.8s	0.8z	▽▽▽▽

명칭	표면거칠기 기호 (새로운 기호)	가공법 및 표시하는 부분 설명
다듬질 안함	✓	제거 가공을 하지 않는 부분
거친 다듬질	w/	절삭 가공만 하고, 끼워맞춤은 없는 표면부에 표시
보통 다듬질	x/	끼워맞춤만 하고 상호 부품의 마찰운동은 하지 않는 가공면
정밀 다듬질	y/	끼워맞춤한 상호 부품이 마찰운동을 하는 부분
연마 다듬질	z/	초정밀 고급가공면, 내연기관의 실린더 내면

46

구멍의 치수가 $\phi 30^{+0.025}_{0}$, 축의 치수가 $\phi 30^{+0.020}_{-0.005}$일 때 최대 죔새는 얼마인가?

① 0.030
② 0.025
③ 0.020
④ 0.005

해설및용어설명 |

최대 죔새 = 축의 최대 허용치수 - 구멍의 최소 허용치수
        = 축의 위 치수 허용차 - 구멍의 아래 치수 허용차

∴ (+ 0.020) - (0) = 0.020

47

회전축의 회전 방향이 양쪽 방향인 경우 2쌍의 접선 키를 설치할 때 접선키의 중심각은?

① 30°
② 60°
③ 90°
④ 120°

해설및용어설명 | 접선 키의 특징

- 축의 접선 방향으로 끼우는 키로 1/100 기울기를 가진 2개의 키를 한 쌍으로 하여 사용한다.
- 회전방향이 양쪽 방향일 때는 중심각이 120°되는 위치에 두 쌍을 설치한다.
- 아주 큰 회전력을 전달하는 데 적합하다.

48

융점이 높은 코발트(Co) 분말과 1~5m 정도의 세라믹, 탄화 텅스텐 등의 입자들을 배합하여 확산과 소결 공정을 거쳐서 분말 야금법으로 입자강화 금속 복합재료를 제조한 것은?

① FRP
② FRS
③ 서멧(Cermet)
④ 진공청정구리(OFHC)

해설및용어설명 | 서멧

탄화 텅스텐(WC) 입자와 코발트(Co) 입자를 혼합하고 소결하여 경질 공구 재료에 사용

- FRP : 유리강화플라스틱
- OFHC : 무산소 고전도도 구리

49

모듈이 2, 잇수가 30인 표준 스퍼 기어의 이끝원의 지름은 몇 mm인가?

① 56
② 60
③ 64
④ 68

해설 및 용어 설명 |
P.C.D(피치원 지름) = mZ
D(이끝원 지름) = P.C.D + $(2 \times m)$ = $m(2 + Z)$ = (소재의 바깥지름)
= $2(2 + 30)$ = 64

50

스퍼 기어의 도시방법에 대한 설명으로 틀린 것은?

① 축에 직각인 방향으로 본 투상도를 주 투상도로 할 수 있다.
② 잇봉우리원은 굵은 실선으로 그린다.
③ 피치원은 가는 1점 쇄선으로 그린다.
④ 축 방향으로 본 투상도에서 이골원은 굵은 실선으로 그린다.

해설 및 용어 설명 | 이끝원은 굵은 실선으로, 피치원은 가는 1점 쇄선으로, 이뿌리원은 가는 실선 또는 굵은 실선으로 그리고 축방향에서 이골원은 가는 실선으로 그린다.

51

한쪽 또는 양쪽의 기울기를 갖는 평판 모양의 쐐기로 인장력이나 압축력을 받는 2개의 축을 연결하는 결합용 기계요소는?

① 키
② 핀
③ 코터
④ 리벳

해설 및 용어 설명 | 결합용 기계요소
- 키 : 일반적으로 벨트풀리 · 기어 · 커플링 등과 그것들에 끼이는 축과의 상대적 회전미끄럼을 방지하기 위해 사용되는 기계요소
- 핀 : 기계부품의 간단한 체결이나 위치 결정을 위하여 사용하는 작은 지름의 환봉
- 리벳 : 강철판, 형강 등의 금속재료를 영구적으로 결합하는 데 사용되는 막대 모양의 기계요소
- 코터 : 축과 축 등을 결합시키는 데 사용하는 쐐기

52

플랜지를 이용하여 관을 결합했을 때 도시법으로 올바른 것은?

①
②
③ ─○─
④ ─‖‖─

해설 및 용어 설명 | 관의 결합방식 표시 방법

결합방식의 종류	그림기호
일반	─┼─
용접식	─●─
플랜지식	─‖─
턱걸이식	─⊃─
유니언식	─‖‖─

53

작은 스퍼 기어와 맞물리고 잇줄이 축방향과 일치하여 회전운동을 직선운동으로 바꾸는 데 사용하는 기어는?

① 내접 기어 ② 래크 기어
③ 헬리컬 기어 ④ 크라운 기어

해설및용어설명 |
① 내접 기어 : 기어의 이가 안쪽으로 가공되어 큰 기어 속에 작은 기어가 접하여 회전하는 기어
③ 헬리컬 기어 : 바퀴 주위에 비틀린 이가 절삭되어 있는 원통 기어
④ 크라운 기어 : 직각으로 동력을 전하며, 피치면이 평면인 베벨 기어

54

기어에서 이의 간섭 방지 대책으로 틀린 것은?

① 압력각을 크게 한다.
② 이의 높이를 높인다.
③ 이끝을 둥글게 한다.
④ 피니언의 이뿌리면을 파낸다.

해설및용어설명 | 기어 이의 간섭 방지 대책
- 압력각을 크게 한다.
- 이의 높이를 줄인다.
- 이끝을 둥글게 한다.
- 피니언 반지름 방향의 이뿌리면을 파낸다.

55

그림과 같은 도면에서 나타난 "□40" 치수에서 "□"가 뜻하는 것은?

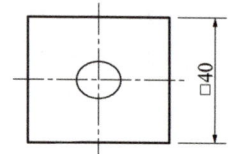

① 정사각형의 변 ② 이론적으로 정확한 치수
③ 판의 두께 ④ 참고치수

해설및용어설명 | 치수보조기호

기호 이름	기호	기호 이름	기호
지름	φ	판의 두께	t
반지름	R	45° 모따기	C
구의 지름	Sφ	참고치수	( )
구의 반지름	SR	이론적으로 정확한 치수	10
정사각형의 변	□	깊이	↧
카운터 보어	⊔	카운터 싱크	∨

56

도면과 같이 위치도를 규제하기 위하여 B 치수에 이론적으로 정확한 치수를 기입한 것은?

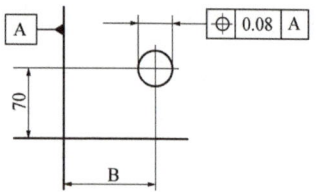

① (100) ② ~~100~~
③ 100̲ ④ 100

해설및용어설명 |
① 참고치수
② 수정치수
③ 비례척이 아님

57

양끝을 고정한 단면적 2cm²인 사각봉이 온도 -10℃에서 가열되어 50℃가 되었을 때, 재료에 발생하는 열응력은?
(단, 사각 봉의 탄성계수는 21GPa, 선팽창 계수는 12×10^{-6}/℃이다)

① 15.1MPa ② 25.2MPa
③ 29.9MPa ④ 35.8MPa

해설및용어설명 | 열 응력

$\sigma = E \times \alpha(t_2 - t_1) = 21,000 \times 12 \times 10^{-6} \times 60 = 15.12$MPa

58

인장 코일 스프링에 3kgf의 하중을 걸었을 때 변위가 30mm이었다면, 이 스프링의 상수는 얼마인가?

① 0.1kgf/mm ② 0.2kgf/mm
③ 5kgf/mm   ④ 10kgf/mm

해설및용어설명 | 스프링 상수

$k = \dfrac{P}{\delta} = \dfrac{3}{30} = 0.1$kgf/mm

59

연한 숫돌에 적은 압력으로 가압하면서 가공물에 회전운동과 이송을 주며, 숫돌을 다듬질할 면에 따라 매우 작고 빠른 진동을 주는 가공법은?

① 래핑   ② 배럴
③ 액체호닝 ④ 슈퍼 피니싱

해설및용어설명 | 슈퍼 피니싱(Super Finishing) 은 가공물 표면에 미세하고 비교적 연한 숫돌을 비교적 낮은 압력으로 접촉시키면서 진동을 주는 고정밀 가공으로, 고정밀도의 표면을 얻는 것이 주목적이며, 다듬질면은 평활하고 방향성이 없다.

60

볼 베어링에서 베어링 하중을 2배로 하면 수명은 몇 배로 되는가?

① 4배   ② 1/4배
③ 8배   ④ 1/8배

해설및용어설명 | 구름베어링(볼 베어링, 롤러 베어링)의 수명

$L_h = \left(\dfrac{C}{P}\right)^r \times 10^6 \text{rev} = 500 \times \dfrac{33.3}{N} \times \left(\dfrac{C}{P}\right)^r \text{hr}$

볼 베어링일 때 $r = 3$, 롤러 베어링일 때 $r = 10/3$

- L_h : 수명시간
- N : 회전수
- C : 기본정격 하중
- P : 베어링 하중

위 식에서 볼 베어링이므로 $r = 3$, 베어링 하중(P)를 2배로 하면 수명은 1/8배가 된다.

전산응용기계제도기능사 필기
무료특강

무료특강 신청방법
신규 무료특강은 교재 출간 후 순차적으로 촬영 및 편집되어 업로드 됩니다.

▲ 카페 바로가기

1 나합격 카페 가입
cafe.naver.com/napass1

2 사진 촬영
하단 공란에 닉네임 기입

3 카페 게시물 작성
등업 후 영상 시청 가능

카페 닉네임

- 가입한 카페 닉네임과 동일하게 기입
- 지워지지 않는 펜으로 크게 기입
- 화이트 및 수정테이프 사용 금지
- 중복기입 및 중고도서는 등업 불가능

처음이신가요?
자세한 등업방법은 아래의 QR 코드 참고해 주세요.

모바일 등업방법

PC 등업방법

카카오톡 오픈채팅방

나합격 전산응용기계제도기능사 필기 + 무료특강

2018년 3월 15일 초판 인쇄 | 2019년 1월 10일 2판 발행 | 2020년 1월 5일 3판 발행 | 2021년 1월 5일 4판 발행 | 2022년 1월 5일 5판 발행
2022년 2월 5일 6판 1쇄 발행 | 2022년 8월 5일 6판 2쇄 발행 | 2023년 1월 5일 7판 | 2024년 1월 5일 8판 발행 | 2024년 2월 5일 9판 1쇄 발행
2024년 4월 20일 9판 2쇄 발행 | 2025년 1월 5일 10판 발행 | 2026년 1월 5일 11판 발행

지은이 나합격 콘텐츠 연구소 | 발행인 오정자 | 발행처 삼원북스 | 팩스 02-6280-2650
등록 제2017-000048호 | 홈페이지 www.samwonbooks.com | ISBN 979-11-994115-7-9 13500 | 정가 28,000원
Copyright©samwonbooks.Co.,Ltd.

· 낙장 및 파손된 책은 구입한 서점에서 바꿔드립니다.
· 이 책에 실린 모든 내용, 디자인, 이미지, 편집 형태에 대한 저작권은 삼원북스와 저자에게 있습니다. 허락없이 복제 및 게재는 법에 저촉을 받습니다.